Peter Gerigk, Detlef Bruhn, Dietmar Danner,
Jürgen Göbert, Heinrich Gross, Detlef Komoll

Kraftfahrzeugtechnik
Technische Mathematik

Diesem Buch wurden die bei Manuskriptabschluß vorliegenden
neuesten Ausgaben der DIN-Normen, VDI-Richtlinien und
sonstigen Bestimmungen zugrunde gelegt.
Verbindlich sind jedoch nur die neuesten Ausgaben der DIN-Normen,
VDI-Richtlinien und sonstigen Bestimmungen selbst.

Die DIN-Normen wurden wiedergegeben mit Erlaubnis des
DIN Deutsches Institut für Normung e.V.
Maßgebend für das Anwenden der Norm ist deren Fassung mit dem
neuesten Ausgabedatum, die bei der Beuth-Verlag GmbH,
Burggrafenstraße 6, 1000 Berlin 30, erhältlich ist.

Bildquellenverzeichnis
Robert Bosch GmbH, Stuttgart: S. 196; S. 199, Tab. 2
Ford-Werke AG, Köln-Porz: S. 118; S. 137; S. 139
Mitsui Maschinen GmbH, Abt. Yamaha, Löhne: S. 219
Carl Schenck AG, Darmstadt: S. 124

1. Auflage 1990   Druck   5   4   3   2
Herstellungsjahr   1994 1993 1992 1991
Alle Drucke dieser Auflage können im Unterricht parallel verwendet werden.

© Westermann Schulbuchverlag GmbH, Braunschweig 1990

Verlagslektorat: Jürgen Diem
Herstellung: westermann druck GmbH, Braunschweig

ISBN 3-14-**20 1521**-3

Vorwort

Das vorliegende Lehrbuch zur Technischen Mathematik ist die notwendige Ergänzung zum Fachkundebuch Kraftfahrzeugtechnik und ist für auszubildende **Kraftfahrzeugmechaniker** und **Automobilmechaniker** aller Ausbildungsjahre konzipiert.

Darüber hinaus kann es auch für den Unterricht im Berufsgrundbildungsjahr mit dem Schwerpunkt Kraftfahrzeugtechnik und in allen vergleichbaren Ausbildungsmaßnahmen verwendet werden. Weiterhin eignet es sich zur betrieblichen Unterweisung, zum Selbststudium und als Nachschlagewerk.

Das Lehrbuch zur Technischen Mathematik ist in die Teile **berufsfeldbreite Grundbildung** (Mathematisches Grundwissen und Grundwissen der Technischen Mathematik) und **Fachbildung** (Verbrennungsmotor, Kraftübertragung, Fahrwerk, Elektrische Anlage, System Kraftfahrzeug und Kaufmännisches Rechnen) gegliedert.

Die **Lerninhalte** der Technischen Mathematik leiten sich aus den technologischen Lernbereichen und aus der fachdidaktisch begründeten Systematik ab.

Die Auszubildenden sollen die aus der Technologie abgeleiteten Aufgabenstellungen erfassen und analysieren, eine Lösungssystematik einhalten, rechnerische Grundoperationen richtig anwenden und die Rechenergebnisse interpretieren können. Dazu enthält jedes Kapitel **Erklärungen zu den mathematischen Sachzusammenhängen** mit anschließenden **Beispielen**.

In den folgenden Aufgaben sollen die benötigten **Formelumstellungen** vorgenommen werden, die dann auf **praxisbezogene Übungsaufgaben** mit steigendem Schwierigkeitsgrad angewandt werden.

Nach jedem Teil der Fachbildung werden zusammenfassende **Wiederholungsaufgaben** gestellt.

Zur **Vorbereitung auf die Abschlußprüfung** werden zehn verschiedene Aufgabensätze angeboten.

Nach der Neuordnung der handwerklichen und industriellen Metallberufe werden besonders die Lerninhalte **Grundlagen** der **Hydraulik** und **Pneumatik** sowie **System Kraftfahrzeug** ausführlich behandelt.

In den Formelableitungen und den Beispielen werden meist **Größengleichungen** nach DIN 1313 verwendet. Um Rechenoperationen zu vereinfachen, werden auch **zugeschnittene Größengleichungen** nach DIN 1313 verwendet.

Diese besonders gekennzeichneten Gleichungen (schwarzer Rahmen) können nur mit den vorgesehenen Einheiten angewendet werden. Hier wurde auf das Einsetzen der Einheiten verzichtet, da die Einheiten in diesen Gleichungen nicht in der üblichen Form gekürzt werden können.

Hinweise für Verbesserungen und Ergänzungen werden von den Autoren und dem Verlag dankbar aufgenommen.

Autoren und Verlag   Braunschweig 1990

Mathematisches Grundwissen
Seite 8

Technische Mathematik – Grundwissen
Seite 27

Technische Mathematik – Fachwissen
Seite 104

Verbrennungsmotor
Seite 104

Kraftübertragung
Seite 144

Fahrwerk
Seite 159

Elektrische Anlage
Seite 186

System Kraftfahrzeug
Seite 217

Kaufmännisches Rechnen
Seite 229

Aufgaben zur Abschlußprüfung
Seite 241

Mathematisches Grundwissen

1 Zahlen und Größen 4

1.1 Dezimalsystem 4
1.2 Physikalische Größen 4
1.3 Größengleichungen 4
1.4 Einheitengleichungen 5
1.5 Runden von Zahlenwerten 5
1.6 Indizes 5

2 Grundrechenarten 6

3 Bruchrechnen 8

4 Potenzrechnen und Wurzelrechnen 10

4.1 Potenzieren 10
4.2 Wurzelziehen 11

5 Formelumstellung 12

6 Dreisatz-, Prozent- und Mischungsrechnen 14

6.1 Dreisatzrechnen 14
6.2 Prozentrechnen 16
6.3 Mischungsrechnen 17

7 Zeitberechnungen 18

8 Winkelberechnungen 19

9 Lehrsatz des Pythagoras und schiefe Ebene 20

9.1 Lehrsatz des Pythagoras 20
9.2 Schiefe Ebene 21

10 Rechnen mit Hilfsmitteln .. 23

10.1 Tabellen 23
10.2 Taschenrechner 24

11 Graphische Darstellungen 25

11.1 Koordinatensysteme 25
11.2 Diagramme 25

Technische Mathematik – Grundwissen

12 Länge 27

12.1 Umrechnung von Längenmaßen 27
12.2 Maßstäbe 28
12.3 Teilung von Längen 29
12.4 Kreisbogen 30
12.5 Gestreckte Längen 31
12.6 Toleranzen und Passungen ... 32

13 Fläche 36

13.1 Umrechnung von Flächenmaßen 36
13.2 Flächeninhalt, Flächenumfang und besondere Flächenmaße .. 36

14 Volumen 40

14.1 Umrechnung von Volumeneinheiten 40
14.2 Volumen und Oberflächen von Grundkörpern 40
14.3 Volumen ringförmiger Körper (Guldinsche Regel) 44

15 Masse und Dichte 45

15.1 Masse 45
15.2 Dichte 45
15.3 Berechnung der Masse und Dichte 46

16 Kraft 47

16.1 Dynamisches Grundgesetz ... 47
16.2 Zusammensetzen und Zerlegen von Kräften 48
16.3 Reibung 52

17 Drehmoment 55

17.1 Hebel, Hebelgesetz 56
17.2 Achskräfte, Auflagerkräfte 58

18 Druck 60

18.1 Druckeinheiten 60
18.2 Druckgrößen 61

19 Grundlagen der Hydraulik und Pneumatik 62

19.1 Druckausbreitung in Flüssigkeiten und Gasen 62
19.2 Kraftübersetzung in hydraulischen und pneumatischen Systemen 63
19.3 Hydrostatischer Druck (Boden-/Seitendruck) 64
19.4 Auftrieb in Flüssigkeiten 65
19.5 Durchflußgeschwindigkeit in Abhängigkeit vom Rohrquerschnitt 67
19.6 Statischer Druck in Abhängigkeit von der Strömungsgeschwindigkeit 68

20 Festigkeit 70
20.1 Normalspannung 70

21 Gleichförmige Geschwindigkeit 72
21.1 Umrechnung der Geschwindigkeitseinheiten 72
21.2 Durchschnittsgeschwindigkeit .. 72
21.3 Umfangsgeschwindigkeit 74
21.4 Graphische Darstellung von zwei Bewegungsabläufen 75

22 Beschleunigte und verzögerte Bewegung 76
22.1 Beschleunigung aus dem Stand, Verzögerung bis zum Stillstand 76
22.2 Beschleunigung mit Anfangsgeschwindigkeit, Verzögerung mit Endgeschwindigkeit.......... 78

23 Arbeit 80
23.1 Einheiten der Arbeit 80
23.2 Gespeicherte Arbeit (Energie) 81
23.3 Energieumwandlung 83

24 Mechanische Leistung 84
24.1 Einheiten der Leistung 84
24.2 Leistung aus dem Drehmoment 84

25 Wirkungsgrad 86
25.1 Gesamtwirkungsgrad aus Einzelwirkungsgraden 86

26 Wärme 88
26.1 Temperatur 88
26.2 Wärmemenge 88
26.3 Längen- und Raumänderung durch Temperaturänderung.... 91
26.4 Allgemeine Gasgleichung 92

27 Riementrieb 96
27.1 Drehzahlübersetzung mit dem einfachen Riementrieb 96
27.2 Drehzahlübersetzung mit dem doppelten Riementrieb 97

28 Zahnradtrieb 99
28.1 Einfacher Zahnradtrieb 99
28.2 Mehrstufige Stirnrad- und Kegelradgetriebe 100
28.3 Drehmomentwandlung 102

Verbrennungsmotor

29 Kenngrößen des Verbrennungsmotors 104
29.1 Zylinderhubraum und Gesamthubraum 104
29.2 Verdichtungsverhältnis 105
29.3 Hub-Bohrungsverhältnis 107
29.4 Kolbengeschwindigkeit 108
29.5 Kraftstoffverbrauch 109

30 Kurbeltrieb 113
30.1 Kolbenkraft 113
30.2 Druck im Verbrennungsraum – mechanische Arbeit 113
30.3 Kräfte am Kurbeltrieb 114
30.4 Drehmoment an der Kurbelwelle................. 116
30.5 Kolbeneinbauspiel 116

31	**Motorleistung**	117
31.1	Indizierte Leistung	117
31.2	Effektive Leistung	119
31.3	Mechanischer Wirkungsgrad . . .	120
31.4	Effektiver Wirkungsgrad	121
31.5	Ermittlung von Motorkennlinien auf dem Motorprüfstand	122
31.6	Hubraumleistung	125
31.7	Leistungsgewicht	126

32	**Gemischbildung im Verbrennungsmotor**	128
32.1	Gasgeschwindigkeit im Lufttrichter	128
32.2	Eintauchtiefe des Schwimmers	129
32.3	Luftverhältnis	130
32.4	Liefergrad	131
32.5	Luftverbrauch	132

33	**Steuerung des Verbrennungsmotors**	133
33.1	Steuerzeiten	133
33.2	Ventilöffnungszeit	134
33.2	Längenausdehnung des Ventils	135

34	**Schmierung**	136
34.1	Schmierölverbrauch	136

35	**Kühlung**	138
35.1	Abzuführende Wärmemenge . . .	138
35.2	Kühlflüssigkeitsdurchsatz	139
35.3	Gefrierschutzmittel	140

36	**Aufgaben zum Verbrennungsmotor**	142

Kraftübertragung

37	**Kupplung**	144
37.1	Reibungskraft	144
37.2	Wirksamer Hebelarm	145
37.3	Übertragbares Drehmoment . . .	145
37.4	Flächenpressung	146

37.5	Sicherheit der Übertragungsfähigkeit	146
37.6	Übersetzung der Kupplungskraft	147

38	**Schaltgetriebe und Achsgetriebe**	149
38.1	Zahnradabmessungen	149
38.2	Übersetzung der Drehzahlen . . .	150
38.3	Übersetzung der Drehmomente	153

39	**Radantrieb**	154
39.1	Radwege	154
39.2	Radumdrehungen	154
39.3	Sperrwert	156

40	**Aufgaben zur Kraftübertragung**	157

Fahrwerk

41	**Lenkung**	159
41.1	Lenkübersetzung	159
41.2	Stellung der gelenkten Räder . .	161

42	**Räder**	162
42.1	Reifenabmessungen	162
42.2	Stat. und dyn. Halbmesser	163
42.3	Fahrgeschwindigkeit	164
42.4	Fahrwiderstände	166
42.5	Antriebskraft und Beschleunigungskraft	169
42.6	Fahrdiagramm	170

43	**Bremsen**	173
43.1	Bewegungsenergie und Bremsarbeit	173
43.2	Bremskraft	173
43.3	Bremsverzögerung	175
43.4	Anhalteweg	178
43.5	Mechanische Kraftübertragung und -übersetzung	179
43.6	Hydraulische Kraftübertragung und -übersetzung	180

43.7	Pneumatische Verstärkung der Kolbenstangenkraft	181	
43.8	Umfangskraft und Bremsmoment	182	

44 Aufgaben zum Fahrwerk 184

Elektrische Anlage

45 Grundlagen der Kfz-Elektrik 186

45.1	Elektrische Stromstärke und Ladungsmenge	186
45.2	Elektrische Spannung und Arbeit	187
45.3	Ohmsches Gesetz und elektrischer Widerstand	188
45.4	Widerstand drahtförmiger Leiter	189
45.5	Reihenschaltung von Widerständen	190
45.6	Parallelschaltung von Widerständen	191
45.7	Gruppenschaltung von Widerständen	193
45.8	Elektrische Arbeit und Leistung	194
45.9	Wirkungsgrad	197
45.10	Stromdichte	198
45.11	Spannungsfall	198
45.12	Leitungsberechnung	199

46 Kraftfahrzeugbatterie 201

46.1	Kapazität	201
46.2	Innenwiderstand von Batterien	202
46.3	Reihen- und Parallelschaltung von Batterien	202
46.4	Wirkungsgrad von Batterien ...	203

47 Generator 205

47.1	Wechselspannung und Wechselstrom	205
47.2	Frequenz und Periodendauer	206
47.3	Stern- und Dreieckschaltung ...	207

48 Zündanlage 209

48.1	Transformator	209
48.2	Zündspulen-Vorwiderstand	210
48.3	Zündabstand, Schließ- und Öffnungswinkel	211
48.4	Schließzeit und Funkenzahl	211
48.5	Frühzündungszeit und Bogenlänge	213

49 Aufgaben zur Kfz-Elektrik 215

System Kraftfahrzeug

50 System Motor 217

50.1	Kurbeltrieb	217
50.2	Schmierung	218
50.3	Kühlung	220

51 System Kraftübertragung . 221

52 System Bremsen 224

53 System Elektrische Anlage 226

Kaufmännisches Rechnen

54 Kostenrechnen 229

54.1	Lohnberechnung	229
54.2	Lohnabrechnung	231
54.3	Kostenarten und Kalkulation ...	234
54.4	Kosten für die Kraftfahrzeughaltung	238

55 Aufgaben zur Abschlußprüfung 241

Sachwortverzeichnis 246

Übersicht der Formelgrößen ... 248

1 Zahlen und Größen

1.1 Dezimalsystem

Das **Dezimalsystem** (decimalis, lat.: auf die Grundzahl 10 bezogen) ist ein Stellenwertsystem mit der Grundzahl 10 (Zehnersystem).

Das **Zehnfache** eines Zahlenwertes ergibt das nächstgrößere **Vielfache,** ein Zehntel des Zahlenwertes ist der jeweils kleinere Teil des Zahlenwertes.

Beispiel:
10 Einer	= 1 Zehner
10 Zehner	= 1 Hunderter
10 Hunderter	= 1 Tausender
$\frac{1}{10}$ Tausender	= 1 Hunderter
$\frac{1}{10}$ Hunderter	= 1 Zehner
$\frac{1}{10}$ Zehner	= 1 Einer

z.B.: 789,3
- 3 Zehntel
- 9 Einer
- 8 Zehner
- 7 Hunderter

Die Tabelle zeigt am Beispiel der Basiseinheit Meter deren dezimale Teile und deren dezimale Vielfache.

Tab.: Vielfache und Teile der Basiseinheit 1 Meter

				Kurzzeichen	Benennung
Vielfache	Millionenfaches	1 000 000 m	= 1 Mm	M	Mega
	Tausendfaches	1 000 m	= 1 km	k	Kilo
	Hundertfaches	100 m	= 1 hm	h	Hekto
	Zehnfaches	10 m	= 1 dam	da	Deka
		1 m			
Teile	Zehntel	$\frac{1}{10}$ m	= 1 dm	d	Dezi
	Hundertstel	$\frac{1}{100}$ m	= 1 cm	c	Centi
	Tausendstel	$\frac{1}{1000}$ m	= 1 mm	m	Milli
	Millionstel	$\frac{1}{1000000}$ m	= 1 μm	μ	Mikro

1.2 Physikalische Größen

Eine **physikalische Größe** besteht aus
- einem Zahlenwert (z.B. 50) und
- einer Einheit (z.B. $\frac{km}{h}$).

Die physikalische Größe wird durch ein Formelzeichen ausgedrückt:

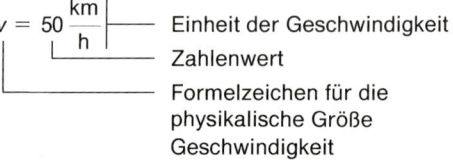

— Einheit der Geschwindigkeit
— Zahlenwert
— Formelzeichen für die physikalische Größe Geschwindigkeit

Als gesetzliche Einheiten der physikalischen Größen werden die im **SI**-Einheitensystem (SI = Systeme International d'Unités) genannten **Basiseinheiten** und deren Ableitungen angewendet.

Tab.: SI-Basiseinheiten

Basisgröße	Formelzeichen	Einheitenzeichen	Einheitenname
Länge	l	m	Meter
Masse	m	kg	Kilogramm
Zeit	t	s	Sekunde
Stromstärke	I	A	Ampere
Temperatur	T	K	Kelvin
Lichtstärke	I_V	cd	Candela
Stoffmenge	n	mol	Mol

Durch Multiplikation oder Division von SI-Basiseinheiten entstehen die **abgeleiteten SI-Einheiten.**

Tab.: Abgeleitete SI-Einheiten

Größe	Formelzeichen	abgeleitete SI-Einheit
Drehzahl	n	$\frac{1}{min}$
Geschwindigkeit	v	$\frac{m}{s}$, $\frac{km}{h}$
Kraft	F	$\frac{kg \cdot m}{s^2}$ = N (Newton)

Beispiel: Durch Division der Basiseinheiten für Länge und Zeit ergibt sich die Einheit für die abgeleitete SI-Einheit der Geschwindigkeit.

Basiseinheit	abgeleitete SI-Einheit
Länge m Zeit s	Geschwindigkeit $\frac{m}{s}$

1.3 Größengleichungen

In der Technik werden durch Formeln gesetzmäßige Abhängigkeiten **physikalischer Größen** ausgedrückt.

Formeln sind **Größengleichungen**. Die Zahlenwerte und die Einheiten der physikalischen Größen werden als selbständige Faktoren behandelt.

Für die Berechnung von **Größengleichungen** ist es erforderlich, die **Zahlenwerte** und die entsprechenden **Einheiten** in die Gleichung **einzusetzen**.

Beispiel: $A = l \cdot b$ A Fläche in m²
                   l Länge in m
                   b Breite in m
$A = 3\,m \cdot 4\,m$ 3, 4, 12 Zahlenwerte
$A = \mathbf{12\,m^2}$ m, m² Einheiten

Zugeschnittene Größengleichungen liefern nur dann richtige Ergebnisse, wenn die Größen in den **Einheiten** eingesetzt werden, die in der Formelsammlung angegeben sind.

Beispiel: $v_m = \frac{2 \cdot s \cdot n}{1000 \cdot 60}$ zugeschnittene Größengleichung

v_m mittlere Kolbengeschwindigkeit in $\frac{m}{s}$
s Kolbenhub in mm
n Motordrehzahl in $\frac{1}{min}$
1000   Umrechnungszahl, $1000\frac{mm}{m}$
60   Umrechnungszahl, $60\frac{s}{min}$

1.4 Einheitengleichungen

Die zahlenmäßige Beziehung zwischen den Einheiten wird in einer Einheitengleichung angegeben.

Beispiele: 1 h = 60 min   1 kg = 1000 g
             1 m = 100 cm   1 kW = 1000 W

1.5 Runden von Zahlenwerten

Ergebnisse sollen nur mit einer sinnvollen Anzahl von Stellen nach dem Komma angegeben werden. In der Kraftfahrzeugtechnik werden die Ergebnisse meist mit einer Genauigkeit von 1 bzw. 2 Stellen nach dem Komma angegeben. Hat ein Ergebnis mehr als 1 bzw. 2 Stellen nach dem Komma, muß **gerundet** werden.

Ein Zahlenwert wird **aufgerundet,** wenn der Zahlenwert nach der zu rundenden Zahl ≥ 5 ist.
Ein Zahlenwert wird **abgerundet,** wenn der Zahlenwert nach der zu rundenden Zahl < 5 ist.

1.6 Indizes

Zur deutlicheren Kennzeichnung und um Verwechselungen zu vermeiden, können den Formelzeichen Indizes hinzugefügt werden. Die Tabelle zeigt eine Auswahl der nach DIN 1304 empfohlenen Indizes.

Tab.: Indizes (Auswahl)

Index	Bedeutung		Beispiel
1	primär, Eingang	U_1	Primärspannung
dyn	dynamisch	r_{dyn}	dyn. Halbmesser
abs	absolut	p_{abs}	absoluter Druck
max	maximal	P_{max}	Maximalleistung

Aufgaben

1. Aus welchen beiden Bestandteilen wird eine „physikalische" Größe gebildet?

2. Nennen Sie drei physikalische Größen aus dem Bereich der Kraftfahrzeugtechnik.

3. Wodurch unterscheiden sich Größengleichungen und zugeschnittene Größengleichungen?

4. Schreiben Sie drei Einheitengleichungen auf.

5. Runden Sie die folgenden Zahlenwerte. Der gerundete Zahlenwert soll jeweils zwei Stellen nach dem Komma haben.
a) 2,5679   b) 34,1212   c) 579,819
d) 0,3249   e) 153,005   f) 44,019

2 Grundrechenarten

2.1 Addition

Die **Addition** (addere, lat.: zusammenzählen) ist das Zusammenzählen von **Summanden** zu einem **Summenwert**.

$$\underbrace{\underbrace{5}_{\text{Summand}} + \underbrace{7}_{\text{plus Summand}}}_{\text{Summe}} = \underbrace{12}_{\text{gleich Summenwert}}$$

Rechenregeln:

- Die Reihenfolge der Summanden ist beliebig.
- Größen können nur dann addiert werden, wenn die Summanden die gleiche Einheit haben.

Beispiele:
$2\,m + 4\,m + 8\,m = \mathbf{14\,m}$
$8\,m + 2\,m + 4\,m = \mathbf{14\,m}$
$12\,cm + 6\,min\ = $ (können **nicht** addiert werden)
$12\,cm + 1{,}2\,m\ = $ (eine Einheit muß umgerechnet werden)
$12\,cm + 120\,cm = \mathbf{132\,cm}$

2.2 Subtraktion

Werden von einem **Minuenden** ein oder mehrere **Subtrahenden** abgezogen, so entsteht ein **Differenzwert**. Dieser Rechenvorgang wird als **Subtraktion** (subtrahere, lat.: unten etwas wegnehmen) bezeichnet.

$$\underbrace{\underbrace{15}_{\text{Minuend}} - \underbrace{6}_{\text{minus Subtrahend}}}_{\text{Differenz}} = \underbrace{9}_{\text{gleich Differenzwert}}$$

Rechenregeln:

- Der Minuend und die Subtrahenden dürfen **nicht** vertauscht werden.
- Die Subtrahenden dürfen vertauscht werden.
- Es lassen sich nur Größen mit gleicher Einheit subtrahieren.

Beispiele:
$18\,m - 5\,m - 6\,m = \mathbf{7\,m}$
$18\,m - 6\,m - 5\,m = \mathbf{7\,m}$
$35\,min - 12\,l\ \ = $ (können **nicht** subtrahiert werden)
$1{,}5\,min - 15\,s\ = $ (eine Einheit muß umgerechnet werden)
$90\,s - 15\,s\ \ \ = \mathbf{75\,s}$

2.3 Multiplikation

Werden zwei oder mehrere **Faktoren** miteinander multipliziert, so ergibt sich ein **Produktwert**. Dieser Rechenvorgang wird als **Multiplikation** (multiplicare, lat.: vervielfachen) bezeichnet.

$$\underbrace{\underbrace{5}_{\text{Faktor}} \cdot \underbrace{7}_{\text{mal Faktor}}}_{\text{Produkt}} = \underbrace{35}_{\text{gleich Produktwert}}$$

Rechenregeln:

- Die Reihenfolge der Faktoren ist beliebig.
- Werden Größen multipliziert, so werden jeweils die Zahlen und die Einheiten miteinander multipliziert.
- Es können Größen mit unterschiedlichen Einheiten miteinander multipliziert werden.
- Größen und Zahlen können miteinander multipliziert werden.
- Eine Multiplikation mit der Zahl 0 ergibt immer den Produktwert 0.

Beispiele:
$5 \cdot 3 \cdot 7\ \ \ = \mathbf{105}$
$3 \cdot 5 \cdot 7\ \ \ = \mathbf{105}$
$3\,m \cdot 4\,m\ = \mathbf{12\,m^2}$
$20\,N \cdot 2\,m = \mathbf{40\,Nm}$
$6\,min \cdot 5\ = \mathbf{30\,min}$
$2 \cdot 8 \cdot 0\ \ \ = \mathbf{0}$

2.4 Division

Wird ein **Dividend** durch einen **Divisor** geteilt, ergibt sich als Ergebnis ein **Quotientwert**. Dieser Rechenvorgang wird als **Division** (dividere, lat.: teilen) bezeichnet.

Kapitel 2: Grundrechenarten

$$42 : 6 = 7$$

Dividend geteilt Divisor gleich Quotient-
(Zähler) durch (Nenner) wert

$\underbrace{\qquad\qquad\qquad\qquad\qquad}$
Quotient
(Bruch)

Rechenregeln:

- Der Dividend und der Divisor dürfen **nicht** vertauscht werden.
- Werden Größen dividiert, so werden jeweils die Zahlenwerte und die Einheiten dividiert.
- Es können Größen mit unterschiedlichen Einheiten dividiert werden.
- Größen können durch eine Zahl dividiert werden.
- Eine Division mit der Zahl 0 ergibt den Wert ∞ (unendlich).

Beispiele: $30 : 15 = \dfrac{30}{15} = \mathbf{2}$

$\qquad\qquad 7 : 14 = \mathbf{0{,}5}$

$\qquad\qquad 42\,\text{Nm} : 7\,\text{m} = \dfrac{42\,\text{Nm}}{7\,\text{m}} = \mathbf{6\,N}$

$\qquad\qquad 45\,\text{m}^2 : 9 = \dfrac{45\,\text{m}^2}{9} = \mathbf{5\,m^2}$

Regel für die Punkt- und Strichrechnung

Werden in **einer** Aufgabe mehrere Grundrechenarten verlangt, so gilt:

Die **Punktrechnungen** ($\cdot$, :) sind grundsätzlich vor den **Strichrechnungen** ($+$, $-$) durchzuführen.

Beispiele: $4 + 7 \cdot 3 - 6 = 4 + 21 - 6 = \mathbf{19}$
$\qquad\qquad 35\,\text{s} - 6\,\text{s} \cdot 3 + 5\,\text{s} = 35\,\text{s} - 18\,\text{s} + 5\,\text{s}$
$\qquad\qquad\qquad\qquad\qquad\qquad\qquad = \mathbf{22\,s}$

Zur Kennzeichnung vorrangiger Rechenvorgänge werden diese in **Klammern** gesetzt. Die in den Klammern stehenden Rechenvorgänge müssen **zuerst** durchgeführt werden.

Beispiele: $(13 - 4) \cdot 3 = 9 \cdot 3 = \mathbf{27}$
$\qquad\qquad (7\,\text{cm} + 12\,\text{cm}) \cdot 4 = 19\,\text{cm} \cdot 4 = \mathbf{76\,cm}$

Aufgaben

1. Addieren Sie.
a) $7856 + 998{,}345 + 10{,}005 + 45687{,}108$
b) $0{,}345 + 0{,}124 + 0{,}3 + 15{,}004 + 155{,}050$
c) $900 + 18{,}67 + 6000{,}05 + 12{,}05 + 5876{,}33$
d) $24{,}5\,\text{m} + 411{,}6\,\text{m} + 13\,\text{m} + 36{,}67\,\text{m} + 1{,}05\,\text{m}$

2. Subtrahieren Sie.
a) $5555{,}55 - 45{,}7 - 34{,}007 - 210{,}505$
b) $16460{,}45 - 1000{,}5 - 13{,}006 - 8002{,}002$
c) $24{,}2 - 0{,}045 - 1{,}125 - 16{,}009 - 2{,}205$
d) $489\,\text{cm} - 56{,}5\,\text{cm} - 1{,}2\,\text{cm} - 0{,}77\,\text{cm}$

3. Multiplizieren Sie.
a) $67{,}66 \cdot 4{,}33 \cdot 16{,}05$
b) $245{,}6 \cdot 0{,}35$
c) $2{,}45\,\text{m} \cdot 13{,}80\,\text{m} \cdot 24{,}55\,\text{m}$
d) $0{,}75\,\text{m} \cdot 125{,}5\,\text{N}$
e) $23\,\dfrac{\text{m}}{\text{s}} \cdot 356\,\text{s}$
f) $122\,\dfrac{\text{km}}{\text{h}} \cdot 2{,}07\,\text{h}$

4. Dividieren Sie.
a) $45{,}080 : 34{,}2$
b) $5006{,}605 : 0{,}55$
c) $0{,}986 : 0{,}0024$
d) $552\,\text{Nm} : 0{,}25$
e) $552\,\text{Nm} : 0{,}28\,\text{m}$
f) $147{,}25\,\text{Ah} : 3{,}98\,\text{h}$
g) $56{,}80\,\text{Ah} : 16\,\text{A}$

5. Berechnen Sie.
a) $24 - 2 + 5 \cdot 3$
b) $3 \cdot 4 + 2 \cdot 5 - 4$
c) $3(4 + 2) \cdot (5 - 4)$
d) $98 + 134 + 51 + 13 \cdot 15 - 5 \cdot 3$
e) $65 \cdot 4{,}5 - 16{,}5 \cdot 22{,}5 - 5{,}25$
f) $12 + 6 - 3(8 - 6) + 5(18{,}25 - 13{,}3)$
g) $(165 - 87) : 6 + 3 + 4(12 - 5)$
h) $33{,}75 + 2{,}25(33{,}75 + 2{,}25)$
i) $124\,\text{cm} + 3(24\,\text{cm} - 7\,\text{cm}) + 4\,\text{cm} \cdot 3$
j) $27{,}5\,\text{Nm} + 23\,\text{N} \cdot 0{,}85\,\text{m} + 1{,}15\,\text{m} \cdot 84\,\text{N}$
k) $5020\,\text{m}^2 + 24\,\text{m} \cdot 14{,}5\,\text{m} - 4(24\,\text{m}^2 - 7\,\text{m}^2)$

6. Auf ein Konto werden monatlich 188,50 DM eingezahlt. Zusätzlich werden drei Einzahlungen geleistet (65,80 DM, 45,00 DM, 289,50 DM). Vierteljährlich wird ein Betrag von 202,55 DM abgebucht. Für eine Anschaffung wird ein Geldbetrag abgehoben. Zum Jahresbeginn sind 1250 DM auf dem Konto, zum Jahresende 602,10 DM.
Wieviel Geld kostet die Anschaffung?

7. Ein Grundstück hat eine Länge von 24,3 m und eine Breite von 31,7 m. Wieviel m² müssen noch gekauft werden, um eine Grundstücksgröße von 1250 m² zu erhalten?

8. Zwei Tankfahrzeuge liefern 215600 l Heizöl. Das größere Fahrzeug (Tankinhalt 28000 l) fährt 4mal. Wie oft muß das kleinere Fahrzeug (Tankinhalt 14800 l) fahren?

3 Bruchrechnen

Jede beliebige Größe kann in eine Anzahl **gleicher Teile** geteilt (gebrochen) werden.

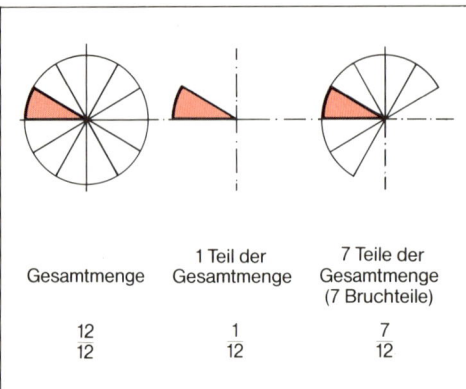

Gesamtmenge	1 Teil der Gesamtmenge	7 Teile der Gesamtmenge (7 Bruchteile)
$\frac{12}{12}$	$\frac{1}{12}$	$\frac{7}{12}$

Die Größe eines Bruchteils ist abhängig von
- der Anzahl der Teilmengen und
- der Größe der Ausgangsmenge.

Bruch: $\frac{7}{12}$
- 7 Zähler
- — Rechenzeichen (geteilt durch)
- 12 Nenner

Wird der Zähler durch den Nenner geteilt, so ergibt sich eine Dezimalzahl.

Beispiel: $\frac{3}{16} = 0{,}1875$

Die Tabelle zeigt unterschiedliche Brüche.

Tab.: Brüche

Name	Merkmal	Beispiele
echter Bruch	Zähler ist kleiner als der Nenner	$\frac{1}{3}, \frac{2}{5}, \frac{14}{20}$
unechter Bruch	Zähler ist größer als der Nenner	$\frac{5}{2}, \frac{14}{3}, \frac{33}{30}$
gleichnamige Brüche	Brüche mit gleichem Nenner	$\frac{4}{6}, \frac{9}{6}, \frac{23}{6}$
ungleichnamige Brüche	Brüche mit ungleichen Nennern	$\frac{2}{7}, \frac{8}{5}, \frac{11}{13}$
gemischte Zahl	ganze Zahl mit einem Bruch	$2\frac{2}{5}, 12\frac{1}{12}$
Scheinbruch	im Nenner eine 1	$\frac{7}{1}, \frac{25}{1}$

3.1 Addition und Subtraktion von Brüchen

Gleichnamige Brüche werden addiert (subtrahiert), indem man die Zähler addiert (subtrahiert).

Für Brüche mit unterschiedlichem Nenner muß der gemeinsame **Hauptnenner** (kleinstes gemeinsames Vielfaches) gesucht werden.

Der Hauptnenner kann durch **Zerlegung** der Nenner in **Primfaktoren** ermittelt werden.

Primfaktoren (Primzahlen) sind Zahlen, die nur durch sich selbst oder durch 1 teilbar sind.

Beispiel: $\frac{1}{4} + \frac{5}{6} + \frac{4}{9}$

Lösung:

Nenner	Zerlegung in Primfaktoren	Potenzen
4	2 · 2	2^2
6	2 · 3	$2^1 \cdot 3^1$
9	3 · 3	3^2

Durch Multiplikation der jeweils höchsten Potenzen der Primfaktoren ergibt sich der Hauptnenner (kleinstes gemeinsames Vielfaches (kgV)).

kgV = $2^2 \cdot 3^2$ = **36**

Jeder Nenner muß durch **Erweitern** auf den gemeinsamen Hauptnenner gebracht werden. Ein Bruch wird erweitert, indem jeweils **Zähler und Nenner** mit dem gleichen **Faktor multipliziert** werden. Der jeweilige Faktor wird errechnet aus:

$$\text{Faktor} = \frac{\text{kgV}}{\text{Nenner}}$$

Kapitel 3: Bruchrechnen

Beispiel: $\frac{1}{4} + \frac{5}{6} + \frac{4}{9}$

Der Hauptnenner hat den Wert: 36
Faktorberechnung:
Faktor $= \frac{36}{4} = 9$
Faktor $= \frac{36}{6} = 6$
Faktor $= \frac{36}{9} = 4$

$\frac{1 \cdot \boxed{9}}{4 \cdot \boxed{9}} + \frac{5 \cdot \boxed{6}}{6 \cdot \boxed{6}} + \frac{4 \cdot \boxed{4}}{9 \cdot \boxed{4}} = \frac{9}{36} + \frac{30}{36} + \frac{16}{36}$

Erweiterungsfaktoren

$= \frac{9 + 30 + 16}{36} = \frac{55}{36}$

3.2 Multiplikation und Division von Brüchen

Brüche werden **multipliziert**, indem sowohl die Zähler als auch die Nenner miteinander multipliziert werden.

Brüche werden **dividiert**, indem der 1. Bruch mit dem Kehrwert (Reziprokwert) des 2. Bruches multipliziert wird.

Beispiel 1: $\frac{2}{3} \cdot \frac{3}{4} = \frac{6}{12}$

Beispiel 2: $\frac{3}{4} : \frac{1}{8} = \frac{3}{4} \cdot \boxed{\frac{8}{1}} = \frac{24}{4} = 6$

Kehrwert von $\frac{1}{8}$

Brüche können vereinfacht werden, wenn Zähler und Nenner durch die gleiche Zahl teilbar sind (**Kürzen von Brüchen**).

Beispiel 1: $\frac{6}{3} = \frac{6:3}{3:3} = \frac{2}{1} = 2$

Beispiel 2: $\frac{8}{20} = \frac{8:4}{20:4} = \frac{2}{5}$

Das Kürzen innerhalb von Summen oder Differenzen ist **nicht zulässig**.

Beispiel: $\frac{(6+4)}{3} + \frac{(6-4)}{2}$
hier ist ein Kürzen **nicht zulässig**.

Durch das Kürzen können auch Multiplikationen und Divisionen von Brüchen vereinfacht werden.

Beispiel 1: $\frac{3}{7} \cdot \frac{5}{6} \cdot \frac{3}{6} = \frac{3 \cdot 5 \cdot 6}{7 \cdot 6 \cdot 3} = \frac{90}{126}$

Kehrwert von $\frac{3}{6}$

Vereinfachter Rechengang durch Kürzen

$\frac{3 \cdot 5 \cdot 6}{7 \cdot 6 \cdot 3} = \frac{5}{7}$

Eine **Division** oder **Multiplikation** von **Brüchen** durch oder mit einer **gemischten Zahl** ist nur dann möglich, wenn die gemischte Zahl in einen unechten Bruch umgewandelt wird.

Beispiel 1: $\frac{5}{7} \cdot 2\frac{1}{3} = \frac{5}{7} \cdot \frac{7}{3} = \frac{5}{3}$

Beispiel 2: $\frac{4}{6} : 1\frac{2}{12} = \frac{4}{6} : \frac{14}{12}$

$\frac{4}{6} \cdot \frac{12}{14} = \frac{4}{7}$

Kehrwert von $\frac{14}{12}$

Aufgaben

1. Die Brüche sind in Dezimalzahlen umzurechnen.
a) $\frac{3}{5}$ b) $\frac{1}{7}$ c) $\frac{9}{11}$ d) $\frac{115}{130}$
e) $\frac{13}{3}$ f) $\frac{7}{3}$ g) $\frac{37}{9}$ h) $\frac{76}{13}$

2. Wandeln Sie in einen unechten Bruch um.
a) $1\frac{7}{9}$ b) $6\frac{2}{5}$ c) $13\frac{1}{7}$ d) $12\frac{11}{12}$

3. Wandeln Sie in eine gemischte Zahl um.
a) $\frac{9}{4}$ b) $\frac{34}{11}$ c) $\frac{27}{4}$ d) $\frac{19}{2}$

4. Berechnen Sie das kleinste gemeinsame Vielfache der folgenden Zahlen.
a) 2, 4, 5, 8
b) 3, 5, 7, 15, 18
c) 2, 7, 14, 15, 18

5. Addieren Sie.
a) $\frac{4}{6} + \frac{5}{4} + \frac{11}{5}$ b) $\frac{13}{7} + \frac{5}{9} + \frac{7}{8} + \frac{21}{15}$
c) $\frac{3}{2} + \frac{7}{3} + \frac{4}{5} + \frac{9}{6}$ d) $2\frac{3}{7} + \frac{3}{5} + \frac{11}{14} + 7\frac{1}{2}$

6. Subtrahieren Sie.
a) $\frac{15}{2} - \frac{3}{9} - \frac{8}{12}$ b) $9\frac{9}{15} - \frac{13}{5} - \frac{7}{3} - 2\frac{9}{10}$

7. Addieren und subtrahieren Sie.
a) $\frac{7}{3} + \frac{13}{6} + \frac{4}{5} - \frac{12}{4} - \frac{3}{2}$ b) $\frac{16}{7} + 0{,}5 + 7\frac{4}{5} - \frac{18}{15}$
c) $2\frac{1}{3} - \frac{13}{4} - \frac{9}{6} + 3{,}75$ d) $1\frac{2}{7} + \frac{19}{21} - \frac{2}{7} - \frac{1}{3} - \frac{8}{6}$

8. Multiplizieren Sie.
a) $\frac{15}{12} \cdot \frac{3}{15} \cdot \frac{3}{4} \cdot \frac{4}{9} \cdot \frac{1}{3}$ b) $\frac{3}{4} \cdot 0{,}25 \cdot \frac{14}{3} \cdot \frac{12}{5}$

9. Multiplizieren und dividieren Sie.
a) $4\frac{4}{6} : \frac{7}{30} \cdot 2{,}4$ b) $2{,}75 : 1{,}25 \cdot \frac{9}{7}$

4 Potenzrechnen und Wurzelrechnen

4.1 Potenzieren

Die Multiplikation gleicher Faktoren wird auch als Potenzieren bezeichnet. Der **Rechenvorgang** kann als Potenz dargestellt werden.

Beispiel: $4 \cdot 4 \cdot 4 \cdot 4 \cdot 4 = \mathbf{1024}$
in anderer Schreibweise:

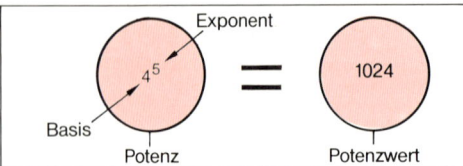

Die **Basis** ist der Faktor, der mit sich selbst multipliziert werden soll. Der **Exponent** gibt an, wie oft die Basis als Faktor vorhanden ist. Das Ergebnis wird als **Potenzwert,** der Rechenvorgang als **Potenzieren** bezeichnet.
Die Tabelle zeigt, wie mit Potenzen gerechnet wird.

Tab.: Rechnen mit Potenzen

Rechenart		
Voraussetzung: Die **Basen** und die **Exponenten** sind **gleich**		
	Beispiel:	Rechenvorgang:
+	$3m^2 + 4m^2 + 2m^2$ $= \mathbf{9m^2}$	Die Faktoren werden addiert und die Summe mit der Potenz multipliziert.
−	$12m^3 - 2m^3 - 7m^3$ $= \mathbf{3m^3}$	Die Faktoren werden subtrahiert und die Differenz mit der Potenz multipliziert.
Voraussetzung: Die **Basen** sind **gleich**		
	Beispiel:	Rechenvorgang
·	$4^2 \cdot 4^3 = \mathbf{4^5}$	Die Basis wird mit der Summe der Exponenten potenziert.
:	$7^5 : 7^2 = \mathbf{7^3}$	Die Basis wird mit der Differenz der Exponenten potenziert.
()^x	$(5^3)^2 = \mathbf{5^6}$ $(5^{-2})^{-2} = \mathbf{5^4}$	Die Basis wird mit dem Produkt der Exponenten potenziert.

Rechenart		
Voraussetzung: Die **Exponenten** sind **gleich**		
	Beispiel:	Rechenvorgang
·	$7^2 \cdot 5^2 = (7 \cdot 5)^2$ $= 35^2$	Das Produkt der Basen wird mit dem gemeinsamen Exponenten potenziert.
:	$8^3 : 2^3 = (8 : 2)^3$ $= 4^3$	Der Quotient der Basen wird mit dem gemeinsamen Exponenten potenziert.

Bei der **Division** von Potenzen kann der Exponent negativ werden.

Beispiel: $6^2 : 6^4 = 6^{2-4} = 6^{-2}$

Der Bruch kann auch anders geschrieben werden:

$6^2 : 6^4 = \dfrac{6 \cdot 6}{6 \cdot 6 \cdot 6 \cdot 6} = \dfrac{1}{6 \cdot 6} = \dfrac{1}{6^2} = \mathbf{6^{-2}}$

Der Potenzwert einer Potenz mit **negativem Exonenten** ist der **Kehrwert** des Potenzwertes der gleichen Potenz mit positivem Exponenten.

Beispiel 1: $6^{-3} = \dfrac{1}{6^3}$

Beispiel 2: $\dfrac{1}{2^{-4}} = 2^4$

Potenzen mit dem **Exponenten** 0 haben immer den Wert 1.

Beispiel: $3^4 : 3^4 = 3^{4-4} = \mathbf{3^0}$
$\dfrac{3 \cdot 3 \cdot 3 \cdot 3}{3 \cdot 3 \cdot 3 \cdot 3} = 1 = \mathbf{3^0}$

Potenzen mit der Basis 10 werden als **Zehnerpotenzen** bezeichnet (s. Tabelle).

Tab.: Zehnerpotenzen

10^3	=	$1000 = 10 \cdot 10 \cdot 10$
10^2	=	$100 = 10 \cdot 10$
10^1	=	$10 = 10$
10^0	=	1
10^{-1}	=	$0{,}1 = \dfrac{1}{10}$
10^{-2}	=	$0{,}01 = \dfrac{1}{100}$
10^{-3}	=	$0{,}001 = \dfrac{1}{1000}$

Zur Vereinfachung der Schreibweise großer oder kleiner Zahlen kann der Zahlenwert als Produkt einer Zahl mit einer Zehnerpotenz geschrieben werden.

Beispiel 1: $1\,140\,000 = 1{,}14 \cdot 1\,000\,000 = \mathbf{1{,}14 \cdot 10^6}$

Beispiel 2: $0{,}00000114 = \frac{1{,}14}{1\,000\,000} = \frac{1{,}14}{10^6}$
$= \mathbf{1{,}14 \cdot 10^{-6}}$

> **Brüche** werden **potenziert**, indem der Zähler und der Nenner potenziert werden.

Beispiel: $\left(\frac{3}{4}\right)^2 = \frac{3^2}{4^2} = \frac{9}{16}$

Aufgaben

1. Schreiben Sie als Potenzen.
a) $5 \cdot 5 \cdot 5 \cdot 5$ b) $\frac{1}{4} \cdot \frac{1}{4} \cdot \frac{1}{4}$
c) $16,\ 27,\ 144$ d) $-8,\ -64,\ -125$

2. Ergänzen Sie die fehlenden Tabellenwerte.

	a)	b)	c)	d)
Basis	12	7	?	2
Exponent	2	?	3	?
Potenzwert	?	2401	729	$\frac{1}{16}$

3. Multiplizieren Sie.
a) $4^2 \cdot 4^3 \cdot 4$ b) $2^2 \cdot 2^3 \cdot 2^2 \cdot 2^4$
c) $5^3 \cdot 5^5 \cdot 5^{-3}$ d) $12^2 \cdot 12^{-3} \cdot 12^4 \cdot 12^{-5}$

4. Dividieren Sie.
a) $3^4 : 3^3$ b) $5^5 : 5^5$
c) $4^{-3} : 4^2$ d) $13^{-6} : 13^{-2}$

5. Potenzieren Sie.
a) $(2^3)^2$ b) $(4^2)^4$
c) $(9^2)^{-2}$ b) $(12^{-3})^{-3}$

6. Ermitteln Sie die jeweils erforderlichen Zehnerpotenzen.
a) $3\,450\,000 = 3{,}45 \cdot \ldots$
b) $765\,430\,000 = 76{,}543 \cdot \ldots$
c) $0{,}000123 = 1{,}23 \cdot \ldots$

7. Potenzieren Sie.
a) $\left(\frac{5}{12}\right)^2$ b) $\left(\frac{7}{3}\right)^2$ c) $\left(2\frac{1}{4}\right)^3$

8. Potenzieren und addieren Sie.
a) $\left(\frac{6}{9}\right)^2 + \left(\frac{9}{6}\right)^3$ b) $\left(\frac{2}{12}\right)^2 + \left(\frac{7}{3}\right)^3$

4.2 Wurzelziehen

Ein Produkt kann in mehrere gleiche Faktoren zerlegt werden.

Beispiele: $16 = 4 \cdot 4$ $81 = 3 \cdot 3 \cdot 3 \cdot 3$

Durch das **Wurzelziehen** bzw. **Radizieren** (radix, lat.: Wurzel) wird der Faktor berechnet, der mehrmals im Produkt mit **gleichen Faktoren** enthalten ist.

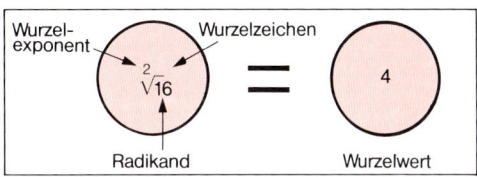

Der **Radikand** ist die Zahl, die in **gleiche** Faktoren zerlegt werden soll. Der **Wurzelexponent** gibt an, wie oft der Faktor im Radikanden enthalten sein soll. Der Rechenvorgang wird als **Radizieren** (Wurzelziehen) bezeichnet. Als Ergebnis ergibt sich der **Wurzelwert**.

Beispiele: $\sqrt[2]{16} = 4$, denn $4^2 = 4 \cdot 4 = \mathbf{16}$
$\sqrt[3]{27} = 3$, denn $3^3 = 3 \cdot 3 \cdot 3 = \mathbf{27}$

Der Rechenvorgang Radizieren kann auch in Potenzschreibweise ausgedrückt werden. In diesem Fall ist der Exponent eine Bruchzahl. Im Zähler steht eine 1, im Nenner der Wurzelexponent. Es gelten die Regeln der Potenzrechnung.

Beispiele: $\sqrt[2]{16} = 16^{\frac{1}{2}}$ $\frac{1}{\sqrt[2]{81}} = 81^{-\frac{1}{2}}$

> **Brüche** werden **radiziert**, indem der Zähler und der Nenner radiziert werden.

Beispiel: $\sqrt{\frac{16}{25}} = \frac{\sqrt{16}}{\sqrt{25}} = \frac{4}{5}$

Aufgaben

1. Berechnen Sie die Wurzeln.
a) $\sqrt[2]{16}$ b) $\sqrt[3]{27}$ c) $\sqrt[2]{64}$ d) $\frac{1}{\sqrt[2]{9}}$ e) $\frac{1}{\sqrt[3]{64}}$

2. Schreiben Sie die Wurzeln als Potenzen.
a) $\sqrt[2]{9}$ b) $\sqrt[2]{36}$ c) $\sqrt[3]{125}$ d) $\sqrt[4]{2401}$ e) $\frac{1}{\sqrt[2]{4}}$

3. Schreiben Sie die Potenzen als Wurzeln.
a) $5^{\frac{1}{2}}$ b) $34^{\frac{1}{4}}$ c) $612^{\frac{1}{6}}$ d) $36^{-\frac{1}{2}}$ e) $100^{-\frac{1}{4}}$

5 Formelumstellung

Durch Gleichungen werden mathematische und funktionale Zusammenhänge beschrieben. Deshalb heißen Gleichungen auch Funktionen.
In **mathematischen Gleichungen** können Zahlen und Buchstaben stehen. Die Buchstaben stehen dann anstelle von Zahlen (Platzhalter). Nur beim Einsetzen des richtigen Wertes für den Buchstaben ist die Bedingung der Gleichung – **ist gleich** – erfüllt.
Formeln sind Gleichungen, die den Zusammenhang physikalischer Größen darstellen. Mit Hilfe von Formeln werden unbekannte physikalische Größen aus bekannten physikalischen Größen berechnet. Welches die unbekannte physikalische Größe ist, hängt von der Aufgabenstellung ab.

Beispiel: $v = d \cdot \pi \cdot n$ v Umfangsgeschwindigkeit
  d Durchmesser
  n Drehzahl

Ziel der **Formelumstellung** ist es, die gesuchte Größe **allein auf eine Seite** der Gleichung zu bringen.
Beide Seiten der Gleichung sind durch das **Gleichheitszeichen** miteinander verbunden. Dieses Zeichen besagt, daß **beide Seiten** der Gleichung den **gleichen Wert** haben.
Vergleichbar ist dieser Zusammenhang mit dem **Gleichgewichtszustand** einer Balkenwaage.

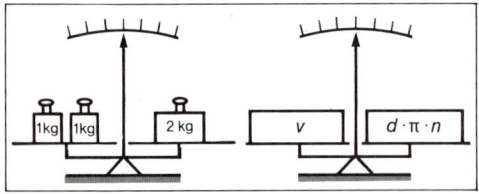

Dieser Gleichgewichtszustand wird nicht verändert, wenn auf beiden Seiten der Waage bzw. der Gleichung **dasselbe** verändert wird.

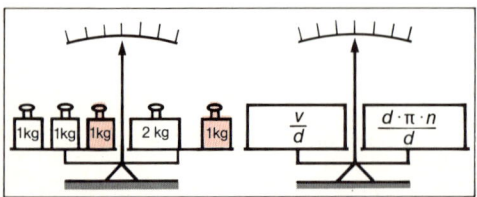

Soll die **gesuchte Größe (Unbekannte)** auf einer Seite der Formel stehen, müssen die anderen Größen, die neben der Unbekannten dort stehen, auf die andere Seite der Formel gebracht werden.
Um eine Größe auf die andere Seite der Formel zu bekommen, wird die Größe mit **entgegengesetztem Rechenzeichen** auf beiden Seiten der Formel hinzugefügt.
Die **Art des Rechenvorganges** richtet sich dabei nach dem Rechenzeichen vor der Größe, die auf die andere Seite gebracht werden soll.
Es muß auf **beiden Seiten** der Formel derselbe Rechenvorgang mit dem **gleichen Zahlenwert** (Buchstaben) erfolgen.

Beispiel: Die Gleichung
  $3x + 20 = x + 20 + 40$
  ist nach x umzustellen.

Bildliche Darstellung   Mathematische Darstellung

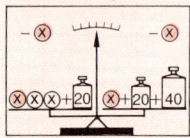

$3x + 20 = x + 20 + 40$

$+x$ wird auf die linke Seite gebracht
Rechenvorgang: auf beiden Seiten $-x$

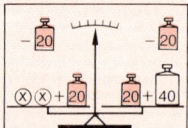

$3x - x + 20 = x - x + 20 + 40$

$2x + 20 = 20 + 40$

$+20$ wird auf die rechte Seite gebracht
Rechenvorgang: auf beiden Seiten -20

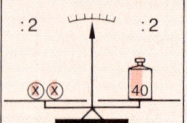

$2x + 20 - 20 = 20 - 20 + 40$

$2x = 40$

beide Seiten werden halbiert
Rechenvorgang: auf beiden Seiten $: 2$

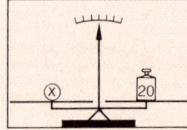

$$\frac{2x}{2} = \frac{40}{2}$$

$x = 20$

Kapitel 5: Formelumstellung

Für das **Umstellen von Formeln** können alle Grundrechenarten angewendet werden.

Beispiele: | Umstellung durch Addition oder Subtraktion

1) $A_{ges} = A_1 - A_2$ — Gesuchte Größe A_1
$A_{ges} + A_2 = A_1 - A_2 + A_2$ **Auf beiden Seiten** $+ A_2$
$A_{ges} + A_2 = A_1$ Seitentausch
$\mathbf{A_1 = A_{ges} + A_2}$

2) $d_m = d_1 + s$ — Gesuchte Größe d_1
$d_m - s = d_1 + s - s$ **Auf beiden Seiten** $-s$
$d_m - s = d_1$ Seitentausch
$\mathbf{d_1 = d_m - s}$

Beispiele: | Umstellung durch Multiplikation oder Division

1) $v = \frac{s}{t}$ — Gesuchte Größe s
Auf beiden Seiten $\cdot t$
$v \cdot t = \frac{s \cdot t}{t}$ Rechte Seite **kürzen**
$\mathbf{s = v \cdot t}$ Seitentausch

2) $A = l \cdot b$ — Gesuchte Größe l
Auf beiden Seiten $: b$
$\frac{A}{b} = \frac{l \cdot b}{b}$ Rechte Seite **kürzen**
$\mathbf{l = \frac{A}{b}}$ Seitentausch

Beispiele: | Umformen durch Potenzieren oder Radizieren

1) $\sqrt{\frac{2 \cdot s}{a}} = t$ — Gesuchte Größe s
Auf beiden Seiten $(\ )^2$
$\frac{2 \cdot s}{a} = t^2$ **Auf beiden Seiten** $\cdot \frac{a}{2}$
$\frac{2 \cdot s \cdot a}{2 \cdot a} = \frac{t^2 \cdot a}{2}$
$\mathbf{s = \frac{t^2 \cdot a}{2}}$

2) $d^2 = \frac{4 \cdot A}{\pi}$ — Gesuchte Größe d
Auf beiden Seiten $\sqrt{\ }$
$\mathbf{d = \sqrt{\frac{4 \cdot A}{\pi}}}$

Steht die Unbekannte im Nenner, wird auf beiden Seiten der Formel der Kehrwert (Reziprokwert) gebildet. Die Unbekannte steht dann im Zähler.

Beispiele:

1) $\frac{F_1}{F_2} = \frac{A_1}{A_2}$ — Gesuchte Größe A_2
$\frac{F_2}{F_1} = \frac{A_2}{A_1}$ Kehrwert
Auf beiden Seiten $\cdot A_1$
$\frac{F_2 \cdot A_1}{F_1} = \frac{A_2 \cdot A_1}{A_1}$ Rechte Seite **kürzen**
$\mathbf{A_2 = \frac{F_2 \cdot A_1}{F_1}}$ Seitentausch

2) $a = \frac{v}{t}$ — Gesuchte Größe t
$\frac{1}{a} = \frac{t}{v}$ Kehrwert
Auf beiden Seiten $\cdot v$
$\frac{v}{a} = \frac{t \cdot v}{v}$ Rechte Seite **kürzen**
$\mathbf{t = \frac{v}{a}}$ Seitentausch

Aufgaben

1. Beschreiben Sie den Unterschied zwischen einer mathematischen Gleichung und einer Formel.

2. Welche Bedingung muß erfüllt sein, um eine unbekannte Größe berechnen zu können?

3. Eine Größe soll von einer Seite der Gleichung auf die andere Seite gebracht werden. Wie kann dies ermöglicht werden?

4. Stellen Sie die folgenden Formeln nach den gesuchten Größen um.

a) $d_m = d_1 + s$ — s
b) $d_m = \frac{d_1 + d_2}{2}$ — d_1 und d_2
c) $r_m = \frac{d_1 + d_2}{4}$ — d_1 und d_2
d) $A = \frac{d^2 \cdot \pi}{4}$ — d^2
e) $M = F \cdot l$ — F und l
f) $p = \frac{F}{A}$ — F und A
g) $\frac{F_1}{F_2} = \frac{A_1}{A_2}$ — F_1, F_2 und A_1
h) $s = \frac{m}{A \cdot \varrho}$ — m, A und ϱ
i) $v = \frac{s}{t}$ — s und t
j) $v_u = \frac{d \cdot \pi \cdot n}{1000 \cdot 60}$ — d und n
k) $P_{eff} = \frac{M \cdot n}{9550}$ — M und n
l) $s_v = \frac{v \cdot t_v}{2}$ — v und t_v
m) $\varepsilon = \frac{V_h + V_c}{V_c}$ — V_h und V_c
n) $v_m = \frac{2 \cdot s \cdot n}{1000 \cdot 60}$ — s und n
o) $P_i = \frac{A_K \cdot s \cdot z \cdot p_{mi} \cdot n}{1200000}$ — A_K, s, z, p_{mi} und n

Dreisatz-, Prozent- und Mischungsrechnung

6.1 Dreisatzrechnen

Mit Hilfe des Dreisatzrechnens wird in drei *Teilschritten* mit bekannten Größen eine unbekannte Größe errechnet.

Die drei Teilschritte (drei Sätze) lauten:

Behauptungssatz: Aussage über Abhängigkeiten *bekannter* Größen

Mittelsatz: Aussage über Abhängigkeiten für *einen Teil der unbekannten* Größe

Schlußsatz: Schluß auf den *Wert der unbekannten* Größe.

Es werden unterschieden:
- Dreisatz mit gleichem Verhältnis,
- Dreisatz mit umgekehrtem Verhältnis.

Beide Arten können als
- einfacher Dreisatz oder
- zusammengesetzter Dreisatz gegeben sein.

Dreisatz mit gleichem Verhältnis

In diesem Dreisatz verhalten sich die Werte der bekannten und unbekannten Größen **verhältnisgleich** (direkt proportional), d.h., wenn der bekannte Wert steigt, steigt im gleichen Verhältnis der unbekannte Wert und umgekehrt.

Beispiel: 24 l Kraftstoff kosten 25,44 DM. Zu berechnen sind die Kosten für 42 l Kraftstoff.

Gesucht: Kosten für 42 l Kraftstoff in DM

Gegeben: Kosten für 24 l Kraftstoff betragen 25,44 DM

Lösung: **Behauptungssatz**
24 l kosten 25,44 DM
Mittelsatz
1 l kostet $\dfrac{25{,}44\,\text{DM}}{24\,l}$
Schlußsatz
42 l kosten $\dfrac{25{,}44\,\text{DM} \cdot 42\,l}{24\,l} =$ **44,52 DM**

Derartige Aufgaben können auch in einem Diagramm zeichnerisch dargestellt und gelöst werden:

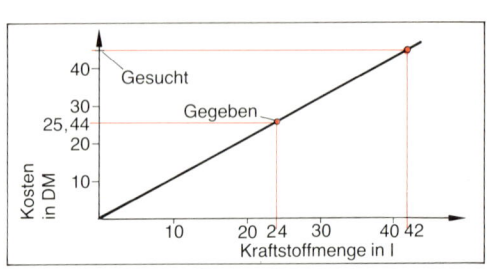

Dreisatz mit umgekehrtem Verhältnis

Hier verhalten sich die Werte der bekannten Größe und der unbekannten Größe **umgekehrt verhältnisgleich** (umgekehrt proportional), d.h., wenn der bekannte Wert steigt, sinkt im umgekehrten Verhältnis der unbekannte Wert und umgekehrt.

Beispiel: 10 Lkw transportieren eine Sandmenge in 2 Tagen. Wieviel Tage benötigen 4 Lkw für die gleiche Transportleistung?

Gesucht: Fahrzeit für 4 Lkw

Gegeben: Fahrzeit für 10 Lkw beträgt 2 Tage

Lösung: **Behauptungssatz**
10 Lkw fahren 2 Tage
Mittelsatz
1 Lkw fährt $10 \cdot 2$ Tage = 20 Tage
Schlußsatz
4 Lkw fahren $\dfrac{10 \cdot 2\,\text{Tage}}{4} =$ **5 Tage**

Diese Aufgaben können auch in einem Diagramm zeichnerisch dargestellt und gelöst werden:

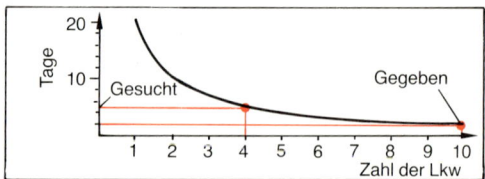

Zusammengesetzter Dreisatz

Für **drei** oder **mehrere voneinander abhängige Größen** ist die Berechnung nur durch einen zusammengesetzten Dreisatz möglich.

Beispiel: Sechs Bagger arbeiten täglich 6 h. Sie benötigen zum Ausheben einer Baugrube 12 Tage. Wieviel Tage würden 8 Bagger bei einer täglichen Arbeitszeit von 8 h für die gleiche Arbeit benötigen?

Gesucht: Zahl der Arbeitstage für 8 Bagger bei einer täglichen Arbeitszeit von 8 h.

Gegeben: Zahl der Bagger: 6 bzw. 8
Arbeitszeit: 12 Tage (6 h bzw. 8 h täglich)

Lösung: **Erster Dreisatz**

Behauptungssatz (6 Bagger bei 6 h Arbeitszeit)
6 Bagger arbeiten 12 Tage
Mittelsatz
1 Bagger arbeitet 12 Tage · 6
Schlußsatz
8 Bagger arbeiten $\frac{12\,\text{Tage} \cdot 6}{8}$ = **9 Tage**

Zweiter Dreisatz

Behauptungssatz (8 Bagger bei 8 h Arbeitszeit)
6 Arbeitsstunden/Tag an 9 Tagen
Mittelsatz
1 Arbeitsstunde/Tag an 9 Tagen · 6
Schlußsatz
8 Arbeitsstunden/Tag an $\frac{9\,\text{Tagen} \cdot 6}{8}$

Bei einer täglichen Arbeitszeit von 8 Stunden arbeiten 8 Bagger **6,75 Tage**

Aufgaben

1. Ein Kraftfahrzeug hat auf einer Fahrstrecke $s = 4500$ km einen Ölverbrauch von 3,6 l. Welchen Ölverbrauch in l hat das Fahrzeug auf einer Fahrstrecke von 10000 km?

2. Die Kammer eines Tankfahrzeugs (5000 l Fassungsvermögen) wird in 8 min gefüllt. Die Förderleistung der Pumpe beträgt 625 $\frac{l}{\text{min}}$. Welche Förderleistung in $\frac{l}{\text{min}}$ muß eine Pumpe haben, wenn die Kammer in 6,65 min gefüllt werden soll?

3. Für eine Fahrstrecke von 585 km benötigt ein Kraftfahrzeug eine Fahrzeit von 5,41 h. Welche Zeit in h benötigt das Kraftfahrzeug bei gleicher Durchschnittsgeschwindigkeit für eine Strecke von 320 km?

4. Mit einer Tankfüllung fährt ein Kraftfahrzeug eine Strecke von 508 km. Der Kraftstoffstreckenverbrauch k_s beträgt 11,8 l für 100 km. Wieviel km fährt das Kraftfahrzeug bei gleichem Tankinhalt, wenn der Kraftstoffstreckenverbrauch k_s auf 9,7 l je 100 km gesenkt wird?

5. 2,5 m² Stahlblech haben eine Masse von 3,925 kg. Wie groß ist die Masse in kg von 7,1 m² Stahlblech?

6. Eine Straßenreparatur wird von 11 Arbeitern in 8 Stunden durchgeführt. Wieviel Zeit in h und min benötigen 5 Arbeiter für die gleiche Reparatur?

7. Ein Pkw mit einer Geschwindigkeit von 120 $\frac{\text{km}}{\text{h}}$ benötigt für eine Strecke 2 h. Wieviel h ist der Pkw für die gleiche Strecke mit einer Geschwindigkeit von 50 $\frac{\text{km}}{\text{h}}$ unterwegs?

8. Ein Kraftfahrzeug fährt in 2 min 2,3 km. Wieviel km fährt das Kraftfahrzeug in 1 h?

9. In einem Automobilwerk werden von 8 Facharbeitern täglich 320 Motoren auf dem Prüfstand kontrolliert. Wieviel Facharbeiter müssen zusätzlich eingestellt werden, wenn täglich 480 Motoren überprüft werden sollen?

10. 8 Roboter schweißen bei einem 8stündigen Einsatz an einem Tag 200 Rohkarossen zusammen. Wieviel Rohkarossen werden gefertigt, wenn 7 Roboter in 9stündigem Einsatz tätig sind?

11. 15 m² Stahlblech mit einer Dicke von 2 mm haben eine Masse von 23,55 kg. Welche Masse in kg haben 18,5 m² Stahlblech mit einer Dicke von 3,25 mm?

12. Bei einem 8stündigen Einsatz je Tag verbrauchen 4 Kraftfahrzeuge 305 l Kraftstoff.
a) Wie lange können 5 Fahrzeuge mit der gleichen Kraftstoffmenge fahren?
b) Wieviel l Kraftstoff sind erforderlich, wenn die 5 Fahrzeuge 9 h fahren?
c) Wie viele Tage können 4 Fahrzeuge bei 8stündigem Einsatz mit 410 l Kraftstoff fahren?

13. Aus einem Tanklager werden Straßendienstfahrzeuge betankt. Der Vorrat reicht für 120 Tage, wenn 8 Fahrzeuge jeweils 8 h im Einsatz sind. Wie lange reicht der Vorrat in Tagen, wenn 13 Fahrzeuge jeweils 6 h eingesetzt werden?

6.2 Prozentrechnen

Prozent (centum, lat.: hundert) heißt für Hundert. Der **Grundwert** ist die Menge, die in **100 gleiche Teile** zerlegt wird. **Ein Teil** ($\frac{1}{100}$) des Grundwertes ist **1 Prozent**. Ist der Wert für 1 Prozent bekannt, kann durch Multiplikation für jeden beliebigen **Prozentsatz** der entsprechende **Prozentwert** berechnet werden.

Der Prozentwert P ist abhängig vom

- Prozentsatz p und
- Grundwert G.

$$P = \frac{G \cdot p}{100\%}$$

P Prozentwert
G Grundwert
p Prozentsatz in %

Beispiel 1: Der Nettopreis einer Ware beträgt G = 220 DM.
Es gilt ein Mehrwertsteuersatz von p = 14%. Wie groß sind
a) der Prozentwert P in DM und
b) der Bruttopreis der Ware in DM?

Gesucht: P in DM und Bruttopreis in DM
Gegeben: G = 220 DM, p = 14%
Lösung: a) $P = \frac{G \cdot p}{100\%} = \frac{220 \, \text{DM} \cdot 14\%}{100\%}$

P = 30,80 DM

b) Bruttopreis = Nettopreis + Prozentwert
Bruttopreis = 220 DM + 30,80 DM
Bruttopreis = 250,80 DM

Beispiel 2: Der Bruttopreis einer Ware beträgt P = 250,80 DM. In ihm ist die Mehrwertsteuer von 14% enthalten.
Wie groß ist der Nettopreis G der Ware in DM?

Gesucht: G in DM
Gegeben: Bruttopreis ≙ Prozentwert P
P = 250,80 DM
Prozentsatz p = 114% (beinhaltet den Mehrwertsteuersatz)

Lösung: $G = \frac{P \cdot 100\%}{p} = \frac{250,80 \, \text{DM} \cdot 100\%}{114\%}$

G = 220 DM

Wird der Grundwert in 1000 gleiche Teile zerlegt, so wird dies als **Promille-Rechnung** (pro mille, lat.: für tausend) bezeichnet. Ein Teil ($\frac{1}{1000}$) des Grundwertes ist **1 Promille**.

Aufgaben

1. Stellen Sie die Formel $P = \frac{G \cdot p}{100\%}$ nach p um.

2. Berechnen Sie die fehlenden Tabellenwerte.

	a)	b)	c)	d)
G	245 l	?	125 m²	1620 m
P	?	6,72 kg	152 m²	129,6 m
p	25%	12%	?	?

3. Ein Kunde kauft einen Reifen und erhält einen Rabatt (Preisnachlaß) von p = 20%. Der Nettopreis des Reifens beträgt G = 115,00 DM. Wie hoch ist der Rechnungsbetrag für einen Mehrwertsteuersatz von 14%?

4. Während einer Radtour wird eine Fahrstrecke von 205 km zurückgelegt. Am ersten Tag wurden 32% der Strecke bewältigt. Am dritten Tag mußte noch eine Strecke von 47 km gefahren werden. Wieviel km wurden am zweiten Tag gefahren?

5. a) Der Kraftstoffstreckenverbrauch k_s eines Kraftfahrzeugs wurde auf 10,58 l je 100 km gesenkt. Wieviel Kraftstoff in l (100%) verbrauchte das Fahrzeug vorher, wenn die Verbrauchsminderung 8% betrug?
b) Um wieviel % muß der Verbrauch gesenkt werden, wenn das Kraftfahrzeug nur noch 9,5 l verbrauchen soll?

6. Ein Pkw verbraucht 89 l Kraftstoff auf einer Fahrstrecke von 975 km. Wie groß ist die Verbrauchsabweichung in l und in %, wenn der Hersteller einen Kraftstoffstreckenverbrauch k_s von 8,7 l je 100 km angibt?

7. Ein Kunde bezahlt für seinen Pkw einen Bruttopreis von 23370 DM (einschließlich 14% Mehrwertsteuer). Berechnen Sie den Nettopreis des Pkw, wenn der Kunde einen Rabatt von 8% erhalten hat.

8. Ein Kunde zahlt einen Mehrwertsteuerbetrag von 215,20 DM. Der Mehrwertsteuersatz beträgt 14%.
Berechnen Sie den Nettopreis und den Bruttopreis der Ware.

9. Um welchen Betrag steigt der Kaufpreis eines Fahrzeugs, wenn der Nettopreis um 2,3% gesteigert wird? Ohne Preissteigerung hätte das Fahrzeug 38490,00 DM gekostet. Dem Kunden wird ein Rabatt von 17% eingeräumt (Mwst = 14%).

6.3 Mischungsrechnen

Die **Mischungsrechnung** wird z. B. für die Ermittlung der **Gefrierschutzmittel-Menge** in der Kühlflüssigkeit (s. Kap. 35.3) und der **Schmieröl-Menge** im Öl-Kraftstoff-Gemisch für Zweitaktmotoren angewandt.

Das **Mischungsverhältnis** M_i des Öl-Kraftstoff-Gemisches wird mit $A_S : A_{Kr}$ angegeben, z. B. 1:20, d. h. **1 Anteil Schmieröl** wird mit **20 Anteilen Ottokraftstoff** gemischt.
Es werden Mischungsverhältnisse von 1:20 bis 1:100 verwendet. Das jeweilige Mischungsverhältnis hängt z. B. von der zu schmierenden Werkstoffpaarung, der Oberflächenbeschaffenheit der zu schmierenden Bauteile oder der Größe der zu übertragenden Kräfte ab.

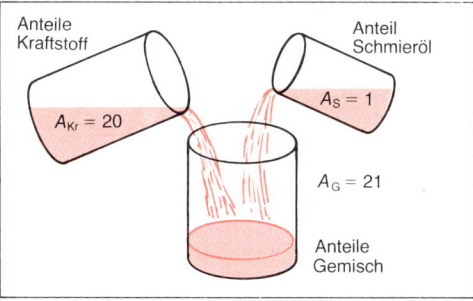

Das **Schmierölvolumen** verhält sich zum **Kraftstoffvolumen** wie die entsprechenden **Anteile.**

$$\boxed{\frac{V_S}{V_{Kr}} = \frac{A_S}{A_{Kr}} = M_i}$$

Mit $\dfrac{V_S}{A_S} = \dfrac{V_{Kr}}{A_{Kr}}$
und $A_S = 1$ folgt:

$$\boxed{V_S = \frac{V_{Kr}}{A_{Kr}}}$$

Da $\dfrac{V_S}{A_S} = \dfrac{V_G}{A_G}$ und
$A_G = A_{Kr} + A_S$ ist, folgt mit

$\dfrac{V_S}{A_S} = \dfrac{V_G}{A_{Kr} + A_S}$ und $A_S = 1$:

$$\boxed{V_S = \frac{V_G}{A_{Kr} + 1}}$$

M_i Mischungsverhältnis
V_S Schmierölvolumen in dm^3, l
V_{Kr} Kraftstoffvolumen in dm^3, l
A_S Schmierölanteile
A_{Kr} Kraftstoffanteile
V_G Gemischvolumen in dm^3, l
A_G Gemischanteile

Beispiel: Es werden 25 l Ottokraftstoff mit Zweitakt-Schmieröl im Verhältnis $M_i = 1:20$ gemischt. Zu berechnen ist das Schmierölvolumen V_S in l.

Gesucht: V_S in l
Gegeben: $V_{Kr} = 25\,l$, $A_{Kr} = 20$
Lösung: $V_S = \dfrac{V_{Kr}}{A_{Kr}} = \dfrac{25\,l}{20}$
$V_S = \mathbf{1{,}25\,l}$

Aufgaben

1. Stellen Sie die Formel $V_S = \dfrac{V_G}{A_{Kr} + 1}$ nach V_G um.

2. Es sollen $V_{Kr} = 25\,l$ Ottokraftstoff mit Zweitakt-Schmieröl im Verhältnis $M_i = 1:30$ gemischt werden. Wieviel Liter Schmieröl V_S sind erforderlich?

3. Der Kraftstoffbehälter eines Mopeds faßt $V_G = 9{,}5\,l$ Gemisch. Der Motorenhersteller schreibt ein Mischungsverhältnis von $M_i = 1:40$ vor.
Berechnen Sie für eine Kraftstoffbehälterfüllung
a) das Kraftstoffvolumen V_{Kr} in l und
b) das Schmierölvolumen V_S in dm^3.

4. Es werden $V_{Kr} = 30\,l$ Ottokraftstoff mit $V_S = 0{,}75\,l$ Zweitakt-Schmieröl gemischt.
Berechnen Sie das Mischungsverhältnis M_i.

5. Mit wieviel Litern Ottokraftstoff muß ein Zweitakt-Schmierölvolumen $V_S = 0{,}875\,l$ gemischt werden, um ein Mischungsverhältnis von $M_i = 1:75$ zu erhalten?

6. Es werden 15 l Ottokraftstoff mit 0,25 l Zweitakt-Schmieröl gemischt. Berechnen Sie
a) das Mischungsverhältnis M_i und
b) das Gemischvolumen V_G in dm^3.

7. Ein Kraftstoffbehälter faßt 22,8 l Gemisch. Es werden 0,3 Liter Zweitakt-Schmieröl eingefüllt. Berechnen Sie für eine Behälterfüllung
a) das Kraftstoffvolumen V_{Kr} in l und
b) das Mischungsverhältnis M_i.

8. In einen Kraftstoffbehälter werden 0,25 l Zweitakt-Schmieröl gegossen. Das Mischungsverhältnis soll 1:45 betragen. Berechnen Sie
a) das erforderliche Kraftstoffvolumen V_{Kr} in l und
b) das Gemischvolumen V_G in l.

7 Zeitberechnungen

Die **Basiseinheit** für die **Zeit** ist die **Sekunde** mit dem Einheitenzeichen s.

Vielfache der Basiseinheit Sekunde sind:

Einheit	Einheitenzeichen	Einheitengleichungen
Minute	min	1 min = 60 s
Stunde	h	1 h = 60 min
Tag	d	1 d = 24 h
Jahr	a	1 a = 365 d

Zeiten können als **Zeitpunkte** oder **Zeitspannen** angegeben werden.
Der **Zeitpunkt** ist ein genau festgelegter **Termin**, die **Zeitspanne** (Zeitdauer) beschreibt die **Differenz** zwischen zwei Zeitpunkten.
Nach DIN 1355 wird die Uhrzeit in arabischen Ziffern geschrieben. Zwischen den Angaben der Stunden, Minuten und Sekunden ist jeweils ein Punkt zu setzen. Die Minuten und Sekunden müssen immer mit zwei Ziffern angegeben werden.

Beispiel: Uhrzeit 9.15.08 9 Stunden
15 Minuten
08 Sekunden

Die Bezeichnung „Uhr" kann hinter den Ziffern stehen. Sie ist jedoch nicht erforderlich, wenn keine Verwechslung möglich ist.
Zeitspannen oder Zeiträume werden in Dezimalzahlen oder getrennt in Stunden, Minuten und Sekunden geschrieben.

Beispiel: Fahrzeit 1,52 h oder
1 h 31 min 12 s
Umrechnung:
1 h = 60 min
$0{,}52\,h = 60\,\frac{min}{h} \cdot 0{,}52\,h = \mathbf{31{,}2\,min}$
1 min = 60 s
$0{,}2\,min = 60\,\frac{s}{min} \cdot 0{,}2\,min = \mathbf{12\,s}$
1,52 h = **91,2 min**
91,2 min = 60 s · 91,2 = 5472 s
1,52 h = **5472 s**

Bei der Subtraktion von Zeiten werden jeweils die Differenzen der Zeiteinheiten s, min und h berechnet. Ist der Minuend kleiner als der Subtrahend, so wird **ein** Teil der nächstgrößeren Einheit in eine kleinere Einheit **umgerechnet** und dem Minuend zugeschlagen.

Beispiel 1:   12 h 15 min 10 s
− 8 h 09 min 15 s
Umrechnung:
15 min 10 s = 14 min 70 s

12 h 14 min 70 s
− 8 h 09 min 15 s
= **4 h 05 min 55 s**

Beispiel 2:   3 h 45 min 24 s
+ 5 h 36 min 30 s
= 8 h 81 min 54 s
Umrechnung: 81 min ≙ 1 h 21 min
= **9 h 21 min 54 s**

Aufgaben

1. Rechnen Sie in Dezimalzahlen um.
a) 4 h 36 min 12 s   b) 6 h 0 min 54 s
c) 18 h 24 min 38 s   d) 0 h 54 min 17 s

2. Rechnen Sie in h, min und s um.
a) 4,52 h   b) 100,55 min
c) 4650 s   d) 2,42 d

3. Berechnen Sie die Fahrzeiten.

	Abfahrt	Ankunft
a)	7.35.18	9.42.35
b)	3.34.45	12.22.19
c)	0.17.00	18.09.50
d)	23.12.30	7.05.20

4. Berechnen Sie die fehlenden Tabellenwerte.

	Abfahrt	Ankunft	Fahrzeit
a)	10.10.15	16.34.12	?
b)	6.45.00	?	4 h 15,6 min
c)	?	1.10.15	222,5 min

8 Winkelberechnungen

Zwei sich schneidende Geraden bilden einen ebenen Winkel.

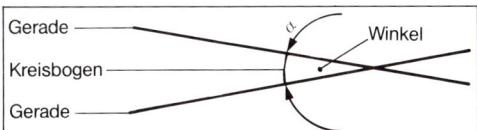

Winkel werden mit griechischen Buchstaben benannt (α, β, γ, ...) und können in verschiedenen Einheiten angegeben werden. Es werden folgende Winkeleinheiten unterschieden:

- Grad (°),
- Radiant (rad) und
- Gon (gon).

In der **Kraftfahrzeugtechnik** werden Winkel (z.B. Steuerzeiten, Kurbelwinkel) in **Grad** angegeben. Der 360ste Teil eines Vollwinkels ist der Grad. Der Grad (1°) hat 60 Minuten (60′), eine Minute hat 60 Sekunden (60″).

Beispiel: Umrechnen von Winkeleinheiten 1,48° in °, ′ und ″.

$$1° = 60′$$
$$0,48° = \frac{60′}{1°} \cdot 0,48° = 28,8′$$
$$1′ = 60″$$
$$0,8′ = \frac{60″}{1′} \cdot 0,8′ = 48″$$
$$\mathbf{1,48° = 1°\ 28′\ 48″}$$

Der Winkel in **Radiant** wird berechnet aus dem Verhältnis der Bogenlänge zwischen den Schenkeln des Winkels und dem Kreisradius von $r = 1$ m.

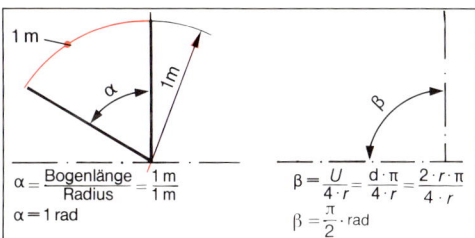

Winkel können auch in der Einheit **Gon** angegeben werden. Das Gon (gon) ist der 400ste Teil eines Vollwinkels. Ein Gon hat 100 cgon (Zentigon) und 1000 mgon (Milligon).

Die zahlenmäßige Beziehung zwischen den verschiedenen Einheiten zeigt die Tabelle.

Tab.: Umrechnungszahlen der Winkeleinheiten

Winkeleinheiten				
Grad		Radiant		Gon
360°	=	6,28 rad	=	400 gon
1°	=	$17,45 \cdot 10^{-3}$ rad	=	1,1 gon
57,296°	=	1 rad	=	63,66 gon
0,9°	=	$15,71 \cdot 10^{-3}$ rad	=	1 gon

Aufgaben

1. Rechnen Sie in Dezimalzahlen um.
a) 54° 24′ 30″ b) 185° 45′ 36″
c) 17° 55′ 52″ d) 144° 9′ 54″

2. Rechnen Sie in Grad, Minuten und Sekunden um.
a) 15,36° b) 5,8°
c) 45,45° d) 225,48°

3. Addieren und Subtrahieren Sie.
a) 36° 10′ 20″ + 24° 34′ 55″ + 115° 36′ 58″
b) 265° 45′ 45″ − 184° 18′ 55″ − 4° 12′ 54″
c) 19° 48′ 36″ + 120° 18′ 18″ − 40° 52′ 53″

4. Rechnen Sie in rad um.
a) 56°   b) 112°   c) 56 gon   d) 112 gon
e) 114° f) 720°   g) 200 gon h) 360 gon

5. Rechnen Sie in gon um.
a) 16,4°   b) 175,5°   c) 100°   d) 76,5°
e) $\frac{\pi}{3}$ rad   f) 3,14 rad   g) 1,00 rad   h) 5,5 rad

6. Rechnen Sie in Grad um.
a) 5,2 rad   b) 138 gon   c) $\frac{\pi}{5}$ rad   d) 90 gon
e) 8 rad   f) 485 gon   g) $\pi \cdot$ rad   h) 2 gon

7. 165 gon + 35° 16′ 45″ + 4 rad
Berechnen Sie den Gesamtwinkel und geben Sie das Ergebnis an in:
a) Grad   b) rad   c) gon

8. 268,25° + 2 rad − 100 gon
Berechnen Sie den Gesamtwinkel und geben Sie das Ergebnis an in:
a) Grad   b) rad   c) gon

 Lehrsatz des Pythagoras und schiefe Ebene

9.1 Lehrsatz des Pythagoras

Ein Dreieck mit einem rechten Winkel (90°) heißt **rechtwinkliges Dreieck**. Die Summe der beiden anderen Winkel beträgt 90° (s. Kap. 8.2).
Die dem rechten Winkel gegenüberliegende Seite heißt **Hypotenuse** und hat oft die Bezeichnung c. Die beiden anderen Seiten heißen **Katheten** und erhalten dann die Bezeichnung a und b.
In einem rechtwinkligen Dreieck besteht zwischen den quadratischen Flächen über den drei Seiten ein mathematischer Zusammenhang. Dieser Zusammenhang wird durch den **Lehrsatz des Pythagoras** beschrieben (Pythagoras, gr. Mathematiker, 580 bis 496 v. Chr.).

$$c^2 = a^2 + b^2$$

Im **rechtwinkligen Dreieck** ist die Summe der **Kathetenquadrate** gleich dem **Hypotenusenquadrat**.

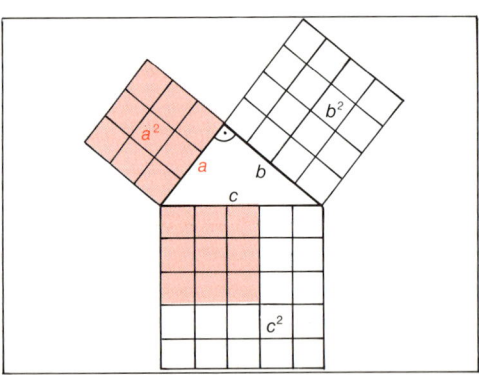

Beispiel: Ein Grundstück hat die Form eines rechtwinkligen Dreiecks. Die Seiten, welche den rechten Winkel bilden, haben die Längen $a = 12$ m und $b = 26$ m. Zu skizzieren ist das Grundstück. Die Katheten und die Hypotenuse sind zu bezeichnen. Zu berechnen ist die Hypotenuse c, sowie die Länge l des Zauns in m.

Gesucht: c in m, l in m
Gegeben: $a = 12$ m, $b = 26$ m

Lösung:

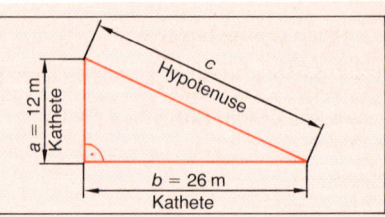

$c^2 = a^2 + b^2$ (Länge der Hypotenuse)
$c = \sqrt{a^2 + b^2}$
$c = \sqrt{(12\,\text{m})^2 + (26\,\text{m})^2}$
$c = \sqrt{144\,\text{m}^2 + 676\,\text{m}^2}$
$c = \sqrt{820\,\text{m}^2} = \textbf{28,6 m}$
$l = a + b + c = 12\,\text{m} + 26\,\text{m} + 28,6\,\text{m}$
$l = \textbf{66,6 m}$ (Länge des Zauns)

Aufgaben

1. Stellen Sie $c^2 = a^2 + b^2$ nach a und b um.

2. Berechnen Sie die fehlenden Tabellenwerte.

	a	b	c	d	e
Seite a	3 cm	2,5 m	?	?	5 cm
Seite b	2,5 cm	4,2 m	12 mm	4 dm	?
Seite c	?	?	16 mm	65 cm	1,2 dm

3. Berechnen Sie die Länge der Auffahrrampe in m.

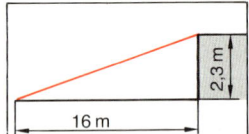

4. Wie groß ist das Maß b der Reifenaufstandsfläche in mm?

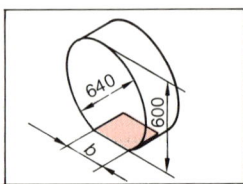

5. Um wieviel mm federt das Fahrzeug ein, wenn sich die Spurweite um 24 mm vergrößert?

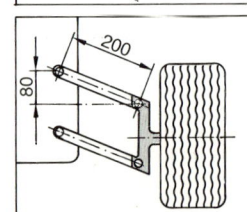

9.2 Schiefe Ebene

> Eine **Ebene**, die zu einer waagerechten **Hauptebene** um den Winkel α **geneigt** ist, heißt **schiefe Ebene**.

Mit Hilfe der schiefen Ebene kann z.B. eine große Masse m (mit der Gewichtskraft G) durch eine kleine Zugkraft F_z um die Hubhöhe h_G gehoben werden. Dabei wirkt die Zugkraft F_z in Richtung der schiefen Ebene längs eines Kraftweges s. Anwendungen der schiefen Ebene sind z.B. Laderampe, Keil oder Schraube.

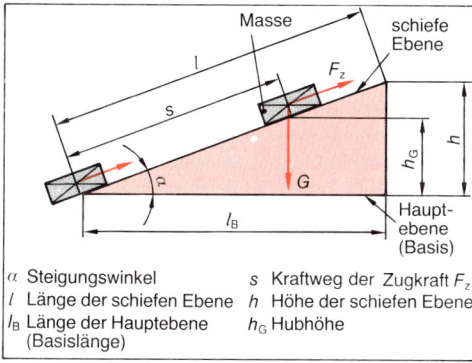

- α Steigungswinkel
- l Länge der schiefen Ebene
- l_B Länge der Hauptebene (Basislänge)
- s Kraftweg der Zugkraft F_z
- h Höhe der schiefen Ebene
- h_G Hubhöhe

> Mit Hilfe der schiefen Ebene können **große Massen** durch **kleine Zugkräfte** (bei verlängertem Weg) durch Verschieben angehoben werden.

Da die zu verrichtende Arbeit gleich der gewonnenen ist, ergibt sich: $W_1 = W_2$.

Mit $W_1 = F_z \cdot s$ und $W_2 = G \cdot h_G$ folgt:

$$F_z \cdot s = G \cdot h_G$$

- F_z Zugkraft längs (parallel) zur schiefen Ebene in N
- s Kraftweg in m
- G Gewichtskraft in N
- h_G Hubhöhe der Masse in m

An der schiefen Ebene treten **Reibungsverluste** auf, die durch den Wirkungsgrad η berücksichtigt werden.

Aus $W_1 \cdot \eta = W_2$ folgt:

$$F_z \cdot s \cdot \eta = G \cdot h_G$$

- η Wirkungsgrad
- F_z Zugkraft längs (parallel) zur schiefen Ebene in N
- s Kraftweg in m
- G Gewichtskraft in N
- h_G Hubhöhe der Masse in m

Beispiel: Wie groß ist die aufzuwendende Zugkraft F_z längs der schiefen Ebene in N für das Hochziehen einer Kiste? Die Gewichtskraft G der Kiste beträgt 2000 N und ist über eine schiefe Ebene $h = 3$ m hoch zu heben. Dabei wird die Kiste um $s = 11$ m verschoben. Der Wirkungsgrad ist $\eta = 0,6$.

Gesucht: F_z in N
Gegeben: $G = 2000$ N, $h_G = 3$ m, $s = 11$ m, $\eta = 0,6$
Lösung: $F_z \cdot s \cdot \eta = G \cdot h_G$

$$F_z = \frac{G \cdot h_G}{s \cdot \eta}$$

$$F_z = \frac{2000 \text{ N} \cdot 3 \text{ m}}{11 \text{ m} \cdot 0,6}$$

$$F_z = \mathbf{909,1 \text{ N}}$$

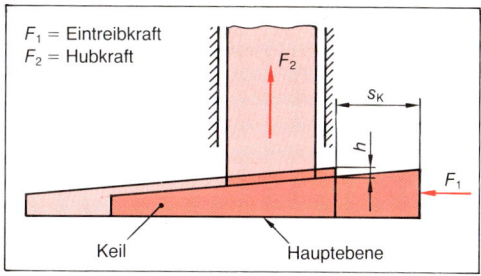

- F_1 = Eintreibkraft
- F_2 = Hubkraft

Der **Keil** ist eine weitere Anwendung der schiefen Ebene. Die Eintreibkraft F_1 wirkt parallel zur Hauptebene. Senkrecht zu dieser Ebene entsteht die Hubkraft F_2. Aus der **Gleichsetzung** von **Eintreibarbeit** und **Hubarbeit** folgt unter Berücksichtigung des Wirkungsgrades:

$$F_1 \cdot s_K \cdot \eta = F_2 \cdot h$$

- F_1 Eintreibkraft in N
- F_2 Hubkraft in N
- s_K Weg des Keils in m (Kraftweg der Kraft F_1)
- h Hubweg in m
- η Wirkungsgrad

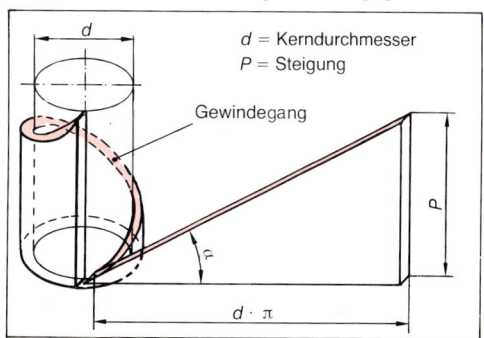

- d = Kerndurchmesser
- P = Steigung

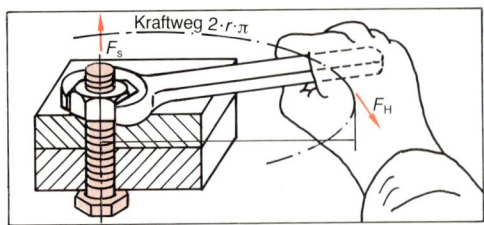

Mit der **Schraube** können große Kräfte erzeugt werden, da das **Gewinde** als eine schiefe Ebene aufgefaßt werden kann, die um einen Zylinder gewickelt ist.

Durch die Wirkung der Schraube wird in ihrer Längsrichtung die Hubarbeit W_2 verrichtet. Sie ist das Produkt aus der Schraubenkraft F_S und dem Kraftweg P (d.h. der Gewindesteigung).

$W_2 = F_S \cdot P$

Wenn die Schraube bzw. die Mutter den Kraftweg P zurücklegt, wirkt am Schraubenschlüssel die Handkraft (Drehkraft) F_H längs des Kraftwegs (Kreisumfang) $2 \cdot r \cdot \pi$, d.h. die Arbeit W_1.

$W_1 = F_H \cdot 2 \cdot r \cdot \pi$

Da $W_1 = W_2$ ist, folgt

$F_H \cdot 2 \cdot r \cdot \pi = F_S \cdot P$.

Aufgrund der Gewindereibung muß ein Wirkungsgrad η berücksichtigt werden.

$\boxed{F_H \cdot 2 \cdot r \cdot \pi \cdot \eta = F_S \cdot P}$

- F_H Handkraft in N
- r Länge des Hebelarms am Schraubenschlüssel in m
- η Wirkungsgrad
- F_S Schraubenkraft in N
- P Gewindesteigung in m

Beispiel: Zu berechnen ist die Schraubenkraft F_S in N, die durch das Anziehen einer Radmutter M 14 × 1,5 entsteht.
Am Kreuzschlüssel wirkt je Hand eine Handkraft F_H von 200 N. Der wirksame Hebelarm bis Mitte Kreuzschlüssel ist $r = 18$ cm. Der Wirkungsgrad beträgt $\eta = 0,7$.

Gesucht: F_S in N
Gegeben: $P = 1,5$ mm, $F_H = 200$ N, $r = 18$ cm, $\eta = 0,7$
Lösung: $2 \cdot F_H \cdot 2 \cdot r \cdot \pi \cdot \eta = F_S \cdot P$

$F_S = \dfrac{2 \cdot F_H \cdot 2 \cdot r \cdot \pi \cdot \eta}{P}$

$F_S = \dfrac{2 \cdot 200\,N \cdot 2 \cdot 0,18\,m \cdot \pi \cdot 0,7}{0,0015\,m}$

$F_S = \mathbf{211\,115\,N}$

Aufgaben

1. Stellen Sie die Formel $F_Z \cdot s \cdot \eta = G \cdot h_G$ nach s, η, G und h_G um.

2. Mit welcher Kraft F_Z in N muß ein Pkw eine schiefe Ebene hochgezogen werden? Die Gewichtskraft eines Pkw beträgt $G = 10500$ N. Die schiefe Ebene ist $l = 9$ m lang und $h = 2$ m hoch. Der Wirkungsgrad beträgt $\eta = 0,93$.

3. Berechnen Sie die fehlenden Werte an der schiefen Ebene.

	a	b	c	d	e
F_Z in N	?	300	1010	800	2000
s in m	10	8	?	14	7
η	0,8	0,7	0,75	?	0,6
G in N	1500	?	1900	9500	8000
h_G in m	2	1,7	3	0,8	?

4. Stellen Sie die Formel $F_1 \cdot s_K \cdot \eta = F_2 \cdot h$ nach F_1, s_K, η, F_2 und h um.

5. Welche Kraft F_2 in N wirkt auf den Austreiblappen eines Bohrers? Die Austreibkraft F_1 beträgt 130 N und der Keil hat eine Neigung von 1 : 15 (Höhe zu Basislänge). Wirkungsgrad $\eta = 0,65$.

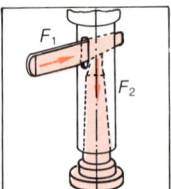

6. Stellen Sie die Formel $F_H \cdot 2 \cdot r \cdot \pi \cdot \eta = F_S \cdot P$ nach F_H, r, η und P um.

7. Welche Kraft F_S in N wird von einer Handpresse erzeugt, die mit einer Handkraft von 130 N an einem Drehkreuz mit 850 mm Durchmesser bedient wird? Die Steigung P der Gewindespindel beträgt 7 mm und der Wirkungsgrad ist 0,83.

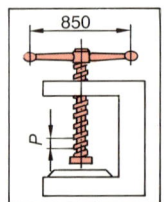
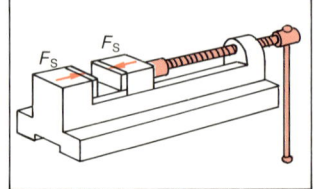

8. Berechnen Sie die Spannkraft F_S in N eines Maschinenschraubstocks. Die Gewindespindel hat ein Trapezgewinde Tr 26 × 5. Wirkungsgrad $\eta = 0,75$. An dem Hebelarm von 260 mm Länge wirkt eine Handkraft von 100 N.

10 Rechnen mit Hilfsmitteln

Als Rechenhilfsmittel haben sich Tabellen und Taschenrechner durchgesetzt.

10.1 Tabellen

Tabellen enthalten in Spalten und Zeilen gegliedert Zahlenwerte. Diese werden z.B. für die folgenden Rechenvorgänge aufgelistet:

- n^2 **Flächenberechnung** quadratischer Flächen mit der Kantenlänge n,
- n^3 **Volumenberechnung** eines Würfels mit der Kantenlänge n,
- $\sqrt{n}$ **Wurzelziehen** aus dem Zahlenwert n,
- $d \cdot \pi$ **Berechnung des Kreisumfanges** für einen Kreis mit dem Durchmesser d,
- $\dfrac{d^2 \cdot \pi}{4}$ **Kreisflächenberechnung** für einen Kreis mit dem Durchmesser d.

Die Tabelle liefert nur Zahlenwerte, die entsprechenden Einheiten müssen jeweils hinzugefügt werden.

Beispiel:

$n=d$	n^2	n^3	$\sqrt{n}$	$\sqrt[3]{n}$	$d \cdot \pi$	$\dfrac{d^2 \cdot \pi}{4}$
51	2601	132651	7,1414	3,7084	160,22	2042,82
52	2704	140608	7,2111	3,7325	163,36	2123,72
53	2809	148877	7,2801	3,7563	166,50	2206,18
54	2916	157464	7,3485	3,7798	169,65	2290,22
55	3025	166375	7,4162	3,8030	172,79	2375,83

Für einen Durchmesser von 54 mm ergibt sich aus der Tabelle für den Kreisumfang ein Zahlenwert von 169,65. Wird der Durchmesser in mm eingesetzt, so erhält auch der Umfang die Einheit mm. Hat der Ausgangswert eine andere Einheit, erhält auch das Ergebnis die andere Einheit, der Zahlenwert bleibt gleich.

Zahlenwert für d	Tabellenwert für $d \cdot \pi$	Einheit
54 mm	169,65	mm
54 cm	169,65	cm
54 m	169,65	m

Beispiel: Ermitteln Sie den Umfang U eines Kreises in dm, wenn $d = 5,4$ dm ist.

Gesucht: U in dm
Gegeben: $d = 5,4$ dm
Lösung: In der Tabelle steht für den Zahlenwert $d = 54$ ein Tabellenwert für den Umfang $U = 169,65$.

Für den Zahlenwert 5,4 bleibt die Zahlenfolge gleich, es wird lediglich das Komma nach links verschoben.
$U = 16,965$ dm.

$n=d$	n^2	n^3	$\sqrt{n}$	$d \cdot \pi$	$\dfrac{d^2 \cdot \pi}{4}$
101	10201	1030301	10,0499	317,30	8011,84
102	10404	1061208	10,0995	320,44	8171,28
103	10609	1092727	10,1489	323,58	8332,29
104	10816	1124864	10,1980	326,73	8494,87
105	11025	1157625	10,2470	329,87	8659,01

Wird für einen Durchmesser $d = 102$ mm die Kreisfläche gesucht, so steht in der Tabelle ein Zahlenwert von 8171,28. Da es sich um eine **Flächenberechnung** handelt, erhält der Zahlenwert die **Einheit mm²**.

Hat der Kreis einen Durchmesser von 10,2 cm, so kann die gleiche Zeile der Tabelle genutzt werden. Durch Überschlagsrechnung wird die Größenordnung des Ergebnisses bestimmt (z.B. $10 \cdot 10 \cdot \dfrac{\pi}{4}$ = etwa ein Wert um Hundert). Der richtige Zahlenwert lautet also 81,7128, das Ergebnis heißt vollständig $A = 81,71$ cm².

Aus den Tabellenwerten kann auch auf den Ausgangswert geschlossen werden.

Beispiel: Zu berechnen sind der Durchmesser d in cm eines Kreises mit einem Umfang von $U = 320,44$ cm.

Gesucht: d in cm
Gegeben: $U = 320,44$ cm
Lösung: Für den Tabellenwert 320,44 aus der Spalte – $d \cdot \pi$ – gilt der Zahlenwert $d = 102$. Da für den Umfang die Einheit cm gegeben ist, lautet das Ergebnis $d = 102$ cm.

10.2 Taschenrechner

Taschenrechner sind elektronische **Datenverarbeitungsgeräte**. Sie führen sehr schnell Rechenoperationen durch, die ihnen durch das Eingabeteil vorgeschrieben werden.

Aufbau eines Taschenrechners:

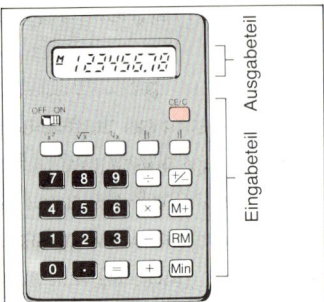

Das Tastenfeld des Eingabeteils hat für die Eingabe der Ziffern 10 Tasten, und je nach der Leistungsfähigkeit des Rechners, eine unterschiedliche Anzahl von **Funktionstasten.**

Die Grundrechenarten werden üblicherweise nach Eingabe einer/mehrerer Ziffern, durch Drücken der entsprechenden Funktionstaste und durch Eingabe der nächsten Ziffer/Ziffern durchgeführt. Das Ergebnis erscheint sofort oder nach Drücken der Funktionstaste im Ausgabeteil.

Beispiel: $3 \cdot 4 + 5 - 6 =$

Lösung: [ON] Inbetriebnahme des Rechners

Eingabe	Anzeige im Ausgabeteil
[3]	3
[×]	3
[4]	4
[+]	12
[5]	5
[−]	17
[6]	6
[=]	11

Mit der Taste [CE] (C = clear; E = entry) kann eine **fehlerhafte Eingabe gelöscht** werden (Eingabelöschtaste), ohne den vorangegangenen Rechenvorgang zu beeinflussen. Nach Eingabe des richtigen Wertes kann der Rechenvorgang weitergeführt werden. Soll ein Wert **gespeichert** werden, so erfolgt dies durch Drücken der Taste [M+]. Wird ein weiterer Zahlenwert mit der Taste [M+] eingegeben, so erfolgt eine Addition des Speicherwertes mit dem Eingabewert. Der **Speicherwert** erscheint nach dem Drücken der Taste [RM] (R = recall; M = memory) im Ausgabeteil.

Die Bedienung anderer Funktionstasten ist nicht einheitlich und muß daher der Bedienungsanleitung des Rechners entnommen werden.

Zur Sicherheit sollte das Rechenergebnis des Rechners immer durch Überschlagrechnung kontrolliert werden.

Aufgaben

1. Addieren Sie mit dem Taschenrechner.
a) $24 + 112 + 35\,666 + 8 + 567 + 333\,333$
b) $255,56 + 56,05 + 4,467 + 2588,356$

2. Subtrahieren Sie mit dem Taschenrechner.
a) $956 - 23 - 451 - 4 - 156 - 187$
b) $12\,356 - 900,59 - 3010,2 - 678,85$

3. Multiplizieren Sie mit dem Taschenrechner.
a) $455 \cdot 256$ b) $56\,867 \cdot 24$
c) $46\,578 \cdot 0,785$ d) $0,8875 \cdot 0,653$

4. Dividieren Sie mit dem Taschenrechner.
a) $356 : 215$ b) $12\,467 : 24,5$
c) $756,46 : 0,456$ d) $0,82 : 0,0245$

5. Rechnen Sie die folgenden Aufgaben:
a) $311 + 41 - 277 - 3 + 567 - 609$
b) $21,45 + 457,56 + 2000,45 - 412,55 - 257,300$
c) $11,5 \cdot 24.5 - 12,56 - 4,56 + 785,44$

6. Addieren und Subtrahieren Sie mit Hilfe des Taschenrechners.
a) $2,55 + \frac{125}{3} - 44,2 + 2\frac{9}{12} + 13,56$
b) $612,425 + \frac{35}{37} + \frac{117}{17} - 0,589 - \frac{5}{27}$

7. Berechnen Sie den Kreisumfang für die Durchmesser $d = 53$ cm; 92 mm; 7,4 m; 78,5 m; 8,12 cm mit der Tabelle.

8. Berechnen Sie mit der Tabelle die Kreisflächen für die Durchmesser $d = 84$ mm; 6,3 cm; 7,62 dm; 8,05 m.

9. Berechnen Sie mit der Tabelle die Quadratwurzeln aus den folgenden Zahlen: 64, 77, 99, 312, 105, 14, 47.

10. Potenzieren Sie die folgenden Zahlen mit dem Exponenten 2: 13, 19, 23, 31, 49, 51, 67, 115.

11 Graphische Darstellungen

Graphische Darstellungen (graphike techne, lat.: Schreib- und Zeichenkunst) sind bildliche Darstellungen zahlenmäßiger Zusammenhänge. Bildliche Darstellungen vermitteln übersichtlich die Veränderungen einer Größe in Abhängigkeit von einer zweiten oder einer dritten Größe.

11.1 Koordinatensysteme

In Koordinatensystemen (ordinare, lat.: ordnen) werden meist mathematische Funktionen bzw. physikalische Zusammenhänge dargestellt.

Koordinatensysteme mit **zwei Achsen** zeigen die Zuordnung. Jedem x-Wert wird genau ein y-Wert zugeordnet.

Räumliche Darstellungen erfordern ein Koordinatensystem mit **drei Achsen.**

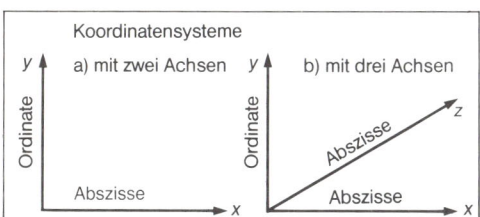

Die waagerechten Achsen heißen **Abszissen** (linea abscissa, lat.: abgeschnittene [Linie]), die senkrechte Achse ist die **Ordinate** (linea ordinata, lat.: geordnete Linie).

Im Schnittpunkt der Achsen liegt der Nullpunkt des Koordinatensystems. Die Achsen des Koordinatensystems werden mit Skalen versehen. Die Skalen zeigen mit einem geeigneten Maßstab und der entsprechenden Einheit die darzustellenden Größen.

Jeder Punkt im Koordinatensystem ist durch ein **Wertepaar** bestimmt. Die Verbindungslinie aller Punkte ist der **Kurvenzug**.

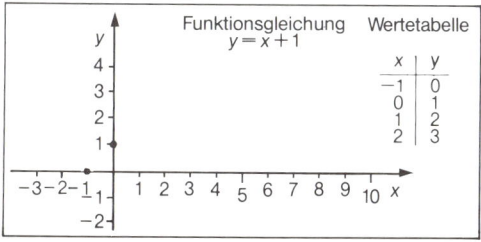

11.2 Diagramme

Diagramme zeigen funktionale Zusammenhänge zwischen Größen. Es werden unterschieden:
- Liniendiagramme,
- Säulendiagramme und
- Kreisdiagramme.

Liniendiagramme

Der Kurvenzug wird aus den verschiedenen Wertepaaren gebildet. Die Größen werden in einem sinnvollen Maßstab auf den Achsen dargestellt (z.B. $1\frac{m}{s} \triangleq 1\,cm$).

Im Diagramm können dann für jeden Kurvenpunkt die entsprechenden Wertepaare abgelesen werden.

Beispiel: Ein Kraftfahrzeug wird in 10 s auf eine Geschwindigkeit $v = 120\frac{km}{h}$ gleichförmig beschleunigt. Es ist das Diagramm zu zeichnen. Aus dem Kurvenzug ist zu ermitteln, welche Geschwindigkeit das Fahrzeug nach 4 s hat und wann eine Geschwindigkeit von $70\frac{km}{h}$ erreicht wird.

Lösung:
a) Festlegung der Maßstäbe,
b) Zeichnen und Beschriften der Koordinatenachsen,
c) Eintragen des gegebenen Wertepaares, Zeichnen der Kurve,
d) Ermittlung der gesuchten Werte.

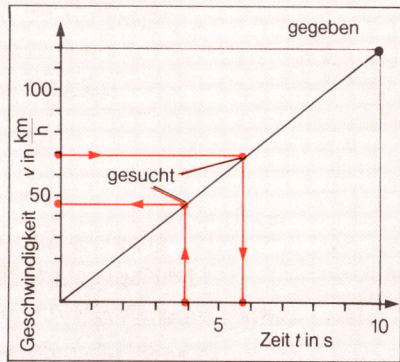

Geschwindigkeit nach $4\,s = \mathbf{48\,\frac{km}{h}}$.

Die Geschwindigkeit von $70\frac{km}{h}$ wird nach **5,8 s** erreicht.

Säulendiagramme

In Säulendiagrammen werden meist mengenmäßige Abhängigkeiten oder Zusammenhänge dargestellt (z.B. Kraftstoffverbräuche, Wählerstimmen, Umsatzzahlen).

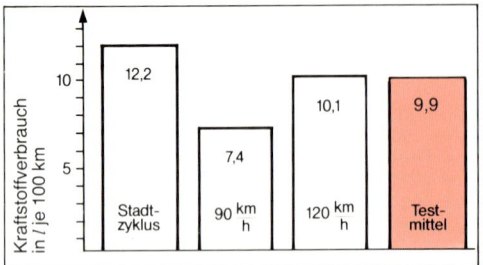

Kreisdiagramme

Kreisdiagramme zeigen die Aufteilung einer Gesamtmenge durch Kreissektoren. Die Angabe der Teilmengen kann prozentual oder in tatsächlichen Mengen erfolgen.

Gegenüber Text- oder Tabellenangaben sind die Anteile der verschiedenen Teilmengen deutlicher und schneller erkennbar.

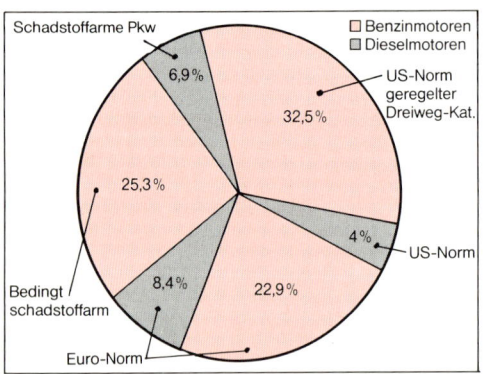

Schaubilder

Schaubilder sind perspektivische Darstellungen. Diese Art der Darstellung ist kürzer und übersichtlicher als Textteile oder Zahlenwerte.

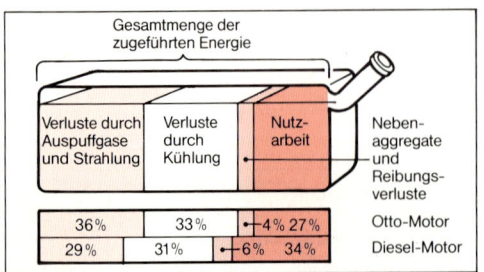

Aufgaben

1. Stellen Sie die Funktion $y = \frac{1}{3}x$ in einem Koordinatensystem graphisch dar. Tragen Sie die Wertepaare (x,y) ein für $x = -3$, $x = -2$, $x = 0$, $x = 1$, $x = 2$, $x = 4$.

2. Ermitteln Sie aus dem Diagramm für jede Kurve 4 Wertepaare.

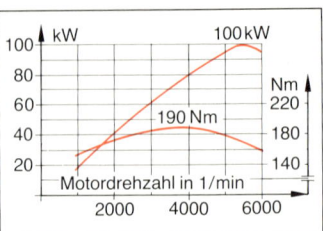

3. Für ein Kraftfahrzeug werden die folgenden Kraftstoffstreckenverbräuche ermittelt:

Stadtzyklus: 12,1 l je 100 km,

bei $90 \frac{km}{h}$: 6,2 l je 100 km,

bei 120 km: 7,9 l je 100 km

und ein Mittelwert im Test von 10,9 l je 100 km.

Zeichnen Sie ein Säulendiagramm und tragen Sie die gegebenen Werte ein.

4. Für ein Kraftfahrzeug entstehen im Jahr Kosten in Höhe von 6870 DM.

Steuer	345 DM
Versicherung	548 DM
Reifen	260 DM
Reparaturen	307 DM
Wertverlust	3150 DM
Betriebskosten	2260 DM

Zeichnen Sie ein Kreisdiagramm und stellen Sie die Aufteilung der Gesamtkosten dar.

5. Folgende Werte sind durch Versuch ermittelt und berechnet:

Motordrehzahl n in $\frac{1}{min}$	Drehmoment M in Nm	Motorleistung P_{eff} in kW
2000	153	32
3000	170	61
4000	177	74
4400	182	84
5000	181	95
5800	165	100
6000	156	98

Stellen Sie den Verlauf der Motorleistung P_{eff} und des Motordrehmoments M in Abhängigkeit von der Motordrehzahl in einem Diagramm dar.

12 Länge

Die **Länge** ist eine physikalische Größe. Ihre Einheit ist die SI-Basiseinheit **Meter** (das Meter) mit dem **Einheitenzeichen** m.

Das **Formelzeichen** der Länge ist *l*. Das Formelzeichen der Weg- und Kurvenlänge ist *s* (DIN 1304).

12.1 Umrechnung von Längenmaßen

Metrische Längenmaße

Teile oder Vielfache der SI-Einheit Meter: Dezimeter dm, Zentimeter cm, Millimeter mm.

1 km = 1000 m
1 m = 10 dm = 100 cm = 1000 mm
1 dm = 10 cm = 100 mm
1 cm = 10 mm
1 mm = 1000 µm

Für die Umrechnung einer Einheit ist es wichtig, ob in die nächst kleinere (in einen Teil) oder in die nächst größere Einheit (in ein Vielfaches) umgerechnet werden soll.

Der 10. Teil eines Meters ist ein Dezimeter (dm), ein Meter ist aber auch das Vielfache eines Zentimeters (cm).

gesuchte Teile einer Längeneinheit

· 1000 · 10 · 10 · 10 · 1000   10 und 1000
km m dm cm mm µm   Umrechnungs-
: 1000 : 10 : 10 : 10 : 1000   zahlen

gesuchte Vielfache einer Längeneinheit

Beispiel: 37,51 cm sind in mm, dm und m umzurechnen.

Lösung: 37,51 cm · 10 = **375,1 mm**
37,51 cm : 10 = **3,751 dm**
37,51 cm : 10 : 10 = **0,3751 m**

Nichtmetrische Längenmaße

Für die nichtmetrischen Längeneinheiten gelten folgende Beziehungen:

1 in. (inch, früher auch Zoll) = 0,0254 m = 25,4 mm
1 ft (foot) = 0,3048 m
1 yd (yard) = 0,9144 m
1 mile (mile, Landmeile) = 1609 m = 1,609 km

Die Längeneinheit das Inch wird überwiegend in den USA und Großbritannien verwendet.

Umrechnung: $x \text{ mm} = \frac{1}{25,4} \cdot x \text{ in.}$

für inch: $x \text{ in.} = 25,4 \cdot x \text{ mm}$

Aufgaben

1. Vervollständigen Sie die Tabelle, indem Sie die gegebenen Werte in die anderen Einheiten umrechnen.

	km	m	dm	cm	mm	µm
a)	0,0002	?	?	?	?	?
b)	?	0,033	?	?	?	?
c)	?	?	0,44	?	?	?
d)	?	?	?	5,6	?	?
e)	?	?	?	?	676,3	?
f)	?	?	?	?	?	12345

2. Addieren Sie die Längen, die mit unterschiedlichen Einheiten angegeben sind.

a) 24,3 cm   b) 1234 m   c) 800 mm
   360 mm   25,6 mm   1,2 m
+   7,3 dm   + 7,8 cm   + 23 dm
   ─────   ─────   ─────
     cm   mm   dm

3. Der Kolbenhub eines Motors beträgt 120 mm. Welchen Gesamtweg in m legt der Kolben bei einer Motordrehzahl von $2800 \frac{1}{\text{min}}$ in einer Stunde zurück?

4. Rechnen Sie in mm um.
a) $\frac{1}{4}$ in.   b) $\frac{3}{8}$ in.   c) 14 in.   d) $3\frac{5}{64}$ in.

5. Rechnen Sie in in. um.
a) 332 mm   b) 64 mm   c) 27,8 mm   d) 600 mm

6. Wie groß ist die Teilung eines Sägeblatts in mm? Das Sägeblatt hat 14 Zähne je inch.

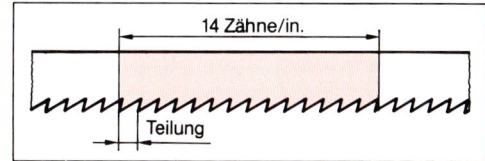

12.2 Maßstäbe

Technische Zeichnungen sind oft **verkleinerte** oder **vergrößerte** Darstellungen gegenüber der **wirklichen** Größe eines technischen Erzeugnisses. Aus dem Verhältnis der dargestellten Länge des Werkstückmaßes zum wirklichen (natürlichen) Maß ergibt sich der Maßstab:

$$\text{Maßstab} = \frac{\text{dargestellte Länge}}{\text{wirkliche Länge}}$$

$$M = \frac{l_d}{l_w}$$

Nach DIN ISO 5455 sind folgende Maßstäbe für technische Zeichnungen empfohlen:

Tab.: Empfohlene Maßstäbe

Vergrößerungs-maßstäbe	50:1 5:1	20:1 2:1	10:1
Natürlicher Maßstab			1:1
Verkleinerungs-maßstäbe	1:2 1:20 1:200 1:2000	1:5 1:50 1:500 1:5000	1:10 1:100 1:1000 1:10000

Der Maßstab **5:1** bedeutet, daß z.B. 5 mm auf der Zeichnung 1 mm in der Wirklichkeit entsprechen. Die Zeichnung im Maßstab 5:1 ist also eine **Vergrößerung**.

Der Maßstab **1:5** bedeutet, daß z.B. 10 mm auf der Zeichnung in der Wirklichkeit $\frac{10}{5}$ mm = 2 mm lang sind. Diese Zeichnung zeigt eine **Verkleinerung**.

Die **Maßzahlen** in technischen Zeichnungen entsprechen immer den **wirklichen** Längen.

Beispiel: Gesucht ist das Maß l_d in mm einer Zeichnung im Maßstab 1:50. Zu zeichnen ist die Länge eines Pkw mit $l_w = 4835$ mm.
Gesucht: l_d in mm
Gegeben: $M = 1:50$, $l_w = 4835$ mm
Lösung:
$$M = \frac{l_d}{l_w}$$
$$l_d = M \cdot l_w$$
$$l_d = \frac{1}{50} \cdot 4835 \text{ mm}$$
$$l_d = \mathbf{96{,}7 \text{ mm}}$$

Aufgaben

1. Ermitteln Sie, ob der Maßstab eine Vergrößerung oder Verkleinerung ist.
a) 20:1   b) 1:20   c) 5:1   d) 2:1
e) 1:10   f) 1:1000   g) 50:1   h) 1:200

2. Wie groß ist der jeweilige Maßstab?

	a)	b)	c)	d)	e)	f)	g)	h)
dargestellte Länge	23	55	240	275	20	60	1000	350
wirkliche Werkstück-länge	115	110	24	55	200	120	20	35

3. Ermitteln Sie für die gegebene Zeichnung den Maßstab.

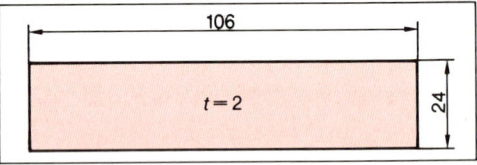

4. Für das Fahrzeug sind die Zeichnungsmaße zu ermitteln. Der Maßstab der Zeichnung ist 1:20.

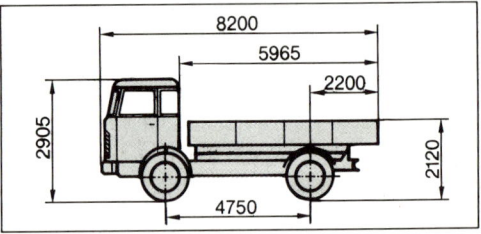

5. Ermitteln Sie den größtmöglichen Maßstab für die Zeichnung einer Dichtung. Blattgröße 210 mm × 297 mm. Die Darstellung kann im Hoch- oder Querformat liegen.

	a)	b)
Größte Länge der Dichtung	520 mm	480 mm
Größte Breite der Dichtung	400 mm	380 mm

Berechnen Sie nur einen der empfohlenen Maßstäbe nach DIN ISO 5455.

6. Auf einer Straßenkarte im Maßstab 1:10000 ist die gemessene Strecke von A nach B 23 mm lang. Berechnen Sie die wirkliche Entfernung von A nach B in m.

12.3 Teilung von Längen

> Die **Teilung** p ist das immer **gleiche Maß** zwischen den **Teilungspunkten** von Bohrungen, Durchbrüchen, Zähnen usw.

Die Anzahl der Teilungen ist nur auf einem Kreis gleich der Anzahl der Teilungspunkte.
Die Tabelle enthält die Formeln der drei möglichen Grundaufgaben der Teilungsberechnung.

Tab.: Teilungen

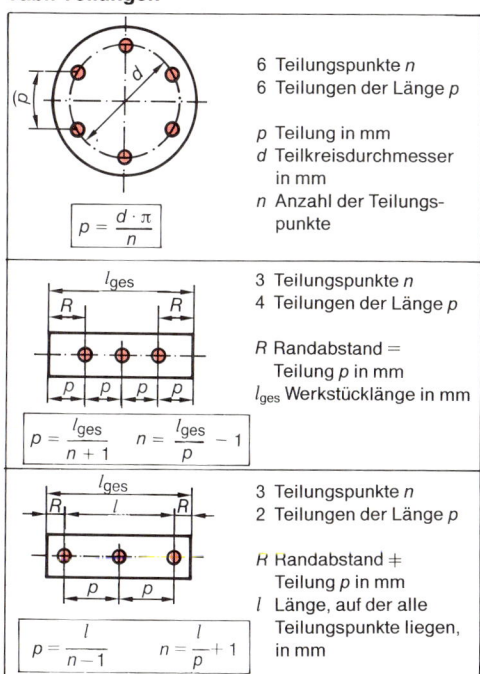

Aufgaben

1. Stellen Sie die Formel $p = \dfrac{d \cdot \pi}{n}$ nach d und n um.

2. Stellen Sie die Formel $p = \dfrac{l_{ges}}{n+1}$ nach l_{ges} um.

3. Wie groß ist die Teilung p in mm für einen Rohrflansch, der nach nebenstehender Zeichnung mit $n = 8$ Bohrungen versehen werden soll?
a) $d = 230$ mm
b) $d = 185$ mm
c) $d = 95$ mm

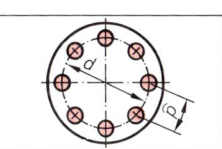

4. Wie groß muß der Durchmesser eines Teilkreises d in mm werden, wenn auf ihm 6 Bohrungen mit der Teilung $p = 35$ mm unterzubringen sind?

5. Ein 950 mm langer Rundstahl soll in 27 gleich lange Zylinder zersägt werden. Die Sägeschnittbreite wird vernachlässigt. Wie lang ist jeder Zylinder in mm?

6. Eine Abdeckleiste hat 12 Bohrungen. Wie groß ist die Teilung p in mm? Der Abstand von den Enden ist gleich der Teilung.

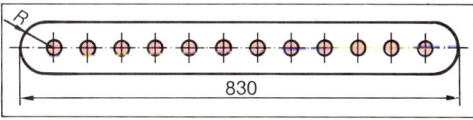

7. Wie lang muß ein Flachstahl in mm sein, der 4 Bohrungen im gleichen Abstand von 37 mm erhalten soll und der mit einem Radius $r = 20$ mm an jeder Seite abgerundet wird?

8. Zur Verstärkung soll ein Flachstahl mit einer Länge von 320 mm aufgeschraubt werden. Wie groß ist die Teilung p in mm, wenn 8 Schrauben verwendet werden sollen und die Schrauben von den Enden 10 mm entfernt sind?

9. a) Eine Zierleiste soll 10 Klemmen im gleichen Abstand erhalten. Wie groß ist der Abstand der Klemmen in mm, wenn sie von den Enden jeweils 30 mm entfernt sind und die Zierleiste 850 mm lang ist?
b) Berechnen Sie den Abstand der Klemmen in mm für eine Zierleiste von 770 mm Länge und einem Endabstand von 25 mm. Es sollen 12 Klemmen verteilt werden.

Beispiel: Ein Flachstahl soll 8 Bohrungen in gleichem Abstand erhalten. Dafür ist die Teilung p in mm zu berechnen. Die Länge des Flachstahls ist $l_{ges} = 460$ mm. Die beiden Endbohrungen haben vom Rand des Flachstahls einen Abstand von $R = 20$ mm.

Gesucht: p in mm
Gegeben: $n = 8$,
 $R = 20$ mm, $l_{ges} = 460$ mm
Lösung: $p = \dfrac{l}{n-1}$ $\quad l = l_{ges} - 2 \cdot R$
 $\phantom{p = \dfrac{l}{n-1}}$ $\quad l = 460$ mm $- 2 \cdot 20$ mm
 $p = \dfrac{420 \text{ mm}}{8-1}$ $\quad l = 420$ mm
 $p = \mathbf{60\ mm}$

12.4 Kreisbogen

Die **Bogenlänge des Kreises** l_B wird berechnet aus dem
- Kreisumfang U und dem
- Mittelpunktswinkel α des Kreisbogens.

Kreisumfang

$$U = d \cdot \pi$$

U Umfang in mm
d Kreisdurchmesser in mm

Die Zahl π (Pi) hat nach dem Komma unendlich viele Stellen. Für die meisten Aufgaben (auf 3 Stellen) genügt der Zahlenwert $\pi = 3{,}14$. In Taschenrechnern ist aber ein genauerer Wert für π gespeichert, z. B. 3,14159265.

Die **Zahl** π gibt an, wie häufig der Durchmesser im Kreisumfang enthalten ist: $\pi = \frac{U}{d}$.

Mittelpunktswinkel des Kreisbogens

Der Mittelpunktswinkel α eines Kreisbogens l_B ist ein Teil des Vollwinkels von 360°.

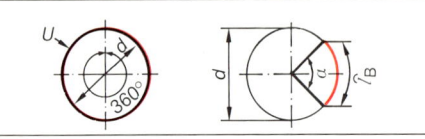

Der **Kreisbogen** l_B verhält sich zum Umfang U wie der Mittelpunktswinkel α zu 360°.

$$\frac{l_B}{U} = \frac{\alpha}{360°} \quad \text{oder} \quad l_B = \frac{U \cdot \alpha}{360°}$$

$$l_B = \frac{d \cdot \pi \cdot \alpha}{360°}$$

l_B Kreisbogen in mm
d Kreisdurchmesser in mm
α Mittelpunktswinkel in °
U Umfang in mm
360° Winkel des Vollkreises

Beispiel: Gesucht wird der Weg l_B des äußersten Punkts eines Scheibenwischerblatts in mm. Der Radius des Kreisbogens dieses Punktes beträgt $r = 320$ mm, der Schwenkwinkel $\alpha = 126°$.

Gesucht: l_B in mm
Gegeben: $r = 320$ mm, $\alpha = 126°$
Lösung:
$$l_B = \frac{d \cdot \pi \cdot \alpha}{360°} = \frac{2 \cdot r \cdot \pi \cdot \alpha}{360°}$$

$$l_B = \frac{2 \cdot 320 \text{ mm} \cdot 3{,}14 \cdot 126°}{360°}$$

$$l_B = 703{,}36 \text{ mm}$$

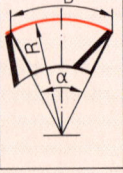

Aufgaben

1. Stellen Sie die Formel für die Kreisbogenlänge $l_B = \frac{d \cdot \pi \cdot \alpha}{360°}$ nach d und α um.

2. Wie groß ist der Weg U eines Rades in mm, wenn es sich einmal gedreht hat?
a) $r = 625$ mm   b) $r = 570$ mm   c) $r = 660$ mm

3. Wieviel Umdrehungen R_U hat ein Lkw-Reifen mit einem Durchmesser von 1150 mm auf einer Fahrstrecke von 1000 km ausgeführt?

4. Wie groß ist der Durchmesser d eines Meßrads in mm, das nach 1000 Umdrehungen 1 km zurücklegt?

5. Berechnen Sie die Größen l_B, α und r.

	l_B in mm	α in °	r in mm
a)	?	60°	200
b)	?	80°	150
c)	320	?	150
d)	350	?	200
e)	400	70	?
f)	370	30	?

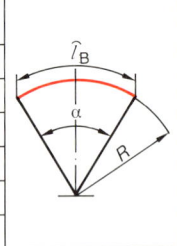

6. Wie lang ist der Keilriemenumfang in mm?

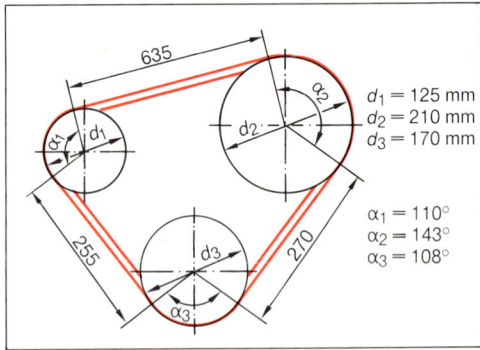

$d_1 = 125$ mm
$d_2 = 210$ mm
$d_3 = 170$ mm

$\alpha_1 = 110°$
$\alpha_2 = 143°$
$\alpha_3 = 108°$

7. Wie lang sind die Drahtzuschnitte l für folgende Klammern in mm?

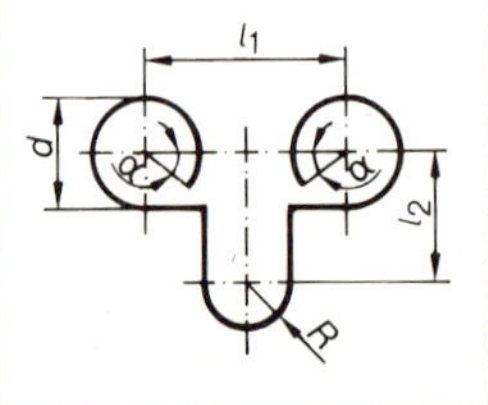

	a)	b)	c)
l_1	28	32	40
l_2	30	25	20
α	15°	30°	45°
d	10	12	15
R	5	6	8

12.5 Gestreckte Längen

Die Zuschnittlänge von Biegeteilen entspricht der gestreckten Länge des Werkstücks.

> Die **gestreckte Länge** eines Biegeteils ist gleich der Länge der neutralen Faser.

> Die **neutrale Faser** von Biegeteilen mit symmetrischem Querschnitt entspricht der Länge des mittleren Kreisbogens zwischen der äußeren und inneren Biegefaser.

Symmetrische Querschnitte sind z.B. der Kreis-, Quadrat-, Rechteck- oder Doppel-T-Querschnitt.

Die neutrale Faserlänge wird erst für Werkstücke ab etwa 3 mm Dicke berechnet, da die Zuschnittlänge dünnerer Werkstücke nur wenig von der Länge der neutralen Faser abweicht.

Mittlerer Durchmesser und Radius

Der mittlere Durchmesser d_m und Radius r_m können mit den folgenden Formeln ermittelt werden:

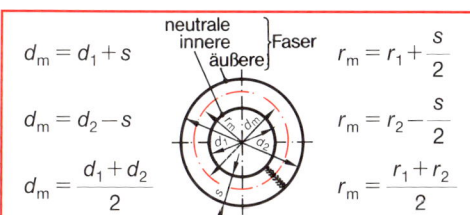

d_m mittlerer Durchmesser in mm
r_m mittlerer Radius in mm
d_1, d_2 innerer bzw. äußerer Biegedurchmesser in mm
r_1, r_2 innerer bzw. äußerer Biegeradius in mm
s Werkstückdicke in mm

Beispiel: Gesucht ist die gestreckte Länge l_s für den Zuschnitt eines Hakens nach nebenstehender Zeichnung in mm.

$l = 80$ mm
$r_1 = 30$ mm
$r_2 = 35$ mm

Gesucht: l_s in mm
Gegeben: $l = 80$ mm, $r_1 = 30$ mm, $r_2 = 35$ mm

Lösung: $l_s = l + \dfrac{d_m \cdot \pi}{2} = l + \dfrac{d_1 + d_2}{2} \cdot \dfrac{\pi}{2}$

$l_s = 80$ mm $+ \dfrac{60\text{ mm} + 70\text{ mm}}{2} \cdot \dfrac{3{,}14}{2}$

$l_s = \mathbf{182\ mm}$

Aufgaben

1. Berechnen Sie die gestreckte Länge l_s für einen Ring aus Rundstahl in mm.

	Rundstahl-durchmesser in mm	Innen-durchmesser in mm	Außen-durchmesser in mm
a)	15	200	
b)	20		300
c)		150	170

2. Berechnen Sie die gestreckte Länge l_s für einen Rahmen aus Flachstahl in mm.

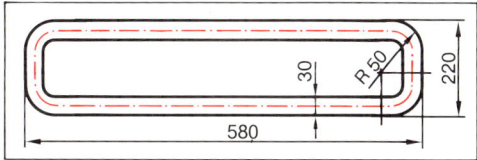

3. Berechnen Sie die gestreckte Länge l_s des abgebildeten Werkstücks in mm.

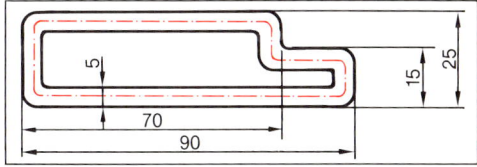

4. Berechnen Sie die gestreckte Länge l_s für eine Auspuffschelle in mm.

d in mm	s in mm	b in mm	α	β	r in mm
a) 60	3	20	90°	45°	40
b) 80	4	30	110°	35°	50
c) 90	5	45	70°	55°	35

5. a) Wieviel Schellen können aus einem Flachstahl mit einer Länge von 1,25 m gefertigt werden?
b) Wie groß ist der Verschnitt in Prozent?

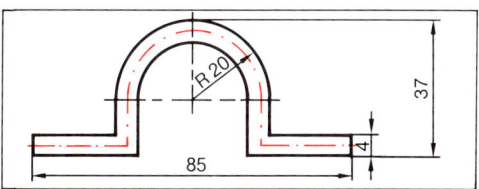

12.6 Toleranzen und Passungen

Werkstücke können nicht absolut genau gefertigt werden. Deshalb werden in technischen Zeichnungen zulässige, die Funktion nicht beeinträchtigende **Toleranzen** (Abweichungen) für die Maße angegeben.

Die tolerierten Maße, die **Paßmaße**, zweier zu fügender Bauteile **ergeben unterschiedliche Passungen.** Die Passungen sind die **Maßunterschiede zwischen dem Maß der Außen- und Innenpaßfläche** (z.B. Wellenfläche und Bohrungsfläche).

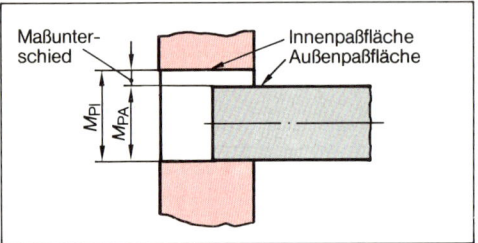

Ein **Paßmaß** M_P ist ein toleriertes Maß für eine Paßfläche (z.B. Fläche einer Bohrung) oder für die Lage von zwei Flächen, die das Paßmaß gemeinsam haben.

Die Innenpaßmaße haben den Index »I«, Außenpaßmaße den Index »A«.

Angabe des Paßmaßes durch Zahlen

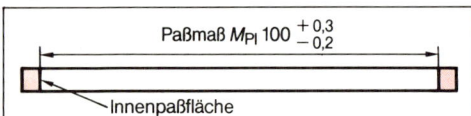

Nennmaß $N = 100$ mm
oberes Grenzabmaß $A_o = +0{,}3$ mm
unteres Grenzabmaß $A_u = -0{,}2$ mm

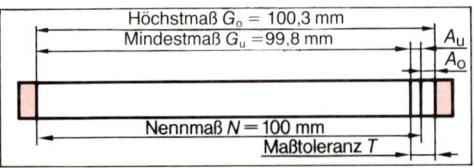

$$G_o = N + A_o$$
$$G_u = N + A_u$$

G_o Höchstmaß in mm
G_u Mindestmaß in mm
N Nennmaß in mm
A_o oberes Grenzabmaß in mm
A_u unteres Grenzabmaß in mm

$G_o = 100\,\text{mm} + (+0{,}3\,\text{mm}) = \mathbf{100{,}3\,mm}$
$G_u = 100\,\text{mm} + (-0{,}2\,\text{mm}) = \mathbf{99{,}8\,mm}$

Maßtoleranz

Die Maßtoleranz T ist die Differenz zwischen dem Höchst- und dem Mindestmaß.

$$T = G_o - G_u$$

T Maßtoleranz in mm
G_o Höchstmaß in mm
G_u Mindestmaß in mm

$T = 100{,}3\,\text{mm} - 99{,}8\,\text{mm} = \mathbf{0{,}5\,mm}$

Die Maßtoleranz ist immer positiv. Sie kann auch durch die Grenzabmaße berechnet werden.

$$T = A_o - A_u$$

T Maßtoleranz in mm
A_o oberes Grenzabmaß in mm
A_u unteres Grenzabmaß in mm

$T = +0{,}3\,\text{mm} - (-0{,}2\,\text{mm})$
$ = 0{,}3\,\text{mm} + 0{,}2\,\text{mm} = \mathbf{0{,}5\,mm}$

Beispiel: Berechnen Sie für den abgebildeten Kolbenbolzen das Höchstmaß, das Mindestmaß und die Maßtoleranz a) des Durchmessers und b) der Länge in mm.

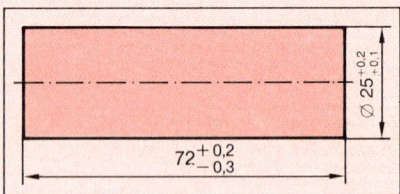

Gesucht: a) G_o, G_u und T in mm für den Durchmesser
b) G_o, G_u und T in mm für die Länge

Gegeben: Paßmaß für den Außendurchmesser
$M_{PA} = 25^{+0{,}2}_{+0{,}1}$
Paßmaß für die Länge $M_{PA} = 72^{+0{,}2}_{-0{,}3}$

Lösung: a) $G_o = N + A_o$
$G_o = 25\,\text{mm} + (+0{,}2\,\text{mm})$
$G_o = 25\,\text{mm} + 0{,}2\,\text{mm} = \mathbf{25{,}2\,mm}$

$G_u = N + A_u$
$G_u = 25\,\text{mm} + (+0{,}1\,\text{mm})$
$G_u = 25\,\text{mm} + 0{,}1\,\text{mm} = \mathbf{25{,}1\,mm}$

$T = A_o - A_u$
$T = (+0{,}2\,\text{mm}) - (+0{,}1\,\text{mm})$
$T = 0{,}2\,\text{mm} - 0{,}1\,\text{mm} = \mathbf{0{,}1\,mm}$

b) $G_o = N + A_o$
$G_o = 72\,\text{mm} + (+0{,}2\,\text{mm})$
$G_o = 72\,\text{mm} + 0{,}2\,\text{mm} = \mathbf{72{,}2\,mm}$

$G_u = N + A_u$
$G_u = 72\,\text{mm} + (-0{,}3\,\text{mm})$
$G_u = 72\,\text{mm} - 0{,}3\,\text{mm} = \mathbf{71{,}7\,mm}$

$T = A_o - A_u$
$T = (+0{,}2\,\text{mm}) - (-0{,}3\,\text{mm})$
$T = 0{,}2\,\text{mm} + 0{,}3\,\text{mm} = \mathbf{0{,}5\,mm}$

Kapitel 12: Länge

Aufgaben

1. Stellen Sie die Formeln $G_o = N + A_o$ und $G_u = N + A_u$ jeweils nach N und A_o bzw. A_u um.

2. Stellen Sie die Formel $T = G_o - G_u$ nach G_o und G_u und die Formel $T = A_o - A_u$ nach A_o und A_u um.

3. Berechnen Sie die fehlenden Tabellenwerte.

	M_P in mm	N in mm	A_o in mm	A_u in mm	G_o in mm	G_u in mm	T in mm
a)	$36^{+0,014}_{-0,011}$	?	?	?	?	?	?
b)	?	62,0	+0,003	−0,010	?	?	?
c)	?	80,0	+0,159	+0,072	?	?	?
d)	?	125,0	?	?	125,026	124,986	?
e)	?	305,0	?	?	304,944	?	0,052
f)	?	400,0	+0,480	?	?	?	0,250

4. a) Wie groß sind das Höchstmaß G_o und das Mindestmaß G_u eines Grenzlehrdorns in mm? Das Nennmaß ist $N = 32$ mm, das obere Grenzabmaß $A_o = -26\,\mu\text{m}$ und das untere Grenzabmaß $A_u = -88\,\mu\text{m}$.
b) Wie groß ist die Maßtoleranz T in mm?

5. Wie groß ist das Paßmaß M_P in mm für ein Ventil? Es hat eine Länge von 140 mm. Das obere Grenzabmaß A_o ist +0,080 mm, das untere A_u ist −0,025 mm.

6. Ermitteln Sie für alle Maße in der Zeichnung das Höchstmaß G_o und das Mindestmaß G_u in mm.

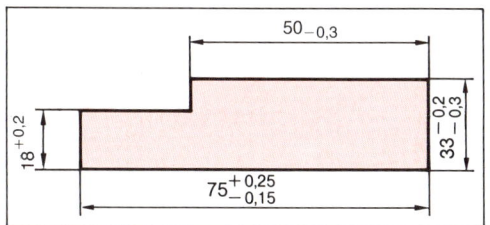

Paßmaße mit ISO-Kurzzeichen

Die Angaben für das obere und untere Grenzabmaß bzw. die Maßtoleranz können auch mit einem Kurzzeichen angegeben werden. Das ISO-Kurzzeichen für die Grenzabmaße setzt sich zusammen aus
- einem Buchstaben und
- einer Zahl.

Der Buchstabe bestimmt die Lage der Grenzabmaße zur Nullinie.
Die Zahl bestimmt die Größe der Grenzabmaße.

Innenpaßmaß (Bohrung): großer Buchstabe und Zahl hochgestellt.

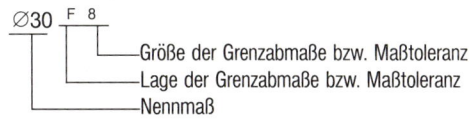

$\varnothing 30\,^{F\,8}$
— Größe der Grenzabmaße bzw. Maßtoleranz
— Lage der Grenzabmaße bzw. Maßtoleranz
— Nennmaß

Außenpaßmaß (Welle): kleiner Buchstabe und Zahl tiefgestellt, $\varnothing 30_{f8}$

Die wirklichen Zahlenwerte für die Grenzabmaße sind einer ISO-Grenzabmaßtabelle zu entnehmen (s. S. 35).

Es ist zu beachten, daß sich die Zahlenwerte trotz gleichen ISO-Kurzzeichens in Abhängigkeit vom Nennmaßbereich ändern.

Beispiel: Es soll ein Bolzen gefertigt werden. Benötigt werden die zahlenmäßigen Angaben der Grenzabmaße aus der ISO-Grenzabmaßtabelle sowie die Höchst- und Mindestmaße und die Maßtoleranzen in mm für a) den Durchmesser und b) die Länge des Bolzens.

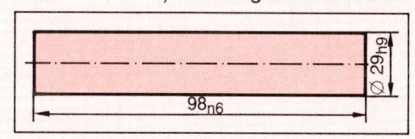

Gesucht: a) G_o, G_u, T für den Durchmesser in mm
b) G_o, G_u, T für die Länge in mm

Gegeben: a) ISO-Paßmaß $M_{PA} = 29_{h9}$, daraus folgt
$N = 29$ mm, aus der Tabelle folgt
$A_o = 0,0$ mm, $A_u = -0,052$ mm
b) ISO-Paßmaß $M_{PA} = 98_{n6}$, daraus folgt
$N = 98$ mm, aus der Tabelle folgt
$A_o = +0,045$ mm, $A_u = +0,023$ mm

Lösung: a) $G_o = N + A_u$
$G_o = 29$ mm $+ 0,0$ mm
$G_o = \mathbf{29,0\,mm}$

$G_u = N + A_u$
$G_u = 29$ mm $+ (-0,052$ mm$)$
$G_u = \mathbf{28,948\,mm}$

$T = A_o - A_u$
$T = 0,0$ mm $- (-0,052$ mm$)$
$T = \mathbf{0,052\,mm}$

b) $G_o = N + A_o$
$G_o = 98$ mm $+ 0,045$ mm
$G_o = \mathbf{98,045\,mm}$

$G_u = N + A_u$
$G_u = 98$ mm $+ 0,023$ mm
$G_u = \mathbf{98,023\,mm}$

$T = A_o - A_u$
$T = 0,045$ mm $- (+0,023$ mm$)$
$T = \mathbf{0,022\,mm}$

Passungen

Allgemein ist die **Passung** *P* der **Maßunterschied** von
Maß der Innenpaßfläche (z.B. Bohrung) **minus**
Maß der Außenpaßfläche (z.B. Welle).

$P = M_{PI} - M_{PA}$

- P Passung in mm
- M_{PI} Maß der Innenpaßfläche in mm
- M_{PA} Maß der Außenpaßfläche in mm

Aufgrund der gewählten Grenzabmaße A_o und A_u ergibt sich eine **positive Passung**, d.h., es entsteht ein **Spiel** P_S und/oder eine **negative Passung**, d.h., es entsteht ein **Übermaß** $P_Ü$.

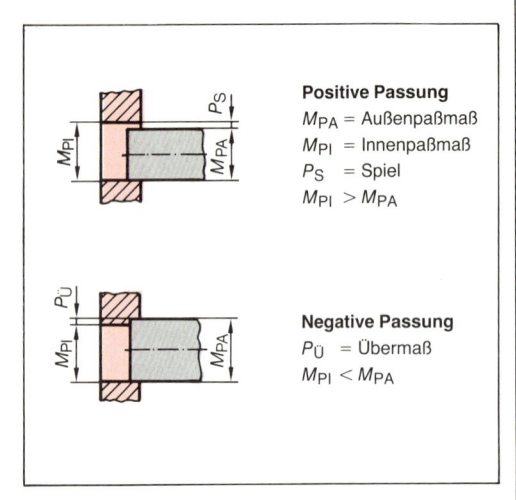

Positive Passung
- M_{PA} = Außenpaßmaß
- M_{PI} = Innenpaßmaß
- P_S = Spiel
- $M_{PI} > M_{PA}$

Negative Passung
- $P_Ü$ = Übermaß
- $M_{PI} < M_{PA}$

Grenzpassungen sind die **Höchstpassung** P_o und die **Mindestpassung** P_u.

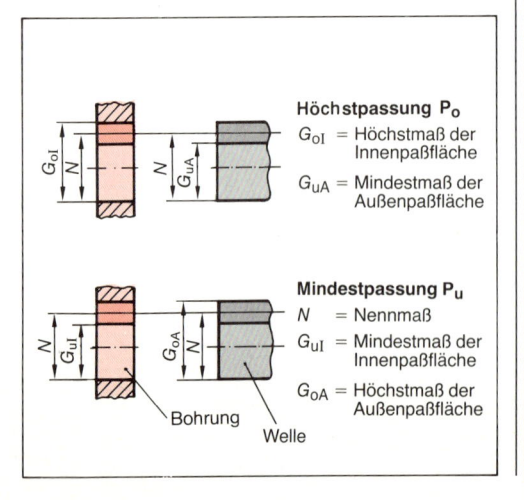

Höchstpassung P_o
- G_{oI} = Höchstmaß der Innenpaßfläche
- G_{uA} = Mindestmaß der Außenpaßfläche

Mindestpassung P_u
- N = Nennmaß
- G_{uI} = Mindestmaß der Innenpaßfläche
- G_{oA} = Höchstmaß der Außenpaßfläche

$P_o = G_{oI} - G_{uA}$
$P_u = G_{uI} - G_{oA}$

- P_o Höchstpassung in mm
- P_u Mindestpassung in mm
- G_{oI} Höchstmaß der Innenpaßfläche in mm
- G_{oA} Höchstmaß der Außenpaßfläche in mm
- G_{uI} Mindestmaß der Innenpaßfläche in mm
- G_{uA} Mindestmaß der Außenpaßfläche in mm

Beispiel: Bestimmen Sie für die ISO-Passung 15^{H7}_{f7} für Bohrung und Welle
a) das Paßmaß M_P
b) das Nennmaß N
c) das obere Grenzabmaß A_o
d) das untere Grenzabmaß A_u
e) das Höchstmaß G_o
f) das Mindestmaß G_u
g) die Maßtoleranz T
h) die Höchstpassung P_o
i) die Mindestpassung P_u
j) die Passungsart.

Skizzieren Sie vorher die Maßtoleranzfelder in bezug auf die Nullinie. Tragen Sie die Abmaße in μm ein.

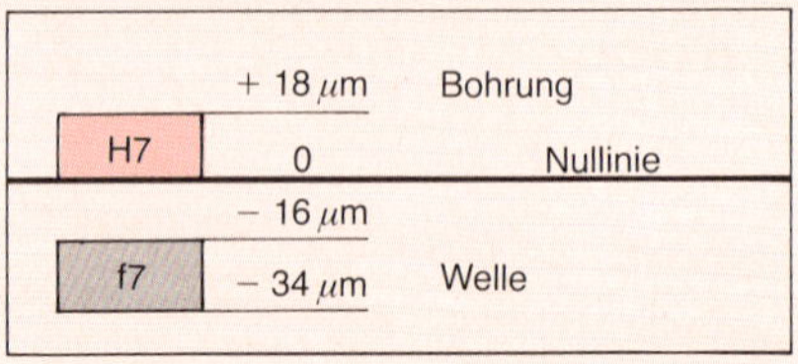

H7	+18 μm / 0	Bohrung / Nullinie
f7	−16 μm / −34 μm	Welle

Lösung:

		Bohrung	Welle
a)	Paßmaß M_P	15^{H7}	15_{f7}
b)	Nennmaß N	15 mm	15 mm
c)	oberes Grenzabmaß A_o	+0,018 mm	−0,016 mm
d)	unteres Grenzabmaß A_u	0 mm	−0,034 mm
e)	Höchstmaß $G_o = N + A_o$	15,018 mm	14,984 mm
f)	Mindestmaß $G_u = N + A_u$	15,000 mm	14,966 mm
g)	Maßtoleranz $T = G_o − G_u$	0,018 mm	0,018 mm
h)	Höchstpassung $P_o = G_{oI} − G_{uA}$	+0,052 mm	
i)	Mindestpassung $P_u = G_{uI} − G_{oA}$	+0,016 mm	
j)	Passungsart	positive Passung	

Kapitel 12: Länge

Aufgaben

1. a) Suchen Sie aus der ISO-Grenzabmaßtabelle für die Paßmaße in der Tabelle das obere und untere Grenzabmaß heraus.
b) Berechnen Sie jeweils das Höchst- und Mindestmaß und die Maßtoleranz.

	M_P	A_o in µm	A_u in µm	G_o in mm	G_u in mm	T in µm
a)	42^{C11}	?	?	?	?	?
b)	90^{J7}	?	?	?	?	?
c)	25^{E9}	?	?	?	?	?
d)	65_{f7}	?	?	?	?	?
e)	82_{k6}	?	?	?	?	?
f)	50^{H7}	?	?	?	?	?
g)	50_{h6}	?	?	?	?	?
h)	75^{K5}	?	?	?	?	?
i)	75_{k6}	?	?	?	?	?
j)	100_{k6}	?	?	?	?	?

2. Stellen Sie die Formeln $P_o = G_{oI} - G_{uA}$ und $P_u = G_{uI} - G_{oA}$ nach G_{oI}, G_{uA}, G_{uI} und G_{oA} um.

3. Ermitteln Sie für die angegebenen Paßmaße mit ISO-Kurzzeichen die zugehörigen in mm.

Paßmaß M_P mit ISO-Kurzzeichen	Paßmaß M_P in mm
120^{K5}	?
70^{J7}	?
35_{f7}	?
42_{h6}	?
42_{h9}	?

4. Bestimmen Sie für die ISO-Passung 60^{F8}_{h6} die fehlenden Werte in der Tabelle. Skizzieren Sie vorher die Maßtoleranzfelder in bezug zur Nullinie.

		Bohrung I	Welle A
1	Paßmaß M_P mit ISO-Kurzzeichen	?	?
2	Paßmaß M_P mit Zahlen in mm	?	?
3	Nennmaß N in mm	?	?
4	oberes Grenzabmaß A_o in mm	?	?
5	unteres Grenzabmaß A_u in mm	?	?
6	Mindestmaß G_u in mm	?	?
7	Höchstmaß G_o in mm	?	?
8	Maßtoleranz T in mm	?	?
9	Höchstpassung P_o in mm	?	
10	Mindestpassung P_u in mm	?	
11	Passungsart	?	

5. Bestimmen Sie für die ISO-Passung 35^{D10}_{f7} alle Werte der Tabelle aus Aufgabe 4. Skizzieren Sie vorher die Maßtoleranzfelder in bezug zur Nullinie. Tragen Sie die Abmaße in µm ein.

Tab.: ISO-Abmaße für Bohrungen und Wellen (Auszüge aus DIN 7155)

Nennmaß-bereiche	Grenzabmaße (Bohrung) in µm								Grenzabmaße (Welle) in µm							
	H7	H8	C11	D10	E9	F8	J7	K5	P9	h9	h6	f7	j6	k6	n6	r6	s6
über 10 bis 18	+ 18 0	+ 27 0	+205 + 95	+120 + 50	+ 75 + 32	+ 43 + 16	+ 10 − 8	+ 2 − 6	− 18 − 61	0 − 43	0 − 11	− 16 − 34	+ 8 − 3	+ 12 + 1	+ 23 + 12	+ 34 + 23	+ 39 + 28
über 18 bis 30	+ 21 0	+ 33 0	+240 +110	+149 + 65	+ 92 + 40	+ 53 + 20	+ 12 − 9	+ 1 − 8	− 22 − 74	0 − 52	0 − 13	− 20 − 41	+ 9 − 4	+ 15 + 2	+ 28 + 15	+ 41 + 28	+ 48 + 35
über 30 bis 40	+ 25 0	+ 39 0	+280 +120	+180 + 80	+112 + 50	+ 64 + 25	+ 14 − 11	+ 2 − 9	− 26 − 88	0 − 62	0 − 16	− 25 − 50	+ 11 − 5	+ 18 + 2	+ 33 + 17	+ 50 + 34	+ 59 + 43
über 40 bis 50			+290 +130														
über 50 bis 65	+ 30 0	+ 46 0	+330 +140	+220 +100	+134 + 60	+ 76 + 30	+ 18 − 12	+ 3 − 10	− 32 −106	0 − 74	0 − 19	− 30 − 60	+ 12 − 7	+ 21 + 2	+ 39 + 20	+ 41 + 43 / +60 +62	+ 53 + 59 / +72 +78
über 65 bis 80			+340 +150														
über 80 bis 100	+ 35 0	+ 54 0	+390 +170	+260 +120	+159 + 72	+ 90 + 36	+ 22 − 13	+ 2 − 13	− 37 −124	0 − 87	0 − 22	− 36 − 71	+ 13 − 9	+ 25 + 3	+ 45 + 23	+ 51 + 76 / +73 +101	+ 71 +79 / +93
über 100 bis 120			+400 +180													+54	

13 Fläche

Die **Fläche** ist eine physikalische Größe. Ihre Einheit ist die abgeleitete SI-Einheit **Quadratmeter** mit dem **Einheitenzeichen** m².

Das **Formelzeichen** der Fläche ist A.

13.1 Umrechnung von Flächenmaßen

1 km² = 1 000 000 m²
1 m² = 100 dm² = 10 000 cm² = 1 000 000 mm²
      1 dm² =   100 cm² =   10 000 mm²
                   1 cm² =   100 mm²

Die Umrechnung in andere Flächeneinheiten geschieht nach den gleichen Überlegungen, wie sie für die Längenumrechnung gelten (s. S. 27).

Für die Flächen ist aber, wie die Zusammenstellung der Einheitenbeziehungen zeigt, die **Umrechnungszahl 100**.

gesuchte Teile einer Flächeneinheit
· 100   · 100   · 100
m² ⇄ dm² ⇄ cm² ⇄ mm²
: 100   : 100   : 100
gesuchte Vielfache einer Flächeneinheit

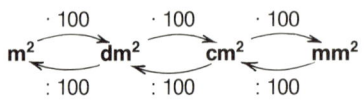

Ein **Hektar** (ha) entspricht einem Quadrat mit einer Kantenlänge von $l = 100$ m.
1 ha hat 100 a (Ar).

Beispiel: 45,31 dm² sind in a) cm², b) mm² und c) m² umzuwandeln.

Lösung: a) 45,31 dm² · 100   = **4531,0 cm²**
            b) 45,31 dm² · 100 · 100 = **453 100 mm²**
            c) 45,31 dm² : 100   = **0,4531 m²**

13.2 Flächeninhalt, Flächenumfang und besondere Flächenmaße

Geradlinig begrenzte Flächen

Die Formelzeichen in der Tabelle bedeuten:

A	Fläche	l_m	mittlere Seitenlänge
A_T, A_1,	Teilfläche	U	Umfang
A_2, A_n		e	Eckenmaß
l	Länge	n	Eckenzahl
l_1	große Seitenlänge	b	Breite
l_2	kleine Seitenlänge	h	Höhe

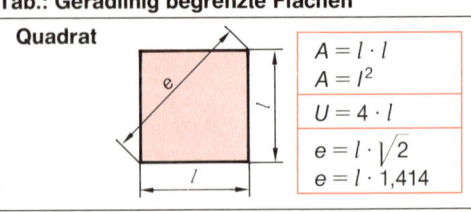

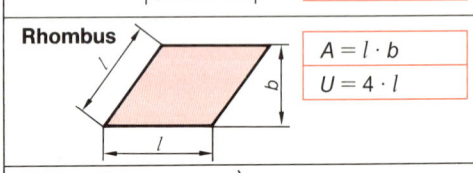

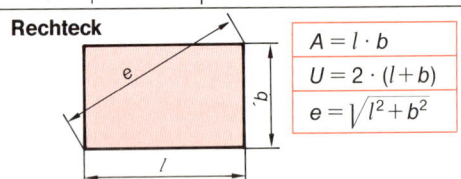

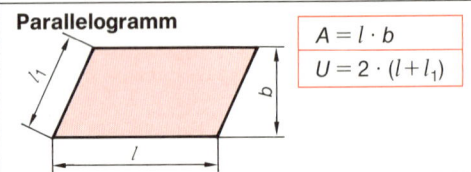

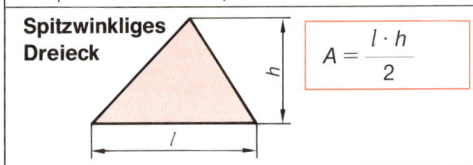

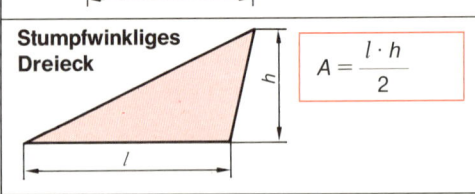

Tab.: Geradlinig begrenzte Flächen

Quadrat	$A = l \cdot l$ $A = l^2$ $U = 4 \cdot l$ $e = l \cdot \sqrt{2}$ $e = l \cdot 1{,}414$
Rhombus	$A = l \cdot b$ $U = 4 \cdot l$
Rechteck	$A = l \cdot b$ $U = 2 \cdot (l + b)$ $e = \sqrt{l^2 + b^2}$
Parallelogramm	$A = l \cdot b$ $U = 2 \cdot (l + l_1)$
Spitzwinkliges Dreieck	$A = \dfrac{l \cdot h}{2}$
Stumpfwinkliges Dreieck	$A = \dfrac{l \cdot h}{2}$
Trapez	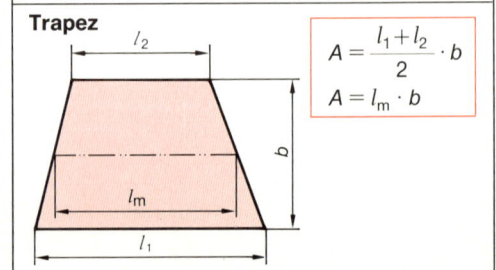 $A = \dfrac{l_1 + l_2}{2} \cdot b$ $A = l_m \cdot b$

Kapitel 13: Fläche

Tab.: Geradlinig begrenzte Flächen (Forts.)

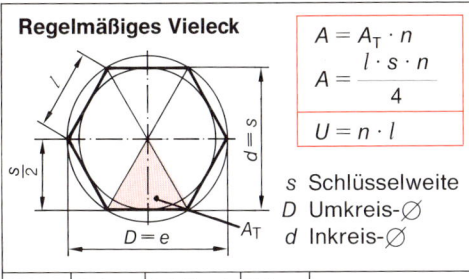

Regelmäßiges Vieleck

$$A = A_T \cdot n$$
$$A = \frac{l \cdot s \cdot n}{4}$$
$$U = n \cdot l$$

- s Schlüsselweite
- D Umkreis-$\varnothing$
- d Inkreis-$\varnothing$
- $D = e$
- A_T

Eckenzahl n	Seitenlänge l	Schlüsselweite $s = d$	Eckenmaß $e = D$	Fläche A	
3	$0,867 \cdot D$	—	—	$0,325 \cdot D^2$	$1,299 \cdot d^2$
4	$0,707 \cdot D$	$0,707 \cdot e$	$1,414 \cdot s$	$0,500 \cdot D^2$	$1,000 \cdot d^2$
5	$0,588 \cdot D$	—	—	$0,595 \cdot D^2$	$0,908 \cdot d^2$
6	$0,500 \cdot D$	$0,866 \cdot e$	$1,155 \cdot s$	$0,649 \cdot D^2$	$0,866 \cdot d^2$
8	$0,383 \cdot D$	$0,924 \cdot e$	$1,082 \cdot s$	$0,707 \cdot D^2$	$0,828 \cdot d^2$
10	$0,309 \cdot D$	$0,951 \cdot e$	$1,052 \cdot s$	$0,735 \cdot D^2$	$0,812 \cdot d^2$
12	$0,259 \cdot D$	$0,966 \cdot e$	$1,035 \cdot s$	$0,750 \cdot D^2$	$0,804 \cdot d^2$

Unregelmäßige Vielecke

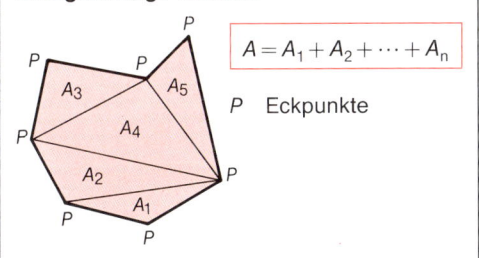

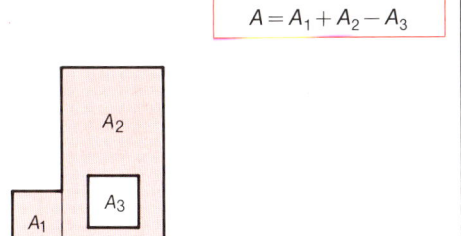

$$A = A_1 + A_2 + \cdots + A_n$$

P Eckpunkte

$$A = A_1 + A_2 - A_3$$

Beispiel 1: Für eine Montagegrube soll ein Abdeckblech angefertigt werden. Wie groß ist der Blechbedarf in m²? Die Grube ist 4330 mm lang und 1200 mm breit.

- **Gesucht:** A in m²
- **Gegeben:** $l = 4330$ mm $= 4,33$ m
  $b = 1200$ mm $= 1,20$ m
- **Lösung:** $A = l \cdot b = 4,33$ m $\cdot 1,20$ m
  $A = \mathbf{5,196\ m^2}$

Beispiel 2: a) Für einen sechseckigen Ausstellungsraum soll Auslegware gekauft werden. Wie groß ist der Bedarf (ohne Verschnitt) A in m²? Das Maß von Ecke zu Ecke (Eckenmaß e) beträgt 11 m.

- **Gesucht:** A in m²
- **Gegeben:** $e = 11$ m, $n = 6$
- **Lösung:** $A = A_T \cdot n$

$$A = \frac{l \cdot s \cdot n}{4} \qquad \begin{array}{l} l = 0,5 \cdot e \\ s = 0,866 \cdot e \end{array}$$

$$A = \frac{0,5 \cdot e \cdot 0,866 \cdot e \cdot n}{4}$$

$$A = \frac{0,5 \cdot 11\,\text{m} \cdot 0,866 \cdot 11\,\text{m} \cdot 6}{4}$$

$$A = \mathbf{78{,}59\ m^2}$$

b) Wie lang ist die Scheuerleiste für den Ausstellungsraum in m?

- **Gesucht:** U in m
- **Gegeben:** $e = 11$ m, $n = 6$
- **Lösung:** $U = n \cdot l = 6 \cdot 0,5 \cdot e \qquad l = 0,5 \cdot e$
  $U = 6 \cdot 0,5 \cdot 11$ m
  $U = \mathbf{33\ m}$

Aufgaben

1. Vervollständigen Sie die Tabelle, indem Sie die gegebenen Werte umrechnen.

	km²	m²	dm²	cm²	mm²
a)	0,029	?	?	?	?
b)	?	260,3	?	?	?
c)	?	?	1224	?	?
d)	?	?	?	15789	?
e)	?	?	?	?	112587,8

2. Wie groß ist die Gesamtfläche A der Blechreste in m²? $A_1 = 100$ cm², $A_2 = 1$ m², $A_3 = 3$ dm², $A_4 = 0,5$ m² und $A_5 = 1000$ mm².

3. Geben Sie die erforderliche Parkfläche für die verschiedenen Pkw in m² an.

	Länge in mm	Breite in mm
a)	4406	1682
b)	3648	1585
c)	5135	1820
d)	3195	1400

4. Stellen Sie die Formel für die Berechnung der Dreiecksfläche $A = \frac{l \cdot h}{2}$ nach l und h um.

5. Stellen Sie die Formel für die Berechnung der Trapezfläche $A = l_m \cdot b$ nach l_m und b um.

6. Warum sind in der Tabelle für das regelmäßige Vieleck e und s für das Drei- und Fünfeck nicht angegeben?

7. Berechnen Sie die fehlenden Maße.

regelm. Vieleck	Seitenlänge l in mm	Schlüsselweite $s = d$ in mm	Eckenmaß $e = D$ in mm
6-Eck	80	?	?
	?	67	?
	?	?	90
8-Eck	80	?	?
	?	67	?
	?	?	90

8. a) Die Seitenlänge l für einen quadratischen Abgaskanal ist in cm zu berechnen. Die Fläche des Quadrats soll 800 cm² betragen.
b) Wie groß ist das Eckenmaß e in cm?

9. Die Seitenfläche einer Auffahrrampe soll gefliest werden. Wieviel m² Fliesen werden mindestens benötigt?

	l	h
a)	3200 mm	800 mm
b)	3480 mm	780 mm
c)	3850 mm	630 mm

10. Wie groß ist die Fläche des Rahmenverstärkungsbleches in mm²?

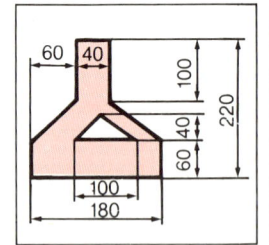

11. Berechnen Sie die Querschnittsfläche A eines Spezialprofils in mm².

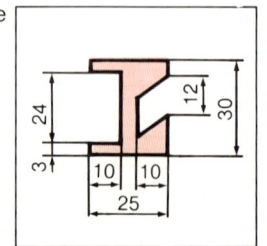

Kreisförmige Flächen und Längen

Bei den Formeln stehen jeweils nur die Erklärungen der neuen benötigten Formelzeichen.

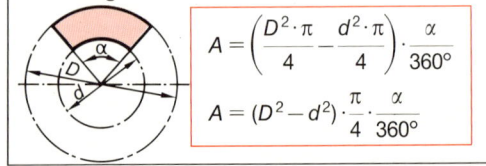

Tab.: Kreisförmige Flächen und Längen

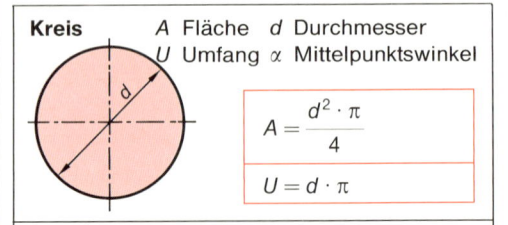

Kreis A Fläche d Durchmesser
U Umfang α Mittelpunktswinkel

$$A = \frac{d^2 \cdot \pi}{4}$$

$$U = d \cdot \pi$$

Kreisausschnitt l_B Kreisbogenlänge

$$A = \frac{d^2 \cdot \pi \cdot \alpha}{4 \cdot 360°}$$

$$l_B = \frac{d \cdot \pi \cdot \alpha}{360°}$$

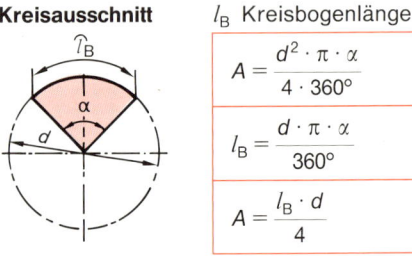

$$A = \frac{l_B \cdot d}{4}$$

Kreisabschnitt
s Sehnenlänge
r Radius
h Bogenhöhe

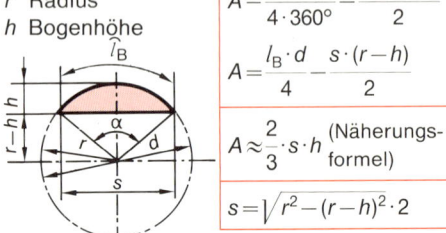

$$A = \frac{d^2 \cdot \pi \cdot \alpha}{4 \cdot 360°} - \frac{s \cdot (r-h)}{2}$$

$$A = \frac{l_B \cdot d}{4} - \frac{s \cdot (r-h)}{2}$$

$$A \approx \frac{2}{3} \cdot s \cdot h \quad \text{(Näherungsformel)}$$

$$s = \sqrt{r^2 - (r-h)^2} \cdot 2$$

Kreisring
D Außendurchmesser
d Innendurchmesser
d_m mittl. Durchmesser
b Breite

$$A = \frac{D^2 \cdot \pi}{4} - \frac{d^2 \cdot \pi}{4}$$

$$A = (D^2 - d^2) \cdot \frac{\pi}{4}$$

$$A = (D^2 - d^2) \cdot 0{,}785$$

$$A = d_m \cdot \pi \cdot b$$

$$d_m = \frac{d + D}{2}$$

Kreisringausschnitt

$$A = \left(\frac{D^2 \cdot \pi}{4} - \frac{d^2 \cdot \pi}{4}\right) \cdot \frac{\alpha}{360°}$$

$$A = (D^2 - d^2) \cdot \frac{\pi}{4} \cdot \frac{\alpha}{360°}$$

Kapitel 13: Fläche

Tab.: Kreisförmige Flächen und Längen (Forts.)

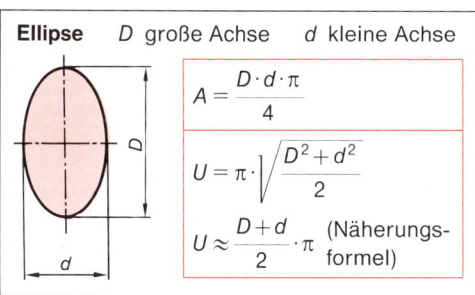

Ellipse D große Achse d kleine Achse

$$A = \frac{D \cdot d \cdot \pi}{4}$$

$$U = \pi \cdot \sqrt{\frac{D^2 + d^2}{2}}$$

$$U \approx \frac{D + d}{2} \cdot \pi \quad \text{(Näherungsformel)}$$

Beispiel 1: Berechnen Sie die Fläche A des abgebildeten Bleches in cm².

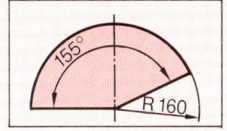

Gesucht: A in cm²
Gegeben: α = 155°, r = 160 mm
Lösung: $A = \dfrac{d^2 \cdot \pi \cdot \alpha}{4 \cdot 360°}$ d = 2 · r

$A = \dfrac{320^2 \, mm^2 \cdot 0{,}785 \cdot 155°}{360°}$

$A = 34\,609{,}8 \, mm^2 = \mathbf{346{,}1 \, cm^2}$

Beispiel 2: Wie groß ist die Fläche A des Dichtrings mit D = 82 mm und d = 62 mm in mm²?

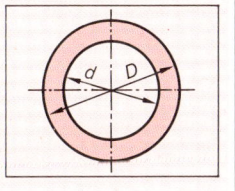

Gesucht: A in mm²
Gegeben: D = 82 mm, d = 62 mm
Lösung: $A = (D^2 - d^2) \cdot 0{,}785$
$A = (82^2 \, mm^2 - 62^2 \, mm^2) \cdot 0{,}785$
$A = (6724 \, mm^2 - 3844 \, mm^2) \cdot 0{,}785$
$A = \mathbf{2260{,}8 \, mm^2}$

Aufgaben

1. a) Stellen Sie die Formel für die Kreisfläche $A = \dfrac{d^2 \cdot \pi}{4}$ nach d um.

b) Stellen Sie die Formel für den Kreisausschnitt $A = \dfrac{d^2 \cdot \pi \cdot \alpha}{4 \cdot 360°}$ nach d und α um.

2. Wie groß ist die Querschnittsfläche A einer Kupplungswelle in mm², wenn diese einen Durchmesser von 32 mm hat?

3. Für eine Festigkeitsberechnung ist die Querschnittsfläche A einer Gelenkwelle in mm² zu berechnen. D = 56 mm, d = 42 mm.

4. Berechnen Sie die fehlenden Werte für folgende Kreisausschnitte:

	Durchmesser d in mm	Mittelpunktswinkel α in °	Fläche A in mm²
a)	60	82	?
b)	?	110	820
c)	82	?	750

5. Wie groß ist die Restquerschnittsfläche einer Welle in mm², wenn sie auf einer Seite 9,9 mm tief abgefräst wird?

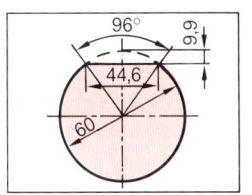

6. Berechnen Sie die Querschnittsfläche in mm² für folgenden Zierleistenquerschnitt nach der Näherungsformel.

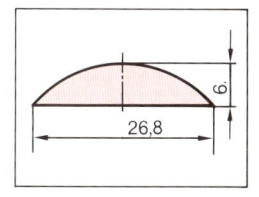

7. Berechnen Sie die fehlenden Werte für folgende Kreisringe (Dichtungen).

	D in mm	d in mm	d_m in mm	b in mm	A in mm²
a)	88	60	?	?	?
b)	?	70	?	30	?
c)	?	?	85	45	?

8. Wie groß ist die Querschnittsfläche für den Stempel einer Stanzvorrichtung in mm²?

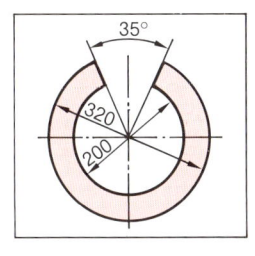

9. Berechnen Sie die Fläche der dargestellten Dichtung in mm².

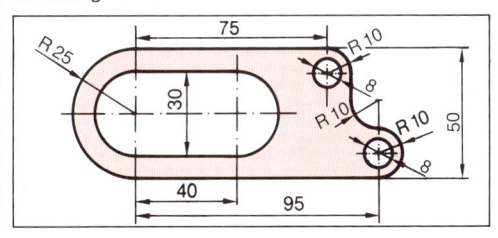

14 Volumen

Das **Volumen** ist eine physikalische Größe. Die Einheit ist die abgeleitete SI-Einheit **Kubikmeter** mit dem **Einheitenzeichen** m³.

Das **Formelzeichen** des Volumens ist V.

14.1 Umrechnung von Volumeneinheiten

$1\,m^3 = 1000\,dm^3 = 1\,000\,000\,cm^3 = 1\,000\,000\,000\,mm^3$
$ 1\,dm^3 = 1000\,cm^3 = 1\,000\,000\,mm^3$
$ 1\,cm^3 = 1000\,mm^3$

Die Übersicht zur Beziehung der Volumeneinheiten zeigt, daß **Teile** oder **Vielfache** einer Volumeneinheit durch **Multiplikation** bzw. **Division** mit der **Umrechnungszahl 1000** berechnet werden.

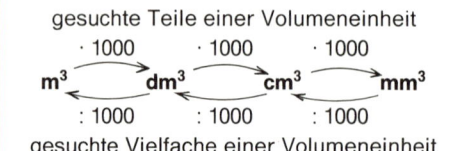

gesuchte Teile einer Volumeneinheit
· 1000   · 1000   · 1000
m³ → dm³ → cm³ → mm³
: 1000   : 1000   : 1000
gesuchte Vielfache einer Volumeneinheit

Bezeichnet die Einheit dm³ einen Inhalt, so wird häufig das **Hohlmaß Liter** mit dem Einheitenzeichen l verwendet.

Neben dem Hohlmaß **Liter** l werden üblicherweise auch die Hohlmaße ml (Milliliter), cl (Zentiliter) und hl (Hektoliter) verwendet.

$1\,dm^3 = 1\,l = 1000\,ml \qquad 1\,ml = 1\,\,\,cm^3$
$ 1\,l = 100\,cl \qquad 1\,cl = 10\,\,\,cm^3$
$ 100\,l = 1\,hl \qquad 1\,hl = 0{,}1\,m^3$
$3{,}785\,l = 1\,gal$ (gallon), Hohlmaß in den USA

Beispiel 1: 360 dm³ sind in cm³, mm³ und m³ umzurechnen.

Lösung:
$360\,dm^3 \cdot 1000 = \mathbf{360\,000\,cm^3}$
$360\,dm^3 \cdot 1000 \cdot 1000 = \mathbf{360\,000\,000\,mm^3}$
$360\,dm^3 : 1000 = \mathbf{0{,}360\,m^3}$

Beispiel 2: Wie groß ist der Inhalt eines Erdtanks in l? Er faßt 7,32 m³.

Lösung: $7{,}32\,m^3 \cdot 1000 = \mathbf{7320\,l}$

Beispiel 3: Wie groß ist der Inhalt einer Öldose in cl? Sie faßt 0,5 l.

Lösung: $0{,}5\,l \cdot 100 = \mathbf{50\,cl}$

14.2 Volumen und Oberflächen von Körpern

Die **geraden Körper** in der Tabelle S. 41 haben regelmäßige Grundflächen. Die Formeln in dieser Tabelle gelten aber auch für unregelmäßige und zusammengesetzte Grundflächen. Allgemein gilt für **gerade Körper**

Volumen = Grundfläche · Höhe

$V = A \cdot h$

V Volumen
A Grundfläche
h Höhe

Allgemein gilt für **spitze Körper**

$$\text{Volumen} = \frac{\text{Grundfläche} \cdot \text{Höhe}}{3}$$

$V = \dfrac{A \cdot h}{3}$

V Volumen
A Grundfläche
h Höhe

Diese Formel gilt auch dann, wenn die Spitze nicht über der Grundfläche liegt.

Stumpfe Körper sind u.a. dadurch gekennzeichnet, daß zur Grundfläche eine parallele Deckfläche liegt, die einen geringeren Flächeninhalt hat.

Wie für die anderen Körper, so gilt auch für stumpfe Körper, daß die Flächen eine unregelmäßige Form haben können.

Für die Berechnung des Volumens reicht meist die Verwendung der Näherungsformel

$$\text{Volumen} \approx \frac{\text{Grundfläche} + \text{Deckfläche}}{2} \cdot \text{Höhe}$$

$V \approx \dfrac{A_1 + A_2}{2} \cdot h$

V Volumen
A_1 Grundfläche
A_2 Deckfläche
h Höhe

Beispiel 1: Wie groß ist das Volumen V eines Rundstabs in cm³? Länge = 320 mm, Durchmesser = 35 mm.

Gesucht: V in cm³
Gegeben: $l = 320\,mm$, $d = 35\,mm$
Lösung: $V = A \cdot h$
$V = \dfrac{d^2 \cdot \pi}{4} \cdot h$
$V = 3{,}5\,cm \cdot 3{,}5\,cm \cdot 0{,}785 \cdot 32\,cm$
$V = \mathbf{307{,}72\,cm^3}$

Tab.: Volumen und Oberflächen von Körpern

Würfel	$V = A \cdot h$ $V = l^3$ $A_0 = 6 \cdot l^2$	V Volumen A Grundfläche l Kantenlänge h Höhe $(=l)$ A_0 Oberfläche
Prisma	$V = A \cdot h$ $V = l \cdot b \cdot h$ $A_M = 2 \cdot (l \cdot h + b \cdot h)$ $A_0 = 2 \cdot (l \cdot h + b \cdot h + l \cdot b)$	V Volumen A Grundfläche h Höhe l Länge b Breite A_M Mantelfläche A_0 Oberfläche
Zylinder	$V = A \cdot h$ $V = \dfrac{d^2 \cdot \pi}{4} \cdot h$ $A_M = d \cdot \pi \cdot h$ $A_0 = d \cdot \pi \cdot h + 2 \cdot \dfrac{d^2 \cdot \pi}{4}$	V Volumen A Grundfläche h Höhe d Durchmesser A_M Mantelfläche A_0 Oberfläche
Hohlzylinder	$V = A \cdot h$ $V = \left(\dfrac{D^2 \cdot \pi}{4} - \dfrac{d^2 \cdot \pi}{4}\right) \cdot h$ $V = (D^2 - d^2) \cdot \dfrac{\pi \cdot h}{4}$ $A_M = D \cdot \pi \cdot h$ $A_0 = 2 \cdot \left(\dfrac{D^2 \cdot \pi}{4} - \dfrac{d^2 \cdot \pi}{4}\right) + D \cdot \pi \cdot h + d \cdot \pi \cdot h$	V Volumen A Grundfläche h Höhe D Außendurchmesser d Innendurchmesser A_M Mantelfläche A_0 Oberfläche
Pyramide	$V = \dfrac{A \cdot h}{3}$ $V = \dfrac{l \cdot b \cdot h}{3}$ $A_M = h_s \cdot (l + b)$ $A_0 = h_s \cdot (l + b) + l \cdot b$	V Volumen A Grundfläche l Länge b Breite h Höhe h_s Seitenhöhe A_M Mantelfläche A_0 Oberfläche

Kegel 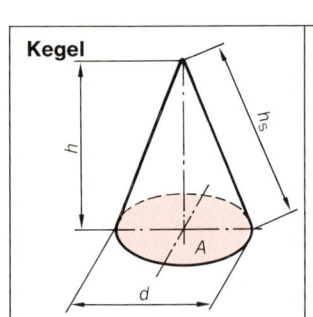	$V = \dfrac{A \cdot h}{3}$ $V = \dfrac{d^2 \cdot \pi \cdot h}{4 \cdot 3}$ $A_M = \dfrac{d \cdot \pi}{2} \cdot h_s$ $A_O = \dfrac{d \cdot \pi}{2} \cdot h_s + \dfrac{d^2 \cdot \pi}{4}$	V Volumen A Grundfläche h Höhe d Durchmesser A_M Mantelfläche h_s Seitenhöhe A_O Oberfläche
Pyramidenstumpf 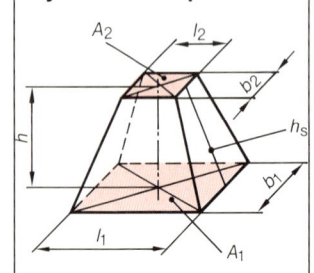	$V = \dfrac{h}{3} \cdot (A_1 + A_2 + \sqrt{A_1 \cdot A_2})$ $A_1 = l_1 \cdot b_1$ $A_2 = l_2 \cdot b_2$ $V \approx \dfrac{A_1 + A_2}{2} \cdot h$ (Näherungsformel) $A_M = 2 \cdot h_s \cdot (l_1 + l_2)$ wenn $l_1 = b_1$ und $l_2 = b_2$ $A_O = 2 \cdot h_s \cdot (l_1 + l_2) + l_1^2 + l_2^2$ wenn $l_1 = b_1$ und $l_2 = b_2$	V Volumen A_1 Grundfläche A_2 Deckfläche h Höhe l_1 untere Länge b_1 untere Breite l_2 obere Länge b_2 obere Breite A_M Mantelfläche h_s Seitenhöhe A_O Oberfläche
Kegelstumpf 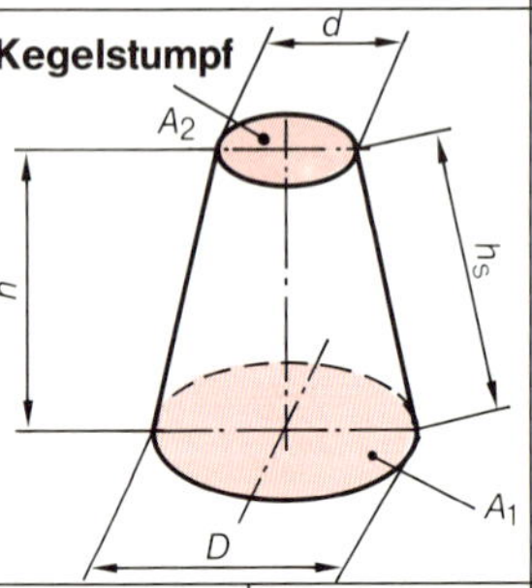	$V = \dfrac{h \cdot \pi}{12} \cdot (D^2 + d^2 + D \cdot d)$ $V \approx \dfrac{A_1 + A_2}{2} \cdot h$ (Näherungsformel) $A_M = \dfrac{(D + d)}{2} \cdot \pi \cdot h_s$ $A_O = \dfrac{(D + d)}{2} \cdot \pi \cdot h_s + \dfrac{(D^2 + d^2) \cdot \pi}{4}$	V Volumen h Höhe D unterer Durchmesser d oberer Durchmesser A_1 Grundfläche A_2 Deckfläche A_M Mantelfläche h_s Seitenhöhe A_O Oberfläche
Kugel 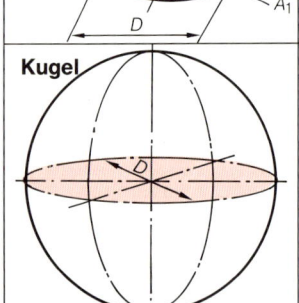	$V = \dfrac{D^3 \cdot \pi}{6}$ $A_O = D^2 \cdot \pi$	V Volumen D Durchmesser A_O Oberfläche
Kugelabschnitt (Kalotte) 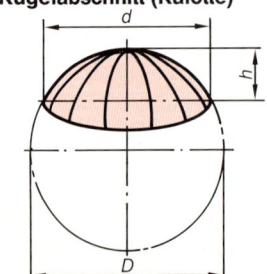	$V = h^2 \cdot \pi \cdot \left(\dfrac{D}{2} - \dfrac{h}{3}\right)$ $A_M = D \cdot \pi \cdot h$ $A_O = D \cdot \pi \cdot h + \dfrac{d^2 \cdot \pi}{4}$	V Volumen D Kugeldurchmesser d Kalottendurchmesser h Kalottenhöhe A_M Mantelfläche A_O Oberfläche

Kapitel 14: Volumen

Beispiel 2: Wie groß ist das Volumen V der kegelförmigen Spitze eines Schwimmernadelventils in mm^3? Die Spitze ist 4,2 mm hoch und die Grundfläche hat einen Durchmesser $d = 4$ mm.

Gesucht: V in mm^3

Gegeben: $d = 4$ mm, $h = 4,2$ mm

Lösung:
$$V = \frac{A \cdot h}{3} \qquad A = d^2 \cdot 0{,}785$$

$$V = \frac{d^2 \cdot 0{,}785 \cdot h}{3}$$

$$V = \frac{4\,mm \cdot 4\,mm \cdot 0{,}785 \cdot 4{,}2\,mm}{3}$$

$$V = \mathbf{17{,}85\,mm^3}$$

Beispiel 3a: Wie groß ist das Volumen V eines kegelstumpfförmigen Verschlusses in mm^3? Die Durchmesser sind 3,2 und 2,2 mm. Die Länge beträgt 20 mm.

Gesucht: V in mm^3

Gegeben: $D = 3,2$ mm, $d = 2,2$ mm, $h = 20$ mm

Lösung:
$$V = \frac{h \cdot \pi}{12} \cdot (D^2 + d^2 + D \cdot d)$$

$$V = \frac{20\,mm \cdot 3{,}14}{12} \cdot (3{,}2^2\,mm^2 + 2{,}2^2\,mm^2 + 3{,}2\,mm \cdot 2{,}2\,mm)$$

$$V = 5{,}23\,mm \cdot (10{,}24\,mm^2 + 4{,}84\,mm^2 + 7{,}04\,mm^2)$$

$$V = \mathbf{115{,}69\,mm^3}$$

Beispiel 3b: Berechnen Sie das Volumen des Verschlußkegels mit der Näherungsformel.

Lösung:
$$V \approx \frac{A_1 + A_2}{2} \cdot h$$

$$V \approx \frac{(D^2 \cdot 0{,}785 + d^2 \cdot 0{,}785)}{2} \cdot h$$

$$V \approx \frac{0{,}785 \cdot h}{2} \cdot (D^2 + d^2)$$

$$V \approx \frac{0{,}785 \cdot 20\,mm}{2} \cdot (3{,}2^2\,mm^2 + 2{,}2^2\,mm^2)$$

$$V \approx 7{,}85\,mm \cdot (10{,}24\,mm^2 + 4{,}84\,mm^2)$$

$$V \approx \mathbf{118{,}4\,mm^3}$$

Aufgaben

1. Vervollständigen Sie die Tabelle, indem Sie die gegebenen Werte in die anderen Einheiten umrechnen.

	mm^3	cm^3	dm^3 (l)	m^3
a)	30000	?	?	?
b)	?	2700	?	?
c)	?	?	3600	?
d)	?	?	?	2,8

2. Berechnen Sie jeweils das Volumen V der geraden Körper mit den dargestellten Grundflächen in cm^3. Die Höhe h aller Körper beträgt 300 mm.

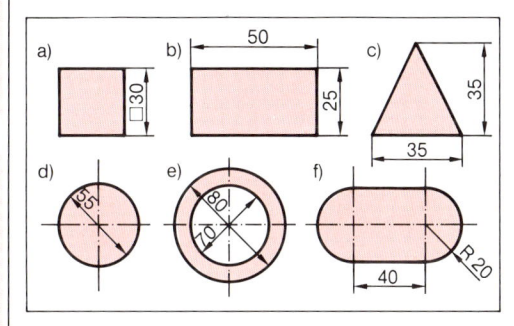

3. Stellen Sie die Formeln nach h um.

a) $V = A \cdot h$ b) $V = (\frac{D^2 \cdot \pi}{4} - \frac{d^2 \cdot \pi}{4}) \cdot h$

c) $V = \frac{d^2 \cdot \pi}{4} \cdot h$ d) $V = \frac{d^2 \cdot \pi \cdot h}{4 \cdot 3}$

e) $V = \frac{A \cdot h}{3}$ f) $V = \frac{h}{3}(A_1 + A_2 + \sqrt{A_1 \cdot A_2})$

g) Für welche Körper gelten die Volumenformeln von 3a) bis 3f)?

4. Ein Tankinhalt soll in Liter berechnet werden. Der Tank ist 4,32 m lang und hat einen Durchmesser von 2,2 m. Er ist zu 75% gefüllt.

5. Berechnen Sie die Länge eines Tanks in m. Der Tank hat einen Durchmesser von 1,8 m und soll 16 m^3 fassen.

6. Berechnen Sie jeweils das Volumen der spitzen Körper mit den dargestellten Grundflächen in cm^3. Die Höhe der Körper beträgt 15 cm.

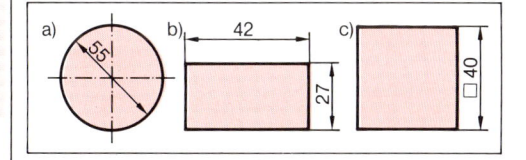

7. Wenn jeder Körper der Aufgabe 6 ein Volumen von 200 cm^3 hätte, würden sich unterschiedliche Höhen ergeben. Wie groß sind dann die Höhen zu Aufgabe 6 a bis c in cm?

8. Berechnen Sie das Volumen folgender stumpfer Körper in cm³.

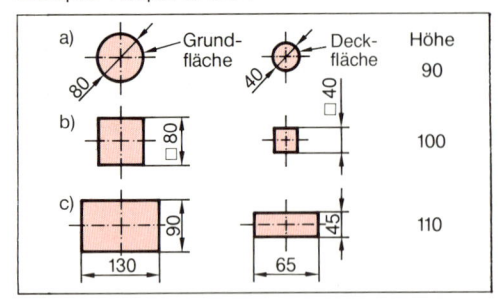

	Grundfläche	Deckfläche	Höhe
a)	⌀ 80	⌀ 40	90
b)	80 □	40 □	100
c)	130 × 90	65 × 45	110

9. Berechnen Sie das Volumen der Körper der Aufgaben 8a, 8b und 8c in cm³ mit der Näherungsformel.

10. a) Berechnen Sie die Rauminhalte der drei Körper in cm³.
b) Welche Beziehung ist zwischen den Rauminhalten vorhanden?

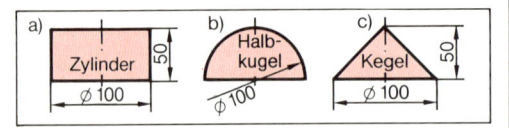

a) Zylinder ⌀ 100, Höhe 50
b) Halbkugel ⌀ 100
c) Kegel ⌀ 100, Höhe 50

11. Wie groß ist das Volumen einer Kugel mit einem doppelt so großen Durchmesser in %? Das Volumen der kleinen Kugel entspricht 100%.

12. Aus einem zylindrischen Rohling soll eine Kugel gepreßt werden. Wie lang muß der Rohling in mm sein? Der Durchmesser der Kugel ist gleich dem Durchmesser des zylindrischen Rohlings und beträgt 8,5 mm.

14.3 Volumen ringförmiger Körper (Guldinsche Regel)

Ringförmige Körper entstehen, wenn eine Fläche A entlang einer Kreisbahn bewegt wird. Deshalb werden diese Körper auch **Rotationskörper** genannt. Kann ein Körper durch Rotation der Querschnittsfläche entstehen, dann ergibt sich eine einfache Möglichkeit der Volumenberechnung nach der Guldinschen Regel (Guldin, schweiz. Mathematiker, 1577 bis 1643).

Das Volumen V eines ringförmigen Körpers ist abhängig von
- der Querschnittsfläche A und
- der Länge der neutralen Faser l_s.

$$V = A \cdot l_s$$

V Volumen in cm³
A Querschnittsfläche in cm²
l_s Länge der neutralen Faser bzw. Länge der Flächenschwerpunktslinie in cm.

Die **Länge der neutralen Faser** ist gleich der Länge des Weges, den der Flächenschwerpunkt bei einer Rotation der Fläche A zurücklegt.

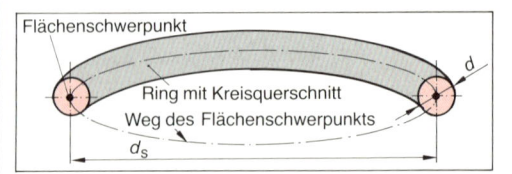

Für einen Ring mit Kreisquerschnitt entspricht der Weg des Flächenschwerpunktes dem Kreisumfang mit dem Durchmesser d_s.

Die Größe des Durchmessers d_s anderer Rotationskörper zeigt die folgende Abbildung.

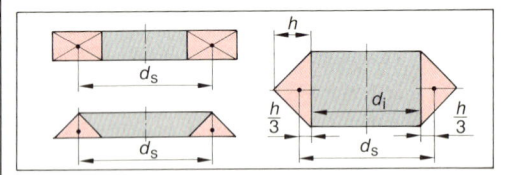

Beispiel: Wie groß ist das Volumen eines Dichtrings aus Rundgummi in mm³ mit einem Durchmesser $d = 2$ mm und einem Ringinnendurchmesser $d_i = 70$ mm?

Gesucht: V in mm³
Gegeben: $d = 2$ mm, $d_i = 70$ mm
Lösung: $V = A \cdot l_s \quad l_s = \left(d_i + 2 \cdot \dfrac{d}{2}\right) \cdot \pi$

$$V = \dfrac{d^2 \cdot \pi}{4} \cdot (d_i + d) \cdot \pi$$

$V = 2\,\text{mm} \cdot 2\,\text{mm} \cdot 0{,}785 \cdot 72\,\text{mm} \cdot 3{,}14$
$V = \mathbf{709{,}89\ mm^3}$

Aufgabe

Berechnen Sie jeweils das Volumen der Rotationskörper mit der Guldinschen Regel in mm³.

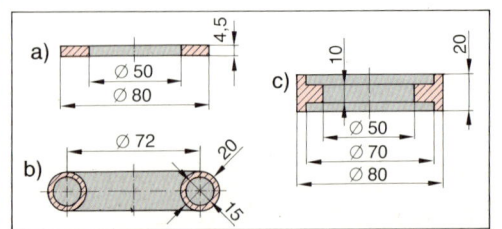

a) ⌀ 50 / ⌀ 80, Höhe 4,5
b) ⌀ 72, Querschnitt ⌀ 20, Abstand 15
c) ⌀ 50 / ⌀ 70 / ⌀ 80, Maße 10 und 20

15 Masse und Dichte

15.1 Masse

Die **Masse** ist eine SI-Basisgröße. Sie ist durch einen Zylinder aus Platin-Iridium definiert (Internationaler Kilogrammprototyp). Die **Einheit** der Masse ist das **Kilogramm** kg.

1 kg entspricht angenähert der **Masse** von 1 dm³ Wasser bei +4°C und einem Luftdruck von 1013 mbar.

Das **Formelzeichen** der Masse ist m.

Vielfache und Teile der Einheit kg:
1 t = 1000 kg
1 kg = 1000 g
1 g = 1000 mg

Die Umrechnungszahl zwischen der SI-Einheit kg und den anderen Masseneinheiten ist **1000**.

Bestimmung der Masse

Die unbekannte Masse eines Körpers kann durch einen **Massenvergleich** mit Körpern bekannter Masse bestimmt werden. Körper mit **geeichter Masse** werden Gewichtsstücke (Wägestücke, Gewichte) genannt. Sie stellen über ein Hebelsystem (Waage) mit der zu bestimmenden Masse einen Gleichgewichtszustand her.

Massenvergleich — zu bestimmende Masse / Gewichtstücke (Wägestücke, Gewichte)

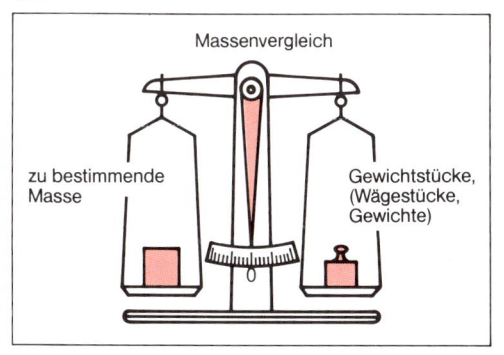

Tab.: Massenangaben

1 l Ottokraftstoff	0,72 bis 0,79 kg
1 l Dieselkraftstoff	0,82 bis 0,86 kg
Pkw:	700 bis 1600 kg (Leergewicht)
Bus:	7000 bis 8000 kg (Leergewicht)
Lkw:	6000 bis 20000 kg (Leergewicht)
Diesellok:	bis 100000 kg

15.2 Dichte

Die **Dichte** ϱ (rho) eines Stoffes ist die Masse pro Volumeneinheit.

Die **Einheit** der Dichte ergibt sich aus den SI-Einheiten **kg** und **m³**. Üblich sind aber die folgenden Einheiten: $\frac{g}{cm^3}$, $\frac{kg}{dm^3}$ und $\frac{t}{m^3}$.
Diese drei Einheiten sind austauschbar, da sowohl die Masseneinheiten als auch die Volumeneinheiten die Umrechnungszahl 1000 haben. So hat z.B. Kupfer die Dichte $\varrho = 8{,}9\,\frac{g}{cm^3} = 8{,}9\,\frac{kg}{dm^3} = 8{,}9\,\frac{t}{m^3}$.

Tab.: Dichten bei 20°C, 1,013 bar

Feste Stoffe	Kurzzeichen	Dichte in $\frac{kg}{dm^3}$
Al-Legierung	AlCuMg1	2,8
	AlMgSi1	2,7
Blei	Pb	11,34
Cu-Legierung	CuAl10Ni	7,4 bis 7,7
	CuSn6	7,4 bis 8,9
Glas		2,4 bis 2,7
Gußeisen	GG-18	7,25
Kupfer	Cu	8,93
Mg-Legierung	MgAl6Zn	1,8
Polystyrol	PS	1,05
Polyvinylchlorid	PVC	1,35
Stahl, unleg.	C22	7,85
Stahl, niedrigleg.	37MnSi5	7,85
Stahl, hochleg.	X40MnCr18	7,9
Flüssige Stoffe	Kurzzeichen	Dichte in $\frac{kg}{dm^3}$
Ottokraftstoff	—	0,72 bis 0,79
Benzol	C_6H_6	0,88
Dieselkraftstoff	—	0,82 bis 0,86
Motoröl	—	0,91
Wasser (destill.)	H_2O	1,00 (+4°C)
Gasförmige Stoffe	Kurzzeichen	Dichte in $\frac{kg}{m^3}$
Acetylen	C_2H_2	1,17
Kohlenmonoxid	CO	1,25
Kohlendioxid	CO_2	1,977
Luft	—	1,29
Propan	C_3H_8	2,01
Sauerstoff	O_2	1,429
Wasserstoff	H_2	0,0899

15.3 Berechnung der Masse und Dichte

Die Masse m eines Körpers ist abhängig vom
- Volumen V des Körpers und von
- der Dichte ϱ.

$$m = V \cdot \varrho$$

m Masse in g, kg, t
V Volumen in cm³, dm³, m³
ϱ Dichte in $\frac{g}{cm^3}, \frac{kg}{dm^3}, \frac{t}{m^3}$

Beispiel 1: Wie groß ist die Masse m eines Bolzens mit dem Durchmesser $d = 20\,mm$ und der Länge $l = 120\,mm$ in g? Der Bolzen besteht aus hochlegiertem Stahl ($\varrho = 7,9 \frac{g}{cm^3}$).

Gesucht: m in g
Gegeben: $d = 20\,mm$, $l = 120\,mm$, $\varrho = 7,9 \frac{g}{cm^3}$
Lösung:
$m = V \cdot \varrho$
$m = d^2 \cdot 0,785 \cdot l \cdot \varrho$
$m = 2\,cm \cdot 2\,cm \cdot 12\,cm \cdot 0,785 \cdot 7,9 \frac{g}{cm^3}$
$m = \mathbf{297,7\,g}$

Beispiel 2: Wie groß ist die Dichte ϱ in $\frac{g}{cm^3}$ eines Schmieröls? Sein Volumen V beträgt 200 cm³ (Meßglas), die Masse m_1 des Meßglases 530 g. Nach der Füllung bis zur 200-cm³-Marke hat es eine Masse $m_2 = 712\,g$.

Gesucht: ϱ in $\frac{g}{cm^3}$
Gegeben: $V = 200\,cm^3$, $m_1 = 530\,g$, $m_2 = 712\,g$
Lösung: $\Delta m = V \cdot \varrho$ $\Delta m = m_2 - m_1$
$\varrho = \frac{\Delta m}{V} = \frac{182\,g}{200\,cm^3}$ $\Delta m = 712\,g - 530\,g$
    $\Delta m = 182\,g$

$\varrho = \mathbf{0,91 \frac{g}{cm^3}}$

Aufgaben

1. Stellen Sie die Formel $m = V \cdot \varrho$ nach V und ϱ um.

2. a) Wie groß ist die Masse m des Kolbenbolzens in g? $\varrho = 7,85 \frac{g}{cm^3}$.
b) Wie groß wäre die Masse m ohne Bohrung?
c) Wie groß ist die Masseersparnis in %?

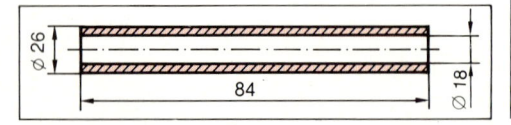

3. Wie groß ist die Masse m einer Blechtafel in kg? Maße: 2,5 m × 1,5 m, 0,8 mm dick, $\varrho = 7,85 \frac{kg}{dm^3}$.

4. Die Belastung einer Decke soll überprüft werden. Die zulässige Belastung beträgt $500 \frac{kg}{m^2}$. Geplant ist, 150 Bleche mit einer Größe von 2 m × 1 m und einer Dicke von 1,5 mm auf ihr zu stapeln. Darf der Blechstapel in dieser Höhe gelagert werden? ($\varrho = 7,85 \frac{kg}{dm^3}$).

5. a) Welche Masse m in kg haben 84 l Ottokraftstoff, wenn die Dichte $\varrho = 0,73 \frac{kg}{dm^3}$ beträgt?
b) Welche Masse in kg hat die gleiche Menge Dieselkraftstoff ($\varrho = 0,82 \frac{kg}{dm^3}$)?

6. Um wieviel kg größer ist die Masse m des Inhalts eines 18000-l-Tanks, wenn statt Ottokraftstoff ($\varrho = 0,73 \frac{kg}{dm^3}$) Dieselkraftstoff ($\varrho = 0,83 \frac{kg}{dm^3}$) gelagert wird?

7. Ein Tanklastzug liefert 9000 kg Ottokraftstoff. Wieviel Liter werden in den Erdtank gepumpt ($\varrho = 0,74 \frac{kg}{dm^3}$)?

8. Wieviel m³ Luft verbraucht ein Fahrzeug auf einer Strecke von 1000 km, wenn im Durchschnitt 9 l Dieselkraftstoff für 100 km verbraucht werden (1 l Dieselkraftstoff benötigt 17 kg Luft, $\varrho_{Luft} = 1,29 \frac{kg}{m^3}$)?

9. Berechnen Sie von einem Kraftstoff die Dichte ϱ in $\frac{kg}{dm^3}$. Das Volumen V beträgt 250 cm³, die zugehörige Masse ist $m = 182,5\,g$.

10. Die Dichten von zwei Flüssigkeiten sind zu vergleichen. Hat die Flüssigkeit A oder B eine größere Dichte?
Flüssigkeit A: 150 cm³ wiegen 136,5 g.
Flüssigkeit B: 180 cm³ wiegen 168,0 g.

11. Wie groß ist die Dichte eines Gemisches von 20 l Ottokraftstoff und 3 l Benzol? Die Dichte für Ottokraftstoff beträgt $0,74 \frac{kg}{dm^3}$, für Benzol $0,88 \frac{kg}{dm^3}$.

12. Wie groß ist die Masse m eines Kolbenringes (nach Abb.) in g? (Der Kolbenringschlitz bleibt unberücksichtigt.) $\varrho = 7,9 \frac{g}{cm^3}$. Verwenden Sie die Guldinsche Regel.

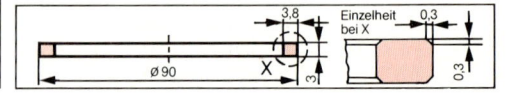

16 Kraft

16.1 Dynamisches Grundgesetz

Die **Kraft** ist eine abgeleitete Größe. Ihre **Einheit** $kg \cdot \frac{m}{s^2}$ heißt abgekürzt **1 Newton** (1N). (Isaac Newton, engl. Physiker, 1643 bis 1727.)

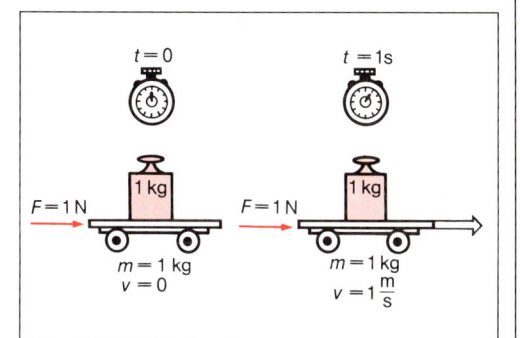

Die **Kraft 1N** erteilt der Masse 1kg je 1s die Geschwindigkeitszunahme von $1\frac{m}{s}$, d.h., 1N bewirkt an der Masse 1kg die Beschleunigung von $1\frac{m}{s^2}$.

$$1N = \frac{1\,kg \cdot 1\,m}{1\,s \cdot 1\,s} = 1\frac{kg \cdot m}{s^2}$$

Die Kraft F ist abhängig von
- der Masse m und
- der Beschleunigung a

$F = m \cdot a$

F Kraft in N
m Masse in kg
a Beschleunigung in $\frac{m}{s^2}$

Die Beziehung $F = m \cdot a$ wird auch das **dynamische Grundgesetz** genannt. Die Kraft F nimmt im gleichen Verhältnis wie die Beschleunigung a zu.

Das dynamische Grundgesetz gilt auch für die **Verzögerung einer Masse**. Wird ein Körper abgebremst, so ist die entgegen der Geschwindigkeitsrichtung wirkende Bremskraft:

$F = m \cdot a$

F Bremskraft in N
m Masse in kg
a Bremsverzögerung in $\frac{m}{s^2}$

Teile und Vielfache der Einheit Newton:

$1\,kN = 10\,hN = 100\,daN = 1000\,N$
$1\,hN = 10\,daN = 100\,N$
$1\,daN = 10\,N$

Beispiel: Wie groß ist die Kraft F in N, die für die Beschleunigung eines Pkw mit der Masse $m = 900\,kg$ benötigt wird, wenn die Beschleunigung $a = 2,78\frac{m}{s^2}$ beträgt?

Gesucht: F in N
Gegeben: $m = 900\,kg$, $a = 2,78\frac{m}{s^2}$
Lösung: $F = m \cdot a$
$F = 900\,kg \cdot 2,78\frac{m}{s^2}$
$F = \mathbf{2502\,N}$

Gewichtskraft

Jeder Körper übt aufgrund der Erdanziehung auf seine Unterlage eine Kraft aus (Gewichtskraft). Fehlt diese Unterlage, so fällt der Körper beschleunigt zur Erde. Alle Körper erfahren die gleiche Fallbeschleunigung g (wenn von Auftrieb und Reibung in der Luft abgesehen wird).

Die Gewichtskraft G hängt ab von
- der Masse m und
- der Fallbeschleunigung g.

$G = m \cdot g$

G Gewichtskraft in N
m Masse in kg
g Fallbeschleunigung in $\frac{m}{s^2}$

Als Wert für die Fallbeschleunigung (Normalfallbeschleunigung) ist $g_n = 9,80665\frac{m}{s^2}$ festgelegt worden. In technischen Rechnungen reicht der Näherungswert $g = 9,81\frac{m}{s^2}$ bzw. der gerundete Wert $10\frac{m}{s^2}$.

Auf dem Mond ist wegen seiner geringen Masse die Fallbeschleunigung g_{Mond} nur $1,61\frac{m}{s^2}$. Deshalb ist auch die Gewichtskraft G wesentlich geringer.

Beispiel: Wie groß ist die Gewichtskraft G eines Motors in daN mit der Masse $m = 150\,kg$?

Gesucht: G in daN
Gegeben: $m = 150\,kg$, $g \approx 10\frac{m}{s^2}$
Lösung: $G = m \cdot g$
$G \approx 150\,kg \cdot 10\frac{m}{s^2} = 1500\,N$
$G \approx \mathbf{150\,daN}$

Aufgaben

1. Rechnen Sie die gegebenen Werte um.

	kN	hN	daN	N
a)	2	?	?	?
b)	?	?	230	?
c)	?	?	?	830
d)	?	0,6	?	?
e)	0,3	?	?	?
f)	?	?	?	5225

2. Stellen Sie die Formel $F = m \cdot a$ nach m und a um.

3. Berechnen Sie die fehlenden Werte.

	a)	b)	c)	d)	e)
F	? N	300 N	20 daN	? daN	550 N
m	5 kg	? kg	285 g	1,1 kg	? g
a	$0{,}3\,\frac{m}{s^2}$	$22\,\frac{m}{s^2}$	$?\,\frac{m}{s^2}$	$0{,}7\,\frac{m}{s^2}$	$9{,}3\,\frac{m}{s^2}$

4. Ein Fahrzeug mit der Masse $m = 890\,kg$ soll angeschoben werden. Wie groß ist die notwendige Schubkraft F in N, wenn mit einer Beschleunigung $a = 0{,}2\,\frac{m}{s^2}$ zu rechnen ist? Die Reibung bleibt unberücksichtigt.

5. Wie groß ist die Kraft F in daN, mit der ein Maschinenhammer (Masse $m = 55\,kg$) bewegt werden muß, wenn er mit $a = 15\,\frac{m}{s^2}$ beschleunigt werden soll?

6. a) Mit welcher Kraft in daN wird ein Autofahrer an die Rücklehne gepreßt, wenn das Kfz mit $2\,\frac{m}{s^2}$ beschleunigt wird und der Autofahrer 75 kg wiegt?
b) Mit welcher Kraft wird dieser Fahrer bei einer Bremsverzögerung von $2\,\frac{m}{s^2}$ in den Sicherheitsgurt gepreßt?
c) Wie groß ist die Kraft in daN an den Sicherheitsgurten, wenn die Bremsverzögerung durch einen Auffahrunfall auf das 8fache ansteigt?

7. Ein Motorrad wiegt, einschließlich der Tankfüllung, 185 kg, der Fahrer 73 kg.
a) Welche Zugkraft in N muß wirken, damit das Motorrad mit $3{,}3\,\frac{m}{s^2}$ beschleunigt?
b) Wie groß ist die Zugkraft F in N, wenn auf dem selben Motorrad ein Fahrer fährt, der nur 65 kg wiegt und die Tankfüllung um 2,5 kg gegenüber der vorigen Füllung leichter geworden ist?

8. Stellen Sie die Formel $G = m \cdot g$ nach m um.

9. Wie groß ist die Gewichtskraft G in daN, die ein Mensch mit der Masse $m = 72\,kg$ auf den Boden ausübt? $g = 9{,}81\,\frac{m}{s^2}$.

10. An einem Seil hängt ein Motor mit einer Masse von 180 kg. Wie groß ist die Zugkraft F an dem Seil in N? $g = 9{,}81\,\frac{m}{s^2}$.

11. In einem Regal werden Ersatzteile gelagert. Wie groß ist ihre Gewichtskraft in kN, wenn sie eine Masse von 870 kg haben? $g = 9{,}81\,\frac{m}{s^2}$.

12. Welche Gewichtskraft G in N erzeugt ein Wägestück mit der Masse $m = 1\,g$? $g = 9{,}81\,\frac{m}{s^2}$.

13. Ein Pkw hat eine Masse von 1100 kg. Die Gewichtsverteilung ist VA/HA = 45/55. Wie groß ist die Gewichtskraft in kN, die ein Reifen der Vorderachse auf die Straße ausübt? $g = 9{,}81\,\frac{m}{s^2}$.

14. Wie groß ist die Zunahme der Gewichtskraft eines Kraftfahrzeugs in daN, wenn 95 l Dieselkraftstoff ($\varrho = 0{,}78\,\frac{kg}{l}$) getankt werden? $g = 9{,}81\,\frac{m}{s^2}$.

15. An einer Federwaage wird eine Gewichtskraft von 22 N angezeigt. Wie groß ist die Masse des Körpers in kg, der an der Federwaage hängt?

16.2 Zusammensetzen und Zerlegen von Kräften

Zeichnerische Darstellung einer Kraft

Jede Kraft wirkt in eine bestimmte **Richtung**. Kräfte werden als Pfeile dargestellt.

- Der **Pfeil** gibt die **Richtung** der Kraftwirkung an.
- Die **Länge** des Pfeils drückt den **Betrag** (die Größe) der Kraft aus.
- Der **Fußpunkt** und die **Pfeilspitze** begrenzen den Kraftpfeil.

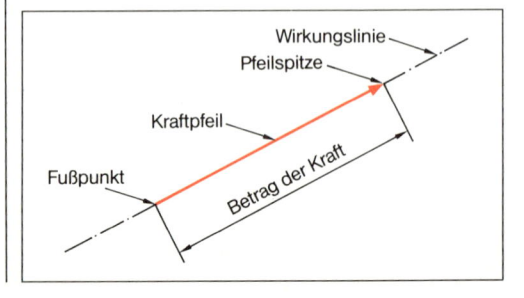

Kapitel 16: Kraft

Ein Kraftpfeil liegt auf einer gedachten **Linie**, der **Wirkungslinie**.

> Der **Kraftpfeil** kann auf seiner **Wirkungslinie verschoben** werden, ohne daß sich an der Wirkung der Kraft etwas ändert.

Kräftemaßstab

Der Kräftemaßstab KM gibt an, wie groß die Kraft pro Längeneinheit ist: z. B. $KM = x \frac{N}{mm}$.

Mit Hilfe des **gewählten Kräftemaßstabes** kann ermittelt werden:
- die Länge des Kraftpfeils l für eine Kraft F,
- der Betrag einer Kraft F für eine Kraftpfeillänge l.

$$l = \frac{F}{KM}$$

l Länge des Kraftpfeils in mm
F Kraft in N
KM Kräftemaßstab in $\frac{N}{mm}$

$$F = KM \cdot l$$

Beispiel: Wie groß ist die Länge eines Kraftpfeils in mm, wenn der Kräftemaßstab $KM = 15 \frac{N}{mm}$ beträgt und eine Kraft $F = 320\,N$ dargestellt werden soll?

Gesucht: l in mm
Gegeben: $KM = 15 \frac{N}{mm}$, $F = 320\,N$
Lösung: $l = \frac{F}{KM} = \frac{320\,N}{15 \frac{N}{mm}} = \frac{320\,N \cdot mm}{15\,N}$
$l = \mathbf{21{,}3\,mm}$

Zusammensetzen von Kräften

Kräfte auf **gleicher Wirkungslinie** können zu einer **Ersatzkraft,** der Resultierenden, zusammengesetzt werden.

> Die **Resultierende** von Kräften hat die **gleiche Wirkung** wie die Einzelkräfte.

Die Resultierende wird durch **Addition** der einzelnen Kräfte gefunden. Kräfte, die der positiven Richtung (sie wird jeweils festgelegt) entgegenwirken, werden **subtrahiert**.

Für die zeichnerische Ermittlung der Resultierenden sind die Kraftpfeile jeweils mit der Pfeilspitze und dem Fußpunkt des folgenden Kraftpfeils lückenlos aneinander zu zeichnen.

Entgegengesetzt wirkende Kräfte werden nach der gleichen Regel in entgegengesetzter Richtung aneinandergereiht.

> Die **Resultierende** ist der Kraftpfeil vom Fußpunkt des ersten bis zur Pfeilspitze des zuletzt angereihten Kraftpfeiles.

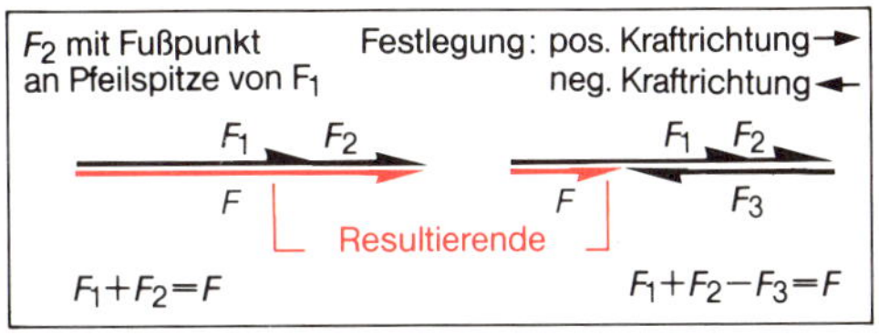

F_2 mit Fußpunkt an Pfeilspitze von F_1
Festlegung: pos. Kraftrichtung →
neg. Kraftrichtung ←

$F_1 + F_2 = F$

$F_1 + F_2 - F_3 = F$

Addition und Subtraktion von Kräften auf gleicher Wirkungslinie: Resultierende F ist positiv

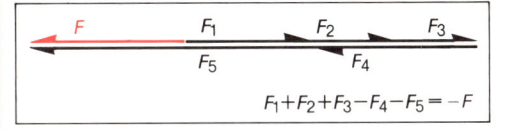

$F_1 + F_2 + F_3 - F_4 - F_5 = -F$

Addition und Subtraktion von Kräften auf gleicher Wirkungslinie: Resultierende F ist negativ

Beispiel: Ein Anhänger wird rangiert. An der Zuggabel wird gezogen, am Kastenaufbau geschoben. Wie groß ist die resultierende Kraft F in N? Das Ergebnis soll zeichnerisch ermittelt werden.

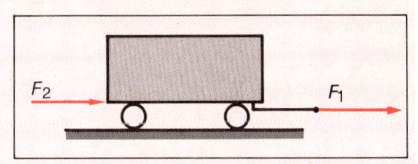

Gesucht: Resultierende F in N
Gegeben: $F_1 = 300\,N$, $F_2 = 450\,N$
Lösung: $KM = 10 \frac{N}{mm}$ (gewählt)
→ positive Kraftrichtung (gewählt)

a) Länge der Kraftpfeile

für F_1 ist $l_1 = \frac{F_1}{KM} = \frac{300\,N\,mm}{10\,N} = 30\,mm$

für F_2 ist $l_2 = \frac{F_2}{KM} = \frac{450\,N\,mm}{10\,N} = 45\,mm$

b) zeichnerische Addition

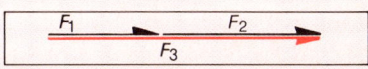

Der resultierende Kraftpfeil für F ist 75 mm lang.

c) Umrechnung der Kraftpfeillänge in die zugehörige Kraft

$F = l \cdot KM$; $F = 75\,mm \cdot 10 \frac{N}{mm}$
$F = \mathbf{750\,N}$

Kräfte, die nicht auf gleicher Wirkungslinie liegen, können **zeichnerisch** zu einer Resultierenden zusammengesetzt, d.h. **geometrisch addiert** werden. Voraussetzung ist, daß sich die Wirkungslinien in einem Punkt treffen. Dieser Punkt ist der **gemeinsame Fußpunkt**.

Für die zeichnerische Lösung sind folgende Schritte notwendig:

- Die **Kraftpfeile** werden auf ihren Wirkungslinien bis zum **gemeinsamen Fußpunkt verschoben**.

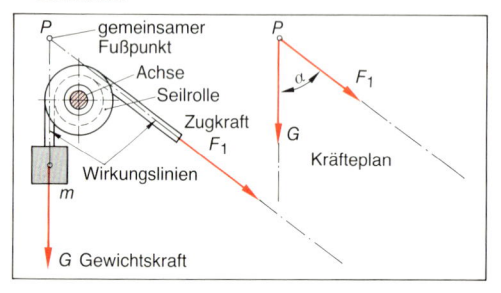

- Wegen der Übersichtlichkeit werden die Wirkungslinien und Kraftpfeile oft neben der Zeichnung wiederholt. Es entsteht ein **Kräfteplan**.

- **Zeichnen des Kräfteparallelogramms.** Dazu werden beide Wirkungslinien **parallel** verschoben.
  a) Die Wirkungslinie der Gewichtskraft G wird bis auf die Pfeilspitze der Zugkraft F_1 verschoben.
  b) Die Wirkungslinie der Zugkraft F_1 wird bis auf die Pfeilspitze der Gewichtskraft G verschoben.

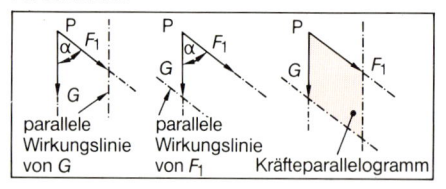

- Die vom gemeinsamen Fußpunkt ausgehende Diagonale bis zur gemeinsamen Pfeilspitze ist die gesuchte Resultierende F.

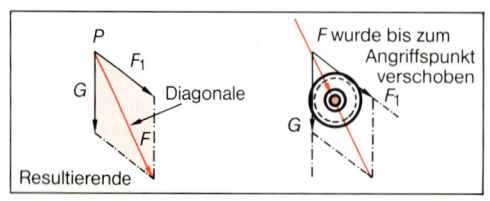

Die **Resultierende** entspricht in **Richtung** und **Betrag** genau der Kraft, mit der die Seilrolle gegen die Achse drückt.

Gehen durch einen gemeinsamen Fußpunkt mehr als zwei Wirkungslinien, so ist zuerst für zwei Kräfte die Resultierende in einem ersten Kräfteparallelogramm zu suchen. In einem zweiten Schritt wird mit dieser Resultierenden und der dritten Kraft ein **zweites Kräfteparallelogramm** gezeichnet.

Zerlegen einer Kraft in Teilkräfte

Eine Kraft kann zerlegt werden, wenn

- die Wirkungslinien der Teilkräfte bekannt sind,
- die Wirkungslinien einen gemeinsamen Fußpunkt haben.

> Die **Zerlegung einer Kraft** in Teilkräfte geschieht mit Hilfe des Kräfteparallelogramms.

Für die **zeichnerische Lösung** sind folgende Schritte nötig:

Durch den Fußpunkt P des gegebenen Kraftpfeils werden

- a) die **Wirkungslinien** der gesuchten Teilkräfte gezogen und
- b) durch die Pfeilspitze der gegebenen Kraft F die **Parallelen** zu den Wirkungslinien WL 1 und WL 2 gezeichnet.

Es entsteht ein **Kräfteparallelogramm**.

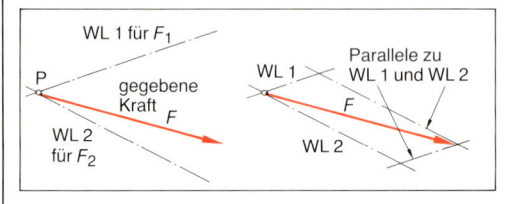

Die beiden Seitenlängen des Kräfteparallelogramms entsprechen den gesuchten Beträgen der Teilkräfte F_1 und F_2. Der Punkt P ist ihr gemeinsamer Fußpunkt.

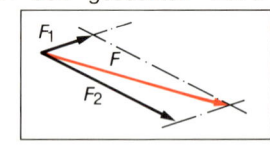

Beispiel: Wie groß sind die senkrecht auf die Seitenflächen eines Keils wirkenden Seitenkräfte F_1 und F_2 in N? Der Keil dringt mit einer Hauptkraft $F_H = 14000\,N$ in den Werkstoff ein. Der Keilwinkel beträgt 60°.

Gesucht: F_1 und F_2 in N
Gegeben: $F_H = 14000\,N$
$\beta = 60°$

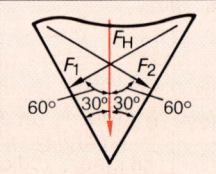

Kapitel 16: Kraft

Lösung: Es wird der Kräftemaßstab mit $KM = 700\frac{N}{mm}$ gewählt und l für F_H berechnet.

$$l = \frac{F_H}{KM} = \frac{14000\,N\cdot mm}{700\,N}$$

$l = \mathbf{20\,mm}$

Die Wirkungslinien der Kräfte F_1 und F_2 stehen senkrecht auf den Seitenflächen des Keils und gehen durch den gemeinsamen Fußpunkt P.

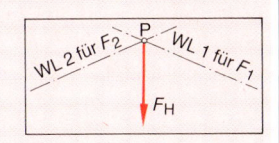

Durch die Parallelen zu WL1 und WL2 durch die Pfeilspitze von F_H entsteht das gesuchte Kräfteparallelogramm.

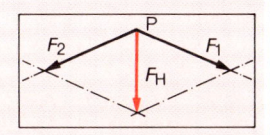

Die Auswertung der zeichnerischen Lösung ergibt $l = 20\,mm$.

$F_1 = KM \cdot l$

$F_1 = 700\frac{N}{mm} \cdot 20\,mm$ $\quad F_1 = F_2$

$F_1 = \mathbf{14000\,N}$ $\quad F_2 = \mathbf{14000\,N}$

Aufgaben

1. Berechnen Sie die fehlenden Längen l der Kraftpfeile in mm und zeichnen Sie die Kräfte.

	a)	b)	c)	d)
F	1200 N	35 daN	300 N	75 kN
KM	$20\,\frac{N}{mm}$	$0,5\,\frac{daN}{mm}$	$15\,\frac{N}{mm}$	$10\,\frac{kN}{cm}$
l	?	?	?	?

2. Legen Sie sinnvolle Kräftemaßstäbe KM in $\frac{N}{mm}$ fest. (Kraftpfeile nicht länger als 80 mm).

	a)	b)	c)	d)
F	780 N	550 daN	15000 N	30 kN
KM	?	?	?	?

3. Berechnen Sie die fehlenden Werte.

	a)	b)	c)	d)
F	? N	? N	1650 N	45 daN
KM	$0,5\,\frac{daN}{mm}$	$20\,\frac{N}{cm}$	$?\,\frac{N}{mm}$	$?\,\frac{N}{mm}$
l	88 mm	30 cm	55 mm	6 cm

4. Die Kräfte in der Tabelle liegen auf der gleichen Wirkungslinie. Ermitteln Sie zeichnerisch die fehlenden Beträge von F. Die Addition der Kräfte soll jeweils nicht länger als 180 mm werden.

	a)	b)	c)	d)	e)
F_1	725 N	−30 daN	2000 N	25 N	−23 daN
F_2	320 N	25 daN	−3500 N	−55 N	13 daN
F_3	130 N	60 daN	6000 N	−75 N	−40 daN
F	? N	? daN	? daN	? N	? daN
KM	$10\,\frac{N}{mm}$	$0,5\,\frac{daN}{mm}$	$50\,\frac{N}{mm}$	$1\,\frac{N}{mm}$	$0,5\,\frac{daN}{mm}$

5. An einem Kranhaken hängt eine Fahrzeugachse, deren Achsgetriebe eine Masse von 45 kg hat ($g = 9{,}81\,\frac{m}{s^2}$). Das Seil wird mit 950 N belastet. Wie schwer sind die restlichen Teile der Achse in N? Die Lösung soll durch das zeichnerische Verfahren ermittelt werden.

6. Wie groß ist der Gesamtfahrwiderstand F_W in N? Ein Pkw hat bei $100\,\frac{km}{h}$ folgende Fahrwiderstände zu überwinden: $F_{Ro} = 210\,N$, $F_L = 310\,N$, $F_{St} = 300\,N$. Gesamtfahrwiderstand $F_W = F_{Roll} + F_{Luft} + F_{Steigung}$.
Die Lösung soll durch das zeichnerische Verfahren ermittelt werden.

7. Wie groß ist die Lagerkraft eines Seilrollenlagers F in N und deren Richtung, wenn das Zugseil unter verschiedenen Winkeln zum Gewicht läuft?

	a)	b)	c)
F_1	1275,3 N	1275,3 N	1275,3 N
m	130 kg	130 kg	130 kg
α	30°	45°	60°
F	?	?	?

8. Wie groß sind die Seilkräfte F_1 und F_2 einer mechanischen Feststellbremse in N? Die Gesamtkraft F beträgt 250 N. Legen Sie einen Kräftemaßstab fest und ermitteln Sie zeichnerisch F_1 und F_2.

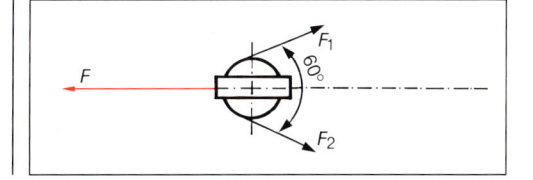

9. Bestimmen Sie zeichnerisch für einen Pkw die Hangabtriebskraft F_H und die senkrecht auf die Fahrbahn wirkende Normalkraft F_N in N. Die Masse des Fahrzeugs beträgt 900 kg. Die Straße hat 20% Gefälle. $g = 9{,}81 \, \frac{m}{s^2}$.

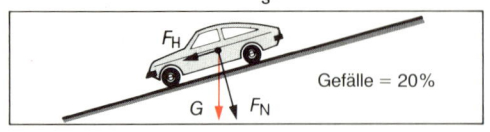

10. Wie groß sind die Zugkräfte F_1 und F_2 in N an den Ketten eines Werkstattkrans, an dem ein Motor mit einer Masse von 132,5 kg hängt? Die Ketten sind in unterschiedlichen Winkeln angeschlagen. $g = 9{,}81 \, \frac{m}{s^2}$.

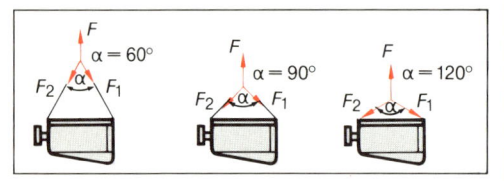

11. Wie groß ist die Axialkraft F_a in N an einem Schrägzahnrad? Zwischen den kämmenden Zähnen wirkt eine Umfangskraft F von 1200 N, die in die Teilkraft F_a und die Normalkraft F_N auf die Zahnflanke zu zerlegen ist. $\alpha = 25°$

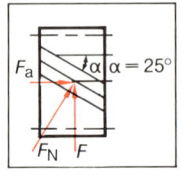

12. Wie ist der Kraftverlauf an den Laschen und der Spindel eines Scherenwagenhebers?
Zuerst stehen die Laschen in einem Winkel α von 120° zueinander. Der Wagenheber ist mit einer Masse von 450 kg belastet. Durch das Anheben des Fahrzeugs (Last bleibt konstant) verändern die Laschen ihren Winkel: α wird kleiner. Ermitteln Sie zeichnerisch für $\alpha = 120°$, 100°, 80° und 60° die Kräfte F_1 und F_R in N. Tragen Sie diese Kräfte in ein Diagramm ein. Die waagerechte Achse gibt α an, die senkrechte F_1 und F_R in N.

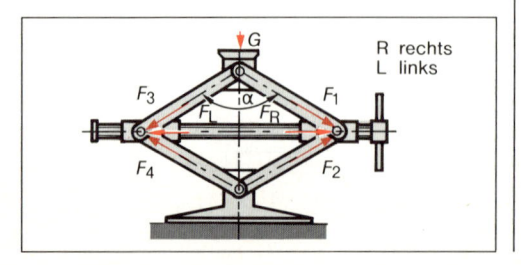

R rechts
L links

16.3 Reibung

Reibungskraft

> Die **Reibungskraft** F_R ist der mechanische Widerstand, den zwei Bauteile der gegenseitigen Verschiebung der Flächen eines gemeinsamen Flächenpaares entgegensetzen.

Die Reibungskraft F_R ist abhängig von
- der Normalkraft (Anpreßkraft) F_N

und
- der Reibungszahl μ.

$$F_R = F_N \cdot \mu$$

F_R Reibungskraft in N
F_N Normalkraft in N
μ Reibungszahl, allgemein
μ_H Reibungszahl für Haftreibung
μ_G Reibungszahl für Gleitreibung
μ_R Reibungszahl für Rollreibung

> Die **Größe der Reibungskraft** hängt **nicht** von der Größe der **Reibflächen** ab.

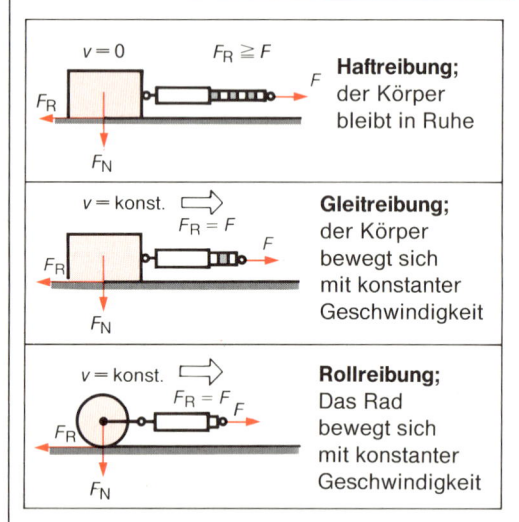

$v = 0$, $F_R \geq F$ — **Haftreibung;** der Körper bleibt in Ruhe

$v =$ konst., $F_R = F$ — **Gleitreibung;** der Körper bewegt sich mit konstanter Geschwindigkeit

$v =$ konst., $F_R = F$ — **Rollreibung;** Das Rad bewegt sich mit konstanter Geschwindigkeit

Die **Reibungszahl** μ wird beeinflußt durch
- die Art der Reibung (Haften, Gleiten, Rollen),
- die Werkstoffpaarung,
- die Oberflächenbeschaffenheit der Reibflächen

und
- den Schmierzustand (trocken, halbflüssig, flüssig) sowie die Schmiermittel.

Die Rollreibungszahl ist um so größer, je kleiner der Radhalbmesser ist und je größer die Formänderung zwischen Rad und Rollbahn (Fahrbahn, Schiene usw.) ist.

Kapitel 16: Kraft

Tab.: Reibungszahlen für Haft- und Gleitreibung

Werkstoff-paarung	Reibungszahlen			
	μ_H		μ_G	
	Haftreibung		Gleitreibung	
	trocken	ge-schmiert	trocken	ge-schmiert
Stahl/Stahl	0,15	0,12	0,12	0,08
Stahl/CuSn-Leg.	0,2	0,1	0,18	0,06
Stahl/Gußeisen	0,2	0,1	0,18	0,06
Bremsbelag/ Stahl	–	–	0,3 bis 0,5	–
Gußeisen/ CuSn-Leg.	0,3	0,2	0,2	0,08
Stahl/Holz	0,6	0,12	0,5	0,1

Tab.: Reibungszahlen für Rollreibung

Radart	Rollbahn	Rollreibungszahl μ_R
Luftreifen	Pflaster	0,015
Luftreifen	Beton	0,015
Luftreifen	Asphalt	0,015
Luftreifen	Schotter	0,02
Stahlrad	Schiene	0,001 bis 0,002

Beispiel 1: Wie groß ist die Haftreibungskraft F_R in N für eine Kiste, die auf einer schrägen Lkw-Ladefläche mit Stahlboden steht? Die Normalkraft F_N ist 1100 N und die Haftreibungszahl $\mu_H = 0,6$.

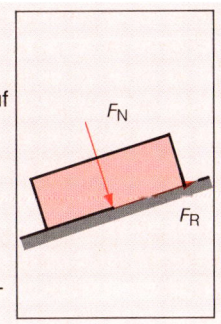

Gesucht: F_R in N
Gegeben: $F_N = 1100$ N, $\mu_H = 0,6$
Lösung: $F_R = F_N \cdot \mu$
$F_R = 1100$ N $\cdot 0,6$
$F_R = \mathbf{660\ N}$

Beispiel 2: Wie groß ist die Reibungskraft $F_{R_{ges}}$ in N an einer Bremsscheibe? Die Anpreßkraft F_N ist 25000 N und die Gleitreibungszahl $\mu_G = 0,33$.

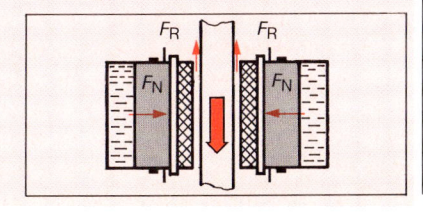

Gesucht: $F_{R_{ges}}$ in N
Gegeben: $F_N = 25000$ N, $\mu_G = 0,33$, $z = 2$
Lösung: Da zwei Reibflächenpaare die Reibungskraft erzeugen, muß F_R mit 2 multipliziert werden.
$F_{R_{ges}} = z \cdot F_R$
$F_{R_{ges}} = 2 \cdot F_N \cdot \mu_G$
$F_{R_{ges}} = 2 \cdot 25000$ N $\cdot 0,33$
$F_{R_{ges}} = \mathbf{16500\ N}$

Reibmoment am Lagerzapfen

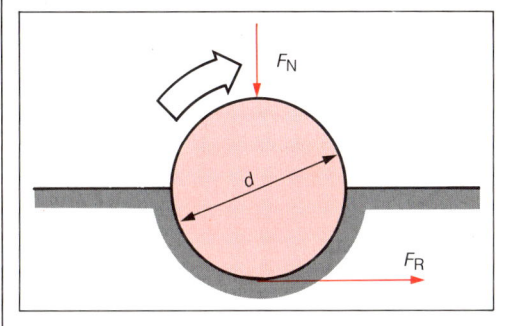

$M_R = F_R \cdot r$
Mit $F_R = F_N \cdot \mu_G$ folgt:

$$M_R = F_N \cdot \mu_G \cdot r$$

M_R Reibmoment in Nm
F_N Normalkraft in N
μ_G Gleitreibungszahl
r Radius des Lagers in m

Beispiel: Wie groß ist das Reibmoment M_R in Nm am Lagerzapfen, wenn er mit der Normalkraft $F_N = 1,8$ kN auf die Lagerschale drückt? Die Gleitreibungszahl für flüssige Reibung beträgt $\mu_G = 0,06$, der Durchmesser des Lagerzapfens ist $d = 50$ mm.

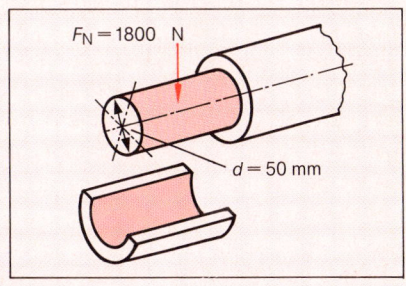

Gesucht: M_R in Nm
Gegeben: $F_N = 1800$ N, $\mu_G = 0,06$, $r = 25$ mm $= 0,025$ m
Lösung: $M_R = F_N \cdot \mu_G \cdot r$
$M_R = 1800$ N $\cdot 0,06 \cdot 0,025$ m
$M_R = \mathbf{2,7\ Nm}$

Aufgaben

1. Stellen Sie die Formel $F_R = F_N \cdot \mu$ nach F_N und μ um.

2. Berechnen Sie die fehlenden Werte.

	F_R	F_N	μ_H	μ_G	μ_R
a)	? N	130 N	0,2		
b)	11 kN	120 kN		?	
c)	125 daN	33 kN	?		
d)	1800 N	? N		0,3	
e)	87 N	? kN			0,001

3. Wie groß ist die übertragbare Haftreibungskraft F_R in N zwischen Rad und Fahrbahn eines Antriebsrades, das mit $F_N = 3100$ N senkrecht belastet wird und eine Haftreibungszahl von $\mu_H = 0,6$ hat?

4. Wie groß ist die größte übertragbare Antriebskraft in N für die Vorder- und Hinterachse eines allradgetriebenen Kraftfahrzeugs?
Das Gesamtgewicht des Kraftfahrzeugs beträgt $m = 1400$ kg. Die Verteilung der Achslasten ist Vorderachslast zu Hinterachslast wie 55/45 %. Zwischen Fahrbahn und Reifen ist eine Haftreibung mit $\mu_H = 0,65$ vorhanden. Fallbeschleunigung $g = 9,81 \frac{m}{s^2}$.

5. Wie groß ist die Haftreibungszahl μ_H für eine Werkstoffpaarung, wenn das Probestück bis zu einer maximalen Zugkraft von 880 N nicht zu gleiten beginnt? Die Masse des Probestücks beträgt 320 kg.

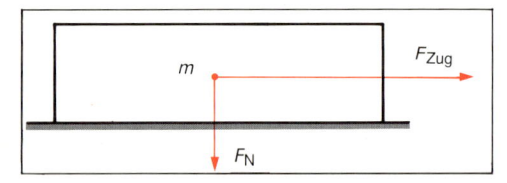

6. Welche Bedingung muß erfüllt sein, damit die Holzkiste aus Beispiel 1 S. 53 auf der Ladefläche nicht zu rutschen beginnt?

7. Wie groß ist die Kraft F in kN, die das Werkstück zwischen den Spannbacken des Schraubstocks zum Verrutschen bringt? $F_N = 1500$ N, $\mu_H = 0,15$.

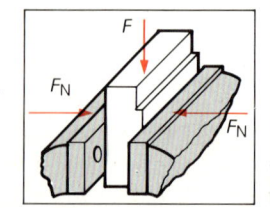

8. Wie groß ist die Zugkraft an einem Werkzeugschlitten in N, wenn er mit gleichbleibender Geschwindigkeit auf seiner Führung bewegt wird? Die Masse des Werkzeugschlittens ist 35 kg und die Gleitreibungszahl μ_G beträgt 0,06.

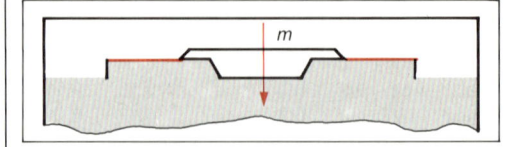

9. Berechnen Sie die Zugkraft F für einen Anhänger mit einer Masse von 680 kg in N. $\mu_R = 0,015$.

10. Wie groß ist die Rollreibungskraft in N zwischen der Rolle am Kipphebel und dem Ventilschaft? Die Ventilfedern drücken den Schaft mit 1400 N gegen die Rolle. Die Rollreibungszahl μ_R ist 0,0015.

11. Wie groß ist die Rollreibung F_R in N an den Rädern der Vorderachse (VA) und Hinterachse (HA) eines Pkw, der auf einer Betonstraße fährt? Das Gesamtgewicht ist auf Vorder- und Hinterachse wie 40 % zu 60 % verteilt. Die Gesamtmasse des Fahrzeugs beträgt 1050 kg, die Rollreibungszahl μ_R für Reifen auf Beton ist 0,015. $g = 9,81 \frac{m}{s^2}$.

12. Berechnen Sie das Reibmoment M_R in Nm an einem Kurbelwellenzapfen, dessen Durchmesser $d = 56$ mm beträgt und auf den eine Normalkraft F_N von 200 N wirkt. Die Gleitreibungszahl ist $\mu_G = 0,06$.

13. Welches Reibmoment in Nm ist aufzubringen, um das Zahnrad in Drehung zu versetzen? Die Normalkraft F_N auf jeden Zapfen beträgt 140 N. Die Haftreibungszahl ist 0,15.

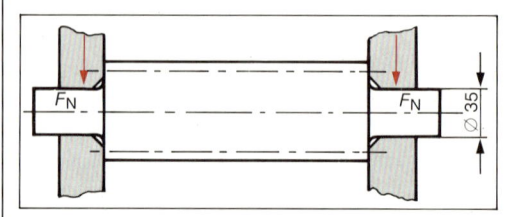

14. a) Welche Reibungskraft F_R in N wirkt an einem Gleitlagerzapfen, an dem ein Reibmoment von 3 Nm festgestellt wurde und eine Normalkraft von 1400 N wirkt? Der Durchmesser des Zapfens beträgt 60 mm.
b) Wie groß ist die Gleitreibungszahl μ_G?

17 Drehmoment

Die **Drehwirkung** einer **Kraft** wird durch das **Drehmoment** erfaßt.

Das Drehmoment M ist abhängig von
- der Größe der angreifenden Kraft F und
- der Länge l des wirksamen Hebelarms.

$M = F \cdot l$

M Drehmoment in Nm
F Kraft in N
l wirksamer Hebelarm in m

Der **wirksame Hebelarm** l ist die Länge der Senkrechten vom Drehpunkt des Körpers auf die Wirkungslinie der Kraft F.

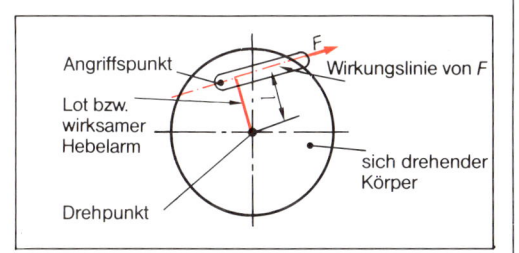

Beispiel: Wie groß ist das Drehmoment M in Nm an dem Zahnkranz eines Mofas, wenn die Tretkurbel a) waagerecht, b) unter einem Winkel von 45° steht?

Die Pedalkraft F ist jeweils 200 N groß und wirkt immer senkrecht. Die Länge l_1 der Tretkurbel beträgt 170 mm, die Länge $l_2 = 120$ mm.

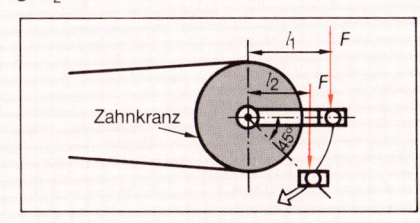

Gesucht: M in Nm, wenn
 a) die Tretkurbel waagerecht,
 b) unter einem Winkel von 45° steht.
Gegeben: $F = 200$ N, $l_1 = 170$ mm, $l_2 = 120$ mm
Lösung: a) $M = F \cdot l_1 = 200$ N $\cdot$ 0,17 m
 $M =$ **34 Nm**
 b) $M = F \cdot l_2 = 200$ N $\cdot$ 0,12 m
 $M =$ **24 Nm**

Aufgaben

1. Stellen Sie $M = F \cdot l$ nach F und l um.

2. Berechnen Sie die fehlenden Tabellenwerte.

	Kraft F	Hebelarm l	Drehmoment M
a)	30 daN	120 cm	? Nm
b)	400 N	30,7 dm	? Nm
c)	? N	0,234 m	130 Nm
d)	? N	170 cm	6500 Nm
e)	725 N	? m	3750 Nm
f)	0,2 MN	? m	21000 Nm

3. Wie groß ist das Anzugsdrehmoment M in Nm an einem Maulschlüssel?

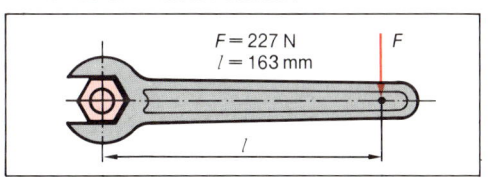

$F = 227$ N
$l = 163$ mm

4. Berechnen Sie für drei unterschiedlich lange Hebelarme $l = 50$ mm, $l = 80$ mm und $l = 120$ mm an einer Riemenscheibe die zugehörigen Kräfte F in N. Das Drehmoment $M = 32$ Nm ist konstant.

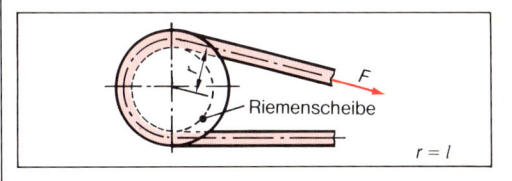

5. An welcher Handkurbel wirkt das größte Drehmoment M in Nm?
Kurbel 1: $l_1 = 230$ mm $\quad F_1 = 300$ N
Kurbel 2: $l_2 = 2,2$ dm $\quad F_2 = 31$ daN
Kurbel 3: $l_3 = 0,25$ m $\quad F_3 = 278$ N
Kurbel 4: $l_4 = 235$ mm $\quad F_4 = 28$ daN
Kurbel 5: $l_5 = 2,32$ dm $\quad F_5 = 295$ N

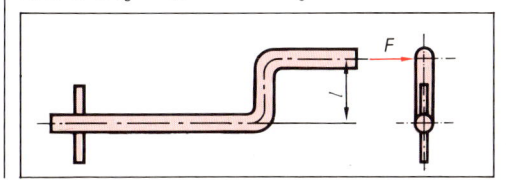

6. Wie groß ist das Drehmoment M an einer Flügelschraube in Nm? Auf **jede** »Flügelhälfte« drückt senkrecht eine Handkraft von $F = 80$ N. Beachten Sie die Lage der Drehachse.

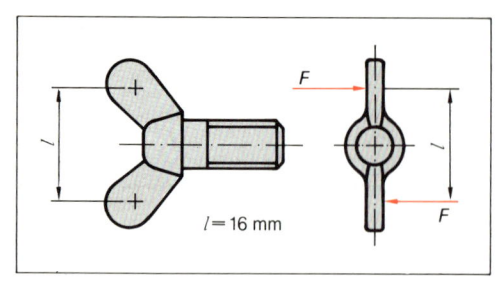

$l = 16$ mm

17.1 Hebel, Hebelgesetz

Ein **Hebel** ist ein starrer Körper, der in einem **Drehpunkt** gelagert ist. Wirkt senkrecht auf den Hebel im Abstand l zur Drehachse eine Kraft F, dann entsteht das Drehmoment $M = F \cdot l$.

Das **Hebelgesetz** in der einfachsten Form besagt, daß ein Hebel im Gleichgewicht ist, wenn zwei an ihm entgegengesetzt wirkende Drehmomente gleich groß sind:

$$M_1 = M_2$$
$$F_1 \cdot l_1 = F_2 \cdot l_2$$

M_1, M_2 Drehmoment in Nm
F_1 Kraft in N am Hebelarm l_1
F_2 Kraft in N am Hebelarm l_2
l_1, l_2 Hebelarm in m

Das Hebelgesetz drückt die **Gleichgewichtsbedingung** aus, die erfüllt sein muß, um Moment-, Kraft- oder Hebelarmlängenberechnungen durchführen zu können.

Nach der **Lage** des Drehpunkts werden **einseitige** und **zweiseitige Hebel** unterschieden. Eine besondere Form des zweiseitigen Hebels ist der **Winkelhebel**.

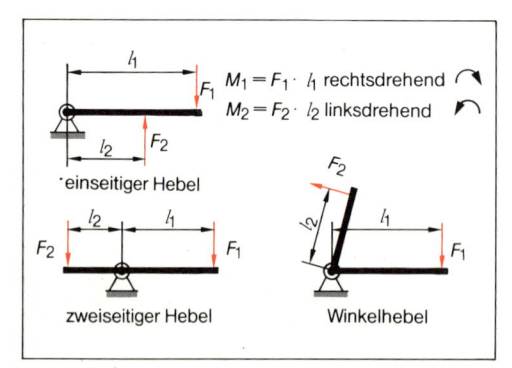

$M_1 = F_1 \cdot l_1$ rechtsdrehend
$M_2 = F_2 \cdot l_2$ linksdrehend

einseitiger Hebel
zweiseitiger Hebel
Winkelhebel

In Abhängigkeit von der Kraftrichtung und Lage des Hebeldrehpunktes werden **rechtsdrehende** (im Uhrzeigersinn) und **linksdrehende** Drehmomente (entgegen dem Uhrzeigersinn) unterschieden.

Beispiel: a) Wie groß muß an einem zweiseitigen Hebel die Kraft F_2 in N sein, damit der Hebel im Gleichgewicht bleibt?
b) Wie groß sind die Momente M_1 und M_2 in Nm? Diese Berechnung ist gleichzeitig eine Kontrollrechnung.

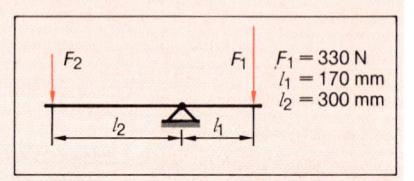

$F_1 = 330$ N
$l_1 = 170$ mm
$l_2 = 300$ mm

a) Gesucht: F_2 in N
Gegeben: $F_1 = 330$ N, $l_1 = 170$ mm, $l_2 = 300$ mm
Lösung: $F_1 \cdot l_1 = F_2 \cdot l_2$
$$F_2 = \frac{F_1 \cdot l_1}{l_2}$$
$$F_2 = \frac{330\,\text{N} \cdot 170\,\text{mm}}{300\,\text{mm}}$$
$F_2 = \mathbf{187\,N}$

b) Gesucht: M_1 in Nm, M_2 in Nm
Gegeben: $F_1 = 330$ N, $l_1 = 170$ mm, $F_2 = 187$ N, $l_2 = 300$ mm
Lösung: $M_1 = F_1 \cdot l_1$
$M_1 = 330\,\text{N} \cdot 0{,}17\,\text{m}$
$M_1 = \mathbf{56{,}1\,Nm}$
$M_2 = F_2 \cdot l_2$
$M_2 = 187\,\text{N} \cdot 0{,}3\,\text{m}$
$M_2 = \mathbf{56{,}1\,Nm}$
Die Berechnung ergibt, daß $M_1 = M_2$ ist.

Wirken an einem Hebel **mehr als zwei Drehmomente**, so bleibt der Hebel nur dann im Gleichgewichtszustand, wenn die Summe der rechtsdrehenden Momente gleich der Summe der linksdrehenden Momente ist.

Allgemein lautet das **Hebelgesetz:**
Summe der rechtsdrehenden Momente
= Summe der linksdrehenden Momente

$\Sigma M_\curvearrowright = \Sigma M_\curvearrowleft$ M Drehmoment in Nm

Σ ist das mathematische Zeichen für Summe.

Kapitel 17: Drehmoment

Beispiel: Zu berechnen ist das zusätzliche Drehmoment M in Nm, das einen zweiseitigen Hebel im Gleichgewicht hält. An diesem Hebel wirken zwei rechtsdrehende Momente $M_1 = 370$ Nm, $M_2 = 180$ Nm und zwei linksdrehende Momente $M_3 = 210$ Nm und $M_4 = 190$ Nm.

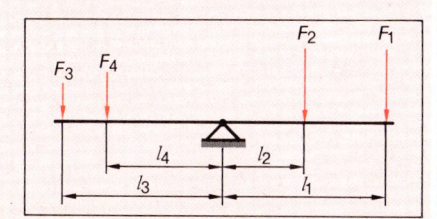

Gesucht: M in Nm
Gegeben: $M_1 = 370$ Nm, $M_2 = 180$ Nm
$M_3 = 210$ Nm, $M_4 = 190$ Nm
Lösung: $\Sigma M_\curvearrowright = \Sigma M_\curvearrowleft$
$M + M_1 + M_2 = M_3 + M_4$
$M = M_3 + M_4 - M_1 - M_2$
$M = 210$ Nm $+ 190$ Nm $- 370$ Nm $- 180$ Nm
$M = \mathbf{-150}$ **Nm**

Das Ergebnis besagt, daß

a) ein Drehmoment von 150 Nm den Gleichgewichtszustand am Hebel erzeugt,

b) das Drehmoment ist linksdrehend (M ist negativ), um den Hebel im Gleichgewichtszustand zu halten.

Aufgaben

1. Stellen Sie die Formel $F_1 \cdot l_1 = F_2 \cdot l_2$ nach F_1, l_1 und l_2 um.

2. Berechnen Sie die fehlenden Tabellenwerte.

	F_1	F_2	l_1	l_2
a)	? N	350 N	180 mm	220 mm
b)	30 daN	? daN	270 mm	30 cm
c)	3,5 kN	2,7 kN	? m	1,6 m
d)	1200 N	2,7 kN	450 mm	? mm
e)	37 daN	2,2 kN	3,7 dm	? cm

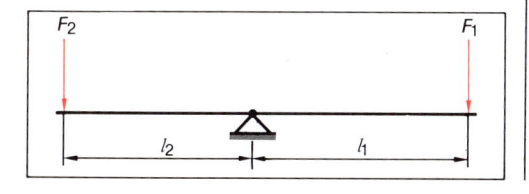

3. Berechnen Sie die fehlenden Tabellenwerte.

	F_1	F_2	F_3	F_4	l_1	l_2
a)	? N	300 N	600 N	? N	250 mm	120 mm
b)	2,7 kN	? kN	6,8 kN	? kN	370 cm	700 cm
c)	220 N	280 N	300 N	200 N	? mm	1200 mm
d)	273 N	562 N	928 N	652 N	127 mm	? mm

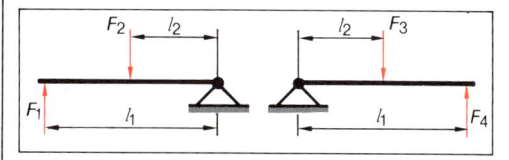

4. a) Wie groß ist die Kraft F_2 in N (Öffnungsbeginn) am Kipphebel? Das Ventil wird mit einer Federkraft $F_1 = 380$ N in den Sitz gedrückt.
$l_1 = 29$ mm
$l_2 = 25$ mm

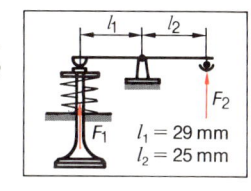

b) Berechnen Sie zur Kontrolle beide Momente.

5. Wie groß ist die Öffnungskraft F_1 in N an einem Schwinghebel, wenn der Nocken den Schwinghebel mit 420 N niederdrückt?
$l_1 = 44$ mm
$l_2 = 32$ mm

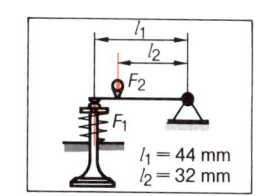

6. Berechnen Sie l_2 für einen Schwinghebel in mm (s. Abbildung zu Aufgabe 5), wenn $l_1 = 46$ mm lang ist und F_2 nicht größer als 520 N sein darf. Ventilöffnungskraft $F_1 = 400$ N.

7. a) Wie groß ist die Handkraft F_1 in N, wenn für die Handbremse eine Seilzugkraft $F_2 = 875$ N erzeugt wird?
$l_1 = 380$ mm
$l_2 = 80$ mm

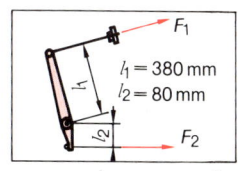

b) Wie lang muß l_2 in mm sein, wenn die Handkraft $F_1 = 250$ N nicht übersteigen soll und die Seilzugkraft F_2 maximal 850 N beträgt?

8. a) Wie groß ist die Kraft F_2 in N an der Kolbenstange? Pedalkraft $F_1 = 350$ N.

b) Wie lang muß l_1 in mm sein, wenn die Pedalkraft von 400 N nicht mehr als $F_2 = 1000$ N erzeugen soll?
$l_1 = 225$ mm
$l_2 = 70$ mm

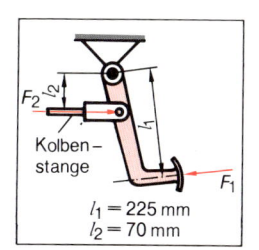

9. Berechnen Sie die Kraft F_3 in N, die durch die doppelte Hebelübersetzung erzeugt wird.

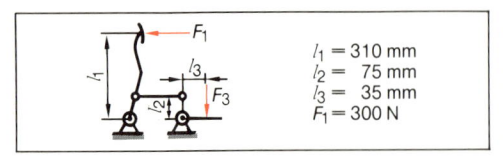

$l_1 = 310$ mm
$l_2 = 75$ mm
$l_3 = 35$ mm
$F_1 = 300$ N

10. Berechnen Sie die Kraft F_2 in N an dem Winkelhebel einer automatischen Türschließeinrichtung. Die Kraft F_1 beträgt 870 N.
a) $l_1 = 70$ mm,
 $l = 300$ mm,
 $\alpha = 45°$
b) $l_1 = 85$ mm,
 $l = 295$ mm,
 $\alpha = 30°$

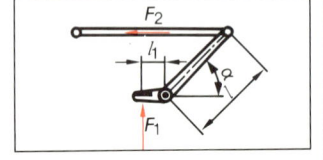

11. Berechnen Sie die fehlenden Werte.

	a)	b)	c)	d)
F_1	? N	1200 N	1000 N	2,5 kN
F_2	800 N	? N	700 N	1,5 kN
F_3	700 N	800 N	? N	2 kN
F_4	600 N	300 N	1500 N	? kN
l_1	500 mm	600 mm	700 mm	320 mm
l_2	400 mm	450 mm	600 mm	150 mm
l_3	200 mm	150 mm	200 mm	250 mm
l_4	400 mm	300 mm	300 mm	420 mm

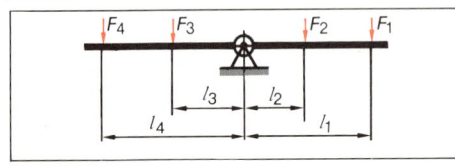

17.2 Achskräfte, Auflagerkräfte

Mit Hilfe des Hebelgesetzes können die **Achskräfte** am Kraftfahrzeug berechnet werden.

Dafür wird folgendes festgelegt:

- Die **Gewichtskraft** eines Fahrzeugs greift im Schwerpunkt S des Fahrzeugs an.
- Das Fahrzeug wird als **Hebel im Gleichgewicht** aufgefaßt. Der Drehpunkt wird so festgelegt, daß eine **Achskraft durch den gedachten Hebeldrehpunkt** geht, d.h., der Hebelarm für diese Achskraft ist Null.

Diese Festlegungen können auch auf jeden anderen Körper mit Auflagern, z.B. Träger und Wellen, angewendet werden.

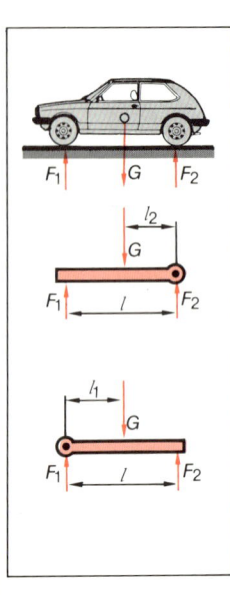

F_1 Gesamtachskraft der Vorderachse (VA)
F_2 Gesamtachskraft der Hinterachse (HA)
G Gesamtgewichtskraft des Fahrzeugs
$G = F_1 + F_2$

Ersatzsystem mit gedachtem Hebeldrehpunkt unter der HA

$F_1 \cdot l = G \cdot l_2$

$$F_1 = \frac{G \cdot l_2}{l}$$

Ersatzsystem mit gedachtem Hebeldrehpunkt unter der VA

$F_2 \cdot l = G \cdot l_1$

$$F_2 = \frac{G \cdot l_1}{l}$$

Beispiel 1: Zu berechnen sind die Auflagerkräfte F_1 und F_2 in kN. Der Radstand beträgt $l_2 = 3920$ mm. Die Gewichtskraft des Lkw G ist 43 200 N. Der Abstand von G zur VA beträgt $l_1 = 2570$ mm.

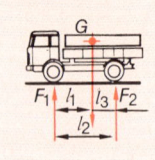

Gesucht: F_1 und F_2 in kN
Gegeben: $l_1 = 2570$ mm,
$l_2 = 3920$ mm
$G = 43 200$ N

Lösung: $M_\curvearrowright = M_\curvearrowleft$
$G \cdot l_1 = F_2 \cdot l_2$

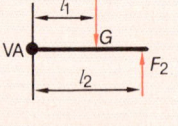

$$F_2 = \frac{G \cdot l_1}{l_2}$$

$$F_2 = \frac{43,2 \text{ kN} \cdot 2570 \text{ mm}}{3920 \text{ mm}}$$

$F_2 = \mathbf{28,32 \text{ kN}}$

$M_\curvearrowright = M_\curvearrowleft$
$F_1 \cdot l_2 = G \cdot l_3$

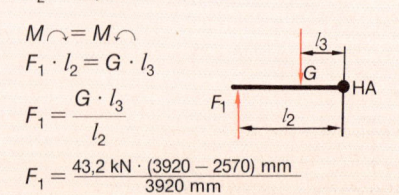

$$F_1 = \frac{G \cdot l_3}{l_2}$$

$$F_1 = \frac{43,2 \text{ kN} \cdot (3920 - 2570) \text{ mm}}{3920 \text{ mm}}$$

$F_1 = \mathbf{14,88 \text{ kN}}$

Kapitel 17: Drehmoment

Kontrollrechnung:
$F_1 + F_2 = G$
$14{,}88\,kN + 28{,}32\,kN = 43{,}2\,kN$
$\mathbf{43{,}2\ kN = 43{,}2\,kN}$

Die Kontrollrechnung durch Addition der senkrechten Kräfte ist immer dann möglich, wenn **alle** senkrechten Kräfte eines Hebels bekannt sind.

Im Drehpunkt eines zweiseitigen Hebels wirkt immer noch eine Stützkraft. Ohne diese Kraft ist die Kontrollrechnung nicht möglich.

Beispiel 2: Wie groß sind die Achskräfte F_1 und F_2 eines Lkw in N?

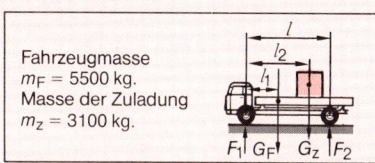

Fahrzeugmasse
$m_F = 5500\,kg$.
Masse der Zuladung
$m_Z = 3100\,kg$.

Gesucht: F_1 und F_2 in N
Gegeben: $l = 4{,}3\,m$, $l_1 = 1{,}9\,m$, $l_2 = 2{,}9\,m$,
$m_F = 5500\,kg$, $m_Z = 3100\,kg$

Lösung: $G = m_F \cdot g$

$G = 5500\,kg \cdot 9{,}81\,\dfrac{m}{s^2}$

$G = \mathbf{53955\,N}$

$G_Z = m_Z \cdot g$

$G_Z = 3100\,kg \cdot 9{,}81\,\dfrac{m}{s^2}$

$G_Z = \mathbf{30411\,N}$

$M \curvearrowright = M \curvearrowleft$
$F_2 \cdot l = G \cdot l_1 + G_Z \cdot l_2$
$F_2 = \dfrac{G \cdot l_1 + G_Z \cdot l_2}{l}$

$F_2 = \dfrac{53955\,N \cdot 1{,}9\,m + 30411\,N \cdot 2{,}9\,m}{4{,}3\,m}$

$F_2 = \mathbf{44350{,}3\,N}$

$M \curvearrowright = M \curvearrowleft$
$F_1 \cdot l = G \cdot l_3 + G_Z \cdot l_4$
$F_1 = \dfrac{G \cdot l_3 + G_Z \cdot l_4}{l}$

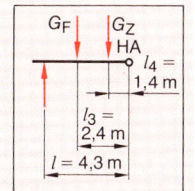

$G_F = 54\,kN$ $G_Z = 30{,}4\,kN$
VA
F_2
l_1
$l_2 = 2{,}9\,m$
$l = 4{,}3\,m$
$l_1 = 1{,}9\,m$

G_F G_Z
HA
$l_4 = 1{,}4\,m$
$l_3 = 2{,}4\,m$
$l = 4{,}3\,m$

$F_1 = \dfrac{53955\,N \cdot 2{,}4\,m + 30411\,N \cdot 1{,}4\,m}{4{,}3\,m}$

$F_1 = \mathbf{40015{,}7\,N}$

Kontrollrechnung:
$F_1 + F_2 = G + G_Z$
$40015{,}7\,N + 44350{,}3\,N = 53955\,N + 30411\,N$
$\mathbf{84366\,N = 84366\,N}$

Aufgaben

1. Ein Pkw hat einen Radstand $l = 2930\,mm$. Seine Gesamtmasse beträgt $m = 1600\,kg$. Der Schwerpunkt S liegt im Abstand $l_1 = 1620\,mm$ von der Vorderachse entfernt. Wie groß sind die Achskräfte F_1 und F_2 in kN? $g = 9{,}81\,\dfrac{m}{s^2}$.

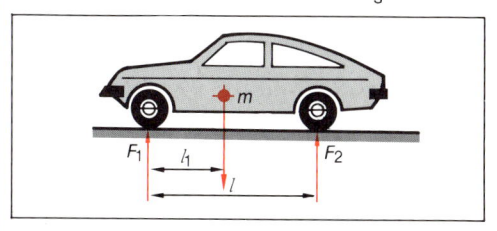

2. a) Wie groß ist die Achskraft F_{HA} in kN, wenn die Fahrzeugmasse $m = 5{,}8\,t$ und die Zuladung $m_Z = 7\,t$ beträgt? $g = 9{,}81\,\dfrac{m}{s^2}$.
b) Berechnen Sie die Achskraft F_{VA} in kN.
c) Wenden Sie eine Kontrollrechnung an.

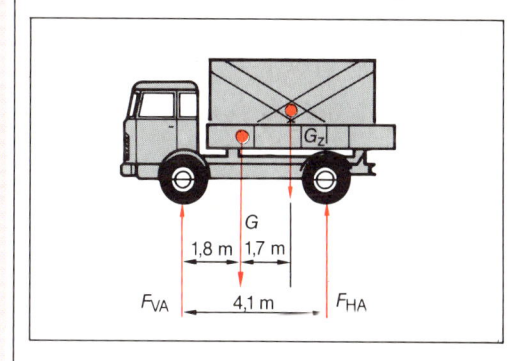

3. Wie groß werden die Achskräfte F_{HA} und F_{VA} in kN, wenn die Zuladung 0,5 m nach hinten verschoben wird? Benutzen Sie die Daten aus Aufgabe 2.

4. a) Ermitteln Sie die Achskraft F_{HA} in kN, wenn die Fahrzeugmasse 950 kg und die Anhängerstützkraft $F_S = 500\,N$ beträgt. $g = 9{,}81\,\dfrac{m}{s^2}$.
b) Berechnen Sie die Achskraft F_{VA} in kN.
c) Wie groß sind die beiden Achskräfte F_{HA} und F_{VA} in kN, wenn bei gleicher Anhängerstützkraft $F_S = 500\,N$ eine Zuladung von $m_Z = 50\,kg$ hinzukommt? Die Zuladung hat ihren Schwerpunkt 0,4 m hinter der Hinterachse.

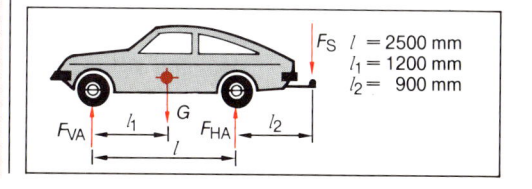

F_S $l = 2500\,mm$
$l_1 = 1200\,mm$
$l_2 = 900\,mm$

18 Druck

Der **Druck** p ist die senkrecht auf eine Flächeneinheit wirkende und gleichmäßig verteilte Kraft.

Der Druck p ist abhängig von
- der Kraft F und • der Fläche A.

$$p = \frac{F}{A}$$

p Druck in $\frac{N}{m^2}$ oder in bar
F Kraft in N oder daN
A Fläche in m^2 oder cm^2

18.1 Druckeinheiten

Die SI-Einheit für den Druck ist die **abgeleitete Einheit** $\frac{N}{m^2}$ mit dem Namen das **Pascal** und dem Einheitenzeichen **Pa** (Blaise Pascal, franz. Mathematiker und Physiker, 1623 bis 1662):

$$1\,Pa = 1\,\frac{N}{m^2}$$

Da 1 Pa ein sehr geringer Druck ist, wird in der Technik mit dem 100000fachen eines Pascals gerechnet. Das 100000fache eines Pascals ist die Einheit **Bar** mit dem Einheitenzeichen bar:
100000 Pa = 1 bar

$$1\,bar = 10\,\frac{N}{cm^2} = 1\,\frac{daN}{cm^2} = 100000\,\frac{N}{m^2}$$

$$1\,bar = 1000\,mbar = 1000\,hPa$$

Beispiel: Wie groß ist der Druck p in bar, den ein Reifen mit seiner Reifenaufstandsfläche auf die Fahrbahn ausübt? Der Reifen überträgt 2,8 kN auf die Fahrbahn. Die Reifenaufstandsfläche A ist 12500 mm² groß.

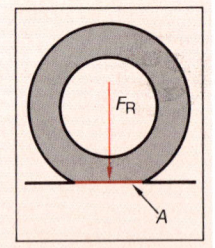

Gesucht: p in bar

Gegeben: Für die Berechnung des Drucks in bar ist es sinnvoll, die Kraft in daN und die Fläche in cm² umzuwandeln.
$F = 2,8\,kN = 2800\,N = 280\,daN$
$A = 12500\,mm^2 = 125\,cm^2$

Lösung: $p = \frac{F}{A} = \frac{280\,daN}{125\,cm^2}$ $\left(1\,\frac{daN}{cm^2} = 1\,bar\right)$

$p = $ **2,24 bar**

Aufgaben

1. Rechnen Sie die angegebenen Werte um.

	$\frac{N}{mm^2}$	$\frac{kN}{cm^2}$	Pa	bar	mbar hPa
a)	1200	?	?	?	?
b)	?	2,75	?	?	?
c)	?	?	12000	?	?
d)	?	?	125000	?	?
e)	?	?	?	38	?
f)	?	?	?	?	2000

2. Stellen Sie die Formel $p = \frac{F}{A}$ nach A um.

3. Berechnen Sie die fehlenden Werte.

	p	F	A
a)	? bar	300 N	22 cm²
b)	? Pa	30 kN	200 dm²
c)	227 bar	? daN	330 mm²
d)	20000 Pa	40 kN	? m²

4. Wie groß ist der ausgeübte Druck p in bar am Ende eines Druckversuches? Auf den zusammengepreßten Zylinder werden von jeder Seite $F = 3,6\,MN$ ausgeübt. Der Durchmesser nach dem Zusammendrücken beträgt a) $d = 23\,mm$, b) $d = 2,5\,cm$.

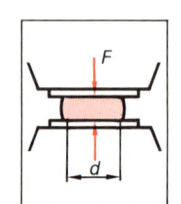

5. Mit welchem Druck p in bar wird jeweils ein Blechpaket zusammengepreßt? Die Fläche A, auf die eine Kraft $F = 500\,MN$ wirkt, hat a) eine Länge $l_1 = 1100\,mm$ und eine Breite $l_2 = 550\,mm$, b) eine Länge $l_1 = 1200\,mm$ und eine Breite $l_2 = 630\,mm$.

6. Wie groß ist die senkrechte Kraft F in kN an einem Reibbelag, wenn der Druck $p = 2,4\,bar$ beträgt und die Reibfläche 7000 mm² groß ist?

7. Welche Mindestfläche A in cm² muß ein Kupplungsbelag haben, wenn der Druck p auf diesen Belag nicht größer als $2,5\,\frac{daN}{cm^2}$ sein darf? Die Kraft F beträgt 12500 N.

18.2 Druckgrößen

In der Technik werden besonders drei Druckgrößen unterschieden:

Absoluter Druck p_{abs}

Er ist der jeweils herrschende Druck in einem Raum oder Gefäß gegenüber dem Druck Null im Vakuum (im leeren Raum). Die Druckskale des absoluten Drucks beginnt bei dem Druck Null. Index »abs« (absolutus, lat.: losgelöst, unabhängig).

Atmosphärendruck p_{amb}

Er ist der absolute Atmosphärendruck. Dieser Druck wird, sofern nichts anderes angegeben, mit $p_{amb} = 1$ bar = 1000 mbar in die Rechnung eingesetzt. Index »amb« (ambiens, lat.: umgebend).

Überdruck oder atmosphärische Druckdifferenz p_e

Er ist der Druckunterschied zwischen dem absoluten Druck p_{abs} und dem Luftdruck p_{amb}. Index »e« (excedens, lat.: überschreitend).

$$p_e = p_{abs} - p_{amb}$$

$p_{abs} = p_{amb} + p_e$

p_e Überdruck in bar
p_{abs} absoluter Druck in bar
p_{amb} atmosphärischer Druck in bar

Ist p_e **positiv** (positiver Überdruck), so ist der absolute Druck p_{abs} **größer als der Luftdruck**.
Ist p_e **negativ** (negativer Überdruck), so ist der absolute Druck p_{abs} **kleiner als der Luftdruck**.

Die negativen Werte von p_e entsprechen dem früher gebräuchlichen Begriff Unterdruck. Der Überdruck wird mit dem **Manometer**, der Luftdruck mit dem **Barometer** gemessen. Der Luftdruck am Erdboden schwankt etwa zwischen 970 mbar (Tiefdruck) und 1040 mbar (Hochdruck).

Zusammenhang zwischen p_{abs} und p_e bei z. B. $p_{amb} = 1$ bar.

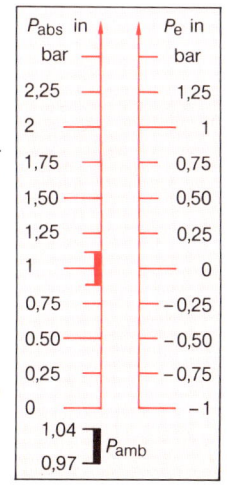

Beispiel 1: Wie groß ist der absolute Reifendruck p_{abs} in bar, wenn im Reifen ein Überdruck $p_e = 2,4$ bar herrscht und der Luftdruck $p_{amb} = 1035$ mbar beträgt?

Gesucht: p_{abs} in bar
Gegeben: $p_{amb} = 1035$ mbar = 1,035 bar
$p_e = 2,4$ bar
Lösung: $p_{abs} = p_{amb} + p_e$
$p_{abs} = 1,035$ bar + 2,4 bar
$p_{abs} = $ **3,435 bar**

Beispiel 2: Wie groß ist der Überdruck p_e in bar in einem Vergaser-Lufttrichter? Der Luftdruck p_{amb} beträgt 1040 mbar und der absolute Druck im Lufttrichter hat den Wert $p_{abs} = 0,92$ bar.

Gesucht: p_e in bar
Gegeben: $p_{amb} = 1040$ mbar = 1,040 bar
$p_{abs} = 0,92$ bar
Lösung: $p_e = p_{abs} - p_{amb}$
$p_e = 0,92$ bar − 1,040 bar
$p_e = $ **−0,120 bar**

Im Lufttrichter herrscht ein Unterdruck, d.h., der absolute Druck ist kleiner als der Luftdruck.
Anmerkung: Das Wort »Unterdruck« darf als **qualitative Bezeichnung eines Zustandes** verwendet werden. Die quantitative Angabe lautet aber: Im Lufttrichter herrscht z.B. ein negativer Überdruck von $p_e = -0,120$ bar.

Aufgaben

1. Bestimmen Sie die fehlenden Werte.

	p_{abs}	p_{amb}	p_e
a)	? bar	1020 mbar	7,5 bar
b)	? bar	1030 mbar	−0,3 bar
c)	3,2 bar	1015 mbar	? bar
d)	1,61 bar	1010 mbar	? bar

2. Wie groß ist jeweils der absolute Druck p_{abs} in bar in einem Druckluftbehälter? Der Luftdruck beträgt
a) 1030 hPa und der Überdruck $p_e = 4,9$ bar,
b) 1020 hPa und der Überdruck $p_e = 3,6$ bar.

3. Wie groß ist jeweils der absolute Druck p_{abs} in bar im Ansaugkrümmer eines Motors? Der negative Überdruck p_e beträgt
a) −300 mbar b) −165 mbar und c) −173 mbar.
Der Luftdruck ist jeweils 1,002 bar.

4. Wird p_e größer oder kleiner, wenn der Luftdruck fällt?

19 Grundlagen der Hydraulik und Pneumatik

19.1 Druckausbreitung in Flüssigkeiten und Gasen

In einer eingeschlossenen Flüssigkeit oder einem eingeschlossenen Gas breitet sich der **Druck nach allen Seiten gleichmäßig** aus.

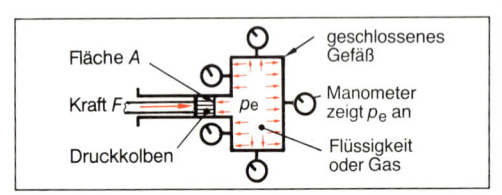

Die physikalische Erscheinung der gleichmäßigen Druckausbreitung in Flüssigkeiten und Gasen wird in der Technik vielfältig ausgenutzt. So z.B. in Pressen, Hebebühnen, hydraulischen Bremsen und Druckluftbremsen, automatischen Getrieben und Werkzeugmaschinen.

Der Druck p_e im Gefäß hängt ab von
- der Kolbenkraft F und
- der Kolbenfläche A.

$$p_e = \frac{F}{A}$$

p_e Überdruck in bar
F Kolbenkraft in daN
A Kolbenfläche in cm^2

Beispiel: Wie groß ist der Überdruck p_e in bar im oben abgebildeten Druckgefäß? Die Kolbenkraft beträgt $F = 280$ N. Der Kolben hat einen Durchmesser $d = 22$ mm.

Gesucht: p_e in bar
Gegeben: $F = 280$ N, $d = 22$ mm
Lösung: $p_e = \dfrac{F}{A} = \dfrac{F}{d^2 \cdot 0{,}785}$

$p_e = \dfrac{28 \text{ daN}}{2{,}2 \text{ cm} \cdot 2{,}2 \text{ cm} \cdot 0{,}785}$ (10 N = 1 daN)

$p_e = \mathbf{7{,}37 \text{ bar}}$

Aufgaben

1. Stellen Sie die Formel $p_e = \frac{F}{A}$ nach F und A um.

2. Wie groß ist die Spannkraft F_{RZ} eines Scheibenbremsenkolbens in kN? Der Durchmesser beträgt 56 mm, der Druck $p_e = 56$ bar.

3. Berechnen Sie die Spannkraft F_{RZ} an einem Radzylinder in kN. Der Zylinder wirkt doppelseitig. Zylinderdurchmesser $d = 19$ mm, Druck in der Hydraulikflüssigkeit $p_e = 45$ bar.

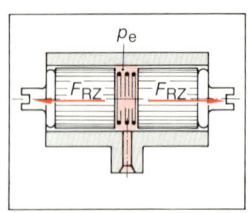

4. Wie groß ist die kleinste und größte Kraft F_K in kN an der Kolbenstange des Trennkolbens eines Gasdruckschwingungsdämpfers? Im Gasraum herrscht ein Druck p_e von 20 bis 35 bar. Der Trennkolben hat einen Durchmesser $d = 30$ mm.

5. Wie groß ist der Gasdruck p_e in bar in einem Federelement einer hydropneumatischen Federung? Daten siehe Abbildung.

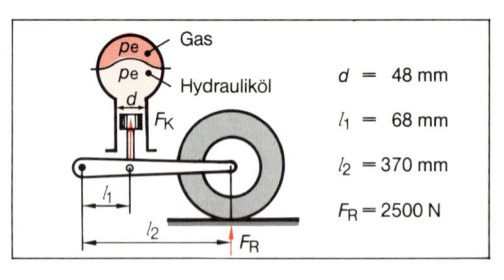

$d = 48$ mm
$l_1 = 68$ mm
$l_2 = 370$ mm
$F_R = 2500$ N

6. a) Berechnen Sie die Masse m in kg, die mit einer Hebebühne gehoben werden kann. Der Durchmesser des Hydraulikzylinders beträgt 360 mm und der Druck p_e im Zylinder 9,8 bar. $g = 9{,}81 \frac{\text{m}}{\text{s}^2}$.
b) Wie groß ist die Kraft F in kN, die auf dem Kolben des Hydraulikzylinders lastet, wenn ein Pkw mit der Masse $m = 950$ kg angehoben wird? $g = 9{,}81 \frac{\text{m}}{\text{s}^2}$.
c) Wie groß muß der Durchmesser d in mm sein, wenn eine Masse von 1100 kg bei $p_e = 9{,}9$ bar angehoben wird?

7. Berechnen Sie die Kraft F_1 in N, mit der eine Unterdruck-Servoeinrichtung, z.B. für die Bremse, die Pedalkraft unterstützt.

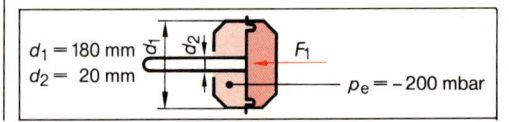

$d_1 = 180$ mm
$d_2 = 20$ mm
$p_e = -200$ mbar

19.2 Kraftübersetzung in hydraulischen und pneumatischen Systemen

Zwei Zylinder mit unterschiedlich großen Durchmessern sind durch ein Rohr verbunden. Da im System überall der gleiche Druck p_e herrscht, werden die Kolbenkräfte F_1 und F_2 im Verhältnis der Kolbenflächen A_2 und A_1 übersetzt.

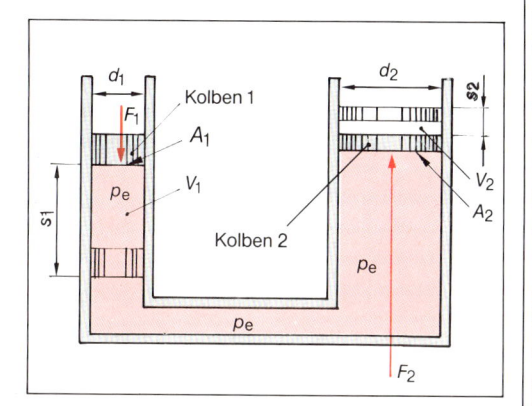

$$p_e = \frac{F_1}{A_1} = \frac{F_2}{A_2}$$

$$\boxed{\frac{F_1}{F_2} = \frac{A_1}{A_2}}$$

F_1, F_2 Kolbenkraft in N
A_1, A_2 Kolbenfläche in mm²

Durch die Bewegung des Kolbens 1 wird das Flüssigkeitsvolumen $V_1 = s_1 \cdot A_1$ verdrängt und verschiebt den Kolben 2. Es gilt

$V_1 = V_2$ Da $V_1 = s_1 \cdot A_1$ und
           $V_2 = s_2 \cdot A_2$, so ist

$$s_1 \cdot A_1 = s_2 \cdot A_2$$

$$\boxed{\frac{A_1}{A_2} = \frac{s_2}{s_1}}$$

A_1, A_2 Kolbenfläche in mm²
s_1, s_2 Kolbenweg in mm

Durch Gleichsetzen der Formeln ergibt sich $\frac{A_1}{A_2} = \frac{F_1}{F_2} = \frac{s_2}{s_1}$. Es folgt

$$\boxed{\frac{F_1}{F_2} = \frac{s_2}{s_1}}$$

F_1, F_2 Kolbenkraft in N
s_1, s_2 Kolbenweg in mm

Der Zunahme der Kolbenkraft F_2 entspricht also die Abnahme des Kolbenwegs s_2. Der **Wegverlust** ist **kein Nachteil**, da es meist auf die Erhöhung der Kraft F_2 ankommt.

Beispiel 1: Wie groß muß der Durchmesser d_2 in mm sein, damit mit der Presse (s. Abb.) 16000 N erzeugt werden können? Der Durchmesser d_1 beträgt 40 mm. Es steht eine Kraft $F_1 = 4000$ N zur Verfügung.

Gesucht: d_2 in mm
Gegeben: $d_1 = 40$ mm, $F_1 = 4000$ N, $F_2 = 16000$ N
Lösung:

$$\frac{F_1}{F_2} = \frac{A_1}{A_2}$$

$$A_2 = A_1 \cdot \frac{F_2}{F_1} = \frac{d_1^2 \cdot \pi}{4} \cdot \frac{F_2}{F_1}$$

$$A_2 = \frac{40\,\text{mm} \cdot 40\,\text{mm} \cdot 0{,}785 \cdot 16000\,\text{N}}{4000\,\text{N}}$$

$A_2 = 5024$ mm². Nach Tabelle
$d_2 \approx \mathbf{80\,mm}$

Beispiel 2: Um welchen Weg s_2 in mm wird der Kolben 2 verschoben, wenn der Kolben 1 um den Weg $s_1 = 10$ mm verschoben wird (s. Beispiel 1)?

Gesucht: s_2 in mm
Gegeben: $s_1 = 10$ mm, $F_1 = 4000$ N, $F_2 = 16000$ N
Lösung:

$$\frac{F_1}{F_2} = \frac{s_2}{s_1}$$

$$s_2 = s_1 \cdot \frac{F_1}{F_2} = 10\,\text{mm} \cdot \frac{4000\,\text{N}}{16000\,\text{N}}$$

$s_2 = \mathbf{2{,}5\,mm}$

Aufgaben

1. Stellen Sie die Formel für die Kraftübersetzung $\frac{F_1}{F_2} = \frac{A_1}{A_2}$ nach F_1, F_2 und A_1 um.

2. Stellen Sie die Formel für die Kraft-Weg-Beziehung $\frac{F_1}{F_2} = \frac{s_2}{s_1}$ nach F_1, F_2 und s_1 um.

3. Berechnen Sie eine hydraulische Presse. Ermitteln Sie die fehlenden Werte (s. Abb. links).

	p_e	A_1	A_2	d_1	d_2
a)	? bar	? cm²	? cm²	18 mm	40 mm
b)	7 bar	30 cm²	? cm²	✕	120 mm
c)	? bar	? cm²	? cm²	20 mm	✕

	F_1	F_2	s_1	s_2	V_1	V_2
a)	? kN	20 kN	30 mm	? mm	? cm³	? cm³
b)	? kN	? kN	? mm	100 mm	? cm³	? cm³
c)	2 kN	20 kN	10 mm	? mm	? cm³	? cm³

4. a) Wie groß ist die Kraft F_2 in N im hydraulischen Stufenzylinder? Durchmesser des kleinen Kolbens $d_1 = 20$ mm, des großen Kolbens $d_2 = 32$ mm, $F_1 = 850$ N.
b) Berechnen Sie das Wegverhältnis $\frac{s_1}{s_2}$.

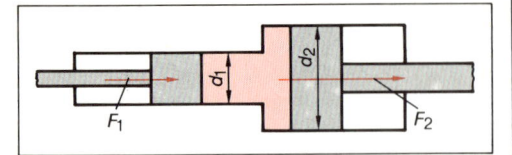

5. Mit welcher Kraft F_2 in N wird der Arbeitskolben nach links verschoben, wenn im Arbeitsraum 2 $p_{e2} = 40$ bar herrschen? Kolbendurchmesser $d_1 = 35$ mm, Kolbenstangendurchmesser $d_2 = 8$ mm.

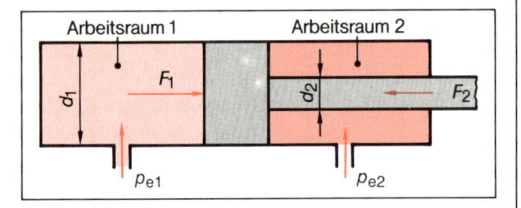

6. Mit welcher Kraft F_1 in N wird der Arbeitskolben (s. Aufgabe 5) nach rechts verschoben? Jetzt hat p_{e1} den Wert von 40 bar.

19.3 Hydrostatischer Druck (Boden-/Seitendruck)

Die Flüssigkeit übt aufgrund ihrer **Gewichtskraft** G auf den Boden und die Seitenwände eines Gefäßes einen Druck aus. Dieser Druck ist der **hydrostatische Druck** p. Er wirkt immer **senkrecht auf die Gefäßwandung**. p_{amb} bleibt oft unberücksichtigt.

$p = \frac{G}{A}$, da $G = m \cdot g$,
$m = V \cdot \varrho$ und
$V = A \cdot h$ sind, ergibt sich für
$G = A \cdot h \cdot \varrho \cdot g$ und damit für

$p = \frac{A \cdot h \cdot \varrho \cdot g}{A}$

$$\boxed{p = \frac{h \cdot \varrho \cdot g}{10000}}$$

p hydrostatischer Druck in bar
h Höhe der Flüssigkeitssäule in cm
ϱ Dichte der Flüssigkeit in $\frac{g}{cm^3}$
g Fallbeschleunigung in $\frac{m}{s^2}$
10000 Umrechnungszahl, $\frac{10000 \, g \cdot N}{kg \cdot daN}$

Der hydrostatische Druck wird um so größer, je höher die Flüssigkeitssäule und je größer die Dichte der Flüssigkeit ist. Er ist **unabhängig von der Fläche**.

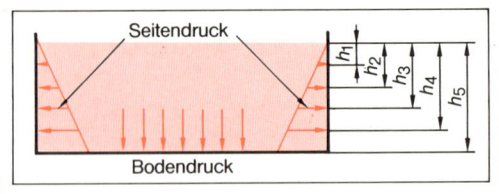

Anmerkung: Die Lufthülle übt auf die Erdoberfläche den Luftdruck aus. Er hat den Normalwert von 1,013 bar. Wird der hydrostatische Druck berechnet, so ist p_e gemeint.

Beispiel: Wie groß ist der hydrostatische Druck p in bar in einem Erdtank für Dieselkraftstoff? Gesucht wird der Bodendruck p_1 und der Seitendruck p_2 in bar.
$g = 9,81 \frac{m}{s^2}$.

Gesucht: p_1 und p_2 in bar
Gegeben: $h_1 = 1,8$ m, $h_2 = 0,8$ m, $\varrho = 0,85 \frac{g}{cm^3}$
$g = 9,81 \frac{m}{s^2}$

Lösung: $p_1 = \frac{h \cdot \varrho \cdot g}{10000} = \frac{180 \cdot 0,85 \cdot 9,81}{10000}$

$p_1 = \mathbf{0,15 \text{ bar}}$

$p_2 = \frac{80 \cdot 0,85 \cdot 9,81}{10000}$

$p_2 = \mathbf{0,067 \text{ bar}}$

Aufgaben

1. Stellen Sie die Formel $p = \frac{h \cdot \varrho \cdot g}{10000}$ nach h und ϱ um.

2. Berechnen Sie die fehlenden Werte. Die Fallbeschleunigung ist $9,81 \frac{m}{s^2}$.
Anmerkung: Für alle Aufgaben müssen bestimmte Größenwerte so umgewandelt werden, daß ihre Einheit für die zugeschnittene Formel mit der Umrechnungszahl 10000 paßt.

	Boden-druck p	Höhe der Flüssigkeits-säule h	Dichte ϱ
a)	? bar	10 m	$1 \frac{g}{cm^3}$
b)	? bar	400 mm	$0,76 \frac{g}{cm^3}$
c)	3,5 bar	? cm	$0,83 \frac{g}{cm^3}$
d)	1013 mbar	? mm	$13,6 \frac{g}{cm^3}$
e)	1013 mbar	? m	$1,293 \frac{kg}{m^3}$ (Luft 0°C, 1013 mbar)

3. Mit welchem hydrostatischen Druck p in bar gelangt Kraftstoff in einen Fallstromvergaser? Die Flüssigkeitssäule aus Ottokraftstoff Super ist $h = 125$ mm hoch. Die Dichte des Ottokraftstoffs beträgt $\varrho = 0,76 \frac{kg}{dm^3}$ und die Fallbeschleunigung $g = 9,81 \frac{m}{s^2}$.

4. Wie groß ist der Seitendruck p_{abs} in bar auf einen seitlichen Flansch in einem Großtank für Heizöl ($\varrho = 0,83 \frac{kg}{dm^3}$)? Die Höhe h der Heizölsäule beträgt bis zur Flanschmitte a) 7,2 m und b) 4,1 m. $g = 9,81 \frac{m}{s^2}$, $p_{amb} = 1$ bar.

5. Welchem absoluten Druck p_{abs} in bar ist das Trommelfell eines Tauchers in
a) 3,7 m und
b) 4,3 m Wassertiefe ausgesetzt ($\varrho = 1 \frac{kg}{dm^3}$, $g = 9,81 \frac{m}{s^2}$, $p_{amb} = 1$)?

6. Bis zu welcher Füllhöhe h in cm kann ein LD-Konverter mit Roheisen ($\varrho = 6,9 \frac{kg}{dm^3}$) gefüllt werden, wenn der hydrostatische Druck p auf den Boden nicht mehr als 2,7 bar betragen darf ($g = 9,81 \frac{m}{s^2}$)?

7. Wie groß ist die Kraft F in kN, mit der die Füllung eines Tanks auf den Boden drückt? p_{amb} bleibt unberücksichtigt. $g = 9,81 \frac{m}{s^2}$.
a) $\varrho = 0,75 \frac{kg}{dm^3}$ (Ottokraftstoff Super)
b) $\varrho = 0,85 \frac{kg}{dm^3}$ (Dieselkraftstoff)

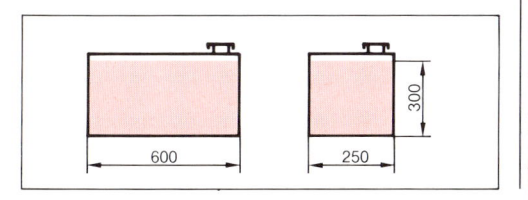

19.4 Auftrieb in Flüssigkeiten

An einem Körper, der in eine Flüssigkeit eintaucht, wird eine **Auftriebskraft** F_A wirksam. Sie vermindert die Wirkung der Gewichtskraft G des Körpers.

An jedem von der atmosphärischen Luft oder einem Gas umschlossenen Körper ist ebenfalls eine Auftriebskraft wirksam; allerdings ist sie wesentlich geringer als die in Flüssigkeiten wirksame Kraft F_A.

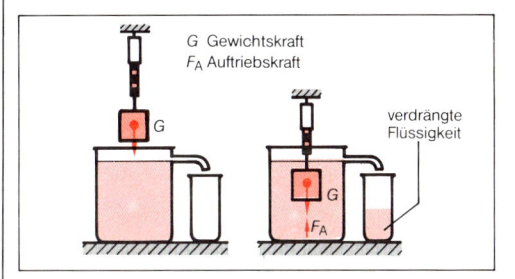

Die Größe der Auftriebskraft F_A ist abhängig von
• dem verdrängten Flüssigkeits- oder Gasvolumen V und
• der Dichte ϱ der Flüssigkeit oder des Gases.

$$F_A = V \cdot \varrho \cdot g$$

F_A Auftriebskraft in N
V Volumen der verdrängten Flüssigkeit in dm³
ϱ Dichte der verdrängten Flüssigkeit in $\frac{kg}{dm^3}$
g Fallbeschleunigung in $\frac{m}{s^2}$

Beispiel: Wie groß ist die Auftriebskraft F_A in N eines Körpers, der ganz in eine Flüssigkeit mit der Dichte $\varrho = 0,75 \frac{kg}{dm^3}$ eintaucht? Das Körpervolumen V ist 17 200 cm³.

Gesucht: F_A in N
Gegeben: $V = 17\,200$ cm³ $= 17,2$ dm³
$\varrho = 0,75 \frac{kg}{dm^3}$, $g = 9,81 \frac{m}{s^2}$
Lösung: $F_A = V \cdot \varrho \cdot g$
$F_A = 17,2 \text{ dm}^3 \cdot 0,75 \frac{kg}{dm^3} \cdot 9,81 \frac{m}{s^2}$
$F_A = \mathbf{126,5 \text{ N}}$

Ein Körper **taucht auf,** wenn $F_A > G$.
Für den **schwimmenden** Körper gilt, daß $F_A = G$. Das verdrängte Volumen unterhalb des Flüssigkeitsspiegels bestimmt F_A. Wird der Körper tiefer eingetaucht, so nimmt F_A zu und wird größer als G. Wird der Körper wieder freigegeben, so steigt er, bis $F_A = G$ ist.
Ein Körper **sinkt,** wenn $F_A < G$.

Der Schwebezustand eines Körpers in einer Flüssigkeit oder einem Gas ist der Sonderfall für $G = F_A$ des **vollständig** eingetauchten Körpers.

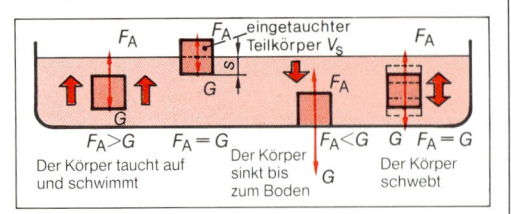

Eintauchtiefe eines schwimmenden Körpers

Es gilt für einen schwimmenden Körper

$F_A = G$
$V_s \cdot \varrho \cdot g = G$
$A \cdot s \cdot \varrho \cdot g = m \cdot g$

$$s = \frac{m}{A \cdot \varrho}$$

V_s Volumen der verdrängten Flüssigkeit in cm³
s Eintauchtiefe in cm
m Masse des Körpers in g
A Querschnittsfläche des schwimmenden Körpers in cm²
ϱ Dichte der Flüssigkeit in $\frac{g}{cm^3}$

Beispiel: Wie groß ist die Eintauchtiefe s in mm eines zylindrischen Schwimmers, der eine Masse von $m = 11$ g hat und dessen Durchmesser $d = 28$ mm beträgt? Der Schwimmer taucht senkrecht mit der Zylinderachse in Kraftstoff mit einer Dichte $\varrho = 0{,}76 \frac{g}{cm^3}$ ein.

Gesucht: s in mm
Gegeben: $d = 28$ mm $= 2{,}8$ cm
$m = 11$ g, $\varrho = 0{,}76 \frac{g}{cm^3}$

Lösung: $s = \dfrac{m}{A \cdot \varrho}$

$s = \dfrac{11 \text{ g}}{2{,}8 \text{ cm} \cdot 2{,}8 \text{ cm} \cdot 0{,}785 \cdot 0{,}76 \frac{g}{cm^3}}$

$s = \dfrac{11 \text{ g} \cdot cm^3}{2{,}8 \text{ cm} \cdot 2{,}8 \text{ cm} \cdot 0{,}785 \cdot 0{,}76 \cdot g}$

$s = 2{,}35$ cm
$s = \mathbf{23{,}5}$ **mm**

Aufgaben

1. Stellen Sie die Formel $F_A = V \cdot \varrho \cdot g$ nach V und ϱ um.

2. Berechnen Sie die fehlenden Werte der Tabelle ($g = 9{,}81 \frac{m}{s^2}$).

	V	Dichte ϱ		F_A
a)	15 dm³	Wasser	1 $\frac{kg}{dm^3}$	? N
b)	270 cm³	Ottokraftstoff	0,73 $\frac{kg}{dm^3}$	? N
c)	2,6 dm³	Öl	0,83 $\frac{kg}{dm^3}$	? kN
d)	3 m³	Luft	1,29 $\frac{kg}{m^3}$	? kN
e)	200 dm³	Wasserstoff	0,09 $\frac{kg}{m^3}$	? N

3. Das Volumen V des Tauchkörpers eines Meßinstruments beträgt 80 cm³. Der Tauchkörper wird in Ottokraftstoff Normal mit der Dichte $\varrho = 0{,}73 \frac{g}{cm^3}$ getaucht. Wie groß ist die Auftriebskraft F_A in N?

4. Wie groß ist die Auftriebskraft F_A in N eines prismatischen Schwimmers, der 12 mm eintaucht und einen quadratischen Querschnitt mit der Seitenlänge $l = 40$ mm hat? Die Kraftstoffdichte ist $\varrho = 0{,}74 \frac{g}{cm^3}$.

5. a) Berechnen Sie den Auftrieb F_A der Stahlkugel eines Rückschlagventils im Vergaser in N. Die Kugel hat einen Durchmesser $d = 2{,}6$ mm. Die Dichte ϱ des Kraftstoffs ist $0{,}76 \frac{g}{cm^3}$. 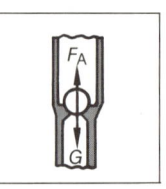
b) Mit welcher Kraft F in N wird die Kugel auf ihren Kegelsitz gedrückt, wenn der Kraftstoffstrom die Geschwindigkeit $v = 0$ hat? Die Dichte der Stahlkugel ist $\varrho = 7{,}81 \frac{g}{cm^3}$.

6. Stellen Sie die Formel $s = \frac{m}{A \cdot \varrho}$ nach m, A und ϱ um.

7. Berechnen Sie die fehlenden Tabellenwerte ($g = 9{,}81 \frac{m}{s^2}$).

	s	$A(d)$	ϱ in $\frac{g}{cm^3}$	m	$G = F_A$
a)	35 mm	380 mm²	Wasser 1	? g	N
b)	? mm	7,0 cm²	Ottokraftstoff 0,75	? g	0,21 N
c)	? cm	200 mm²	Kühlflüssigkeit 1,04	0,15 kg	? N
d)	2,3 cm	? mm²	Ottokraftstoff 0,73	? g	0,3 N
e)	? mm	⌀28 mm	Ottokraftstoff 0,74	35 g	? N

Kapitel 19: Grundlagen der Hydraulik und Pneumatik

8. Wie groß muß die Masse m in g eines Körpers sein, der nur mit $\frac{4}{5}$ seiner Gesamthöhe in das Wasser eintauchen darf? Die Gesamthöhe des Körpers ist $s_{ges} = 80$ mm, die Querschnittsfläche $A = 140$ mm².

9. Berechnen Sie die Eintauchtiefe s eines Schwimmers in mm. Er ist zylindrisch und hat eine Querschnittsfläche von 950 mm². Seine Masse ist 20 g, die Dichte des Kraftstoffs 0,78 $\frac{kg}{dm^3}$. Der Schwimmer taucht mit der Längsachse senkrecht ein.

10. Der Durchmesser d eines Schwimmers ist in mm zu berechnen. Er ist zylindrisch und soll bei einer Eintauchtiefe $s = 14$ mm eine Auftriebskraft von 0,15 N haben. Die Dichte des Kraftstoffs ist $\varrho = 0,77 \frac{kg}{dm^3}$.

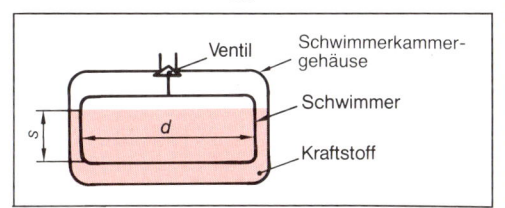

19.5 Durchflußgeschwindigkeit in Abhängigkeit vom Rohrquerschnitt

Strömt eine Flüssigkeit oder ein Gas durch ein Rohr mit **gleichbleibendem Querschnitt**, so strömt an jeder Stelle des Rohres das gleiche Volumen $V = A_1 \cdot s_1 = A_2 \cdot s_2$ in der gleichen Zeit $t_1 = t_2$ hindurch.

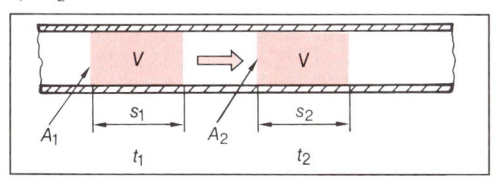

Das Volumen V pro Zeiteinheit ist
$V = \frac{A_1 \cdot s_1}{t_1} = \frac{A_2 \cdot s_2}{t_2}$. Da $\frac{s_1}{t_1}$ und $\frac{s_2}{t_2}$ die **Strömungsgeschwindigkeit** v des Mediums (Flüssigkeit oder Gas) ist, so folgt

$V = A_1 \cdot v_1$

V durch einen Querschnitt fließendes Volumen in $\frac{m^3}{s}$
A_1 Rohrquerschnitt in m²
v_1 Strömungsgeschwindigkeit in $\frac{m}{s}$

Ändert sich der Rohrquerschnitt, so muß das gleiche Volumen V
- bei verkleinertem Querschnitt mit höherer Geschwindigkeit und
- bei vergrößertem Querschnitt mit geringerer Geschwindigkeit

durch den Rohrquerschnitt A strömen.

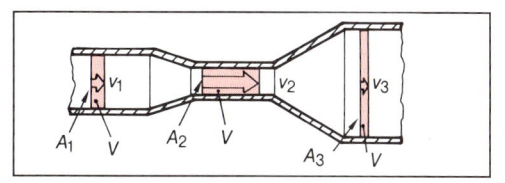

Die Durchflußgleichung lautet, da V immer gleich groß ist:

$A_1 \cdot v_1 = A_2 \cdot v_2 = A_3 \cdot v_3$

A Rohrquerschnitt in m²
v Strömungsgeschwindigkeit in $\frac{m}{s}$

Beispiel 1: Durch ein Rohr sollen je Sekunde 92 cm³ Wasser hindurchfließen. Wie groß muß der Durchmesser d in mm sein, damit die Strömungsgeschwindigkeit $v = 9,6 \frac{m}{s}$ beträgt?

Gesucht: d in mm
Gegeben: $v = 9,6 \frac{m}{s}$,
$V = 92 \frac{cm^3}{s} = 0,000092 \frac{m^3}{s}$

Lösung: $V = A \cdot v$

$A = \frac{V}{v} = \frac{0,000092 \frac{m^3}{s}}{9,6 \frac{m}{s}}$

$A = \frac{0,000092 \, m^3 \cdot s}{s \cdot 9,6 \, m}$

$A = 0,00000958 \, m^2$
$A = 9,58 \, mm^2$. Nach Tabelle
$d = \mathbf{3,5 \, mm}$

Beispiel 2: Wie groß ist die Strömungsgeschwindigkeit v_2 in $\frac{m}{s}$ in einem Rohr, das sich von $A_1 = 80$ mm² auf $A_2 = 30$ mm² verengt? $v_1 = 2,7 \frac{m}{s}$.

Gesucht: v_2 in $\frac{m}{s}$
Gegeben: $A_1 = 80$ mm², $A_2 = 30$ mm², $v_1 = 2,7 \frac{m}{s}$
Lösung: $A_1 \cdot v_1 = A_2 \cdot v_2$

$v_2 = v_1 \cdot \frac{A_1}{A_2} = 2,7 \frac{m}{s} \cdot \frac{80 \, mm^2}{30 \, mm^2}$

$v_2 = \frac{2,7 \, m \cdot 80 \, mm^2}{s \cdot 30 \, mm^2} = \mathbf{7,2 \frac{m}{s}}$

Aufgaben

1. Stellen Sie die Formel $A_1 \cdot v_1 = A_2 \cdot v_2$ nach A_1, A_2 und v_1 um.

2. Berechnen Sie die fehlenden Tabellenwerte.

	A_1	d_1	A_2	d_2	v_1	v_2
a)	300 mm²		260 mm²		5 $\frac{m}{s}$	? $\frac{m}{s}$
b)	80 cm²		? cm²	? cm	7 $\frac{m}{s}$	4 $\frac{m}{s}$
c)	? mm²	35 mm	? mm²	? mm	50 $\frac{m}{s}$	30 $\frac{m}{s}$
d)	? cm²	? cm	? cm²	2,3 cm	30 $\frac{m}{s}$	40 $\frac{m}{s}$
e)	? cm²	2,7 cm	? mm²	35 mm	? $\frac{m}{s}$	20 $\frac{m}{s}$

3. Wie groß ist die Luftgeschwindigkeit v_2 in $\frac{m}{s}$ in einem Ansaugkrümmer mit einem Durchmesser $d_2 = 50$ mm. Im Luftfilter (er befindet sich vor dem Ansaugkrümmer) ist der Durchmesser $d_1 = 52$ mm und die Luftgeschwindigkeit $v_1 = 60 \frac{m}{s}$.

4. Berechnen Sie die Querschnittsfläche A_2 eines Lufttrichters in mm² und dessen Durchmesser d_2 in mm. Er wird mit einer Strömungsgeschwindigkeit von $v_2 = 96 \frac{m}{s}$ durchströmt. Der Saugrohrdurchmesser vor dem Lufttrichter hat einen Durchmesser von $d_1 = 62$ mm. Er wird von der Ansaugluft mit $v_1 = 50 \frac{m}{s}$ durchströmt.

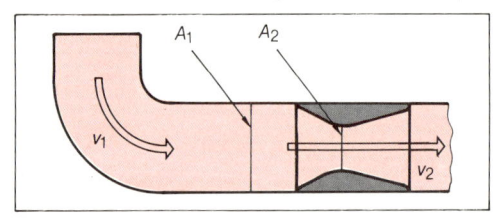

5. Ermitteln Sie die Strömungsgeschwindigkeit v_2 in $\frac{m}{s}$ in einer Drosselbohrung mit dem Durchmesser $d_2 = 2$ mm. Der Kolben bewegt das Hydrauliköl mit einer Geschwindigkeit $v_1 = 4,3 \frac{m}{s}$, der Kolbendurchmesser d_1 beträgt 12 mm.

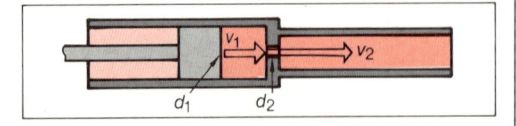

6. Wie groß ist die Strömungsgeschwindigkeit v in $\frac{m}{s}$ an einer Verengung der Kühlwasserleitung? Der Leitungsquerschnitt verengt sich von 7,98 cm² auf 6,76 cm². Vor der Verengung beträgt die Strömungsgeschwindigkeit 1,7 $\frac{m}{s}$.

19.6 Statischer Druck in Abhängigkeit von der Strömungsgeschwindigkeit

An jedem Strömungsquerschnitt A eines Rohres wirkt
- ein dynamischer Druck p_{dyn} (Druck durch die Bewegung eines Gases oder einer Flüssigkeit) und
- ein statischer Druck p_{sta}.

Der dynamische Druck ist meßbar, wenn das strömende Medium z. B. auf eine Platte prallt, die ein Meßwerk betätigt. Der dynamische Druck entspricht der Flüssigkeitsenergie je Volumeneinheit:

$$\frac{\text{Energie}}{\text{Volumen}} = \frac{F \cdot s}{V}. \text{ Mit } \frac{s}{V} = \frac{1}{A} \text{ folgt}$$

$$\frac{\text{Energie}}{\text{Volumen}} = \frac{F}{A} = p_{dyn}.$$

$$\frac{\text{kinetische Energie}}{\text{Volumen}} = \frac{m \cdot v^2}{2 \cdot V}. \text{ Mit } \frac{m}{V} = \varrho \text{ folgt}$$

$$\frac{\text{kinetische Energie}}{\text{Volumen}} = \frac{\varrho \cdot v^2}{2}. \text{ Durch Gleichsetzen folgt}$$

$$\boxed{p_{dyn} = \frac{\varrho \cdot v^2}{2}}$$

p_{dyn} dynamischer Druck in $\frac{N}{m^2}$ bzw. Pa

ϱ Dichte für Gase und Flüssigkeiten in $\frac{kg}{m^3}$

v Strömungsgeschwindigkeit in $\frac{m}{s}$

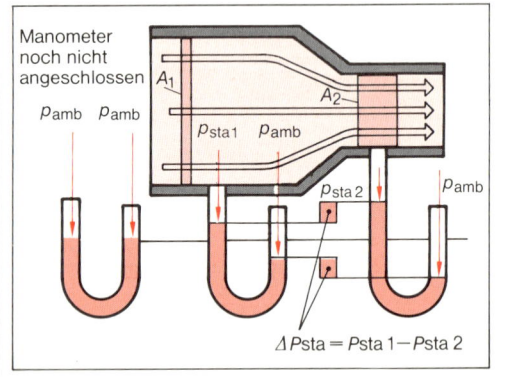

$\Delta p_{sta} = p_{sta\,1} - p_{sta\,2}$

Die Ableitung der Formel für den **statischen Druckunterschied** $p_{sta} = p_{sta\,1} - p_{sta\,2}$ erfolgt über die Bernoullische Gleichung (Daniel Bernoulli, schweizer Mathematiker u. Physiker, 1700 bis 1782):

$$p_{sta\,1} + p_{dyn\,1} = p_{sta\,2} + p_{dyn\,2}$$

$$p_{sta\,1} + \frac{\varrho \cdot v_1^2}{2} = p_{sta\,2} + \frac{\varrho \cdot v_2^2}{2}$$

$$p_{sta\,1} - p_{sta\,2} = \frac{\varrho}{2}(v_2^2 - v_1^2)$$

Kapitel 19: Grundlagen der Hydraulik und Pneumatik

oder $\boxed{\Delta p_{sta} = \frac{\varrho}{2}(v_2^2 - v_1^2)}$

Δp_{sta} statischer Druckunterschied für Querschnitt A_1 und A_2 in $\frac{N}{m^2}$ bzw. Pa

ϱ Dichte für Gase und Flüssigkeiten in $\frac{kg}{m^3}$

v_1 Strömungsgeschwindigkeit am Querschnitt A_1 in $\frac{m}{s}$

v_2 Strömungsgeschwindigkeit am Querschnitt A_2 in $\frac{m}{s}$

Beispiel: Wie groß ist der statische Druckunterschied Δp_{sta} in Pa, bar und mbar der Luft in einem sich verengenden Rohr? Die Strömungsgeschwindigkeit beträgt $v_1 = 50 \frac{m}{s}$ und $v_2 = 90 \frac{m}{s}$. Die Dichte der Luft ist $\varrho = 1{,}29 \frac{kg}{m^3}$.

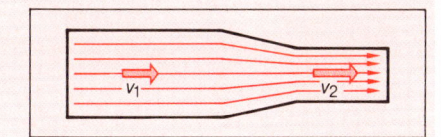

Gesucht: Δp_{sta} in Pa, bar und mbar
Gegeben: $v_1 = 50 \frac{m}{s}$, $v_2 = 90 \frac{m}{s}$, $\varrho_{Luft} = 1{,}29 \frac{kg}{m^3}$
Lösung: $\Delta p_{sta} = \frac{\varrho}{2} \cdot (v_2^2 - v_1^2)$

$\Delta p_{sta} = \frac{1{,}29 \frac{kg}{m^3}}{2} \cdot (90^2 \frac{m^2}{s^2} - 50^2 \frac{m^2}{s^2})$

$\Delta p_{sta} = \frac{1{,}29 \, kg}{2 \, m^3} \cdot (90^2 \frac{m^2}{s^2} - 50^2 \frac{m^2}{s^2})$

$\Delta p_{sta} = 3612 \frac{kg \cdot m^2}{m^3 \cdot s^2} = 3612 \frac{N}{m^2}$

$\Delta p_{sta} = \mathbf{3612 \, Pa}$ $\quad (1\,N = 1 \frac{kg\,m}{s^2})$

$\Delta p_{sta} = \mathbf{0{,}0361 \, bar}$ $\quad 1\,Pa = \frac{1}{100\,000}\,bar$

$\Delta p_{sta} = \mathbf{36{,}1 \, mbar}$ $\quad (1\,bar = 1000\,mbar)$

Aufgaben

1. Stellen Sie die Formel für den statischen Druckunterschied $\Delta p_{sta} = \frac{\varrho}{2}(v_2^2 - v_1^2)$ nach v_2^2 und v_1^2 um.

2. Wie groß ist der statische Druckunterschied Δp_{sta} in Pa und bar an einem Lufttrichter, der von einem Luftstrom mit der Dichte $\varrho_{Luft} = 1{,}29 \frac{kg}{m^3}$ durchströmt wird? Die Eingangsgeschwindigkeit v_1 ist $52 \frac{m}{s}$, die Ausgangsgeschwindigkeit v_2 an der engsten Stelle des Lufttrichters ist $80 \frac{m}{s}$ (s. auch Abb. zu Aufgabe 5).

3. Berechnen Sie die fehlenden Tabellenwerte.

	Δp_{sta}	v_1	v_2	ϱ	
a)	? mbar	$30 \frac{m}{s}$	$55 \frac{m}{s}$	$1{,}29 \frac{kg}{m^3}$	Luft
b)	? bar	$72 \frac{m}{s}$	$80 \frac{m}{s}$	$1{,}29 \frac{kg}{m^3}$	Luft
c)	3600 Pa	$29 \frac{m}{s}$	? $\frac{m}{s}$	$0{,}83 \frac{kg}{m^3}$	Erdgas
d)	$4000 \frac{N}{m^2}$	? $\frac{m}{s}$	$90 \frac{m}{s}$	$2{,}0 \frac{kg}{m^3}$	Propan
e)	? Pa	$2 \frac{m}{s}$	$2{,}7 \frac{m}{s}$	$1 \frac{kg}{dm^3}$	Wasser
f)	? bar	$0{,}8 \frac{m}{s}$	$1{,}1 \frac{m}{s}$	$0{,}75 \frac{kg}{dm^3}$	Kraftstoff

4. Wie groß muß die Luftgeschwindigkeit v_2 in einem Lufttrichter in $\frac{m}{s}$ sein, damit an ihm ein statischer Druckunterschied von 40 mbar entsteht? Die Eingangsgeschwindigkeit v_1 ist $60 \frac{m}{s}$ und die Dichte der Luft beträgt $\varrho_{Luft} = 1{,}29 \frac{kg}{m^3}$ (s. Abb. zu Aufgabe 5).

5. In einem Lufttrichter soll für den statischen Druckunterschied $\Delta p_{sta} = 28$ mbar der erforderliche Querschnitt A_2 in mm^2 berechnet werden. Der Querschnitt A_1 beträgt $3000 \, mm^2$, die Geschwindigkeit v_1 der einströmenden Luft beträgt $30 \frac{m}{s}$ und die Dichte $\varrho_{Luft} = 1{,}29 \frac{kg}{m^3}$.
a) Berechnen Sie v_2 in $\frac{m}{s}$ und
b) A_2 in mm^2.

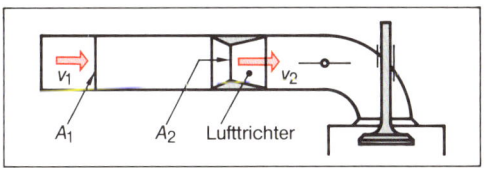

6. In der Leitung einer Kühlmittelpumpe befindet sich eine Rohrverengung, die zu einem statischen Druckverlust $\Delta p_{sta} = 0{,}05$ bar führt. Berechnen Sie die Geschwindigkeitszunahme des Kühlmittels $\Delta v = v_2 - v_1$ in $\frac{m}{s}$ für das betreffende Rohrstück. Die Kühlmittelgeschwindigkeit am Querschnitt A_1 ist $v_1 = 1{,}3 \frac{m}{s}$. Die Dichte ϱ des Kühlmittels beträgt $1{,}04 \frac{kg}{dm^3}$.

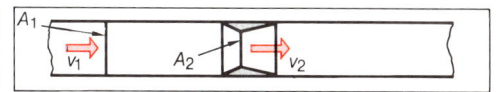

7. Berechnen Sie den statischen Druckverlust Δp_{sta} in bar an dem Ansaugtrichter zu einem Kühlluftgebläse. Die Dichte der strömenden Luft ist $\varrho_{Luft} = 1{,}29 \frac{kg}{m^3}$. Die Eingangsgeschwindigkeit v_1 der Luft beträgt $30 \frac{m}{s}$. Die Durchmesser betragen $d_1 = 200$ mm und $d_2 = 181$ mm.

20 Festigkeit

Bauteile können durch **äußere Kräfte,** z.B. Zug-, Druck-, Schub-, Biege- und Torsionskräfte (Verdrehkräfte) belastet werden.

Es entstehen durch die jeweils entgegengesetzt wirkenden inneren Kräfte **Spannungen,** z.B. Zug-, Druck-, Schub-, Biege- und Torsionsspannungen. Diese Spannungen sind durch den Zusammenhalt des Werkstoffs bedingt.

20.1 Normalspannung

Die Zug-, Druck- und Schubspannung sind sehr häufig auftretende Spannungen.

Zug- und Druckspannungen sind Normalspannungen, da sie normal, d.h. senkrecht auf den beanspruchten Querschnitt wirken.

Die Normalspannung σ ist abhängig von
- der Normalkraft F und
- der Querschnittsfläche S.

$$\sigma = \frac{F}{S}$$

σ Zug- oder Druckspannung (Normalspannung) in $\frac{N}{mm^2}$

F Zug- oder Druckkraft (Normalkraft) in N

S beanspruchte Querschnittsfläche in mm^2

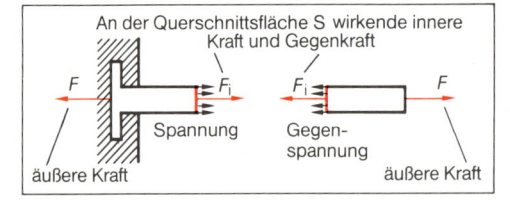

Die Kraft F an der Verankerung ist nur die äußere Gegenkraft zur Zugkraft und geht **nicht** in die Rechnung ein.

Wird das Seil gedanklich geteilt, dann wird deutlich, daß innere Kräfte F_i und auch Spannung und Gegenspannung an jeder Stelle im Seil wirken.

Für die **Berechnung** der Spannung wird nur die **verursachende äußere Kraft** F und der belastete Querschnitt S in die Formel eingesetzt.

Je nach Art der Spannung erhält das Formelzeichen zur Kennzeichnung der Spannungsart Index-Buchstaben: Zugspannung σ_z
Druckspannung σ_d

Beispiel: Wie groß ist die Zugspannung σ_z in $\frac{N}{mm^2}$ in einem quadratischen Zugstab mit der Seitenlänge $l = 18\,mm$. Die Zugkraft beträgt 27 kN.

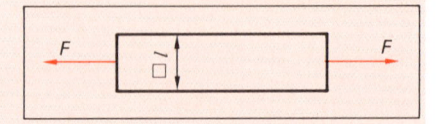

Gesucht: σ_z in $\frac{N}{mm^2}$
Gegeben: $F = 27\,kN$, $l = 18\,mm$
Lösung: $\sigma_z = \frac{F}{S} = \frac{27\,000\,N}{18\,mm \cdot 18\,mm}$

$\sigma_z = 83{,}33\,\frac{N}{mm^2}$

Die Zugspannung ist von der Länge des Werkstücks unabhängig. Sie wirkt in **jedem** Querschnitt, d.h. sowohl in der Mitte als auch an den Enden.

Zugfestigkeit

Die jeweils wirkende Spannung σ muß kleiner oder gleich der Spannung sein, die ein Werkstoff übertragen kann. Die größte Spannung, die ein Werkstoff übertragen kann, ist σ_{max} und entspricht der Zugfestigkeit R_m.

Die Zugfestigkeit R_m ist abhängig von
- der höchsten vom Werkstoff übertragbaren Zugkraft F_m und
- der beanspruchten Querschnittsfläche S.

$$R_m = \frac{F_m}{S}$$

R_m Zugfestigkeit in $\frac{N}{mm^2}$
F_m höchste Zugkraft in N
S Querschnittsfläche in mm^2

Druckfestigkeit

Die Druckfestigkeit wird mit einem Druckversuch ermittelt. Das Formelzeichen für die Druckfestigkeit ist σ_{dB}.

Grenzwerte für die Zugfestigkeit R_m und die Druckfestigkeit σ_{dB} können u.a. DIN-Blättern und Tabellenbüchern entnommen werden.

Die Mindestzugfestigkeit $R_{m\,min}$ kann häufig der Stahlbezeichnung entnommen werden. So ist z.B. für den allgemeinen Baustahl St 44-2 die Mindestzugfestigkeit 44 $\frac{daN}{mm^2}$ bzw. 440 $\frac{N}{mm^2}$.

Sicherheitszahl

Für Bauteile mit hohen Sicherheitsanforderungen, z.B. Teile der Lenkung und Bremsen werden Sicherheitszahlen v (Ny; gr. kl. Buchstabe) festgelegt. v kann Zahlenwerte bis etwa 10 haben. Mit Hilfe der Sicherheitszahl v wird die **zulässige Spannung** σ_{zul} berechnet.

Die zulässige Spannung σ_{zul} ist abhängig von
- der Zugfestigkeit R_m und
- der Sicherheitszahl v.

$$\sigma_{zul} = \frac{R_m}{v}$$

σ_{zul} zulässige Normalspannung in $\frac{N}{mm^2}$
R_m Zugfestigkeit in $\frac{N}{mm^2}$
v Sicherheitszahl

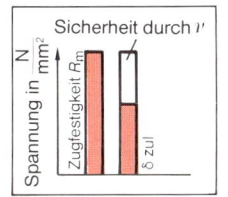

Da $\sigma = \frac{F}{S}$ ist, ergibt sich für die zulässige Beanspruchungskraft

$$F_{zul} = \sigma_{zul} \cdot S$$

$$F_{zul} = \frac{R_m}{v} \cdot S$$

F_{zul} zulässige Beanspruchungskraft in N
S erforderliche Querschnittsfläche in mm²

Beispiel: Für eine Lasche aus St 37-2 soll die Zugspannung σ_{zul} in $\frac{N}{mm^2}$ berechnet werden. Es wird eine dreifache Sicherheit gefordert, d.h., die Sicherheitszahl ist $v = 3$. Der Baustahl St 37-2 hat eine Zugfestigkeit $R_m = 370 \frac{N}{mm^2}$ (DIN 17100).

Gesucht: σ_{zul} in $\frac{N}{mm^2}$

Gegeben: $R_m = 370 \frac{N}{mm^2}$, $v = 3$

Lösung: $\sigma_{zul} = \frac{R_m}{v} = \frac{370 \frac{N}{mm^2}}{3} = \frac{370}{3} \frac{N}{mm^2}$

$\sigma_{zul} = \mathbf{123 \frac{N}{mm^2}}$

Aufgaben

1. Stellen Sie die Formel $\sigma_z = \frac{F}{S}$ nach F und S um.

2. Berechnen Sie die fehlenden Werte.

	R_m in $\frac{N}{mm^2}$	v	σ_{zul} in $\frac{N}{mm^2}$	F_{zul} in N	S in mm²
a)	350	6	?	?	50
b)	420	3	?	?	200
c)	?	2	?	2700	30
d)	?	3	250	?	110

3. Berechnen Sie die Zugfestigkeit R_m eines Seils in $\frac{N}{mm^2}$. Es kann eine höchste Zugkraft F_m von 251 N übertragen. Das Seil besteht aus 7 Drähten mit je einem Durchmesser von 0,25 mm.

4. Wie groß ist die zulässige Zugkraft F_{zul} in kN für ein Stahlseil? Das Stahlseil besteht aus 6 Einzeldrähten mit einem Durchmesser von jeweils $d = 0,3$ mm. $R_m = 1930 \frac{N}{mm^2}$, Sicherheitszahl $v = 2,7$.

5. Wie groß muß der Kerndurchmesser d einer Schrauböse in mm sein? Wählen Sie das metrische Gewinde aus. Die Zugkraft F beträgt 6000 N, die Sicherheitszahl ist 4,5 und die Zugfestigkeit $R_m = 520 \frac{N}{mm^2}$.

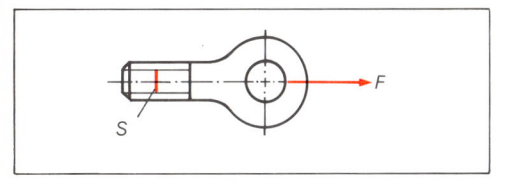

6. a) Ermitteln Sie den Durchmesser d des Rundstahls einer Kette in mm. Die auftretende Zugkraft F ist 22 kN, die Sicherheitszahl $v = 4,7$. Die Kette besteht aus St 52-3 und hat eine Zugfestigkeit $R_m = 550 \frac{N}{mm^2}$.
b) Runden Sie das Ergebnis auf volle mm auf und berechnen Sie unter den gegebenen Voraussetzungen die vorhandene Spannung.

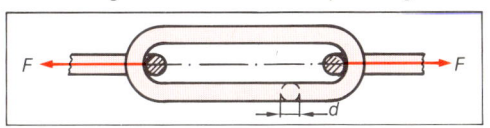

7. Wie groß ist die vorhandene Druckspannung σ_d in $\frac{N}{mm^2}$ in einem Druckbolzen mit $d = 8$ mm bei einer Druckkraft $F = 8700$ N?

8. Berechnen Sie die zulässige Druckkraft F für die Schraube eines Abziehers in kN. Der Durchmesser des Druckzylinders ist $d = 5$ mm, die Sicherheitszahl $v = 2,5$ und die Druckfestigkeit des Schraubenwerkstoffes $\sigma_{dB} = 850 \frac{N}{mm^2}$.

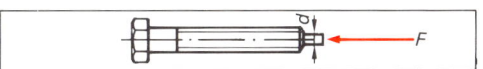

9. Für die Druckstange eines Bremszylinders ist der Kreisquerschnitt S in mm² zu berechnen. Sie wird mit einer Druckkraft $F = 3100$ N belastet. Die Sicherheitszahl ist $v = 3,5$, die Druckfestigkeit des Rundstahls ist $\sigma_{dB} = 830 \frac{N}{mm^2}$.

21 Gleichförmige Geschwindigkeit

Es werden unterschieden:
- **gleichförmige** Geschwindigkeit und
- **ungleichförmige** Geschwindigkeit.

Die Geschwindigkeit v ist abhängig von
- dem zurückgelegten Weg s und
- der Zeit t für den zurückgelegten Weg.

$$v = \frac{s}{t}$$

v Geschwindigkeit in $\frac{km}{h}$ oder $\frac{m}{s}$
s zurückgelegter Weg in km oder m
t Zeit für den zurückgelegten Weg in h oder s

Die gleichförmige Geschwindigkeit wird meist in zwei Diagrammen dargestellt:

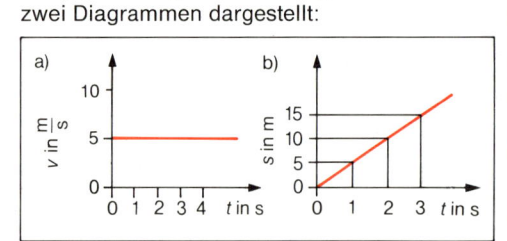

a) Geschwindigkeit-Zeit-Diagramm (v-t-Diagramm)
b) Weg-Zeit-Diagramm (s-t-Diagramm)

Das v-t-Diagramm zeigt, daß die Geschwindigkeit immer gleich groß bleibt. Im zugehörigen s-t-Diagramm nimmt der Weg pro Zeiteinheit um gleiche Beträge zu, d.h., nach 1s wurden 5m, nach 2s 10m, nach 3s 15m usw. zurückgelegt.

Beispiel: Wie groß ist die Geschwindigkeit v eines Pkw in $\frac{km}{h}$ und $\frac{m}{s}$, der für eine Fahrstrecke von 280 km 3 Stunden benötigt?

Gesucht: v in $\frac{km}{h}$ und $\frac{m}{s}$

Gegeben: $s = 280$ km, $t = 3$ h

Lösung: $v = \dfrac{s}{t}$

$v = \dfrac{280 \text{ km}}{3 \text{ h}}$

$v = \mathbf{93{,}33 \frac{km}{h}}$

$v = \dfrac{s}{t}$

$v = \dfrac{280\,000 \text{ m}}{10\,800 \text{ s}}$

$v = \mathbf{25{,}93 \frac{m}{s}}$

21.1 Umrechnung der Geschwindigkeitseinheiten

$$\frac{1 \text{ km}}{1 \text{ h}} = \frac{1000 \text{ m}}{3600 \text{ s}} = \frac{1}{3{,}6} \frac{\text{m}}{\text{s}}$$

(1 km = 1000 m)
(1 h = 3600 s)

$$\frac{1 \text{ m}}{1 \text{ s}} = \frac{\frac{1}{1000} \text{ km}}{\frac{1}{3600} \text{ h}} = 3{,}6 \frac{\text{km}}{\text{h}}$$

(1 m = $\frac{1}{1000}$ km)
(1 s = $\frac{1}{3600}$ h)

Die Umrechnungsformeln enthalten folgende Umrechnungszahlen:

$$1 \frac{\text{km}}{\text{h}} = \frac{1}{3{,}6} \frac{\text{m}}{\text{s}} \qquad 1 \frac{\text{m}}{\text{s}} = 3{,}6 \frac{\text{km}}{\text{h}}$$

Beispiel: Umzurechnen sind mit den Umrechnungszahlen für die Einheitenumrechnung die Ergebnisse aus dem ersten Beispiel in $\frac{m}{s}$ bzw. $\frac{km}{h}$.

Gesucht: v in $\frac{m}{s}$ und $\frac{km}{h}$

Gegeben: $v = 93{,}33 \frac{km}{h}$, $v = 25{,}93 \frac{m}{s}$

Lösung: $93{,}33 \frac{km}{h} = 93{,}33 \cdot \frac{1}{3{,}6} = \mathbf{25{,}93 \frac{m}{s}}$

$25{,}93 \frac{m}{s} = 25{,}93 \cdot 3{,}6 = \mathbf{93{,}33 \frac{km}{h}}$

21.2 Durchschnittsgeschwindigkeit

Meist ist der Geschwindigkeitsverlauf z. B. eines Fahrzeugs nicht gleichförmig. Auf den Teilstrecken werden unterschiedliche Geschwindigkeiten gefahren.

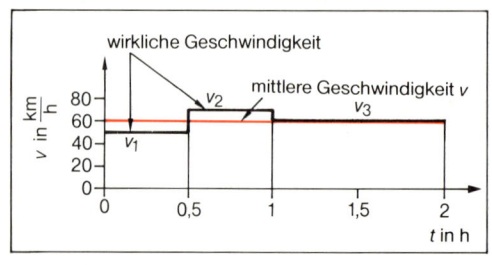

Für das Fahrzeug wird deshalb die **mittlere bzw. Durchschnittsgeschwindigkeit** v ermittelt:

$$v = \frac{s_1 + s_2 + s_3}{t_1 + t_2 + t_3} = \frac{s_{ges}}{t_{ges}}$$

Kapitel 21: Gleichförmige Geschwindigkeit

Da $s_1 = v_1 \cdot t_1$, $s_2 = v_2 \cdot t_2$ usw. ist, folgt für die mittlere Geschwindigkeit auch:

$$v = \frac{v_1 \cdot t_1 + v_2 \cdot t_2 + v_3 \cdot t_3}{t_{ges}}$$

- v Durchschnittsgeschwindigkeit in $\frac{km}{h}$
- $v_{1,2,3}$ Teilgeschwindigkeiten in $\frac{km}{h}$
- $t_{1,2,3}$ Teilzeiten in h
- t_{ges} Gesamtzeit in h

Beispiel: Wie groß ist die Durchschnittsgeschwindigkeit v in $\frac{km}{h}$, die sich aus dem Fahrtverlauf des obigen v-t-Diagramms ergibt?

Gesucht: v in $\frac{km}{h}$

Gegeben: $v_1 = 50 \frac{km}{h}$, $t_1 = 0{,}5\,h$
$v_2 = 70 \frac{km}{h}$, $t_2 = 0{,}5\,h$
$v_3 = 60 \frac{km}{h}$, $t_3 = 1{,}0\,h$

Lösung: $v = \dfrac{50\frac{km}{h} \cdot 0{,}5\,h + 70\frac{km}{h} \cdot 0{,}5\,h + 60\frac{km}{h} \cdot 1\,h}{2\,h}$

$v = \dfrac{25\,km + 35\,km + 60\,km}{2\,h}$

$v = \mathbf{60\,\frac{km}{h}}$

Aufgaben

1. Stellen Sie die Formel $v = \frac{s}{t}$ nach s und t um.

2. Berechnen Sie die fehlenden Werte.

	a)	b)	c)	d)	e)	f)
$\frac{m}{s}$	5,5	0,36	?	?	102,3	?
$\frac{km}{h}$	?	?	101,1	0,78	?	22,8

3. Entwickeln Sie eine Umrechnungszahl für $\frac{m}{s}$ in $\frac{mm}{min}$ (Vorschubgeschwindigkeit).

4. Berechnen Sie die fehlenden Werte.

	s	t	v	v
a)	880 km	7 h, 12 min	? $\frac{km}{h}$	? $\frac{m}{s}$
b)	? km	58 min	130,2 $\frac{km}{h}$	? $\frac{m}{s}$
c)	770 km	? h	? $\frac{km}{h}$	40 $\frac{m}{s}$
d)	? km	8.12 bis 13.10 Uhr	120 $\frac{km}{h}$	? $\frac{m}{s}$

5. Wie groß ist die Durchschnittsgeschwindigkeit v in $\frac{km}{h}$ für einen Lkw, der die Strecke Berlin–Burg auf Fehmarn in $t = 6\,h$ und 15 min zurücklegt? Die Entfernung beträgt $s = 395\,km$.

6. Ermitteln Sie die Rundendurchschnittsgeschwindigkeit v in $\frac{km}{h}$ für einen Rundkurs von 28,735 km Länge und einer Fahrzeit von 8,3 Minuten.

7. Wieviel km fährt ein Fahrzeug in 8,5 Stunden, wenn es eine Durchschnittsgeschwindigkeit von 83,9 $\frac{km}{h}$ hat?

8. Berechnen Sie die Durchschnittsgeschwindigkeit v in $\frac{km}{h}$ von
a) A nach B (direkt),
b) B nach C (über D),
c) A nach C (über B),
d) A nach D (über B),
e) D nach C (über B),
f) A nach C (über D),
g) A nach A (ü. B, C, D).

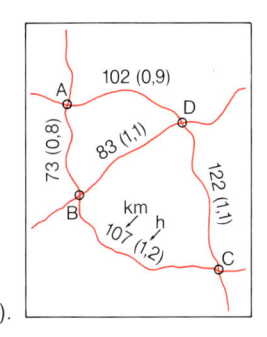

9. Wie groß ist die Geschwindigkeit in $\frac{m}{s}$ und $\frac{km}{h}$ eines Fahrzeugs, das eine Meßstrecke von 1,2 m in 0,032 s durchfährt.?

10. Ein Kraftfahrer testet seinen Tachometer. Teststrecke 1 km bei möglichst gleichbleibenden Geschwindigkeiten: 80 $\frac{km}{h}$, 100 $\frac{km}{h}$, 120 $\frac{km}{h}$ und 140 $\frac{km}{h}$.

a) Welche Zeiten in s werden für einen Testkilometer gemessen, wenn die Tachometeranzeige 100%ig stimmt?

b) Gestoppt wurden für 80 $\frac{km}{h}$ 47 s, für 100 $\frac{km}{h}$ 38 s, für 120 $\frac{km}{h}$ 33 s und für 140 $\frac{km}{h}$ 30 s. Wie groß sind die wirklichen Geschwindigkeiten?

c) Ermitteln Sie die Abweichungen in $\frac{km}{h}$ und in %. (Gemessene Geschwindigkeiten sind 100%.)

11. Ein Fahrzeug fährt um 8.20 Uhr ab. Der Fahrer macht um 12.10 Uhr Pause. 13.05 Uhr wird die Fahrt fortgesetzt und endet 17.12 Uhr.

a) Wie groß ist die Durchschnittsgeschwindigkeit v am Vormittag und Nachmittag in $\frac{km}{h}$, wenn die Vormittagsstrecke 309 km, die Nachmittagsstrecke 430 km beträgt?

b) Wie groß ist die Durchschnittsgeschwindigkeit v in $\frac{km}{h}$ für die Gesamtstrecke, wenn die Mittagspause als Fahrzeit einbezogen wird?

21.3 Umfangsgeschwindigkeit

> Die **Umfangsgeschwindigkeit** v_U ist die Geschwindigkeit eines Punktes auf einer Kreisbahn.

Die Umfangsgeschwindigkeit v_U ist abhängig von
- dem Durchmesser d der Kreisbahn und
- der Anzahl der Umdrehungen n in einer bestimmten Zeit.

$v = \frac{s}{t}$
mit $s = d \cdot \pi$ und $t = \frac{1}{n}$ ist
$v_U = d \cdot \pi \cdot n$

$$v_U = \frac{d \cdot \pi \cdot n}{1000}$$

v_U Umfangsgeschwindigkeit in $\frac{m}{min}$
d Durchmesser in mm
n Umdrehungen pro Minute in $\frac{1}{min}$
1000 Umrechnungszahl, $1000 \frac{mm}{m}$

Die Einheit $\frac{m}{min}$ wird z.B. für **Schnittgeschwindigkeiten** der Fertigungsverfahren Drehen, Bohren und Fräsen eingesetzt.

Für das Fertigungsverfahren Schleifen gilt:

$$v_U = \frac{d \cdot \pi \cdot n}{1000 \cdot 60}$$

v_U Umfangsgeschwindigkeit in $\frac{m}{s}$
d Durchmesser in mm
n Umdrehungen pro Minute in $\frac{1}{min}$
1000 Umrechnungszahl, $1000 \frac{mm}{m}$
60 Umrechnungszahl, $60 \frac{s}{min}$

Beispiel: Wie groß ist die Umfangsgeschwindigkeit in $\frac{m}{min}$ eines Punktes am äußeren Umfang einer Kupplungsscheibe?
$d = 295$ mm, $n = 5100 \frac{1}{min}$
Gesucht: v_U in $\frac{m}{min}$
Gegeben: $d = 295$ mm, $n = 5100 \frac{1}{min}$
Lösung: $v_U = \dfrac{d \cdot \pi \cdot n}{1000}$
$v_U = \dfrac{295 \cdot 3{,}14 \cdot 5100}{1000}$
$v_U = 4724{,}1 \frac{m}{min}$

Aufgaben

1. Stellen Sie die Formel für $v_U = \frac{d \cdot \pi \cdot n}{1000}$ nach d und n um.

2. Berechnen Sie die Umfangsgeschwindigkeit v_U in $\frac{m}{min}$ eines Punktes am Schwungscheibenumfang. $d = 305$ mm, $n = 3600 \frac{1}{min}$.

3. Berechnen Sie die fehlenden Werte.

	n in $\frac{1}{min}$	d	v_U
a)	3000	220 mm	? $\frac{m}{min}$
b)	200	8,5 mm	? $\frac{m}{s}$
c)	4500	305 mm	? $\frac{m}{min}$
d)	?	620 mm	80 $\frac{km}{h}$
e)	?	0,8 m	20 $\frac{m}{min}$

4. a) Ermitteln Sie die Umfangsgeschwindigkeit v_U in $\frac{m}{min}$ der Keilriemenscheibe auf einer Kurbelwelle mit $d = 140$ mm und $n = 4000 \frac{1}{min}$.
b) Welche Drehzahl n in $\frac{1}{min}$ hat der Generator mit einer Keilriemenscheibe von $d = 80$ mm (die Umfangsgeschwindigkeit ist die aus der Aufgabe 4a)?

5. Ein Zahnriemen hat eine Umfangsgeschwindigkeit von 17,2 $\frac{m}{s}$. Berechnen Sie die Drehzahlen der Zahnriemenräder in $\frac{1}{min}$. $d_1 = 110$ mm, $d_2 = 180$ mm, $d_3 = 140$ mm.

6. Wie groß ist die Schnittgeschwindigkeit v_U an einem Drehmeißel in $\frac{m}{min}$? Der Innendurchmesser der Bremstrommel ist 180 mm, $n = 70 \frac{1}{min}$.

7. Eine Schleifscheibe mit 260 mm Durchmesser darf maximal eine Umfangsgeschwindigkeit von 30 $\frac{m}{s}$ haben. Berechnen Sie die zulässige Höchstdrehzahl in $\frac{1}{min}$.

8. Die Trennscheibe eines Winkelschleifers hat im Neuzustand einen Durchmesser von 150 mm, nach Abnutzung nur noch 100 mm. Um wieviel Prozent ist die Umfangsgeschwindigkeit gesunken? Drehzahl des Winkelschleifers $n = 5000 \frac{1}{min}$.

9. Wie groß ist die Drehzahl n der Seiltrommel in $\frac{1}{min}$, wenn sich der Kranhaken mit einer Geschwindigkeit von $v = 0{,}2 \frac{m}{s}$ bewegt? Die Seiltrommel hat einen Durchmesser von $d = 320$ mm.

21.4 Graphische Darstellung von zwei Bewegungsabläufen

Mit Hilfe des Weg-Zeit-Diagramms können z.B. Überholvorgänge oder der Treffpunkt zweier Fahrzeuge nach Ort und Zeit dargestellt werden.
Für jedes Fahrzeug wird die s-t-Gerade (für die gleichförmige Geschwindigkeit) gezeichnet. Der Schnittpunkt der Geraden ergibt Zeit und Ort des **Treffpunkts** oder der **Überholzeit und -stelle**.

Ermittlung der Zeit und Wegstrecke für zwei entgegenkommende Fahrzeuge

Beispiel:
Der Startpunkt für Fahrzeug 2 (FZ2) mit $s_2 = 0$ ist 180 km vom Startpunkt für Fahrzeug 1 (FZ1) entfernt. Beide Fahrzeuge fahren zur selben Zeit ab. FZ1 fährt mit einer Geschwindigkeit $v_1 = 85 \frac{km}{h}$, FZ2 mit $v_2 = 75 \frac{km}{h}$.
a) Nach welchen Entfernungen s_1 und s_2 in km vom Startpunkt aus und
b) nach welcher Zeit t in h treffen sich die beiden Fahrzeuge FZ1 und FZ2?

Gesucht: a) s_1 und s_2 in km
b) t in h

Gegeben: $s = 180$ km (Entfernung der zur gleichen Zeit abfahrenden Fahrzeuge FZ1 und FZ2)
$v_1 = 85 \frac{km}{h}$, $v_2 = 75 \frac{km}{h}$

Lösung:
- Zuerst ist für beide Fahrzeuge das gemeinsame s-t-Diagramm zu zeichnen (s. Abb).
- Für die Ermittlung des Verlaufs der s-t-Geraden werden jeweils zwei Punkte benötigt:
  1. Punkt für FZ1 ist der Startpunkt für $t = 0$ h, $s_1 = 0$ km.
  2. Punkt für FZ2 ist der Startpunkt für $t = 0$ h, $s_2 = 0$ km.
- Der zweite mögliche Punkt ergibt sich jeweils aus der Fahrgeschwindigkeit.
FZ1 hat eine Geschwindigkeit von $85 \frac{km}{h}$, d.h., es hat z.B. nach 1 h 85 km zurückgelegt: $t = 1$ h, $s_1 = 85$ km
FZ2: $v_2 = 75 \frac{km}{h}$, d.h., z.B. $t = 1$ h, $s_2 = 75$ km.
Der zweite Punkt kann auch mit einer anderen gewählten Zeit oder einem beliebig gewählten Weg mit Hilfe der gegebenen Geschwindigkeit berechnet werden.
- Nun wird durch den Startpunkt und den zugehörigen 2. Punkt für jedes Fahrzeug die s-t-Gerade gezeichnet.

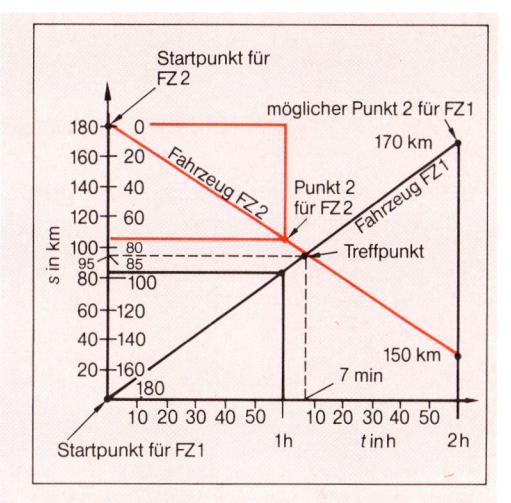

Die s-t-Geraden schneiden sich in einem Punkt.
a) Für FZ1 ist $s_1 = $ **95 km**,
für FZ2 ist $s_2 = $ **85 km**.
b) Die Zeit beträgt für FZ1 und FZ2
$t = $ **1 h 7 min**.

Aufgaben

1. Nach welcher Zeit und nach wie vielen Kilometern treffen sich zwei Fahrzeuge? Die Fahrer von FZ1 und FZ2 fahren gleichzeitig um 8.00 Uhr los, FZ2 aus einem 150 km entfernten Ort. Beide Fahrzeuge fahren sich entgegen. $v_1 = 50 \frac{km}{h}$, $v_2 = 140 \frac{km}{h}$.

2. Nach wieviel Stunden überholt ein Pkw einen Lkw und wieviel Kilometer haben beide Fahrzeuge dann zurückgelegt? Der Lkw fährt 30 Minuten vor dem Pkw ab und hat eine Geschwindigkeit von $62 \frac{km}{h}$. Der Pkw fährt mit $95 \frac{km}{h}$.

3. Nach wieviel Stunden überholt der Pkw den Lkw wieder, wenn sie zur gleichen Zeit abfahren, und wieviel Kilometer haben sie zurückgelegt? Der Lkw fährt mit $80 \frac{km}{h}$, der Pkw mit $150 \frac{km}{h}$. Nach einer Stunde macht der Pkw-Fahrer eine Pause von drei Stunden.

4. Um wieviel Minuten später als der Fahrer des Lkw 2 darf der Fahrer des Lkw 1 losfahren, wenn beiden aufgetragen wurde, sich auf der Hälfte der 200 km voneinander entfernt liegenden Startorte zu treffen? Der Fahrer des Lkw 1 fährt mit einer Geschwindigkeit von $80 \frac{km}{h}$, der Fahrer des Lkw 2 mit $50 \frac{km}{h}$.

22 Beschleunigte und verzögerte Bewegung

22.1 Beschleunigung aus dem Stand, Verzögerung bis zum Stillstand

Bewegungen, deren Geschwindigkeit sich ändert, sind **ungleichförmig**.
Allgemein gilt:
- **Beschleunigung:** die Geschwindigkeit nimmt zu,
- **Verzögerung:** die Geschwindigkeit nimmt ab.

> Die **gleichförmige Beschleunigung** ist die **gleichbleibende Geschwindigkeitszunahme** pro Zeiteinheit.

$$a = \frac{v}{t}$$

a Beschleunigung in $\frac{m}{s^2}$
v Endgeschwindigkeit in $\frac{m}{s}$
t Beschleunigungszeit in s

> Die **gleichförmige Verzögerung** ist die **gleichbleibende Geschwindigkeitsabnahme** pro Zeiteinheit.

$$a = \frac{v}{t}$$

a Verzögerung in $\frac{m}{s^2}$
v Anfangsgeschwindigkeit in $\frac{m}{s}$
t Verzögerungszeit in s

Anmerkung: Die Einheit $\frac{m}{s^2}$ ergibt sich aus den Einheiten für die Geschwindigkeit und für die Zeit.

$$\frac{1\,\frac{m}{s}}{1\,s} = \frac{1\,m}{s \cdot 1\,s} = 1\,\frac{m}{s^2}$$

Beispiel 1: a) Wie groß ist die Beschleunigung a in $\frac{m}{s^2}$, wenn ein Pkw in 11 s von 0 auf 100 $\frac{km}{h}$ aus dem Stand gleichförmig beschleunigt wird?
b) Zeichnen Sie das Geschwindigkeits-Zeit-Diagramm.
c) Zeichnen Sie das Beschleunigungs-Zeit-Diagramm.

Gesucht: a in $\frac{m}{s^2}$, v-t-Diagramm, a-t-Diagramm
Gegeben: $v = 100\,\frac{km}{h} = 27{,}78\,\frac{m}{s}$, $t = 11\,s$
Lösung: a) $a = \frac{v}{t} = \frac{27{,}78\,\frac{m}{s}}{11\,s}$

$a = 2{,}53\,\frac{m}{s^2}$

b) Je Sekunde hat die Geschwindigkeit des Pkw um 2,53 $\frac{m}{s}$ zugenommen. Nach 11 Sekunden wird die Geschwindigkeit 27,78 $\frac{m}{s}$ oder 100 $\frac{km}{h}$ erreicht.
Im Diagramm wird die gleichförmige Zunahme der Geschwindigkeit veranschaulicht.

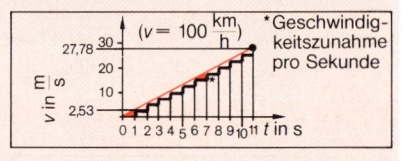

c) Das Beschleunigungs-Zeit-Diagramm zeigt deutlich, daß während der gesamten Beschleunigungszeit die Beschleunigung a gleichförmig, d. h. gleichgroß ist.

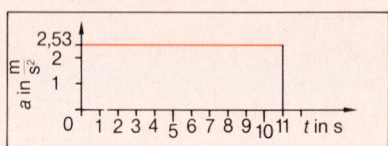

Beispiel 2: a) Wie groß ist die Bremsverzögerung a eines Fahrzeugs in $\frac{m}{s^2}$? Es hat eine Geschwindigkeit von 120 $\frac{km}{h}$ und wird in 14 Sekunden bis zum Stillstand ($v = 0$) abgebremst.
b) Zeichnen Sie das Geschwindigkeits-Zeit-Diagramm.

Gesucht: a in $\frac{m}{s^2}$
Gegeben: $v = 120\,\frac{km}{h} = 33{,}33\,\frac{m}{s}$, $t = 14\,s$
Lösung: a) $a = \frac{v}{t} = \frac{33{,}33\,\frac{m}{s}}{14\,s}$

$a = 2{,}38\,\frac{m}{s^2}$

b) Je Sekunde nimmt die Geschwindigkeit um 2,38 $\frac{m}{s}$ ab. Nach 14 Sekunden ist die Geschwindigkeit $v = 0$.

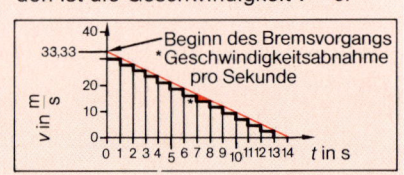

Kapitel 22: Beschleunigte und verzögerte Bewegung

Beschleunigungs- und Verzögerungsweg

Die Berechnung des Beschleunigungs- und Verzögerungsweges erfolgt mit der **Durchschnittsgeschwindigkeit**.

Durchschnittsgeschwindigkeit für die Beschleunigung:

$v_m = \dfrac{v_1 + v_2}{2}$. Wenn $v_1 = 0$, so folgt $v_m = \dfrac{v_2}{2}$

Durchschnittsgeschwindigkeit für die Verzögerung:

$v_m = \dfrac{v_1 + v_2}{2}$. Wenn $v_1 = 0$, so folgt $v_m = \dfrac{v_2}{2}$

Beschleunigungsweg

$s = v_m \cdot t \qquad s = \dfrac{v_2}{2} \cdot t$

$$\boxed{s = \dfrac{v \cdot t}{2}}$$

- s Beschleunigungsweg in m
- v Endgeschwindigkeit in $\frac{m}{s}$
- t Beschleunigungszeit in s

Verzögerungsweg

$s = v_m \cdot t \qquad s = \dfrac{v_2}{2} \cdot t$

$$\boxed{s = \dfrac{v \cdot t}{2}}$$

- s Verzögerungsweg in m
- v Anfangsgeschwindigkeit in $\frac{m}{s}$
- t Verzögerungszeit in s

Anmerkung: Weil die hier abgeleiteten Formeln für die Geschwindigkeit aus dem oder bis zum Stillstand gelten, entfällt der Index.

Weitere Formeln

Aus $s = \dfrac{v \cdot t}{2}$ folgt $v = \dfrac{2 \cdot s}{t}$. In $a = \dfrac{v}{t}$ eingesetzt, ergibt sich:

$a = \dfrac{v}{t} = \dfrac{\frac{2 \cdot s}{t}}{t} = \dfrac{2 \cdot s}{t^2}$

$$\boxed{a = \dfrac{2 \cdot s}{t^2}}$$

- a Beschleunigung (Verzögerung) in $\frac{m}{s^2}$
- s Weg in m
- t Zeit in s

Aus $s = \dfrac{v \cdot t}{2}$ folgt $t = \dfrac{2 \cdot s}{v}$. In $a = \dfrac{v}{t}$ eingesetzt, ergibt sich:

$a = \dfrac{v}{t} = \dfrac{v}{\frac{2 \cdot s}{v}} = \dfrac{v \cdot v}{2 \cdot s} = \dfrac{v^2}{2 \cdot s}$

$$\boxed{a = \dfrac{v^2}{2 \cdot s}}$$

- a Beschleunigung (Verzögerung) in $\frac{m}{s^2}$
- s Weg in m
- t Zeit in s

Formelübersicht

Jede der vier Grundformeln hat drei Formelgrößen, so daß nach jeweils zwei Formelgrößen umgestellt werden kann.

Zeile	a	v	t	s	Grundformel	Umstellungen		
1	a	v	t	✗	$a = \dfrac{v}{t}$	$v = a \cdot t$	$t = \dfrac{v}{a}$	
2	✗	v	t	s	$s = \dfrac{v \cdot t}{2}$	$v = \dfrac{2 \cdot s}{t}$	$t = \dfrac{2 \cdot s}{v}$	
3	a	✗	t	s	$a = \dfrac{2 \cdot s}{t^2}$	$s = \dfrac{a \cdot t^2}{2}$	$t = \sqrt{\dfrac{2 \cdot s}{a}}$	
4	a	v	✗	s	$a = \dfrac{v^2}{2 \cdot s}$	$v = \sqrt{2 \cdot s \cdot a}$	$s = \dfrac{v^2}{2 \cdot a}$	

Beispiel 1: Wie groß ist die Endgeschwindigkeit v in $\frac{km}{h}$ eines Fahrzeugs, das während der Beschleunigung aus dem Stillstand in 9 Sekunden 160 m gefahren ist?

Gesucht: v in $\frac{km}{h}$

Gegeben: $t = 9\,s$, $s = 160\,m$

Lösung: $v = \dfrac{2 \cdot s}{t}$ (Formel in Zeile 2)

$v = \dfrac{2 \cdot 160\,m}{9\,s} = 35{,}56\,\dfrac{m}{s}$

$v = 35{,}56 \cdot 3{,}6\,\dfrac{km}{h}$

$v = \mathbf{128\,\dfrac{km}{h}}$

Beispiel 2: a) Wie groß ist der Beschleunigungsweg s eines Pkw in m, der in 13 Sekunden aus dem Stillstand die Geschwindigkeit $100\,\frac{km}{h}$ erreicht?

Gesucht: s in m

Gegeben: $v = 100\,\dfrac{km}{h} = 27{,}8\,\dfrac{m}{s}$, $t = 13\,s$

Lösung: $s = \dfrac{v \cdot t}{2}$

$s = \dfrac{27{,}8\,\frac{m}{s} \cdot 13\,s}{2} = \dfrac{27{,}8\,m \cdot 13\,s}{s \cdot 2}$

$s = \mathbf{180{,}7\,m}$

b) Wie groß ist die Beschleunigung a in $\frac{m}{s^2}$?

Gesucht: a in $\frac{m}{s^2}$

Gegeben: $t = 13\,s$, $s = 180{,}7\,m$

Lösung: $a = \dfrac{2 \cdot s}{t^2} = \dfrac{2 \cdot 180{,}7\,m}{13\,s \cdot 13\,s}$

$a = \mathbf{2{,}14\,\dfrac{m}{s^2}}$

Aufgaben

1. a) Ermitteln Sie die Beschleunigung a in $\frac{m}{s^2}$ eines Kraftfahrzeugs, das in $t = 15$ Sekunden die Geschwindigkeit $v = 120 \frac{km}{h}$ erreicht.
b) Wie groß ist der Beschleunigungsweg s in m?
c) Berechnen Sie die Beschleunigung a in $\frac{m}{s^2}$ mit den Formeln aus den Zeilen 3 und 4 der Tabelle auf Seite 77.

2. Wie groß ist die Endgeschwindigkeit v in $\frac{km}{h}$, wenn ein Fahrzeug mit $a = 3{,}4 \frac{m}{s^2}$ 8,2 Sekunden beschleunigt?

3. Berechnen Sie die Endgeschwindigkeit v in $\frac{km}{h}$, wenn ein Fahrzeug aus dem Stillstand einen Weg von 100 m in 11 s zurücklegt.

4. Wie groß ist die Endgeschwindigkeit v in $\frac{km}{h}$, wenn ein Fahrzeug aus dem Stillstand in 9 Sekunden 110 Meter zurücklegt?

5. Ermitteln Sie die Beschleunigungszeit t in s, wenn ein Fahrzeug mit $a = 2{,}7 \frac{m}{s^2}$ eine Strecke von 80 m zurücklegt.

6. Welchen Bremsweg s in m und welche Bremszeit t in s benötigt ein Fahrzeug, das mit einer Bremsverzögerung $a = 4{,}1 \frac{m}{s^2}$ aus einer Geschwindigkeit von $150 \frac{km}{h}$ zum Stillstand kommt?

7. a) Welche Geschwindigkeit v in $\frac{km}{h}$ hat ein Fahrzeug, das durch eine Vollbremsung in 5,7 s mit einem Bremsweg von 55 m zum Stillstand gebracht wird?
b) Berechnen Sie die Geschwindigkeit auch mit der Formel in Zeile 4 der Tabelle auf Seite 77.

8. Berechnen Sie mit drei verschiedenen Formeln die Bremszeit t in s. Der Bremsweg s beträgt 89 m und die Bremsverzögerung $a = 4 \frac{m}{s^2}$.

9. Nach einem Unfall soll ermittelt werden, wie groß die Geschwindigkeit v in $\frac{km}{h}$ des einen Fahrzeugs war. Der ermittelte Bremsweg ist $s = 20$ m. Die Bremsverzögerung wird mit $a = 3{,}8 \frac{m}{s^2}$ aufgrund der Fahrbahn- und Reifenbeschaffenheit und des Bremsenzustands angenommen.

10. Zeichnen Sie ein Weg-Zeit-Diagramm für die Geschwindigkeiten $v = 50 \frac{km}{h}$ und $v = 100 \frac{km}{h}$.

22.2 Beschleunigung mit Anfangsgeschwindigkeit, Verzögerung mit Endgeschwindigkeit

Beschleunigung, Verzögerung

Die Beschleunigung bzw. Verzögerung hängt ab von
- dem Geschwindigkeitsbereich $v_2 - v_1$ und
- der Beschleunigungs- bzw. Verzögerungszeit t.

$$a = \frac{v_2 - v_1}{t}$$

a Beschleunigung in $\frac{m}{s^2}$
v_2 Endgeschwindigkeit in $\frac{m}{s}$
v_1 Anfangsgeschwindigkeit in $\frac{m}{s}$
t Beschleunigungszeit in s

$$a = \frac{v_2 - v_1}{t}$$

a Verzögerung in $\frac{m}{s^2}$
v_2 Anfangsgeschwindigkeit in $\frac{m}{s}$
v_1 Endgeschwindigkeit in $\frac{m}{s}$
t Verzögerungszeit in s

Das folgende Diagramm zeigt, für welchen Zeitraum und Geschwindigkeitsbereich die hier aufgestellten Formeln gelten.

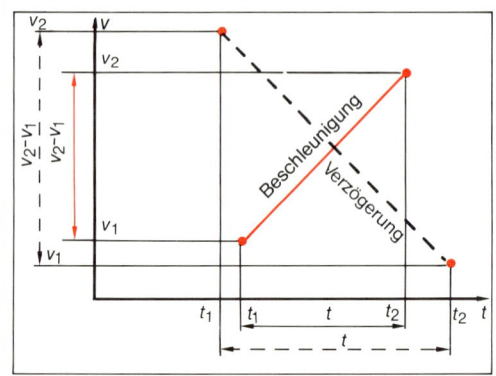

Beispiel: Wie groß ist die Beschleunigung a in $\frac{m}{s^2}$ für ein Fahrzeug, das in 5 Sekunden von $v_1 = 65 \frac{km}{h}$ auf $v_2 = 85 \frac{km}{h}$ beschleunigt?

Gesucht: a in $\frac{m}{s^2}$

Gegeben: $v_1 = 65 \frac{km}{h} = 18{,}1 \frac{m}{s}$, $v_2 = 85 \frac{km}{h} = 23{,}6 \frac{m}{s}$
$t = 5$ s

Lösung: $a = \dfrac{v_2 - v_1}{t}$

$a = \dfrac{(23{,}6 - 18{,}1) \frac{m}{s}}{5\,s} = \dfrac{5{,}5}{5} \dfrac{m}{s \cdot s}$

$a = 1{,}1 \frac{m}{s^2}$

Kapitel 22: Beschleunigte und verzögerte Bewegung

Beschleunigungs- und Bremsweg

Der Weg eines Fahrzeugs, das beschleunigt wird, setzt sich aus zwei Wegen zusammen:

- dem Weg s_1, den das Fahrzeug ohne Beschleunigung zurücklegen würde, d.h. $s_1 = v_1 \cdot t$ und
- dem Weg s_2, der durch die Beschleunigung zusätzlich zurückgelegt wird und mit der zusätzlichen mittleren Geschwindigkeit berechnet wird.

$$s = v_1 \cdot t + \frac{v_2 - v_1}{2} \cdot t \qquad (1)$$

$$s = \left(v_1 + \frac{v_2}{2} - \frac{v_1}{2}\right) \cdot t = \left(\frac{v_1}{2} + \frac{v_2}{2}\right) \cdot t$$

$$\boxed{s = \frac{v_1 + v_2}{2} \cdot t} \qquad (2)$$

Aus der Beschleunigungsformel ergibt sich $a \cdot t = v_2 - v_1$. Wird in der Formel (1) $v_2 - v_1$ durch $a \cdot t$ ersetzt, so folgt

$$\boxed{s = v_1 \cdot t + \frac{a \cdot t^2}{2}}$$

Der gedankliche Ansatz für die Formel (1) kann auch von der Endgeschwindigkeit v_2 her geführt werden:

$$\boxed{s = v_2 \cdot t - \frac{a \cdot t^2}{2}}$$

Aus der Beschleunigungsformel ergibt sich $t = \frac{v_2 - v_1}{a}$. Wird in der Formel (2) t durch $\frac{v_2 - v_1}{a}$ ersetzt, so folgt

$$\boxed{s = \frac{v_2^2 - v_1^2}{2 \cdot a}}$$

Für die hier abgeleiteten Formeln gelten die vorher genannten Benennungen der Formelgrößen und Einheiten. Die Formeln gelten dann auch sinngemäß für den Bremsweg.

Beispiel: Wie lang ist der Bremsweg s in m eines Fahrzeugs? Anfangsgeschwindigkeit $v_2 = 110 \frac{km}{h}$, Endgeschwindigkeit $v_1 = 80 \frac{km}{h}$, Bremsverzögerung $a = 3,1 \frac{m}{s^2}$.

Gesucht: s in m

Gegeben: $v_2 = 110 \frac{km}{h}$, $v_1 = 80 \frac{km}{h}$, $a = 3,1 \frac{m}{s^2}$

Lösung: $s = \dfrac{v_2^2 - v_1^2}{2 \cdot a} = \dfrac{\left(\frac{110\,m}{3,6\,s}\right)^2 - \left(\frac{80\,m}{3,6\,s}\right)^2}{2 \cdot 3,1 \frac{m}{s^2}}$

$s = \dfrac{933,6 \frac{m^2}{s^2} - 493,8 \frac{m^2}{s^2}}{2 \cdot 3,1 \frac{m}{s^2}} = \dfrac{439,8\,m^2 \cdot s^2}{6,2\,s^2 \cdot m}$

$s = \mathbf{70{,}94\ m}$

Formelübersicht der Grundformeln

Zeile	a	v_2	v_1	t	s	Grundformel	Seite
1	a	v_2	v_1	t	✗	$a = \frac{v_2 - v_1}{t}$	78
2	✗	v_2	v_1	t	s	$s = \frac{v_1 + v_2}{2} \cdot t$	79
3	a	✗	v_1	t	s	$s = v_1 \cdot t + \frac{a \cdot t^2}{2}$	79
4	a	v_2	✗	t	s	$s = v_2 \cdot t - \frac{a \cdot t^2}{2}$	79
5	a	v_2	v_1	✗	s	$s = \frac{v_2^2 - v_1^2}{2 \cdot a}$	79

Aufgaben

1. Wie groß ist die Bremsverzögerung a in $\frac{m}{s^2}$? Anfangsgeschwindigkeit $v_2 = 115 \frac{km}{h}$, Endgeschwindigkeit $v_1 = 90 \frac{km}{h}$, Verzögerungszeit 4 s.

2. Berechnen Sie den Beschleunigungsweg s in m und die Beschleunigungszeit t in s, wenn ein Motorrad mit $a = 2,5 \frac{m}{s^2}$ von $70 \frac{km}{h}$ auf $100 \frac{km}{h}$ beschleunigt wird.

3. Wie groß war die Anfangsgeschwindigkeit v_1 in $\frac{m}{s}$ und $\frac{km}{h}$, wenn ein Fahrzeug die Endgeschwindigkeit $v_2 = 90 \frac{km}{h}$ mit der Beschleunigung $a = 2,4 \frac{m}{s^2}$ erreicht? Die benötigte Zeit betrug 5,5 s.

4. Wie groß war die Anfangsgeschwindigkeit v_2 in $\frac{km}{h}$ eines Lkw, der in 6 Sekunden mit der Verzögerung $a = 2,2 \frac{m}{s^2}$ die Geschwindigkeit auf $40 \frac{km}{h}$ wegen einer Baustelle vermindern muß?

5. Ermitteln Sie den Beschleunigungsweg s in m, wenn die Endgeschwindigkeit $v_2 = 140 \frac{km}{h}$, die Beschleunigungszeit $t = 15$ s und die Beschleunigung $a = 1,8 \frac{m}{s^2}$ beträgt.

6. Wie groß sind die Beschleunigungen a_1, a_2 und a_3 in $\frac{m}{s^2}$ für ein Fahrzeug, das in $t_1 = 3$ s von $v_1 = 36 \frac{km}{h}$ auf $v_2 = 50 \frac{km}{h}$ beschleunigt? Anschließend wird mit $t_2 = 4$ s eine Geschwindigkeit $v_3 = 60 \frac{km}{h}$ erreicht. Nach weiteren 6 Sekunden für t_3 ist $v_4 = 70 \frac{km}{h}$.

23 Arbeit

Um eine Last zu heben, muß eine **mechanische Arbeit** aufgebracht werden.

Die mechanische Arbeit W ist abhängig von
- der erforderlichen Kraft F und
- dem in der Wirkrichtung der Kraft zurückgelegten Weg s.

$W = F \cdot s$

W mechanische Arbeit in Nm
F Kraft in N
s Weg in m

Beispiel: Wie groß ist die Arbeit W in Nm für das Heben eines Motors mit der Masse $m = 170$ kg? Der Motor wird 1,2 m hoch gehoben.

Gesucht: W in Nm
Gegeben: $m = 170$ kg, $s = 1{,}2$ m, $g = 9{,}81 \frac{m}{s^2}$
Lösung: $F = 170$ kg $\cdot 9{,}81 \frac{m}{s^2}$
$F = \mathbf{1667{,}7}$ **N**
$W = F \cdot s$
$W = 1667{,}7$ N $\cdot 1{,}2$ m
$W = \mathbf{2001{,}2}$ **Nm**

23.1 Einheiten der Arbeit

Die SI-Einheit für die **mechanische Arbeit** ist die **abgeleitete Einheit Nm** mit dem Namen **das Joule** und dem Einheitenzeichen **J** (sprich: dschul).

Die Einheit wurde nach dem franz. Physiker James Prescott Joule benannt (1818 bis 1889).

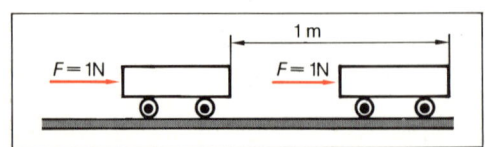

$1 \text{Nm} = 1 \text{ J}$ 1000 Nm = 1000 J = 1 kJ

Wird der Wagen durch die Kraft 1 N um 1 m weitergerollt, dann ist die Arbeit 1 J verrichtet worden.

Die Verbindung der mechanischen Arbeit in J zur elektrischen Arbeit in Wattsekunde Ws (s. S. 194) ist gegeben durch die Einheitengleichung

$1 \text{ J} = 1 \text{ Ws}$

3600 Nm = 3600 J = 3600 Ws = 1 Wh = 0,001 kWh

Beispiel 1: Wieviel kWh sind 7000 Nm?
Gesucht: W in kWh
Gegeben: $W = 7000$ Nm
Lösung: 7000 Nm = 7000 J = 7000 Ws
7000 Nm = 7000 Ws   (1 s = $\frac{1}{3600}$ h)
7000 Nm = 1,9 Wh = 0,0019 kWh

Beispiel 2: Wieviel Nm sind 3 kWh?
Gesucht: W in Nm
Gegeben: $W = 3$ kWh
Lösung: 3 kWh = 3000 Wh   (1 h = 3600 s)
3 kWh = 10 800 000 Ws = 10 800 000 J
(1 J = 1 Nm)
3 kWh = 10 800 000 Nm

Aufgaben

1. Stellen Sie die Formel für die Arbeit $W = F \cdot s$ nach F und s um.

2. Berechnen Sie die fehlenden Werte.

	Arbeit W	Kraft F	Weg s
a)	? J	30 N	55 m
b)	800 Nm	? N	70 cm
c)	? Ws	800 N	30 m
d)	1300 kJ	? kN	0,2 m
e)	? kWh	120000 N	200 m
f)	30 kWh	? kN	350 dm

3. Wie groß ist die mechanische Arbeit W in Nm, wenn ein Pkw mit der Masse von 1200 kg auf einer Hebebühne 1,9 m hochgehoben wird? $g = 9{,}81 \frac{m}{s^2}$.

4. Wie groß ist die Umformkraft in kN einer Presse, die ein Preßteil von 500 mm Dicke auf 20 mm umformt? Sie hat dafür eine Arbeit von 12 kJ aufgebracht.

5. Wie groß ist die Arbeit W in Nm an der Umlenkrolle und am einfachen Flaschenzug? Die Last an der Umlenkrolle und am Flaschenzug soll um 2 m gehoben werden.

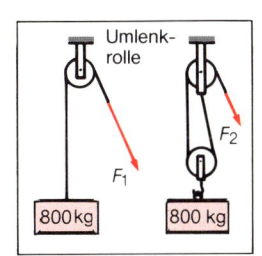

6. Wie groß sind die Wege s_1 und s_2 in m für die gleiche Arbeit $W = 2000$ Nm? Ermitteln Sie F_1 und F_2 zeichnerisch.

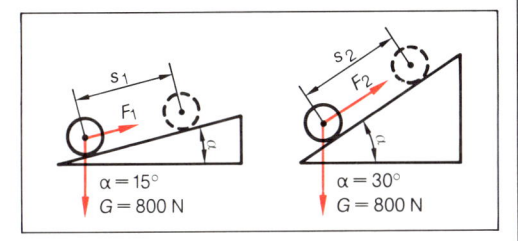

$\alpha = 15°$ $G = 800$ N
$\alpha = 30°$ $G = 800$ N

23.2 Gespeicherte Arbeit (Energie)

Gespeicherte Arbeit ist auch die **Energie** E. Sie hat die gleiche Einheit wie die Arbeit W. Es gibt z. B.
- Spannungsenergie,
- Energie der Lage (potentielle Energie) und
- Bewegungsenergie (kinetische Energie).

Spannungsenergie

Wird eine Druckfeder zusammengedrückt, speichert sie die aufgewendete Arbeit für das Spannen der Feder. Im zusammengedrückten Zustand hat die Feder die Spannungsenergie E.

$E = F \cdot s$

E Spannungsenergie in J
F Kraft in N
s Weg in m

Beispiel: Wie groß ist die Spannungsenergie E in J der gespannten Druckfeder? Die **mittlere** Spannkraft ist $F = 120$ N, der Weg $s = 35$ mm.

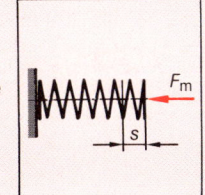

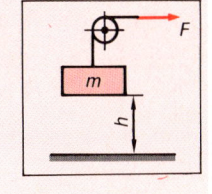

Gesucht: E in J
Gegeben: $F = 120$ N, $s = 35$ mm
Lösung: $E = F \cdot s$
$E = 120$ N $\cdot$ 0,035 m
$E = $ **4,2 J**

Energie der Lage (potentielle Energie)

Wird ein Körper oder eine Flüssigkeit gehoben, so ist dafür Arbeit notwendig, die als Energie der Lage gespeichert wird.

$E = m \cdot g \cdot h$

E Energie der Lage in J
m Masse in kg
g Fallbeschleunigung in $\frac{m}{s^2}$
h Höhe in m

Beispiel 1: Wie groß ist die Energie E der Lage eines angehobenen Gewichts in J? Das Gewicht hat eine Masse $m = 200$ kg und eine Höhe $h = 3$ m.

Gesucht: E in J
Gegeben: $m = 200$ kg, $h = 3$ m, $g = 9{,}81\,\frac{m}{s^2}$
Lösung: $E = m \cdot h \cdot g$
$E = 3$ m $\cdot$ 200 kg $\cdot 9{,}81\,\frac{m}{s^2}$
$E = $ **5886 J**

Beispiel 2: Wie groß ist die Kraft F_1 in N, um den Wagen auf einer schiefen Ebene $s_2 = 0{,}9$ m höher schieben zu können? Weg auf der schiefen Ebene: $s_1 = 5{,}5$ m, Masse des Wagens: $m = 170$ kg.

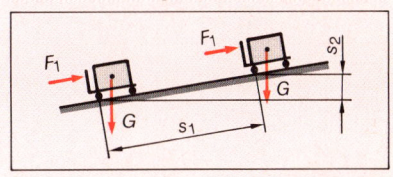

Anmerkung: Wird die aufgewendete Arbeit der gewonnenen Arbeit bzw. Energie gleichgesetzt, so können oft fehlende Größen berechnet werden.

Gesucht: F_1 in N
Gegeben: $s_1 = 5{,}5$ m, $s_2 = 0{,}9$ m, $m = 170$ kg, $g = 9{,}81\,\frac{m}{s^2}$
Lösung: Arbeit $F_1 \cdot s_1 = $ Energie der Lage $G \cdot s_2$
$F_1 \cdot s_1 = G \cdot s_2$, da $G = m \cdot g$ ist, folgt

$F_1 = \dfrac{m \cdot g \cdot s_2}{s_1} = \dfrac{170\,\text{kg} \cdot 9{,}81\,\frac{m}{s^2} \cdot 0{,}9\,\text{m}}{5{,}5\,\text{m}}$

$F_1 = \dfrac{170\,\text{kg} \cdot 9{,}81\,\text{m} \cdot 0{,}9\,\text{m}}{s^2 \cdot 5{,}5\,\text{m}}$

$F_1 = $ **272,9 N**

Bewegungsenergie (kinetische Energie)

In jedem Körper, der sich bewegt, ist Energie der Bewegung (Bewegungsenergie, kinetische Energie) gespeichert.

So hat z.B. ein fallender Körper, fließendes Wasser oder ein fahrendes Fahrzeug **Energie der Bewegung.** Die Energie der Bewegung wird während der **Verzögerung bis zum Stillstand** ($v = 0$) vollständig **umgewandelt.**

Durch Umstellen der Formel $W = F \cdot s$ ergibt sich die Formel für die Bewegungsenergie:
$E = F \cdot s.$ Da $F = m \cdot a$, (s. Kap. 16.1), folgt
$$E = m \cdot a \cdot s.$$
Mit $a = \dfrac{v^2}{2 \cdot s}$ (s. Kap. 22.1) folgt

$$E = \dfrac{m \cdot v^2}{2}$$

E Bewegungsenergie in J
m Masse des Körpers in kg
v Anfangsgeschwindigkeit in $\dfrac{m}{s}$

Beispiel: Wie groß ist die Bewegungsenergie E eines Pkw in kJ? Er hat eine Geschwindigkeit $v = 72 \dfrac{km}{h}$ ($20 \dfrac{m}{s}$) und eine Masse m von 950 kg.

Gesucht: E in kJ
Gegeben: $v = 20 \dfrac{m}{s}$, $m = 950$ kg
Lösung: $E = \dfrac{m \cdot v^2}{2}$

$E = \dfrac{950 \text{ kg} \cdot 20 \dfrac{m}{s} \cdot 20 \dfrac{m}{s}}{2}$

$E = \dfrac{950 \text{ kg} \cdot 20 \text{ m} \cdot 20 \text{ m}}{2 \cdot s \cdot s}$

$E = 190000$ J
$E = \mathbf{190}$ **kJ**

Aufgaben

1. Wie groß ist die Federspannungsenergie E in J in einem Federspeicher-Bremszylinder? Die mittlere Spannkraft F beträgt 2500 N, die Feder wird um $s = 65$ mm zusammengedrückt.

2. Wie weit muß eine Druckfeder zusammengedrückt werden (s in mm), damit eine mittlere Spannkraft von $F = 2000$ N entsteht und eine gespeicherte Energie $E = 300$ J vorhanden ist?

3. Wieviel Energie E in kJ wird frei, wenn ein Fallhammer 0,78 m fällt und dann das Werkstück noch um 10 mm verformt (zusammendrückt). Die Masse des Fallhammers beträgt 550 kg. $g = 9{,}81 \dfrac{m}{s^2}$.

4. Welche Energie E in kJ ist gespeichert, wenn 1000 m³ Wasser im Mittel 20 m hoch gepumpt werden? $g = 9{,}81 \dfrac{m}{s^2}$.

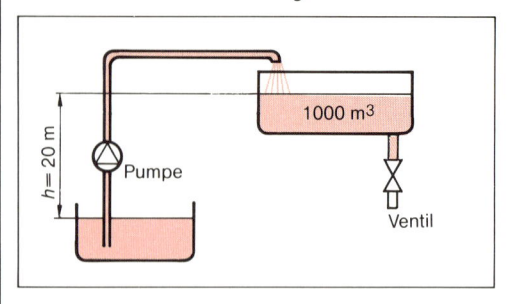

5. Welche Bewegungsenergie E in kJ hat ein Motorrad, das mit dem Fahrer zusammen eine Masse von 260 kg hat und mit einer Geschwindigkeit von $v = 160 \dfrac{km}{h}$ gefahren wird?

6. a) Wie groß ist die kinetische Energie E eines Kraftfahrzeugs in kJ, das mit einer Geschwindigkeit $v = 70 \dfrac{km}{h}$ fährt? Fahrzeugmasse $m = 1200$ kg.
b) Wie hoch kann mit der Energie aus der Aufgabe a) eine Masse $m = 50$ kg gehoben werden? Die Fallbeschleunigung g ist $9{,}81 \dfrac{m}{s^2}$.

7. Ein Kraftfahrzeug befindet sich auf einer Bergstraße und fährt über eine Paßhöhe von 2500 m.ü.M. Die Paßstraße begann mit einer Höhe von 1700 m.ü.M.
a) Ermitteln Sie die potentielle Energie E in kJ, die das Fahrzeug gewonnen hat, wenn es die Paßhöhe erreicht hat. Die Masse des Fahrzeugs beträgt 1250 kg, die Fallbeschleunigung $g = 9{,}81 \dfrac{m}{s^2}$.
b) Wie groß ist die kinetische Energie E in kJ, die der gewonnenen potentiellen Energie entspricht?
c) Berechnen Sie die Fahrzeuggeschwindigkeit in $\dfrac{km}{h}$, die mit der gewonnenen potentiellen Energie erreicht werden kann ($m = 1250$ kg).

8. Eine Automobilfirma führt Aufprallversuche durch.
a) Wie groß ist die Bewegungsenergie in kJ, die Pkw bei verschiedenen Geschwindigkeiten durch den Aufprall an einer Betonmauer verlieren? Die Masse der Pkw beträgt immer $m = 1500$ kg.
$v_1 = 36 \dfrac{km}{h}$, $v_2 = 72 \dfrac{km}{h}$ und $v_3 = 144 \dfrac{km}{h}$.
b) Wie verhält sich jeweils die Energie zu der Aufprallgeschwindigkeit?

Kapitel 23: Arbeit

23.3 Energieumwandlung

Arbeit kann in **Energie** (gespeicherte Arbeit) umgewandelt werden und umgekehrt. So setzt sich die gesamte Bewegungsenergie eines Fahrzeugs in Bremsarbeit um.

Beschleunigungsarbeit = Bewegungsenergie
Bewegungsenergie = Bremsarbeit

$$\boxed{\frac{m \cdot v^2}{2} = F_B \cdot s}$$

- m Fahrzeugmasse in kg
- v Fahrgeschwindigkeit in $\frac{m}{s}$
- F_B Bremskraft in N
- s Bremsweg in m

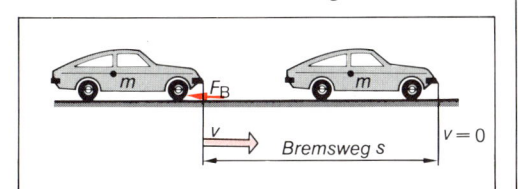

Beispiel: Wie lang ist der Bremsweg s für einen Pkw in m, der mit einer Bremskraft $F_B = 5000\,N$ aus einer Geschwindigkeit von $v = 136\,\frac{km}{h}$ bis zum Stillstand abgebremst wird? Die Masse des Pkw beträgt 1100 kg.

Gesucht: s in m
Gegeben: $F_B = 5000\,N$, $m = 1100\,kg$,
$v = 136\,\frac{km}{h} = 37{,}8\,\frac{m}{s}$

Lösung: $F_B \cdot s = \dfrac{m \cdot v^2}{2}$

$s = \dfrac{m \cdot v^2}{2 \cdot F_B}$

$s = \dfrac{1100\,kg \cdot 37{,}8\,\frac{m}{s} \cdot 37{,}8\,\frac{m}{s}}{2 \cdot 5000\,N}$

$s = \dfrac{1100\,kg \cdot 37{,}8\,m \cdot 37{,}8}{2 \cdot 5000\,N \cdot s \cdot s}$

$s = \mathbf{157{,}2\,m}$

Die Bewegungsenergie E wird während eines Aufpralls vollständig in **Verformungsarbeit** W umgewandelt.

Die **Energie der Lage** eines Körpers wandelt sich in die gleichgroße **Bewegungsenergie** um, wenn der Körper im freien Fall zu Boden fällt:

Energie der Lage = Bewegungsenergie

$$m \cdot g \cdot h = \frac{m \cdot v^2}{2}$$

$$\boxed{g \cdot h = \frac{v^2}{2}}$$

- g Fallbeschleunigung in $\frac{m}{s^2}$
- h Fallhöhe in m
- v Geschwindigkeit in $\frac{m}{s}$

Beispiel: Wie groß ist die Geschwindigkeit v in $\frac{km}{h}$ eines Hammers kurz vor dem Aufprall, wenn dieser aus einem Regal fällt? Fallhöhe $h = 1835\,mm$, Masse $m = 0{,}5\,kg$.

Gesucht: v in $\frac{km}{h}$
Gegeben: $h = 1835\,mm = 1{,}835\,m$, $m = 0{,}5\,kg$, $g = 9{,}81\,\frac{m}{s^2}$

Lösung: $g \cdot h = \dfrac{v^2}{2}$

$v^2 = 2 \cdot g \cdot h$

$v^2 = 2 \cdot 9{,}81\,\frac{m}{s^2} \cdot 1{,}835\,m$

$v^2 = 36\,\frac{m^2}{s^2}$

$v = \sqrt{36\,\frac{m^2}{s^2}} = 6\,\frac{m}{s}$

$v = \mathbf{21{,}6\,\frac{km}{h}}$

Aufgaben

1. Wie groß ist die Bremskraft F_B in kN eines Pkw, der aus einer Geschwindigkeit $v = 90\,\frac{km}{h}$ bis zum Stillstand abgebremst wird? Fahrzeugmasse $m = 1050\,kg$, Bremsweg $s = 110\,m$.

2. Wie groß ist die Aufprallgeschwindigkeit v in $\frac{km}{h}$? Ein Fahrzeug erzeugt eine Verformungsarbeit $W = 500\,kJ$, die Fahrzeugmasse beträgt $m = 1250\,kg$.

3. Welche Gesamtverformungsarbeit W in kJ entsteht, wenn zwei Fahrzeuge frontal aufeinander prallen? Beide Fahrzeuge haben eine Geschwindigkeit von $v = 60\,\frac{km}{h}$ und jeweils eine Masse m (einschließlich Fahrer) von 1100 kg.

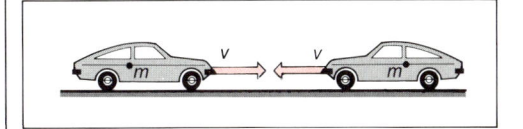

4. Mit welcher Geschwindigkeit v in $\frac{km}{h}$ prallt ein Pkw auf dem Boden auf, wenn er zu Demonstrationszwecken aus einer Höhe von $h = 2{,}5\,m$ im freien Fall zu Boden stürzt? $g = 9{,}81\,\frac{m}{s^2}$.

5. Wie hoch fährt ein Pkw auf eine Autobahnauffahrt (Höhe in m)? Das Fahrzeug hat zu Beginn der Auffahrt eine Geschwindigkeit $v = 80\,\frac{km}{h}$ und rollt dann im Leerlauf nur noch aus. Reibungsverluste bleiben unberücksichtigt ($g = 9{,}81\,\frac{m}{s^2}$).

24 Mechanische Leistung

Die **mechanische Leistung** P ist die in der Zeiteinheit verrichtete Arbeit.

$$P = \frac{W}{t}$$

P Leistung in $\frac{J}{s}$, W (Watt)
W Arbeit in J
t Zeit in s

Mit $W = F \cdot s$ und $v = \frac{s}{t}$ kann die Leistung auch mit der Geschwindigkeit berechnet werden:

$$P = F \cdot v$$

P Leistung in $\frac{J}{s}$, W (Watt)
F Kraft in N
v Geschwindigkeit in $\frac{m}{s}$

24.1 Einheiten der Leistung

Die **SI-Einheit** für die **mechanische Leistung** ist die abgeleitete Einheit $\frac{J}{s}$ mit dem Namen das **Watt** und dem **Einheitenzeichen** W.

$1 \frac{Nm}{s} = 1 \frac{J}{s} = 1$ W
$1000 \frac{Nm}{s} = 1000 \frac{J}{s} = 1$ kW
1000 kW $= 1$ MW

Auch die elektrische Leistung hat die Einheit **Watt** (s. S. 194).

Häufig wird noch die veraltete Einheit PS hinter einem Schrägstrich angegeben. So bedeutet z.B. 90/122,4, daß die Leistung von 90 kW der Leistung von 122,4 PS entspricht.

1 kW = 1,36 PS
1 PS = 0,735 kW

Beispiel 1: Wie groß ist die Antriebsleistung P in kW eines Pkw, der mit einer Geschwindigkeit von 108 $\frac{km}{h}$ fährt, und dabei eine Zugkraft F von 5000 N entwickelt?
Gesucht: P in kW
Gegeben: $v = 108 \frac{km}{h} = 30 \frac{m}{s}$, $F = 5000$ N
Lösung: $P = F \cdot v$
$P = 5000$ N $\cdot 30 \frac{m}{s}$
$P = 150000$ W
$P = 150$ kW

Beispiel 2: Wie groß ist die mechanische Leistung P in W einer Hebebühne, mit der ein Pkw (Masse $m = 1050$ kg) in 15 Sekunden 1,9 m hochgehoben wird?
Gesucht: P in W
Gegeben: $m = 1050$ kg
$s = 1,9$ m
$t = 15$ s
Lösung: $W = G \cdot s$
$W = m \cdot g \cdot s$
$W = 1050$ kg $\cdot 9,81 \frac{m}{s^2} \cdot 1,9$ m
$W = $ **19571 J**

$P = \frac{W}{t}$

$P = \frac{19571 \text{ J}}{15 \text{ s}}$

$P = $ **1305 W**

24.2 Leistung aus dem Drehmoment

Ist die **Wirkungslinie der Kraft eine Kreisbahn**, so wird die **Umfangsgeschwindigkeit** v in die Formel $P = F \cdot v$ eingesetzt.

Mit der Umfangsgeschwindigkeit $v_U = \frac{d \cdot \pi \cdot n}{60}$ in $\frac{m}{s}$ folgt $P = \frac{F \cdot 2 \cdot r \cdot \pi \cdot n}{1000 \cdot 60}$ in kW.

Mit $\frac{2 \cdot \pi}{1000 \cdot 60} \approx \frac{1}{9550}$ und $M = F \cdot r$ ergibt sich

$$P = \frac{M \cdot n}{9550}$$

P Leistung in kW
M Drehmoment in Nm
n Drehzahl in $\frac{1}{min}$
9550 Umrechnungszahl, $9550 \frac{W \cdot s}{kW \cdot min}$

Beispiel: Welche Leistung P in kW hat ein Motor, der bei $n = 4500 \frac{1}{min}$ ein Drehmoment von 195 Nm abgibt?
Gesucht: P in kW
Gegeben: $M = 195$ Nm, $n = 4500 \frac{1}{min}$
Lösung: $P = \frac{M \cdot n}{9550} = \frac{195 \cdot 4500}{9550}$ kW
$P = 91,9$ kW

Kapitel 24: Mechanische Leistung

Aufgaben

1. a) Stellen Sie die Formel $P = \frac{W}{t}$ nach W und t um.
b) Stellen Sie die Formel $P = F \cdot v$ nach F und v um.

2. Berechnen Sie die Leistung P in kW eines Gabelstaplers, der eine Arbeit W von 13 200 J in $t = 5$ s verrichtet.

3. Berechnen Sie die fehlenden Werte.

	P	F	s	t
a)	? kW	1200 N	20 m	6 s
b)	3000 W	? N	200 cm	5,3 s
c)	2500 W	300 N	? m	2 s
d)	20 kW	250 N	23 m	? s

4. Wie groß ist die Leistung P in kW, wenn ein Kran einen Motor in 3 Sekunden um 1,9 m hochhebt? Der Motor hat eine Masse von 135 kg ($g = 9{,}81 \frac{m}{s^2}$).

5. In welcher Zeit t in s kann sich ein Geländewagen aus dem Schlamm ziehen? Die Seilwinde wird mit $P = 10$ kW angetrieben, die Wegstrecke s beträgt 25 m und die Zugkraft $F = 5000$ N.

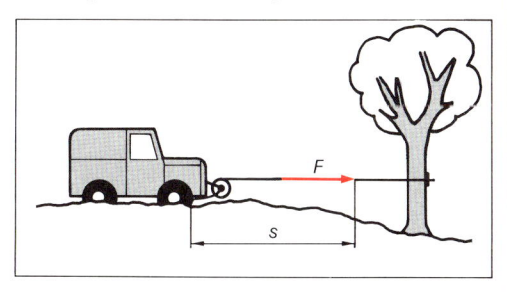

6. Wie groß ist die Leistung P in kW eines Arbeitskolbens, der mit einem Druck von $p_e = 5$ bar beaufschlagt wird? Der Durchmesser des Kolbens beträgt 28 mm. Er legt in 0,5 Sekunden 35 mm zurück.

7. Berechnen Sie die fehlenden Werte.

	P	F	v
a)	? kW	290 N	83 $\frac{m}{s}$
b)	? W	30 kN	20 $\frac{km}{h}$
c)	30 W	20 N	? $\frac{m}{s}$
d)	25 kW	? N	36 $\frac{km}{h}$

8. Wie groß ist die Leistung P in kW eines Pkw, der mit 144 $\frac{km}{h}$ fährt und dabei eine Zugkraft von 6000 N entwickelt?

9. Berechnen Sie die Geschwindigkeit v in $\frac{m}{s}$, mit der ein Kran eine Masse $m = 300$ kg anhebt. Er hat eine Leistung von 7 kW.

10. Wie groß ist die Zugleistung P in kW? Ein Anhänger wird mit einer Zugkraft von 30 000 N gezogen. Die Geschwindigkeit beträgt 30 $\frac{km}{h}$.

11. Mit welcher Leistung P in kW schiebt eine Planierraupe Schutt weg? Die Schubkraft beträgt 200 000 N und die Geschwindigkeit 4 $\frac{km}{h}$.

12. Stellen Sie die Formel $P = \frac{M \cdot n}{9550}$ nach M und n um.

13. Berechnen Sie die fehlenden Werte.

	P	M	n
a)	? kW	30 Nm	3000 $\frac{1}{min}$
b)	200 W	? Nm	300 $\frac{1}{min}$
c)	30 kW	25 Nm	? $\frac{1}{min}$

14. Welche Leistung P in kW hat der Motor? Das Drehmoment beträgt $M = 280$ Nm, die Drehzahl $n = 3950 \frac{1}{min}$.

15. Welche Leistung P in kW hat eine Seilwinde, die sich mit $n = 50 \frac{1}{min}$ dreht und ein Drehmoment von 1200 Nm erzeugt?

16. Welches Drehmoment M in Nm wirkt am Läufer eines Elektromotors mit 70 kW bei 6000 $\frac{1}{min}$?

17. Wie groß ist die Drehzahl n in $\frac{1}{min}$ eines Motors? Er erzeugt bei $M = 300$ Nm eine Leistung von 60 kW.

18. Berechnen Sie die Leistung P in kW an dem Keilriementrieb.

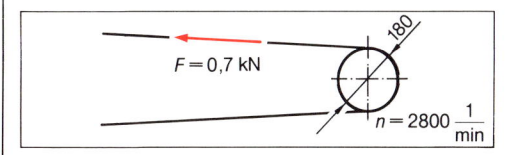

$F = 0{,}7$ kN; $\varnothing$ 180; $n = 2800 \frac{1}{min}$

19. Wie groß ist die Leistung einer Kreissäge in kW? Das Kreissägeblatt hat ein Drehmoment von 0,4 kNm, die Drehzahl beträgt 120 $\frac{1}{min}$.

25 Wirkungsgrad

Eine Kraft- oder Arbeitsmaschine gibt immer weniger Leistung ab, als ihr zugeführt wurde. Das hängt mit den Leistungsverlusten durch Reibung und den Wärme- und Strömungsverlusten zusammen.

Das Verhältnis von **abgegebener Leistung** (Nutzleistung, Ausgangsleistung) **zur zugeführten Leistung** (Eingangsleistung) ergibt den **Wirkungsgrad** η (eta; gr. kl. Buchstabe).

$$\eta = \frac{P_{exi}}{P_{ing}}$$

η Wirkungsgrad
P_{exi} Ausgangs- bzw. Nutzleistung in W, kW (exi von exitus, lat.: Ausgang)
P_{ing} Eingangsleistung in W, kW (ing von ingressus, lat.: Eingang)

$\eta < 1$, da P_{exi} immer $< P_{ing}$ ist.

Häufig wird der Wirkungsgrad η in Prozent angegeben:

$$\eta = \frac{P_{exi}}{P_{ing}} \cdot 100\% \qquad \eta < 100\%$$

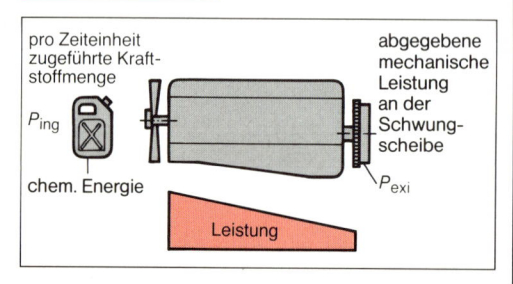

Beispiel: Wie groß ist der Wirkungsgrad η eines Motors in %? Die verlustfreie Nutzung des Kraftstoffs ergibt eine Leistung $P_{ing} = 170$ kW. P_{exi} an der Schwungscheibe beträgt 44 kW.

Gesucht: η in %
Gegeben: $P_{ing} = 170$ kW, $P_{exi} = 44$ kW
Lösung: $\eta = \dfrac{P_{exi}}{P_{ing}} \cdot 100\%$

$\eta = \dfrac{44 \text{ kW}}{170 \text{ kW}} \cdot 100\%$

$\eta = \mathbf{26\%}$

Der Wirkungsgrad η kann auch als **Verhältnis von Kräften,** Drehmomenten oder **Arbeiten** ausgedrückt werden.

Beispiel: a) Wie groß ist die abgegebene Arbeit W_{exi} in Nm eines Wechselgetriebes mit $\eta = 96{,}5\%$? Die zugeführte Arbeit W_{ing} beträgt 300 Nm.

Gesucht: W_{exi} in Nm
Gegeben: $W_{ing} = 300$ Nm, $\eta = 96{,}5\%$
Lösung: $\eta = \dfrac{W_{exi}}{W_{ing}} \cdot 100\%$

$W_{exi} = \dfrac{\eta \cdot W_{ing}}{100\%} = \dfrac{96{,}5\% \cdot 300 \text{ Nm}}{100\%}$

$W_{exi} = \mathbf{289{,}50 \text{ Nm}}$

b) Wie groß ist die Verlustarbeit W_V in Nm und in Prozent?

Gesucht: W_V in Nm und %
Gegeben: $W_{ing} = 300$ Nm, $W_{exi} = 289{,}50$ Nm
Lösung: $W_V = W_{ing} - W_{exi}$
$W_V = 300$ Nm $- 289{,}50$ Nm
$W_V = \mathbf{10{,}50 \text{ Nm}}$
$W_V = 100\% - 96{,}5\%$
$W_V = \mathbf{3{,}5\%}$

25.1 Gesamtwirkungsgrad aus Einzelwirkungsgraden

Der Gesamtwirkungsgrad kann aus den Einzelwirkungsgraden berechnet werden.

$$\eta_{ges} = \eta_1 \cdot \eta_2 \cdot \eta_3 \cdots \eta_n$$

η_{ges} Gesamtwirkungsgrad
$\eta_1, \eta_2, \eta_3, \eta_n$ Einzelwirkungsgrade

$$\eta_{ges} = \eta_1 \cdot \eta_2 \cdot \eta_3 \cdots \eta_n \cdot 100\%$$

Der **Gesamtwirkungsgrad** ist immer kleiner als der kleinste Einzelwirkungsgrad.

Die Leistung eines Kraftfahrzeugmotors wird im Antriebsstrang (Motor, Wechselgetriebe, Achsgetriebe) durch Reibungsverluste gemindert.

Kapitel 25: Wirkungsgrad

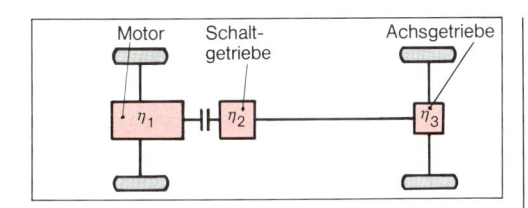

Der Gesamtwirkungsgrad η_{ges} ergibt sich aus dem Wirkungsgrad des Motors, des Wechselgetriebes und des Achsgetriebes.

Beispiel: Wie groß ist der Gesamtwirkungsgrad η_{ges} in Prozent für einen Pkw? Der Wirkungsgrad des Motors beträgt $\eta_1 = 0{,}28$, der des Wechselgetriebes $\eta_2 = 0{,}95$ und der des Achsgetriebes $\eta_3 = 0{,}97$.

Gesucht: η_{ges} in %
Gegeben: $\eta_1 = 0{,}28$, $\eta_2 = 0{,}95$, $\eta_3 = 0{,}97$
Lösung: $\eta_{ges} = \eta_1 \cdot \eta_2 \cdot \eta_3 \cdot 100\%$
$\eta_{ges} = 0{,}28 \cdot 0{,}95 \cdot 0{,}97 \cdot 100\%$
$\eta_{ges} = \mathbf{25{,}8\%}$

Der Gesamtwirkungsgrad ist kleiner als der kleinste Einzelwirkungsgrad η_1.

Aufgaben

1. Stellen Sie die Formel $\eta = \dfrac{P_{exi}}{P_{ing}}$ nach P_{exi} und P_{ing} um.

2. Stellen Sie die Formel $\eta_{ges} = \eta_1 \cdot \eta_2 \cdot \eta_3$ nach η_2 um.

3. Berechnen Sie die fehlenden Werte.

	η	η in %	P_{exi}	P_{ing}
a)	?	?	380 kW	410 W
b)	?	?	7,7 kJ	8000 J
c)	?	86	? kW	82 kW
d)	0,93	?	7500 W	? kW
e)	0,23	?	? kW	32 kW
f)	?	?	200 Ws	750 Nm

4. Wie groß ist der Wirkungsgrad η eines Zahnradgetriebes in %. Ihm wird eine Arbeit von 250 J zugeführt. An der Ausgangswelle werden 232 J gemessen.

5. Berechnen Sie das abgegebene Drehmoment M_{exi} in Nm eines Wechselgetriebes. Das zugeführte Drehmoment M_{ing} ist 137 Nm, der Wirkungsgrad η beträgt 97 %.

6. a) Wie groß ist der Energieverlust einer Hebebühne in Prozent? Zum Antrieb benötigt sie 32 500 Ws. Sie gibt eine Arbeit von 28 500 Nm ab.
b) Wie groß ist der Wirkungsgrad?

7. a) Wie groß ist der Wirkungsgrad eines Krans, der in 6 Sekunden eine Masse von 1200 kg 2 Meter hoch hebt? Der Motor des Krans hat eine Leistung von 5 kW. $g = 9{,}81\,\dfrac{m}{s^2}$
b) Wie groß ist die Verlustleistung in kW und Prozent?

8. Berechnen Sie die zugeführte Leistung P_{ing} in kW eines Motors, der ein Drehmoment von 220 Nm bei 4700 $\dfrac{1}{min}$ erzeugt. Der Wirkungsgrad beträgt 28 %.

9. Berechnen Sie die fehlenden Werte.

	η_{ges}	η_1	η_2	η_3
a)	?	0,7	0,98	0,85
b)	? %	0,87	83 %	92 %
c)	0,37	?	0,82	0,72
d)	42 %	61 %	0,81	? %

10. a) Wie groß ist der Gesamtwirkungsgrad η_{ges} eines Pkw-Antriebs? $\eta_1 = 0{,}99$ (Kupplung), $\eta_2 = 0{,}94$ (Wechselgetriebe), $\eta_3 = 0{,}95$ (Achsantrieb).
b) Berechnen Sie den Leistungsverlust in kW. An den Antriebsrädern wurden 69 kW gemessen.
c) Wie groß ist die vom Motor abgegebene Leistung in kW?

11. a) Wie groß sind die Einzelwirkungsgrade η_1, η_2 und η_3 eines Pkw-Antriebs?
Innere Motorleistung $P_{ing} = 100$ kW,
Leistung an der Kupplung 84,2 kW,
Leistung am Getriebeausgang 81,7 kW,
Leistung an den Antriebsrädern 78,4 kW.

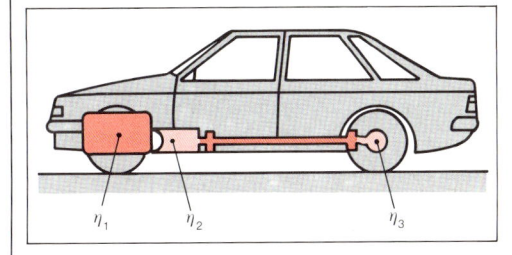

b) Berechnen Sie den Gesamtleistungsverlust P in kW.
c) Wie groß ist die Leistung an den Antriebsrädern in kW, wenn sich jeder Einzelwirkungsgrad um 3 % verschlechtert?

26 Wärme

26.1 Temperatur

Kelvin-Temperatur

> **Die Einheit** der Basisgröße **Temperatur** ist das **Kelvin** mit dem **Einheitenzeichen** K. Das **Formelzeichen** der Temperatur in Kelvin ist T.

Die Kelvin-Skala beginnt bei null K (absoluter Nullpunkt). Die Temperatur des schmelzenden Eises ist 273 K (genauer: 273,15 K).

Grad-Celsius-Temperatur

Die Temperatur kann auch durch das **Grad Celsius** mit dem **Einheitenzeichen** °C angegeben werden. Das **Formelzeichen** für °C ist t. Die Grad-Celsius-Skala beginnt bei -273 °C (absoluter Nullpunkt). Die Temperatur des schmelzenden Eises beträgt 0 °C.

Zwischen dem **Kelvin** und dem **Grad Celsius** besteht folgende Beziehung:

$$t = T - T_0$$

t Grad-Celsius-Temperatur in °C
T Kelvin-Temperatur in K
T_0 273 K (Schmelzpunkt des Eises)

Allgemein wird für die Temperatur auch das Formelzeichen ϑ (theta, gr. kleiner Buchstabe) verwendet. ϑ kann in K oder °C angegeben werden.

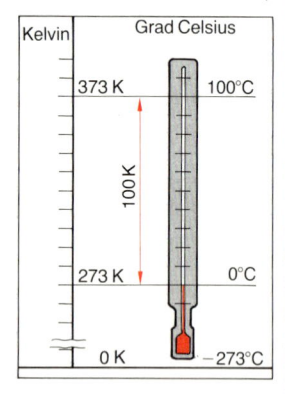

Beispiel: Wie groß ist die Temperatur t einer Bremsscheibe in °C? Sie wurde auf die Temperatur $T = 690$ K erwärmt.
Gesucht: t in °C
Gegeben: $T = 690$ K
Lösung: $t = T - T_0$ in °C
$t = 690$ K $- 273$ K
$t = \mathbf{417\,°C}$

Temperaturdifferenz

Eine Temperaturdifferenz Δt (sprich delta t; delta, gr. großer Buchstabe) hat in °C und in K den gleichen Zahlenwert. Die Skalen sind nämlich, wie die Abbildung zeigt, nur versetzt.

Es gilt $\Delta t = \Delta T$

Tab.: Verschiedene Temperaturen

Temperatur im Bereich der Sonnenoberfläche	etwa 5500 °C
Schmelztemperaturen von	
Zinn	232 °C
Blei	327 °C
Eisen	1535 °C
Wolfram	3370 °C
Kühlwasser	etwa 85 °C
Kupplungsbelag	100 bis 150 °C
Bremsbeläge:	
Trommelbremse	100 bis 200 °C
Scheibenbremse	100 bis 300 °C
Kolbenboden	etwa 400 °C
Temperatur im Verbrennungsraum eines Ottomotors nach der Zündung	2000 bis 2500 °C

26.2 Wärmemenge

Die Wärme eines Körpers ist gleich der **Wärmemenge** Q. Sie ist die Wärmeenergie, die in dem Körper gespeichert ist.

> **Wärmeenergie** kann in mechanische Energie oder elektrische Energie umgewandelt werden.

Die **Wärme** hat die **abgeleitete SI-Einheit das Joule** (sprich dschul) mit dem **Einheitenzeichen J.**

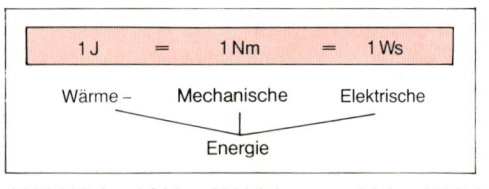

$$1\,J = 1\,Nm = 1\,Ws$$

Wärme – Mechanische – Elektrische
Energie

1 000 000 J = 1 MJ = 1000 kJ   1 kJ = 1000 J
3600 kNm = 3600 kJ = 1 kWh

Kapitel 26: Wärme

Die Wärmemenge Q eines Körpers ist abhängig
- von der Temperatur t,
- von der Masse m und
- von der spezifischen Wärmekapazität c.

> Die **spezifische Wärmekapazität** c gibt an, welche Wärmemenge Q in kJ notwendig ist, um **1 kg** eines Stoffes um die Temperaturdifferenz von **1 K** zu erhöhen.

$$Q = m \cdot c \cdot (t_2 - t_1)$$

Q Wärmemenge in kJ
m Masse in kg
c spezifische Wärmekapazität in $\frac{kJ}{kg \cdot K}$
t_1 Anfangstemperatur in °C oder K
t_2 Endtemperatur in °C oder K

Tab.: Spezifische Wärmekapazitäten

Feste Stoffe	c in $\frac{kJ}{kg \cdot K}$
Aluminium	0,94
Eisen (rein)	0,47
Gußeisen	0,50
Kupfer	0,39
Stahl, unleg. und niedr. legiert	0,49
Stahl, hochlegiert	0,51
Zündkerzenisolator	0,84
Flüssige Stoffe	
Wasser	4,20
Kühlwasser (Gemisch Wasser-Gefrierschutzmittel)	etwa 3,60
Ottokraftstoff Normal	2,02
Dieselkraftstoff	2,05
Gasförmige Stoffe (20 °C, 1013 mbar)	
Luft, bei konst. Druck	1,00
Kohlendioxid	0,82

Beispiel: Wie groß ist die Wärmemenge Q in kJ, die Kühlwasser aufnimmt, das von $t_1 = 21\,°C$ auf $t_2 = 90\,°C$ erwärmt wird? Masse m des Kühlwassers 6,5 kg, spezifische Wärmekapazität $c = 3{,}6 \frac{kJ}{kg \cdot K}$.

Gesucht: Q in kJ
Gegeben: $m = 6{,}5\,kg$, $t_1 = 21\,°C$, $t_2 = 90\,°C$, $c = 3{,}6 \frac{kJ}{kg \cdot K}$

Lösung: $Q = m \cdot c \cdot (t_2 - t_1)$

$Q = 6{,}5\,kg \cdot 3{,}6 \frac{kJ}{kg \cdot K} \cdot (90\,°C - 21\,°C)$

$Q = \frac{6{,}5\,kg \cdot 3{,}6\,kJ \cdot 69\,K}{kg \cdot K} = \mathbf{1614{,}6\ kJ}$

Verbrennungswärme

Die Wärmemenge Q, die durch die Verbrennung von Brennstoffen freigesetzt wird, ist abhängig
- von der Masse m und
- von dem spezifischen Heizwert H_u.

> Der **spezifische Heizwert** H_u gibt an, wie groß die **Wärmemenge** in kJ ist, die durch die vollständige Verbrennung **eines Kilogramms oder Kubikmeters** (für Gase) eines Stoffes frei wird.

$$Q = m \cdot H_u$$

Q Wärmemenge in kJ
m Masse in kg
H_u spezifischer Heizwert in $\frac{kJ}{kg}$

Tab.: Spezifische Heizwerte einiger Stoffe

Stoffe	spezifischer Heizwert H_u in $\frac{kJ}{kg}$
Koks	29 000
Steinkohle	33 000
Dieselkraftstoff	40 600 bis 44 400
Ottokraftstoff Normal	43 500
Ottokraftstoff Super	42 700
Methanol	19 700
Flüssiggas	46 100
Methan	50 000
Wasserstoff	120 000

Beispiel: Welche Wärmemenge Q in kJ wird frei, wenn 20 Liter Ottokraftstoff Super mit der Dichte $\varrho = 0{,}75 \frac{kg}{dm^3}$ verbrannt werden? Der spezifische Heizwert beträgt $H_u = 42\,700 \frac{kJ}{kg}$.

Gesucht: Q in kJ
Gegeben: $V = 20\,l = 20\,dm^3$, $\varrho = 0{,}75 \frac{kg}{dm^3}$, $H_u = 42\,700 \frac{kJ}{kg}$

Lösung: $Q = m \cdot H_u$.
Mit $m = V \cdot \varrho$ folgt
$Q = V \cdot \varrho \cdot H_u$
$Q = 20\,dm^3 \cdot 0{,}75 \frac{kg}{dm^3} \cdot 42\,700 \frac{kJ}{kg}$
$Q = \frac{20\,dm^3 \cdot 0{,}75\,kg \cdot 42\,700\,kJ}{dm^3 \cdot kg}$
$Q = \mathbf{640\,500\ kJ}$

Verdampfungswärme

Soll ein Stoff vom **flüssigen** in den **dampfförmigen** Zustand umgewandelt werden, muß **Wärme** zugeführt werden.

Die **spezifische Verdampfungswärme** q_V gibt an, welche Wärmemenge in kJ benötigt wird, um 1 kg eines Stoffes von dem flüssigen in den gasförmigen Zustand zu überführen.

Kondensiert das Gas, so wird die gleiche Wärmemenge als **Kondensationswärme** wieder frei.

$Q_V = m \cdot q_V$

Q_V Wärmemenge (für den Übergang vom flüssigen in den gasförmigen Zustand) in kJ
m Masse in kg
q_V spezifische Verdampfungs- oder Kondensationswärme in $\frac{kJ}{kg}$

Tab.: Spezifische Verdampfungswärmen

Flüssigkeit (20°C, 1013 mbar)	q_V in $\frac{kJ}{kg}$
Ottokraftstoff Normal	377 bis 502
Dieselkraftstoff	544 bis 795
Methanol	1110
Wasser	2258

Durch die benötigte Verdampfungswärme der Kraftstoffe entsteht eine Innenkühlung der Motorenbrennräume.

Beispiel: Welche Verdampfungswärme Q_V in kJ wird benötigt, wenn 10 l Ottokraftstoff Normal mit der Dichte $\varrho = 0{,}75 \frac{kg}{dm^3}$ verdampfen? Spezifische Verdampfungswärme $q_V = 420 \frac{kJ}{kg}$.

Gesucht: Q_V in kJ
Gegeben: $V = 10\,l = 10\,dm^3$, $\varrho = 0{,}75 \frac{kg}{dm^3}$,
$q_V = 420 \frac{kJ}{kg}$
Lösung: $Q_V = m \cdot q_V$
$Q_V = 10\,dm^3 \cdot 0{,}75 \frac{kg}{dm^3} \cdot 420 \frac{kJ}{kg}$
$Q_V = \frac{10\,dm^3 \cdot 0{,}75\,kg \cdot 420\,kJ}{dm^3 \cdot kg}$
$Q_V = 3150\,kJ$

Aufgaben

1. Berechnen Sie die fehlenden Werte.

	K	°C		K	°C
a)	330	?	d)	?	23
b)	123	?	e)	?	1800
c)	1500	?	f)	?	315

2. Rechnen Sie die °C-Temperaturen der Tabelle auf Seite 88 in Kelvin-Temperaturen um.

3. Berechnen Sie die fehlenden Werte.

	T_1 in K	T_2 in K	t_1 in °C	t_2 in °C	Δt in °C	ΔT in K
a)	190	?	?	790	?	?
b)	?	600	300	?	?	?
c)	?	?	?	123	?	135
d)	?	?	−15	?	?	280
e)	210	?	?	?	1300	?

4. Stellen Sie die Formel $Q = m \cdot c \cdot (t_2 - t_1)$ nach m, c und $(t_2 - t_1)$ um.

5. Wandeln Sie die folgenden Einheiten um.

	J	kWh	MJ	Nm
a)	1350	?	?	?
b)	?	230	?	?
c)	?	?	2,3	?
d)	23000	?	?	?

6. Berechnen Sie die fehlenden Werte.

	Q in kJ	m	c in $\frac{kJ}{kg \cdot K}$	Δt, ΔT	t_1, T_1	t_2, T_2
a)	?	30 kg	0,39	80 K		
b)	27000	? kg	0,94		300 K	375 K
c)	130000	? kg	0,51		27°C	180°C
d)	28000	1200 kg	?	28°C		

7. Wie groß ist die Wärmemenge Q in kJ, die ein Werkstück aus niedrig legiertem Stahl aufnimmt, wenn es für das Härten von $t_1 = 20\,°C$ auf $t_2 = 770\,°C$ erwärmt wird? Das Werkstück hat eine Masse m von 12 kg und eine spezifische Wärmekapazität c von $0{,}49 \frac{kJ}{kg \cdot K}$.

8. Welche Wärmemenge Q in kJ wird frei, wenn das Kühlwasser eines Motors von $t_2 = 95\,°C$ nach dem Stillstand auf $t_1 = 18\,°C$ abkühlt? Das Kühlwasser hat ein Volumen von $V = 5{,}5\,l$ und eine Dichte von $\varrho = 1{,}04 \frac{kg}{dm^3}$. $c_{\text{Kühlwasser}} = 3{,}6 \frac{kJ}{kg \cdot K}$.

9. Wie groß ist die Wärmemenge Q in kJ in einem Warmwasserspeicher? Das Fassungsvermögen beträgt 80 l, die Anfangstemperatur 17°C, die Endtemperatur 70°C, $\varrho = 1 \frac{kg}{l}$, $c = 4{,}2 \frac{kJ}{kg \cdot K}$.

Kapitel 26: Wärme

10. Um wieviel Kelvin steigt die Temperatur in einem Wärmespeicher, der 80 l Wasser faßt und 10 kWh verbraucht? $c = 4{,}2\,\frac{\text{kJ}}{\text{kg}\cdot\text{K}}$.

11. Berechnen Sie die fehlenden Werte.

	Q	m	H_u
a)	? kJ	1300 kg	29 000 $\frac{\text{kJ}}{\text{kg}}$
b)	125 000 kJ	? kg	42 000 $\frac{\text{kJ}}{\text{kg}}$
c)	30 kWh	? kg	42 700 $\frac{\text{kJ}}{\text{kg}}$

12. a) Welche Verbrennungswärme Q in kJ entsteht, wenn 8 l Methanol verbrannt werden? Dichte $\varrho = 0{,}79\,\frac{\text{kg}}{\text{dm}^3}$.
b) Wie groß ist die Verbrennungswärme Q in kJ von 8 l Ottokraftstoff Normal? $\varrho = 0{,}74\,\frac{\text{kg}}{\text{dm}^3}$.

13. Welche Wärmemenge Q in kJ wird in einer Heizung je Stunde frei, wenn pro Minute 60 l Erdgas verbrannt werden? $H_u = 50\,030\,\frac{\text{kJ}}{\text{kg}}$, $\varrho = 0{,}83\,\frac{\text{kg}}{\text{m}^3}$.

14. a) Wieviel Verdampfungswärme Q_V in kJ wird benötigt, um 7 l Dieselkraftstoff zu verdampfen? $\varrho = 0{,}82\,\frac{\text{kg}}{\text{dm}^3}$, $q_V = 650\,\frac{\text{kJ}}{\text{kg}}$.
b) Wie groß ist die Verdampfungswärme in kWh?

15. Welche Leistung in kW wird benötigt, um 12 l Ottokraftstoff Normal in 1,2 Stunden zu verdampfen? Dichte $\varrho = 0{,}72\,\frac{\text{kg}}{\text{dm}^3}$, spezifische Verdampfungswärme beträgt $q_V = 480\,\frac{\text{kJ}}{\text{kg}}$.

16. Um wieviel °C kann die Temperatur eines Motors abgesenkt werden, wenn 8 kg Kraftstoff mit der spezifischen Verdampfungswärme $q_V = 470\,\frac{\text{kJ}}{\text{kg}}$ verdampft werden? Die Masse des Motors beträgt 150 kg, die spezifische Wärmekapazität des Motorwerkstoffs (Mittelwert) $c = 0{,}56\,\frac{\text{kJ}}{\text{kg}\cdot\text{K}}$.

26.3 Längen- und Volumenänderung durch Temperaturänderung

Längenänderung

Durch Erwärmung dehnen sich die meisten Stoffe aus und ziehen sich während der Abkühlung zusammen.
Die Längenänderung Δl ist abhängig von
- der Anfangslänge l_0,
- der Längenausdehnungszahl α und
- der Temperaturdifferenz ΔT.

$\Delta l = l_0 \cdot \alpha \cdot (t_2 - t_1)$

$\boxed{\Delta l = l_0 \cdot \alpha \cdot \Delta T}$

Δl Längenänderung durch Temperaturänderung in mm
l_0 Anfangslänge in mm
α Längenausdehnungszahl in $\frac{1}{\text{K}}$
t_1 Anfangstemperatur in °C oder K
t_2 Endtemperatur in °C oder K
ΔT Temperaturdifferenz in K

Die **Gesamtlänge** nach der Erwärmung ist

$\boxed{l_{\text{ges}} = l_0 + l_0 \cdot \alpha \cdot \Delta T}$

l_{ges} Gesamtlänge nach der Erwärmung in mm
$l_{\text{ges}} = l_0 \cdot (1 + \alpha \cdot \Delta T)$

Für Stahl ist $\alpha = 0{,}000011\,\frac{1}{\text{K}}$. Das bedeutet: Ein Werkstück dehnt sich während der Erwärmung um 1 K pro mm Länge um 0,000011 mm aus. Die **Einheit für α lautet** ungekürzt $\frac{\text{mm}\cdot 1}{\text{mm}\cdot\text{K}}$.

Tab.: Längenausdehnungszahlen

Werkstoff	α in $\frac{1}{\text{K}}$
PVC	0,000080
Aluminiumlegierung	0,000023
CuZn-Legierung	0,000018
CuSn-Legierung	0,000018
Kupfer	0,000017
Stahl, unlegiert	0,000011
Stahl, hochlegiert	0,0000167
Gußeisen	0,0000105

Beispiel: Um wieviel mm vergrößert sich der Durchmesser $d_0 = 74$ mm eines Kolbenbodens, der sich von 18 °C auf 220 °C erwärmt? Die Längenausdehnungszahl α für eine Aluminiumlegierung des Kolbens beträgt $0{,}000023\,\frac{1}{\text{K}}$.

Gesucht: Δl in mm

Gegeben: $d_0 = l_0 = 74$ mm, $t_1 = 18$ °C, $t_2 = 220$ °C, $\alpha = 0{,}000023\,\frac{1}{\text{K}}$

Lösung: $\Delta l = l_0 \cdot \alpha \cdot (t_2 - t_1)$
$\Delta l = 74\text{ mm} \cdot 0{,}000023\,\frac{1}{\text{K}} \cdot (220\,°\text{C} - 18\,°\text{C})$
$\Delta l = \mathbf{0{,}344\text{ mm}}$

Volumenänderung

Die **Volumenausdehnungszahl** γ ist etwa 3mal so groß wie die Längenausdehnungszahl α.

Die Formeln für ΔV entsprechen sinngemäß denen für Δl.

$$\Delta V = V_0 \cdot \gamma \cdot \Delta T$$

ΔV Volumenänderung in mm³, dm³
V_0 Volumen vor der Temperaturänderung in mm³, dm³
γ Volumenausdehnungszahl in $\frac{1}{K}$
ΔT Temperaturdifferenz in K

Das Gesamtvolumen nach der Erwärmung ist

$$V_{ges} = V_0 + V_0 \cdot \gamma \cdot \Delta T$$
$$V_{ges} = V_0 \cdot (1 + \gamma \cdot \Delta T)$$

V_{ges} Gesamtvolumen nach der Erwärmung in mm³

Tab.: Volumenausdehnungszahl

Stoff	γ in $\frac{1}{K}$
Ottokraftstoff	0,0010
Dieselkraftstoff	0,00095
Wasser	0,00018
Heizöl	0,00010

Beispiel: Um wieviel dm³ dehnt sich eine Tankfüllung Kraftstoff mit $\gamma = 0,001 \frac{1}{K}$ aus, wenn im Tank 92 l sind und sich diese Füllung von 16 °C auf 50 °C erwärmt?

Gesucht: ΔV in dm³
Gegeben: $V_0 = 92\, l = 92\, dm^3$, $\gamma = 0,001\frac{1}{K}$,
$t_1 = 16\,°C$, $t_2 = 50\,°C$
Lösung: $\Delta V = V_0 \cdot \gamma \cdot \Delta T$
$\Delta V = 92\, dm^3 \cdot 0,001\frac{1}{K} \cdot 34\, K$
$\Delta V = \mathbf{3,1\, dm^3}$

Aufgaben

1. Stellen Sie die Formel $\Delta l = l_0 \cdot \alpha \cdot \Delta T$ nach α, l_0 und ΔT um.

2. Berechnen Sie die fehlenden Tabellenwerte.

	Δl	l_0	α in $\frac{1}{K}$	t_1, T_1	t_2, T_2	$\Delta t, \Delta T$
a)	? mm	180 mm	0,00003	20 °C	70 °C	? °C
b)	? mm	0,25 mm	0,000027	300 K	380 K	? K
c)	2,1 mm	? mm	0,000011	—	—	200 °C
d)	0,68 mm	220 mm	0,000023	20 °C	? °C	? K

3. Wieviel mm wird eine 450 mm lange Welle ($l_0 = 450$ mm) länger, wenn sie von $t_1 = 14\,°C$ auf $t_2 = 70\,°C$ erwärmt wird? $\alpha = 0,000023\frac{1}{K}$.

4. Wieviel µm wird der Durchmesser d_0 eines Grenzlehrdorns größer, wenn er durch Sonnenstrahlung von $t_1 = 20\,°C$ auf $t_2 = 40\,°C$ erwärmt wird? $d_0 = 42$ mm, $\alpha = 0,0000167\frac{1}{K}$.

5. Wie groß sind Mindest- und Höchstmaß (G_u und G_o) in mm des Grenzlehrdorns, der sich von 20 °C auf 38 °C erwärmt hat?

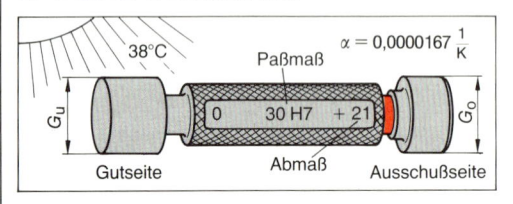

6. Berechnen Sie die Volumenzunahme in % einer Tankfüllung aus 60 l Dieselkraftstoff, die sich um 27 K erwärmt hat. $\gamma = 0,00095\frac{1}{K}$.

7. Wie groß muß der Volumenausgleichsraum für einen Erdtank mindestens in l sein? Fassungsvermögen 120000 l Kraftstoff. Die Temperaturschwankung beträgt 10 °C. $\gamma = 0,001\frac{1}{K}$.

8. Berechnen Sie den Volumenunterschied in m³, wenn ein Tankwagen eine Tankstelle im Sommer bei 30 °C mit 85000 l Ottokraftstoff beliefert und dieser Kraftstoff bei 20 °C abgegeben wird. $\gamma = 0,001\frac{1}{K}$.

26.4 Allgemeine Gasgleichung

Druck und Volumen von Gasen bei konstanter Temperatur

Wird ein eingeschlossenes Gas mit einem Kolben zusammengedrückt, und kommt es dabei zu **keiner Temperaturänderung** des Gases, so gilt das **Gesetz von Boyle-Mariotte** (R. Boyle, engl. Physiker, 1627 bis 1691; E. Mariotte, franz. Physiker, um 1620 bis 1684):

$$p_{abs1} \cdot V_1 = p_{abs2} \cdot V_2 = \text{konst.}$$

p_{abs1} Druck des Gases in bar
p_{abs2} Druck des Gases nach der Volumenänderung in bar
V_1 Volumen des Gases in dm³
V_2 Volumen des Gases nach der Druckänderung in dm³

Hieraus ergeben sich durch Umstellung folgende Gleichungen (der Index abs wurde weggelassen):

$$p_1 = \frac{p_2 \cdot V_2}{V_1} \quad p_2 = \frac{p_1 \cdot V_1}{V_2}$$

$$V_1 = \frac{p_2 \cdot V_2}{p_1} \quad V_2 = \frac{p_1 \cdot V_1}{p_2}$$

Da sich die Einheiten von V und p herauskürzen, können wahlweise gemeinsam z. B. für V_1 und V_2 cm^3, dm^3 oder m^3 eingesetzt werden und für p_1 und p_2 gemeinsam z. B. Pa, bar oder mbar.

Aus den folgenden Zahlenbeispielen ist zu erkennen, daß sich bei konstanter Temperatur

- der Druck verdoppelt, wenn sich das Volumen halbiert,
- der Druck verdreifacht, wenn sich das Volumen drittelt, usw. (s. Beispiel 1).

Nach dem **Gesetz von Boyle-Mariotte** steht der **Druck im umgekehrten Verhältnis zum Volumen:**

$$V \sim \frac{1}{p} \quad (V \text{ umgekehrt proportional } p).$$

Beispiel 1: Würde durch Einschluß einer größeren Gasmasse oder durch Erhöhung der Temperatur im Raum V_1 ein größerer Druck entstehen, so würde er sich wieder nach dem Gesetz von Boyle-Mariotte verändern. Die rot unterlegten Zeilen sollen diese Fälle verdeutlichen.

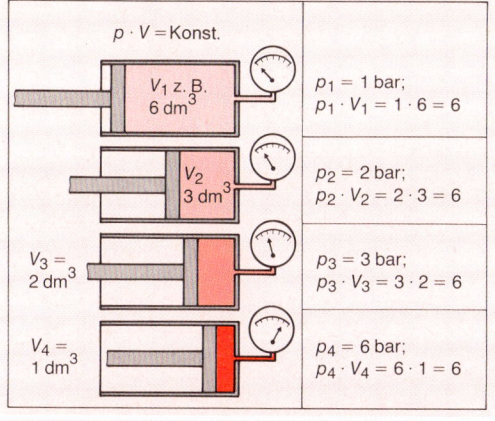

$p \cdot V = \text{Konst.}$

V_1 z. B. 6 dm^3	$p_1 = 1$ bar; $p_1 \cdot V_1 = 1 \cdot 6 = 6$
V_2 3 dm^3	$p_2 = 2$ bar; $p_2 \cdot V_2 = 2 \cdot 3 = 6$
$V_3 = 2$ dm^3	$p_3 = 3$ bar; $p_3 \cdot V_3 = 3 \cdot 2 = 6$
$V_4 = 1$ dm^3	$p_4 = 6$ bar; $p_4 \cdot V_4 = 6 \cdot 1 = 6$

Beispiel 2: Wieviel Liter Luft (V_1) mit dem atmosphärischen Druck $p_{amb1} = 1030$ mbar sind in einem Behälter enthalten, der unter einem Druck $p_{abs2} = 8$ bar steht und ein Volumen von 70 l hat?

Gesucht: V_1 in l
Gegeben: $p_1 = 1030$ mbar $= 1{,}03$ bar
$p_2 = 8$ bar, $V_2 = 70$ l

Lösung: $V_1 = \dfrac{p_2 \cdot V_2}{p_1} = \dfrac{8 \text{ bar} \cdot 70 \text{ l}}{1{,}03 \text{ bar}}$

$V_1 = \mathbf{543{,}7\ l}$

Gasentnahme aus Druckbehältern

Wird Gas aus einem Druckbehälter entnommen, so sinkt der Anfangsdruck p_{eA}. Das kann an einem Manometer angezeigt werden; nach der Gasentnahme wird p_{eE} abgelesen. Das entnommene Gasvolumen wird durch Berechnung der Differenz zwischen Anfangs- und Endvolumen bei Atmosphärendruck ermittelt:

$$\Delta V = V_{ambA} - V_{ambE}$$

ΔV entnommenes Gasvolumen in dm^3
V_{ambA} Anfangsvolumen in dm^3 bei Atmosphärendruck
V_{ambE} Endvolumen in dm^3 bei Atmosphärendruck

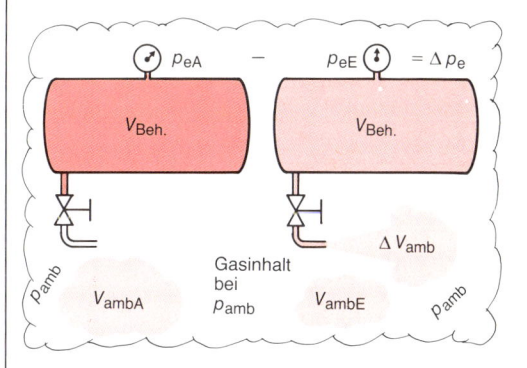

Wird für die Berechnung von ΔV das Behältervolumen verwendet, so ergibt sich unter Einbeziehung des Anfangs- und Enddrucks im Behälter folgende Formel:

$$\Delta V = \frac{V_{Beh} \cdot (p_{eA} - p_{eE})}{p_{amb}}$$

ΔV entnommenes Gasvolumen bei Atmosphärendruck in dm^3
V_{Beh} Volumen (Rauminhalt) des Druckbehälters in dm^3
p_{eA} Behälterüberdruck vor der Gasentnahme in bar
p_{eE} Behälterüberdruck nach der Gasentnahme in bar
p_{amb} atmosphärischer Druck in bar

Beispiel: Wieviel Liter Gas ΔV sind aus einer Sauerstoffflasche entnommen worden, wenn das Manometer vor Arbeitsbeginn $p_{eA} = 14{,}2\,\text{bar}$ und nach Beendigung der Arbeit $p_{eE} = 11{,}6\,\text{bar}$ angezeigt hat? Der Behälterinhalt ist $V_{Beh} = 40\,\text{l}$. p_{amb} beträgt 1 bar.

Gesucht: ΔV in l (dm³)

Gegeben: $p_{eA} = 14{,}2\,\text{bar}$,
$p_{eE} = 11{,}6\,\text{bar}$,
$p_{amb} = 1\,\text{bar}$,
$V_{Beh} = 40\,\text{l}$

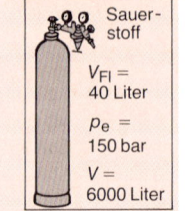

Sauerstoff
$V_{Fl} = 40\,\text{Liter}$
$p_e = 150\,\text{bar}$
$V = 6000\,\text{Liter}$

Lösung:
$$\Delta V = \frac{V_{Beh} \cdot (p_{eA} - p_{eE})}{p_{amb}}$$
$$\Delta V = \frac{40\,\text{l} \cdot (14{,}2\,\text{bar} - 11{,}6\,\text{bar})}{1\,\text{bar}}$$
$$\Delta V = \frac{40\,\text{l} \cdot 3{,}6\,\text{bar}}{1\,\text{bar}}$$
$$\Delta V = \mathbf{144\,l}$$

Gasentnahme von gelösten Gasen

Für gelöste Gase, z. B. Acetylen im Lösungsmittel Aceton, bestimmen die Gesamtlösungsmenge des Gases bei atmosphärischem Druck und der maximale Fülldruck den Flascheninhalt (Behälterinhalt).

$$\boxed{\Delta V = \frac{V_{ambFl} \cdot (p_{eA} - p_{eE})}{p_{eF}}}$$

ΔV entnommenes Gasvolumen in l
p_{eA} Fülldruck vor Beginn der Gasentnahme in bar (Überdruck)
p_{eE} Fülldruck nach der Gasentnahme in bar
p_{eF} maximaler Fülldruck (Überdruck) in bar
V_{ambFl} Gasvolumen in l der vollen Gasflasche bei Atmosphärendruck (s. folgende Berechnung)

Eine **Acetylenflasche** enthält **je 1 Liter Lösungsmittel Aceton und 1 bar Fülldruck 25 Liter Acetylen.** Üblich sind etwa 16 Liter Aceton und 15 bar Fülldruck. Daraus folgt

$V_{ambFl} = 16\,\text{dm}^3 \cdot 15\,\text{bar} \cdot 25\,\frac{\text{dm}^3}{\text{dm}^3 \cdot \text{bar}}$
$= 6000\,\text{l Gas}$

Beispiel: Wie groß ist der Gasverbrauch ΔV in l aus einer Acetylenflasche mit $V_{ambFl} = 6000\,\text{l}$ und einem maximalen Fülldruck von $p_{eF} = 15\,\text{bar}$? Der Druck zu Beginn der Arbeit ist $p_{eA} = 12{,}6\,\text{bar}$, nach Ende der Schweißarbeit $p_{eE} = 11{,}3\,\text{bar}$.

Gesucht: V in l
Gegeben: $\Delta V_{ambFl} = 6000\,\text{l}$, $p_{eA} = 12{,}6\,\text{bar}$, $p_{eE} = 11{,}3\,\text{bar}$, $p_{eF} = 15\,\text{bar}$

Lösung:
$$\Delta V = \frac{V_{ambFl} \cdot (p_{eA} - p_{eE})}{p_{eF}}$$
$$\Delta V = \frac{6000\,\text{l} \cdot (12{,}6\,\text{bar} - 11{,}3\,\text{bar})}{15\,\text{bar}}$$
$$\Delta V = \mathbf{520\,l}$$

Zusammenhang von Druck, Volumen und Temperatur in Gasen

Wird die **Kelvin-Temperatur** eines Gases bei gleichbleibendem Druck **erhöht**, so **vergrößert sich das Gasvolumen** im gleichen Verhältnis wie die Temperatur: $V \sim T$ (V proportional T).

Das heißt: verdoppelt sich die Temperatur, so verdoppelt sich auch das Volumen, usw.

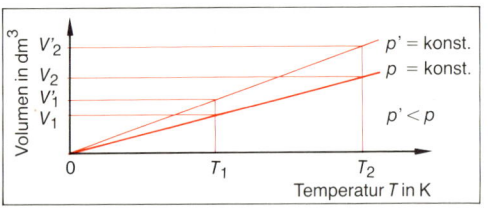

Zusammenfassung:

Nach Boyle-Mariotte ist $V \sim \frac{1}{p}$, d. h., $V \cdot p = \text{konst.}$

Nach obiger Gesetzmäßigkeit ist $V \sim T$, d. h. $\frac{V}{T} = \text{konst.}$

Hieraus folgt $\frac{V \cdot p}{T} = \text{konst.}$

Diese Gleichung heißt **allgemeine Gasgleichung** (allgemeines Gasgesetz) und wird meist in folgender Form geschrieben:

$$\boxed{\frac{V_1 \cdot p_1}{T_1} = \frac{V_2 \cdot p_2}{T_2} = \text{konst.}}$$

V_1 Gasvolumen bei dem absoluten Druck p_1 in bar und der absoluten Temperatur T_1 in K

V_2 das Volumen der **ungeänderten Gasmasse** unter geändertem Druck p_2 in bar und geänderter Temperatur T_2 in K

Beispiel: Wie groß ist die Druckdifferenz Δp_e in bar in einem Autoreifen, der sich in der Sonne auf $t_2 = 70\,°\text{C}$ erwärmt? Das Volumen des Reifens ändert sich nur unwesentlich, d. h. $V_1 = V_2$. Der Anfangsdruck ist $p_{e1} = 2{,}3\,\text{bar}$, die Anfangstemperatur $t_1 = 20\,°\text{C}$, der Luftdruck $p_{amb} = 1000\,\text{mbar}$.

Kapitel 26: Wärme

Gesucht: Δp_e in bar
Gegeben: $V_1 = V_2$
$t_1 = 20°C$, $T_1 = 293$ K
$t_2 = 70°C$, $T_2 = 343$ K
$p_{e1} = 2,3$ bar
$p_{1(abs)} = 3,3$ bar

Lösung:
$$\frac{V_1 \cdot p_1}{T_1} = \frac{V_2 \cdot p_2}{T_2}$$

$$p_2 = \frac{V_1 \cdot p_1 \cdot T_2}{T_1 \cdot V_2} = \frac{p_1 \cdot T_2}{T_1}$$

$$p_2 = \frac{3,3 \text{ bar} \cdot 343 \text{ K}}{293 \text{ K}}$$

$p_{2(abs)} = 3,86$ bar; $p_{e2} = 2,86$ bar
$\Delta p_e = p_{e2} - p_{e1}$
$\Delta p_e = 2,86$ bar $- 2,3$ bar
$\Delta p_e =$ **0,56 bar**

Aufgaben

1. Berechnen Sie mit dem Gesetz von Boyle-Mariotte die fehlenden Werte.

	p_1 absolut	V_1	p_2 absolut	V_2
a)	2,7 bar	320 cm³	? bar	0,5 m³
b)	35 bar	90 dm³	? bar	0,9 m³
c)	0,041 bar	25 dm³	31 mbar	? dm³

2. a) Wie groß ist der Reifenluftvorrat V in dm³ in einem Druckbehälter mit $V_1 = 150$ dm³ Preßluft bei $p_{e1} = 8$ bar Überdruck. Der Reifenluftdruck sei $p_{e2} = 2,1$ bar. Der Luftdruck p_{amb} beträgt 1020 mbar.
b) Wieviel Reifen können gefüllt werden, wenn jeder 39 dm³ Druckluft von $p_{e2} = 2,3$ bar benötigt? Der Luftdruck p_{amb} beträgt 1035 mbar.

3. Wieviel dm³ Luft werden benötigt, um den Druck eines Druckbehälters von 4,5 auf 5,2 bar zu erhöhen? Der Behälterinhalt beträgt 98 dm³, $p_{amb} = 1,030$ bar.

4. Wie groß ist der Sauerstoffverbrauch in m³ aus einer Sauerstoffflasche mit $V_{Beh} = 40$ l? Der Druck vor der Sauerstoffentnahme: $p_{eA} = 125$ bar, nach Ende der Schweißarbeit: $p_{eE} = 92$ bar. $p_{amb} = 1020$ mbar.

5. Wieviel Liter Sauerstoff können aus einer Sauerstoffflasche noch entnommen werden, wenn das Manometer $p_e = 3,5$ bar anzeigt und der Druck nicht unter $p_e = 2,3$ bar sinken kann? Die Flasche hat ein Volumen von $V_{Beh} = 20$ l. Der Atmosphärendruck beträgt $p_{amb} = 1025$ mbar.

6. Berechnen Sie den Druckabfall in bar, wenn aus einer Sauerstoffflasche ($V_{Beh} = 60$ l) 2,7 m³ Gas entnommen werden. $p_{amb} = 1013$ mbar.

7. Wie groß ist jeweils der Acetylenverbrauch in l für die Schweißarbeiten? Die Flasche faßt 6000 l bei $p_{amb} = 1$ bar, maximaler Fülldruck 15 bar.

	a)	b)	c)	d)
p_{eA} in bar	15,0	13,7	9,8	3,2
p_{eE} in bar	14,2	10,3	6,2	2,5

8. a) Wie groß ist der Druck in bar nach der Entnahme von 2370 l Acetylen aus einer vollen Flasche? Fülldruck 15 bar, $V_{ambFl} = 6000$ l.
b) Um wieviel bar fällt der Druck weiter, wenn noch einmal 1230 l Acetylen entnommen werden?

9. Stellen Sie die Formel $\frac{V_1 \cdot p_1}{T_1} = \frac{V_2 \cdot p_2}{T_2}$ nach V_1, T_1, p_1 und V_2, T_2, p_2 um.

10. Berechnen Sie die fehlenden Werte der Tabelle.

	V_1	p_1 absolut	T_1	V_2	p_2 absolut	T_2
a)	3 m³	7 bar	350 K	? m³	3500 mbar	500 K
b)	38 dm³	1013 mbar	293 K	40 dm³	1030 mbar	? K
c)	2,1 m³	? bar	338 K	2,7 m³	3 bar	229 K

11. Wie groß ist der Verdichtungsenddruck p_{e2} in bar, wenn ein Hubraum von 250 cm³ auf 40 cm³ verdichtet wird und die Temperatur dabei von 98°C auf 410°C ansteigt? Der Gasdruck ohne Verdichtung und Temperaturerhöhung ist 1020 mbar.

12. Berechnen Sie die Reifentemperatur t_2 in °C, wenn ein Reifen auf der Autobahn durch Erwärmung einen Druckanstieg von $p_{e1} = 2,3$ bar auf $p_{e2} = 2,55$ bar erfährt. V_1 sei gleich V_2 und die Anfangstemperatur t_1 ist 18°C. $p_{amb} = 1035$ mbar.

13. Auf wieviel Liter Luft mit dem atmosphärischen Druck von $p_{amb} = 1025$ mbar dehnt sich die Reifenluft von 35 l und $p_e = 2,2$ bar aus? Die Temperatur der Luft im Reifen beträgt 23°C, nach dem Entweichen ins Freie 18°C.

27 Riementrieb

Riementriebe übersetzen **Drehzahlen** und **Drehmomente** (Drehmomentwandlung s. Kap. 28.3). Es werden Riementriebe mit einfacher und mehrfacher Übersetzung unterschieden.

27.1 Drehzahlübersetzung mit dem einfachen Riementrieb

Der einfache Riementrieb besteht aus zwei mit einem Flach- oder Keilriemen verbundenen Riemenscheiben. Die **treibende Riemenscheibe** erhält für alle Formelgrößen den **Index 1,** die **getriebene Riemenscheibe** den **Index 2**.

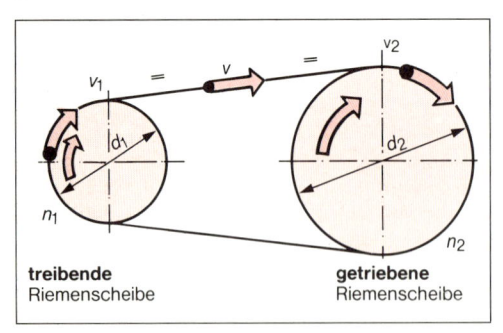

treibende Riemenscheibe — **getriebene Riemenscheibe**

Unter Vernachlässigung des (sehr geringen) Schlupfes zwischen Treibriemen und Riemenscheiben gilt: die Umfangsgeschwindigkeit der treibenden Scheibe ist gleich der Umfangsgeschwindigkeit (s. S. 74) der getriebenen Scheibe.

$$v_1 = v_2$$
$$\frac{d_1 \cdot \pi \cdot n_1}{60} = \frac{d_2 \cdot \pi \cdot n_2}{60}$$

$$d_1 \cdot n_1 = d_2 \cdot n_2$$

d_1 Durchmesser der treibenden Scheibe in mm
d_2 Durchmesser der getriebenen Scheibe in mm
n_1 Drehzahl der treibenden Scheibe in $\frac{1}{min}$
n_2 Drehzahl der getriebenen Scheibe in $\frac{1}{min}$

Das **Übersetzungsverhältnis** i ist das **Verhältnis** der **Drehzahl** n_1 der treibenden Scheibe zur **Drehzahl** n_2 der getriebenen Scheibe.

$$i = \frac{n_1}{n_2}$$

i Übersetzungsverhältnis
n_1 Drehzahl der treibenden Scheibe in $\frac{1}{min}$
n_2 Drehzahl der getriebenen Scheibe in $\frac{1}{min}$

Da aber $\frac{n_1}{n_2} = \frac{d_2}{d_1}$ ist, kann das Übersetzungsverhältnis i auch durch die Durchmesser der Scheiben ausgedrückt werden:

$$i = \frac{d_2}{d_1}$$

i Übersetzungsverhältnis
d_2 Durchmesser der getriebenen Scheibe in mm
d_1 Durchmesser der treibenden Scheibe in mm

Eine Übersetzung ins Langsame hat auf der treibenden Seite immer den **kleineren Durchmesser**, eine **Übersetzung ins Schnelle** den **größeren Durchmesser**.

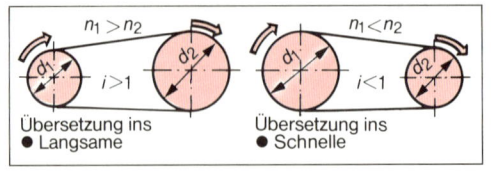

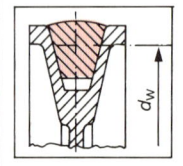

Übersetzung ins
● Langsame

Übersetzung ins
● Schnelle

In der Kfz-Technik wird meist statt des Flachriemens der Keilriemen verwendet. In diesem Fall muß mit den Wirkdurchmessern d_w der Keilriemenscheiben gerechnet werden.

Der **Wirkdurchmesser** d_w der Keilriemenscheibe liegt im Bereich der neutralen Faser des Keilriemens.

In folgenden Beispielen und Aufgaben ist mit den Durchmesserangaben für Keilriemenscheiben immer der Wirkdurchmesser gemeint.

Beispiel: a) Wie groß ist die Übersetzung i eines Kompressorantriebs? Die treibende Keilriemenscheibe hat einen Durchmesser $d_1 = 90$ mm. Auf der Antriebswelle des Kompressors sitzt eine Keilriemenscheibe mit $d_2 = 200$ mm Durchmesser.

Kapitel 27: Riementrieb

b) Berechnen Sie die Drehzahl n_2 in $\frac{1}{min}$. Die treibende Keilriemenscheibe hat eine Drehzahl $n_1 = 1600 \frac{1}{min}$.
c) Es ist eine Kontrollrechnung für die Übersetzung i durchzuführen.

Gesucht: i und n_2 in $\frac{1}{min}$
Gegeben: $d_1 = 90\,mm$, $d_2 = 200\,mm$, $n_1 = 1600 \frac{1}{min}$

Lösung a) $i = \dfrac{d_2}{d_1} = \dfrac{200\,mm}{90\,mm}$
$i = \mathbf{2{,}22 : 1}$

b) $d_1 \cdot n_1 = d_2 \cdot n_2$; $n_2 = \dfrac{d_1 \cdot n_1}{d_2}$

$n_2 = \dfrac{90\,mm \cdot 1600 \frac{1}{min}}{200\,mm}$

$n_2 = \mathbf{720\,\dfrac{1}{min}}$

c) $i = \dfrac{n_1}{n_2} = \dfrac{1600\,min}{720\,min}$
$i = \mathbf{2{,}22 : 1}$

Aufgaben

1. Stellen Sie die Formel $d_1 \cdot n_1 = d_2 \cdot n_2$ nach d_1, d_2 und n_1 um.

2. Stellen Sie die Formel $i = \dfrac{n_1}{n_2}$ nach n_1 und n_2 um.

3. Berechnen Sie die fehlenden Werte eines einfachen Riementriebs. Skizzieren Sie vorher den Riementrieb und tragen Sie alle Größen, d. h. i, n_1, n_2, d_1, d_2, ein.

	i	n_1 in $\frac{1}{min}$	n_2 in $\frac{1}{min}$	d_1 in mm	d_2 in mm
a)	?	120	185	120	?
b)	?	?	200	130	180
c)	4,5 : 1	225	?	150	?
d)	0,7 : 1	?	1500	280	?
e)	0,9 : 1	1350	?	?	270
f)	?	1400	1650	89	?
g)	?	350	?	185	170

4. Gesucht wird der Durchmesser d_2 der Riemenscheibe in mm des Luftpressers einer Druckluftbremsanlage. Er muß eine Drehzahl von $1500 \frac{1}{min}$ erreichen, wenn die Kurbelwelle des Motors eine Leerlaufdrehzahl von $920 \frac{1}{min}$ hat. $d_1 = 135\,mm$.

5. Wie groß sind die Drehzahlen einer einfachen Tischbohrmaschine?

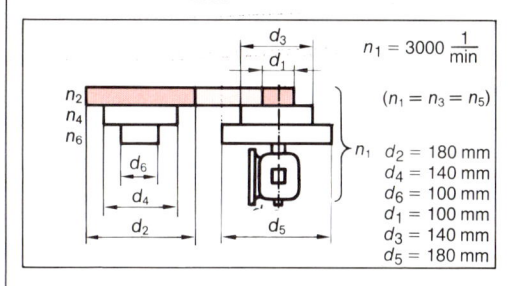

$n_1 = 3000 \frac{1}{min}$
$(n_1 = n_3 = n_5)$
$d_2 = 180\,mm$
$d_4 = 140\,mm$
$d_6 = 100\,mm$
$d_1 = 100\,mm$
$d_3 = 140\,mm$
$d_5 = 180\,mm$

6. Berechnen Sie die fehlenden Werte in der Tabelle. Grundlage ist der Keilriementrieb eines Motors. Die Umfangsgeschwindigkeit ist an jeder Riemenscheibe gleich groß ist.

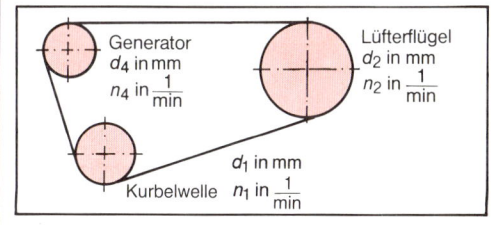

Generator d_4 in mm, n_4 in $\frac{1}{min}$
Lüfterflügel d_2 in mm, n_2 in $\frac{1}{min}$
Kurbelwelle d_1 in mm, n_1 in $\frac{1}{min}$

	d_1 in mm	n_1 in $\frac{1}{min}$	d_2 in mm	n_2 in $\frac{1}{min}$	d_4 in mm	n_4 in $\frac{1}{min}$
a)	120	4000	?	3000	?	5000
b)	125	5200	200	?	135	?
c)	?	4500	?	3200	130	5200
d)	?	4600	280	2900	120	?

27.2 Drehzahlübersetzung mit dem doppelten Riementrieb

Eine doppelte Übersetzung wird mit vier Riemenscheiben erzielt. Auf diese Weise können besonders hohe ($i > 15 : 1$) oder kleine ($i < 0{,}05 : 1$) Übersetzungsverhältnisse in zwei Stufen erreicht werden.
Mehrfachübersetzungen haben drei und mehr Stufen.

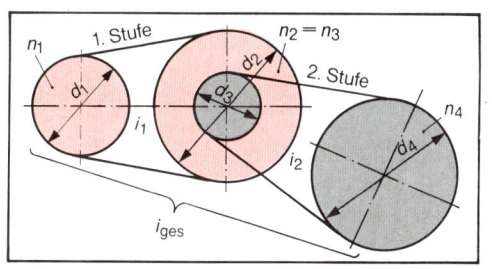

Die **Gesamtübersetzung** i_{ges} ist das Produkt aus den Einzelübersetzungen, da $n_2 = n_3$ ist, denn die **Scheiben 2 und 3** befinden sich **drehfest auf einer Welle**.

$$\boxed{i_{ges} = i_1 \cdot i_2}$$

i_{ges} Gesamtübersetzung
i_1 Übersetzung der 1. Stufe
i_2 Übersetzung der 2. Stufe

Durch Einsetzen der Drehzahlen folgt

$$i_{ges} = \frac{n_1}{n_2} \cdot \frac{n_3}{n_4} \quad (n_2 = n_3)$$

$$\boxed{i_{ges} = \frac{n_1}{n_4}}$$

i_{ges} Gesamtübersetzung
n_1 Drehzahl der treibenden Riemenscheibe in $\frac{1}{min}$
n_4 Drehzahl der getriebenen Scheibe der 2. Stufe in $\frac{1}{min}$

Werden die Durchmesser für die Berechnung von i_{ges} verwendet, so ist

$$\boxed{i_{ges} = \frac{d_2}{d_1} \cdot \frac{d_4}{d_3}}$$

i_{ges} Gesamtübersetzung
d_1, d_2, Durchmesser der
d_3, d_4 Riemenscheiben in mm

Beispiel: Wie groß ist die Gesamtübersetzung eines doppelten Riementriebs?
$i_1 = 3,1 : 1$, $d_3 = 87$ mm, $d_4 = 110$ mm.

Gesucht: i_{ges}
Gegeben: $i = 3,1 : 1$, $d_3 = 87$ mm, $d_4 = 110$ mm

Lösung: $i_{ges} = i_1 \cdot i_2$ Mit $i_2 = \frac{d_4}{d_3}$ folgt:

$$i_{ges} = i_1 \cdot \frac{d_4}{d_3}$$

$$i_{ges} = \frac{3,1 \cdot 110 \, mm}{87 \, mm}$$

$$i_{ges} = 3,92 : 1$$

Aufgaben

1. Stellen Sie die Formel $i_{ges} = i_1 \cdot i_2 \cdot i_3$ nach i_1, i_2 und i_3 um.

2. Stellen Sie die Formel $i_{ges} = \frac{d_2}{d_1} \cdot \frac{d_4}{d_3}$ nach d_1, d_2, d_3 und d_4 um.

3. Berechnen Sie die fehlenden Tabellenwerte eines doppelten Riementriebs.

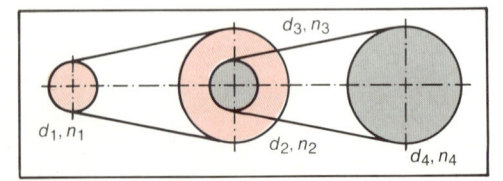

	a)	b)	c)	d)
d_1 in mm	120	110	?	300
n_1 in $\frac{1}{min}$	300	450	800	?
d_2 in mm	?	320	50	?
$n_2 = n_3$ in $\frac{1}{min}$	?	?	?	200
d_3 in mm	250	110	250	350
d_4 in mm	?	?	?	?
n_4 in $\frac{1}{min}$	?	105	?	?
i_1	3,4 : 1	?	0,2 : 1	0,8 : 1
i_2	0,7 : 1	?	?	0,7 : 1
i_{ges}	?	?	0,1 : 1	?

4. Berechnen Sie für einen doppelten Keilriementrieb eines Motors
a) die Gesamtübersetzung i_{ges},
b) die Durchmesser in mm der Keilriemenscheiben auf der Nockenwelle und Generatorwelle,
c) die Drehzahlen der Wasserpumpe und des Generators in $\frac{1}{min}$.

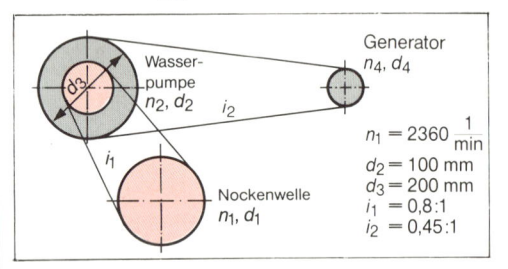

Generator n_4, d_4
Wasserpumpe n_2, d_2
Nockenwelle n_1, d_1
$n_1 = 2360 \frac{1}{min}$
$d_2 = 100$ mm
$d_3 = 200$ mm
$i_1 = 0,8 : 1$
$i_2 = 0,45 : 1$

5. a) Wie groß ist die Drehzahl der Servopumpe in $\frac{1}{min}$?
b) Berechnen Sie die Wasserpumpendrehzahl in $\frac{1}{min}$.
c) Wie groß ist der Durchmesser der Riemenscheibe der Wasserpumpe in mm?
d) Ermitteln Sie die Übersetzung i_3.
e) Wie groß ist die Generatordrehzahl n_6 in $\frac{1}{min}$?

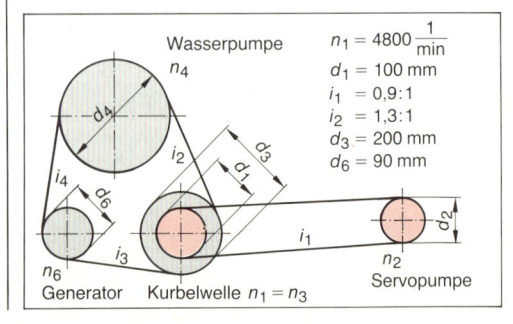

Wasserpumpe n_4
Generator n_6
Kurbelwelle $n_1 = n_3$
Servopumpe n_2
$n_1 = 4800 \frac{1}{min}$
$d_1 = 100$ mm
$i_1 = 0,9 : 1$
$i_2 = 1,3 : 1$
$d_3 = 200$ mm
$d_6 = 90$ mm

28 Zahnradtrieb

Zahnradtriebe wirken **schlupffrei**. Deshalb sind sie neben der **Drehzahlwandlung** auch zur **Momentenwandlung** gut geeignet. Es werden einfacher, doppelter und mehrfacher Zahnradtrieb unterschieden. Im Gegensatz zum einfachen Riementrieb führt der **einfache Zahnradtrieb** zur **Drehrichtungsumkehr**.

28.1 Einfacher Zahnradtrieb

Stirnrad- und Kegelradpaar

Für die Berechnung der Übersetzung eines Zahnradtriebs sind die **Teilkreisdurchmesser** der Stirnräder bzw. Kegelräder die Grundlage. Sie berühren sich und haben deshalb die gleiche Umfangsgeschwindigkeit v_u.

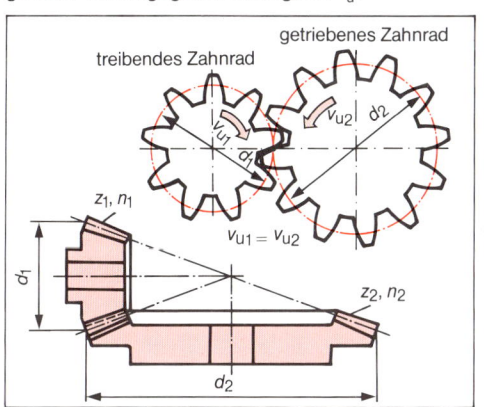

Zur Berechnung des Zahnradtriebs gilt die Formel des Riementriebs $d_1 \cdot n_1 = d_2 \cdot n_2$, wobei d_1 und d_2 die **Teilkreisdurchmesser** des treibenden und getriebenen Zahnrades sind.

Da die **Zähnezahlen** der Zahnräder im **gleichen Verhältnis** wie die **Teilkreisdurchmesser** d stehen, ergibt sich:

$$n_1 \cdot z_1 = n_2 \cdot z_2$$

$$\frac{n_1}{n_2} = \frac{z_2}{z_1}$$

$$i = \frac{n_1}{n_2} = \frac{z_2}{z_1}$$

n_1 Drehzahl des treibenden Rades in $\frac{1}{min}$
n_2 Drehzahl des getriebenen Rades in $\frac{1}{min}$
z_1 Zähnezahl des treibenden Rades
z_2 Zähnezahl des getriebenen Rades
i Übersetzungsverhältnis

Für die Übersetzung ins Schnelle bzw. Langsame gelten die gleichen Voraussetzungen wie für den Riementrieb (s. Kap. 27.1)

Beispiel: a) Wie groß ist die Zähnezahl z_1 und
b) das Übersetzungsverhältnis i für einen einfachen Zahnradtrieb?
Die Drehzahl des treibenden Zahnrades ist $n_1 = 1750 \frac{1}{min}$ und des getriebenen $n_2 = 2081 \frac{1}{min}$. Das getriebene Zahnrad hat $z_2 = 37$ Zähne.

Gesucht: a) z_1, b) i
Gegeben: $n_1 = 1750 \frac{1}{min}$, $n_2 = 2081 \frac{1}{min}$, $z_2 = 37$
Lösung: a) $n_1 \cdot z_1 = n_2 \cdot z_2$

$$z_1 = \frac{n_2 \cdot z_2}{n_1}$$

$$z_1 = \frac{2081 \frac{1}{min} \cdot 37}{1750 \frac{1}{min}} = \frac{2081 \cdot 37 \, min}{min \cdot 1750}$$

$z_1 = $ **44 Zähne**

b) $i = \frac{n_1}{n_2}$

$$i = \frac{1750 \frac{1}{min}}{2081 \frac{1}{min}} = \frac{1750 \, min}{2081 \, min}$$

$i = $ **0,84 : 1**

Schneckengetriebe

Das Schneckengetriebe ist eine Sonderbauform des einfachen Zahnradtriebs. Die Schnecke kann ein-, zwei- oder mehrgängig sein. **Jeder Gang ist als ein Zahn aufzufassen.** So wird z. B. eine **zweigängige Schnecke** auch als **zweizähnige Schnecke** bezeichnet.

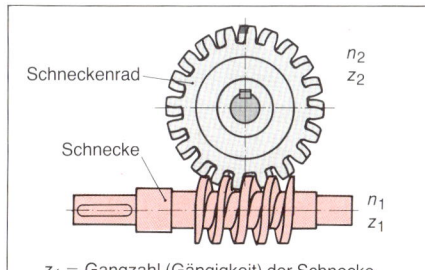

$z_1 = $ Gangzahl (Gängigkeit) der Schnecke
$n_1 = $ Drehzahl der Schnecke
$z_2 = $ Zähnezahl des Schneckenrades
$n_2 = $ Drehzahl des Schneckenrades

Dreht sich eine eingängige Schnecke einmal, so hat sich das Schneckenrad um einen Zahn weiter gedreht.

Dreht sich eine zweigängige Schnecke einmal, so hat sich das Schneckenrad um zwei Zähne weiter gedreht.

Für die Schneckenradübersetzung ergibt sich:

$$i = \frac{z_2}{z_1}$$

bzw.

$$i = \frac{n_1}{n_2}$$

i Übersetzung des Schneckengetriebes
z_1 Gangzahl der Schnecke (Zähnezahl)
z_2 Zähnezahl des Schneckenrades
n_1 Drehzahl der Schnecke in $\frac{1}{min}$
n_2 Drehzahl des Schneckenrades in $\frac{1}{min}$

Beispiel: a) Wie groß ist die Übersetzung i eines Tachometerantriebs? Die Schnecke ist dreigängig und das Schneckenrad hat 14 Zähne.
b) Berechnen Sie die Drehzahl n_2 der Tachometerwelle in $\frac{1}{min}$. Die Tachometerschnecke hat eine Drehzahl von $n_1 = 2100 \frac{1}{min}$.

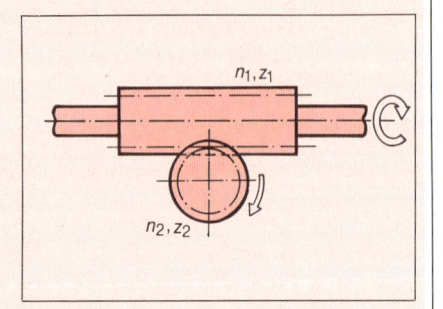

Gesucht: a) i, b) n_2 in $\frac{1}{min}$
Gegeben: $z_1 = 3$, $z_2 = 14$, $n_1 = 2100 \frac{1}{min}$

Lösung: a) $i = \frac{z_2}{z_1}$

$i = \frac{14}{3}$

$i = \mathbf{4,7 : 1}$

b) $\frac{n_1}{n_2} = \frac{z_2}{z_1}$

$n_2 = \frac{n_1 \cdot z_1}{z_2}$

$n_2 = \frac{2100 \frac{1}{min} \cdot 3}{14} = \frac{2100 \cdot 3}{14 \, min}$

$n_2 = \mathbf{450 \frac{1}{min}}$

Zahnradtrieb mit Zwischenrad

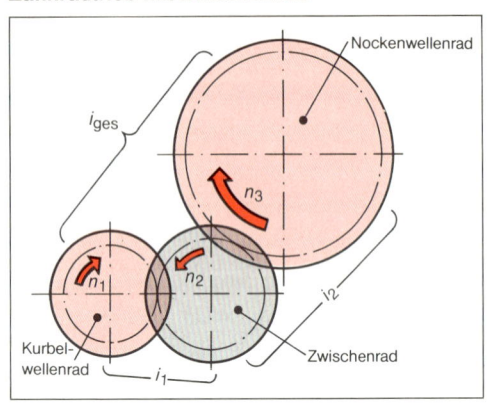

Das **Zwischenrad** hat auf die Gesamtübersetzung i_{ges} **keinen Einfluß**:

$$i_{ges} = i_1 \cdot i_2 = \frac{n_1}{n_2} \cdot \frac{n_2}{n_3} = \frac{n_1}{n_3}$$

Das **Zwischenrad** erzeugt aber für die übersetzten Räder **gleiche Drehrichtung** und **vergrößert** ihren **Achsabstand**.

28.2 Mehrstufige Stirnrad- und Kegelradgetriebe

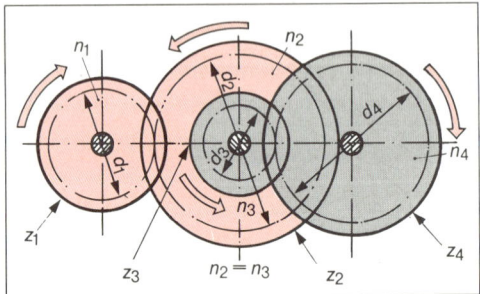

Die Berechnung dieser Getriebe erfolgt mit den Formeln, die schon für den doppelten und mehrfachen Riementrieb aufgestellt wurden. Die Durchmesser werden durch die Zähnezahlen ersetzt; z ist proportional d.

$$i_{ges} = i_1 \cdot i_2$$

$$i_{ges} = \frac{z_2}{z_1} \cdot \frac{z_4}{z_3}$$

$$i_{ges} = \frac{n_1}{n_4}$$

i_{ges} Gesamtübersetzung
i_1 Übersetzung der ersten Stufe
i_2 Übersetzung der zweiten Stufe
$z_1 \ldots z_4$ Zähnezahlen der Zahnräder
n_1 Eingangsdrehzahl in $\frac{1}{min}$
n_4 Ausgangsdrehzahl in $\frac{1}{min}$

Kapitel 28: Zahnradtrieb

Beispiel: a) Wie groß ist die Gesamtübersetzung i_{ges}?
b) Wie groß sind die Einzelübersetzungen i_1 und i_2?
c) Berechnen Sie die Enddrehzahl n_4 des doppelten Stirnradgetriebes in $\frac{1}{min}$.

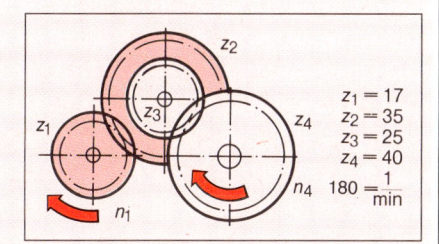

$z_1 = 17$
$z_2 = 35$
$z_3 = 25$
$z_4 = 40$
$n_4 \quad 180 = \frac{1}{min}$

Gesucht: a) i_{ges}, b) i_1, i_2, c) n_4 in $\frac{1}{min}$
Gegeben: $n_1 = 180 \frac{1}{min}$, $z_1 = 17$, $z_2 = 35$, $z_3 = 25$, $z_4 = 40$

Lösung: a) $i_{ges} = \frac{z_2}{z_1} \cdot \frac{z_4}{z_3} = \frac{35 \cdot 40}{17 \cdot 25}$

$i_{ges} = \mathbf{3{,}3 : 1}$

b) $i_1 = \frac{z_2}{z_1} \qquad i_2 = \frac{z_4}{z_3}$

$i_1 = \frac{35}{17} \qquad i_2 = \frac{40}{25}$

$i_1 = \mathbf{2{,}06 : 1} \qquad i_2 = \mathbf{1{,}6 : 1}$

c) $i_{ges} = \frac{n_1}{n_4}$

$n_4 = \frac{n_1}{i_{ges}} = \frac{180 \frac{1}{min}}{3{,}3}$

$n_4 = \frac{180}{3{,}3 \, min}$

$n_4 = \mathbf{54{,}5 \frac{1}{min}}$

Aufgaben

1. Stellen Sie die Formel $n_1 \cdot z_1 = n_2 \cdot z_2$ nach n_1, z_1 und z_2 um.

2. Berechnen Sie die fehlenden Tabellenwerte.

	z_1	z_2	n_1 in $\frac{1}{min}$	n_2 in $\frac{1}{min}$	i
a)	18	38	1200	?	?
b)	18	40	?	1200	?
c)	85	?	?	1800	0,2 : 1
d)	?	36	300	?	2 : 1
e)	19	37	365	?	?

3. Mit welcher Drehzahl n_2 in $\frac{1}{min}$ wird der Motor gestartet, wenn das Starterritzel $z_1 = 9$ Zähne hat und der Zahnkranz des Schwungrades $z_2 = 128$ Zähne? Die Drehzahl des Starters beträgt $n_1 = 1350 \frac{1}{min}$.

4. Welche Drehzahl n_1 in $\frac{1}{min}$ muß der Starter haben, wenn das Ritzel auf der Starterwelle $z_1 = 11$ Zähne hat und der Zahnkranz $z_2 = 124$ Zähne? Die Anlaßdrehzahl des Motors beträgt $n_2 = 90 \frac{1}{min}$.

5. Wie groß sind die Drehzahlen des Tellerrades eines Achsgetriebes in $\frac{1}{min}$, das eine Übersetzung $i = 4{,}2 : 1$ hat? Das Antriebsritzel hat folgende Drehzahlen: 1. Gang $1200 \frac{1}{min}$, 2. Gang $1800 \frac{1}{min}$, 3. Gang $2600 \frac{1}{min}$, 4. Gang $4000 \frac{1}{min}$.

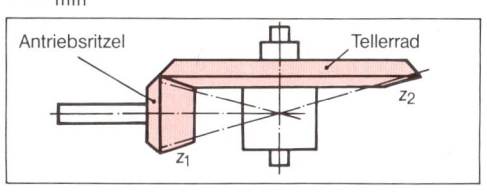

6. Wieviel Zähne hat das Tellerrad eines Kegelradgetriebes (s. Aufgabe 5), wenn das Antriebsritzel 11 Zähne hat und die Übersetzung $i = 4{,}364 : 1$ ist?

7. Wieviel Zähne hat das Kurbelwellenrad eines Nockenwellenantriebs mit Zwischenrad (Viertaktmotor)? Das Nockenwellenrad hat 42 Zähne, das Zwischenrad 31 Zähne.

8. Stellen Sie die Formel für die Gesamtübersetzung eines Getriebes mit zwei Zwischenrädern auf.

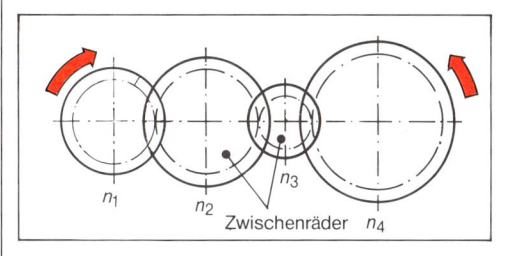

9. a) Wie groß ist das Übersetzungsverhältnis eines Schneckentriebs, der eine Kühlmittelpumpe antreibt? Die Schnecke ist zweizähnig, das Schneckenrad hat 22 Zähne.
b) Berechnen Sie die Drehzahl des Schneckenrades in $\frac{1}{min}$, wenn sich die Schnecke mit $n_1 = 1100 \frac{1}{min}$ dreht.

10. Wieviel Zähne muß die Lenkschnecke eines Lkw-Getriebes haben? Die Übersetzung des Lenkgetriebes beträgt 18 : 1. Das Lenksegment hat auf 120° 12 Zähne.

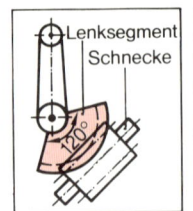

11. Stellen Sie die Formel $i = \dfrac{z_2}{z_1} \cdot \dfrac{z_4}{z_3}$ für den doppelten Zahnradtrieb nach z_1, z_2, z_3 und z_4 um.

12. Berechnen Sie die fehlenden Werte.

	z_1	z_2	z_3	z_4	n_1 in $\frac{1}{min}$	$n_2=n_3$ in $\frac{1}{min}$	n_4 in $\frac{1}{min}$	i_1	i_2	i_{ges}
a)	17	23	19	31	1350	?	?	?	?	?
b)	?	120	30	70	?	700	?	5:1	?	?
c)	25	35	20	80	?	?	1210	?	?	?
d)	20	?	35	?	?	?	300	3:1	?	15:1
e)	?	36	?	75	1200	?	?	3:1	?	12:1

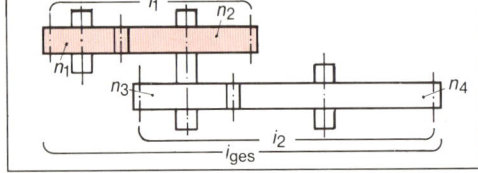

28.3 Drehmomentwandlung

Zahnräder
- übertragen schlupffrei Drehmomente und
- wandeln Drehmomente (Räder haben unterschiedliche Durchmesser).

Räder-, Riemen- und andere drehzahlwandelnde Getriebe werden deshalb auch **Drehmomentwandler** genannt.

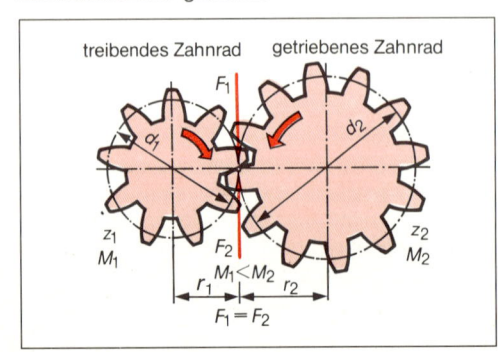

Das Drehmoment am Zahnrad z_1 ist $M_1 = F_1 \cdot \dfrac{d_1}{2}$.

Das Drehmoment am Zahnrad z_2 ist $M_2 = F_1 \cdot \dfrac{d_2}{2}$.

Daraus folgt:

$$F_1 = \dfrac{M_1 \cdot 2}{d_1} \text{ und } F_2 = \dfrac{M_2 \cdot 2}{d_2}$$

Da $F_1 = F_2$ ist, ergibt sich

$$\dfrac{M_1 \cdot 2}{d_1} = \dfrac{M_2 \cdot 2}{d_2}$$

$$\dfrac{M_1}{M_2} = \dfrac{d_1}{d_2}$$

Mit $\dfrac{d_2}{d_1} = \dfrac{r_2}{r_1} = \dfrac{z_2}{z_1} = i$, folgt:

$$\boxed{\dfrac{M_2}{M_1} = i}$$

$M_2 = M_1 \cdot i$

M_2 Drehmoment des getriebenen Rades in Nm
M_1 Drehmoment des treibenden Rades in Nm
i Übersetzungsverhältnis

Beispiel: Zu berechnen ist der Antrieb eines Werkstattkrans. Wie groß ist das Drehmoment M_2 in Nm am Zahnrad z_2 mit $z_2 = 37$ Zähnen? Der Motor erzeugt ein Drehmoment von $M_1 = 50\,Nm$ bei $n_1 = 1450\,\frac{1}{min}$. Das Zahnrad auf der Motorwelle hat $z_1 = 20$ Zähne.

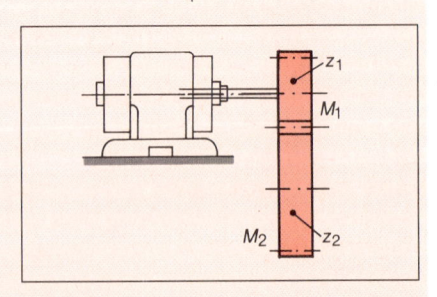

Gesucht: M_2 in Nm
Gegeben: $M_1 = 50\,Nm$, $z_1 = 20$, $z_2 = 37$
Lösung: $M_2 = M_1 \cdot i$

$M_2 = 50\,Nm \cdot \dfrac{37}{20}$

$M_2 = 92,5\,Nm$

Drehmomente und Kräfte an Rädern (Scheiben) auf derselben Welle

Sind z.B. zwei Zahnräder mit derselben Welle fest verbunden, dann haben diese beiden Räder dasselbe Drehmoment.

Kapitel 28: Zahnradtrieb

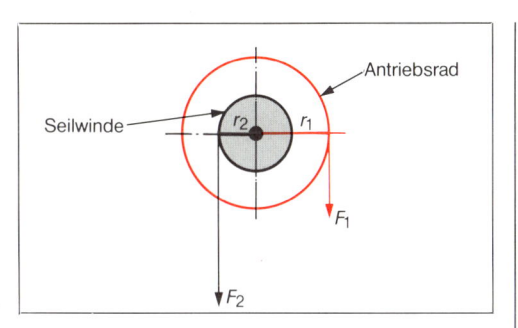

Wegen des Momentengleichgewichts an den Zahnrädern muß $M_1 = M_2$ sein, d.h.:

$$F_1 \cdot r_1 = F_2 \cdot r_2$$
$$F_2 = \frac{F_1 \cdot r_1}{r_2}$$

F_1, F_2 Kräfte in N
r_1, r_2 Radien in mm

Das Verhältnis der Radien ist **kein** Drehzahlverhältnis, da **beide Räder** die **gleiche Drehzahl** haben!

Beispiel: a) Wie groß ist das Drehmoment M_3 an der Seiltrommel in Nm? Die Schnecke ist zweigängig und treibt das Schneckenrad mit $M_1 = 12$ Nm an. Die Seiltrommel ist mit dem Schneckenrad fest verbunden.
b) Wie groß ist G in kN an der Seilwinde?

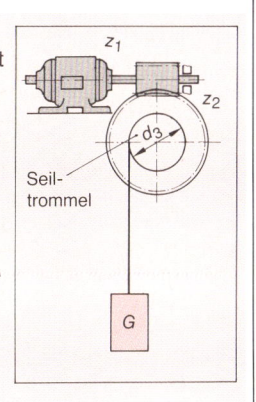

a) Gesucht: M_3 in Nm
Gegeben: $M_1 = 12$ Nm, $z_1 = 2$, $z_2 = 60$, $d_3 = 100$ mm
Lösung: $M_3 = M_2 = M_1 \cdot i$
$M_2 = M_1 \cdot \frac{z_2}{z_1} = 12\,\text{Nm} \cdot \frac{60}{2}$
$M_3 = M_2 = \mathbf{360\,Nm}$

b) Gesucht: G in kN
Gegeben: $M_2 = 360$ Nm, $d_3 = 100$ mm
Lösung: $M_3 = M_2 \quad \frac{d_3}{2} \cdot G = M_2$
$G = \frac{2 \cdot M_2}{d_3} = \frac{2 \cdot 360\,\text{Nm}}{0{,}1\,\text{m}}$
$G = 7200\,\text{N} = \mathbf{7{,}2\,kN}$

Aufgaben

1. Stellen Sie die Formel $\dfrac{M_1}{M_2} = \dfrac{r_1}{r_2}$ nach M_1, M_2, r_1 und r_2 um.

2. Berechnen Sie die fehlenden Tabellenwerte für einen einfachen Riemen- bzw. Zahnradtrieb.

	M_1	M_2	r_1	r_2	z_1	z_2	i
a)	15 Nm	? Nm	15 cm	? mm			3,6:1
b)	? Nm	340 Nm	? mm	140 mm			0,8:1
c)	20 Nm	? Nm			17	50	?
d)	? Nm	86 Nm			?	75	2,5:1

3. Wie groß ist das erforderliche Drehmoment M_1 in Nm am treibenden Zahnrad, wenn am getriebenen Rad 270 Nm wirken sollen? Das treibende Zahnrad hat 19 Zähne, das getriebene 72 Zähne.

4. Wie groß ist die Last m in kg, die mit dem Handaufzug gehoben werden kann?

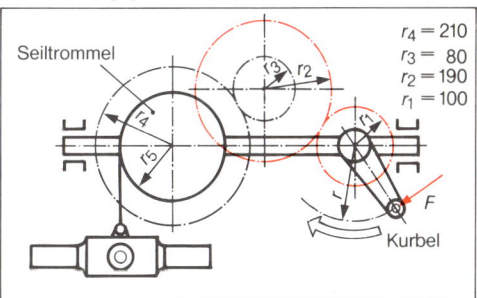

$r_4 = 210$
$r_3 = 80$
$r_2 = 190$
$r_1 = 100$

An der Kurbel wirken $F = 150$ N. Der Kurbelradius r beträgt 200 mm, der Radius r_5 der Seiltrommel 170 mm.

5. a) Berechnen Sie das Drehmoment M_1 in Nm an der Handkurbel, wenn eine Last von $m = 300$ kg hochgeseilt wird. Die Seiltrommel hat einen Durchmesser von $d = 280$ mm.
b) Ermitteln Sie die Handkraft F in N an der Kurbel. Die Kurbel hat eine Länge von $l = 180$ mm.

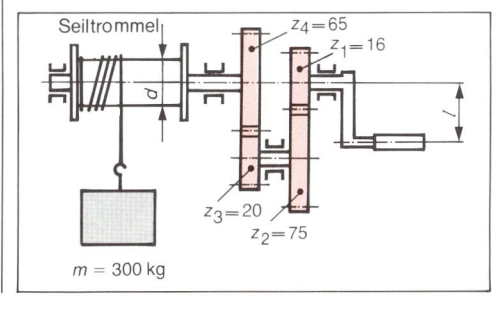

$z_4 = 65$
$z_1 = 16$
$z_3 = 20$
$z_2 = 75$
$m = 300$ kg

29 Kenngrößen des Verbrennungsmotors

29.1 Zylinderhubraum und Gesamthubraum

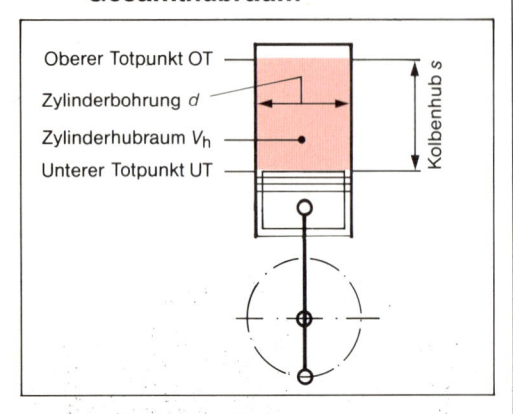

Oberer Totpunkt OT
Zylinderbohrung d
Zylinderhubraum V_h
Unterer Totpunkt UT
Kolbenhub s

Der Kolben eines Hubkolben-Verbrennungsmotors durchläuft den **Hubraum** V_h eines Zylinders zwischen OT und UT. Der Weg zwischen den beiden Totpunkten ist der Kolbenhub s.
Der Zylinderhubraum V_h ist abhängig von
- der Zylinderquerschnittsfläche A_z und
- dem Kolbenhub s.

$V_h = A_z \cdot s$

mit $A_z = \dfrac{d^2 \cdot \pi}{4}$ folgt

$$\boxed{V_h = \dfrac{d^2 \cdot \pi}{4} \cdot s}$$

V_h Hubraum eines Zylinders in cm³
A_z Zylinderquerschnittsfläche in cm²
s Kolbenhub in cm
d Zylinderbohrung in cm

Die Zahl der Zylinder eines Mehrzylindermotors wird mit z bezeichnet. Der **Gesamthubraum** V_H wird dann mit Hilfe der folgenden Formel berechnet:

$V_H = V_h \cdot z$

$$\boxed{V_H = \dfrac{d^2 \cdot \pi}{4} \cdot s \cdot z}$$

V_H Gesamthubraum in cm³
z Zahl der Zylinder

Beispiel: Der Zylinder eines 6-Zyl.-Viertakt-Ottomotors hat eine Zylinderbohrung d von 87 mm und einen Kolbenhub s von 75 mm. Wie groß ist
a) der Zylinderhubraum V_h in cm³ und
b) der Gesamthubraum V_H in cm³ und l?

Gesucht: V_h in cm³, V_H in cm³ und l
Gegeben: $d = 87$ mm, $s = 75$ mm, $z = 6$

Lösung: a) $V_h = \dfrac{d^2 \cdot \pi}{4} \cdot s = \dfrac{(8{,}7\,\text{cm})^2 \cdot 3{,}14}{4} \cdot 7{,}5\,\text{cm}$
$V_h = \mathbf{445{,}62\,cm^3}$
b) $V_H = V_h \cdot z = 445{,}62\,\text{cm}^3 \cdot 6$
$V_H = \mathbf{2674\,cm^3}$
$V_H = \mathbf{2{,}674\,l}$

Aufgaben

1. Stellen Sie die Formel $V_H = \dfrac{d^2 \cdot \pi}{4} \cdot s \cdot z$ nach d, s und z um.

2. Wie groß ist die Zylinderquerschnittsfläche A_z eines 4-Zyl.-Reihen-Ottomotors in cm²? Die Zylinderbohrung d beträgt 84 mm.

3. Ein 6-Zyl.-Reihen-Ottomotor hat eine Zylinderbohrung d von 88,5 mm und einen Kolbenhub s von 80,25 mm. Berechnen Sie
a) den Hubraum V_h eines Zylinders in cm³ und
b) den Gesamthubraum V_H in cm³ und l.

4. Der Gesamthubraum V_H eines 4-Zyl.-Ottomotors beträgt 1,1 l. Wie lang ist der Kolbenhub s in mm bei einer Zylinderbohrung $d = 70$ mm?

5. Der Gesamthubraum eines Boxer-Ottomotors beträgt 1784 cm³. Wieviel Zylinder hat der Motor, wenn die Zylinderbohrung 82 mm und der Kolbenhub 84,5 mm betragen?

6. Berechnen Sie die Zylinderbohrung eines 4-Zyl.-Reihen-Ottomotors in mm. Der Gesamthubraum beträgt 999 cm³ und der Kolbenhub 64,9 mm.

7. Ein 3-Zyl.-Zweitakt-Motorradmotor hat einen Zylinderhubraum von 184,1 cm³, $d = 61$ mm. Berechnen Sie den Kolbenhub in mm.

8. Ein 4-Zyl.-Reihen-Dieselmotor hat eine Zylinderbohrung von 83 mm und einen Kolbenhub von 88 mm. Aufgrund eines „Kolbenfressers" müssen alle Zylinderbohrungen um 1,2 mm vergrößert werden. Wie groß ist die Gesamthubraumvergrößerung in %?

29.2 Verdichtungsverhältnis

Tab.: Betriebswerte

Motor	Arbeitsweise	Verdichtungs-verhältnis ε
Ottomotor	Zweitakt	6 bis 16 : 1
Ottomotor	Viertakt	6 bis 11 : 1
Dieselmotor	Zweitakt	14 bis 16 : 1
Dieselmotor	Viertakt	18 bis 24 : 1

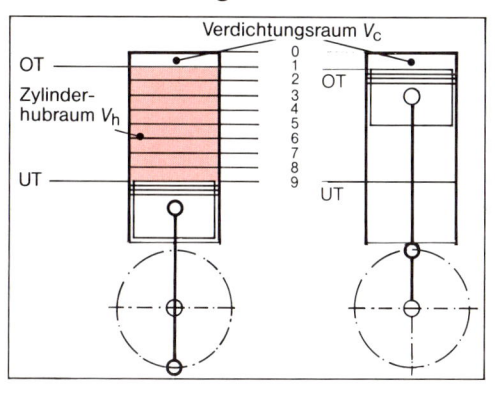

Das **Verdichtungsverhältnis** ε ist das Verhältnis des gesamten Verbrennungsraums eines Zylinders ($V_h + V_c$) zum Kompressions- bzw. Verdichtungsraum V_c.

$$\varepsilon = \frac{V_h + V_c}{V_c}$$

ε Verdichtungsverhältnis
V_h Zylinderhubraum in cm³
V_c Verdichtungsraum in cm³

Für V_c gilt:

$$V_c = \frac{V_h}{\varepsilon - 1}$$

V_h ergibt sich aus:

$$V_h = V_c(\varepsilon - 1)$$

Beispiel 1: Ein Motor hat einen Zylinderhubraum V_h von 399,25 cm³ und einen Verdichtungsraum V_c von 44,36 cm³. Wie groß ist das Verdichtungsverhältnis ε?

Gesucht: ε
Gegeben: $V_h = 399{,}25\,\text{cm}^3$, $V_c = 44{,}36\,\text{cm}^3$
Lösung: $\varepsilon = \dfrac{V_h + V_c}{V_c} = \dfrac{399{,}25\,\text{cm}^3 + 44{,}36\,\text{cm}^3}{44{,}36\,\text{cm}^3}$

$\varepsilon = 10 : 1$

Beispiel 2: Wie groß ist der Verdichtungsraum V_c in cm³ eines 6-Zyl.-Reihen-Turbo-Dieselmotors? Das Verdichtungsverhältnis beträgt $\varepsilon = 22 : 1$, der Gesamthubraum $V_H = 2443\,\text{cm}^3$.

Gesucht: V_c in cm³
Gegeben: $V_H = 2443\,\text{cm}^3$, $z = 6$, $\varepsilon = 22 : 1$

Lösung: $V_c = \dfrac{V_h}{\varepsilon - 1}$, $V_h = \dfrac{V_H}{z}$

$V_h = \dfrac{2443\,\text{cm}^3}{6} = 407{,}17\,\text{cm}^3$

$V_c = \dfrac{407{,}17\,\text{cm}^3}{22 - 1} = \dfrac{407{,}17\,\text{cm}^3}{21}$

$V_c = 19{,}39\,\text{cm}^3$

Aufgaben

1. Für einen 4-Zyl.-Reihen-Ottomotor beträgt der Hubraum eines Zylinders $V_h = 638{,}75\,\text{cm}^3$ und der Verdichtungsraum $V_c = 82{,}96\,\text{cm}^3$. Berechnen Sie das Verdichtungsverhältnis ε.

2. Die Zylinderbohrung eines 4-Zyl.-Reihenmotors beträgt $d = 74\,\text{mm}$, der Kolbenhub $s = 84{,}5\,\text{mm}$. Der Verdichtungsraum V_c hat ein Volumen von 17,3 cm³.
a) Berechnen Sie das Verdichtungsverhältnis ε.
b) Nennen Sie das Gemischbildungsverfahren des Motors.

3. Ein 4-Zyl.-Reihen-Ottomotor hat bei einem Verdichtungsraum V_c von 81,23 cm³ ein Verdichtungsverhältnis $\varepsilon = 8{,}3 : 1$. Berechnen Sie
a) den Zylinderhubraum V_h in cm³ und
b) den Gesamthubraum V_H in cm³ und l.

4. Ein aufgeladener 4-Zyl.-Reihen-Ottomotor hat einen Gesamthubraum V_H von 1,78 l. Das Verdichtungsverhältnis ε beträgt $7{,}7 : 1$. Wie groß ist der Verdichtungsraum V_c in cm³?

5. Das Volumen des Verdichtungsraums eines 6-Zyl.-Reihen-Ottomotors beträgt 50,25 cm³, die Zylinderbohrung 82,9 mm und der Kolbenhub 80,25 mm. Berechnen Sie das Verdichtungsverhältnis ε.

6. Ein 1-Zyl.-Zweitakt-Ottomotor hat einen Hubraum von 488 cm³ und ein Verdichtungsverhältnis von $13{,}5 : 1$. Berechnen Sie
a) die Zylinderbohrung d in mm bei einem Kolbenhub von 83 mm,
b) den Verdichtungsraum in cm³.

7. Der Zylinderhubraum eines 10-Zyl.-V-Dieselmotors beträgt 1827,3 cm³, die Zylinderbohrung 128 mm und das Verdichtungsverhältnis $16{,}9 : 1$. Berechnen Sie
a) den Kolbenhub in mm,
b) den Gesamthubraum in cm³ und l und
c) den Verdichtungsraum in cm³.

Änderung des Verdichtungsverhältnisses

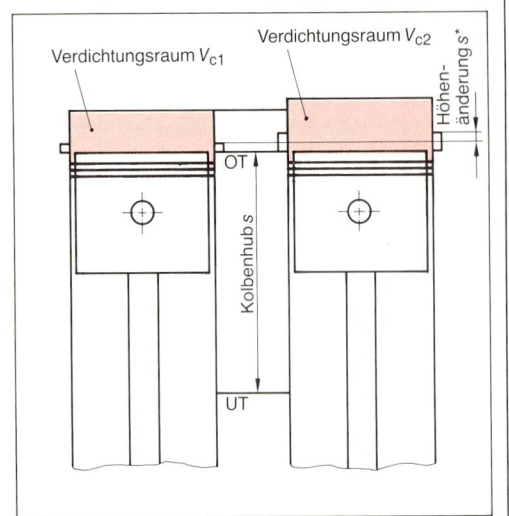

Verdichtungsraum V_{c1} — Verdichtungsraum V_{c2} — Höhenänderung s^* — OT — Kolbenhub s — UT

Durch die Wahl einer dickeren oder dünneren Zylinderkopfdichtung bzw. durch Abfräsen des Zylinderkopfes kann der Verdichtungsraum V_c, und damit das **Verdichtungsverhältnis** ε, verändert werden. Ein verändertes Verdichtungsverhältnis ergibt eine Höhenänderung s^* des Verdichtungsraumes.

$$s^* \cdot A_z = V_{c2} - V_{c1}$$

$$s^* = \frac{V_{c2} - V_{c1}}{A_z} \text{ mit}$$

$$V_h = A_z \cdot s \text{ in } V_c = \frac{V_h}{\varepsilon - 1}$$

eingesetzt,

folgt $V_{c1} = \dfrac{A_z \cdot s}{\varepsilon_1 - 1}$ bzw.

$$V_{c2} = \frac{A_z \cdot s}{\varepsilon_2 - 1}$$

V_{c1} und V_{c2} in die Formel s^* eingesetzt, ergibt:

$$s^* \cdot A_z = \frac{A_z \cdot s}{\varepsilon_2 - 1} - \frac{A_z \cdot s}{\varepsilon_1 - 1}$$

$$s^* = \frac{s}{\varepsilon_2 - 1} - \frac{s}{\varepsilon_1 - 1}$$

Das veränderte Verdichtungsverhältnis ist:

$$\varepsilon_2 = \frac{V_h + V_{c2}}{V_{c2}}$$

s^* Höhenänderung in mm
s Kolbenhub in mm
V_h Zylinderhubraum in mm³
V_{c1} ursprünglicher Verdichtungsraum in mm³
V_{c2} veränderter Verdichtungsraum in mm³
A_z Zylinderquerschnittsfläche in mm²
ε_1 ursprüngliches Verdichtungsverhältnis
ε_2 neues Verdichtungsverhältnis

Beispiel: Ein 6-Zyl.-Reihen-Ottomotor hat einen Zylinderdurchmesser d von 96 mm und einen Kolbenhub s von 69,8 mm. Das Verdichtungsverhältnis ε beträgt 8,6 : 1. Um wieviel mm muß die Höhe s^* des Verdichtungsraums verändert werden, um das Verdichtungsverhältnis ε auf 9,6 : 1 zu erhöhen?

Gesucht: s^* in mm
Gegeben: $s = 69{,}8$ mm, $\varepsilon_1 = 8{,}6 : 1$, $\varepsilon_2 = 9{,}6 : 1$

Lösung: $s^* = \dfrac{s}{\varepsilon_2 - 1} - \dfrac{s}{\varepsilon_1 - 1}$

$s^* = \dfrac{69{,}8 \text{ mm}}{9{,}6 - 1} - \dfrac{69{,}8 \text{ mm}}{8{,}6 - 1}$

$s^* = \dfrac{69{,}8 \text{ mm}}{8{,}6} - \dfrac{69{,}8 \text{ mm}}{7{,}6}$

$s^* = 8{,}12 \text{ mm} - 9{,}18 \text{ mm}$

$s^* = -1{,}06 \text{ mm}$

Die Zylinderkopfdichtung muß um diesen Wert dünner sein oder der Zylinderkopf muß um diesen Wert abgefräst werden.

Aufgaben

1. Ein 6-Zyl.-Ottomotor hat bei einem Kolbenhub von 80 mm einen Gesamthubraum von 2986 cm³. Das Volumen des Verdichtungsraums eines Zylinders beträgt 62,21 cm³, das Verdichtungsverhältnis 9 : 1. Aufgrund eines Kolbenringbruches müssen die Zylinder um 0,8 mm aufgebohrt werden. Berechnen Sie
a) die ursprüngliche Zylinderbohrung d des Motors in mm und
b) das neue Verdichtungsverhältnis ε_2.

2. Für einen 6-Zyl.-Ottomotor beträgt die Zylinderbohrung 84 mm und der Kolbenhub 75 mm. Wieviel mm muß die Zylinderkopfdichtung dicker gewählt werden, um das Verdichtungsverhältnis von 9 auf 8,4 : 1 zu verringern?

3. Das Verdichtungsverhältnis eines 4-Zyl.-Reihen-Ottomotors beträgt 9 : 1, die Zylinderbohrung 95,5 mm und der Kolbenhub 80,25 mm. Wieviel mm muß der Zylinderkopf abgefräst werden, um ε auf 9,6 : 1 zu erhöhen?

4. Nach einem Schaden am Kurbeltrieb eines 6-Zyl.-Ottomotors werden die Zylinder um 1,6 mm aufgebohrt. Die ursprüngliche Zylinderbohrung beträgt 91 mm, $s = 73$ mm und $\varepsilon = 9{,}5 : 1$.
Wieviel mm muß die Zylinderkopfdichtung dünner gewählt werden, um ε konstant zu halten?

29.3 Hub-Bohrungsverhältnis

Das **Hub-Bohrungsverhältnis** k ist das Verhältnis zwischen dem Kolbenhub s und der Zylinderbohrung d eines Hubkolben-Verbrennungsmotors.

$$k = \frac{s}{d}$$

k Hub-Bohrungsverhältnis
s Kolbenhub in mm
d Zylinderbohrung in mm

Hubkolben-Verbrennungsmotoren werden nach dem Hub-Bohrungsverhältnis k unterteilt in:

- **Kurzhuber:** Der Kolbenhub s ist kleiner als die Zylinderbohrung d ($s < d$), damit wird das Hub-Bohrungsverhältnis k kleiner als 1 ($k < 1$).
- **Langhuber:** Der Kolbenhub s ist größer als die Zylinderbohrung d ($s > d$), das Hub-Bohrungsverhältnis k ist größer als 1 ($k > 1$).
- **Quadrathuber:** Die Länge des Kolbenhubs s ist gleich dem Durchmesser d der Zylinderbohrung ($s = d$), folglich ist $k = 1$.

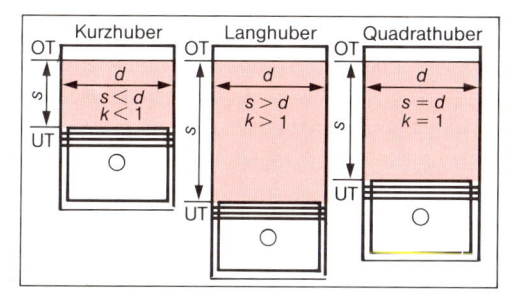

Tab.: Betriebswerte

Motor	Hub-Bohrungsverhältnis
Ottomotor	0,6 bis 1,1
Dieselmotor	0,9 bis 1,2
langsamlaufender Viertakt-Dieselmotor	1,2 bis 1,4
langsamlaufender Zweitakt-Dieselmotor	1,8 bis 2,2

Beispiel: Zu berechnen und zu bewerten sind das Hub-Bohrungsverhältnis k eines 6-Zyl.-V-Ottomotors mit einem Kolbenhub von 72,6 mm und einer Zylinderbohrung von 93 mm.

Gesucht: k
Gegeben: $s = 72,6$ mm, $d = 93$ mm

Lösung: $k = \dfrac{s}{d} = \dfrac{72,6 \text{ mm}}{93 \text{ mm}}$

$k = \mathbf{0{,}78}$ $k < 1$ (Kurzhuber)

Aufgaben

1. Stellen Sie die Formel $k = \dfrac{s}{d}$ nach s und d um.

2. Ein 6-Zyl.-Reihen-Ottomotor hat eine Zylinderbohrung d von 88,5 mm und einen Kolbenhub s von 88,5 mm. Berechnen und bewerten Sie das Hub-Bohrungsverhältnis k.

3. Die Zylinderbohrung d eines 4-Zyl.-Reihen-Dieselmotors beträgt 83 mm, der Kolbenhub $s = 85$ mm.
Berechnen und bewerten Sie das Hub-Bohrungsverhältnis k.

4. Wie groß ist die Zylinderbohrung d eines 6-Zyl.-Reihen-Ottomotors in mm, wenn der Kolbenhub 80,25 mm und das Hub-Bohrungsverhältnis 0,97 betragen?

5. Der Durchmesser der Zylinderbohrung eines 6-Zyl.-Reihen-Dieselmotors beträgt 76,5 mm, das Hub-Bohrungsverhältnis 1,13.
Berechnen Sie den Kolbenhub in mm.

6. Das Hub-Bohrungsverhältnis eines 4-Zyl.-Turbo-Boxermotors beträgt 1,05. Die Zylinderbohrung hat einen Durchmesser von 76,5 mm. Berechnen Sie
a) den Kolbenhub in mm,
b) den Zylinderhubraum in cm^3 und
c) den Gesamthubraum in cm^3 und l.

7. Der Kolbenhub eines 8-Zyl.-V-Dieselmotors ist 142 mm. Das Hub-Bohrungsverhältnis beträgt 1,11. Wie groß ist
a) der Durchmesser der Zylinderbohrung in mm und
b) der Gesamthubraum in cm^3 und l?

8. Ein 4-Zyl.-Reihen-Ottomotor hat einen Gesamthubraum von 1985 cm^3. Das Verdichtungsverhältnis beträgt 9,2 : 1, der Kolbenhub 78 mm. Berechnen Sie
a) die Zylinderbohrung in mm,
b) den Verdichtungsraum in cm^3 und
c) das Hub-Bohrungsverhältnis.

9. Die Zylinder eines 6-Zyl.-Reihen-Ottomotors wurden von 88,5 mm auf 90 mm aufgebohrt. Der Gesamthubraum betrug 2962 cm^3, der Verdichtungsraum 60,2 cm^3.
Berechnen Sie
a) das Verdichtungsverhältnis des ursprünglichen und des aufgebohrten Motors sowie
b) die Hub-Bohrungsverhältnisse.

29.4 Kolbengeschwindigkeit

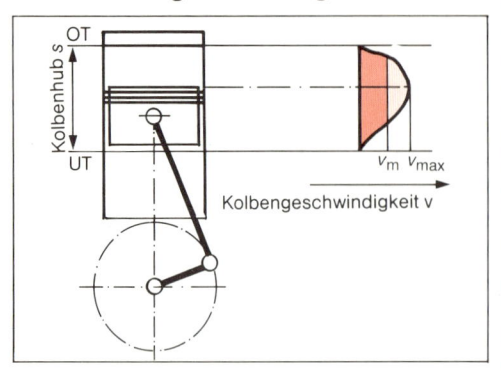

Der Kolben eines Hubkolben-Verbrennungsmotors führt während eines Arbeitsspiels eine ungleichförmige hin- und hergehende Bewegung aus. In den Totpunkten ist die Kolbengeschwindigkeit gleich Null. Stehen Pleuelstange und Kurbelwange senkrecht zueinander, ist die Kolbengeschwindigkeit am größten.

> Die **mittlere Kolbengeschwindigkeit** v_m ist die Geschwindigkeit einer gedachten gleichförmigen Bewegung des Kolbens.

Sie wird nach der Formel

$v = \dfrac{s}{t}$ berechnet. v Geschwindigkeit in $\frac{m}{s}$
s Weg in m
t Zeit in s

Die mittlere Kolbengeschwindigkeit v_m ist abhängig von
- dem Weg des Kolbens ($2 \cdot s$) während einer Kurbelwellenumdrehung und
- der jeweiligen Motordrehzahl n.

$v_m = \dfrac{2 \cdot s \cdot n}{1000 \cdot 60}$

v_m mittlere Kolbengeschwindigkeit in $\frac{m}{s}$
s Kolbenhub in mm
n Motordrehzahl in $\frac{1}{min}$
60 Umrechnungszahl, $60 \frac{s}{min}$
1000 Umrechnungszahl, $1000 \frac{mm}{m}$

Wird der Kolbenhub in m eingesetzt, folgt:

$v_m = \dfrac{s \cdot n}{30}$

Tab.: Betriebswerte

Motor	mittlere Kolbengeschwindigkeit
Ottomotor	7 bis 21 $\frac{m}{s}$
Dieselmotor	6 bis 16 $\frac{m}{s}$

Maximale Kolbengeschwindigkeit: $v_{max} \approx 1{,}6 \cdot v_m$

Beispiel: Der Kolbenhub eines 4-Zyl.-Reihen-Ottomotors beträgt 88,5 mm. Die größte Leistung wird bei $5800 \frac{1}{min}$ erreicht. Zu berechnen ist die mittlere Kolbengeschwindigkeit v_m in $\frac{m}{s}$.

Gesucht: v_m in $\frac{m}{s}$

Gegeben: $s = 88{,}5$ mm, $n = 5800 \frac{1}{min}$

Lösung: $v_m = \dfrac{2 \cdot s \cdot n}{1000 \cdot 60} = \dfrac{2 \cdot 88{,}5 \cdot 5800}{1000 \cdot 60}$

$v_m = \mathbf{17{,}11 \frac{m}{s}}$

Aufgaben

1. Stellen Sie die Formel $v_m = \dfrac{2 \cdot s \cdot n}{1000 \cdot 60}$ nach s und n um.

2. Ein 4-Zyl.-Reihen-Dieselmotor erreicht seine größte Leistung bei einer Motordrehzahl n von $4600 \frac{1}{min}$. Der Kolbenhub s beträgt 88 mm. Berechnen Sie die mittlere und maximale Kolbengeschwindigkeit v_m und v_{max} in $\frac{m}{s}$.

3. Bei welcher Drehzahl n in $\frac{1}{min}$ erreicht ein 6-Zyl.-V-Ottomotor eine mittlere Kolbengeschwindigkeit von $15{,}25 \frac{m}{s}$? Der Kolbenhub s beträgt 80,25 mm.

4. Ein Personenkraftwagen beschleunigt im direkten Gang auf eine Geschwindigkeit von $205 \frac{km}{h}$. Der 4-Zyl.-Reihen-Ottomotor hat bei dieser Geschwindigkeit eine Drehzahl von $6400 \frac{1}{min}$. Der Kolbenhub beträgt 88,5 mm. Vergleichen Sie die Fahrgeschwindigkeit v des Pkw mit der maximalen Kolbengeschwindigkeit v_{max} des Motors.

5. Die mittlere Kolbengeschwindigkeit eines 6-Zyl.-Reihen-Ottomotors beträgt $v_m = 12 \frac{m}{s}$, die Motordrehzahl $n = 4800 \frac{1}{min}$. Berechnen Sie den Kolbenhub s in mm.

6. Die mittlere Kolbengeschwindigkeit eines 1-Zyl.-Zweitakt-Ottomotors soll bei einem Kolbenhub von 49,5 mm höchstens $9{,}9 \frac{m}{s}$ betragen. Welche Motordrehzahl n in $\frac{1}{min}$ darf nicht überschritten werden?

7. Ein 4-Zyl.-Motorradmotor hat seine höchste Leistung bei $15300 \frac{1}{min}$. Der Kolbenhub beträgt 41 mm. Berechnen Sie die mittlere Kolbengeschwindigkeit v_m in $\frac{m}{s}$.

29.5 Kraftstoffverbrauch

Folgende Messungen des Kraftstoffverbrauchs sind möglich:

- Der Kraftstoffverbrauch C von Personenkraftwagen nach DIN 70 030-1,
- der Kraftstoffverbrauch k von Lastkraftwagen, Kraftomnibussen und Motorrädern nach DIN 70 030-2,
- der Kraftstoffstreckenverbrauch k_S,
- der Fahrbereich s_F nach DIN 70 020,
- der Kraftstoffverbrauch B je Stunde und
- der spezifische Kraftstoffverbrauch b_{eff} nach DIN 1940.

Kraftstoffverbrauch nach DIN 70 030-1

Allgemeine Festlegungen:
Die Kraftstoffverbrauchsmessung erfolgt bei
- Stadtfahrt in einem Fahrzyklus auf einem Fahrleistungsprüfstand,
- konstanter Prüfgeschwindigkeit von $90 \frac{km}{h}$ und
- konstanter Prüfgeschwindigkeit von $120 \frac{km}{h}$ auf einem Fahrleistungsprüfstand oder auf der Straße.

Die Prüfgeschwindigkeit $120 \frac{km}{h}$ gilt nur für Fahrzeuge mit einer zulässigen Höchstgeschwindigkeit größer als $130 \frac{km}{h}$.

Der Kraftstoffverbrauch C hängt ab von
- der verbrauchten Kraftstoffmasse m,
- der Kraftstoffdichte ϱ und
- der zurückgelegten Wegstrecke s.

$$\boxed{C = \frac{m}{\varrho \cdot s} \cdot 100}$$

mit $m = V \cdot \varrho$ folgt

$$\boxed{C = \frac{V}{s} \cdot 100}$$

C Kraftstoffverbrauch nach DIN 70030-1 in l je 100 km
m verbrauchte Kraftstoffmasse in kg
ϱ Kraftstoffdichte in $\frac{kg}{l}$
s zurückgelegte Wegstrecke in km
V verbrauchtes Kraftstoffvolumen in l
100 Umrechnungszahl, je 100 km

Beispiel: Ein Pkw hat im Stadtzyklus nach 4 km einen Kraftstoffverbrauch von 0,19 l. Nach 9,4 km konstant gefahren $v = 90 \frac{km}{h}$ werden 0,39 l und nach 11,8 km konstant gefahren $v = 120 \frac{km}{h}$ 0,72 l Kraftstoff verbraucht. Es ist jeweils der Kraftstoffverbrauch C zu berechnen.

Gesucht: C_1, C_2 und C_3 in l je 100 km

Gegeben: $s_1 = 4$ km, $s_2 = 9,4$ km, $s_3 = 11,8$ km,
$V_1 = 0,19$ l, $V_2 = 0,39$ l, $V_3 = 0,72$ l

Lösung: $C = \frac{V}{s} \cdot 100$

$C_1 = \frac{0,19 \, l}{4,0 \, km} \cdot 100 \qquad C_1 = 4,75 \text{ l je 100 km}$

$C_2 = \frac{0,39 \, l}{9,4 \, km} \cdot 100 \qquad C_2 = 4,15 \text{ l je 100 km}$

$C_3 = \frac{0,72 \, l}{11,8 \, km} \cdot 100 \qquad C_3 = 6,1 \text{ l je 100 km}$

Schreibweise nach DIN:
Verbrauch nach DIN 70 030-1 — 4,75 × 4,15 × 6,1
Bei Ermittlung nur eines Verbrauchswertes gilt nach DIN z. B. folgende Schreibweise:
Kraftstoffverbrauch nach DIN 70 030 Teil 1 des Pkw bei Stadtzyklus = 4,75 Liter je 100 km

Aufgaben

1. Stellen Sie die Formel $C = \frac{V}{s} \cdot 100$ nach V und s um.

2. Bei einem Pkw werden nach 4 km Stadtzyklus ein Kraftstoffverbrauch von 0,64 l Bleifrei Normal sowie nach 9,8 km ($90 \frac{km}{h}$) 0,75 l und nach 14,2 km ($120 \frac{km}{h}$) 1,35 l gemessen. Berechnen Sie jeweils den Kraftstoffverbrauch C.

3. Nach DIN 70 030-1 hat ein Pkw folgenden Kraftstoffverbrauch: 6,5 l je 100 km im Stadtzyklus, 4,6 l je 100 km bei konstant gefahrenen $v = 90 \frac{km}{h}$ und 6,4 l je 100 km bei $v = 120 \frac{km}{h}$. Ermitteln Sie das verbrauchte Kraftstoffvolumen V in l nach 3 km Stadtzyklus, 8,6 km bei $v = 90 \frac{km}{h}$ und 12,2 km bei $v = 120 \frac{km}{h}$.

4. Nach 4 km im Stadtzyklus verbraucht ein Pkw 0,36 kg Bleifrei Super ($\varrho = 0,76 \frac{kg}{l}$), nach 10,2 km ($90 \frac{km}{h}$) 0,52 kg und nach 12,5 km ($120 \frac{km}{h}$) 0,84 kg. Berechnen Sie jeweils C in l je 100 km.

5. Ein Pkw hat folgenden Kraftstoffverbrauch nach DIN 70 030-1 — 8,9 × 5,4 × 7,3. Berechnen Sie die verbrauchte Kraftstoffmasse m in kg nach 3 km Fahrt im Stadtzyklus, 8,2 km bei $v = 90 \frac{km}{h}$ und 16,2 km bei $v = 120 \frac{km}{h}$. $\varrho = 0,78 \frac{kg}{l}$.

6. Wie lang ist jeweils die Fahrstrecke s eines Pkw in km? Verbrauch nach DIN 70 030-1 — 11,4 × 6,8 × 8,2. Der Kraftstoffverbrauch beträgt bei Stadtzyklus 0,34 l, bei konstant gefahrenen $v = 90 \frac{km}{h}$ 0,6 l und 1,04 l bei konstant gefahrenen $v = 120 \frac{km}{h}$.

Kraftstoffverbrauch nach DIN 70 030-2

Allgemeine Bedingungen:

Eine ebene, trockene Fahrbahn von ungefähr 10 km Länge wird in unmittelbar aufeinanderfolgender Hin- und Rückfahrt bei $\frac{2}{3}$ der zulässigen Höchstgeschwindigkeit durchfahren. Der dabei ermittelte **Kraftstoffverbrauch** k wird unter Berücksichtigung ungünstiger Umstände im üblichen Straßenverkehr um 10% (Faktor 1,1) erhöht.

Der Kraftstoffverbrauch k ist abhängig von
- dem verbrauchten Kraftstoffvolumen K und
- der zurückgelegten Wegstrecke s.

$$k = 1{,}1 \cdot \frac{K}{s} \cdot 100$$

k Kraftstoffverbrauch nach DIN 70030-2 in l je 100 km
K verbrauchtes Kraftstoffvolumen in l
s zurückgelegte Wegstrecke in km
1,1 10%-Faktor
100 Umrechnungszahl, je 100 km

Beispiel: Bei einem Lkw wird nach einer 20 km langen Prüfstrecke ein verbrauchtes Kraftstoffvolumen von 5,4 l gemessen. Wie groß ist der Kraftstoffverbrauch k in l je 100 km nach DIN 70 030-2?

Gesucht: k in l je 100 km
Gegeben: $K = 5{,}4$ l, $s = 20$ km
Lösung: $k = 1{,}1 \cdot \dfrac{K}{s} \cdot 100 = 1{,}1 \cdot \dfrac{5{,}4\,l}{20\,km} \cdot 100$
$k = \mathbf{29{,}7\ l\ je\ 100\,km}$

Aufgaben

1. Stellen Sie die Formel $k = 1{,}1 \dfrac{K}{s} \cdot 100$ nach K und s um.

2. Für einen Lkw wird auf einer Prüfstrecke nach 22 km ein verbrauchtes Kraftstoffvolumen K von 7,8 l gemessen. Berechnen Sie den Kraftstoffverbrauch k in l je 100 km nach DIN 70 030-2.

3. Ein Motorrad durchfährt eine 22 km lange Prüfstrecke. Es wird ein verbrauchtes Kraftstoffvolumen von 1500 cm³ gemessen. Berechnen Sie den Kraftstoffverbrauch k in l je 100 km.

4. Der DIN-Verbrauch eines Lkw beträgt 37,4 l je 100 km. Wie groß ist das verbrauchte Kraftstoffvolumen K in l nach 22,5 km?

5. Wieviel km kann ein Kraftomnibus auf einer Prüfstrecke mit 5 l Kraftstoff fahren? Der ermittelte DIN-Verbrauch beträgt 26,5 l je 100 km.

Kraftstoffstreckenverbrauch nach DIN 70 030-2

Der **Kraftstoffstreckenverbrauch** k_S ist ein Durchschnittsverbrauch, der mit halber zulässiger Zuladung des Kfz im Straßenverkehr ermittelt wird.

Der Kraftstoffstreckenverbrauch k_S hängt ab von
- dem verbrauchten Kraftstoffvolumen K und
- der zurückgelegten Wegstrecke s.

$$k_S = \frac{K}{s} \cdot 100$$

k_S Kraftstoffstreckenverbrauch in l je 100 km
K verbrauchtes Kraftstoffvolumen in l
s zurückgelegte Wegstrecke in km
100 Umrechnungszahl, je 100 km

Beispiel: Ein Pkw verbraucht auf der Strecke Berlin-München (608 km) 41,34 l Dieselkraftstoff. Wie groß ist der Kraftstoffstreckenverbrauch k_S in l je 100 km?

Gesucht: k_S in l je 100 km
Gegeben: $K = 41{,}34$ l, $s = 608$ km
Lösung: $k_S = \dfrac{K}{s} \cdot 100 = \dfrac{41{,}34\,l}{608\,km} \cdot 100$
$k_S = \mathbf{6{,}8\ l\ je\ 100\,km}$

Aufgaben

1. Stellen Sie die Formel $k_S = \dfrac{K}{s} \cdot 100$ nach K und s um.

2. Auf der Strecke Hamburg-München (782 km) verbraucht ein Pkw 94,7 l Bleifrei Super. Berechnen Sie den Kraftstoffstreckenverbrauch k_S in l je 100 km.

3. Nach einer 351 km langen Fahrt von Düsseldorf nach Braunschweig wird bei einem Motorrad ein Kraftstoffstreckenverbrauch von 8,2 l je 100 km ermittelt. Berechnen Sie das verbrauchte Kraftstoffvolumen K in l.

4. Auf einer Tagestour verbraucht ein Lkw 41 l Dieselkraftstoff. Wieviel km ist er bei einem Kraftstoffstreckenverbrauch von 25,6 l je 100 km gefahren?

Kapitel 29: Kenngrößen des Verbrennungsmotors

Fahrbereich nach DIN 70020

Der **Fahrbereich** s_F ist nach DIN 70020 die gefahrene Strecke eines Kraftfahrzeugs mit einer Kraftstoffbehälterfüllung.

Der Fahrbereich s_F hängt ab von
- dem Volumen V des Kraftstoffbehälters und
- dem Kraftstoffverbrauch k nach DIN 70030.

$$s_F = \frac{V}{k} \cdot 100$$

s_F Fahrbereich in km
V Volumen des Kraftstoffbehälters in l
k Kraftstoffverbrauch nach DIN 70030 in $\frac{l}{100\,km}$
100 Umrechnungszahl, je 100 km

Beispiel: Ein Lkw hat einen Kraftstoffverbrauch k nach DIN 70030-2 von 12,4 l je 100 km. Der Kraftstoffbehälter faßt ein Volumen V von 60 l. Wie groß ist der Fahrbereich s_F nach DIN 70020 in km?

Gesucht: s_F in km
Gegeben: $k = 12,4\,l$ je 100 km, $V = 60\,l$
Lösung: $s_F = \frac{V}{k} \cdot 100 = \frac{60\,l}{12,4\,l} \cdot 100\,km$
$s_F = 483,87\,km$

Aufgaben

1. Stellen Sie die Formel $s_F = \frac{V}{k} \cdot 100$ nach V und k um.

2. Der Kraftstoffbehälter eines Kraftomnibusses faßt ein Volumen von 150 l. Der Kraftstoffverbrauch nach DIN 70030-2 beträgt 28,2 l je 100 km. Berechnen Sie den Fahrbereich s_F in km.

3. Der angegebene Kraftstoffverbrauch eines Lkw beträgt nach DIN 70030-2 32,8 l je 100 km. Der Lkw fährt 854 km. Wie groß muß das Behältervolumen V in l mindestens sein?

4. Ein Pkw hat in einem Stadtzyklus einen Kraftstoffverbrauch von 13,2 l Bleifrei Normal. Der Kraftstoffbehälter faßt 58 l. Wieviel km kann der Pkw im Stadtverkehr zurücklegen?

5. Nach DIN 70030-1 verbraucht ein Pkw bei konstant gefahrenen 120 $\frac{km}{h}$ 9,2 l Kraftstoff (Bleifrei Normal). Der Pkw fährt mit einer Tankfüllung (70 l) die Strecke Stuttgart–Bremen (518,52 km). Berechnen Sie die Abweichung des Kraftstoffstreckenverbrauchs k_S vom DIN-Verbrauch in %.

Kraftstoffverbrauch nach DIN 1940

Der **Kraftstoffverbrauch** B ist die Kraftstoffmenge in kg, die ein Verbrennungsmotor in einer Stunde verbraucht (DIN 1940).

Der Kraftstoffverbrauch B hängt ab von
- dem verbrauchten Kraftstoffvolumen V,
- der Kraftstoffdichte ϱ und
- der Zeit t für den Kraftstoffverbrauch.

$$B = \frac{V \cdot \varrho \cdot 3600}{t}$$

B Kraftstoffverbrauch in $\frac{kg}{h}$
V verbrauchtes Kraftstoffvolumen in dm³
ϱ Kraftstoffdichte in $\frac{kg}{dm^3}$
t Zeit in s
3600 Umrechnungszahl, 3600 $\frac{s}{h}$

Beispiel: Ein 4-Zyl.-Viertakt-Ottomotor verbraucht 0,2 dm³ Kraftstoff in 44 s. Die Kraftstoffdichte beträgt 0,72 $\frac{kg}{dm^3}$. Wie groß ist der Kraftstoffverbrauch B in $\frac{kg}{h}$?

Gesucht: B in $\frac{kg}{h}$
Gegeben: $V = 0,2\,dm^3$, $t = 44\,s$, $\varrho = 0,72\,\frac{kg}{dm^3}$
Lösung: $B = \frac{V \cdot \varrho \cdot 3600}{t} = \frac{0,2 \cdot 0,72 \cdot 3600}{44}$
$B = 11,78\,\frac{kg}{h}$

Aufgaben

1. Stellen Sie die Formel $B = \frac{V \cdot \varrho \cdot 3600}{t}$ nach V, t und ϱ um.

2. In 22 s verbraucht ein 4-Zyl.-Reihen-Dieselmotor 0,1 dm³ Kraftstoff ($\varrho = 0,84\,\frac{kg}{dm^3}$). Berechnen Sie den Kraftstoffverbrauch B in $\frac{kg}{h}$.

3. Ein 1-Zyl.-Zweitakt-Ottomotor hat einen Kraftstoffverbrauch von 5,2 $\frac{kg}{h}$. In welcher Zeit t in s werden 50 cm³ Kraftstoff ($\varrho = 0,72\,\frac{kg}{dm^3}$) benötigt?

4. Der Kraftstoffverbrauch B eines 10-Zyl.-V-Dieselmotors beträgt 33,6 $\frac{kg}{h}$. Die Dichte des Kraftstoffs beträgt 0,84 $\frac{kg}{dm^3}$. Wieviel cm³ Kraftstoff werden in 18 s verbraucht?

5. Nach 60,5 s wird bei einem 4-Zyl.-Turbo-Ottomotor ein verbrauchtes Kraftstoffvolumen von 200 cm³ gemessen. Der Kraftstoffverbrauch B beträgt 9,4 $\frac{kg}{h}$. Berechnen Sie die Kraftstoffdichte ϱ in $\frac{kg}{dm^3}$.

Spezifischer Kraftstoffverbrauch

> Der **spezifische Kraftstoffverbrauch** b_{eff} nach DIN 1940 gibt an, wieviel Gramm Kraftstoff ein Verbrennungsmotor je kW Nutzleistung und Stunde verbraucht.

Der spezifische Kraftstoffverbrauch b_{eff} hängt ab von
- dem verbrauchten Kraftstoffvolumen V,
- der Kraftstoffdichte ϱ,
- der Nutzleistung P_{eff} und
- der Meßzeit t für den Kraftstoffverbrauch

$$b_{eff} = \frac{V \cdot \varrho \cdot 3600}{t \cdot P_{eff}}$$

mit

$$B = \frac{V \cdot \varrho \cdot 3600}{t \cdot 1000}$$

folgt

$$b_{eff} = \frac{B \cdot 1000}{P_{eff}}$$

b_{eff} spezifischer Kraftstoffverbrauch in $\frac{g}{kWh}$
V verbrauchtes Kraftstoffvolumen in cm³
ϱ Kraftstoffdichte in $\frac{g}{cm^3}$
t Meßzeit in s
P_{eff} Nutzleistung in kW
B Kraftstoffverbrauch in $\frac{kg}{h}$
3600 Umrechnungszahlen,
1000 $3600 \frac{s}{h}$, $1000 \frac{g}{kg}$

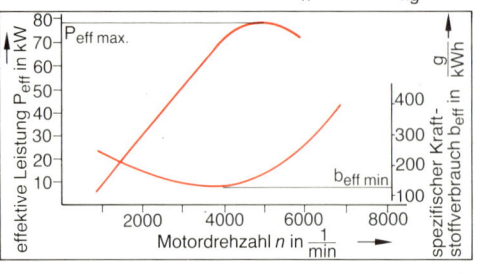

Während der Leistungsmessung wird für mehrere Betriebspunkte die Zeit für den Verbrauch eines bestimmten Kraftstoffvolumens gemessen. Der spezifische Kraftstoffverbrauch wird errechnet und in einem Diagramm dargestellt.

Tab.: Betriebswerte

Motor	Arbeitsweise	b_{eff} in $\frac{g}{kWh}$
Ottomotor	Zweitakt	400 bis 600
	Viertakt	240 bis 430
Dieselmotor	Zweitakt	260 bis 520
	Viertakt	160 bis 340

Beispiel: Ein 6-Zyl.-Reihen-Ottomotor hat auf einer Leistungsbremse eine maximale Nutzleistung P_{eff} von 137 kW. In 6,8 s verbraucht der Motor 100 cm³ Kraftstoff. Wie groß ist der spezifische Kraftstoffverbrauch b_{eff} in $\frac{g}{kWh}$? $\varrho = 0{,}72 \frac{g}{cm^3}$.

Gesucht: b_{eff} in $\frac{g}{kWh}$
Gegeben: $V = 100\,cm^3$, $P_{eff} = 137\,kW$, $t = 6{,}8\,s$, $\varrho = 0{,}72 \frac{g}{cm^3}$

Lösung: $b_{eff} = \frac{V \cdot \varrho \cdot 3600}{t \cdot P_{eff}} = \frac{100 \cdot 0{,}72 \cdot 3600}{6{,}8 \cdot 137}$

$b_{eff} = 278 \frac{g}{kWh}$

Aufgaben

1. Stellen Sie die Formel $b_{eff} = \frac{V \cdot \varrho \cdot 3600}{t \cdot P_{eff}}$ nach V, t, ϱ und P_{eff} um.

2. Auf einer Leistungsbremse wird für einen 4-Zyl.-Viertakt-Dieselmotor bei einer Nutzleistung von 71 kW in 24,8 s ein Kraftstoffdurchfluß von 100 cm³ gemessen. Die Kraftstoffdichte beträgt $0{,}85 \frac{g}{cm^3}$. Berechnen Sie den spezifischen Kraftstoffverbrauch b_{eff} in $\frac{g}{kWh}$.

3. Die folgenden Werte wurden von drei Viertaktmotoren bei maximaler Leistung ermittelt. Ermitteln Sie jeweils den spezifischen Kraftstoffverbrauch b_{eff} in $\frac{g}{kWh}$.

a) $P_{eff} = 41\,kW$
$V = 100\,cm^3$
$t = 24\,s$
$\varrho = 0{,}78 \frac{g}{cm^3}$

b) $P_{eff} = 64\,kW$
$V = 0{,}1\,l$
$t = 14{,}5\,s$
$\varrho = 0{,}72 \frac{g}{cm^3}$

c) $P_{eff} = 100\,kW$
$V = 0{,}1\,dm^3$
$t = 11{,}7\,s$
$\varrho = 0{,}85 \frac{g}{cm^3}$

4. Ein Zweitakt-Ottomotor hat bei $P_{eff\,max} = 55\,kW$ einen spezifischen Kraftstoffverbrauch von $428{,}43 \frac{g}{kWh}$. Wieviel l Kraftstoff ($\varrho = 0{,}72 \frac{kg}{dm^3}$) werden nach 16,5 s verbraucht?

5. Bei einer Nutzleistung von 132 kW hat ein Motor einen spez. Kraftstoffverbrauch von $265{,}43 \frac{g}{kWh}$. Es werden dabei 0,2 dm³ Kraftstoff ($\varrho = 0{,}78 \frac{kg}{dm^3}$) verbraucht. Nach welcher Zeit t in s wird der Kraftstoffdurchfluß ermittelt?

6. Daten einer Leistungsmessung unter Vollastbetrieb. Bei jedem Meßpunkt sind 0,2 l Kraftstoff ($\varrho = 0{,}72 \frac{g}{cm^3}$) verbraucht. Berechnen Sie jeweils b_{eff} in $\frac{g}{kWh}$ und zeichnen Sie die b_{eff}- und P_{eff}-Kennlinie.

1. bei $1000 \frac{1}{min}$
$P_{eff} = 17\,kW$
$t = 86\,s$

2. bei $2000 \frac{1}{min}$
$P_{eff} = 28\,kW$
$t = 68\,s$

3. bei $3000 \frac{1}{min}$
$P_{eff} = 45\,kW$
$t = 46\,s$

4. bei $4000 \frac{1}{min}$
$P_{eff} = 68\,kW$
t $29\,s$

5. bei $5000 \frac{1}{min}$
$P_{eff} = 83\,kW$
$t = 20\,s$

6. bei $6000 \frac{1}{min}$
$P_{eff} = 78\,kW$
$t = 19\,s$

30 Kurbeltrieb

30.1 Kolbenkraft

Die **Kolbenkraft** F_K entsteht durch den Druck p der brennenden Gase auf die Kolbenfläche A_K. Die größte Kolbenkraft wird durch den Verbrennungshöchstdruck p_{max} erzeugt.

Die Kolbenkraft F_K ist abhängig von

- dem Druck p im Verbrennungsraum und
- der Kolbenfläche A_K.

$F_K = p \cdot A_K$

$\boxed{F_K = 10 \cdot p \cdot A_K}$

F_K Kolbenkraft in N
p Druck im Verbrennungsraum in bar
A_K Kolbenfläche in cm²
10 Umrechnungszahl, $10 \frac{N}{cm^2 \cdot bar}$

Tab.: Betriebswerte

Motor	Verbrennungshöchstdruck p_{max}
Ottomotor	30 bis 50 bar
Dieselmotor	60 bis 80 bar

Beispiel: Ein 4-Zyl.-Ottomotor hat einen Kolbendurchmesser d von 84 mm. Der Verbrennungshöchstdruck p_{max} beträgt 44 bar. Wie groß ist die Kolbenkraft F_K in N?

Gesucht: F_K in N
Gegeben: $d = 84$ mm, $p = 44$ bar
Lösung: $F_K = 10 \cdot p \cdot A_K$

$$A_K = \frac{d^2 \cdot \pi}{4} = \frac{(8{,}4\,cm)^2 \cdot 3{,}14}{4}$$

$A_K = 55{,}39$ cm²
$F_K = 10 \cdot 44 \cdot 55{,}39$
$F_K = \mathbf{24\,371\ N}$

Aufgaben

1. Stellen Sie die Formel $F_K = 10 \cdot p \cdot A_K$ nach p und A_K um.

2. Der Verbrennungshöchstdruck p_{max} eines 6-Zyl.-Viertakt-Ottomotors beträgt 43 bar. Der Motor hat einen Kolbendurchmesser d von 89 mm. Berechnen Sie die Kolbenkraft F_K in N.

3. Die maximale Kolbenkraft F_{max} eines 2-Zyl.-Zweitakt-Ottomotors beträgt 6785 N und der Kolbendurchmesser d ist 49 mm. Berechnen Sie den Verbrennungshöchstdruck p_{max} in bar.

4. Ein 8-Zyl.-Viertakt-Dieselmotor hat bei einem Verbrennungshöchstdruck p_{max} von 68 bar eine Kolbenkraft F_{max} von 87 458 N. Berechnen Sie den Kolbendurchmesser d in mm.

30.2 Druck im Verbrennungsraum – mechanische Arbeit

Das p-V-Diagramm zeigt den im Zylinder während des Arbeitsspiels wirkenden Druck p über dem zugehörigen Zylindervolumen V.

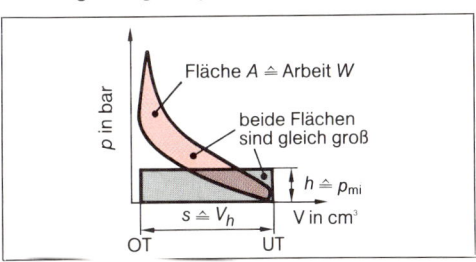

Die Fläche der **gewonnenen Arbeit** während des Arbeitsspiels wird durch die Linien des Verdichtungs- und Arbeitstakts eingeschlossen. Wird diese Fläche des p-V-Diagramms in ein flächengleiches Rechteck über dem Kolbenhub s verwandelt, so entspricht die Höhe h des so gewonnenen Rechtecks dem **mittleren indizierten Kolbendruck** p_{mi}. Mit diesem Kolbendruck wird die mechanische Arbeit W errechnet.

Die mechanische Arbeit W hängt ab von

- dem mittleren Kolbendruck p_{mi},
- der Kolbenfläche A_K und
- dem Kolbenhub s.

$\boxed{W = 10 \cdot p_{mi} \cdot A_K \cdot s}$

mit
$10 \cdot p_{mi} \cdot A_K = F_K$
folgt

$\boxed{W = F_K \cdot s}$

W mech. Arbeit in Nm
p_{mi} mittlerer indizierter Kolbendruck in bar
A_K Kolbenfläche in cm²
s Kolbenhub in m
F_K Kolbenkraft in N
10 Umrechnungszahl, $10 \frac{N}{cm^2 \cdot bar}$

Beispiel: Während des Arbeitsspiels eines Viertakt-Ottomotors wirkt auf den Kolben ein mittlerer Kolbendruck p_{mi} von 12,4 bar. Der Kolbendurchmesser d beträgt 83 mm, der Kolbenhub 88 mm. Wie groß ist die erzeugte Arbeit W in Nm?

Gesucht: W in Nm
Gegeben: $d = 83$ mm, $s = 88$ mm, $p_{mi} = 12,4$ bar
Lösung: $W = 10 \cdot p_{mi} \cdot A_K \cdot s$

$$A_K = \frac{d^2 \cdot \pi}{4} = \frac{(8,3 \text{ cm})^2 \cdot 3,14}{4} = 54,08 \text{ cm}^2$$

$W = 10 \cdot 12,4 \cdot 54,08 \cdot 0,088$
$W = \mathbf{590{,}12 \text{ Nm}}$

30.3 Kräfte am Kurbeltrieb

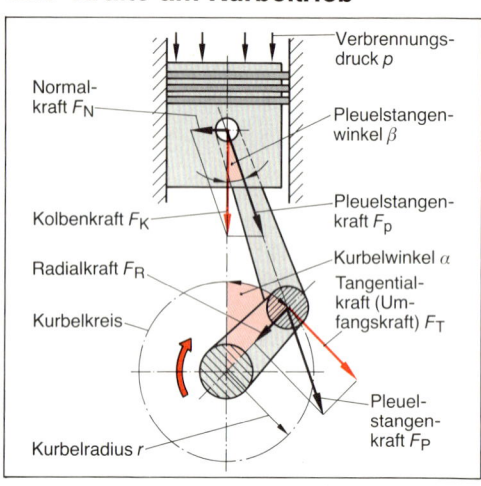

Der Verbrennungsdruck p erzeugt in einem Hubkolbenmotor die **Kolbenkraft** F_K.

Durch die Schräglage der Pleuelstange wird die Kolbenkraft F_K zerlegt in die

- Kolbenseitenkraft (Normalkraft) F_N und die
- Pleuelstangenkraft F_P.

Die Kolbenseitenkraft F_N wirkt senkrecht auf die Zylinderwand, die Pleuelstangenkraft F_P in Richtung der Pleuelstange.

Die Pleuelstangenkraft F_P wird am Pleuellager zerlegt in die

- Radialkraft (Kurbelwangenkraft) F_R und die
- Tangentialkraft (Umfangskraft) F_T.

Die Tangentialkraft F_T und der Kurbelradius r bilden einen rechten Winkel.

Zeichnerische Ermittlung der Kräfte am Kurbeltrieb

Beispiel: Die Tangentialkraft F_T in N ist zeichnerisch zu ermitteln (Kräftemaßstab: 1 mm $\triangleq$ 1200 N). Ein Hubkolbenmotor hat bei einem Pleuelstangenwinkel $\beta = 15°$ eine Kolbenkraft von 24000 N. Die Pleuelstange hat eine Länge von 120 mm, der Kolbenhub beträgt 80 mm.

Gesucht: F_T in N
Gegeben: $F_K = 24000$ N, $\beta = 15°$, $s = 80$ mm, $l_P = 120$ mm
Kräftemaßstab (KM): 1 mm $\triangleq$ 1200 N
Längenmaßstab: 1 : 2,5

Lösungsschritte:
- $l = \dfrac{F}{KM} = \dfrac{24000 \text{ N}}{1200 \frac{N}{mm}} = 20$ mm (s. S. 49)
- Kolbenkraft F_K auf der Zylinderachse abtragen,

Aufgaben

1. Stellen Sie die Formel $W = 10 \cdot p_{mi} \cdot A_K \cdot s$ nach p_{mi}, A_K und s um.

2. Der mittlere Kolbendruck p_{mi} eines 6-Zyl.-Ottomotors beträgt 11,8 bar, die Kolbenfläche $A = 70,85$ cm², der Kolbenhub $s = 70$ mm. Berechnen Sie die abgegebene Arbeit W in Nm.

3. Der Kolben eines 6-Zyl-Ottomotors hat einen Durchmesser $d = 84$ mm und einen Hub $s = 75$ mm. Der mittlere Kolbendruck p_{mi} beträgt 16,2 bar. Berechnen Sie die abgegebene Arbeit W in Nm.

4. Während des Arbeitsspiels erzeugt ein 6-Zyl.-Dieselmotor eine Arbeit $W = 1368,4$ Nm. Der Motor hat einen mittleren Kolbendruck $p_{mi} = 7,6$ bar und einen Kolbendurchmesser $d = 128$ mm. Berechnen Sie den Kolbenhub s in mm.

5. Wie groß ist der mittlere Kolbendruck p_{mi} eines 4-Zyl.-Viertakt-Ottomotors in bar bei einem Gesamthubraum von 1263 cm³? Der Motor erzeugt während eines Arbeitsspiels eine Arbeit von 464,15 Nm.

6. Der Kolbenhub eines 1-Zyl.-Zweitakt-Ottomotors beträgt 54 mm. Der Motor gibt bei einem mittleren Kolbendruck von 6,6 bar eine Arbeit von 161,6 Nm ab. Berechnen Sie den Kolbendurchmesser d in mm.

7. Der Gesamthubraum eines 4-Zyl.-Turbo-Dieselmotors beträgt 1757 cm³. Bei einem Kolbendurchmesser von 80 mm erzeugt der Motor eine Arbeit von 346 Nm. Berechnen Sie den mittleren Kolbendruck p_{mi} in bar.

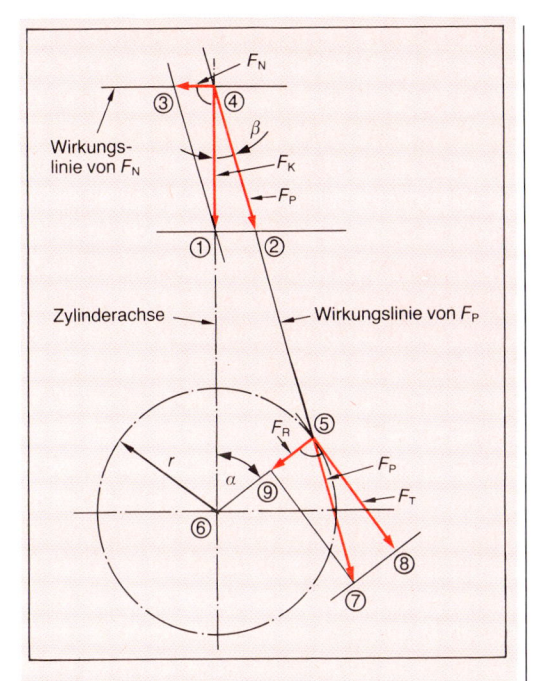

Kapitel 30: Kurbeltrieb

Aufgaben

1. Der Kolbenhub s eines Viertakt-Ottomotors beträgt 80 mm, die Kolbenkraft $F_K = 16000$ N bei einem Pleuelstangenwinkel $\beta = 25°$. Ermitteln Sie zeichnerisch die Normalkraft F_N und die Pleuelstangenkraft F_P in N (Kräftemaßstab: 1 mm $\triangleq$ 1000 N).

2. Bei einem Pleuelstangenwinkel von $\beta = 20°$ hat ein Viertakt-Dieselmotor eine Kolbenkraft F_K von 36000 N. Der Kolbenhub s beträgt 134 mm, die Pleuelstangenlänge l_p 180 mm. Ermitteln Sie zeichnerisch (Kräftemaßstab: 1 mm $\triangleq$ 1000 N)
a) die Pleuelstangenkraft F_P in N und
b) die Tangentialkraft F_T in N.

3. Ein Viertakt-Dieselmotor hat 32° Kurbelwinkel (KW) nach OT seinen Verbrennungs-Höchstdruck von 70 bar. Die Kolbenfläche beträgt 84,86 cm^2, der Kolbenhub 112 mm. Die Pleuelstange hat eine Länge von 140 mm (Kräftemaßstab: 1 mm $\triangleq$ 1100 N). Ermitteln Sie
a) rechnerisch die Kolbenkraft F_K in N und
b) zeichnerisch die Tangentialkraft F_T in N.

4. Ermitteln Sie mit Hilfe des p-V-Diagramms die Änderungen von Kolbenkraft F_K und Tangentialkraft F_T während des Arbeitstakts eines Viertakt-Ottomotors nach 15°, 30° und 45° Kurbelwinkel. Der Motor hat einen Kolbendurchmesser von 80 mm, eine 116 mm lange Pleuelstange und einen Kolbenhub von 76 mm.

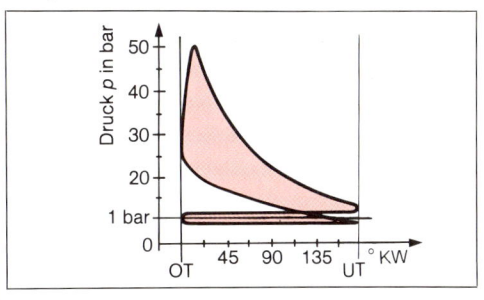

5. Der Verbrennungs-Höchstdruck eines Zweitakt-Ottomotors beträgt 36 bar 18° KW nach OT, die Kolbenfläche 16,67 cm^2, der Kolbenhub 46 mm und die Pleuelstangenlänge 84 mm. Ermitteln Sie
a) rechnerisch die Kolbenkraft F_K in N und
b) zeichnerisch die Tangentialkraft F_T in N.

6. Unter welchen Bedingungen ist die Tangentialkraft gleich der Pleuelstangenkraft? Beweisen Sie Ihre Aussage zeichnerisch.

- senkrecht zu F_K die Wirkungslinie der Normalkraft F_N in ④ einzeichnen,
- Wirkungslinie der Pleuelstangenkraft F_P unter einem Winkel von 15° zur Zylinderachse im Punkt ④ zeichnen,
- Ermittlung der Größen von F_N und F_P: Die Parallele zur Wirkungslinie von F_N durch den Punkt ① schneidet die Wirkungslinie von F_P im Punkt ②, die Parallele zu F_P durch ① schneidet die Wirkungslinie von F_N im Punkt ③,
- Pleuelstangenlänge $l = 48$ mm vom Punkt ④ auf der Wirkungslinie von F_P abtragen und mit $r = 16$ mm ($r = \frac{1}{2}s$) einen Kreisbogen um Punkt ⑤ schlagen, der die Zylinderachse im Mittelpunkt ⑥ der Kurbelwelle schneidet,
- Pleuelstangenkraft F_P auf deren Wirkungslinie von Punkt ⑤ abtragen,
- die Senkrechte zur Wirkungslinie von F_R durch Punkt ⑤ ist die Wirkungslinie der Tangentialkraft F_T,
- Ermittlung der Größe von F_T: Die Parallele zur Wirkungslinie von F_R durch Punkt ⑦ schneidet die Wirkungslinie von F_T im Punkt ⑧, die Parallele zu F_T durch ⑦ schneidet die Wirkungslinie von F_R im Punkt ⑨.

Ergebnis: $F_T = 18,5$ mm $F_T = \mathbf{22200\ N}$

30.4 Drehmoment an der Kurbelwelle

> Die **Tangentialkraft** (Umfangskraft) F_T erzeugt an der Kurbelwelle das **Drehmoment** M.

Das Drehmoment M an der Kurbelwelle hängt ab von
- der Tangentialkraft F_T und
- dem Kurbelradius r.

$$M = F_T \cdot r$$

M Drehmoment in Nm
F_T Tangentialkraft in N
r Kurbelradius in m

Beispiel: Ein 4-Zyl.-Viertakt-Dieselmotor hat bei einem Kurbelwinkel von 30° nach OT eine Tangentialkraft F_T von 3800 N. Der Kurbelradius r beträgt 42 mm. Wie groß ist das Drehmoment M in Nm?
Gesucht: M in Nm
Gegeben: $F_T = 3800$ N, $r = 42$ mm
Lösung: $M = F_T \cdot r = 3800$ N $\cdot$ 0,042 m
$M =$ **159,6 Nm**

Aufgaben

1. Stellen Sie die Formel $M = F_T \cdot r$ nach F_T und r um.

2. Bei einem Kurbelwinkel von 40° hat ein Viertakt-Ottomotor eine Tangentialkraft $F_T = 2860$ N. Der Kurbelradius r beträgt 40 mm. Berechnen Sie das Drehmoment M in Nm.

3. Die Tangentialkraft F_T eines 6-Zyl.-Viertakt-Dieselmotors beträgt 40° KW nach OT 3896 N, dabei wirkt an der Kurbelwelle ein Drehmoment $M = 136$ Nm. Berechnen Sie den Kurbelradius r in mm.

4. Ein 8-Zyl.-V-Viertakt-Dieselmotor hat 24° KW nach OT einen Verbrennungshöchstdruck von 68 bar. Die Kolbenfläche beträgt 128,6 cm², der Kolbenhub 144 mm und die Pleuellänge 246 mm. Ermitteln Sie F_T in N und M in Nm an der Kurbelwelle.

5. Ermitteln Sie das Drehmoment M in Nm an der Kurbelwelle eines Zweitakt-Ottomotors. Der Motor hat einen Kolbendurchmesser von 44 mm, einen Kolbenhub von 42 mm und eine Pleuelstangenlänge von 84 mm. Der Verbrennungshöchstdruck beträgt 38 bar 15° KW nach OT.

30.5 Kolbeneinbauspiel

Das Kolbeneinbauspiel k_{Sp} hängt ab von
- der Zylinderbohrung D und
- dem größten Kolbendurchmesser d.

$$k_{Sp} = D - d$$

k_{Sp} Kolbeneinbauspiel in mm
D Zylinderbohrung in mm
d größter Kolbendurchmesser in mm

Tab.: Betriebswerte für $D = 80$ mm

Ver-brennungs-verfahren	Kühlungs-art	Kolben-bauart	Kolben-einbauspiel in mm
O	L	R	0,04 bis 0,07
O	W	R	0,01 bis 0,05
O, D	L	E	0,03 bis 0,12
O, D	W	E	0,01 bis 0,10

O: Ottomotor, D: Dieselmotor, L: Luftkühlung, W: Wasserkühlung, R: Regelkolben, E: Einmetallkolben

Beispiel: Ein wassergekühlter 4-Zyl.-Ottomotor hat eine Zylinderbohrung $D = 81$ mm. Der größte Durchmesser d des Regelkolbens beträgt 80,98 mm. Wie groß ist das Kolbeneinbauspiel k_{Sp} in mm?
Gesucht: k_{Sp} in mm
Gegeben: $D = 81$ mm, $d = 80,98$ mm
Lösung: $k_{Sp} = D - d = 81$ mm $- 80,98$ mm
$k_{Sp} =$ **0,02 mm**

Aufgaben

1. Stellen Sie die Formel $k_{Sp} = D - d$ nach D und d um.

2. Der größte Durchmesser eines Einmetallkolbens beträgt $d = 86,96$ mm, die Zylinderbohrung eines flüssigkeitsgekühlten 6-Zyl.-Dieselmotors $D = 87$ mm. Berechnen Sie das Kolbeneinbauspiel k_{Sp} in mm.

3. Das Kolbeneinbauspiel eines luftgekühlten Zweitakt-Ottomotors ist $k_{Sp} = 0,04$ mm. Der Regelkolben hat einen größten Durchmesser von 55,16 mm. Wie groß ist D in mm?

4. Die Zylinderbohrung eines flüssigkeitsgekühlten 4-Zyl.-Ottomotors beträgt 75,5 mm, das Kolbeneinbauspiel 0,03 mm. Berechnen Sie den größten Kolbendurchmesser d in mm.

Kapitel 30: Kurbeltrieb

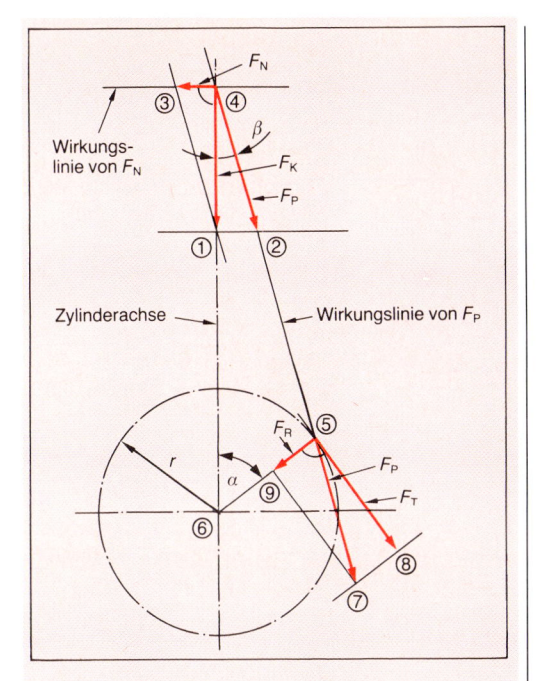

- senkrecht zu F_K die Wirkungslinie der Normalkraft F_N in ④ einzeichnen,
- Wirkungslinie der Pleuelstangenkraft F_P unter einem Winkel von 15° zur Zylinderachse im Punkt ④ zeichnen,
- Ermittlung der Größen von F_N und F_P: Die Parallele zur Wirkungslinie von F_N durch den Punkt ① schneidet die Wirkungslinie von F_P im Punkt ②, die Parallele zu F_P durch ① schneidet die Wirkungslinie von F_N im Punkt ③,
- Pleuelstangenlänge $l = 48$ mm vom Punkt ④ auf der Wirkungslinie von F_P abtragen und mit $r = 16$ mm ($r = \frac{1}{2}s$) einen Kreisbogen um Punkt ⑤ schlagen, der die Zylinderachse im Mittelpunkt ⑥ der Kurbelwelle schneidet,
- Pleuelstangenkraft F_P auf deren Wirkungslinie von Punkt ⑤ abtragen,
- die Senkrechte zur Wirkungslinie von F_R durch Punkt ⑤ ist die Wirkungslinie der Tangentialkraft F_T,
- Ermittlung der Größe von F_T: Die Parallele zur Wirkungslinie von F_R durch Punkt ⑦ schneidet die Wirkungslinie von F_T im Punkt ⑧, die Parallele zu F_T durch ⑦ schneidet die Wirkungslinie von F_R im Punkt ⑨.

Ergebnis: $F_T = 18,5$ mm $\qquad F_T = \mathbf{22\,200\,N}$

Aufgaben

1. Der Kolbenhub s eines Viertakt-Ottomotors beträgt 80 mm, die Kolbenkraft $F_K = 16000$ N bei einem Pleuelstangenwinkel $\beta = 25°$. Ermitteln Sie zeichnerisch die Normalkraft F_N und die Pleuelstangenkraft F_P in N (Kräftemaßstab: 1 mm $\triangleq$ 1000 N).

2. Bei einem Pleuelstangenwinkel von $\beta = 20°$ hat ein Viertakt-Dieselmotor eine Kolbenkraft F_K von 36000 N. Der Kolbenhub s beträgt 134 mm, die Pleuelstangenlänge l_P 180 mm. Ermitteln Sie zeichnerisch (Kräftemaßstab: 1 mm $\triangleq$ 1000 N)
a) die Pleuelstangenkraft F_P in N und
b) die Tangentialkraft F_T in N.

3. Ein Viertakt-Dieselmotor hat 32° Kurbelwinkel (KW) nach OT seinen Verbrennungs-Höchstdruck von 70 bar. Die Kolbenfläche beträgt 84,86 cm^2, der Kolbenhub 112 mm. Die Pleuelstange hat eine Länge von 140 mm (Kräftemaßstab: 1 mm $\triangleq$ 1100 N). Ermitteln Sie
a) rechnerisch die Kolbenkraft F_K in N und
b) zeichnerisch die Tangentialkraft F_T in N.

4. Ermitteln Sie mit Hilfe des p-V-Diagramms die Änderungen von Kolbenkraft F_K und Tangentialkraft F_T während des Arbeitstakts eines Viertakt-Ottomotors nach 15°, 30° und 45° Kurbelwinkel. Der Motor hat einen Kolbendurchmesser von 80 mm, eine 116 mm lange Pleuelstange und einen Kolbenhub von 76 mm.

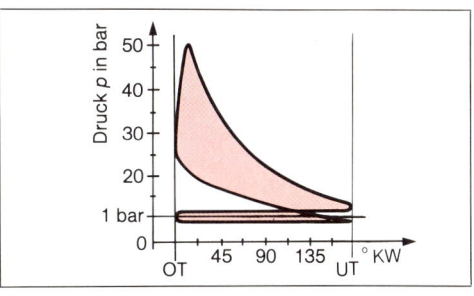

5. Der Verbrennungs-Höchstdruck eines Zweitakt-Ottomotors beträgt 36 bar 18° KW nach OT, die Kolbenfläche 16,67 cm^2, der Kolbenhub 46 mm und die Pleuelstangenlänge 84 mm. Ermitteln Sie
a) rechnerisch die Kolbenkraft F_K in N und
b) zeichnerisch die Tangentialkraft F_T in N.

6. Unter welchen Bedingungen ist die Tangentialkraft gleich der Pleuelstangenkraft? Beweisen Sie Ihre Aussage zeichnerisch.

30.4 Drehmoment an der Kurbelwelle

> Die **Tangentialkraft** (Umfangskraft) F_T erzeugt an der Kurbelwelle das **Drehmoment** M.

Das Drehmoment M an der Kurbelwelle hängt ab von
- der Tangentialkraft F_T und
- dem Kurbelradius r.

$$M = F_T \cdot r$$

M Drehmoment in Nm
F_T Tangentialkraft in N
r Kurbelradius in m

Beispiel: Ein 4-Zyl.-Viertakt-Dieselmotor hat bei einem Kurbelwinkel von 30° nach OT eine Tangentialkraft F_T von 3800 N. Der Kurbelradius r beträgt 42 mm. Wie groß ist das Drehmoment M in Nm?
Gesucht: M in Nm
Gegeben: $F_T = 3800$ N, $r = 42$ mm
Lösung: $M = F_T \cdot r = 3800$ N $\cdot$ 0,042 m
$M = $ **159,6 Nm**

Aufgaben

1. Stellen Sie die Formel $M = F_T \cdot r$ nach F_T und r um.

2. Bei einem Kurbelwinkel von 40° hat ein Viertakt-Ottomotor eine Tangentialkraft $F_T = 2860$ N. Der Kurbelradius r beträgt 40 mm. Berechnen Sie das Drehmoment M in Nm.

3. Die Tangentialkraft F_T eines 6-Zyl.-Viertakt-Dieselmotors beträgt 40° KW nach OT 3896 N, dabei wirkt an der Kurbelwelle ein Drehmoment $M = 136$ Nm. Berechnen Sie den Kurbelradius r in mm.

4. Ein 8-Zyl.-V-Viertakt-Dieselmotor hat 24° KW nach OT einen Verbrennungshöchstdruck von 68 bar. Die Kolbenfläche beträgt 128,6 cm², der Kolbenhub 144 mm und die Pleuellänge 246 mm. Ermitteln Sie F_T in N und M in Nm an der Kurbelwelle.

5. Ermitteln Sie das Drehmoment M in Nm an der Kurbelwelle eines Zweitakt-Ottomotors. Der Motor hat einen Kolbendurchmesser von 44 mm, einen Kolbenhub von 42 mm und eine Pleuelstangenlänge von 84 mm. Der Verbrennungshöchstdruck beträgt 38 bar 15° KW nach OT.

30.5 Kolbeneinbauspiel

Das Kolbeneinbauspiel k_{Sp} hängt ab von
- der Zylinderbohrung D und
- dem größten Kolbendurchmesser d.

$$k_{Sp} = D - d$$

k_{Sp} Kolbeneinbauspiel in mm
D Zylinderbohrung in mm
d größter Kolbendurchmesser in mm

Tab.: Betriebswerte für $D = 80$ mm

Verbrennungsverfahren	Kühlungsart	Kolbenbauart	Kolbeneinbauspiel in mm
O	L	R	0,04 bis 0,07
O	W	R	0,01 bis 0,05
O, D	L	E	0,03 bis 0,12
O, D	W	E	0,01 bis 0,10

O: Ottomotor, D: Dieselmotor, L: Luftkühlung, W: Wasserkühlung, R: Regelkolben, E: Einmetallkolben

Beispiel: Ein wassergekühlter 4-Zyl.-Ottomotor hat eine Zylinderbohrung $D = 81$ mm. Der größte Durchmesser d des Regelkolbens beträgt 80,98 mm. Wie groß ist das Kolbeneinbauspiel k_{Sp} in mm?
Gesucht: k_{Sp} in mm
Gegeben: $D = 81$ mm, $d = 80,98$ mm
Lösung: $k_{Sp} = D - d = 81$ mm $- 80,98$ mm
$k_{Sp} = $ **0,02 mm**

Aufgaben

1. Stellen Sie die Formel $k_{Sp} = D - d$ nach D und d um.

2. Der größte Durchmesser eines Einmetallkolbens beträgt $d = 86,96$ mm, die Zylinderbohrung eines flüssigkeitsgekühlten 6-Zyl.-Dieselmotors $D = 87$ mm. Berechnen Sie das Kolbeneinbauspiel k_{Sp} in mm.

3. Das Kolbeneinbauspiel eines luftgekühlten Zweitakt-Ottomotors ist $k_{Sp} = 0,04$ mm. Der Regelkolben hat einen größten Durchmesser von 55,16 mm. Wie groß ist D in mm?

4. Die Zylinderbohrung eines flüssigkeitsgekühlten 4-Zyl.-Ottomotors beträgt 75,5 mm, das Kolbeneinbauspiel 0,03 mm. Berechnen Sie den größten Kolbendurchmesser d in mm.

31 Motorleistung

31.1 Indizierte Leistung

Die **indizierte Leistung** P_i, auch Innenleistung genannt, ist die Leistung, die sich durch die Gasdruckeinwirkung auf die Kolben in den Zylindern ergibt (DIN 1940).

Die indizierte Leistung P_i eines Verbrennungsmotors ist abhängig von
- der Zylinderbohrung d,
- dem Kolbenhub s,
- der Zahl z der Zylinder,
- dem mittleren (indizierten) Kolbendruck p_{mi}
- der Motordrehzahl n.

Zur Berechnung der Leistung gilt allgemein (s. Kap. 24):

$$P = \frac{W}{t} = \frac{F \cdot s}{t} \quad \text{mit} \quad v = \frac{s}{t} \quad \text{folgt:}$$

$P = F \cdot v$

Für den Hubkolbenmotor gilt:

P_i indizierte Leistung in kW
F_K Kolbenkraft in N
v_m mittlere Kolbengeschwindigkeit in $\frac{m}{s}$
1000 Umrechnungszahl, $1000 \frac{W}{kW}$
10   Umrechnungszahl, $1 \text{ bar} = \frac{10 \text{ N}}{cm^2}$
4 (2) jeder 4. (2.) Takt ein Arbeitstakt
d Zylinderbohrung in cm
60   Umrechnungszahl, $60 \frac{s}{min}$
100 Umrechnungszahl, $100 \frac{cm}{m}$

$$P_i = \frac{F_K \cdot v_m}{1000}$$

$$P_i = \frac{F_K \cdot v_m}{1000 \cdot 4 (2)} \quad \text{mit} \quad F_K = \frac{d^2 \cdot \pi}{4} \cdot 10 \cdot p_{mi} \cdot z$$

und $v_m = \frac{2 \cdot s \cdot n}{60}$ folgt

$$P_i = \frac{\frac{d^2 \cdot \pi}{4} \cdot 10 \cdot p_{mi} \cdot z \cdot 2 \cdot s \cdot n}{1000 \cdot 60 \cdot 100 \cdot 4 (2)}$$

da $\frac{10 \cdot 2}{1000 \cdot 60 \cdot 100 \cdot 4 (2)} = \frac{1}{1200000 \, (600000)}$ ist, folgt

$$P_i = \frac{\frac{d^2 \cdot \pi}{4} \cdot s \cdot z \cdot p_{mi} \cdot n}{1200000 \, (600000)}$$

mit $A_K = \frac{d^2 \cdot \pi}{4}$ folgt

$$P_i = \frac{A_K \cdot s \cdot z \cdot p_{mi} \cdot n}{1200000 \, (600000)}$$

und mit $V_H = A_K \cdot s \cdot z$ folgt

$$P_i = \frac{V_H \cdot p_{mi} \cdot n}{1200000 \, (600000)}$$

A_K Kolbenfläche in cm^2
s Kolbenhub in cm
z Zahl der Zylinder
p_{mi} mittlerer Kolbendruck in bar
n Motordrehzahl in $\frac{1}{min}$
V_H Gesamthubraum in cm^3
1200000 Umrechnungszahl, für einen Viertaktmotor $1200000 \frac{cm \cdot W \cdot s}{m \cdot kW \cdot min}$
600000 Umrechnungszahl, für einen Zweitaktmotor $600000 \frac{cm \cdot W \cdot s}{m \cdot kW \cdot min}$

Tab.: Betriebswerte

Motor	indizierte Leistung in kW
4-Takt-Ottomotor	8 bis 350
4-Takt-Dieselmotor	45 bis 300
2-Takt-Ottomotor	1,5 bis 90
2-Takt-Dieselmotor	20 bis 250

Beispiel: Ein 4-Zyl.-Ottomotor hat eine Zylinderbohrung $d = 83$ mm und einen Kolbenhub $s = 67,5$ mm. Der mittlere Kolbendruck p_{mi} beträgt 9,4 bar. Wie groß ist die indizierte Leistung P_i in kW bei einer Motordrehzahl n von $5000 \frac{1}{min}$?

Gesucht: P_i in kW

Gegeben: $d = 83$ mm, $s = 67,5$ mm, $p_{mi} = 9,4$ bar, $z = 4$, $n = 5000 \frac{1}{min}$

Lösung: $P_i = \dfrac{\frac{d^2 \cdot \pi}{4} \cdot s \cdot z \cdot p_{mi} \cdot n}{1200000}$

$P_i = \dfrac{\frac{8,3^2 \cdot 3,14}{4} \cdot 6,75 \cdot 4 \cdot 9,4 \cdot 5000}{1200000}$

$P_i = \mathbf{57,2}$ **kW**

Aufgaben

1. Stellen Sie die Formel $P_i = \dfrac{\frac{d^2 \cdot \pi}{4} \cdot s \cdot z \cdot p_{mi} \cdot n}{1200000}$ nach s, z, p_{mi}, n und d um.

2. Der mittlere Kolbendruck p_{mi} eines 6-Zyl.-Viertakt-Dieselmotors beträgt 7,2 bar bei einer Motordrehzahl $n = 2200 \frac{1}{min}$. Der Motor hat eine Zylinderbohrung $d = 80$ mm und einen Kolbenhub $s = 81$ mm. Berechnen Sie die indizierte Leistung P_i in kW.

3. Die Zylinderbohrung d eines 4-Zyl.-Zweitakt-Ottomotors beträgt 56 mm, der Kolbenhub $s = 50,6$ mm. Der Motor hat bei einer Drehzahl $n = 7000 \frac{1}{min}$ einen mittleren Kolbendruck $p_{mi} = 10,2$ bar. Berechnen Sie die Innenleistung P_i in kW.

4. Ein 8-Zyl.-V-Turbo-Viertakt-Ottomotor hat eine Zylinderbohrung $d = 82$ mm, einen Kolbenhub $s = 69,5$ mm und einen mittleren Kolbendruck $p_{mi} = 19,8$ bar bei einer Motordrehzahl von $n = 7000 \frac{1}{min}$. Wie groß ist die Innenleistung P_i in kW?

5. Der Gesamthubraum eines 6-Zyl.-Viertakt-Ottomotors beträgt 2598 cm³. Bei einer Drehzahl von $5600 \frac{1}{min}$ hat der Motor eine Innenleistung von 128 kW. Berechnen Sie den mittleren Kolbendruck p_{mi} in bar.

6. Bei einem mittleren Kolbendruck von 18,47 bar erreicht ein 6-Zyl.-Viertakt-Boxermotor eine Innenleistung von 284 kW. Der Gesamthubraum des Motors beträgt 2848 cm³. Bei welcher Motordrehzahl n in $\frac{1}{min}$ wird diese Innenleistung erreicht?

7. Der mittlere Kolbendruck eines 2-Zyl.-Zweitakt-Ottomotors beträgt 8,65 bar bei einer Motordrehzahl von $6800 \frac{1}{min}$, dabei erreicht der Motor eine Innenleistung von 24 kW. Der Kolbenhub ist 54 mm. Berechnen Sie den Durchmesser d der Zylinderbohrung in mm.

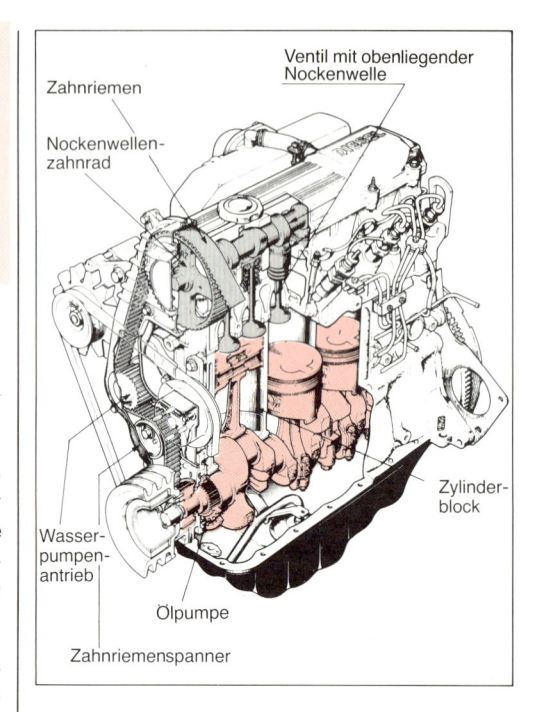

8. Die Innenleistung eines 8-Zyl.-Viertakt-Dieselmotors beträgt 184 kW bei einem mittleren Kolbendruck von 8,4 bar, einer Zylinderbohrung von 128 mm und einer Motordrehzahl von $1800 \frac{1}{min}$. Wie groß ist der Kolbenhub s in mm?

9. Ein 4-Zyl.-Viertakt-Ottomotor hat bei einem mittleren Kolbendruck von 12,03 bar und einer Motordrehzahl von $5800 \frac{1}{min}$ eine Innenleistung von 114 kW. Berechnen Sie
a) den Gesamthubraum V_H in cm³ und l und
b) den Zylinderhubraum V_h in cm³.

10. Die Innenleistung von 84 kW erzeugt ein Viertakt-Ottomotor bei einem mittleren Kolbendruck von 9,85 bar und einer Motordrehzahl von $6400 \frac{1}{min}$. Der Motor hat eine Zylinderbohrung von 78 mm und einen 83,6 mm großen Kolbenhub. Wieviel Zylinder z hat der Motor?

11. Bei einer Motordrehzahl von $2200 \frac{1}{min}$ erzeugt ein 6-Zyl.-Viertakt-Dieselmotor mit einem mittleren Kolbendruck von 9,34 bar eine Innenleistung von 185 kW. Wie groß ist der Gesamthubraum V_H des Motors in cm³ und l?

12. Die mittlere Kolbengeschwindigkeit eines Viertakt-Ottomotors beträgt $11,9 \frac{m}{s}$. Berechnen Sie die Innenleistung P_i des Motors in kW bei einer Kolbenkraft von 45042 N.

31.2 Effektive Leistung

> Die **effektive Leistung** P_{eff}, auch Nutzleistung genannt, ist die Leistung eines Verbrennungsmotors, die an der Schwungscheibe nutzbar abgegeben wird (DIN 1940).

Die effektive Leistung P_{eff} kann aus der indizierten Leistung P_i eines Verbrennungsmotors berechnet werden, sie ist um die Reibleistung P_r kleiner als die indizierte Leistung P_i.

$$P_{eff} = P_i - P_r$$

P_{eff} effektive Leistung in kW
P_i indizierte Leistung in kW
P_r Reibleistung in kW

Die **Reibleistung** P_r ist die Leistung, die zur Überwindung der Motorreibung und zum Antrieb erforderlicher Hilfseinrichtungen (z.B. Zündeinrichtung, Einspritzpumpe, Kühlerventilator und Kühlwasserpumpe) aufgebracht werden muß.

Zusammenhang zwischen effektiver Leistung und Motordrehmoment

Die effektive Leistung P_{eff} eines Verbrennungsmotors wird an der Schwungscheibe (Kurbelwelle) ermittelt. Allgemein gilt für die Berechnung der mechanischen Leistung P (s. Kap. 24):
$P = F \cdot v$.
Für P_{eff} folgt deshalb:

$$P_{eff} = \frac{F_T \cdot v_u}{1000}$$

mit $v_u = \frac{d \cdot \pi \cdot n}{60}$ ist

$$P_{eff} = \frac{F_T \cdot d \cdot \pi \cdot n}{1000 \cdot 60}$$

für $d = 2 \cdot r$ eingesetzt:

$$P_{eff} = \frac{F_T \cdot 2 \cdot r \cdot \pi \cdot n}{1000 \cdot 60}$$

da $\frac{2 \cdot \pi}{1000 \cdot 60} = \frac{1}{9550}$ ist, folgt

$$P_{eff} = \frac{F_T \cdot r \cdot n}{9550}$$

mit $F_T \cdot r = M$ folgt

$$P_{eff} = \frac{M \cdot n}{9550}$$

P_{eff} effektive Leistung in kW
F_T Tangentialkraft an der Kurbelwelle in N
v_u Umfangsgeschwindigkeit an der Kurbelwelle in $\frac{m}{s}$
d Kurbelkreisdurchmesser in m
1000 Umrechnungszahl, $1000 \frac{W}{kW}$
60 Umrechnungszahl, $60 \frac{s}{min}$
r Kurbelradius in m
M Motordrehmoment in Nm
n Motordrehzahl in $\frac{1}{min}$
9550 Umrechnungszahl, $9550 \frac{W \cdot s}{kW \cdot min}$

Beispiel: Ein 6-Zyl.-Viertakt-Ottomotor hat sein größtes Drehmoment $M = 255$ Nm bei einer Motordrehzahl $n = 4200 \frac{1}{min}$. Wie groß ist die effektive Leistung P_{eff} in kW bei diesem Drehmoment?

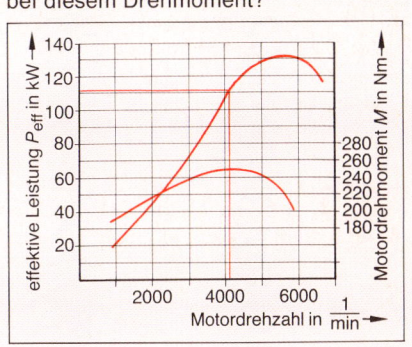

Gesucht: P_{eff} in kW
Gegeben: $M = 255$ Nm, $n = 4200 \frac{1}{min}$

Lösung: $P_{eff} = \frac{M \cdot n}{9550} = \frac{255 \cdot 4200}{9550}$

$P_{eff} = \mathbf{112{,}2\ kW}$ (s. Abb.)

Aufgaben

1. Stellen Sie $P_{eff} = \frac{M \cdot n}{9550}$ nach M und n um.

2. Bei einer Motordrehzahl $n = 5000 \frac{1}{min}$ hat ein 4-Zyl.-Viertakt-Ottomotor sein größtes Drehmoment $M = 170$ Nm. Berechnen Sie die nutzbare Leistung P_{eff} in kW.

3. Wie groß ist das Motordrehmoment M in Nm eines 4-Zyl.-Viertakt-Turbo-Dieselmotors? Seine größte Nutzleistung $P_{eff} = 88$ kW erzeugt der Motor bei einer Drehzahl $n = 3900 \frac{1}{min}$.

4. Ein Zweitakt-Ottomotor hat bei einer effektiven Leistung von 77 kW ein Motordrehmoment von 98 Nm. Bei welcher Motordrehzahl n in $\frac{1}{min}$ werden diese Werte erreicht?

5. Die größte effektive Leistung eines 4-Zyl.-Viertakt-Ottomotors beträgt 94 kW bei einer Motordrehzahl von $6000 \frac{1}{min}$. Berechnen Sie das Motordrehmoment M in Nm bei dieser Leistung.

6. Bei welcher Motordrehzahl n in $\frac{1}{min}$ erzeugt ein 8-Zyl.-Viertakt-Dieselmotor eine effektive Leistung von 386 kW und ein Motordrehmoment von 1940 Nm?

7. Eine Tangentialkraft von 3880 N an der Kurbelwelle eines 5-Zyl.-Viertakt-Ottomotors er-

zeugt bei einer Motordrehzahl von 5700 $\frac{1}{min}$ eine Leistung von 100 kW. Berechnen Sie
a) den Kolbenhub s in mm und b) das Motordrehmoment M in Nm.

8. Der Kolbenhub eines 6-Zyl.-Viertakt-Dieselmotors beträgt 146 mm. Wie groß muß die Motordrehzahl n in $\frac{1}{min}$ sein, um bei einer Tangentialkraft von 15117 N eine Nutzleistung von 208 kW zu erzielen?

9. Das Diagramm zeigt den Verlauf der effektiven Leistung eines Viertakt-Ottomotors.
a) Berechnen Sie für eine Motordrehzahl von 1000 $\frac{1}{min}$, 2000 $\frac{1}{min}$, 3000 $\frac{1}{min}$ bis 7000 $\frac{1}{min}$ das entsprechende Motordrehmoment M in Nm und b) zeichnen Sie beide Motorkennlinien in ein Diagramm.

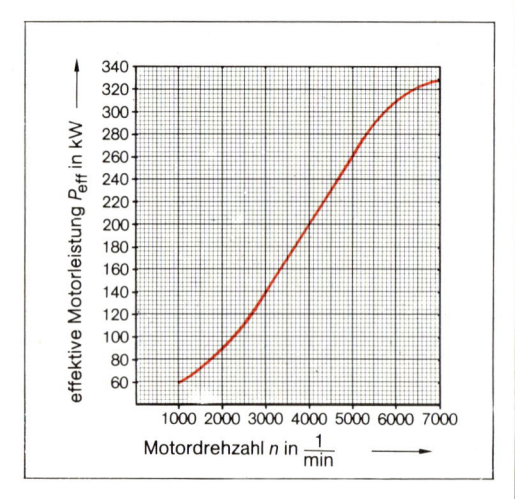

10. Das Diagramm zeigt den Verlauf des Motordrehmoments eines Viertakt-Dieselmotors.
a) Berechnen Sie für eine Motordrehzahl von 1000 $\frac{1}{min}$, 2000 $\frac{1}{min}$, 3000 $\frac{1}{min}$ bis 5000 $\frac{1}{min}$ die entsprechende effektive Leistung P_{eff} in kW und b) zeichnen Sie beide Motorkennlinien in ein Diagramm.

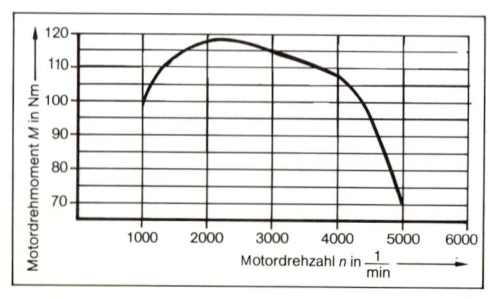

31.3 Mechanischer Wirkungsgrad

Der **mechanische Wirkungsgrad** η_m von Verbrennungsmotoren beträgt ungefähr 0,76 bis 0,92 (76 bis 92%) bei Vollast.

Der mechanische Wirkungsgrad η_m ist abhängig von
- der Innenleistung P_i und
- der effektiven Leistung P_{eff}.

$$\eta_m = \frac{P_{eff}}{P_i}$$

η_m mechanischer Wirkungsgrad, ohne Einheit oder in %
P_{eff} effektive Leistung in kW
P_i indizierte Leistung in kW

Beispiel: Die indizierte Leistung eines 4-Zyl.-Viertakt-Ottomotors beträgt 76 kW, die effektive Leistung 66 kW. Wie groß ist der mechanische Wirkungsgrad η_m?

Gesucht: η_m
Gegeben: $P_{eff} = 66$ kW, $P_i = 76$ kW

Lösung: $\eta_m = \dfrac{P_{eff}}{P_i} = \dfrac{66 \text{ kW}}{76 \text{ kW}}$

$\eta_m = $ **0,87 oder 87%**

$\eta_m = 1$ entspricht 100%, 0,87 entsprechen 87%

Der **mechanische Wirkungsgrad** von Verbrennungsmotoren ist **immer kleiner als 1**!

Aufgaben

1. Stellen Sie die Formel $\eta_m = \dfrac{P_{eff}}{P_i}$ nach P_{eff} und P_i um.

2. Die Innenleistung eines 6-Zyl.-Viertakt-Ottomotors beträgt $P_{ind} = 148$ kW, die effektive Leistung $P_{eff} = 132$ kW. Berechnen Sie den mechanischen Wirkungsgrad η_m in %.

3. Der mechanische Wirkungsgrad η_m eines 6-Zyl.-Viertakt-Dieselmotors beträgt 78%, die indizierte Leistung $P_{ind} = 218$ kW. Wie groß ist die effektive Leistung P_{eff} in kW?

4. Ein 1-Zyl.-Zweitakt-Ottomotor hat eine Nutzleistung von 12 kW. Der mechanische Wirkungsgrad beträgt 87%. Berechnen Sie die indizierte Leistung P_i in kW.

5. Die indizierte Leistung eines 6-Zyl.-V-Viertakt-Ottomotors beträgt 123,6 kW, der mechanische Wirkungsgrad 0,89. Berechnen Sie das Motordrehmoment M in Nm bei einer Motordrehzahl $n = 2500 \frac{1}{min}$.

31.4 Effektiver Wirkungsgrad

> Der **effektive Wirkungsgrad** η_{eff}, auch Nutzwirkungsgrad genannt, wird aus dem Verhältnis der effektiven Leistung zur zugeführten Wärmemenge ermittelt (DIN 1940).

Der effektive Wirkungsgrad η_{eff} hängt ab von
- der effektiven Leistung (Nutzleistung) P_{eff},
- dem spezifischen Wärmeverbrauch C,
- dem Kraftstoffverbrauch B und
- dem Heizwert H_u.

> Der **spezifische Wärmeverbrauch** C ist die Wärmemenge, die erforderlich ist, um eine Stunde lang eine effektive Leistung von einem kW zu erzeugen.

$\eta_{eff} = \dfrac{P_{eff} \cdot C}{H_u \cdot B}$

Da $1\,W = 1\,\dfrac{J}{s}$ ist, ergibt
$1\,kWh = 3600\,kJ$, damit ist
$C = 3600\,\dfrac{kJ}{kWh}$.
Daraus folgt:

$$\eta_{eff} = \dfrac{P_{eff} \cdot 3600}{H_u \cdot B}$$

und mit
$B = \dfrac{b_{eff} \cdot P_{eff}}{1000}$ (s. S. 112)

folgt
$\eta_{eff} = \dfrac{P_{eff} \cdot 3600}{H_u \cdot \dfrac{b_{eff} \cdot P_{eff}}{1000}}$

$$\eta_{eff} = \dfrac{3600 \cdot 1000}{b_{eff} \cdot H_u}$$

η_{eff}	effektiver Wirkungsgrad (Nutzwirkungsgrad)
P_{eff}	effektive Leistung (Nutzleistung) in kW
C	spezifischer Wärmeverbrauch in $\dfrac{kJ}{kWh}$
3600	Umrechnungszahl, $3600\,\dfrac{kJ}{kWh}$
H_u	Heizwert in $\dfrac{kJ}{kg}$
B	Kraftstoffverbrauch in $\dfrac{kg}{h}$
b_{eff}	spezifischer Kraftstoffverbrauch in $\dfrac{g}{kWh}$
1000	Umrechnungszahl, $1000\,\dfrac{g}{kg}$

Tab.: Betriebswerte

Motor	effektiver Wirkungsgrad
Ottomotor	0,15 bis 0,32
Dieselmotor	0,24 bis 0,38

Beispiel: Ein 4-Zyl.-Viertakt-Ottomotor hat bei seiner größten effektiven Leistung $P_{eff} = 66\,kW$ einen Kraftstoffverbrauch $B = 19{,}8\,\dfrac{kg}{h}$. Der Heizwert H_u des Kraftstoffs beträgt $44000\,\dfrac{kJ}{kg}$. Wie groß ist der effektive Wirkungsgrad η_{eff}.

Gesucht: η_{eff}
Gegeben: $P_{eff} = 66\,kW$, $B = 19{,}8\,\dfrac{kg}{h}$, $H_u = 44000\,\dfrac{kJ}{kg}$
Lösung: $\eta_{eff} = \dfrac{P_{eff} \cdot 3600}{H_u \cdot B} = \dfrac{66 \cdot 3600}{44000 \cdot 19{,}8}$

$\eta_{eff} = \mathbf{0{,}27\ oder\ 27\%}$

Aufgaben

1. Stellen Sie die Formel $\eta_{eff} = \dfrac{P_{eff} \cdot 3600}{H_u \cdot B}$ nach P_{eff}, H_u und B um.

2. Bei einer Nutzleistung $P_{eff} = 56\,kW$ hat ein 6-Zyl.-Viertakt-Dieselmotor einen Kraftstoffverbrauch $B = 12{,}6\,\dfrac{kg}{h}$. Der Heizwert des Dieselkraftstoffs beträgt $H_u = 43000\,\dfrac{kJ}{kg}$. Berechnen Sie den effektiven Wirkungsgrad η_{eff}.

3. Der effektive Wirkungsgrad η_{eff} eines 4-Zyl.-Viertakt-Ottomotors beträgt 0,25, der Heizwert des Ottokraftstoffs $43200\,\dfrac{kJ}{kg}$ und der Kraftstoffverbrauch $B = 10{,}98\,\dfrac{kg}{h}$. Berechnen Sie die entsprechende Nutzleistung P_{eff} in kW.

4. Berechnen Sie den Kraftstoffverbrauch B in $\dfrac{kg}{h}$ eines 2-Zyl.-Zweitakt-Ottomotors. Der Nutzwirkungsgrad ist 0,17, die größte effektive Leistung 7,4 kW und der Heizwert des Kraftstoffs $44000\,\dfrac{kJ}{kg}$.

5. Der Kraftstoffverbrauch eines 6-Zyl.-Viertakt-Dieselmotors beträgt $27\,\dfrac{kg}{h}$, die Nutzleistung 119,33 kW und der Nutzwirkungsgrad 0,37. Berechnen Sie den Heizwert H_u des Dieselkraftstoffs in $\dfrac{kJ}{kg}$.

6. Stellen Sie die Formel $\eta_{eff} = \dfrac{3600 \cdot 1000}{b_{eff} \cdot H_u}$ nach b_{eff} und H_u um.

7. Der effektive Wirkungsgrad eines 3-Zyl.-Zweitakt-Ottomotors ist 0,21, der Heizwert des Kraftstoffs $44000\,\dfrac{kJ}{kg}$. Berechnen Sie den spezifischen Kraftstoffverbrauch b_{eff} in $\dfrac{g}{kWh}$.

8. Wie groß ist der Heizwert H_u des Kraftstoffs in $\dfrac{kJ}{kg}$? Bei einem Nutzwirkungsgrad von 0,26 hat ein 8-Zyl.-V-Viertakt-Ottomotor einen spezifischen Kraftstoffverbrauch von $320{,}5\,\dfrac{g}{kWh}$.

9. Ein 4-Zyl.-Viertakt-Ottomotor hat eine indizierte Leistung von 86 kW. Der mechanische Wirkungsgrad des Motors beträgt 0,89, der Nutzwirkungsgrad 0,25. Der Heizwert des Ottokraftstoffs beträgt $43200\,\dfrac{kJ}{kg}$. Wie groß ist der Kraftstoffverbrauch B in $\dfrac{kg}{h}$?

31.5 Ermittlung von Motorkennlinien auf dem Motorprüfstand

Jeder Verbrennungsmotor hat charakteristische Kennlinien für

- das Motordrehmoment M,
- die effektive Leistung (Nutzleistung) P_{eff} und
- den spezifischen Kraftstoffverbrauch b_{eff}

in Abhängigkeit von der Motordrehzahl.

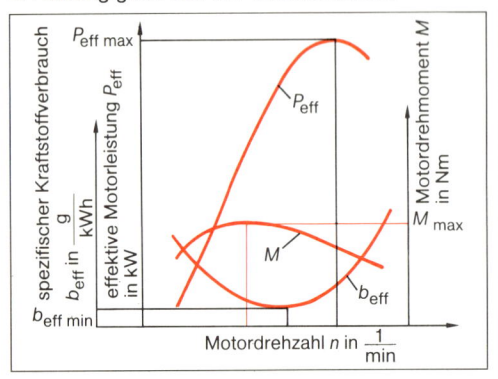

Ermittlung des Motordrehmoments und der effektiven Leistung

Die effektive Leistung von Kraftfahrzeugmotoren wird nach DIN 70020 ermittelt. Die Motoren müssen dabei serienmäßig ausgerüstet sein.

Die Messungen werden jeweils auf einen Außenluftdruck von $p_{abs} = 1,013$ bar und eine Temperatur von 20 °C bezogen.

Es gibt Vollast- und Teillastkennlinien. Zur Ermittlung der **Vollastkennlinien** (s. Abb.) wird der Verbrennungsmotor mit voll geöffneter Drosselklappe (Ottomotor) bzw. größtmöglicher Kraftstofffördermenge (Dieselmotor) betrieben. Dem Motor wird dabei von der Leistungsbremse ein maximal mögliches Drehmoment bei konstanter Drehzahl aufgezwungen.

Eine Meßreihe wird meist mit einer Drehzahl von $1000 \frac{1}{min}$ begonnen und im Abstand von $1000 \frac{1}{min}$ bis zur Höchstdrehzahl fortgesetzt. Die dabei ermittelten Drehmomentwerte werden in ein Diagramm über der Drehzahl eingetragen. Die Verbindung der Punkte ergibt die **Drehmoment-Kennlinie**.

Die effektive Leistung P_{eff} wird dann mit Hilfe der Leistungsformel errechnet (s. S. 119):

$$P_{eff} = \frac{M \cdot n}{9550}$$

P_{eff} effektive Leistung in kW
M Motordrehmoment in Nm
n Motordrehzahl in $\frac{1}{min}$
9550 Umrechnungszahl, $9550 \frac{W \cdot s}{kW \cdot min}$

Kann das Drehmoment nicht direkt abgelesen werden, sondern nur die Drehkraft F des Motors über einen Hebelarm mit einer Länge von 0,955 m, so gilt:

$$P_{eff} = \frac{F \cdot 0{,}955 \cdot n}{9550}$$

mit $\frac{0{,}955}{9550} = \frac{1}{10000}$

ist

$$P_{eff} = \frac{F \cdot n}{10000}$$

P_{eff} effektive Leistung in kW
F Drehkraft des Motors in N
0,955 Hebelarm an der Leistungsbremse in m
10000 Umrechnungszahl, $\frac{W \cdot s}{m \cdot kW \cdot min}$

Das Drehmoment wird mit Hilfe der folgenden Formel errechnet:

$$M = \frac{P_{eff} \cdot 9550}{n}$$

M Motordrehmoment in Nm
P_{eff} effektive Leistung in kW
n Motordrehzahl in $\frac{1}{min}$
9550 Umrechnungszahl, $9550 \frac{W \cdot s}{kW \cdot min}$

Beispiel: Von einem 8-Zyl.-Viertakt-Ottomotor werden auf einer Leistungsbremse mit dem Hebelarm von 0,955 m Länge die folgenden Werte ermittelt:

n in $\frac{1}{min}$	2000	3000	4000	5000	6000	7000
F in N	210	260	280	284	258	227

Zu berechnen sind jeweils
a) die effektive Leistung P_{eff} und
b) das Motordrehmoment M.
Zu zeichnen sind die Vollastkennlinien in einem Diagramm.

Gesucht: a) P_{eff2} bis P_{eff7}
b) M_2 bis M_7
c) Vollastkennlinien

Gegeben: $n_2 = 2000 \frac{1}{min}$ $F_2 = 210$ N
$n_3 = 3000 \frac{1}{min}$ $F_3 = 260$ N
$n_4 = 4000 \frac{1}{min}$ $F_4 = 280$ N
$n_5 = 5000 \frac{1}{min}$ $F_5 = 284$ N
$n_6 = 6000 \frac{1}{min}$ $F_6 = 258$ N
$n_7 = 7000 \frac{1}{min}$ $F_7 = 227$ N

Lösung: a) $P_{eff2} = \frac{F_2 \cdot n_2}{10000} = \frac{210 \cdot 2000}{10000}$

$P_{eff2} = $ **42 kW** $P_{eff5} = $ **142 kW**
$P_{eff3} = $ **78 kW** $P_{eff6} = $ **154,8 kW**
$P_{eff4} = $ **112 kW** $P_{eff7} = $ **158,9 kW**

Kapitel 31: Motorleistung

b) $M = \dfrac{P_{eff} \cdot 9550}{n}$

$M_2 = \dfrac{P_{eff2} \cdot 9550}{n_2} = \dfrac{42 \cdot 9550}{2000}$

$M_2 = \mathbf{201\ Nm}$ $M_3 = \mathbf{248\ Nm}$
$M_4 = \mathbf{267\ Nm}$ $M_5 = \mathbf{271\ Nm}$
$M_6 = \mathbf{246\ Nm}$ $M_7 = \mathbf{217\ Nm}$

c) Vollastkennlinien

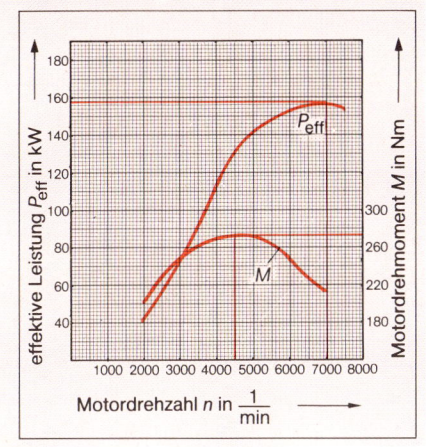

[Diagramm: effektive Leistung P_{eff} in kW und Motordrehmoment M in Nm über Motordrehzahl n in $\frac{1}{min}$, Kurven P_{eff} und M]

Ermittlung des spezifischen Kraftstoffverbrauchs

Während der Leistungsmessung wird für jeden Betriebspunkt die Zeit für den Verbrauch eines konstanten Kraftstoffvolumens gemessen und der Kraftstoffverbrauch B je Zeiteinheit errechnet.

$$B = \dfrac{V \cdot \varrho \cdot 3600}{t \cdot 1000}$$

B Kraftstoffverbrauch in $\frac{kg}{h}$
V Kraftstoffvolumen in cm^3
ϱ Kraftstoffdichte in $\frac{g}{cm^3}$
t Zeit in s
3600 Umrechnungszahl, $3600\ \frac{s}{h}$
1000 Umrechnungszahl, $1000\ \frac{g}{kg}$

Mit dem Kraftstoffverbrauch B kann der spezifische **Kraftstoffverbrauch** b_{eff} errechnet werden.

$B = \dfrac{V \cdot \varrho \cdot 3600}{t \cdot 1000}$ in

$b_{eff} = \dfrac{B \cdot 1000}{P_{eff}}$ eingesetzt

ergibt:

$$b_{eff} = \dfrac{V \cdot \varrho \cdot 3600}{t \cdot P_{eff}}$$

b_{eff} spezifischer Kraftstoffverbrauch in $\frac{g}{kWh}$
P_{eff} effektive Leistung in kW

Beispiel: Von einem 4-Zyl.-Viertakt-Ottomotor werden während der Leistungsmessung folgende Werte ermittelt:

n in $\frac{1}{min}$	1000	2000	3000	4000	5000	6000
P_{eff} in kW	5	30	58	65	83	94
t in s	123,4	24,6	15,4	15,9	11,2	7,6

Bei jedem Betriebspunkt wird die Zeit für den Verbrauch von $100\ cm^3$ Kraftstoff mit der Dichte von $0,72\ \frac{g}{cm^3}$ gemessen.

a) Wie groß ist der spezifische Kraftstoffverbrauch b_{eff} in $\frac{g}{kWh}$?

b) Zu zeichnen ist die Vollastkennlinie des spezifischen Kraftstoffverbrauchs in einem Diagramm über die Motordrehzahl.

Gesucht: a) b_{eff} in $\frac{g}{kWh}$
b) Vollastkennlinie von b_{eff}

Gegeben: $P_{eff1} = 5\ kW$, $n_1 = 1000\ \frac{1}{min}$, $t_1 = 123{,}4\ s$
$P_{eff2} = 30\ kW$, $n_2 = 2000\ \frac{1}{min}$, $t_2 = 24{,}6\ s$
$P_{eff3} = 58\ kW$, $n_3 = 3000\ \frac{1}{min}$, $t_3 = 15{,}4\ s$
$P_{eff4} = 65\ kW$, $n_4 = 4000\ \frac{1}{min}$, $t_4 = 15{,}9\ s$
$P_{eff5} = 83\ kW$, $n_5 = 5000\ \frac{1}{min}$, $t_5 = 11{,}2\ s$
$P_{eff6} = 94\ kW$, $n_6 = 6000\ \frac{1}{min}$, $t_6 = 7{,}6\ s$
$V = 100\ cm^3$, $\varrho = 0{,}72\ \frac{g}{cm^3}$

Lösung: a) $b_{eff} = \dfrac{V \cdot \varrho \cdot 3600}{t \cdot P_{eff}}$

$b_{eff1} = \dfrac{V \cdot \varrho \cdot 3600}{t_1 \cdot P_{eff1}} = \dfrac{100 \cdot 0{,}72 \cdot 3600}{123{,}4 \cdot 5}$

$b_{eff1} = \mathbf{420\ \frac{g}{kWh}}$ $b_{eff4} = \mathbf{251\ \frac{g}{kWh}}$
$b_{eff2} = \mathbf{351\ \frac{g}{kWh}}$ $b_{eff5} = \mathbf{279\ \frac{g}{kWh}}$
$b_{eff3} = \mathbf{290\ \frac{g}{kWh}}$ $b_{eff6} = \mathbf{363\ \frac{g}{kWh}}$

b) Vollastkennlinie

[Diagramm: spezifischer Kraftstoffverbrauch b_{eff} in $\frac{g}{kWh}$ über Motordrehzahl n in $\frac{1}{min}$]

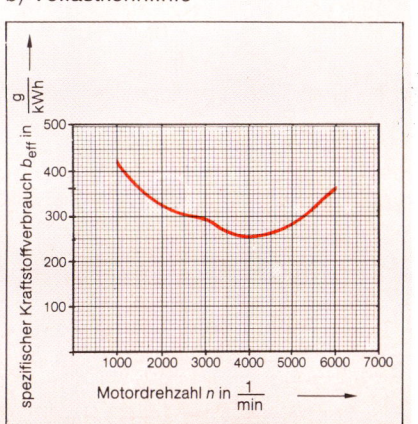

Aufgaben

1. Zeichnen Sie die Kennlinie des Motordrehmoments in ein Diagramm über die Motordrehzahl.

Mit einer Leistungsbremse werden von einem 4-Zyl.-Viertakt-Ottomotor folgende Werte gemessen:

n in $\frac{1}{\text{min}}$	1000	2000	3000	4000	5000	6000
M in Nm	60	90	97	90	85	60

2. Von einem 4-Zyl.-Dieselmotor werden mit einer Leistungsbremse folgende Werte ermittelt.

n in $\frac{1}{\text{min}}$	1000	2000	3000	4000	5000	6000
M in Nm	220	258	278	302	302	278

a) Berechnen Sie für jeden Meßpunkt die effektive Leistung P_{eff} in kW.
b) Zeichnen Sie in ein Diagramm über die Motordrehzahl die Kennlinien von P_{eff} und M.

3. Mit einer Leistungsbremse, die einen Hebelarm von 0,955 m hat, wird ein 6-Zyl.-Viertakt-Ottomotor abgebremst. Es werden folgende Werte gemessen:

n in $\frac{1}{\text{min}}$	2000	3000	4000	5000	6000
F in N	200	200	225	230	207

Berechnen Sie für jeden Meßpunkt
a) die effektive Leistung P_{eff} in kW,
b) das Motordrehmoment M in Nm und
c) zeichnen Sie beide Kennlinien über die Motordrehzahl in ein Diagramm.

4. Während einer Leistungsmessung werden von einem 6-Zyl.-Viertakt-Ottomotor für den Durchlauf von 200 cm³ Kraftstoff ($\varrho = 0{,}74 \frac{\text{g}}{\text{cm}^3}$) folgende Zeiten gemessen:

P_{eff} in kW	35	58	85	125	160	166
n in $\frac{1}{\text{min}}$	1000	2000	3000	4000	5000	6000
t in s	55,5	39,6	28,7	22,7	15,3	14,5

a) Berechnen Sie für jeden Meßpunkt den spezifischen Kraftstoffverbrauch b_{eff} in $\frac{\text{g}}{\text{kWh}}$ und
b) zeichnen Sie die Kennlinie über die Motordrehzahl in ein Diagramm.

5. Mit einer Leistungsbremse werden von einem 6-Zyl.-Viertakt-Dieselmotor folgende Werte gemessen:

N in $\frac{1}{\text{min}}$	1000	1500	2000	2500
M in Nm	575	640	630	550
t in s	46,7	30,1	21,8	18,6

Bei jedem Meßpunkt wurde die Durchlaufzeit von 200 cm³ Kraftstoff ($\varrho = 0{,}82 \frac{\text{g}}{\text{cm}^3}$) gemessen. Berechnen Sie für jeden Meßpunkt
a) die effektive Leistung P_{eff} in kW,
b) den spezifischen Kraftstoffverbrauch b_{eff} in $\frac{\text{g}}{\text{kWh}}$ und
c) zeichnen Sie die drei Vollastkennlinien in ein Diagramm über die Motordrehzahl.

6. Von einem Motorradmotor (2-Zyl.-Zweitakt-Ottomotor) werden mit einer Leistungsbremse, die einen Hebelarm von 0,955 m Länge hat, die folgenden Werte ermittelt:

n in $\frac{1}{\text{min}}$	1000	2000	3000	4000
F in N	13,6	17,8	19	21
t in s	280	120,7	83,5	62,3

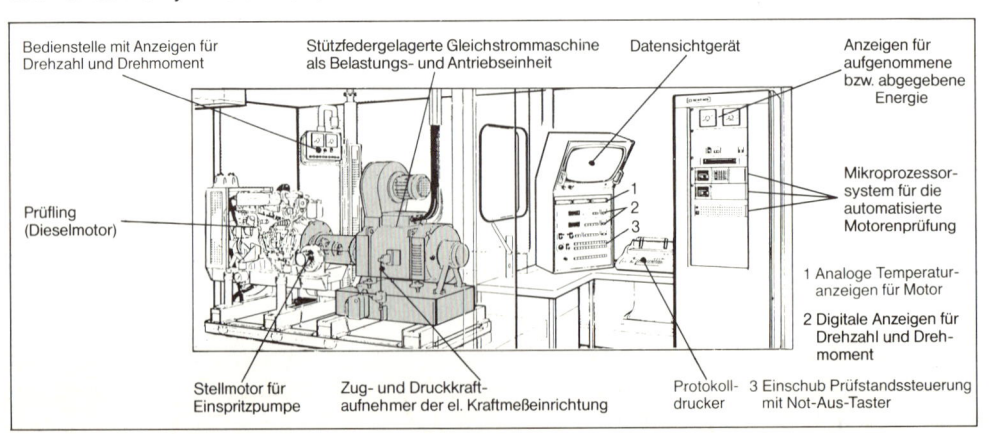

n in $\frac{1}{\min}$	5000	6000	7000	8000
F in N	22	21,5	19,8	17,8
t in s	49,4	42,1	38,3	32,3

Es wird jeweils die Durchlaufzeit von 50 cm³ Kraftstoff ($\varrho = 0{,}74 \frac{g}{cm^3}$) gemessen. Berechnen Sie für alle Meßpunkte
a) das Motordrehmoment M in Nm,
b) die effektive Leistung P_{eff} in kW,
c) den spezifischen Kraftstoffverbrauch b_{eff} in $\frac{g}{kWh}$ und
d) zeichnen Sie die Vollastkennlinien in ein Diagramm über die Motordrehzahl.

31.6 Hubraumleistung

Die **Hubraumleistung** P_H, auch Literleistung genannt, ist eine Vergleichszahl, um Motoren unterschiedlicher Hubraumgröße miteinander vergleichen zu können.
Die Hubraumleistung P_H hängt ab von
• der größten effektiven Leistung P_{eff} in kW und
• dem Gesamthubraum V_H.

$$P_H = \frac{P_{eff}}{V_H}$$

P_H Hubraumleistung in $\frac{kW}{l}$
P_{eff} effektive Leistung in kW
V_H Gesamthubraum in l

Tab.: Betriebswerte

Kfz	Arbeitsverfahren des Motors	Hubraumleistung in $\frac{kW}{l}$
Pkw	Ottomotor	30 bis 70
Pkw	Dieselmotor	20 bis 50
Motorrad	2-Takt-Ottomotor	30 bis 160
Motorrad	4-Takt-Ottomotor	30 bis 100
Lkw	2-Takt-Dieselmotor	20 bis 50
Lkw	4-Takt-Dieselmotor	15 bis 40

Beispiel: Ein 4-Zyl.-Viertakt-Ottomotor hat einen Gesamthubraum $V_H = 1721$ cm³. Seine größte effektive Leistung P_{eff} beträgt 80 kW. Wie groß ist die Hubraumleistung P_H in $\frac{kW}{l}$?

Gesucht: P_H in $\frac{kW}{l}$

Gegeben: $V_H = 1{,}721$ l, $P_{eff} = 80$ kW

Lösung: $P_H = \frac{P_{eff}}{V_H} = \frac{80\ kW}{1{,}721\ l}$

$P_H = \mathbf{46{,}5\ \frac{kW}{l}}$

Aufgaben

1. Stellen Sie die Formel $P_H = \frac{P_{eff}}{V_H}$ nach P_{eff} und V_H um.

2. Der Gesamthubraum eines 4-Zyl.-Viertakt-Ottomotors in einem Pkw beträgt $V_H = 1795$ cm³, die größte effektive Leistung des Motors $P_{eff} = 83$ kW. Berechnen Sie die Hubraumleistung P_H in $\frac{kW}{l}$.

3. Die Hubraumleistung P_H eines 4-Zyl.-Viertakt-Dieselmotors in einem Pkw beträgt $24{,}9 \frac{kW}{l}$. Der Motor hat einen Gesamthubraum $V_H = 1488$ cm³. Berechnen Sie die größte Nutzleistung P_{eff} in kW.

4. Die größte Nutzleistung eines 8-Zyl.-V-Ottomotors ist $P_{eff} = 177$ kW, die Hubraumleistung $P_H = 26{,}2 \frac{kW}{l}$. Wie groß ist der Gesamthubraum V_H in cm³ und l?

5. Ein Motorrad hat einen 2-Zyl.-Zweitakt-Ottomotor mit einer größten Nutzleistung von 37 kW. Der Motor hat eine Zylinderbohrung von 56,4 mm und einen Kolbenhub von 50 mm. Berechnen Sie
a) den Gesamthubraum V_H in cm³ und l sowie
b) die Hubraumleistung P_H in $\frac{kW}{l}$.

6. Ein 8-Zyl.-V-Dieselmotor eines Lkw hat einen Gesamthubraum von 14618 cm³. Die größte Nutzleistung erzeugt der Motor bei einer Drehzahl von $2300 \frac{1}{\min}$, dabei wird ein Motordrehmoment von 1146 Nm wirksam. Berechnen Sie
a) die größte Nutzleistung P_{eff} in kW und
b) die Hubraumleistung P_H in $\frac{kW}{l}$.

7. Ein Motorradmotor erreicht die größte Nutzleistung bei einer Motordrehzahl von $9000 \frac{1}{\min}$, wobei ein Motordrehmoment $M = 78{,}5$ Nm gemessen wird. Der 4-Zyl.-Viertakt-Ottomotor hat eine Zylinderbohrung von 68 mm und einen Kolbenhub von 51,5 mm. Berechnen Sie
a) den Gesamthubraum V_H in cm³ und l,
b) die größte Nutzleistung P_{eff} in kW und
c) die Hubraumleistung P_H in $\frac{kW}{l}$.

8. Die größte Nutzleistung erreicht ein 4-Zyl.-Zweitakt-Ottomotor bei einem Motordrehmoment $M = 70{,}37$ Nm und einer Motordrehzahl $n = 9500 \frac{1}{\min}$. Der Motorradmotor hat einen Zylinderquerschnitt von 24,6 cm² und einen Kolbenhub von 50,6 mm. Berechnen Sie die Hubraumleistung P_H in $\frac{kW}{l}$.

31.7 Leistungsgewicht

Das Leistungsgewicht ist, wie die Hubraumleistung, ein Vergleichswert.

Es werden unterschieden:
- das Leistungsgewicht des Motors m_{PM},
- das Leistungsgewicht des Fahrzeugs m_{PF} und
- die Gewichtsleistung des Fahrzeugs P_m.

Leistungsgewicht des Motors

> Das **Leistungsgewicht des Motors** m_{PM} gibt an, wieviel kg Masse der betriebsbereite, trockene Motor je kW seiner größten effektiven Leistung P_{eff} hat.

Ein Motor ohne Betriebsmittel, z.B. Schmieröl- und Kühlflüssigkeitsmenge, wird als trockener Motor bezeichnet.

Das Leistungsgewicht des Motors m_{PM} hängt ab
- von der Masse des Motors m_M und
- von der größten effektiven Leistung (Nutzleistung) P_{eff}.

$$m_{PM} = \frac{m_M}{P_{eff}}$$

m_{PM} Leistungsgewicht des Motors in $\frac{kg}{kW}$
m_M Masse des Motors in kg
P_{eff} größte effektive Leistung in kW

Tab.: Betriebswerte

Kfz	Arbeitsverfahren des Motors	Leistungsgewicht des Motors in $\frac{kg}{kW}$
Pkw	Ottomotor	1,5 bis 8
Pkw	Dieselmotor	5 bis 9
Motorrad	Ottomotor	1,3 bis 7
Lkw	Dieselmotor	4,0 bis 8,5

Beispiel: Ein 4-Zyl.-Viertakt-Ottomotor hat eine größte effektive Leistung P_{eff} von 81 kW. Die Masse des betriebsbereiten, trockenen Motors m_M beträgt 126 kg. Wie groß ist das Leistungsgewicht des Motors m_{PM} in $\frac{kg}{kW}$?

Gesucht: m_{PM} in $\frac{kg}{kW}$

Gegeben: $P_{eff} = 81$ kW, $m_M = 126$ kg

Lösung: $m_{PM} = \frac{m_M}{P_{eff}} = \frac{126 \text{ kg}}{81 \text{ kW}}$

$m_{PM} = \mathbf{1,6 \frac{kg}{kW}}$

Aufgaben

1. Stellen Sie die Formel $m_{PM} = \frac{m_M}{P_{eff}}$ nach m_M und P_{eff} um.

2. Die größte Nutzleistung P_{eff} eines 4-Zyl.-Viertakt-Dieselmotors beträgt 53 kW, die Masse des Motors $m_M = 176$ kg. Berechnen Sie das Leistungsgewicht m_{PM} in $\frac{kg}{kW}$.

3. Das Leistungsgewicht eines 6-Zyl.-Ottomotors ist $m_{PM} = 2,1 \frac{kg}{kW}$, die Motormasse $m_M = 247,8$ kg. Berechnen Sie die größte Nutzleistung P_{eff} in kW.

4. Ein 3-Zyl.-Zweitakt-Ottomotor (Motorrad) hat eine größte Nutzleistung von 53 kW. Das Leistungsgewicht des Motors beträgt $1,9 \frac{kg}{kW}$. Wie groß ist die Masse m_M des Motors in kg?

5. Ein 1-Zyl.-Zweitakt-Ottomotor (Motorrad) hat ein Leistungsgewicht von $6,5 \frac{kg}{kW}$ bei einer Masse $m_M = 156$ kg. Wie groß ist die größte Nutzleistung P_{eff} in kW?

Leistungsgewicht des Fahrzeugs

> Das **Leistungsgewicht des Fahrzeugs** m_{PF} gibt an, wieviel kg Masse m_F das Fahrzeug je kW der größten effektiven Leistung P_{eff} hat.

Das Leistungsgewicht des Fahrzeugs m_{PF} hängt ab von der
- Masse des leeren Fahrzeugs m_F (Leergewicht bei Pkw und Motorrad) oder des beladenen Fahrzeugs (zulässiges Gesamtgewicht bei Lkw) und
- größten effektiven Leistung (Nutzleistung) P_{eff}.

$$m_{PF} = \frac{m_F}{P_{eff}}$$

m_{PF} Leistungsgewicht des Fahrzeugs in $\frac{kg}{kW}$
m_F Masse des Fahrzeugs in kg
P_{eff} größte effektive Leistung des Motors in kW

Tab.: Betriebswerte

Kfz	Arbeitsverfahren des Motors	Leistungsgewicht des Fahrzeugs in $\frac{kg}{kW}$
Pkw	Ottomotor	8 bis 40
Pkw	Dieselmotor	15 bis 42
Motorrad	Ottomotor	7 bis 30
Lkw	Dieselmotor	60 bis 240

Kapitel 31: Motorleistung **127**

Beispiel: Ein 4-Zyl.-Viertakt-Ottomotor hat eine größte effektive Leistung P_{eff} von 74 kW. Die Masse des leeren Fahrzeugs m_F beträgt 1407 kg. Wie groß ist das Leistungsgewicht m_{PF} in $\frac{kg}{kW}$?

Gesucht: m_{PF} in $\frac{kg}{kW}$

Gegeben: $m_F = 1407$ kg, $P_{eff} = 74$ kW

Lösung: $m_{PF} = \frac{m_F}{P_{eff}} = \frac{1407 \text{ kg}}{74 \text{ kW}} = 19 \frac{kg}{kW}$

Aufgaben

1. Stellen Sie die Formel $m_{PF} = \frac{m_F}{P_{eff}}$ nach m_F und P_{eff} um.

2. Die größte Nutzleistung P_{eff} eines 6-Zyl.-Viertakt-Ottomotors beträgt 96 kW. Das Fahrzeug hat ein Leergewicht $m_F = 1339$ kg. Wie groß ist das Leistungsgewicht des Fahrzeugs m_{PF} in $\frac{kg}{kW}$?

3. Das Leergewicht eines Pkw beträgt $m_F = 1400$ kg. Das Fahrzeug hat ein Leistungsgewicht $m_{PF} = 8{,}9 \frac{kg}{kW}$. Berechnen Sie die größte Nutzleistung P_{eff} des 8-Zyl.-V-Ottomotors in kW.

4. Das Leistungsgewicht eines Lkw beträgt $172 \frac{kg}{kW}$. Der 6-Zyl.-Viertakt-Dieselmotor des Fahrzeugs hat eine größte Nutzleistung von 125 kW. Berechnen Sie das zulässige Gesamtgewicht m_F in kg und t.

5. Ein Motorrad hat ein Leergewicht von 201 kg. Das Leistungsgewicht des Motorrads beträgt $2{,}7 \frac{kg}{kW}$. Berechnen Sie P_{eff} in kW.

6. Der Dieselmotor eines Lkw hat eine größte Nutzleistung von 55 kW. Das zulässige Gesamtgewicht des Lkw beträgt 2,8 t. Wie groß ist das Leistungsgewicht m_{PF} in $\frac{kg}{kW}$?

7. Das Leistungsgewicht eines Motorrads beträgt $5 \frac{kg}{kW}$. Der 1-Zyl.-Zweitaktmotor hat $P_{eff} = 20$ kW. Berechnen Sie das Leergewicht m_F in kg.

Gewichtsleistung des Fahrzeugs

§ 35 StVZO: Bei Lastkraftwagen, Kraftomnibussen, Sattelkraftfahrzeugen zur Güter- und Personenbeförderung sowie bei Lastkraftwagen- und Kraftomnibuszügen muß eine Motorleistung von mindestens 4,4 kW je Tonne des zulässigen Gesamtgewichts des Fahrzeugs und der jeweiligen Anhängerlast vorhanden sein.

Die **Gewichtsleistung des Fahrzeugs** P_m ist das Verhältnis der größten effektiven Leistung (Nutzleistung) P_{eff} des Motors zum zulässigen Gesamtgewicht des Fahrzeugs m_{zul} in t.

$$P_m = \frac{P_{eff}}{m_{zul}}$$

P_m Gewichtsleistung des Fahrzeugs in $\frac{kW}{t}$

P_{eff} größte effektive Leistung in kW

m_{zul} zulässiges Gesamtgewicht in t

Beispiel: Ein Lkw hat ein zulässiges Gesamtgewicht m_{zul} von 40000 kg. Die größte effektive Leistung P_{eff} des Lkw-Motors beträgt 264 kW. Wie groß ist die Gewichtsleistung des Fahrzeugs P_m in $\frac{kW}{t}$?

Gesucht: P_m in $\frac{kW}{t}$

Gegeben: $m_{zul} = 40000$ kg $= 40$ t, $P_{eff} = 264$ kW

Lösung: $P_m = \frac{P_{eff}}{m_{zul}} = \frac{264 \text{ kW}}{40 \text{ t}} = 6{,}6 \frac{kW}{t}$

Aufgaben

1. Stellen Sie die Formel $P_m = \frac{P_{eff}}{m_{zul}}$ nach P_{eff} und m_{zul} um.

2. Ein Lkw hat ein zulässiges Gesamtgewicht $m_{zul} = 13000$ kg. Die größte Nutzleistung des Motors beträgt $P_{eff} = 100$ kW. Berechnen Sie die Gewichtsleistung des Fahrzeugs P_m in $\frac{kW}{t}$.

3. Ein Lkw-Pritschenwagen ($m_{zul} = 16$ t) hat die Gewichtsleistung $P_m = 9{,}94 \frac{kW}{t}$. Berechnen Sie die größte Nutzleistung P_{eff} in kW.

4. Der Motor einer Zugmaschine hat eine größte Nutzleistung $P_{eff} = 258$ kW. Die Gewichtsleistung beträgt $P_m = 8{,}1 \frac{kW}{t}$. Berechnen Sie das größte zulässige Gesamtgewicht m_{zul} in t.

5. Ein Transporter hat ein zulässiges Gesamtgewicht von 2460 kg. Der 4-Zyl.-Turbo-Dieselmotor hat bei einem Gesamthubraum von 1588 cm³ eine größte Nutzleistung von 51 kW. Die Masse des Motors beträgt 156 kg. Berechnen Sie
a) die Hubraumleistung P_H in $\frac{kW}{l}$,
b) das Leistungsgewicht m_{PM} in $\frac{kg}{kW}$,
c) das Leistungsgewicht m_{PF} in $\frac{kg}{kW}$ und
d) die Gewichtsleistung P_m in $\frac{kW}{t}$.

32 Gemischbildung im Verbrennungsmotor

32.1 Gasgeschwindigkeit im Lufttrichter

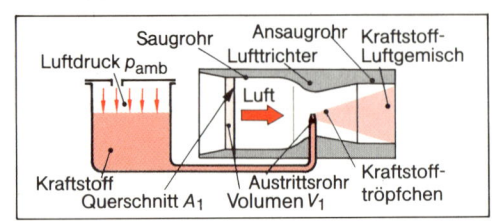

Das Austrittsrohr für den Kraftstoff befindet sich im Vergaser an einer Stelle mit größter Luftgeschwindigkeit.

Ein Gasvolumen V, das in der Zeit t durch das Saugrohr des Vergasers strömt, wird errechnet aus dem Saugrohrquerschnitt A und der Strömungsgeschwindigkeit v. Ändert sich der Saugrohrquerschnitt im Vergaser, muß in jeder Zeiteinheit durch diesen Querschnitt das gleichgroße Gasvolumen strömen (s. Kap. 19.5).

$$A_1 \cdot v_1 = A_2 \cdot v_2 = A_3 \cdot v_3$$

A_1 Saugrohr-Querschnittsfläche in cm^2
v_1 Strömungsgeschwindigkeit im Saugrohr in $\frac{m}{s}$
A_2 Lufttrichter-Querschnittsfläche in cm^2
v_2 Strömungsgeschwindigkeit im Lufttrichter in $\frac{m}{s}$
A_3 Ansaugrohr-Querschnittsfläche in cm^2
v_3 Strömungsgeschwindigkeit im Ansaugrohr in $\frac{m}{s}$

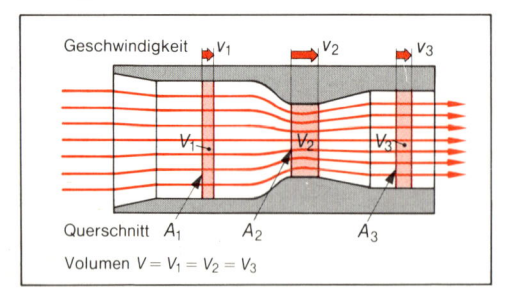

Wird die **Rohr-Querschnittsfläche** A kleiner, erhöht sich bei gleich großem Gasvolumen V die **Strömungsgeschwindigkeit** v und umgekehrt.

Beispiel: Die Saugrohr-Querschnittsfläche A_1 eines Vergasers beträgt $8\,cm^2$, die Querschnittsfläche A_2 des Lufttrichters $4{,}15\,cm^2$. Wie groß ist die Strömungsgeschwindigkeit v_2 in $\frac{m}{s}$ im Lufttrichter, wenn die Luft mit $v_1 = 80\,\frac{m}{s}$ in den Vergaser einströmt?

Gesucht: v_2 in $\frac{m}{s}$
Gegeben: $A_1 = 8\,cm^2$,
$A_2 = 4{,}15\,cm^2$,
$v_1 = 80\,\frac{m}{s}$
Lösung: $A_1 \cdot v_1 = A_2 \cdot v_2$
$v_2 = \dfrac{A_1 \cdot v_1}{A_2} = \dfrac{8\,cm^2 \cdot 80\,\frac{m}{s}}{4{,}15\,cm^2} = \dfrac{8\,cm^2 \cdot 80\,m}{4{,}15\,cm^2 \cdot s}$
$v_2 = \mathbf{154\,\frac{m}{s}}$

Aufgaben

1. Stellen Sie die Formel $A_1 \cdot v_1 = A_2 \cdot v_2$ nach A_1, A_2 und v_1 um.

2. Die Luft strömt mit einer Geschwindigkeit $v_1 = 60\,\frac{m}{s}$ in einen Vergaser mit einer Saugrohr-Querschnittsfläche $A_1 = 6{,}8\,cm^2$. Die Querschnittsfläche A_2 des Lufttrichters beträgt $3\,cm^2$. Berechnen Sie die Strömungsgeschwindigkeit v_2 im Lufttrichter in $\frac{m}{s}$.

3. Im Lufttrichter eines Vergasers beträgt die Strömungsgeschwindigkeit v_2 der Luft $180\,\frac{m}{s}$. Das Saugrohr hat einen Durchmesser von $d_1 = 38\,mm$, der Lufttrichter $d_2 = 29\,mm$. Wie groß ist die Strömungsgeschwindigkeit v_1 im Saugrohr in $\frac{m}{s}$?

4. Das Saugrohr eines Vergasers hat einen Durchmesser von $42\,mm$. Die Strömungsgeschwindigkeit im Saugrohr beträgt $82\,\frac{m}{s}$, im Lufttrichter $164\,\frac{m}{s}$. Berechnen Sie den Durchmesser d_2 des Lufttrichters in mm.

5. Durch das Saugrohr eines Vergasers strömt Luft mit einer Geschwindigkeit von $96\,\frac{m}{s}$. Im Lufttrichter wird dadurch eine Strömungsgeschwindigkeit von $194\,\frac{m}{s}$ erreicht. Der Durchmesser des Lufttrichters beträgt $23\,mm$. Berechnen Sie den Durchmesser d_1 des Saugrohrs in mm.

32.2 Eintauchtiefe des Schwimmers

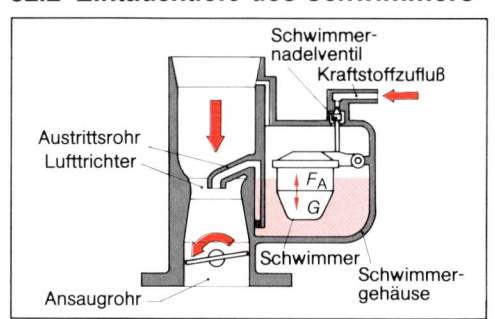

Der Schwimmer eines Vergasers hat die Aufgabe, den Kraftstoffstand im Schwimmergehäuse konstant zu halten.

> Ein Schwimmer taucht so tief in den Kraftstoff ein, bis die **Auftriebskraft** F_A des verdrängten Kraftstoffs gleich der **Gewichtskraft** G des Schwimmers ist.

$F_A = G$
Da
$F_A = V_F \cdot \varrho_F \cdot g$
und
$V_F = A_s \cdot s$ folgt
$F_A = A_s \cdot s \cdot \varrho_F \cdot g$
Mit
$G = m_s \cdot g$
ergibt durch Gleichsetzung
$A_s \cdot s \cdot \varrho_F \cdot g = m_s \cdot g$
und daraus folgt

$$s = \frac{m_s}{A_s \cdot \varrho_F}$$

F_A	Auftriebskraft in N
G	Gewichtskraft in N
V_F	Volumen der verdrängten Flüssigkeit in dm^3
ϱ_F	Dichte der verdrängten Flüssigkeit in $\frac{kg}{dm^3}$
g	Fallbeschleunigung in $\frac{m}{s^2}$
A_s	Querschnittsfläche des Schwimmers in dm^2
s	Eintauchtiefe des Schwimmers in dm
m_s	Masse des Schwimmers in kg

Beispiel: Ein zylindrischer Schwimmer hat eine Masse m_s von 10 g und eine Querschnittsfläche A_s von 8 cm². Die Dichte ϱ_F des Kraftstoffs beträgt $0{,}76 \frac{kg}{cm^3}$. Wie groß ist die Eintauchtiefe s in mm?

Gesucht: s in mm
Gegeben: $m_s = 10\,g = 0{,}01\,kg$,
$A_s = 8\,cm^2 = 0{,}08\,dm^2$, $\varrho_F = 0{,}76 \frac{kg}{cm^3}$

Lösung: $s = \dfrac{m_s}{A_s \cdot \varrho_F}$

$s = \dfrac{0{,}01\,kg}{0{,}08\,dm^2 \cdot 0{,}76 \frac{kg}{dm^3}} = \dfrac{0{,}01\,kg \cdot dm^3}{0{,}08\,dm^2 \cdot 0{,}76\,kg}$

$s = \mathbf{0{,}164\,dm = 16{,}4\,mm}$

Aufgaben

1. Stellen Sie die Formel $s = \dfrac{m_s}{A_s \cdot \varrho_F}$ nach m_s, A_s und ϱ_F um.

2. Die Masse m_s eines zylindrischen Schwimmers beträgt 14 g, die Querschnittsfläche $A_s = 11{,}2\,cm^2$. Wie groß ist die Eintauchtiefe s des Schwimmers in mm, wenn die Dichte des Kraftstoffs $0{,}77 \frac{g}{cm^3}$ ist?

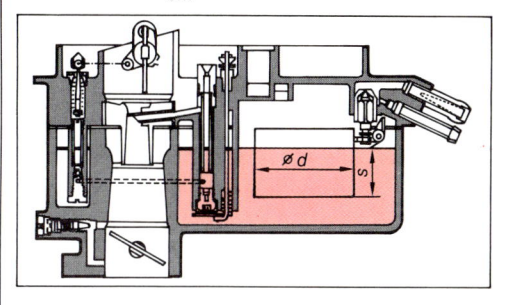

3. Der dargestellte zylindrische Schwimmer hat eine Masse m_s von 16 g. Er taucht 14 mm in einen Kraftstoff mit der Dichte $\varrho_F = 0{,}77 \frac{kg}{dm^3}$ ein. Berechnen Sie die Querschnittsfläche A_s des Schwimmers in cm².

4. Ein prismatischer Schwimmer taucht 8,4 mm tief in einen Kraftstoff mit der Dichte $\varrho_F = 0{,}78 \frac{kg}{dm^3}$. Die Länge des Schwimmers beträgt 38 mm, die Breite 24 mm.
Berechnen Sie die Masse m_s des Schwimmers in g.

5. Der Durchmesser eines zylindrischen Schwimmers aus einer Kupfer-Zink-Legierung beträgt 34 mm, die Höhe 25 mm und die Blechdicke 0,15 mm. Die Kupfer-Zink-Legierung hat eine Dichte von $8{,}6 \frac{g}{cm^3}$. Berechnen Sie
a) die Gewichtskraft G des Schwimmers in mN und
b) die Eintauchtiefe s des Schwimmers in mm
(Kraftstoffdichte $\varrho_F = 0{,}74 \frac{kg}{dm^3}$).

6. Wie groß ist der Durchmesser d eines zylindrischen Schwimmers in mm, der 15 mm in Kraftstoff mit der Dichte von $0{,}73 \frac{g}{cm^3}$ eintaucht? Er erzeugt dabei eine Auftriebskraft von 102 mN.

7. Der zylindrische Schwimmer eines Säureprüfers hat einen Durchmesser von 8,4 mm. Die Masse des Schwimmers beträgt 2,6 g, die Dichte der verdünnten Schwefelsäure $1{,}28 \frac{kg}{dm^3}$. Berechnen Sie die Eintauchtiefe s des Schwimmers in mm.

32.3 Luftverhältnis

Das **Luftverhältnis** λ ist abhängig von
- der zugeführten Luftmenge L in kg je kg Kraftstoff und
- der erforderlichen Luftmenge L_{th} (theoretisch mögliche Luftmenge) in kg je kg Kraftstoff.

$$\lambda = \frac{L}{L_{th}}$$

λ Luftverhältnis
L zugeführte Luftmenge in $\frac{kg}{kg}$
L_{th} erforderliche Luftmenge in $\frac{kg}{kg}$

Tab.: Luftbedarf verschiedener Kraftstoffe.

Kraftstoff (Kst.)	theoretischer Luftbedarf	
	in kg Luft für 1 kg Kst.	in l Luft für 1 l Kst.
Ottokraftstoff Normal	14,8	8490
Ottokraftstoff Super	14,7	8586
Dieselkraftstoff	14,5	9667

Beispiel: 1 kg Ottokraftstoff Normal wird in einem Ottomotor mit a) 14,8 kg, b) 16,28 kg und c) 13,32 kg Luft vermischt und verbrannt. Wie groß ist dabei jeweils das Luftverhältnis λ?

Gesucht: a) λ_1, b) λ_2, c) λ_3

Gegeben: $L_1 = 14{,}8 \frac{kg}{kg}$, $L_2 = 16{,}28 \frac{kg}{kg}$,
$L_3 = 13{,}32 \frac{kg}{kg}$, $L_{th} = 14{,}8 \frac{kg}{kg}$

Lösung: a) $\lambda_1 = \frac{L_1}{L_{th}} = \frac{14{,}8 \frac{kg}{kg}}{14{,}8 \frac{kg}{kg}} = \frac{14{,}8 \, kg}{14{,}8 \, kg}$
$\lambda_1 = 1$

b) $\lambda_2 = \frac{L_2}{L_{th}} = \frac{16{,}28 \frac{kg}{kg}}{14{,}8 \frac{kg}{kg}} = \frac{16{,}28 \, kg}{14{,}8 \, kg}$
$\lambda_2 = 1{,}1 \quad \lambda_2 > 1$

c) $\lambda_3 = \frac{L_3}{L_{th}} = \frac{13{,}32 \frac{kg}{kg}}{14{,}8 \frac{kg}{kg}} = \frac{13{,}32 \, kg}{14{,}8 \, kg}$
$\lambda_3 = 0{,}9 \quad \lambda_3 < 1$

Anmerkung:

$\lambda = 1$: Die Kraftstoffmenge (1 kg) wird vollständig verbrannt.

$\lambda > 1$: Die tatsächlich zugeführte Luftmenge L ist größer als die für eine vollständige Verbrennung erforderliche Luftmenge L_{th}. Dies ergibt einen **Kraftstoffmangel** bzw. Luftüberschuß (mageres Gemisch).

$\lambda < 1$: Die tatsächlich zugeführte Luftmenge L ist kleiner als die für eine vollständige Verbrennung erforderliche Luftmenge L_{th}. Dies ergibt einen **Kraftstoffüberschuß** bzw. Luftmangel (fettes Gemisch).

Aufgaben

1. Stellen Sie die Formel $\lambda = \frac{L}{L_{th}}$ nach L und L_{th} um.

2. Ein Dieselmotor hat im Teillastbereich ein Luftverhältnis von $\lambda = 3{,}4$. Berechnen Sie die zugeführte Luftmenge L in $\frac{kg}{kg}$ zur Verbrennung von 2,8 l Dieselkraftstoff ($\varrho_F = 0{,}84 \frac{kg}{dm^3}$).

3. Zur Verbrennung von 11,8 kg Ottokraftstoff Normal benötigt ein Viertaktmotor 192,1 kg Luft. Berechnen Sie mit Hilfe der Tabelle das Luftverhältnis λ.

4. In den Betriebszuständen eines Ottomotors, der mit Ottokraftstoff Super betrieben wird, ergeben sich folgende Luftverhältnisse: Leerlauf 0,7, Teillast 1,1 und in Vollast 0,9. Berechnen Sie jeweils die zugeführte Luftmenge L in $\frac{kg}{kg}$ für 1 kg Kraftstoff.

5. Bei einem Dieselmotor werden jeweils während der Verbrennung von 5 l Dieselkraftstoff folgende zugeführte Luftmengen gemessen: Leerlauf 316300 dm³, Teillast 71758 dm³ und Vollast 61372 dm³. Die Dichte der Luft beträgt 1,29 $\frac{kg}{m^3}$. Berechnen Sie jeweils das Luftverhältnis λ ($\varrho_K = 0{,}84 \frac{kg}{dm^3}$).

6. Nach DIN 70030 Teil 1 hat ein 4-Zyl.-Turbo-Ottomotor einen Kraftstoffverbrauch von 9,8 l je 100 km bei einer konstant gefahrenen Geschwindigkeit von 120 $\frac{km}{h}$. Die Dichte des Ottokraftstoffs Super beträgt 0,78 $\frac{kg}{dm^3}$. Der Motor wird in Teillast bei 10% Luftüberschuß betrieben. Die Luft hat eine Dichte von 1,29 $\frac{kg}{m^3}$. Wieviel m³ Luft werden für eine Teststrecke von 25 km Länge benötigt?

7. Der Kraftstoffstreckenverbrauch eines Motorrads beträgt 9,2 l je 100 km. Der Kraftstoff hat eine Dichte von 0,73 $\frac{kg}{dm^3}$. Der Motor wird auf einer Strecke von 132 km in Vollast bei 5% Luftmangel betrieben. Bei einer Luftdichte von 1,29 $\frac{kg}{m^3}$ beträgt der Luftbedarf 14,8 $\frac{kg}{kg}$. Wieviel m³ Luft werden benötigt?

32.4 Liefergrad

Der **Liefergrad** λ_L hängt ab von
- der tatsächlich angesaugten Frischladungsmasse m_z und
- der theoretisch möglichen Frischladungsmasse m_{th}.

$$\boxed{\lambda_L = \frac{m_z}{m_{th}}}$$

λ_L Liefergrad
m_z tatsächlich angesaugte (zugeführte) Frischladungsmasse in kg
m_{th} theoretisch mögliche Frischladungsmasse in kg

mit $m_z = V_z \cdot \varrho$ und $m_{th} = V_{th} \cdot \varrho$ folgt

$\lambda_L = \frac{V_z \cdot \varrho}{V_{th} \cdot \varrho}$

V_z Volumen der zugeführten Frischladung in cm³
V_{th} theoretisch mögliches Frischladungsvolumen (Hubraum) in cm³
ϱ Dichte der Frischladung in $\frac{kg}{m^3}$

$$\boxed{\lambda_L = \frac{V_z}{V_{th}}}$$

Das theoretisch mögliche Frischladungsvolumen entspricht stets der Größe des Hubraums. Der Liefergrad λ_L ist dann 1.

Beispiel: Ein 4-Zyl.-Ottomotor hat einen Gesamthubraum V_H von 1795 cm³. Während eines Arbeitsspiels wird ein Frischladungsvolumen V_z = 1615,5 cm³ angesaugt. Wie groß ist der Liefergrad λ_L?

Gesucht: λ_L
Gegeben: $V_H = V_{th}$ = 1795 cm³, V_z = 1617,5 cm³
Lösung: $\lambda_L = \frac{V_z}{V_{th}} = \frac{1615,5 \, cm^3}{1795 \, cm^3}$

λ_L = **0,9 oder 90%**

Betriebswerte:
Für Saugmotoren beträgt der Liefergrad ungefähr 0,6 bis 0,9. Durch Aufladung kann der Liefergrad wirkungsvoll erhöht werden ($\lambda_L > 1$).

Aufgaben

1. Stellen Sie die Formel $\lambda_L = \frac{V_z}{V_{th}}$ nach V_z und V_{th} um.

2. Der Zylinderhubraum V_h eines 1-Zyl.-Zweitakt-Ottomotors beträgt 249 cm³. Je Arbeitsspiel saugt der Motor ein Frischladungsvolumen V_z = 149,4 cm³ an.
Berechnen Sie den Liefergrad λ_L.

3. Ein Lkw-Dieselmotor hat einen Liefergrad λ_L von 0,9. Der Zylinderhubraum V_h beträgt 2443 cm³, die Dichte der Luft 1,29 $\frac{kg}{m^3}$. Wie groß ist die zugeführte Frischladung m_z in kg und V_z in cm³ je Zylinder pro Arbeitsspiel?

4. Ein Kolben eines 6-Zyl.-Ottomotors saugt je Arbeitsspiel 396 cm³ Frischladung an. Der Liefergrad beträgt 0,8. Berechnen Sie den Gesamthubraum V_H des Motors in cm³ und l.

5. Das Verhältnis der angesaugten Luft zum Zylinderhubraum eines 4-Zyl.-Ottomotors beträgt 86%. Der Motor hat eine Zylinderbohrung von 83 mm und einen Kolbenhub von 88 mm. Berechnen Sie das tatsächliche angesaugte Frischladungsvolumen V_z in l bei einer Motordrehzahl von 3600 $\frac{1}{min}$ in einer Stunde.

6. Der Gesamthubraum eines 6-Zyl.-Dieselmotors beträgt 2743 cm³. Bei einer Motordrehzahl von 4500 $\frac{1}{min}$ saugt er in der Stunde 44436 l Luft an. Berechnen Sie den Liefergrad λ_L.

7. Während eines Arbeitsspiels wird der Zylinderhubraum eines 2-Zyl.-Zweitakt-Ottomotors mit 88% Frischladung gefüllt. Der Motor hat eine Zylinderbohrung von 64 mm und einen Kolbenhub von 54 mm. Wie groß ist das Volumen der zugeführten Frischladung V_z in l pro Minute bei einer Motordrehzahl von 7250 $\frac{1}{min}$?

8. Der Liefergrad eines 4-Zyl.-Ottomotors beträgt 0,8, der Gesamthubraum 2482 cm³. Die Luft hat einen Staubgehalt von 0,04 $\frac{g}{m^3}$. Der Luftfilter scheidet 92% Staub aus. Wieviel g Staub kommen noch in der Minute bei einer Motordrehzahl von 4200 $\frac{1}{min}$ in den Verbrennungsraum?

9. Der Kraftstoffverbrauch eines Ottomotors beträgt 14,8 l, der Gesamthubraum des Motors 2394 cm³, der Liefergrad 0,86, die Luftdichte 1,29 $\frac{kg}{m^3}$, die Dichte des Kraftstoffs 0,74 $\frac{kg}{dm^3}$, λ = 14,8. Die Luft hat einen Staubgehalt von 8 $\frac{mg}{m^3}$. Es werden 90% Staub durch den Luftfilter abgeschieden. Wieviel mg Staub gelangen während einer Fahrt von 100 km in den Zylinder?

10. Ein 6-Zyl.-Viertakt-Ottomotor hat eine Zylinderbohrung von 91 mm und einen Kolbenhub von 73 mm. Berechnen Sie die tatsächlich angesaugte Frischladungsmasse m_z aller Zylinder in g während eines Arbeitsspiels bei einem Liefergrad von 0,89 (ϱ_L = 1,29 $\frac{g}{dm^3}$).

32.5 Luftverbrauch

> Der **Luftverbrauch** L_v ist die Luftmenge, die dem Motor entsprechend dem Kraftstoffverbrauch B nach DIN 1940 stündlich zugeführt wird.

Der Luftverbrauch L_v ist abhängig von
- der erforderlichen Luftmenge L_{th} in kg je kg Kraftstoff,
- dem Luftverhältnis λ und
- dem Kraftstoffverbrauch B.

$$L_v = L_{th} \cdot \lambda \cdot B$$

mit $B = V \cdot \varrho$ folgt

$$L_v = L_{th} \cdot \lambda \cdot V \cdot \varrho$$

L_v Luftverbrauch in $\frac{kg}{h}$

L_{th} erforderliche Luftmenge in $\frac{kg}{kg}$

λ Luftverhältnis

B Kraftstoffverbrauch in $\frac{kg}{h}$

V verbrauchtes Kraftstoffvolumen in $\frac{dm^3}{h}$

ϱ Kraftstoffdichte in $\frac{kg}{dm^3}$

Beispiel: Ein Ottomotor verbraucht in Teillast in einer Stunde $V = 9{,}7\,l$ Kraftstoff. Die Dichte des Kraftstoffs ist $\varrho = 0{,}74\,\frac{kg}{dm^3}$, das Luftverhältnis $\lambda = 0{,}9$ und die erforderliche Luftmenge $L_{th} = 14{,}7$ kg je kg Kraftstoff. Wie groß ist der Luftverbrauch L_v in $\frac{kg}{h}$?

Gesucht: L_v in $\frac{kg}{h}$

Gegeben: $V = 9{,}7\,\frac{dm^3}{h}$, $\varrho = 0{,}74\,\frac{kg}{dm^3}$
$\lambda = 0{,}9$, $L_{th} = 14{,}7\,\frac{kg}{kg}$

Lösung: $L_v = L_{th} \cdot \lambda \cdot V \cdot \varrho$

$L_v = 14{,}7\,\frac{kg}{kg} \cdot 0{,}9 \cdot 9{,}7\,\frac{dm^3}{h} \cdot 0{,}74\,\frac{kg}{dm^3}$

$L_v = \dfrac{14{,}7\,kg \cdot 0{,}9 \cdot 9{,}7\,dm^3 \cdot 0{,}74\,kg}{kg \cdot h \cdot dm^3}$

$L_v = 95\,\frac{kg}{h}$

Aufgaben

1. Stellen Sie die Formel $L_v = L_{th} \cdot \lambda \cdot V \cdot \varrho$ nach L_{th}, λ, V und ϱ um.

2. Bei einem Luftverhältnis von $\lambda = 3{,}2$ verbraucht ein Dieselmotor 24,6 l Kraftstoff in der Stunde. Die Kraftstoffdichte ϱ beträgt 0,83 $\frac{kg}{dm^3}$, die erforderliche Luftmenge $L_{th} = 14{,}5\,\frac{kg}{kg}$. Berechnen Sie den Luftverbrauch L_v in $\frac{kg}{h}$.

3. In einer Stunde verbraucht ein Ottomotor 11,8 l Kraftstoff und saugt dabei 141,2 kg Luft an. Die Dichte des Kraftstoffs beträgt 0,74 $\frac{kg}{dm^3}$, die erforderliche Luftmenge ist 14,7 $\frac{kg}{kg}$. Mit welchem Luftverhältnis λ wird der Motor betrieben?

4. Der Luftverbrauch eines Zweitakt-Ottomotors beträgt nach einer Stunde 74,7 kg bei einem Luftverhältnis von 1,2. Je kg Kraftstoff sind 14,7 kg Luft erforderlich. Der Kraftstoff hat eine Dichte von 0,77 $\frac{kg}{dm^3}$. Wie groß ist der Kraftstoffverbrauch V in $\frac{l}{h}$?

5. Ein Dieselmotor verbraucht in einer Stunde 36 l Kraftstoff bei einem Luftverhältnis von 1,35. Dabei werden 453,4 m^3 Luft angesaugt. Die erforderliche Luftmenge beträgt 14,5 $\frac{kg}{kg}$, die Dichte der Luft ist 1,29 $\frac{kg}{m^3}$. Berechnen Sie die Dichte ϱ des Kraftstoffs in $\frac{kg}{dm^3}$.

6. Der Kraftstoffverbrauch eines Zweitakt-Ottomotors ist 6,5 l in der Stunde. Das Luftverhältnis beträgt 0,9, die erforderliche Luftmenge 14,9 $\frac{kg}{kg}$ und die Dichte des Kraftstoffs 0,75 $\frac{kg}{dm^3}$. Berechnen Sie den Luftverbrauch L_v in $\frac{kg}{h}$.

7. In 90 min verbraucht ein Turbo-Dieselmotor 13,35 l Kraftstoff und saugt dabei 393,5 kg Luft an. Die Dichte des Kraftstoffs beträgt 0,84 $\frac{kg}{dm^3}$, die erforderliche Luftmenge 14,5 $\frac{kg}{kg}$. Berechnen Sie das Luftverhältnis λ.

8. Ein Ottomotor wird mit einem Luftverhältnis von 0,98 betrieben. Er verbraucht dabei in der Stunde 16,4 l Kraftstoff. Die erforderliche Luftmenge beträgt 14,7 $\frac{kg}{kg}$, die Dichte des Kraftstoffs 0,77 $\frac{kg}{dm^3}$.
Wie groß ist der Luftverbrauch L_v in kg nach 100 min?

9. Berechnen Sie die Dichte ϱ des Kraftstoffs in $\frac{kg}{dm^3}$, mit dem ein Ottomotor eine Stunde lang betrieben wird. Der Motor verbraucht dabei 7,3 l Kraftstoff. Bei einem Luftverhältnis von 0,99 werden 63 m^3 Luft angesaugt. Die erforderliche Luftmenge beträgt 14,8 $\frac{kg}{kg}$, die Luftdichte $\varrho = 1{,}29\,\frac{kg}{m^3}$.

33 Steuerung des Verbrennungsmotors

33.1 Steuerzeiten

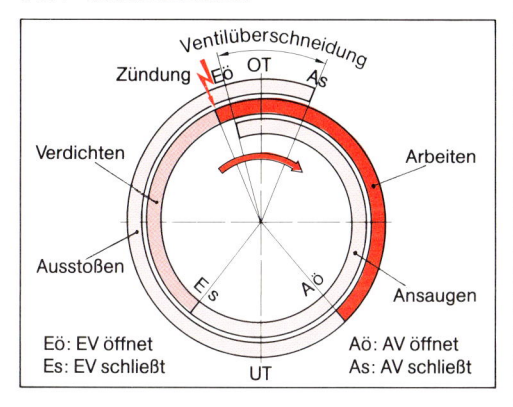

Eö: EV öffnet
Es: EV schließt
Aö: AV öffnet
As: AV schließt

Steuerdiagramme von Verbrennungskraftmaschinen geben Informationen über

- die Öffnungs- und Schließpunkte der Ventile,
- die Größe der Ventilüberschneidung sowie
- den Zündzeitpunkt bzw. den Förderbeginn bei Dieselmotoren.

Öffnungs- und Schließpunkte werden auf die Totpunkte bezogen und in Grad Kurbelwinkel (°KW) angegeben, z.B. Aö 30° vor UT: Auslaßventil öffnet 30° Kurbelwinkel vor dem unteren Totpunkt. Zur Kontrolle und zur Einstellung der Öffnungs- und Schließpunkte, des Zündzeitpunkts bzw. des Förderbeginns können die Winkelgrade in Millimeter Bogenlänge umgerechnet und auf dem Riemen- oder Schwungscheibenumfang markiert werden.

Die **Bogenlänge** l_B auf der Riemen- oder Schwungscheibe ist abhängig von

- dem Öffnungs- oder Schließwinkel der Ventile, Zündzeitpunkt bzw. Förderbeginn α und
- dem Durchmesser d der Riemen- oder Schwungscheibe.

$$l_B = \frac{d \cdot \pi \cdot \alpha}{360°}$$

l_B Bogenlänge in mm
α Öffnungs- oder Schließwinkel, Zündzeitpunkt oder Förderbeginn in °KW
d Riemen- oder Schwungscheibendurchmesser in mm
360 Winkel während einer Kurbelwellenumdrehung in °

Beispiel: Das Einlaßventil eines Viertakt-Ottomotors öffnet 28° vor OT und schließt 42° nach UT. Der Durchmesser d der Schwungscheibe beträgt 340 mm. Wie groß ist
a) der Öffnungswinkel $\alpha_{Eö}$ des Einlaßventils in °KW und
b) die Bogenlänge l_B in mm auf dem Umfang der Schwungscheibe?

Gesucht: $\alpha_{Eö}$ in °KW, l_B in mm
Gegeben: Eö 28° vor OT, Es 42° nach UT, $d = 340$ mm
Lösung: a) $\alpha_{Eö} = 28° + 180° + 42°$
$\alpha_{Eö} = 250°$

b) $l_B = \frac{d \cdot \pi \cdot \alpha_{Eö}}{360°} = \frac{340 \text{ mm} \cdot 3{,}14 \cdot 250°}{360°}$

$l_B = \mathbf{741{,}4 \text{ mm}}$

Aufgaben

1. Stellen Sie die Formel $l_B = \frac{d \cdot \pi \cdot \alpha}{360°}$ nach d und α um.

2. Bei einem Viertakt-Dieselmotor öffnet das Auslaßventil 38° vor UT und schließt 27° nach OT. Die Schwungscheibe hat einen Durchmesser d von 334 mm. Berechnen Sie
a) den Öffnungswinkel $\alpha_{Aö}$ in °KW und
b) die Bogenlänge l_B in mm auf dem Umfang der Schwungscheibe.

3. Die Bogenlänge l_B der Zündzeitpunktmarkierung auf der Riemenscheibe eines Ottomotors beträgt 28 mm bis zur OT-Markierung. Die Riemenscheibe hat einen Durchmesser $d = 160$ mm. Wieviel °KW vor OT erfolgt die Zündung?

4. Das Einlaßventil eines Ottomotors öffnet 12° vor OT und schließt 67° nach UT. Das Auslaßventil öffnet 23° vor UT und schließt 31° nach OT. Die Bogenlänge am Schwungscheibenumfang für den Öffnungswinkel des EV beträgt 633 mm. Berechnen Sie
a) den Schwungscheibendurchmesser d in mm und
b) den Ventil-Überschneidungswinkel $\alpha_Ü$ in °KW.

5. Von einem Ottomotor sind folgende Daten bekannt: Eö 11° nach OT, Es 17° nach UT, Aö 32° vor UT, As 13° nach OT, Zündzeitpunkt 24° KW vor OT, Schwungscheibendurchmesser 320 mm.
Berechnen Sie
a) die Öffnungswinkel $\alpha_{Eö}$ und $\alpha_{Aö}$ in °KW von Einlaß- und Auslaßventil,
b) die Bogenlängen l_B des Ein- und Auslaßventils auf der Schwungscheibe in mm,
c) die Bogenlänge l_B vom Zündzeitpunkt bis OT auf der Schwungscheibe in mm und
d) den Ventil-Überschneidungswinkel $\alpha_Ü$ in °KW.

33.2 Ventilöffnungszeit

Die **Ventilöffnungszeit** t ist die Zeit, in der ein Ventil während eines Arbeitsspiels geöffnet ist.

Die Ventilöffnungszeit t hängt ab von
- dem Öffnungswinkel α und
- der Motordrehzahl n.

Zeit für 1 Kurbelwellenumdrehung in s:
$$t = \frac{60 \frac{s}{min}}{n \frac{1}{min}} = \frac{60}{n}$$

Zeit für 1° Kurbelwellenumdrehung in s:
$$t = \frac{60}{n \cdot 360°}$$

Zeit für α° Kurbelwellenumdrehung in s:
$$t = \frac{60 \cdot \alpha}{n \cdot 360°}$$

$$t = \frac{\alpha}{n \cdot 6}$$

t Ventilöffnungszeit in s
α Ventilöffnungswinkel in °KW
6   Umrechnungszahl, $6 \frac{min \cdot °}{s}$
n Motordrehzahl in $\frac{1}{min}$

Beispiel: Das Auslaßventil eines Ottomotors ist während eines Arbeitsspiels 225°KW geöffnet. Wie groß ist die Öffnungszeit t in s bei einer Motordrehzahl $n = 3200 \frac{1}{min}$?
Gesucht: t in s
Gegeben: $\alpha = 225°$,
$n = 3200 \frac{1}{min}$
Lösung: $t = \frac{\alpha}{n \cdot 6} = \frac{225}{3200 \cdot 6}$
$t = \mathbf{0{,}012\,s}$

Aufgaben

1. Stellen Sie die Formel $t = \frac{\alpha}{n \cdot 6}$ nach α und n um.

2. Das Einlaßventil eines Ottomotors öffnet 27° vor OT und schließt 34° nach UT. Berechnen Sie die Öffnungszeit t in s bei einer Motordrehzahl $n = 5700 \frac{1}{min}$.

3. Das Auslaßventil eines Dieselmotors ist bei $4800 \frac{1}{min}$ 0,0083 s lang geöffnet. Berechnen Sie den Öffnungswinkel α in °KW.

4. Der Überströmkanal eines Zweitakt-Otto-Motorradmotors ist während des Spülvorgangs 90°KW geöffnet. Bei welcher Motordrehzahl n in $\frac{1}{min}$ bleibt der Überströmkanal 0,01 s geöffnet?

5. Die Einstellmarkierung für den Zündzeitpunkt liegt auf dem Schwungscheibenumfang 18° KW vor OT. Wieviel Sekunden vor OT erfolgt die Zündung bei einer Motordrehzahl von $6000 \frac{1}{min}$?

6. Daten eines 2-Takt-Ottomotors (Motorrad):
Eö 60° vor OT   Aö 55° vor UT
Es 60° nach OT   As 55° nach UT
Üö 48° vor UT   Zündzeitpunkt 18° vor OT
Üs 48° nach UT   Schwungscheibendurchmesser 140 mm

Berechnen Sie
a) die Öffnungswinkel α in °KW für Einlaß-, Auslaß- und Überströmschlitz,
b) die Bogenlängen l_B in mm auf der Schwungscheibe während Einlaß-, Auslaß- und Überströmschlitz geöffnet sind,
c) die Öffnungszeiten t in s für Einlaß-, Auslaß- und Überströmschlitz bei einer Motordrehzahl von $n = 9500 \frac{1}{min}$,
d) l_B in mm vom Zündzeitpunkt bis OT und
e) skizzieren Sie das Steuerdiagramm.

7. Ein Viertakt-Dieselmotor hat folgende Daten:
Eö 26° KW vor OT   Aö 58° KW vor UT
Es 54° KW nach UT   As 32° KW nach OT
Einspritzbeginn 15° KW vor OT
Durchmesser der Schwungscheibe: 380 mm
Berechnen Sie
a) l_B in mm auf der Schwungscheibe vom Ein- und Auslaßventil und
b) die Öffnungszeiten t in s für Ein- und Auslaßventil bei einer Motordrehzahl von $2300 \frac{1}{min}$,
c) l_B in mm vom Einspritzbeginn bis OT und
d) l_B in mm für einen Zündverzug von $\frac{1}{1000}$ s bei einer Motordrehzahl von $2300 \frac{1}{min}$.

33.3 Längenausdehnung des Ventils

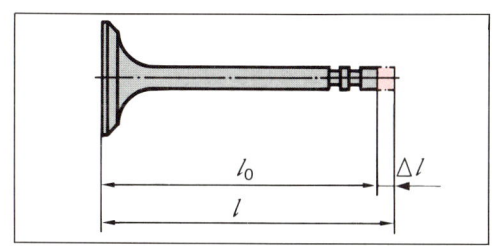

Die Ventile erreichen Betriebstemperaturen bis 800 °C. Die Temperaturdifferenz bei kaltem und warmem Ventil bewirkt Längenänderungen am Ventil (s. Kap. 26.3). Die Längenzunahme Δl eines Ventils nach der Erwärmung hängt ab von
- der Ausgangslänge l_0,
- der Längenausdehnungszahl α und
- der Temperaturdifferenz ΔT.

$$\Delta l = l_0 \cdot \alpha \cdot \Delta T$$

Δl Längenzunahme in mm
l_0 Ausgangslänge in mm
α Längenausdehnungszahl in $\frac{1}{K}$
ΔT Temperaturdifferenz in K (°C)

Die **Länge** l des Ventils nach der Erwärmung ist die Summe aus der **Ausgangslänge** l_0 und der **Längenzunahme** Δl durch eine **Temperaturänderung** ΔT.

$l = l_0 + l_0 \cdot \alpha \cdot \Delta T$
$l = l_0 (1 + \alpha \cdot \Delta T)$ l Länge in mm nach der Erwärmung

Tab.: Längenausdehnungszahlen in $\frac{1}{K}$

Stahl, unlegiert	0,0000110
Stahl, niedriglegiert	0,0000111
Stahl, hochlegiert	0,0000167

Beispiel: Ein Einlaßventil aus niedriglegiertem Stahl ($\alpha = 0{,}0000111 \frac{1}{K}$) ist 132 mm lang. Wie groß ist die Länge l in mm nach der Erwärmung von 20 °C auf 290 °C?

Gesucht: l in mm
Gegeben: $l_0 = 132$ mm,
$\Delta T = 270$ K, $\alpha = 0{,}0000111 \frac{1}{K}$
Lösung: $l = l_0 (1 + \alpha \cdot \Delta T)$
$l = 132 \text{ mm } (1 + 0{,}0000111 \frac{1}{K} \cdot 270 \text{ K})$
$l = 132 \text{ mm} \left(1 + \dfrac{0{,}0000111 \cdot 270 \text{ K}}{\text{K}}\right)$
$l = 132 \text{ mm} (1 + 0{,}003) = 132 \text{ mm} \cdot 1{,}003$
$l = \mathbf{132{,}4 \text{ mm}}$

Aufgaben

1. Stellen Sie die Formel $\Delta l = l_0 \cdot \alpha \cdot \Delta T$ nach l_0, α und ΔT um.

2. Das Auslaßventil eines Ottomotors wird aus hochlegiertem, das Einlaßventil aus niedriglegiertem Stahl hergestellt. Beide Ventile haben die Länge l_0 von je 128 mm bei 20 °C. Berechnen Sie jeweils die Längenzunahme Δl in mm nach Erwärmung auf 260 °C.

3. Bei 20 °C hat ein Auslaßventil eine Länge l_0 von 162 mm. Nach Erwärmung auf 200 °C hat das Ventil eine Längenzunahme Δl von 0,5 mm. Berechnen Sie die Längenausdehnungszahl α in $\frac{1}{K}$.

4. Ein Einlaßventil aus niedriglegiertem Stahl hat eine Länge von 126 mm bei 20 °C. Bei welcher Temperatur t in °C hat das Ventil eine Längenzunahme Δl von 0,4 mm?

5. Wie groß ist die Länge l eines Auslaßventils aus hochlegiertem Stahl nach der Erwärmung auf 330 °C in mm? Das Ventil hat bei 20 °C eine Länge l_0 von 144 mm.

6. Nach Erwärmung auf 340 °C hat ein Auslaßventil eine Länge l von 124,44 mm. Bei 20 °C beträgt die Ausgangslänge $l_0 = 124$ mm. Berechnen Sie die Längenausdehnungszahl α in $\frac{1}{K}$.

7. Wie groß ist die Ausgangslänge l_0 eines Einlaßventils aus hochlegiertem Stahl nach Abkühlung auf 20 °C in mm? Bei 190 °C hat das Ventil eine Länge von 146,4 mm.

8. Ein niedriglegiertes Auslaßventil hat bei 20 °C eine Länge von 108 mm. Nach Erwärmung beträgt die Länge des Ventils 108,24 mm. Berechnen Sie die Temperaturdifferenz ΔT in K.

9. Bei 20 °C beträgt die Ausgangslänge eines niedriglegierten Einlaßventils 124 mm. Berechnen Sie die Längenzunahme Δl nach einer Erwärmung des Ventils auf 240 °C in %.

10. Ein hochlegiertes Auslaßventil hat bei 20 °C eine Länge von 122 mm. Berechnen Sie die Temperatur t in °C, bei der das Ventil eine Längenzunahme von 0,5 % hat.

11. Wie groß ist die Länge l in % eines niedriglegierten Auslaßventils aus Stahl nach der Erwärmung auf 260 °C? l_0 bei 20 °C beträgt 146 mm.

34 Schmierung

34.1 Schmierölverbrauch

Es werden unterschieden
- der spezifische Schmierölverbrauch b_S,
- der Schmierölverbrauch B_S und
- der Strecken-Schmierölverbrauch V_{St}.

Spezifischer Schmierölverbrauch

> Der **spezifische Schmierölverbrauch** b_S ist die dem Verbrennungsmotor zugeführte leistungs- und zeitbezogene Schmierölmenge (DIN 1940).

Er wird auf dem Motorleistungsprüfstand ermittelt.
Der spezifische Schmierölverbrauch b_S hängt ab von
- dem verbrauchten Schmierölvolumen V_S,
- der größten effektiven Leistung (Nutzleistung) P_{eff} und
- der Prüfzeit t.

$$b_S = \frac{V_S \cdot \varrho \cdot 3600}{P_{eff} \cdot t}$$

b_S spezifischer Schmierölverbrauch in $\frac{g}{kWh}$
V_S verbrauchtes Schmierölvolumen in cm^3
ϱ Dichte des Schmieröls in $\frac{g}{cm^3}$
P_{eff} Nutzleistung in kW
t Prüfzeit in s
3600 Umrechnungszahl, $3600 \frac{s}{h}$

Beispiel: Ein 4-Zyl.-Turbo-Dieselmotor wird bei seiner größten Leistung $P_{eff} = 88\,kW$ auf einem Motorleistungsprüfstand 45 min lang betrieben. Dabei wird ein Schmierölverbrauch $V_S = 210\,cm^3$ gemessen. Das Schmieröl hat eine Dichte $\varrho = 0{,}92 \frac{g}{cm^3}$. Wie groß ist der spezifische Schmierölverbrauch b_S in $\frac{g}{kWh}$?

Gesucht: b_S in $\frac{g}{kWh}$
Gegeben: $V_S = 210\,cm^3$, $\varrho = 0{,}92 \frac{g}{cm^3}$, $P_{eff} = 88\,kW$
$t = 45\,min = 2700\,s$
Lösung: $b_S = \dfrac{V_S \cdot \varrho \cdot 3600}{P_{eff} \cdot t}$
$b_S = \dfrac{210 \cdot 0{,}92 \cdot 3600}{88 \cdot 2700} = \mathbf{2{,}9 \frac{g}{kWh}}$

Betriebswerte:
Der spezifische Schmierölverbrauch der Viertakt-Verbrennungskraftmaschinen liegt zwischen $2 \frac{g}{kWh}$ und $15 \frac{g}{kWh}$.

Schmierölverbrauch

> Der **Schmierölverbrauch** B_S ist die vom Verbrennungsmotor verbrauchte, zeitbezogene Schmierölmenge.

Der Schmierölverbrauch B_S hängt ab von
- dem spezifischen Schmierölverbrauch b_S und
- der größten effektiven Leistung (Nutzleistung) P_{eff}.

$$B_S = \frac{b_S \cdot P_{eff}}{1000}$$

B_S Schmierölverbrauch in $\frac{kg}{h}$
b_S spezifischer Schmierölverbrauch in $\frac{g}{kWh}$
P_{eff} Nutzleistung in kW
1000 Umrechnungszahl, $1000 \frac{g}{kg}$

Beispiel: Ein 4-Zyl.-Viertakt-Ottomotor hat eine größte Nutzleistung P_{eff} von 81 kW. Der spezifische Schmierölverbrauch b_S beträgt $2{,}8 \frac{g}{kWh}$. Wie groß ist der Schmierölverbrauch B_S in $\frac{kg}{h}$ bei größter Nutzleistung?

Gesucht: B_S in $\frac{kg}{h}$
Gegeben: $b_S = 2{,}8 \frac{g}{kWh}$, $P_{eff} = 81\,kW$
Lösung: $B_S = \dfrac{b_S \cdot P_{eff}}{1000} = \dfrac{2{,}8 \cdot 81}{1000}$
$B_S = \mathbf{0{,}227 \frac{kg}{h}}$

Strecken-Schmierölverbrauch

> Der **Strecken-Schmierölverbrauch** V_{St} ist der Schmierölverbrauch V_S je 100 km Prüfstrecke.

Der Strecken-Schmierölverbrauch V_{St} ist abhängig von
- dem verbrauchten Schmierölvolumen V_S und
- der zurückgelegten Prüfstrecke s.

Kapitel 34: Schmierung

$$V_{St} = \frac{V_S \cdot 100}{s}$$

V_{St} Strecken-Schmierölverbrauch in l je 100 km
100 Umrechnungszahl, l je 100 km
V_S Schmierölverbrauch in l
s zurückgelegte Prüfstrecke in km

Beispiel: Auf einer 200 km langen Prüfstrecke s wird bei einem 4-Zyl.-Viertakt-Ottomotor ein Schmierölverbrauch V_S von 0,18 l gemessen. Wie groß ist der Strecken-Schmierölverbrauch V_{St} in l je 100 km?

Gesucht: V_{St} in l je 100 km
Gegeben: $V_S = 0{,}18\,l$, $s = 200\,km$
Lösung: $V_{St} = \dfrac{V_S \cdot 100}{s} = \dfrac{0{,}18 \cdot 100}{200}$
$V_{St} = \mathbf{0{,}09\ l\ je\ 100\,km}$

Aufgaben

1. Stellen Sie die Formel $b_S = \dfrac{V_S \cdot \varrho \cdot 3600}{P_{eff} \cdot t}$ nach V_S, ϱ, P_{eff} und t um.

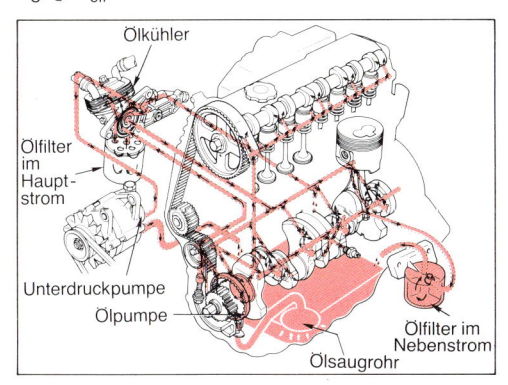

2. Bei einem 4-Zyl.-Viertakt-Ottomotor wird auf einem Motorprüfstand nach $t = 60\,min$ Laufzeit ein Schmierölverbrauch von $V_S = 246\,cm^3$ gemessen. Der Motor hat eine größte Nutzleistung von $P_{eff} = 102\,kW$. Die Dichte des Schmieröls beträgt $\varrho = 0{,}91\,\frac{g}{cm^3}$. Berechnen Sie den spezifischen Schmierölverbrauch b_S in $\frac{g}{kWh}$.

3. Der spezifische Schmierölverbrauch eines aufgeladenen 6-Zyl.-Viertakt-Dieselmotors wird mit $b_S = 7{,}2\,\frac{g}{kWh}$ angegeben ($\varrho = 0{,}89\,\frac{g}{cm^3}$). Die größte Nutzleistung des Motors beträgt $P_{eff} = 150\,kW$. Berechnen Sie den zu erwartenden Schmierölverbrauch V_S in cm^3 nach 70 min Laufzeit auf einem Motorprüfstand.

4. Die größte Nutzleistung P_{eff} eines 12-Zyl.-Viertakt-Ottomotors beträgt 220 kW. Nach 50 min Laufzeit wird auf einem Motorprüfstand ein Schmierölverbrauch V_S von 484 cm^3 ermittelt und ein spezifischer Schmierölverbrauch b_S von 2,35 $\frac{g}{kWh}$ errechnet. Berechnen Sie die Dichte ϱ des Schmieröls in $\frac{g}{cm^3}$.

5. Ein 4-Zyl.-Viertakt-Ottomotor hat eine größte Nutzleistung von 77 kW. Nach welcher Prüfzeit t in min wird ein Schmierölverbrauch von 275 g gemessen? Der errechnete spezifische Schmierölverbrauch beträgt 2,85 $\frac{g}{kWh}$, die Dichte des Schmieröls 0,88 $\frac{g}{cm^3}$.

6. Stellen Sie die Formel $B_S = \dfrac{b_S \cdot P_{eff}}{1000}$ nach b_S und P_{eff} um.

7. Der spezifische Schmierölverbrauch b_S eines 5-Zyl.-Turbo-Dieselmotors beträgt 2,6 $\frac{g}{kWh}$, die größte Nutzleistung $P_{eff} = 90\,kW$. Berechnen Sie den Schmierölverbrauch B_S in $\frac{kg}{h}$.

8. Wie groß ist die größte Nutzleistung P_{eff} eines 3-Zyl.-Viertakt-Ottomotors (Motorrad) in kW? Der Motor hat einen spezifischen Schmierölverbrauch von 3,1 $\frac{g}{kWh}$ und einen Schmierölverbrauch B_S von 0,17 $\frac{kg}{h}$.

9. Stellen Sie die Formel $V_{St} = \dfrac{V_S \cdot 100}{s}$ nach V_S und s um.

10. Auf einer 240 km langen Prüfstrecke s verbraucht ein 4-Zyl.-Viertakt-Ottomotor $V_S = 0{,}17\,l$ Schmieröl. Berechnen Sie den Strecken-Schmierölverbrauch V_{St} in l je 100 km.

11. Der errechnete Strecken-Schmierölverbrauch V_{St} eines 12-Zyl.-Viertakt-Turbo-Dieselmotors beträgt 0,26 l je 100 km. Nach wieviel km Prüfstrecke s wird ein Schmierölverbrauch V_S von 0,65 l gemessen?

12. Auf einer 300 km langen Prüfstrecke verbraucht ein 2-Zyl.-Zweitakt-Ottomotor $0{,}06\,dm^3$ Schmieröl. Berechnen Sie den Strecken-Schmierölverbrauch V_{St} in l je 100 km.

13. Der errechnete Schmieröl-Streckenverbrauch V_{St} eines 1-Zyl.-Zweitakt-Ottomotors beträgt 0,015 l je 100 km. Nach wieviel km Prüfstrecke s wird ein Schmierölverbrauch von 1 l gemessen?

35 Kühlung

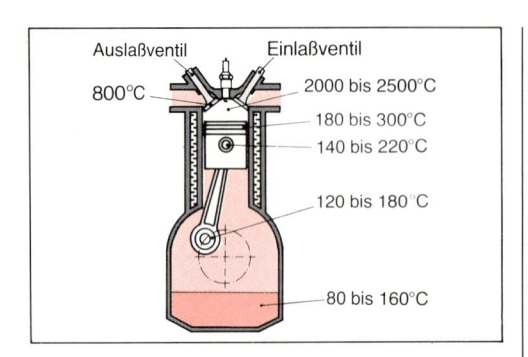

Auslaßventil — 800°C
Einlaßventil — 2000 bis 2500°C
180 bis 300°C
140 bis 220°C
120 bis 180°C
80 bis 160°C

35.1 Abzuführende Wärmemenge

Die **abzuführende Wärmemenge** Φ_{ab} (phi; gr. großer Buchstabe) ist abhängig von der zugeführten Wärmemenge Φ_{zu} (nach DIN 1940 der Wärmemengenverbrauch), die bei der Verbrennung des Kraftstoffs frei wird.

Die zugeführte Wärmemenge Φ_{zu} hängt ab von
- dem Kraftstoffverbrauch B und
- dem Heizwert H_u.

$$\Phi_{zu} = B \cdot H_u \quad \text{mit } B = \frac{b_{eff} \cdot P_{eff}}{1000} \text{ folgt}$$

$$\Phi_{zu} = \frac{b_{eff} \cdot P_{eff} \cdot H_u}{1000}$$

Mit f (Anteil der abzuführenden Wärmemenge in % von Φ_{zu}) folgt:

$$\Phi_{ab} = \frac{b_{eff} \cdot P_{eff} \cdot H_u \cdot f}{1000 \cdot 100}$$

Φ_{zu} zugeführte Wärmemenge in $\frac{kJ}{h}$
B Kraftstoffverbrauch in $\frac{kg}{h}$
H_u Heizwert in $\frac{kJ}{kg}$
P_{eff} effektive Leistung (Nutzleistung) in kW
b_{eff} spezifischer Kraftstoffverbrauch in $\frac{g}{kWh}$
1000 Umrechnungszahl, 1000 $\frac{g}{kg}$
Φ_{ab} abzuführende Wärmemenge in $\frac{kJ}{h}$
f Anteil der abzuführenden Wärmemenge in %
100 Umrechnungszahl, 100%

Bis zu 33% der zugeführten Wärmemenge müssen durch das Kühlsystem abgeführt werden.

Beispiel: Der spezifische Kraftstoffverbrauch b_{eff} eines 4-Zyl.-Viertakt Ottomotors beträgt 215 $\frac{g}{kWh}$, dabei hat der Motor eine effektive Nutzleistung P_{eff} von 67 kW. Der Heizwert H_u beträgt 44000 $\frac{kJ}{kg}$. 33% der zugeführten Wärmemenge soll durch das Kühlsystem abgeführt werden. Wie groß ist die abzuführende Wärmemenge Φ_{ab} in $\frac{kJ}{h}$?

Gesucht: Φ_{ab} in $\frac{kJ}{h}$

Gegeben: $P_{eff} = 67$ kW, $b_{eff} = 215 \frac{g}{kWh}$, $H_u = 44000 \frac{kJ}{kg}$, $f = 33\%$

Lösung: $\Phi_{ab} = \frac{b_{eff} \cdot P_{eff} \cdot H_u \cdot f}{1000 \cdot 100}$

$\Phi_{ab} = \frac{215 \cdot 67 \cdot 44000 \cdot 33}{1000 \cdot 100}$

$\Phi_{ab} = \mathbf{209\,161 \frac{kJ}{h}}$

Aufgaben

1. Stellen Sie die Formel $\Phi_{ab} = \frac{b_{eff} \cdot P_{eff} \cdot H_u \cdot f}{1000 \cdot 100}$ nach b_{eff}, P_{eff}, H_u und f um.

2. Bei einem spezifischen Kraftstoffverbrauch $b_{eff} = 240 \frac{g}{kWh}$ hat ein 8-Zyl.-Viertakt-Ottomotor eine Nutzleistung $P_{eff} = 205$ kW. Der Heizwert H_u des Kraftstoffs beträgt 43200 $\frac{kJ}{kg}$. Berechnen Sie die zugeführte Wärmemenge Φ_{zu} in $\frac{kJ}{h}$.

3. Das Kühlsystem eines 4-Zyl.-Dieselmotors führt $f = 33\%$ der zugeführten Wärmemenge ab. Der Motor hat bei seiner höchsten Nutzleistung von $P_{eff} = 40$ kW einen spezifischen Kraftstoffverbrauch $b_{eff} = 120 \frac{g}{kWh}$, der Heizwert H_u des Dieselkraftstoffs beträgt 43500 $\frac{kJ}{kg}$. Berechnen Sie die abzuführende Wärmemenge Φ_{ab} in $\frac{kJ}{h}$.

4. Der spezifische Kraftstoffverbrauch eines 8-Zyl.-V-Viertakt-Ottomotors beträgt 310 $\frac{g}{kWh}$. Das Kühlsystem führt eine Wärmemenge von 734819 $\frac{kJ}{h}$ ab, die einem Anteil von 31% entspricht. Der Heizwert des Kraftstoffs beträgt 43200 $\frac{kJ}{kg}$. Berechnen Sie die Nutzleistung P_{eff} des Motors in kW.

Kapitel 35: Kühlung

5. Bei einer größten Nutzleistung von 130 kW führt ein 6-Zyl.-Dieselmotor 313853 $\frac{kJ}{h}$ Wärme ab, was 31% der zugeführten Wärmemenge entspricht. Der Dieselkraftstoff hat einen Heizwert von 43500 $\frac{kJ}{kg}$. Berechnen Sie den spezifischen Kraftstoffverbrauch b_{eff} des Motors in $\frac{g}{kWh}$.

6. 33% der zugeführten Wärmemenge, das sind 324232 $\frac{kJ}{h}$, wird durch das Kühlsystem eines 4-Zyl.-Ottomotors abgeführt. Der Motor hat bei einer Nutzleistung von 77 kW einen spezifischen Kraftstoffverbrauch von 290 $\frac{g}{kWh}$. Berechnen Sie den Heizwert H_u des Kraftstoffs in $\frac{kJ}{kg}$.

7. Ein 2-Zyl.-Zweitakt-Ottomotor hat bei einer größten Nutzleistung von 37 kW einen spezifischen Kraftstoffverbrauch von 340 $\frac{g}{kWh}$, dabei wird durch das Kühlsystem eine Wärmemenge von 173906 $\frac{kJ}{h}$ abgeführt. Der Heizwert des Kraftstoffs beträgt 43200 $\frac{kJ}{kg}$. Berechnen Sie die anteilig abgeführte Wärmemenge f in %.

8. Bei einer konstant gefahrenen Geschwindigkeit von $v = 120 \frac{km}{h}$ verbraucht ein Pkw auf einer 15,8 km langen Prüfstrecke 6,9 l Kraftstoff je 100 km. Die Dichte des Kraftstoffs beträgt 0,76 $\frac{kg}{dm^3}$, der Heizwert 43200 $\frac{kJ}{kg}$. Der Motor gibt dabei eine Nutzleistung von 32 kW ab. Das Kühlsystem führt 33% der zugeführten Wärmemenge ab. Berechnen Sie die abzuführende Wärmemenge Φ_{ab} in $\frac{kJ}{h}$.

35.2 Kühlflüssigkeitsdurchsatz

Der **Kühlflüssigkeitsdurchsatz** m_h ist die zum Betrieb eines Verbrennungsmotors erforderliche, zeitbezogene Kühlflüssigkeitsmenge (DIN 1940).

Der Kühlflüssigkeitsdurchsatz hängt ab von
- der abzuführenden Wärmemenge Φ_{ab},
- der Temperaturdifferenz ΔT zwischen Kühlflüssigkeitseintritt und -austritt und
- der spezifischen Wärmekapazität c der Kühlflüssigkeit.

$$m_h = \frac{\Phi_{ab}}{\Delta T \cdot c}$$

m_h Kühlflüssigkeitsdurchsatz in $\frac{kg}{h}$
Φ_{ab} abzuführende Wärmemenge in $\frac{kJ}{h}$
ΔT Temperaturdifferenz in K (°C)
c spezifische Wärmekapazität in $\frac{kJ}{kg \cdot K}$

Beispiel: Die Pumpenumlaufkühlung eines 4-Zyl.-Ottomotors muß eine Wärmemenge von $\Phi_{ab} = 214620 \frac{kJ}{h}$ abführen. Die spezifische Wärmekapazität c beträgt 4,2 $\frac{kJ}{kg \cdot K}$, die Temperaturdifferenz $\Delta T = 14$ K. Wie groß ist der erforderliche Kühlflüssigkeitsdurchsatz m_h in $\frac{kg}{h}$?

Gesucht: m_h in $\frac{kJ}{h}$

Gegeben: $\Phi_{ab} = 214620 \frac{kJ}{h}$, $c = 4,2 \frac{kJ}{kg \cdot K}$, $\Delta T = 14$ K

Lösung:
$$m_h = \frac{\Phi_{ab}}{\Delta T \cdot c} = \frac{214620 \frac{kJ}{h}}{14 K \cdot 4,2 \frac{kJ}{kg \cdot K}}$$

$$m_h = \frac{214620 \, kJ \cdot kg \cdot K}{14 K \cdot 4,2 \, kJ \cdot h}$$

$$m_h = 3650 \frac{kg}{h}$$

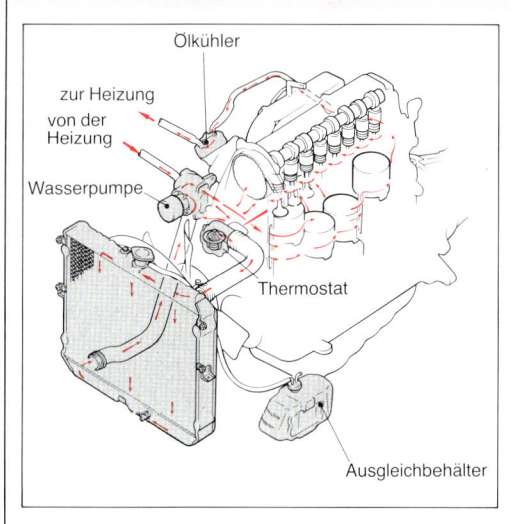

Kühlflüssigkeitsumläufe

Bei der Wasserkühlung wird die aufgenommene Wärme der Motorbauteile durch strömende Kühlflüssigkeit über den Kühler an die Umgebungsluft abgeführt. Durch eine Wasserpumpe wird eine hohe Strömungsgeschwindigkeit und damit eine große Zahl von Umläufen der Kühlflüssigkeit in einer bestimmten Zeit erreicht.

Die Zahl der Kühlflüssigkeitsumläufe z in einer Stunde sind abhängig von
- dem Kühlflüssigkeitsdurchsatz m_h und
- der Masse der Kühlflüssigkeit m_K.

$$z = \frac{m_h}{m_K}$$

z Zahl der Kühlflüssigkeitsumläufe in $\frac{1}{h}$
m_h Kühlflüssigkeitsdurchsatz in $\frac{kg}{h}$
m_K Masse der Kühlflüssigkeit in kg

Beispiel: Der erforderliche Kühlflüssigkeitsdurchsatz m_h eines 4-Zyl.-Ottomotors beträgt 2840 $\frac{kg}{h}$. Das Kühlmittelsystem faßt ein Flüssigkeitsvolumen $V_K = 6,1$ l, die Dichte der Kühlflüssigkeit ϱ_K beträgt 1,12 $\frac{kg}{dm^3}$. Wie groß ist die Zahl der Flüssigkeitsumläufe z in $\frac{1}{h}$?

Gesucht: z in $\frac{1}{h}$

Gegeben: $m_h = 2840 \frac{kg}{h}$, $V_k = 6,1 l = 6,1 dm^3$

$\varrho_K = 1,12 \frac{kg}{dm^3}$

Lösung: $z = \frac{m_h}{m_K}$ $m_K = V_K \cdot \varrho_K$

$m_K = 6,1 dm^3 \cdot 1,12 \frac{kg}{dm^3}$

$m_K = 6,8 kg$

$z = \frac{2840 \frac{kg}{h}}{6,8 kg} = \frac{2840 kg}{6,8 kg \cdot h} = \mathbf{417,6 \frac{1}{h}}$

35.3 Gefrierschutzmittel

Zur Senkung des Gefrierpunktes wird dem Kühlwasser ein Gefrierschutzmittel beigemengt.

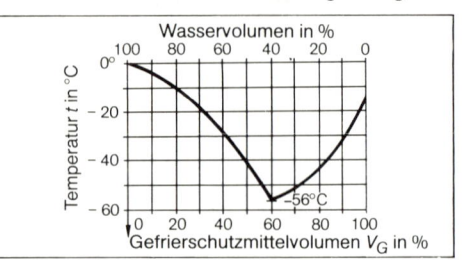

Die Gefrierschutzmittel haben einen Gefrierpunkt von etwa −10 bis −14°C. In Verbindung mit etwa 40% Wasservolumen wird der tiefste Gefrierpunkt der Gefrierschutzmischung von −56°C erreicht. Eine weitere Zugabe von Gefrierschutzmittel hebt den Gefrierpunkt der Mischung an. Das Volumen des Gefrierschutzmittels V_G hängt ab von

- dem Inhalt des Kühlsystems V_K,
- dem Gefrierschutzmittelanteil A_G und
- den gesamten Anteilen der Kühlflüssigkeit G_K.

$$V_G = \frac{V_K \cdot A_G}{G_K}$$

mit $G_K = A_G + A_W$ folgt

$$V_G = \frac{V_K \cdot A_G}{A_G + A_W}$$

$V_W = V_K - V_G$

V_G Gefrierschutzmittelvolumen in dm^3
V_K Inhalt des Kühlsystems in dm^3
A_G Gefrierschutzmittelanteil
G_K gesamte Anteile der Kühlflüssigkeit
A_W Wasseranteil
V_W Wasservolumen in dm^3

Aus der graphischen Darstellung werden die Vol.-%-Anteile für Wasser und Gefrierschutzmittel entsprechend der Gefrierpunkte abgelesen. Die Anteile Wasser werden, bezogen auf ein Anteil (1 l) Gefrierschutzmittel errechnet.

Tab.: Gefrierpunkte und Anteile der Kühlflüssigkeit

Temperatur	Wasser	Gefrierschutzmittel
−10°C	80% (4 Anteile)	20% (1 Anteil)
−15°C	75% (3 Anteile)	25% (1 Anteil)
−20°C	67% (2 Anteile)	33% (1 Anteil)
−25°C	60% (1,5 Anteile)	40% (1 Anteil)
−30°C	58% (1,4 Anteile)	42% (1 Anteil)
−35°C	55% (1,2 Anteile)	45% (1 Anteil)

Aufgaben

1. Stellen Sie die Formel $m_h = \frac{\Phi_{ab}}{\Delta T \cdot c}$ nach Φ_{ab}, ΔT und c um.

2. Stellen Sie die Formel $z = \frac{m_h}{m_K}$ nach m_h und m_K um.

3. Die Pumpenumlaufkühlung eines 6-Zyl.-Dieselmotors faßt ein Kühlflüssigkeitsvolumen $V_K = 10$ l. Es muß eine Wärmemenge $\Phi_{ab} = 187\,992 \frac{kJ}{h}$ abgeführt werden. Die spezifische Wärmekapazität c der Kühlflüssigkeit beträgt 4,2 $\frac{kJ}{kg \cdot K}$, die Temperaturdifferenz $\Delta T = 12$ K, die Dichte $\varrho_K = 1,05 \frac{kg}{dm^3}$. Berechnen Sie
a) den Kühlflüssigkeitsdurchsatz m_h in $\frac{kg}{h}$ und
b) die Kühlflüssigkeitsumläufe z in $\frac{1}{h}$.

4. Der Kühlflüssigkeitsdurchsatz m_h eines 6-Zyl.-Ottomotors beträgt 2370 $\frac{kg}{h}$ bei einer Temperaturdifferenz $\Delta T = 11$ K, die spezifische Wärmekapazität $c = 4,2 \frac{kJ}{kg \cdot K}$, $\varrho_K = 1,04 \frac{kg}{dm^3}$. Die Zahl der Kühlflüssigkeitsumläufe z soll 130 in der Stunde betragen. Berechnen Sie
a) die abzuführende Wärmemenge Φ_{ab} in $\frac{kJ}{h}$ und
b) das Kühlflüssigkeitsvolumen V_K in l.

5. Ein 4-Zyl.-Turbo-Dieselmotor führt bei einem Kühlflüssigkeitsdurchsatz m_h von 2980 $\frac{kg}{h}$ eine Wärmemenge von 150 192 $\frac{kJ}{h}$ ab. Die spezifische Wärmekapazität c der Kühlflüssigkeit beträgt 4,2 $\frac{kJ}{kg \cdot K}$, die Dichte 1,05 $\frac{kg}{dm^3}$. Das Kühlsystem faßt 13 l Kühlflüssigkeit. Berechnen Sie
a) die Temperaturdifferenz ΔT in K und
b) die Kühlflüssigkeitsumläufe z in $\frac{1}{h}$.

Kapitel 35: Kühlung

Beispiel: Das Kühlsystem eines Pkw faßt 5,2 l Kühlflüssigkeit. Sie soll auf einen Gefrierpunkt von −30 °C haben. Wie groß sind Gefrierschutzvolumen V_G und Wasservolumen V_W in l?

Gesucht: V_G in l, V_W in l

Gegeben: $V_K = 5,2$ l, $t = -30\,°C$
aus der Tabelle: $A_G = 1$, $A_W = 1,4$

Lösung: $V_G = \dfrac{V_K \cdot A_G}{A_G + A_W} = \dfrac{5,2 \cdot 1}{1 + 1,4}$

$V_G = \mathbf{2,2\,l}$

$V_W = V_K - V_G = 5,2 - 2,2$

$V_W = \mathbf{3,0\,l}$

Lösung: $\varrho_K = \dfrac{V_W \cdot \varrho_W + V_G \cdot \varrho_G}{V_K}$

$V_W = V_K - V_G$

$V_W = 13,7\,dm^3 - 5,7\,dm^3$

$V_W = 8\,dm^3$

$\varrho_K = \dfrac{8\,dm^3 \cdot 1\,\frac{kg}{dm^3} + 5,7\,dm^3 \cdot 1,12\,\frac{kg}{dm^3}}{13,7\,dm^3}$

$\varrho_K = \dfrac{8\,kg + 6,38\,kg}{13,7\,dm^3} = \dfrac{14,38\,kg}{13,7\,dm^3}$

$\varrho_K = \mathbf{1,05\,\frac{kg}{dm^3}}$

Durch einen entsprechenden Anteil von Gefrierschutzmittel ändert sich die Dichte ϱ_K der Kühlflüssigkeit.

Über die Messung der Dichte ϱ_K kann mit Hilfe eines Aräometers (Senkwaage) das Mischungsverhältnis und damit der Gefrierpunkt der Kühlflüssigkeit bestimmt werden.

Die Dichte ϱ_K der Kühlflüssigkeit hängt ab von
- dem Wasservolumen V_W,
- der Dichte des Wassers ϱ_W,
- dem Gefrierschutzmittelvolumen V_G,
- der Dichte des Gefrierschutzmittels ϱ_G und
- dem Inhalt des Kühlsystems V_K.

$$\boxed{\varrho_K = \dfrac{V_W \cdot \varrho_W + V_G \cdot \varrho_G}{V_K}}$$

ϱ_K Dichte der Kühlflüssigkeit in $\frac{kg}{dm^3}$
V_W Wasservolumen in dm^3
ϱ_W Dichte des Wassers in $\frac{kg}{dm^3}$
V_G Gefrierschutzmittelvolumen in dm^3
ϱ_G Dichte des Gefrierschutzmittels in $\frac{kg}{dm^3}$
V_K Inhalt des Kühlsystems in dm^3

Beispiel: Der Inhalt des Kühlsystems V_K eines Pkw beträgt 13,7 l. Es werden 5,7 l Gefrierschutzmittel in das Kühlsystem gegeben. Die Dichte des Wassers ϱ_W beträgt $1,0\,\frac{kg}{dm^3}$, die des Gefrierschutzmittels $\varrho_G = 1,12\,\frac{kg}{dm^3}$.
Wie groß ist die Dichte ϱ_K der Kühlflüssigkeit in $\frac{kg}{dm^3}$?

Gesucht: ϱ_K in $\frac{kg}{dm^3}$

Gegeben: $V_K = 13,7\,dm^3$, $V_G = 5,7\,dm^3$,
$\varrho_W = 1,0\,\frac{kg}{dm^3}$, $\varrho_G = 1,12\,\frac{kg}{dm^3}$

Aufgaben

1. Stellen Sie die Formel $V_G = \dfrac{V_K \cdot A_G}{G_K}$ nach V_K, A_G und G_K um.

2. Die Kühlflüssigkeit eines Pkw-Motors soll einen Gefrierpunkt von −25 °C haben. Der Inhalt des Kühlsystems V_K beträgt 8,5 l, die Dichte des Gefrierschutzmittels $\varrho_G = 1,12\,\frac{kg}{dm^3}$.
Berechnen Sie
a) das Gefrierschutzmittelvolumen V_G in l,
b) das Wasservolumen V_W in l und
c) die Dichte der Kühlflüssigkeit ϱ_K in $\frac{kg}{dm^3}$.

3. Das Kühlsystem eines Lkw-Motors faßt 63 l Kühlflüssigkeit. Der Gefrierpunkt der Kühlflüssigkeit soll −35 °C betragen. Die Dichte des Gefrierschutzmittels ϱ_G beträgt $1,12\,\frac{kg}{dm^3}$.
Berechnen Sie
a) das Gefrierschutzmittelvolumen V_G in l,
b) das Wasservolumen V_W in l und
c) die Dichte der Kühlflüssigkeit in $\frac{kg}{dm^3}$.

4. Der Inhalt des Kühlsystems V_K eines Pkw-Motors beträgt 12 l. Das Kühlsystem wird mit 4,8 l Gefrierschutzmittel gefüllt. Die Dichte des Gefrierschutzmittels beträgt $1,12\,\frac{kg}{dm^3}$.
Berechnen und ermitteln Sie
a) den Anteil des Wasservolumens V_W in l,
b) den Gefrierpunkt t in °C und
c) die Dichte der Kühlflüssigkeit ϱ_K in $\frac{kg}{dm^3}$.

5. Das Kühlsystem eines Lkw-Motors wird mit 32 l Wasser und 16 l Gefrierschutzmittel gefüllt. Die Dichte der Kühlflüssigkeit beträgt $1,04\,\frac{kg}{dm^3}$.
Berechnen Sie
a) das Volumen des Kühlsystems V_K in l,
b) die Dichte des Gefrierschutzmittels ϱ_G in $\frac{kg}{dm^3}$ und
c) den Gefrierpunkt t in °C.

36 Aufgaben zum Verbrennungsmotor

1. Die Zylinderbohrung eines 6-Zyl.-Viertakt-Ottomotors beträgt 95 mm, der Kolbenhub 69,8 mm. Berechnen Sie
a) den Zylinderhubraum V_h in cm³ und
b) den Gesamthubraum V_H in cm³ und l.

2. Ein aufgeladener 4-Zyl.-Dieselmotor hat einen Gesamthubraum von 2499 cm³. $\varepsilon = 21:1$. Wie groß ist der Verdichtungsraum V_c in cm³?

3. Das Verdichtungsverhältnis eines 1-Zyl.-Zweitakt-Ottomotors mit Membransteuerung beträgt 14,8 : 1. Bei einer Zylinderbohrung von 66,5 mm beträgt der Zylinderhubraum 246 cm³. Um wieviel mm muß der Zylinderkopf abgefräst werden, um ε auf 15,5 : 1 zu erhöhen?

4. Das Hub-Bohrungsverhältnis eines 6-Zyl.-V-Ottomotors beträgt 0,9, die Zylinderbohrung 84 mm.
Berechnen Sie
a) den Kolbenhub s in mm,
b) den Zylinderhubraum V_h in cm³ und
c) den Gesamthubraum V_H in cm³ und l.

5. Die Kolbengeschwindigkeit eines 4-Zyl.-V-Ottomotors (Motorrad) soll $17 \frac{m}{s}$ nicht überschreiten. Der Kolbenhub beträgt 70,4 mm. Berechnen Sie n in $\frac{1}{min}$, bei der eine Drehzahlbegrenzung vorgesehen werden muß.

6. Wie lang ist jeweils die Fahrstrecke s in km eines Pkw während einer Verbrauchsmessung? Verbrauch DIN 70030-1-8,7 × 5,5 × 7,5. Das jeweils gemessene Kraftstoffvolumen beträgt 0,66 l (Bleifrei Normal) im Stadtzyklus, 0,55 l nach konstant gefahrenen $v = 90 \frac{km}{h}$ und 0,9 l nach konstant gefahrenen $v = 120 \frac{km}{h}$.

7. Nach 246 km Autobahnfahrt wird bei einem Motorrad ein Kraftstoffstreckenverbrauch von 7,6 l je 100 km ermittelt. Berechnen Sie das verbrauchte Kraftstoffvolumen K in l.

8. Ein Pkw verbraucht nach DIN 70030-1 bei konstant gefahrenen $v = 120 \frac{km}{h}$ 5,9 l je 100 km. Mit einer Kraftstoffbehälterfüllung von 55 l fährt der Pkw eine Autobahnstrecke von 859 km. Berechnen Sie die Abweichung des Fahrbereichs s_F vom DIN-Verbrauch in %.

9. Wieviel cm³ Kraftstoff ($\varrho = 0{,}77 \frac{kg}{dm^3}$) verbraucht ein 4-Zyl.-Viertakt-Ottomotor in 19 s? Der Kraftstoffverbrauch B beträgt $9{,}6 \frac{kg}{h}$.

10. Bei einer Nutzleistung von 62 kW hat ein 6-Zyl.-Viertakt-Dieselmotor auf der Leistungsbremse einen errechneten spezifischen Kraftstoffverbrauch von $225 \frac{g}{kWh}$. Es werden dabei 0,1 dm³ Kraftstoff ($\varrho = 0{,}85 \frac{g}{cm^3}$) verbraucht. Nach welcher Zeit t in s wird der spezifische Kraftstoffverbrauch ermittelt?

11. Die maximale Kolbenkraft eines Viertakt-Ottomotors beträgt bei einem Kolbendurchmesser von 88,5 mm 28897 N. Wie groß ist der Verbrennungshöchstdruck p_{max} in bar?

12. Der Kolbenhub eines 2-Zyl.-Zweitakt-Ottomotors beträgt 44 mm. Der Motor gibt bei einem mittleren Kolbendruck von 11,3 bar eine Arbeit von 70,5 Nm ab. Berechnen Sie den Kolbendurchmesser d in mm.

13. Ermitteln Sie rechnerisch und zeichnerisch mit Hilfe des p-V-Diagramms die Tangentialkraft eines Viertakt-Dieselmotors bei größtem Druck in Vollast. Der Motor hat einen Kolbendurchmesser von 92 mm, einen Kolbenhub von 93 mm und eine 165 mm lange Pleuelstange. Kräftemaßstab: 1 mm $\triangleq$ 1500 N, Längenmaßstab: 1 : 2.

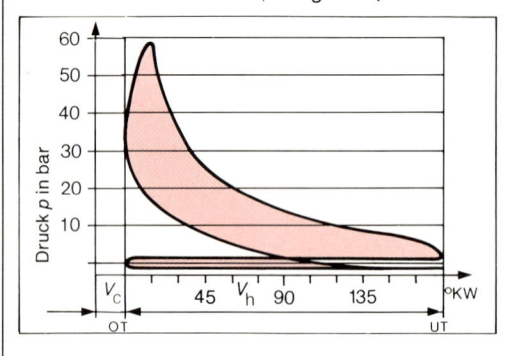

14. Bei einer Motordrehzahl von $6500 \frac{1}{min}$ beträgt der mittlere Kolbendruck eines 4-Zyl.-Viertakt-Ottomotors 11,8 bar. Der Motor hat eine Zylinderbohrung von 83 mm und einen Kolbenhub von 88 mm.
Berechnen Sie die indizierte Leistung P_i in kW.

15. Bei einer Nutzleistung von 70 kW hat ein 4-Zyl.-Zweitakt-Ottomotor einen Kraftstoffverbrauch $B = 27,3 \frac{kg}{h}$. Der Heizwert des Ottokraftstoffs beträgt $44000 \frac{kJ}{kg}$. Berechnen Sie den effektiven Wirkungsgrad η_{eff}.

16. Das Diagramm zeigt den Verlauf des Motordrehmoments eines Dieselmotors.
a) Berechnen Sie für die Drehzahlen 1000, 2000 $\frac{1}{min}$ usw. jeweils die effektive Leistung P_{eff} in kW.
b) Zeichnen Sie die Kennlinien des Motordrehmoments und der effektiven Leistung in ein Diagramm. Drehzahlmaßstab: 1 mm $\hat{=}$ 100 $\frac{1}{min}$, Leistungsmaßstab: 1 mm $\hat{=}$ 0,714 kW, Maßstab für das Motordrehmoment: 1 mm $\hat{=}$ 2 Nm.

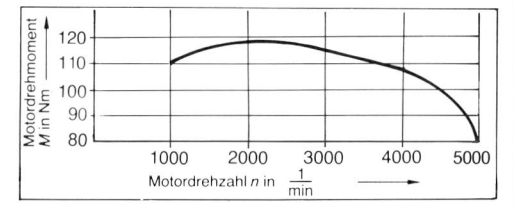

17. Ein 6-Zyl.-Turbo-Dieselmotor hat bei einer Zylinderbohrung von 139,7 mm und einem Kolbenhub von 152,4 mm eine Nutzleistung von 294 kW. Berechnen Sie
a) den Gesamthubraum V_H in cm³ und l sowie
b) die Hubraumleistung P_H in $\frac{kW}{l}$.

18. Die größte Nutzleistung eines 6-Zyl.-Ottomotors beträgt 115 kW, das Leergewicht des Fahrzeugs 1390 kg. Wie groß ist das Leistungsgewicht des Fahrzeugs m_{PF} in $\frac{kg}{kW}$?

19. Ein Schwimmer aus einer Kupfer-Zink-Legierung hat die Form eines Zylinders. Der Durchmesser des Zylinders beträgt 36 mm, die Höhe 28 mm und die Blechdicke 0,18 mm. Die Kupfer-Zink-Legierung hat eine Dichte von $8,6 \frac{kg}{dm^3}$. Berechnen Sie
a) die Gewichtskraft G in mN und
b) die Eintauchtiefe s in mm in einen Kraftstoff mit der Dichte von $0,74 \frac{kg}{dm^3}$.

20. Nach DIN 70030-1 hat ein 4-Zyl.-Viertakt-Ottomotor bei konstant gefahrenen $v = 90 \frac{km}{h}$ einen Kraftstoffverbrauch C von 6 l je 100 km. Die Dichte des Kraftstoffs (Super bleifrei) beträgt $0,77 \frac{kg}{dm^3}$. Der Motor wird in Teillast bei 15% Luftüberschuß betrieben. Die Luft hat eine Dichte von $1,29 \frac{kg}{dm^3}$. Wieviel m³ Luft werden auf einer Teststrecke von 22,5 km angesaugt?

21. Der Zylinderhubraum eines 6-Zyl.-Turbo-Viertakt-Dieselmotors beträgt 499 cm³, der Liefergrad 1,2.
Wie groß ist die zugeführte Frischladung m_z in kg und V_z in cm³ je Zylinder pro Arbeitsspiel? Die Dichte der Luft beträgt $1,29 \frac{kg}{m^3}$.

22. Das Einlaßventil eines 4-Zyl.-Viertakt-Ottomotors öffnet 1 °KW nach OT und schließt 21 °KW nach UT. Das Auslaßventil öffnet 43 °KW vor UT und schließt 3 °KW vor OT. Die Schwungscheibe hat einen Durchmesser von 420 mm. Der Zündzeitpunkt erfolgt 7 °KW vor OT.
Berechnen Sie
a) Öffnungswinkel $\alpha_{Eö}$ und $\alpha_{Aö}$ in °KW von Einlaß- und Auslaßventil,
b) die Bogenlängen l_B in mm von Einlaß- und Auslaßwinkel auf der Schwungscheibe,
c) die Bogenlänge l_B des Zündzeitpunkts in mm auf der Schwungscheibe,
d) den Ventilüberschneidungswinkel $\alpha_\ddot{U}$ in °KW und
e) die Ventilöffnungszeiten t in s von Aus- und Einlaßventil bei der Motordrehzahl seiner größten Nutzleistung von $5800 \frac{1}{min}$.

23. Die größte Nutzleistung eines 6-Zyl.-V-Viertakt-Ottomotors beträgt 110 kW. Nach 45 min Laufzeit auf einem Motorprüfstand wird ein Schmierölverbrauch von 196 cm³ gemessen. Die Dichte des Schmieröls beträgt $0,91 \frac{g}{cm^3}$.
Berechnen Sie
a) den spezifischen Schmierölverbrauch b_S in $\frac{g}{kWh}$ und
b) den Schmierölverbrauch B_S in $\frac{kg}{h}$.

24. Ein flüssigkeitsgekühlter 2-Zyl.-Zweitakt-Ottomotor hat einen spezifischen Kraftstoffverbrauch von $296 \frac{g}{kWh}$. Dabei erzeugt der Motor seine größte effektive Leistung von 37 kW. Der Heizwert des Kraftstoffs beträgt $44000 \frac{kJ}{kg}$. 33% der zugeführten Wärme werden durch das Kühlsystem abgeführt. Die Temperaturdifferenz zwischen Kühlflüssigkeitseintritt und -austritt beträgt 16 K, die spezifische Wärmekapazität der Kühlflüssigkeit ist $4,2 \frac{kJ}{kg \cdot K}$, deren Dichte $1,05 \frac{kg}{dm^3}$.
Das Kühlsystem faßt 6,5 l Kühlflüssigkeit.
Berechnen Sie
a) die abzuführende Wärmemenge Φ_{ab} in $\frac{kJ}{h}$,
b) den Kühlflüssigkeitsdurchsatz m_h in $\frac{kg}{h}$ und
c) die Flüssigkeitsumläufe z in $\frac{1}{h}$.

37 Kupplung

Reibungskupplungen übertragen **Drehmomente** durch **kraftschlüssige Verbindungen**.

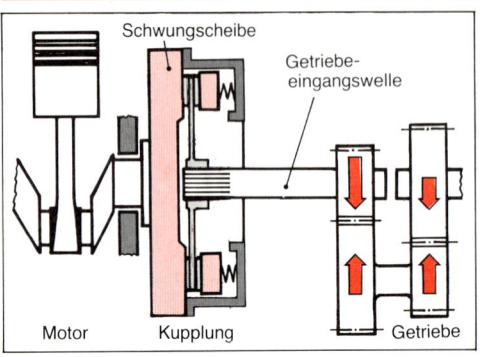

Die Größe des übertragbaren Drehmoments M ist abhängig von der **Reibungskraft** F_R an der Kupplungsscheibe und dem **wirksamen Hebelarm** r_m.

37.1 Reibungskraft

Die an beiden Seiten der Kupplungsscheibe entstehende **Reibungskraft** F_R ist der **Drehkraft** der Kupplung **entgegengesetzt**. Sie verhindert eine Bewegung der Kupplungsscheibe zwischen der Druckplatte und der Schwungscheibe.

Eine **Reibungskraft** entsteht nur, wenn auch eine **Drehkraft wirksam** wird. Ist die maximal erreichbare Reibungskraft geringer als die Drehkraft, rutscht die Kupplung durch.

Die Reibungskraft F_R ist abhängig von
- der Anpreßkraft F_N (Normalkraft) der Druckfedern,
- der Reibungszahl μ und
- der Zahl der Reibflächenpaarungen z.

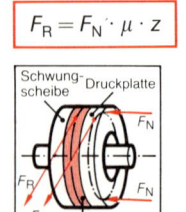

$$F_R = F_N \cdot \mu \cdot z$$

- F_R Reibungskraft in N
- F_N Anpreßkraft der Federn in N
- μ Reibungszahl
- z Zahl der Reibflächenpaarungen
- $z=2$ gilt für eine Kupplungsscheibe
- $z=4$ gilt für zwei Kupplungsscheiben usw.

Beispiel: An der Druckplatte einer Kupplung wirken 6 Druckfedern mit einer Kraft von je 300 N. Die Reibungszahl μ ist 0,3.

a) Zu berechnen sind die Reibungskraft F_R einer Einscheibenkupplung in N und

b) die Reibungskraft F_R einer Kupplung mit drei Kupplungsscheiben in N.

Gesucht: Reibungskraft F_R in N

Gegeben: $F_N = 1800$ N, $\mu = 0{,}3$, $z=2$ bzw. $z=6$

Lösung: a) $F_R = F_N \cdot \mu \cdot z = 1800\,\text{N} \cdot 0{,}3 \cdot 2$
$F_R = \mathbf{1080\ N}$

b) $F_R = F_N \cdot \mu \cdot z = 1800\,\text{N} \cdot 0{,}3 \cdot 6$
$F_R = \mathbf{3240\ N}$

Aufgaben

1. Stellen Sie die Formel $F_R = F_N \cdot \mu \cdot z$ nach F_N, μ und z um.

2. An der Druckplatte einer Einscheibenkupplung wirkt eine Anpreßkraft F_N von 2150 N. Berechnen Sie die Reibungskraft F_R in N, wenn die Reibungszahl μ einen Wert von 0,29 hat.

3. Eine Kupplungsscheibe überträgt eine Reibungskraft $F_R = 2750$ N. Welche Anpreßkraft F_N in N wirkt auf die Druckplatte, wenn die Reibungszahl mit $\mu = 0{,}32$ ermittelt wird und $z=2$ ist?

4. Berechnen Sie die Reibungszahl μ. Bei einer Anpreßkraft F_N von 3120 N überträgt die Einscheibenkupplung eine Reibungskraft $F_R = 1810$ N.

5. Eine Membranfeder drückt mit einer Kraft F_N von 2400 N auf die Druckplatte einer Zweischeibenkupplung. Die Reibungszahl μ ist 0,3. Berechnen Sie die Reibungskraft F_R in N.

6. Berechnen Sie die fehlenden Tabellenwerte.

	a)	b)	c)	d)
F_N in N	1600	?	950	?
μ	0,29	0,32	0,30	0,31
z	2	12	?	6
F_R in N	?	2304	1710	2604

37.2 Wirksamer Hebelarm

Die Kupplungsbeläge werden meist als Kreisringe ausgeführt. An diesen Belägen wirken die Reibungskräfte mit einem Hebelarm, der dem mittleren Radius des Kreisrings entspricht.

$$r_m = \frac{\frac{D}{2} + \frac{d}{2}}{2} \qquad r_m = \frac{D+d}{4}$$

- r_m mittlerer Radius in mm
- D Außendurchmesser in mm
- d Innendurchmesser in mm

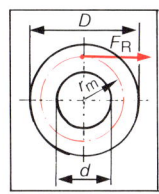

Beispiel: Eine Kupplungsscheibe hat einen Außendurchmesser $D = 210$ mm und einen Innendurchmesser $d = 140$ mm. Zu berechnen ist der mittlere Radius r_m der Kupplungsscheibe in mm.

Gesucht: r_m in mm
Gegeben: $D = 210$ mm, $d = 140$ mm
Lösung:
$$r_m = \frac{D+d}{4}$$
$$r_m = \frac{210\,\text{mm} + 140\,\text{mm}}{4}$$
$$r_m = \mathbf{87{,}5\,\text{mm}}$$

Aufgaben

1. Stellen Sie die Formel $r_m = \frac{D+d}{4}$ nach D und d um.

2. Der Außendurchmesser D einer Kupplungsscheibe ist 245 mm, der Innendurchmesser d hat einen Wert von 165 mm. Wie groß ist r_m in mm?

3. Eine Kupplungsscheibe hat einen mittleren Radius von $r_m = 82$ mm. Berechnen Sie den Außendurchmesser D in mm, wenn der Innendurchmesser $d = 144$ mm groß ist.

4. Wie groß ist der Innendurchmesser d einer Kupplungsscheibe in mm? Der mittlere Radius r_m beträgt 110,5 mm, der Außendurchmesser D hat eine Größe von 264 mm.

5. Berechnen Sie die fehlenden Tabellenwerte.

	a)	b)	c)	d)
r_m in mm	?	70	105	48
D in mm	150	165	?	136
d in mm	105	?	180	?

37.3 Übertragbares Drehmoment

Das übertragbare Kupplungsdrehmoment M_K hängt ab von
- der Reibungskraft F_R und
- dem wirksamen Hebelarm r_m.

$$M_K = F_R \cdot r_m$$

- M_K Kupplungsdrehmoment in Nm
- F_R Reibungskraft in N
- r_m wirksamer Hebelarm in m (mittlerer Radius)

Mit $F_R = F_N \cdot \mu \cdot z$ folgt

$$M_K = F_N \cdot \mu \cdot z \cdot r_m$$

- F_N Anpreßkraft in N
- μ Reibungszahl
- z Zahl der Reibflächenpaarungen

Beispiel: Auf die Kupplungsscheibe wirkt eine Anpreßkraft F_N von 1800 N. Der mittlere Radius r_m der Scheibe beträgt 115 mm, die Reibungszahl μ hat einen Wert von 0,3. Zu berechnen ist das von der Einscheibenkupplung übertragbare Kupplungsdrehmoment M_K in Nm.

Gesucht: M_K in Nm
Gegeben: $F_N = 1800$ N, $r_m = 115$ mm, $\mu = 0{,}3$, $z = 2$
Lösung: $M_K = F_N \cdot \mu \cdot z \cdot r_m = 1800\,\text{N} \cdot 0{,}3 \cdot 2 \cdot 0{,}115\,\text{m}$
$M_K = \mathbf{124{,}2\,\text{Nm}}$

Aufgaben

1. Stellen Sie die Formel $M_K = F_N \cdot \mu \cdot z \cdot r_m$ nach F_N, μ, z und r_m um.

2. Eine Einscheibenkupplung überträgt eine Reibungskraft $F_R = 1600$ N. Der wirksame Hebelarm hat eine Länge von $r_m = 150$ mm. Berechnen Sie das übertragbare Drehmoment M_K in Nm.

3. Berechnen Sie die fehlenden Tabellenwerte.

	a)	b)	c)	d)
F_N in N	4600	?	3760	
F_R in N	?	630	?	?
μ	0,31	0,30	?	0,28
D in mm		212	82	?
d in mm		140	?	120
z	2	4	8	
r_m in mm	46	?	32	70
M_K in Nm	?	?	620	180

37.4 Flächenpressung

Die auf die Kupplungsbeläge wirkende Anpreßkraft F_N bewirkt eine **Flächenpressung** p. Die Flächenpressung p ist abhängig von

- der Anpreßkraft der Federn F_N und
- der Reibfläche A.

$$p = \frac{F_N}{A}$$

p Flächenpressung in $\frac{N}{cm^2}$
F_N Anpreßkraft der Federn in N
A Reibfläche in cm^2

Je höher die **Flächenpressung** an der Kupplungsscheibe, desto höher ist ihr **Verschleiß** in der **Gleitreibungsphase** beim Einkuppeln. Um eine ausreichende Standzeit des Kupplungsbelages zu gewährleisten, darf die Flächenpressung nicht höher als $20 \frac{N}{cm^2}$ sein.

Beispiel: Zu berechnen ist die wirkende Flächenpressung p in $\frac{N}{cm^2}$. Die Druckplatte wird mit einer Anpreßkraft $F_N = 2100\,N$ gegen die Kupplungsscheibe gedrückt. Die Kupplungsscheibe hat eine Reibfläche von $A = 105\,cm^2$.

Gesucht: p in $\frac{N}{cm^2}$
Gegeben: $F_N = 2100\,N$, $A = 105\,cm^2$
Lösung: $p = \dfrac{F_N}{A} = \dfrac{2100\,N}{105\,cm^2} = \mathbf{20\,\dfrac{N}{cm^2}}$

Aufgaben

1. Stellen Sie die Formel für die Berechnung der Flächenpressung $p = \frac{F_N}{A}$ nach F_N und A um.

2. Berechnen Sie die fehlenden Tabellenwerte.

	a)	b)	c)	d)
p	$18 \frac{N}{cm^2}$	$20 \frac{N}{cm^2}$	$? \frac{N}{cm^2}$	$19 \frac{N}{cm^2}$
F_N	800 N	? N	7,85 kN	? N
A	? cm^2	212,6 mm^2	315 cm^2	8700 mm^2

3. Ein Kupplungsbelag hat eine Reibfläche $A = 210,5\,cm^2$. Mit welcher Normalkraft F_N in N darf die Reibfläche belastet werden, wenn eine zulässige Flächenpressung p von $20 \frac{N}{cm^2}$ nicht überschritten werden darf?

4. Berechnen Sie die Flächenpressung p in $\frac{N}{cm^2}$. Die Reibfläche hat einen Innendurchmesser $d = 120\,mm$ und einen Außendurchmesser $D = 184\,mm$. Die Druckplatte wird von 6 Druckfedern mit einer Kraft von je 450 N auf die Kreisringfläche gedrückt.

37.5 Sicherheit der Übertragungsfähigkeit

Eine Kupplung wird so ausgelegt, daß sie mit **Sicherheit** das maximale Motordrehmoment übertragen kann. Treten höhere Drehmomente auf, rutscht die Kupplung durch und **schützt** dadurch **Motor** und **Getriebe**.

$$M_K = M_{max} \cdot v$$

M_K von der Kupplung übertragbares Drehmoment in Nm
M_{max} maximales Motordrehmoment in Nm
v Sicherheitszahl

Beispiel: An der Schwungscheibe eines Motors wirkt ein maximales Drehmoment M_{max} von 145 Nm. Welches Drehmoment M_K in Nm muß die Kupplung übertragen können, wenn eine 1,7fache Sicherheit v vorgeschrieben ist?

Gesucht: M_K in Nm
Gegeben: $M_{max} = 145\,Nm$, $v = 1,7$
Lösung: $M_K = M_{max} \cdot v$
$M_K = 145\,Nm \cdot 1,7 = \mathbf{246,5\,Nm}$

Aufgaben

1. Stellen Sie die Formel $M_K = M_{max} \cdot v$ nach M_{max} und v um.

2. Berechnen Sie die fehlenden Tabellenwerte.

	a)	b)	c)	d)
M_K in Nm	4210	185	?	34,5
M_{max} in Nm	?	112	703	?
v	1,7	?	1,9	1,55

3. Berechnen Sie das maximale Motordrehmoment M_{max} in Nm, wenn die Kupplung ein Drehmoment M_K von 235 Nm übertragen kann und eine 2fache Sicherheit vorgeschrieben ist.

4. Das maximale Motordrehmoment ist $M_{max} = 166\,Nm$. Die Kupplung kann ein Drehmoment $M_K = 307,1\,Nm$ übertragen. Mit welcher Sicherheit v ist die Kupplung ausgelegt?

5. Eine Kupplung kann ein Motordrehmoment von 185 Nm mit 1,95facher Sicherheit übertragen. Wie hoch ist die Sicherheit v, wenn das Motordrehmoment auf 210 Nm erhöht wurde?

37.6 Übersetzung der Kupplungskraft

Um die Druckplatte von der Kupplungsscheibe abheben zu können, sind Kräfte bis zu 5000 N erforderlich. Die Betätigung der Kupplung erfolgt meist durch Fußkraft. Da aus Gründen des **Bedienungskomforts** die erforderliche Fußkraft nicht größer als 150 N sein soll, ist eine **Kraftübersetzung** notwendig. Sie erfolgt durch **mechanische** oder **hydraulische Übersetzungen,** wenn notwendig mit Fremdkraftunterstützung.

Mechanische Übersetzung

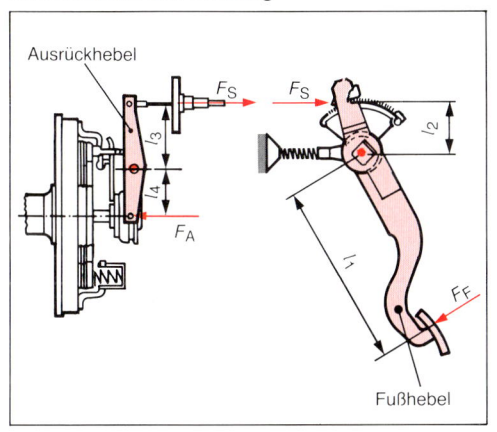

Die Übersetzung der Fußkraft erfolgt durch **Hebelübersetzungen** (s. Kap. 17.1)
- am Fußhebel und
- an dem Ausrückhebel.

$$F_F \cdot l_1 = F_S \cdot l_2$$

F_F Fußkraft in N
F_S Kraft im Kupplungsseil in N
l_1, l_2 Hebellängen am Fußhebel in m, mm

$$F_S \cdot l_3 = F_A \cdot l_4$$

F_A Kraft am Ausrücker in N
l_3, l_4 Hebellängen am Ausrückhebel in m, mm

Bei der mechanischen Kupplungsbetätigung wirken mehrere Übersetzungen hintereinander.

$$i_1 = \frac{F_F}{F_S} \quad i_1 = \frac{l_2}{l_1}$$

i_1 Übersetzung am Fußhebel

$$i_2 = \frac{F_S}{F_A} \quad i_2 = \frac{l_4}{l_3}$$

i_2 Übersetzung am Ausrückhebel

$$i_{ges} = i_1 \cdot i_2$$

i_{ges} Gesamtübersetzung

Beispiel: Zu berechnen sind
 a) die am Ausrücker wirksam werdende Kraft F_A in N,
 b) die Einzelübersetzungen i_1 und i_2,
 c) die Gesamtübersetzung i_{ges}.

Gesucht: F_A in N, i_1, i_2, i_{ges}

Gegeben: $F_F = 150$ N, $l_1 = 360$ mm, $l_2 = 40$ mm, $l_3 = 400$ mm, $l_4 = 130$ mm

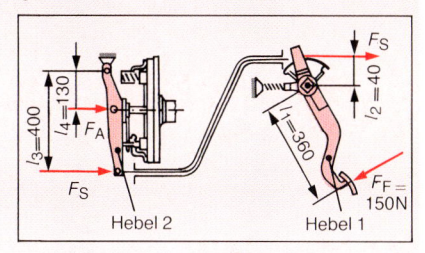

Lösung: a) $F_F \cdot l_1 = F_S \cdot l_2$

$$F_S = \frac{F_F \cdot l_1}{l_2} = \frac{150\,N \cdot 360\,mm}{40\,mm}$$

$F_S = \mathbf{1350\,N}$

$F_A \cdot l_4 = F_S \cdot l_3$

$$F_A = \frac{F_S \cdot l_3}{l_4} = \frac{1350\,N \cdot 400\,mm}{130\,mm}$$

$F_A = \mathbf{4153{,}85\,N}$

b) $i_1 = \dfrac{F_F}{F_S} = \dfrac{150\,N}{1350\,N} = \dfrac{1}{9}$

$i_1 = \mathbf{0{,}11 : 1}$

$i_2 = \dfrac{F_S}{F_A} = \dfrac{1350\,N}{4154\,N} = \dfrac{1}{3{,}1}$

$i_2 = \mathbf{0{,}32 : 1}$

c) $i_{ges} = i_1 \cdot i_2 = \dfrac{1}{9} \cdot \dfrac{1}{3{,}1} = \dfrac{1}{27{,}9}$

$i_{ges} = \mathbf{0{,}035 : 1}$

Aufgaben

1. Es wirkt eine Fußkraft F_F von 150 N. Berechnen Sie die Kraft F_A am Ausrücker in N und die Gesamtübersetzung i_{ges}. Hebellängen: $l_1 = 240$ mm, $l_2 = 75$ mm, $l_3 = 310$ mm, $l_4 = 80$ mm.

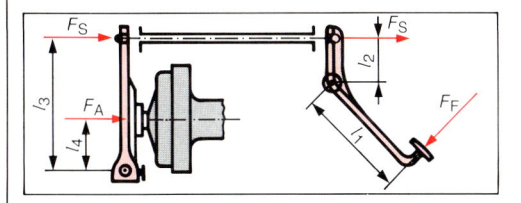

2. Welche Kraft F_F in N ist am Fußhebel erforderlich, wenn am Ausrücker eine Kraft F_A von 3250 N wirken soll? Die Übersetzung am Fußhebel beträgt $i_1 = 0{,}22 : 1$ und die am Ausrückhebel $i_2 = 0{,}21 : 1$.

3. Die Gesamtübersetzung einer Kupplungsbetätigung hat den Wert $i_{ges} = 0{,}136:1$. An dem Ausrückhebel ergibt sich eine Übersetzung i_2 von 0,44:1. Der Hebel l_2 hat eine Länge von 22 mm und der Hebel l_1 ist 7,3 cm lang. Es wirkt eine Fußkraft $F_F = 125$ N. Berechnen Sie die am Ausrücker wirkende Kraft F_A in N.

4. Berechnen Sie die fehlenden Tabellenwerte.

	a)	b)	c)	d)
F_F	150 N	110 N	? N	? N
F_A	? N	? N	765 N	5000 N
l_1	165 mm	240 mm	? mm	
l_2	53 mm	? mm	34 mm	
l_3	184 mm	14 cm	? cm	
l_4	65 mm	? cm	9 cm	
i_1	?	0,35:1	?	0,2 :1
i_2	?	?	0,5 :1	0,15:1
i_{ges}	?	0,20:1	0,085:1	?

Hydraulische Übersetzung

Zwischen dem Fußhebel und dem Ausrückhebel werden auch hydraulische (seltener pneumatische) Kraftübertragungselemente eingesetzt.

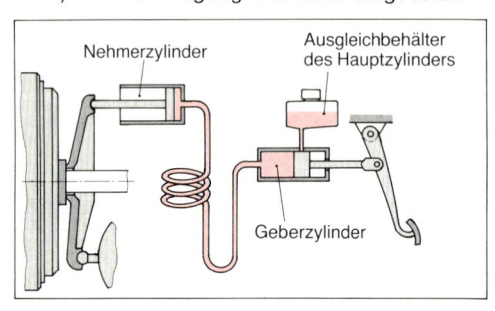

Im **Geberzylinder** wird durch die Kraft F_G ein hydraulischer Druck p erzeugt.

$$p = \frac{F_G}{A_G}$$

p hydraulischer Druck in $\frac{N}{cm^2}$,
$1\,\frac{N}{cm^2} = 0{,}1 \cdot$ bar
F_G Kraft am Geberkolben in N
A_G Geberkolbenfläche in cm^2

Im **Nehmerzylinder** wird der hydraulische Druck wieder in eine Kraft umgewandelt.

$$p = \frac{F_N}{A_N}$$

$$F_N = p \cdot A_N$$

F_N Kraft am Nehmerkolben in N
p hydraulischer Druck in $\frac{N}{cm^2}$,
$1\,\frac{N}{cm^2} = 0{,}1 \cdot$ bar
A_N Kolbenfläche des Nehmerkolbens in cm^2

Der **hydraulische Druck** am Geberkolben, in den Leitungen und am Nehmerkolben **ist gleich**.

$$p = \frac{F_G}{A_G} = \frac{F_N}{A_N}$$

Werden die **Kolbenflächen** und die **Kolbenkräfte** zueinander ins Verhältnis gesetzt, folgt für die **hydraulische Kraftübersetzung**,

$$i_h = \frac{F_G}{F_N}$$

$$i_h = \frac{A_G}{A_N}$$

i_h hydraulische Kraftübersetzung
F_G Kraft am Geberkolben in N
F_N Kraft am Nehmerkolben in N
A_G Kolbenfläche am Geberkolben in cm^2
A_N Kolbenfläche am Nehmerkolben in cm^2

Beispiel: Der Geberkolben hat eine Fläche $A_G = 1{,}85\,cm^2$ und der Nehmerkolben $A_N = 2{,}25\,cm^2$. Am Geberkolben wirkt eine Kraft $F_G = 1350$ N. Zu berechnen ist die Kraft F_N in N am Nehmerkolben.

Gesucht: F_N in N
Gegeben: $A_G = 1{,}85\,cm^2$, $A_N = 2{,}25\,cm^2$, $F_G = 1350$ N
Lösung: $F_N = \dfrac{F_G \cdot A_N}{A_G} = \dfrac{1350\,N \cdot 2{,}25\,cm^2}{1{,}85\,cm^2}$
$F_N = \mathbf{1641{,}89\,N}$

Aufgaben

1. Stellen Sie die Formel $\dfrac{F_G}{A_G} = \dfrac{F_N}{A_N}$ nach F_G, A_G und A_N um.

2. Stellen Sie die Formel $p = \dfrac{F_N}{A_N}$ nach A_N um.

3. Berechnen Sie die fehlenden Tabellenwerte.

	a)	b)	c)	d)
F_G in N	402	?	?	810
A_G in cm^2	?	?	?	1,6
F_N in N	?	1800	?	?
A_N in cm^2	4,5	5,2	3,9	?
p in bar	32	?	45	?
i_h	?	0,2:1	0,15:1	0,22:1

4. Es herrscht ein Druck p von 47 bar. Die hydraulische Kraftübersetzung i_h ist 0,2:1. Der Geberkolben hat eine Fläche $A_G = 1{,}09\,cm^2$. Berechnen Sie
a) die Fläche am Nehmerkolben A_N in cm^2,
b) die Kraft F_G am Geberkolben in N und
c) die Kraft F_N am Nehmerkolben in N.

38 Schaltgetriebe und Achsgetriebe

38.1 Zahnradabmessungen

Ineinandergreifende Zahnräder haben immer gleich große Zähne, unabhängig davon, wieviel Zähne jedes Zahnrad hat.

Der **Modul** m ist eine theoretische Konstruktionsgröße, die alle Abmessungen des Zahnes, des Zahnrads und der Zahnradpaarung beeinflußt.

Je größer der **Modul** m gewählt wird, desto größer werden die Zähne.

Nach DIN 780 sind für den Modul Werte festgelegt.

Modul-Reihe (Auszug)

0,5	0,6	0,7	0,8	1,0	1,25	1,50	1,75
2,0	2,25	2,5	2,75	3,0	3,25	3,50	3,75

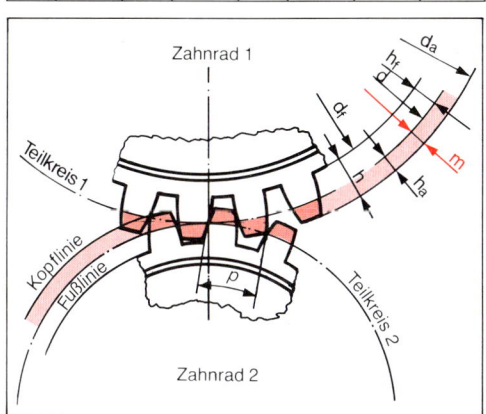

$h_a = m$
$h_f = 1,25 \cdot m$
$h = 2,25 \cdot m$

h_a Kopfhöhe in mm
m Modul in mm
h_f Fußhöhe in mm
h Zahnhöhe in mm

Die **Kopfhöhe** h_a ist so groß wie der Modul m.

Die Zähne einer Zahnradpaarung berühren sich im Bereich des Teilkreisdurchmessers.

Das **Kopfspiel** c ist die Differenz zwischen der Kopfhöhe und der Fußhöhe ineinandergreifender Zahnräder.

Kopfspiel nach DIN: $0,1 \cdot m$ bis $0,3 \cdot m$. Im allgemeinen ist $c = 0,25 \cdot m$.
Pkw-Bereich: $0,25 \cdot m$
Lkw-Bereich: $0,25$ bis $0,3 \cdot m$

Die **Teilung** p eines Zahnrades ist der Abstand zweier Zahnmitten gemessen auf dem Teilkreis.

$p = m \cdot \pi$
$d = m \cdot z$
$d_a = m \cdot z + 2 h_a$
$d_f = m \cdot z - 2 h_f$

p Teilung in mm
m Modul in mm
d Teilkreisdurchmesser in mm
z Zähnezahl
h_a Kopfhöhe in mm
d_a Kopfkreisdurchmesser in mm
d_f Fußkreisdurchmesser in mm
h_f Fußhöhe in mm

Mit $h_a = m$ und $h_f = 1,25 \cdot m$ folgt:
$d_a = (m \cdot z) + (2 \cdot m)$ und
$d_f = (m \cdot z) - (2 \cdot 1,25 \cdot m)$

Wird m ausgeklammert, so folgt:

$d_a = m(z + 2)$ $d_f = m(z - 2,5)$

Der **Achsabstand** a zweier Zahnräder wird durch Addition beider Teilkreisradien berechnet.

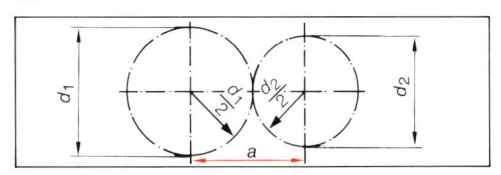

$a = \dfrac{d_1}{2} + \dfrac{d_2}{2} = \dfrac{d_1 + d_2}{2}$

Mit $d_1 = m \cdot z_1$ und $d_2 = m \cdot z_2$ folgt:

$a = \dfrac{(m \cdot z_1) + (m \cdot z_2)}{2}$

Wird m ausgeklammert, so ist:

$a = \dfrac{m(z_1 + z_2)}{2}$

a Achsabstand in mm
m Modul in mm
z_1, z_2 Zähnezahlen der Zahnräder 1 und 2

Beispiel: Die Zahnräder einer Zahnradpaarung haben $z_1 = 37$ und $z_2 = 82$ Zähne. Der Modul beträgt $m = 2{,}25$ mm.
Zu berechnen sind (jeweils in mm)
a) die Teilkreisdurchmesser d_1 und d_2,
b) die Kopfkreisdurchmesser d_{a1} und d_{a2},
c) die Fußkreisdurchmesser d_{f1} und d_{f2},
d) der Achsabstand a und
e) die Zahnhöhe h.

Gesucht: $d_1, d_2, d_{a1}, d_{a2}, d_{f1}, d_{f2}, a, h$ in mm
Gegeben: $z_1 = 37$; $z_2 = 82$; $m = 2{,}25$ mm
Lösung: a) $d_1 = m \cdot z_1 = 2{,}25$ mm $\cdot 37 =$ **83,25 mm**
$d_2 = m \cdot z_2 = 2{,}25$ mm $\cdot 82 =$ **184,50 mm**
b) $d_{a1} = m(z_1 + 2)$
$d_{a1} = 2{,}25$ mm $(37 + 2) =$ **87,75 mm**
$d_{a2} = m(z_2 + 2)$
$d_{a2} = 2{,}25$ mm $(82 + 2) =$ **189,00 mm**
c) $d_{f1} = m(z_1 - 2{,}5)$
$d_{f1} = 2{,}25$ mm $(37 - 2{,}5) =$ **77,63 mm**
$d_{f2} = m(z_2 - 2{,}5)$
$d_{f2} = 2{,}25$ mm $(82 - 2{,}5) =$ **178,88 mm**
d) $a = \dfrac{m(z_1 + z_2)}{2}$

$a = \dfrac{2{,}25 \text{ mm}(37 + 82)}{2} =$ **133,88 mm**

e) $h = 2{,}25 \cdot m$
$h = 2{,}25 \cdot 2{,}25$ mm $=$ **5,06 mm**

Aufgaben

1. Stellen Sie die Formel $d = m \cdot z$ nach m und z um.

2. Stellen Sie die Formel $a = \dfrac{m(z_1 + z_2)}{2}$ nach z_1, z_2 und nach m um.

3. Berechnen Sie die Zähnezahl z und die Teilung p eines Zahnrades in mm. Der Teilkreisdurchmesser beträgt $d = 280$ mm, der Modul hat einen Wert von $m = 2{,}5$ mm.

4. Von einem Zahnrad ist die Teilung $p = 7{,}065$ mm und der Teilkreisumfang $U = 452{,}16$ mm bekannt. Berechnen Sie
a) den Modul m in mm,
b) die Zähnezahl z,
c) den Fußkreisdurchmesser d_f in mm,
d) den Kopfkreisdurchmesser d_a in mm,
e) die Fußhöhe h_f in mm,
f) die Kopfhöhe h_a in mm und
g) die Zahnhöhe h in mm.

5. Der Achsabstand einer Zahnradpaarung beträgt $a = 140$ mm. Das treibende Zahnrad hat $z_1 = 97$ Zähne, der Modul ist $m = 1{,}75$ mm. Berechnen Sie
a) die Zähnezahl z_2,
b) die Teilkreisdurchmesser d_1 und d_2 in mm und
c) das Zahnkopfspiel c in mm.

6. Um wieviel mm wird der Achsabstand a größer, wenn bei der Zahnradpaarung aus Aufgabe 5 ein Modul von 2,75 mm gewählt wird?

7. Das Kopfspiel einer Zahnradpaarung beträgt $c = 0{,}75$ mm. Berechnen Sie
a) die Fuß- und die Kopfhöhe in mm,
b) die Teilung und den Teilkreisdurchmesser des treibenden Zahnrades (Zähnezahl $z_1 = 86$) in mm,
c) die Zähnezahl des getriebenen Zahnrades, wenn ein Achsabstand $a = 297$ mm ermittelt wurde und
d) die Kopf- und Fußkreisdurchmesser beider Zahnräder in mm.

38.2 Übersetzung der Drehzahlen

> In Kraftfahrzeugen wird eine hohe Motordrehzahl durch **Getriebeübersetzungen** in eine an den Antriebsrädern nutzbare Drehzahl verringert.

Personenkraftfahrzeuge haben meist **zwei** Einzelübersetzungen im **Schaltgetriebe** und **eine** Übersetzung im **Achsgetriebe** für eine Schaltstufe. Nutzfahrzeuge können durch das Schaltgetriebe, Vor- und Nachschaltgruppen, Achsübersetzungen und Radantrieb bis zu sechs Einzelübersetzungen für eine Schaltstufe im Antriebsstrang haben.

Übersetzungen im Schaltgetriebe

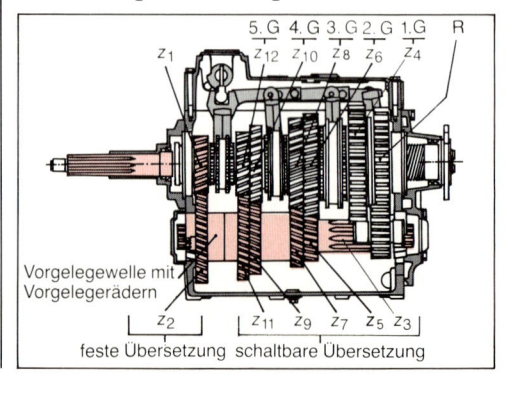

Kapitel 38: Schaltgetriebe und Achsgetriebe

Die Zahnräder werden üblicherweise nach der Reihenfolge im Kraftfluß fortlaufend mit Indizes bezeichnet. Die **treibenden** Zahnräder haben **ungerade**, (z.B. z_1, z_3), die **getriebenen** Zahnräder **gerade** Indizes (z.B. z_2, z_4).

Die Drehzahlübersetzung erfolgt von der Getriebeeingangswelle (z_1) auf das Zahnrad der Vorgelegewelle (z_2). Diese Übersetzung ist **nicht schaltbar**. Abhängig davon, welcher Gang geschaltet ist, entsteht eine zweite Übersetzung vom Zahnrad der Vorgelegewelle auf das jeweilige Gangrad.

Die Übersicht zeigt die Formeln für die Berechnung der Gesamtübersetzung im 1. Gang.

feste Übersetzung zwischen Getriebeeingangswelle und Vorgelegewelle	schaltbare Übersetzung (z.B. 1. Gang)
$z_1 \cdot n_1 = z_2 \cdot n_2$	$z_3 \cdot n_3 = z_4 \cdot n_4$
$i_v = \dfrac{n_1}{n_2}$, $i_v = \dfrac{z_2}{z_1}$	$i_1 = \dfrac{n_3}{n_4}$; $i_1 = \dfrac{z_4}{z_3}$

$z_1, z_2, z_3, \ldots$ Zähnezahlen
$n_1, n_2, n_3, \ldots$ Drehzahlen in $\dfrac{1}{\min}$
i_v Übersetzung zur Vorgelegewelle
i_1 Übersetzung im 1. Gang

> Die **Gesamtübersetzung** ergibt sich aus der Multiplikation der Einzelübersetzungen im Getriebe.

$$i_{1.G, 2.G, 3.G \ldots} = i_v \cdot i_{1,2,3} \ldots$$

$i_{1.G, 2.G, 3.G \ldots}$ Gesamtübersetzung im Getriebe,
i_v Vorgelegeübersetzung
$i_1, i_2, i_3 \ldots$ Übersetzung in den Gängen

> Übersetzungsverhältnisse $i > 1$ sind Übersetzungen ins **Langsame**.
> Übersetzungsverhältnisse $i < 1$ sind Übersetzungen ins **Schnelle**.

Beispiel: Zu berechnen sind die Gesamtübersetzungen a) im 1. und b) im 5. Gang. Die Zahnräder des Vorgelegegetriebes haben $z_1 = 25$ und $z_2 = 43$ Zähne. Für den 1. Gang sind die Zahnräder $z_3 = 13$ und $z_4 = 32$ Zähne geschaltet. Im 5. Gang erfolgt die Kraftübertragung über die Zahnräder $z_{11} = 51$ und $z_{12} = 25$ Zähne.

Gesucht: $i_{1.G}$, $i_{5.G}$
Gegeben: $z_1 = 25$, $z_2 = 43$, $z_3 = 13$, $z_4 = 32$, $z_{11} = 51$, $z_{12} = 25$

Lösung: a) Gesamtübersetzung im 1. Gang

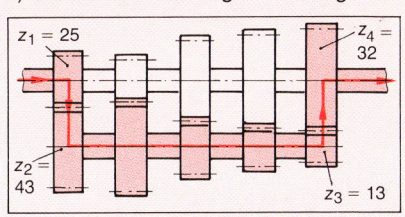

$$i_v = \frac{z_2}{z_1} = \frac{43}{25} = \mathbf{1{,}72 : 1}$$

$$i_1 = \frac{z_4}{z_3} = \frac{32}{13} = \mathbf{2{,}46 : 1}$$

$$i_{1.G} = i_v \cdot i_1 = 1{,}72 \cdot 2{,}46 = \mathbf{4{,}23 : 1}$$

b) Gesamtübersetzung im 5. Gang

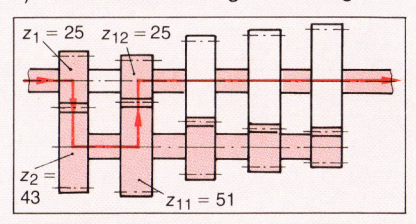

$$i_5 = \frac{z_{12}}{z_{11}} = \frac{25}{51} = \mathbf{0{,}49 : 1}$$

$$i_{5.G} = i_v \cdot i_5 = 1{,}72 \cdot 0{,}49 = \mathbf{0{,}84 : 1}$$

Aufgaben

1. Stellen Sie $i_{1.G} = i_v \cdot i_1$ nach i_v und i_1 um.

2. Die Getriebeeingangswelle des abgebildeten Getriebes hat eine Drehzahl $n_1 = 3500 \dfrac{1}{\min}$.
a) Berechnen Sie die Gesamtübersetzungen im 1., 3. und 5. Gang im Getriebe,
b) die Getriebeausgangsdrehzahlen n_2 im 2. und 4. Gang in $\dfrac{1}{\min}$.

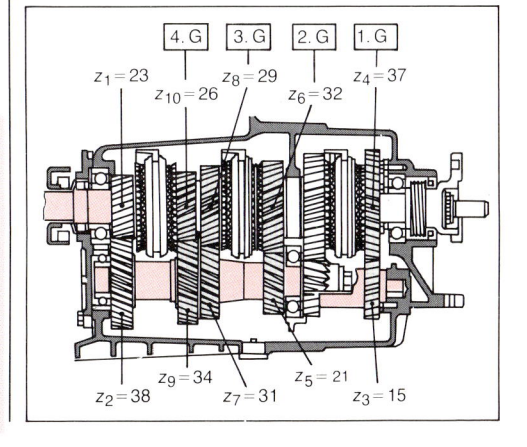

3. Vom abgebildeten Getriebe hat die Getriebeeingangswelle eine Drehzahl $n_1 = 2150 \frac{1}{min}$ und die Getriebeausgangsdrehzahl ist $n_2 = 985 \frac{1}{min}$. Berechnen Sie
a) die Gesamtübersetzung des Getriebes i_G und bestimmen Sie den geschalteten Gang.
b) Die Zähnezahl des Zahnrades z_9, wenn bei einer Motordrehzahl n_1 von $4250 \frac{1}{min}$ die Getriebeausgangswelle eine Drehzahl von $n_2 = 5319 \frac{1}{min}$ hat.
c) Wie groß ist die Drehzahldifferenz zwischen dem 3. und 4. Gang an der Ausgangswelle bei $n_1 = 3870 \frac{1}{min}$ an der Eingangswelle?

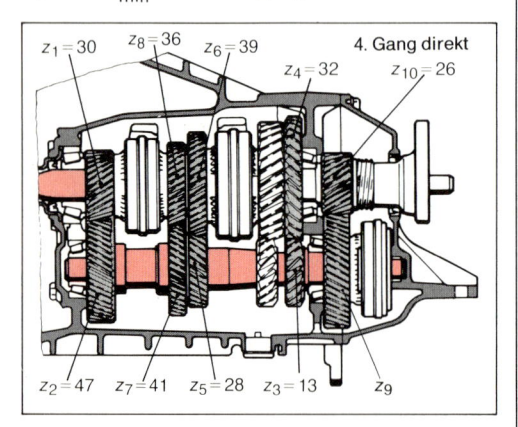

$z_1 = 30 \quad z_8 = 36 \quad z_6 = 39 \quad$ 4. Gang direkt
$z_4 = 32 \quad z_{10} = 26$
$z_2 = 47 \quad z_7 = 41 \quad z_5 = 28 \quad z_3 = 13 \quad z_9$

Übersetzungen im Achsgetriebe

Es werden meist Stirnrad- oder Kegelradgetriebe verwendet. Im Achsgetriebe können keine Übersetzungen geschaltet werden.

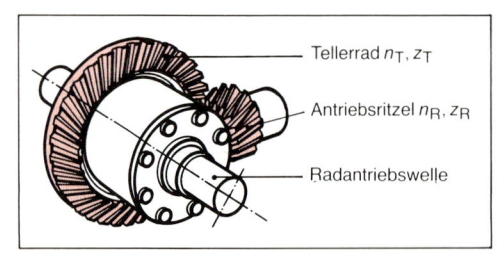

$n_R \cdot z_R = n_T \cdot z_T$

$\frac{n_R}{n_T} = \frac{z_T}{z_R}$

$i_A = \frac{n_R}{n_T}$

$i_A = \frac{z_T}{z_R}$

n_R Drehzahl des Antriebsritzels in $\frac{1}{min}$
z_R Zähnezahl des Antriebsritzels
n_T Drehzahl des Tellerrades in $\frac{1}{min}$
z_T Zähnezahl des Tellerrades
i_A Übersetzung im Achsgetriebe

Beispiel: Das Antriebsritzel hat 23 Zähne und eine Drehzahl $n_R = 2255 \frac{1}{min}$, das Tellerrad hat 83 Zähne. Zu berechnen sind
a) Übersetzungsverhältnis i_A und
b) Drehzahl n_T des Tellerrades in $\frac{1}{min}$.

Gesucht: i_A, n_T in $\frac{1}{min}$
Gegeben: $n_R = 2255 \frac{1}{min}$, $z_R = 23$, $z_T = 83$
Lösung: $i_A = \frac{z_T}{z_R} = \frac{83}{23} = 3{,}61 : 1$

$n_T = \frac{n_R}{i_A} = \frac{2255 \frac{1}{min}}{3{,}61} = 625 \frac{1}{min}$

Aufgaben

1. Stellen Sie die Formel $i_A = \frac{n_R}{n_T}$ nach n_R um.

2. Stellen Sie die Formel $n_R \cdot z_R = n_T \cdot z_T$ nach n_R und n_T um.

3. Ein Fahrzeug hat eine Tellerraddrehzahl n_T von $888 \frac{1}{min}$. Die Drehzahl an der Ausgangswelle des Schaltgetriebes beträgt $n_R = 3412 \frac{1}{min}$. Das Tellerrad hat $z_T = 73$ Zähne.
Berechnen Sie die Zähnezahl z_R des Antriebsritzels und das Übersetzungsverhältnis i_A im Achsgetriebe.

4. Berechnen Sie die fehlenden Tabellenwerte.

	a)	b)	c)	d)
n_R in $\frac{1}{min}$	816	?	?	2950
n_T in $\frac{1}{min}$	211	184	91	?
z_R	?	17	?	31
z_T	89	?	69	121
i_A	?	5,35 : 1	4,06 : 1	?

Gesamtübersetzung

Die **Gesamtübersetzung** eines Antriebsstranges (Schaltgetriebe, Achsantrieb) wird durch **Multiplikation** der **Einzelübersetzungen** berechnet.

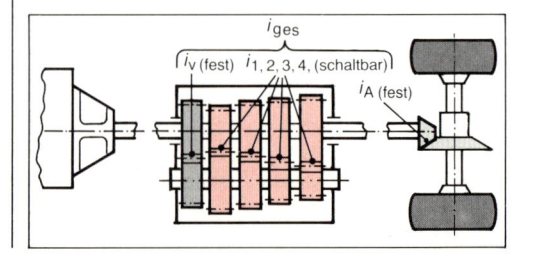

Kapitel 38: Schaltgetriebe und Achsgetriebe

$$i_{\text{ges 1.G, 2.G, 3.G} \ldots} = i_{\text{1.G, 2.G, 3.G} \ldots} \cdot i_A$$

mit $i_{\text{1.G, 2.G, 3.G} \ldots} = i_v \cdot i_{1, 2, 3 \ldots}$ folgt

$$i_{\text{ges}} = i_v \cdot i_{1, 2, 3 \ldots} \cdot i_A$$

$i_{\text{ges 1.G, 2.G, 3.G} \ldots}$ Gesamtübersetzung des Antriebsstranges
$i_{\text{1.G, 2.G, 3.G} \ldots}$ Gesamtübersetzung des Getriebes
$i_{1, 2, 3 \ldots}$ Übersetzungen in den Gängen
i_v Vorlegeübersetzung
i_A Achsgetriebeübersetzung

Beispiel: Zu berechnen ist die Gesamtübersetzung i_{ges} des Antriebsstranges
a) im 1. Gang und
b) 3. Gang.
Bekannt sind: $i_v = 1{,}72 : 1$, $i_1 = 2{,}46 : 1$, $i_3 = 0{,}86 : 1$, $i_A = 3{,}96 : 1$

Gesucht: i_{ges} im 1. Gang und im 3. Gang
Gegeben: $i_v = 1{,}72$, $i_1 = 2{,}46$, $i_3 = 0{,}86$, $i_A = 3{,}96$
Lösung: a) $i_{\text{ges 1.G}} = i_v \cdot i_1 \cdot i_A = 1{,}72 \cdot 2{,}46 \cdot 3{,}96$
$i_{\text{ges 1.G}} =$ **16,76 : 1** (1. Gang)
b) $i_{\text{ges 3.G}} = i_v \cdot i_3 \cdot i_A = 1{,}72 \cdot 0{,}86 \cdot 3{,}96$
$i_{\text{ges 3.G}} =$ **5,86 : 1** (3. Gang)

Aufgaben

1. Stellen Sie die Formel $i_{\text{ges 1.G}} = i_v \cdot i_1 \cdot i_A$ nach i_v, i_1 und i_A um.

2. Berechnen Sie die fehlenden Tabellenwerte.

	a)	b)	c)	d)
$i_{\text{ges 1.G, 2.G, 3.G} \ldots}$	7,02 : 1	?	?	16 : 1
$i_{\text{1.G, 2.G, 3.G} \ldots}$	?	1,95 : 1	4,05 : 1	?
i_A	3,72 : 1	?	3,51 : 1	4,15 : 1
n_1 in $\frac{1}{\min}$	?	4100	2715	?
n_T in $\frac{1}{\min}$	1010	670	?	115

3. Berechnen Sie die Getriebeübersetzung i_G. Die Gesamtübersetzung des Antriebsstranges i_{ges} ist 7,26 : 1. Das Achsgetriebe hat eine Übersetzung i_A von 3,66 : 1.

4. Ein Lkw hat eine Raddrehzahl bzw. Tellerraddrehzahl $n_{T_1} = 128 \frac{1}{\min}$, der Motor eine Drehzahl $n_1 = 1410 \frac{1}{\min}$. Zu berechnen ist die Gesamtübersetzung des Getriebes i_G, wenn das Achsgetriebe eine Übersetzung $i_A = 5{,}03 : 1$ hat.

38.3 Übersetzung der Drehmomente

Für die **Übersetzung** i der Drehmomente gelten die Formeln (s. Kap. 28.3):
$i = \frac{M_2}{M_1}$ und $i = \frac{d_2}{d_1}$, daraus folgt
$\frac{M_2}{M_1} = \frac{d_2}{d_1}$, mit $d_2 = z_2 \cdot m$ und $d_1 = z_1 \cdot m$ gilt:

$$\frac{M_2}{M_1} = \frac{z_2}{z_1}$$

M_1 Drehmoment des treibenden Zahnrades in Nm
M_2 Drehmoment des getriebenen Zahnrades in Nm
z_1, z_2 Zähnezahlen der Zahnräder

und daraus

$$M_2 = M_1 \cdot \frac{z_2}{z_1} \quad \text{und} \quad M_1 = M_2 \cdot \frac{z_1}{z_2}$$

Durch Übersetzungen **ins Langsame** $i > 1$ werden **Drehmomente erhöht**, durch Übersetzungen **ins Schnelle** $i > 1$ werden **Drehmomente verringert**.

Beispiel: Am Antriebszahnrad wirkt ein Drehmoment M_1 von 234 Nm. Das Antriebsrad hat 47 Zähne, das getriebene Rad 112 Zähne. Zu berechnen sind
a) das Drehmoment M_2 des getriebenen Rades in Nm und
b) das Übersetzungsverhältnis i.

Gesucht: M_2 in Nm, i
Gegeben: $M_1 = 234\,\text{Nm}$, $z_1 = 47$, $z_2 = 112$
Lösung: a) $M_2 = \frac{z_2 \cdot M_1}{z_1} = \frac{112 \cdot 234\,\text{Nm}}{47}$
$M_2 =$ **557,62 Nm**
b) $i = \frac{M_2}{M_1} = \frac{557{,}62\,\text{Nm}}{234\,\text{Nm}} =$ **2,38 : 1**

Aufgaben

1. Berechnen Sie die fehlenden Tabellenwerte.

	a)	b)	c)	d)
M_1 in Nm	?	1410	?	712
M_2 in Nm	85	?	816	?
z_1	87	?	136	91
z_2	?	80	85	87
i	0,68 : 1	4,2 : 1	?	?

2. Wie groß ist das Drehmoment M_2 an der Getriebeausgangswelle in Nm in den einzelnen Gängen?
$M_1 = 224\,\text{Nm}$, $z_1 = 25$, $z_2 = 45$, $z_3 = 13$, $z_4 = 32$, $z_5 = 27$, $z_6 = 37$, $z_7 = 37$, $z_8 = 32$, $z_9 = 51$, $z_{10} = 25$

39 Radantrieb

39.1 Radwege

Fährt ein Fahrzeug auf einer kreisförmigen Bahn (Kurve), so legen die **kurveninneren** Räder einen kürzeren Weg zurück als die **kurvenäußeren** Räder.

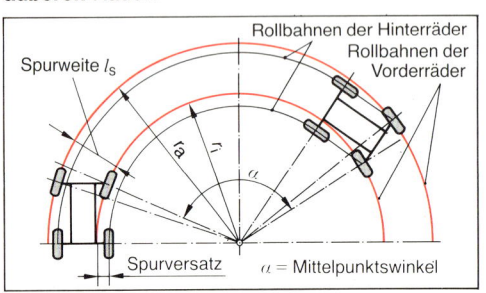

Die von einem Rad zurückgelegte Kreisbogenlänge s wird errechnet aus:

- dem jeweiligen Kurvenradius r des Rades und
- dem Mittelpunktswinkel α zum zugehörigen befahrenen Kreisbogen.

$$s_a = \frac{2 \cdot r_a \cdot \pi \cdot \alpha}{360°}$$

$$s_i = \frac{2 \cdot r_i \cdot \pi \cdot \alpha}{360°}$$

s_a Kreisbogenlänge des Außenrades in m
s_i Kreisbogenlänge des Innenrades in m
r_a, r_i Kurvenaußenradius, -innenradius in m
α Mittelpunktswinkel in °
360° Winkel des Vollkreises

Beispiel: Ein Kraftfahrzeug fährt auf einem Kreisbogen mit einem Innenradius r_i von 12,2 m. Der Mittelpunktswinkel α beträgt 290°, die Spurweite l_S ist 172 cm. Zu berechnen sind die vom inneren und äußeren Rad zurückgelegten Wege in m.

Gesucht: s_a in m, s_i in m
Gegeben: $r_i = 12,2$ m, $l_S = 172$ cm
Lösung: $r_a = r_i + l_S = 12,2$ m $+ 1,72$ m
$r_a = 13,92$ m

$$s_a = \frac{2 \cdot r_a \cdot \pi \cdot \alpha}{360°} = \frac{2 \cdot 13,92 \text{ m} \cdot 3,14 \cdot 290°}{360°}$$

$s_a = \mathbf{70,42 \text{ m}}$

$$s_i = \frac{2 \cdot r_i \cdot \pi \cdot \alpha}{360°} = \frac{2 \cdot 12,2 \text{ m} \cdot 3,14 \cdot 290°}{360°}$$

$s_i = \mathbf{61,72 \text{ m}}$

Aufgaben

1. Stellen Sie die Formel $s_a = \frac{2 \cdot r_a \cdot \pi \cdot \alpha}{360°}$ nach r_a und α um.

2. Ein Fahrzeug durchfährt einen Kreisbogen. Der Außendurchmesser d_a des Kreises beträgt 26,5 m. Das Fahrzeug hat eine Spurweite l_S von 182 cm. Berechnen Sie die Kreisbogenlängen s_i und s_a in m, wenn das Fahrzeug die Kreisbahn 2,3mal durchfährt.

3. Das äußere Rad legt eine Kreisbogenlänge s_a von 83 m zurück. Berechnen Sie den Kurvenaußenradius r_a in m. Der Mittelpunktswinkel beträgt 195°.

4. Berechnen Sie die fehlenden Tabellenwerte.

	a)	b)	c)	d)
r_i in m	?	58,85	?	89
r_a in m	36,80	?	?	90,84
l_S in m	1,80	1,65	1,72	?
s_i in m	?	35,93	?	?
s_a in m	?	?	121,02	?
α in °	215	?	410	51

39.2 Radumdrehungen

Die Anzahl der Umdrehungen, die ein Rad für eine bestimmte Strecke benötigt, ist abhängig vom **Abrollumfang** des Rades (s. Kap. 42.2).

$$U_R = 2 \cdot r_{dyn} \cdot \pi$$

U_R Abrollumfang in m
r_{dyn} dynamischer Halbmesser in m

Je größer der Abrollumfang des Rades, desto geringer ist die **Anzahl der Umdrehungen eines Rades** für eine Fahrstrecke.

$$R_U = \frac{s}{U_R}$$

R_U Radumdrehungen
s Fahrstrecke in m
U_R Abrollumfang in m

Durchfährt ein Fahrzeug eine Kurve, so drehen sich die kurveninneren Räder nicht so oft wie die kurvenäußeren Räder: $R_{Ui} < R_{Ua}$.

Kapitel 39: Radantrieb

$$R_{Ui} = \frac{s_i}{U_R}$$

$$R_{Ua} = \frac{s_a}{U_R}$$

$R_{Ui, Ua}$ Radumdrehungen (innen, außen)
s_i Kreisbogenlänge des Innenrades in m
s_a Kreisbogenlänge des Außenrades in m
U_R Abrollumfang in m

R_{Ua} Anzahl der Umdrehungen am kurvenäußeren Rad
A_U Anzahl der Umdrehungen des Ausgleichsgehäuses
ΔR_U Differenz zwischen den Radumdrehungen des äußeren und des inneren Rades
R_{Ui} Anzahl der Umdrehungen am kurveninneren Rad

Ausgleichsgetriebe ermöglichen **unterschiedliche Raddrehzahlen** an den Antriebsrädern. Die Drehzahldifferenz zwischen den Rädern wird nach der folgenden Formel berechnet:

$$\Delta n = \frac{n_A \cdot l_S}{r_m}$$

Δn Drehzahldifferenz in $\frac{1}{min}$
n_A Drehzahl des Ausgleichsgehäuses in $\frac{1}{min}$
l_S Spurweite in m
r_m mittlerer Kurvenradius in m, aus r_a und r_i

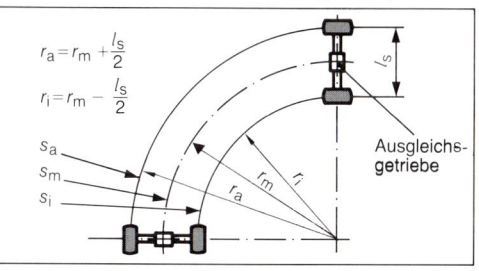

$r_a = r_m + \frac{l_S}{2}$
$r_i = r_m - \frac{l_S}{2}$

Da für gleiche Zeiträume die Drehzahl n proportional der Radumdrehungen R_U ist gilt:

$$\Delta R_U = \frac{A_U \cdot l_S}{r_m}$$

ΔR_U Differenz zwischen den Radumdrehungen des äußeren und des inneren Rades
A_U Anzahl der Umdrehungen des Ausgleichsgehäuses
l_S Spurweite in m

Das **Ausgleichsgehäuse** eines Radantriebs dreht sich genauso oft, wie ein Rad auf dem mittleren Kreisumfang.

$$A_U = \frac{s_m}{U_R}$$

A_U Anzahl der Umdrehungen des Ausgleichsgehäuses
s_m mittlerer Kreisumfang in m
U_R Abrollumfang in m

Die Differenz der Radumdrehungen bezogen auf die Umdrehungen des Ausgleichsgehäuses verteilt sich je zur Hälfte auf das kurvenäußere und das kurveninnere Rad.

$$R_{Ua} = A_U + \frac{\Delta R_U}{2} \qquad R_{Ui} = A_U - \frac{\Delta R_U}{2}$$

Beispiel: Ein Lkw fährt auf einer Kreisbahn. Der mittlere Kreisdurchmesser d_m beträgt 28,5 m. Der Lkw hat eine Spurweite l_S von 1,95 m. Zu berechnen sind

a) die Umdrehungen des Ausgleichsgehäuses A_U, wenn die Kreisbahn einmal durchfahren wird,

b) die Radumdrehungen am kurveninneren R_{Ui} und am kurvenäußeren Rad R_{Ua}. Die Räder haben einen dynamischen Halbmesser $r_{dyn} = 385$ mm,

c) die Drehzahldifferenz Δn in $\frac{1}{min}$ zwischen den Antriebsrädern, wenn das Ausgleichsgehäuse $n_A = 210 \frac{1}{min}$ hat.

Gesucht: A_U, R_{Ui}, R_{Ua}, Δn in $\frac{1}{min}$

Gegeben: $d_m = 28,5$ m, $r_m = 14,25$ m, $l_S = 1,95$ m, $r_{dyn} = 385$ mm, $n_A = 210 \frac{1}{min}$

Lösung: a) $s_m = d_m \cdot \pi = 28,5$ m $\cdot 3,14$
$s_m = 89,49$ m
$U_R = 2 \cdot r_{dyn} \cdot \pi = 2 \cdot 0,385$ m $\cdot 3,14$
$U_R = 2,42$ m
$A_U = \frac{s_m}{U_R} = \frac{89,49 \text{ m}}{2,42 \text{ m}}$
$A_U = \mathbf{36,98}$

b) $\Delta R_U = \frac{A_U \cdot l_S}{r_m} = \frac{37 \cdot 1,95 \text{ m}}{14,25 \text{ m}}$
$\Delta R_U = 5,06$
$R_{Ui} = A_U - \frac{\Delta R_U}{2} = 37 - \frac{5,06}{2}$
$R_{Ui} = \mathbf{34,47}$
$R_{Ua} = A_U + \frac{\Delta R_U}{2} = 37 + \frac{5,06}{2}$
$R_{Ua} = \mathbf{39,53}$

c) $\Delta n = \frac{n_A \cdot l_S}{r_m} = \frac{210 \cdot \frac{1}{min} \cdot 1,95 \text{ m}}{14,25 \text{ m}}$
$\Delta n = \frac{210 \cdot 1 \cdot 1,95 \text{ m}}{\text{min} \cdot 14,25 \text{ m}}$
$\Delta n = \mathbf{28,74 \frac{1}{min}}$

Aufgaben

1. Stellen Sie die Formel $U_R = 2 \cdot r_{dyn} \cdot \pi$ nach r_{dyn} um.

2. Stellen Sie die Formel $\Delta R_U = \dfrac{A_U \cdot l_S}{r_m}$ nach A_U, l_S und r_m um.

3. Berechnen Sie den Abrollumfang U_R in m eines Rades mit einem dynamischen Halbmesser r_{dyn} von 2,64 dm.

4. Ein Ausgleichsgehäuse dreht sich 160mal. Wie groß sind die Umdrehungen des kurveninneren und des kurvenäußeren Rades R_{Ui} und R_{Ua}? Der Pkw durchfährt einen Kreis mit einem mittleren Durchmesser $d_m = 39$ m, die Spurweite l_S ist 1,8 m.

5. Ein Lkw umrundet einen Platz. Das kurvenäußere Rad legt dabei einen Weg s_a von 152 m zurück und dreht sich dabei 57,6mal. Das kurveninnere Rad dreht sich in der selben Zeit 4,51mal weniger. Berechnen Sie
a) den dynamischen Halbmesser r_{dyn} in m,
b) die Umdrehungen A_U des Ausgleichsgehäuses und
c) die Spurweite des Fahrzeugs l_S in m.

39.3 Sperrwert

Der **Sperrwert** S ist ein Maß dafür, bis zu welcher Differenz zwischen den Drehmomenten an den Antriebsrädern das Ausgleichsgetriebe selbsttätig gesperrt ist. Die Summe beider Drehmomente ist 100%.

$$S = \dfrac{\Delta M_R}{\Sigma M_R} \cdot 100\%$$

$$\Delta M_R = M_{R\,max} - M_{R\,min}$$

$$\Sigma M_R = M_{R\,max} + M_{R\,min}$$

S Sperrwert in %
ΔM_R Differenz zwischen den Drehmomenten an den Antriebsrädern in Nm
ΣM_R Summe der Drehmomente an den Antriebsrädern in Nm
100   Umrechnungszahl, 100%
$M_{R\,max}$ größtes Drehmoment in Nm
$M_{R\,min}$ kleinstes Drehmoment in Nm

Wird $\Sigma M_R = M_{R\,max} + M_{R\,min}$ nach $M_{R\,min}$ umgestellt und in $\Delta M_R = M_{R\,max} - M_{R\,min}$ eingesetzt, ergibt sich: $\Delta M_R = M_{R\,max} - (\Sigma M_R - M_{R\,max})$. Daraus folgt: $\Delta M_R = 2 \cdot M_{R\,max} - \Sigma M_R$, umgestellt nach $M_{R\,max}$:

$$M_{R\,max} = \dfrac{\Delta M_R + \Sigma M_R}{2}$$

$M_{R\,max}$ größtes Drehmoment in Nm
ΔM_R Differenz der Drehmomente in Nm
ΣM_R Summe der Drehmomente in Nm

Beispiel: Eine selbsttätige Ausgleichssperre hat einen Sperrwert S von 35%. Es steht ein Antriebsdrehmoment $\Sigma M_R = 600$ Nm zur Verfügung. Zu berechnen ist, welches Drehmoment $M_{R\,max}$ in Nm ein Antriebsrad übertragen kann, wenn das andere Antriebsrad durchrutscht.

Gesucht: $M_{R\,max}$ in Nm
Gegeben: $S = 35\%$, $\Sigma M_R = 600$ Nm
Lösung: $\Delta M_R = \dfrac{M_R \cdot S}{100\%} = \dfrac{600\,\text{Nm} \cdot 35\%}{100\%}$
$\Delta M_R = 210$ Nm
$M_{R\,max} = \dfrac{\Delta M_R + \Sigma M_R}{2} = \dfrac{210\,\text{Nm} + 600\,\text{Nm}}{2}$
$M_{R\,max} = \mathbf{405\,Nm}$

Aufgaben

1. Stellen Sie die Formel $S = \dfrac{\Delta M_R}{\Sigma M_R} \cdot 100\%$ nach ΔM_R und ΣM_R um.

2. Am Ausgleichsgehäuse wirkt ein Drehmoment von 1250 Nm. Die Ausgleichssperre hat einen Sperrwert S von 70%. Berechnen Sie, bis zu welcher Drehmomentdifferenz ΔM_R in Nm das Ausgleichsgetriebe gesperrt ist.

3. Berechnen Sie die fehlenden Tabellenwerte.

	a)	b)	c)	d)
ΣM_R in Nm	?	980	?	145
ΔM_R in Nm	620	?	?	27
S in %	70	15	?	?
$M_{R\,max}$ in Nm	?	?	2150	?
$M_{R\,min}$ in Nm	?	?	1450	?

4. Zwischen den Antriebsrädern besteht eine Drehmomentdifferenz von 330 Nm. An beiden Rädern wirkt insgesamt ein Drehmoment von 825 Nm. Welcher Sperrwert S in % ist mindestens erforderlich, wenn die Achse gesperrt sein soll?

40 Aufgaben zur Kraftübertragung

1. Die Druckplatte einer Einscheibenkupplung wird mit einer Anpreßkraft $F_N = 3850$ N gegen die Kupplungsscheibe gedrückt. Berechnen Sie die an der Kupplungsscheibe wirkende Reibungskraft F_R in N ($\mu = 0{,}31$).

2. Bei einer Reibungszahl $\mu = 0{,}29$ wirkt an der Kupplungsscheibe eine Reibungskraft $F_R = 3595{,}2$ N. Wie groß ist die Anpreßkraft F_N der Federn in N?

3. Eine Kupplungsscheibe hat einen Innendurchmesser $d = 128$ mm und einen Außendurchmesser $D = 168$ mm. Berechnen Sie den mittleren Radius r_m in cm.

4. Berechnen Sie den Außendurchmesser D einer Kupplungsscheibe in mm. Die Scheibe hat einen mittleren Radius $r_m = 78$ mm, der Innendurchmesser ist $d = 12{,}8$ cm.

5. Von einer Kupplung wird ein Drehmoment M_K von 325 Nm übertragen. Berechnen Sie den Hebelarm r_m in mm, wenn eine Reibungskraft F_R von 1970 N wirkt.

6. Wieviel Kupplungsscheiben z hat eine Mehrscheibenkupplung, die ein Kupplungsdrehmoment M_K von 43,74 Nm überträgt? Auf die Druckplatte wirkt eine Anpreßkraft $F_N = 540$ N, die Reibungszahl μ ist 0,3 und der wirksame Hebelarm $r_m = 45$ mm.

7. Welche Anpreßkraft F_N in N ist erforderlich, um eine Flächenpressung $p = 19{,}10 \frac{N}{cm^2}$ zu erreichen? Die Reibfläche A ist 38 cm² groß.

8. Auf die Kupplungsscheibe einer Zweischeibenkupplung wirkt eine Anpreßkraft $F_N = 920$ N. Die Reibungszahl μ ist 0,28. Zu berechnen sind
a) der wirksame Hebelarm r_m in m,
b) die Flächenpressung p in $\frac{N}{cm^2}$,
c) die Reibungskraft F_R in N,
d) das übertragbare Kupplungsdrehmoment M_K in Nm und
e) das maximal zulässige Motordrehmoment M in Nm, wenn eine Sicherheit von 1,6 vorgeschrieben ist.

9. Berechnen Sie
a) die Fußkraft F_F in N,
b) die Einzel- und die Gesamtübersetzungen.
$F_A = 500$ N,
$l_1 = 210$ mm,
$l_2 = 75$ mm,
$l_3 = 110$ mm,
$l_4 = 90$ mm.

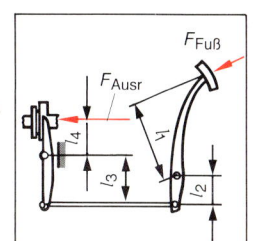

10. Der Kolben eines Geberzylinders hat einen Durchmesser $d_G = 16{,}5$ mm. Die Kolbenkraft F_G beträgt 625 N. Berechnen Sie den Leitungsdruck p in bar.

11. In der Hydraulikleitung herrscht ein Druck $p = 41$ bar. Berechnen Sie die Kräfte am Geberkolben F_G und Nehmerkolben F_N in N. Der Geberkolben hat einen Durchmesser $d_G = 1{,}42$ cm, der Nehmerzylinder einen Durchmesser $d_N = 22$ mm.

12. Ein Zahnrad hat einen Modul $m = 2{,}25$ mm und 51 Zähne. Berechnen Sie
a) die Zahnhöhe h, die Zahnkopfhöhe h_a und die Zahnfußhöhe h_f in mm,
b) den Teilkreisdurchmesser d, den Kopfkreisdurchmesser d_a, den Fußkreisdurchmesser d_f und die Teilung p in mm.

13. Von einer Zahnradpaarung sind folgende Werte bekannt:
$z_1 = 39$, $d_1 = 129{,}50$ mm, $d_{a2} = 194{,}25$ mm.
Berechnen Sie den Modul m in mm, die Zähnezahl z_2 und den Achsabstand a in mm.

14. Der Achsabstand einer Zahnradpaarung beträgt $a = 204{,}75$ mm. Der Teilkreisdurchmesser d_1 ist 152,75 mm und die Teilung $p = 10{,}205$ mm. Berechnen Sie die Zähnezahlen z_1, z_2 und die Zahnhöhe h in mm.

15. Die feste Übersetzung zur Vorgelegewelle i_V ist 1,81 : 1. Das Zahnrad auf der Vorgelegewelle z_2 hat 38 Zähne. Wieviel Zähne hat das Zahnrad z_1 auf der Getriebeeingangswelle?

16. Berechnen Sie die Getriebeausgangsdrehzahlen n_2 in den verschiedenen Gängen in $\frac{1}{\min}$, wenn der Motor eine Drehzahl $n_1 = 2850 \frac{1}{\min}$ hat. Getriebegesamtübersetzungen sind:
$i_{1.G} = 4{,}234 : 1$, $\quad i_{2.G} = 2{,}357 : 1$, $\quad i_{3.G} = 1{,}488 : 1$
$i_{4.G} = 1{,}0 : 1$, $\quad i_{5.G} = 0{,}843 : 1$.

17. Wie groß ist die Drehzahl n_T in $\frac{1}{\min}$ am Tellerrad des Achsgetriebes, wenn das Antriebsritzel eine Drehzahl n_R von $2550 \frac{1}{\min}$ hat? Das Antriebsritzel hat 7, das Tellerrad 34 Zähne.

18. Das Achsgetriebe eines Lkw hat ein Übersetzungsverhältnis von $6{,}11 : 1$. Berechnen Sie die Zähnezahl des Tellerrades z_T, wenn das Antriebsritzel 9 Zähne hat.

19. Von dem abgebildeten Getriebe sind folgende Daten bekannt:
$i_v = 1{,}586 : 1$, $\quad z_3 = 13$, $\quad z_4 = 32$, $\quad i_2 = 2{,}73 : 1$,
$z_7 = 37$, $\quad z_8 = 32$, $\quad i_4 = 1 : 1$, $\quad z_9 = 51$, $\quad z_{10} = 26$,
die Motordrehzahl n_1 beträgt $3210 \frac{1}{\min}$, das Motordrehmoment $M_1 = 165$ Nm. Berechnen Sie
a) die Gesamtübersetzungen des Getriebes in allen Gängen,
b) die Drehzahlen n_2 an der Getriebeausgangswelle in $\frac{1}{\min}$ im 1., 3. und 5. Gang,
c) das Drehmoment M_2 an der Getriebeausgangswelle im 2., 4. und 5. Gang in Nm
d) die Drehzahlen des Tellerrades im Achsgetriebe n_T in $\frac{1}{\min}$. Die Übersetzung im Achsgetriebe i_A ist $3{,}96 : 1$.

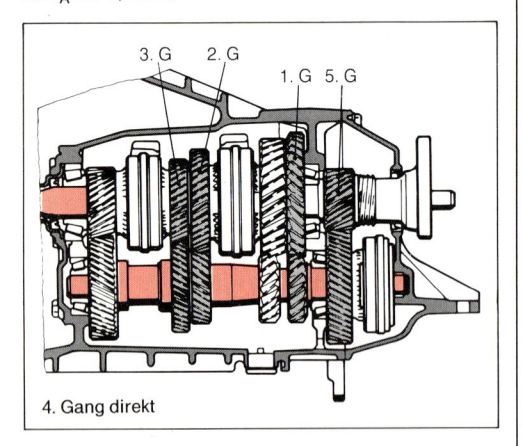

4. Gang direkt

20. Ein Lkw fährt auf einer Kreisbahn. Der Außendurchmesser des Kreises d_a ist $34{,}5$ m. Die Spurweite l_S beträgt $1{,}96$ m. Das Fahrzeug durchfährt einen $\frac{3}{4}$ Kreis. Berechnen Sie die Kreisbogenlängen des kurvenäußeren Rades s_a und des kurveninneren Rades s_i in m.

21. Berechnen Sie den Mittelpunktswinkel α eines Kreisbogens in °. Der Kurveninnenradius r_i ist 23 m, die kurveninneren Räder legen einen Weg s_i von $36{,}8$ m zurück.

22. Welchen Abrollumfang U_R in m hat ein Rad mit einem dynamischen Halbmesser $r_{dyn} = 26{,}8$ cm?

23. Ein Lkw-Rad hat einen Abrollumfang U_R von $3{,}33$ m. Berechnen Sie r_{dyn} in mm.

24. Wie oft dreht sich ein Rad auf einer Fahrstrecke s von 92 m? Das Rad hat einen dynamischen Halbmesser $r_{dyn} = 0{,}32$ m.

25. Ein Motorrad fährt auf einem Kreisbogen. Das Vorderrad dreht sich dabei 65mal. Es hat einen dynamischen Halbmesser $r_{dyn} = 34$ cm, der Radius des Kreisbogens ist 34 m. Berechnen Sie den Mittelpunktswinkel α des Kreisbogens in °.

26. Welche Drehzahldifferenz Δn in $\frac{1}{\min}$ entsteht zwischen den Antriebsrädern, wenn das kurvenäußere Rad eine Drehzahl $n_a = 96 \frac{1}{\min}$ hat, die Spurweite $l_S = 172$ cm ist und ein Kreisbogen mit r_m von 26 m befahren wird?

27. Das Ausgleichsgehäuse einer Antriebsachse dreht sich bei Kurvenfahrt 56mal ($r_m = 27{,}5$ m). Die Spurweite l_S beträgt $1{,}87$ m. Berechnen Sie
a) die Differenz zwischen den Umdrehungen der Antriebsräder ΔR_U,
b) die Umdrehungen des kurvenäußeren Rades R_{Ua} und des kurveninneren Rades R_{Ui}.

28. Wie lang ist die Kreisbahn eines kurvenäußeren Rades s_a in m? Das Rad hat einen dynamischen Halbmesser r_{dyn} von 248 mm. Die Differenz zwischen den Umdrehungen beider Räder ΔR_U beträgt $4{,}6$ Umdrehungen, das Ausgleichsgehäuse dreht sich $12{,}5$mal.

29. Eine selbsttätige Ausgleichssperre hat einen Sperrwert $S = 40\%$. Es wirkt ein Antriebsdrehmoment von 312 Nm. Welcher Drehmomentunterschied ΔM_R in Nm ist erforderlich, um die Sperrwirkung aufzuheben?

30. Am kurvenäußeren Rad wirkt ein Drehmoment $M_{Rmax} = 480$ Nm. Das Drehmoment am kurveninneren Rad ist um 185 Nm kleiner. Es ist eine Ausgleichssperre mit einem Sperrwert S von 35% eingebaut. Ermitteln Sie, ob die Achse noch gesperrt ist.

41 Lenkung

41.1 Lenkübersetzung

Gesamtlenkübersetzung

Die Gesamtlenkübersetzung i_S (DIN 70000) ist abhängig vom
- Lenkradwinkel δ_H (s. Schraubenlenkgetriebe),
- mittleren Lenkwinkel δ_m (s. Formel für δ_m und Abbildung).

$$i_S = \frac{\delta_H}{\delta_m}$$

i_S Gesamtlenkübersetzung
δ_H Lenkradwinkel in ° (Grad)
δ_m mittlerer Lenkwinkel in °

Tab.: Betriebswerte

| Pkw | i_S etwa 17 : 1 bis 24 : 1 |
| Lkw | i_S etwa 28 : 1 bis 33 : 1 |

Zum Schwenken der Räder von Anschlag zu Anschlag werden für Pkw etwa 4, für Lkw und Busse bis zu 6 **Lenkradumdrehungen** L_U benötigt.

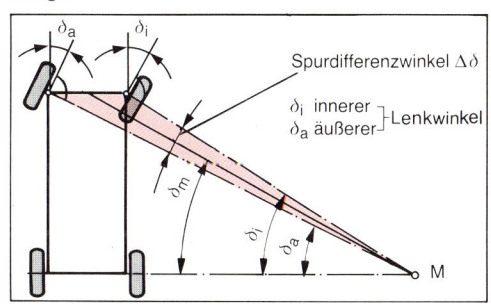

Der mittlere Lenkwinkel δ_m ist abhängig vom
- äußeren Lenkwinkel δ_a und
- inneren Lenkwinkel δ_i.

$$\delta_m = \frac{\delta_a + \delta_i}{2}$$

δ_m mittlerer Lenkwinkel in °
δ_a äußerer Lenkwinkel in °
δ_i innerer Lenkwinkel in °

Der innere Lenkwinkel δ_i ist größer als der äußere Lenkwinkel δ_a ($\delta_i > \delta_a$), da das innere Rad auf einem kleineren Spurkreis rollt.

Die **Differenz** zwischen innerem und äußerem Lenkwinkel ist der **Spurdifferenzwinkel** (Differenzlenkwinkel) $\Delta\delta$.

$$\Delta\delta = \delta_i - \delta_a$$

$\Delta\delta$ Spurdifferenzwinkel in °
δ_i innerer Lenkwinkel in °
δ_a äußerer Lenkwinkel in °

Beispiel: a) Wie groß ist die Gesamtlenkübersetzung i_S eines Pkw? Der Lenkradwinkel beträgt $\delta_H = 710°$. Die gelenkten Räder schwenken dabei um $\delta_i = 37°$ und um $\delta_a = 33°$.
b) Wieviel Lenkradumdrehungen L_U werden ausgeführt?

Gesucht: a) i_S, b) n_H
Gegeben: $\delta_H = 710°$, $\delta_i = 37°$, $\delta_a = 33°$

Lösung: a) $i_S = \frac{\delta_H}{\delta_m}$; $\delta_m = \frac{\delta_a + \delta_i}{2}$

$$i_S = \frac{\delta_H}{\frac{\delta_a + \delta_i}{2}}$$

$$i_S = \frac{710°}{\frac{33° + 37°}{2}} = \frac{710°}{35°}$$

$$i_S = \mathbf{20{,}3 : 1}$$

b) $L_U = \frac{\delta_H}{360°} = \frac{710°}{360°}$

$$L_U = \mathbf{1{,}97 \text{ Umdrehungen}}$$

Aufgaben

1. Stellen Sie die Formel $i_S = \frac{\delta_H}{\delta_m}$ nach δ_H und δ_m um.

2. Berechnen Sie die fehlenden Werte der Tabelle.

	i_S	δ_H in °	δ_m in °		i_S	δ_H in °	δ_m in °
a)	?	190	11	d)	18,6 : 1	385	?
b)	?	735	35,1	e)	24,3 : 1	?	30,5
c)	19,1 : 1	195	?	f)	17,2 : 1	?	15,3

3. Berechnen Sie die Lenkradumdrehungen L_U für folgende Lenkradwinkel:
a) $\delta_H = 319°$, b) $\delta_H = 435°$, c) $\delta_H = 115°$

4. Berechnen Sie die fehlenden Tabellenwerte.

	δ_m	δ_i	δ_a	$\Delta\delta$		δ_m	δ_i	δ_a	$\Delta\delta$
a)	?°	20°	?°′	1°5′	d)	?°′	25°10′	24°5′	?°′
b)	?°′	?°′	34°59′	4°42′	e)	?°	20,2°	19°20′	?°′
c)	?°	25,3°	24,1°	?°	f)	?°	39,9°	?°′	4°10′

Lenkgetriebeübersetzung

Die **Übersetzung** i_L **für Schrauben- und Schnecken-Lenkgetriebe** ist das Verhältnis vom
- Lenkradwinkel δ_H und
- Winkeleinschlag δ_L am Lenkstockhebel.

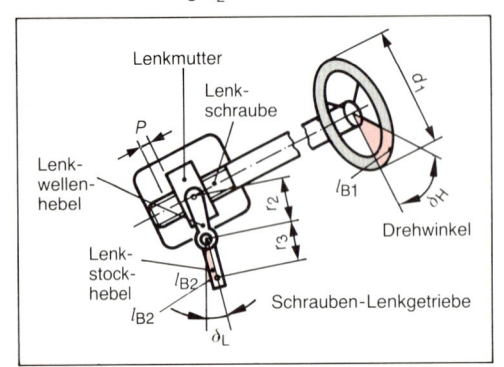

$$i_L = \frac{\delta_H}{\delta_L}$$

i_L Lenkgetriebeübersetzung
δ_H Lenkradwinkel in °
δ_L Winkeleinschlag am Lenkstockhebel in °

Unter der Voraussetzung, daß am Schrauben- bzw. Schnecken-Lenkgetriebe $r_2 \approx r_3$ ist, ergibt sich für i_L:

$$i_L \approx \frac{2 \cdot r_3 \cdot \pi}{p}$$

i_L Lenkgetriebeübersetzung
r_3 wirksamer Radius des Lenkwellenhebels bzw. des Zahnsegments in mm
p Steigung der Lenkschraube bzw. Schnecke in mm

Beispiel: Zu berechnen ist die Übersetzung i_L eines Schrauben-Lenkgetriebes. Die Teilung p ist 12 mm und der Radius r_3 des Lenkwellenhebels beträgt 50 mm.

Gesucht: i_L
Gegeben: $p = 12$ mm, $r_3 = 50$ mm
Lösung: $i_L \approx \frac{2 \cdot r_3 \cdot \pi}{p} \approx \frac{2 \cdot 50\,\text{mm} \cdot 3{,}14}{12\,\text{mm}}$

$i_L \approx 26 : 1$

Die **Übersetzung eines Zahnstangen-Lenkgetriebes** hängt ab vom
- Kreisbogen l_{B1} am Lenkrad und
- Zahnstangenweg s.

$$i_L = \frac{l_{B1}}{s}$$

i_L Übersetzung eines Zahnstangen-Lenkgetriebes
l_{B1} Kreisbogen am Lenkrad in mm
s Zahnstangenweg in mm

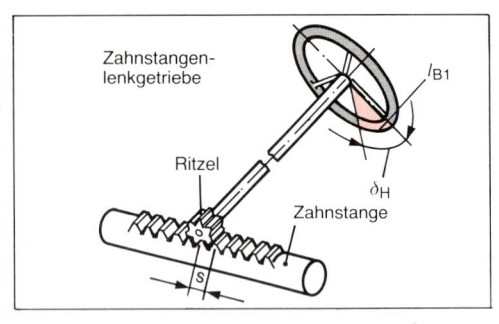

Durch Einsetzen von $l_{B1} = \frac{d_1 \cdot \pi \cdot \delta_H}{360°}$ und $s = \frac{z \cdot p \cdot \delta_H}{360°}$ folgt:

$$i_L = \frac{d_1 \cdot \pi}{z \cdot p}$$

i_L Übersetzung eines Zahnstangen-Lenkgetriebes
d_1 Lenkraddurchmesser in mm
z Zähnezahl des Ritzels
p Zahnteilung in mm

Beispiel: Wie groß ist die Übersetzung i_L eines Zahnstangen-Lenkgetriebes für einen Sportwagen? Das Ritzel hat $z = 8$ Zähne und die Zahnteilung ist $p = 3$ mm. Das Lenkrad hat einen Durchmesser von $d_1 = 300$ mm.

Gesucht: i_L
Gegeben: $z = 8$, $p = 6{,}65$ mm, $d_1 = 300$ mm
Lösung: $i_L = \frac{d_1 \cdot \pi}{z \cdot p} = \frac{360\,\text{mm} \cdot 3{,}14}{8 \cdot 6{,}65\,\text{mm}}$

$i_L = 21{,}25$

Aufgaben

1. Stellen Sie die Formel $i_L = \frac{\delta_H}{\delta_L}$ nach δ_H sowie δ_L um und $i_L \approx \frac{2 \cdot r_3 \cdot \pi}{p}$ nach r_3 und p.

2. Berechnen Sie die Übersetzung i_L eines Pkw-Schrauben-Lenkgetriebes. Das Lenkrad wird $L_U = 2{,}7$ mal gedreht. Dabei bewegt sich der Lenkstockhebel um einen Winkel von $\delta_L = 44{,}3°$ weiter.

3. Wie groß ist der Winkeleinschlag δ_L am Lenkstockhebel in °, wenn das Lenkrad um $\delta_H = 190°$ gedreht wird? Die Getriebeübersetzung ist $i_L = 17{,}2 : 1$.

4. Stellen Sie die Formel $i_L = \frac{d_1 \cdot \pi}{z \cdot p}$ nach d_1, z und p um.

5. Berechnen Sie die Lenkgetriebeübersetzung i_L für ein Schrauben-Lenkgetriebe. Die Teilung der Lenkschraube ist $p = 12$ mm, der Lenkwellenhebel hat den Radius $r_3 = 55$ mm.

41.2 Stellung der gelenkten Räder

Spur, Vorspur, Nachspur

Die Spur C hängt ab von dem Maßunterschied zwischen

- Felgenhornabstand l_1 vor der Achse und
- Felgenhornabstand l_2 hinter der Achse (gemessen in Höhe der Radmitten).

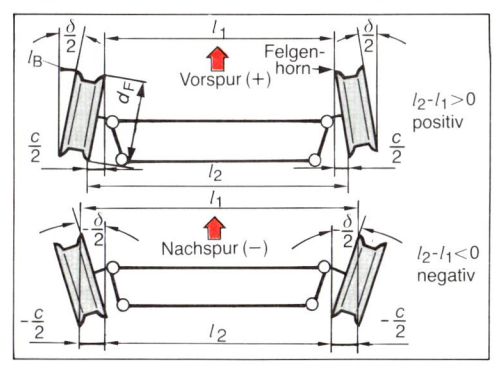

$C = l_2 - l_1$

- C   Spur (Gesamtspur) in mm
- l_2 Felgenhornabstand hinter der Achse in mm
- l_1 Felgenhornabstand vor der Achse in mm

Ist l_2 größer als l_1 ($l_2 > l_1$), so ist der Zahlenwert für die Spur **positiv (Vorspur).**
Ist l_2 kleiner als l_1 ($l_2 < l_1$), so ist der Zahlenwert für die Spur **negativ (Nachspur).**

Beispiel: Der Abstand l_1 der Felgenhörner beträgt 1267 mm, der Abstand $l_2 = 1265$ mm.
a) Wie groß ist die Spur C in mm?
b) Um welche Spur handelt es sich?

Gesucht: a) C in mm, b) Art der Spur
Gegeben: $l_1 = 1267$ mm, $l_2 = 1265$ mm
Lösung: a) $C = l_2 - l_1 = 1265$ mm $- 1267$ mm
$C = -2$ mm
b) Nachspur, sie beträgt **2 mm.**

Oft wird der Spurwinkel δ (Spurwinkel für beide Räder) angegeben. Wird die Spur C in mm benötigt (z. B für eine Achsvermessung), so muß δ umgerechnet werden. Dabei gilt die Voraussetzung, daß die halbe Spur ungefähr dem Bogen l_B (s. Abbildung) entspricht (d_F ist für l_B der Radius).

$$C \approx 2 \cdot l_B \approx \frac{2 \cdot 2 \cdot d_F \cdot \pi \cdot \frac{\delta}{2}}{360°}, \text{ daraus folgt:}$$

$$C \approx \frac{d_F \cdot \pi \cdot \delta}{180°}$$

C   Spur in mm
d_F Felgenhorndurchmesser in mm
δ Spurwinkel beider Räder in °

Beispiel: Wie groß ist die Spur C in mm für einen Pkw? Im Werkstatthandbuch ist für den Spurwinkel $\delta = 45'$ angegeben. Der Felgenhorndurchmesser ist $d_F = 390$ mm (14″ – Felge mit Felgenprofil 8 J)

Gesucht: C in mm
Gegeben: $\delta = 45' = 0{,}75°$, $d_F = 390$ mm
Lösung: $C \approx \dfrac{d_F \cdot \pi \cdot \delta}{180°} \approx \dfrac{390 \text{ mm} \cdot 3{,}14 \cdot 0{,}75°}{180°}$
$C \approx 5{,}1$ mm

Aufgaben

1. Stellen Sie die Formel $C = l_2 - l_1$ nach l_1 und l_2 um.

2. Berechnen Sie die fehlenden Tabellenwerte.

	C in mm	l_1 in mm	l_2 in mm	Vor-Spur ja	Nach-Spur ja
a)	?	1397	1401	?	?
b)	5,2	1490	?	?	?
c)	4,8	?	1332	?	?
d)	−2	1380	?	?	?
e)	−3	?	1558	?	?

3. Berechnen Sie die Spur C in mm für einen Pkw, dessen Spurwinkel $\delta = 1°5'$ beträgt. Der Felgenhorndurchmesser ist $d_F = 320$ mm.

4. Wie groß ist der Spurwinkel δ in ° für einen Pkw mit Frontantrieb, wenn der Abstand l_2 der Felgenhörner 1530 mm und $l_1 = 1532$ mm beträgt? Der Felgenhorndurchmesser d_F ist 354 mm. Beachten Sie das Vorzeichen von δ.

5. Ermitteln Sie die minimale und maximale Spur C (C_{min}, C_{max}) in mm für einen Pkw mit Heckantrieb (Nachspur). Der Spurwinkel δ wird im Werkstatthandbuch mit 10′ bis 30′ angegeben. (Felge: 6 J × 13, d.h. $d_F = 364$ mm).

42 Räder

42.1 Reifenabmessungen

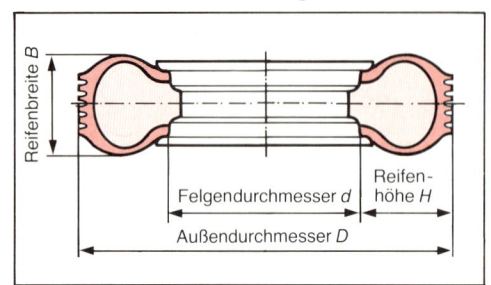

Die **Reifenbezeichnung** 175/70 R14-84 S nach DIN 7803 enthält folgende Angaben:

- Reifenbreite B in mm für Radialreifen (z.B. 175 mm bzw. in inch (in.) für Diagonalreifen,
- Querschnittsverhältnis Q in % (z.B. 70 %),
- Reifenbauart (z.B. R für Radialbauart),
- Felgendurchmesser d in in. (z.B. 14 in.),
- Tragfähigkeitskennzahl (z.B. 84 für 500 kg) und
- Geschwindigkeitssymbol (z.B. S: bis 180 $\frac{km}{h}$).

Das **Querschnittsverhältnis** Q ist abhängig von

- der Reifenhöhe H und
- der Reifenbreite B.

$$Q = \frac{H}{B} \cdot 100\%$$

Q	Querschnittsverhältnis in %
H	Reifenhöhe in mm
B	Reifenbreite in mm
100	Umrechnungszahl, 100 %

Der **Außendurchmesser** D des Reifens wird nach der folgenden Formel berechnet:

$$D = 25{,}4 \cdot d + 2 \cdot H$$

D Außendurchmesser in mm
d Felgendurchmesser in in.
H Reifenhöhe in mm
25,4 Umrechnungszahl, $25{,}4 \frac{mm}{in.}$

Beispiel: Ein Reifen hat eine Reifenhöhe $H = 117$ mm, eine Reifenbreite $B = 195$ mm und ist für eine Felge mit $d = 14$ in vorgesehen. Wie groß sind
a) das Querschnittsverhältnis Q in % und
b) der Außendurchmesser D in mm?

Gesucht: a) Q in %, b) D in mm
Gegeben: $H = 117$ mm, $B = 195$ mm, $d = 14$ in.
Lösung: a) $Q = \frac{H}{B} \cdot 100\% = \frac{117 \text{ mm}}{195 \text{ mm}} \cdot 100\%$
$Q = \mathbf{60\%}$

b) $D = 25{,}4 \cdot d + 2H$
$D = 25{,}4 \cdot 14 + 2 \cdot 117$
$D = \mathbf{589{,}6\ mm}$

Aufgaben

1. Stellen Sie die Formel $Q = \frac{H}{B} \cdot 100\%$ nach H und B um.

2. Die Formel $D = 25{,}4 \cdot d + 2 \cdot H$ ist nach d und H umzustellen.

3. Ein Reifen hat eine Reifenbreite $B = 195$ mm und eine Reifenhöhe $H = 136{,}5$ mm. Wie groß ist das Querschnittsverhältnis Q in %?

4. Berechnen Sie
a) die Reifenhöhe H in mm und
b) den Außendurchmesser D in mm eines Reifens mit der Reifenbezeichnung 225/70 R 15 86 V.

5. Wie groß ist die Reifenbreite B in mm, wenn ein Reifen ein Querschnittsverhältnis $Q = 70\%$ und eine Reifenhöhe $H = 115{,}5$ mm hat?

6. Ein Reifen hat eine Reifenhöhe $H = 135$ mm und einen Außendurchmesser $D = 0{,}6256$ m. Berechnen Sie den Felgendurchmesser d in in. und mm.

7. Wie groß ist die Reifenhöhe H in mm, wenn der Außendurchmesser D des Reifens 0,615 m und der Felgendurchmesser $d = 15$ in. betragen?

8. Ein Radialreifen hat die folgenden Abmessungen: Reifenbreite 195 mm, Reifenhöhe 136,5 mm, Außendurchmesser 0,6286 m. Wie groß sind
a) das Querschnittsverhältnis Q in % und
b) der Felgendurchmesser d in in. und mm?
c) Wie lautet die Reifenbezeichnung?

42.2 Statischer und dynamischer Halbmesser

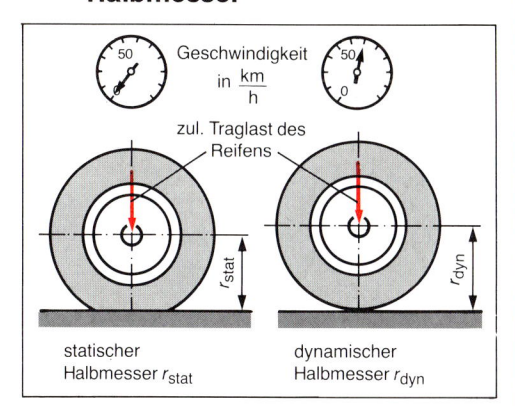

statischer Halbmesser r_{stat}
dynamischer Halbmesser r_{dyn}

Der **statisch wirksame Halbmesser** r_{stat} des Reifens ist der Abstand von der Radmitte bis zur Standebene des stillstehenden Fahrzeugs.

Der **dynamisch wirksame Halbmesser** r_{dyn} des Reifens ist der Abstand von der Radmitte bis zur Fahrbahnebene bei einer Geschwindigkeit von 60 $\frac{km}{h}$ (für Ackerschlepper 30 $\frac{km}{h}$).

Der **dynamische Halbmesser** r_{dyn} kann aus Reifentabellen entnommen oder aus dem bei 60 $\frac{km}{h}$ zurückgelegten Weg des Rades errechnet werden. Der zurückgelegte Weg für eine Radumdrehung entspricht dem **Abrollumfang** U_R.

$$r_{dyn} = \frac{U_R}{2 \cdot \pi}$$

r_{dyn} dynamischer Halbmesser in mm
U_R Abrollumfang in mm

Der **zurückgelegte Weg** s des Rades ist abhängig von
- dem dynamischen Halbmesser r_{dyn} bzw. dem Abrollumfang des Rades U_R und
- der Anzahl der Radumdrehungen R_u.

$$s = \frac{2 \cdot r_{dyn} \cdot \pi \cdot R_u}{1000}$$

s Weg in m
r_{dyn} dynamischer Halbmesser in mm
R_u Radumdrehungen
1000 Umrechnungszahl, 1000 $\frac{mm}{m}$

Mit $U_R = 2 \cdot r_{dyn} \cdot \pi$ folgt:

$$s = \frac{U_R \cdot R_u}{1000}$$

s Weg in m
U_R Abrollumfang in mm
R_u Radumdrehungen
1000 Umrechnungszahl, 1000 $\frac{mm}{m}$

Beispiel: Wie groß sind
a) der dyn. Halbmesser r_{dyn} in mm und
b) der zurückgelegte Weg s in m eines Rades. Das Rad dreht sich 530mal und hat einen Abrollumfang von 1884 mm.

Gesucht: a) r_{dyn} in mm, b) s in m

Gegeben: $U_R = 1884$ mm, $R_u = 530$

Lösung: a) $r_{dyn} = \dfrac{U_R}{2 \cdot \pi}$

$r_{dyn} = \dfrac{1884 \text{ mm}}{2 \cdot \pi}$

$r_{dyn} = \mathbf{300\ mm}$

b) $s = \dfrac{U_R \cdot R_u}{1000}$

$s = \dfrac{1884 \cdot 530}{1000}$

$s = \mathbf{998{,}52\ m}$

Aufgaben

1. Stellen Sie die Formel $r_{dyn} = \dfrac{U_R}{2 \cdot \pi}$ nach U_R um.

2. Die Formel $s = \dfrac{2 \cdot r_{dyn} \cdot \pi \cdot R_u}{1000}$ ist nach r_{dyn} und R_u umzustellen.

3. Stellen Sie die Formel $s = \dfrac{U_R \cdot R_u}{1000}$ nach U_R und R_u um.

4. Wie groß sind
a) der dynamische Halbmesser r_{dyn} in mm und
b) der zurückgelegte Weg s in m, wenn der Abrollumfang $U_R = 1825$ mm und die Radumdrehungen $R_u = 5480$ betragen?

5. Berechnen Sie
a) den dynamischen Halbmesser r_{dyn} in mm und
b) den Abrollumfang U_R in mm, wenn der Weg $s = 1400$ m und die Anzahl der Radumdrehungen $R_u = 828$ betragen.

6. Wie oft dreht sich ein Rad, wenn der zurückgelegte Weg $s = 26{,}5$ km und der dynamische Halbmesser $r_{dyn} = 325$ mm betragen?

7. Ein Rad hat einen Abrollumfang von 1803 mm und eine Drehzahl $n_R = 876 \frac{1}{min}$. Berechnen Sie
a) den zurückgelegten Weg in km während einer Zeit $t = 32$ min und
b) den dyn. Halbmesser in mm.

42.3 Fahrgeschwindigkeit

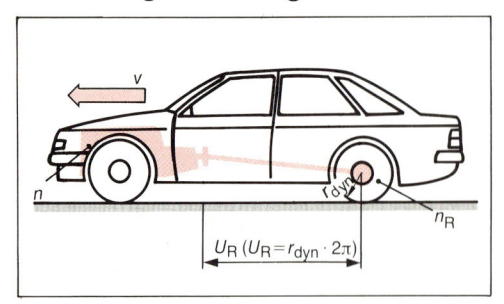

Die Fahrgeschwindigkeit *v* eines Fahrzeugs hängt ab von
- dem zurückgelegten Weg *s* und
- der Fahrzeit *t*.

$$v = \frac{s}{t}$$

v Fahrgeschwindigkeit in $\frac{km}{h}$
s Weg in km
t Fahrzeit in h

Mit $s = U_R \cdot R_u$ (s. Kap 42.2) folgt: $v = \frac{U_R \cdot R_u}{t}$

Wird für $\frac{R_u}{t} = n_R$ (Drehzahl des Antriebsrades) eingesetzt und für $U_R = 2 \cdot r_{dyn} \cdot \pi$ (s. Kap. 42.2), dann folgt daraus:

$v = 2 \cdot r_{dyn} \cdot \pi \cdot n_R$

Soll die **Fahrgeschwindigkeit** in der Einheit $\frac{m}{s}$ angegeben werden, so muß die Formel auf diese Einheit zugeschnitten werden:

$$v = \frac{2 \cdot r_{dyn} \cdot \pi \cdot n_R}{60 \cdot 1000}$$

v Fahrgeschwindigkeit in $\frac{m}{s}$
r_{dyn} dynamischer Halbmesser in mm
n_R Raddrehzahl in $\frac{1}{min}$
60 Umrechnungszahl, 60 $\frac{s}{min}$
1000 Umrechnungszahl, 1000 $\frac{mm}{m}$

Da die **Fahrgeschwindigkeit** üblicherweise in $\frac{km}{h}$ angegeben wird und $1 \frac{m}{s} = 3{,}6 \frac{km}{h}$ sind, folgt:

$$v = \frac{3{,}6 \cdot 2 \cdot r_{dyn} \cdot \pi \cdot n_R}{60 \cdot 1000}$$

v Fahrgeschwindigkeit in $\frac{km}{h}$
r_{dyn} dynamischer Halbmesser in mm
n_R Raddrehzahl in $\frac{1}{min}$
3,6 Umrechnungszahl, 3,6 $\frac{\frac{km}{h}}{\frac{m}{s}}$
60 Umrechnungszahl, 60 $\frac{s}{min}$
1000 Umrechnungszahl, 1000 $\frac{mm}{m}$

Beispiel: Wie groß ist die Fahrgeschwindigkeit *v* in $\frac{km}{h}$ eines Pkw, wenn der dynamische Halbmesser $r_{dyn} = 279$ mm und die Raddrehzahl $n_R = 822 \frac{1}{min}$ betragen?

Gesucht: *v* in $\frac{km}{h}$

Gegeben: $r_{dyn} = 279$ mm, $n_R = 822 \frac{1}{min}$

Lösung: $v = \frac{3{,}6 \cdot 2 \cdot r_{dyn} \cdot \pi \cdot n_R}{60 \cdot 1000}$

$v = \frac{3{,}6 \cdot 2 \cdot 279 \cdot \pi \cdot 822}{60 \cdot 1000}$

$v = \mathbf{86{,}5 \frac{km}{h}}$

Ist statt der **Raddrehzahl** n_R die **Motordrehzahl** *n* gegeben, so muß für die Berechnung der Fahrgeschwindigkeit *v* die **Gesamtübersetzung** i_{ges} des Antriebsstrangs bekannt sein (s. Kap. 38.2).

Da $n_R = \frac{n}{i_{ges}}$ ist, folgt für die Formel zur Berechnung der Fahrgeschwindigkeit *v* in $\frac{km}{h}$:

$$v = \frac{3{,}6 \cdot 2 \cdot r_{dyn} \cdot \pi \cdot n}{60 \cdot 1000 \cdot i_{ges}}$$

v Fahrgeschwindigkeit in $\frac{km}{h}$
r_{dyn} dynamischer Halbmesser in mm
n Motordrehzahl in $\frac{1}{min}$
i_{ges} Gesamtübersetzung
3,6 Umrechnungszahl, 3,6 $\frac{\frac{km}{h}}{\frac{m}{s}}$
60 Umrechnungszahl, 60 $\frac{s}{min}$
1000 Umrechnungszahl, 1000 $\frac{mm}{m}$

Beispiel: Zu berechnen ist die Fahrgeschwindigkeit *v* in $\frac{km}{h}$ für einen Pkw im 3. Gang. Die Motordrehzahl *n* beträgt $4200 \frac{1}{min}$, die Gesamtübersetzung i_{ges} im 3. Gang ist 6,2 : 1 und der dyn. Halbmesser r_{dyn} beträgt 300 mm.

Gesucht: *v* in $\frac{km}{h}$

Gegeben: $n = 4200 \frac{1}{min}$, $i_{ges} = 6{,}2 : 1$, $r_{dyn} = 300$ mm

Lösung: $v = \frac{3{,}6 \cdot 2 \cdot r_{dyn} \cdot \pi \cdot n}{60 \cdot 1000 \cdot i_{ges}}$

$v = \frac{3{,}6 \cdot 2 \cdot 300 \cdot \pi \cdot 4200}{60 \cdot 1000 \cdot 6{,}2}$

$v = \mathbf{76{,}6 \frac{km}{h}}$

Kapitel 42: Räder

Ein **Gangdiagramm** zeigt die erreichbaren **Fahrgeschwindigkeiten** eines Kraftfahrzeugs in den einzelnen Gängen und in Abhängigkeit von der Motordrehzahl.

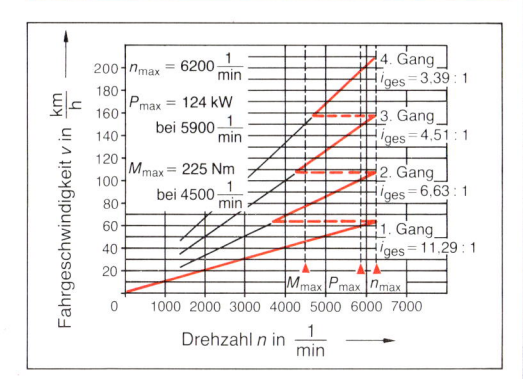

Beispiel: Die Fahrgeschwindigkeiten v in $\frac{km}{h}$ eines Pkw in den Gängen 1 bis 4 sind mit Hilfe des oben dargestellten Gangdiagramms zu bestimmen bei:
a) maximalem Motordrehmoment M_{max},
b) maximaler Motorleistung P_{max} und
c) Motorhöchstdrehzahl n_{max}.

Lösung: a) $v_{1.G} = 45 \frac{km}{h}$, $v_{2.G} = 76{,}5 \frac{km}{h}$
$v_{3.G} = 114 \frac{km}{h}$, $v_{4.G} = 151 \frac{km}{h}$
b) $v_{1.G} = 58{,}5 \frac{km}{h}$, $v_{2.G} = 100{,}5 \frac{km}{h}$
$v_{3.G} = 149 \frac{km}{h}$, $v_{4.G} = 198 \frac{km}{h}$
c) $v_{1.G} = 62 \frac{km}{h}$, $v_{2.G} = 106 \frac{km}{h}$
$v_{3.G} = 157 \frac{km}{h}$, $v_{4.G} = 209 \frac{km}{h}$

Aufgaben

1. Die Formel $v = \frac{3{,}6 \cdot 2 \cdot r_{dyn} \cdot \pi \cdot n_R}{60 \cdot 1000}$ ist nach r_{dyn} und n_R umzustellen.

2. Berechnen Sie die fehlenden Tabellenwerte.

	a)	b)	c)	d)	e)	f)	g)
v in $\frac{m}{s}$	?	?	14,2	?	?	?	14
v in $\frac{km}{h}$	?	162	?	83	?	?	?
r_{dyn} in mm	290	307	?	312	322	308	310
n_R in $\frac{1}{min}$	1340	?	482	?	1125	844	?

3. Stellen Sie die Formel $v = \frac{3{,}6 \cdot 2 \cdot r_{dyn} \cdot \pi \cdot n}{60 \cdot 1000 \cdot i_{ges}}$ nach r_{dyn}, n und i_{ges} um.

4. Die fehlenden Tabellenwerte sind zu berechnen.

	v in $\frac{km}{h}$	r_{dyn} in mm	n in $\frac{1}{min}$	i_{ges}
a)	?	300	4600	4,2 : 1
b)	58	?	1650	3,1 : 1
c)	144	280	?	3,9 : 1
d)	180	320	9000	?
e)	?	325	5200	4,1 : 1
f)	34	408	?	7,1 : 1
g)	155	?	6200	3,4 : 1

5. Zu berechnen ist die Fahrgeschwindigkeit v in $\frac{km}{h}$ und $\frac{m}{s}$ für einen Pkw im 4. Gang. Die Motordrehzahl beträgt $3950 \frac{1}{min}$, die Gesamtübersetzung des Getriebes $i_{4.G}$ ist 1 : 1, die Achsgetriebeübersetzung i_A ist 3,9 : 1 und der dyn. Halbmesser der Antriebsräder beträgt 310 mm.

6. Bestimmen Sie anhand des abgebildeten Gangdiagramms die Fahrgeschwindigkeit v in $\frac{km}{h}$ des Pkw in den Gängen 1 bis 4 für die Motordrehzahlen $n_1 = 4000 \frac{1}{min}$ und $n_2 = 5500 \frac{1}{min}$.

7. Ein Pkw hat folgende Daten: $P_{max} = 96$ kW bei $n = 5700 \frac{1}{min}$, $M_{max} = 190$ Nm bei $n = 4500 \frac{1}{min}$, Motorhöchstdrehzahl $n_{max} = 6200 \frac{1}{min}$, Gesamtübersetzungen des Getriebes: 3,5 – 2,1 – 1,4 – 1,0 – R 3,5. Übersetzung im Achsgetriebe 4,2 : 1, Reifen 205/70 R15 mit $r_{dyn} = 325$ mm
a) Berechnen Sie die Fahrgeschwindigkeiten v des Pkw in $\frac{km}{h}$ bei Motorhöchstdrehzahl in den Gängen 1 bis 4.
b) Zeichnen Sie das Gangdiagramm des Pkw und
c) entnehmen Sie aus dem Gangdiagramm die Fahrgeschwindigkeiten v in $\frac{km}{h}$ in den Gängen 1 bis 4 bei maximalem Motordrehmoment M_{max} und maximaler Motorleistung P_{max}.

8. Von einem 7,5-t-Lkw sind folgende Werte bekannt: $P_{max} = 110$ kW bei $n = 2600 \frac{1}{min}$, $M_{max} = 450$ Nm bei $n = 1300 \frac{1}{min}$, Motorhöchstdrehzahl $n_{max} = 2800 \frac{1}{min}$, Gesamtübersetzungen des Getriebes: 7,24 – 3,55 – 2,05 – 1,36 – 1,0 – R 6,43. Übersetzung im Achsgetriebe 3,45 : 1, Reifen 205/75 R 17,5 mit $r_{dyn} = 408$ mm.
a) Zu berechnen sind die Fahrgeschwindigkeiten v des Lkw in $\frac{km}{h}$ bei Motorhöchstdrehzahl in den Gängen 1 bis 5.
b) Zeichnen Sie das Gangdiagramm des Lkw.
c) Wie Aufgabe 7c, Gänge 1 bis 5.

9. Ein Motorrad hat folgende Daten: $P_{max} = 37\,kW$ bei $n = 6500\,\frac{1}{min}$, $M_{max} = 57\,Nm$ bei $n = 5000\,\frac{1}{min}$, Motorhöchstdrehzahl $n_{max} = 7000\,\frac{1}{min}$, Gesamtübersetzungen des Getriebes: 4,4 – 2,9 – 2,1 – 1,7 – 1,5. Übersetzung zum Hinterrad 3,36 : 1, Reifen hinten 4.00 – 18 mit $r_{dyn} = 320\,mm$.
a) Wie hoch sind die Fahrgeschwindigkeiten des Motorrades in $\frac{km}{h}$ bei Motorhöchstdrehzahl in den Gängen 1 bis 5?
b) Zeichnen Sie das Gangdiagramm des Motorrades.
c) Wie Aufgabe 7c, Gänge 1 bis 5.

42.4 Fahrwiderstände

Zu den Fahrwiderständen eines Kraftfahrzeugs gehören

- der Rollwiderstand F_{Ro},
- der Luftwiderstand F_L und
- der Steigungswiderstand F_{St}.

Rollwiderstand

Der Rollwiderstand F_{Ro} hängt ab von

- der Gewichtskraft G des Fahrzeugs und
- der Rollwiderstandszahl k_R.

$\boxed{F_{Ro} = G \cdot k_R}$ $\quad F_{Ro}$ Rollwiderstand in N
$\quad G$ Gewichtskraft in N
$\quad k_R$ Rollwiderstandszahl

Mit der **Rollwiderstandszahl** k_R werden folgende Größen berücksichtigt:

- der Rollwiderstand der Reifenbauart und
- die Fahrbahnbeschaffenheit.

Da oft die **Masse** m_F des Fahrzeugs angegeben wird und $G = m \cdot g$ ist, folgt:

$\boxed{F_{Ro} = m_F \cdot g \cdot k_R}$

F_{Ro} Rollwiderstand in N
m_F Masse des Fahrzeugs in kg
g Fallbeschleunigung (9,81 $\frac{m}{s^2}$)
k_R Rollwiderstandszahl

Beispiel: Wie groß ist der Rollwiderstand F_{Ro} in N, wenn ein Pkw eine Masse m_F von 1350 kg hat und die Rollwiderstandszahl k_R auf der Asphaltstraße 0,015 beträgt?
Gesucht: F_{Ro} in N
Gegeben: $m_F = 1350\,kg$, $k_R = 0,015$ $g = 9,81\,\frac{m}{s^2}$
Lösung: $F_{Ro} = m_F \cdot g \cdot k_R$
$\qquad F_{Ro} = 1350\,kg \cdot 9,81\,\frac{m}{s^2} \cdot 0,015$
$\qquad F_{Ro} = \mathbf{198,7\,N}$

Tab.: Rollwiderstandszahlen k_R (Radialreifen)

Fahrbahn	k_R
Beton- oder Asphaltstraßen	0,015
Kopfsteinpflaster	0,02
festgefahrener Sand	0,05
loser Sand	0,2

Luftwiderstand

Der Luftwiderstand F_L hängt ab von

- der Luftdichte ϱ,
- der Fahrgeschwindigkeit v,
- der Fahrzeugquerschnittsfläche A und
- der Luftwiderstandszahl c_w des Fahrzeugs.

$\boxed{F_L = \frac{\varrho}{2} \cdot v^2 \cdot A \cdot c_w}$

F_L Luftwiderstand in N
ϱ Luftdichte in $\frac{kg}{m^3}$
v Fahrgeschwindigkeit in $\frac{m}{s}$
A Fahrzeugquerschnittsfläche in m^2
c_w Luftwiderstandszahl

Wird für ϱ mit dem Durchschnittswert $\varrho = 1,23\,\frac{kg}{m^3}$ gerechnet, so ist $\frac{\varrho}{2} = 0,615\,\frac{kg}{m^3}$. Daraus folgt:

$\boxed{F_L = 0,615 \cdot v^2 \cdot A \cdot c_w}$

Beispiel: Welchen Luftwiderstand F_L in N muß ein Fahrzeug mit einer Fahrgeschwindigkeit $v = 115\,\frac{km}{h}$ überwinden, wenn die Fahrzeugquerschnittsfläche $A = 2,4\,m^2$ beträgt und der c_w-Wert 0,35 ist?
Gesucht: F_L in N
Gegeben: $v = 115\,\frac{km}{h} = 32\,\frac{m}{s}$, $A = 2,4\,m^2$, $c_w = 0,35$

Lösung: $F_L = 0,615 \cdot v^2 \cdot A \cdot c_w$
$\qquad F_L = 0,615\,\frac{kg}{m^3} \cdot 32^2\,\frac{m^2}{s^2} \cdot 2,4\,m^2 \cdot 0,35$
$\qquad F_L = \mathbf{529\,N}$

Aufgaben

1. Stellen Sie die Formel $F_{Ro} = G \cdot k_R$ nach G und k_R um.

2. Die Formel $F_{Ro} = m_F \cdot g \cdot k_R$ ist nach m_F und k_R umzustellen.

3. Wie groß ist der Rollwiderstand F_{Ro} in N eines Fahrzeugs, das eine Gewichtskraft von 9600 N auf eine Betonstraße ausübt?

Kapitel 42: Räder   **167**

4. Ein beladener Lkw hat eine Masse m_F von 12,5 t. Welcher Rollwiderstand F_{Ro} in N ist zu überwinden, wenn der Lkw auf festgefahrenem Sand fährt?

5. Bestimmen Sie die Fahrbahnart, auf der ein Fahrzeug mit einer Gewichtskraft von 12800 N fährt und dabei einen Rollwiderstand $F_{Ro} = 256$ N überwinden muß.

6. Wie groß ist die Masse m_F eines Fahrzeugs in t, das über eine Schotterstraße ($k_R = 0{,}018$) fährt und dabei einen Rollwiderstand $F_{Ro} = 1500$ N überwinden muß?

7. Welche Rollwiderstandszahl k_R hat eine Versuchsstrecke, wenn an einem Fahrzeug mit einer Masse $m_F = 1500$ kg ein Rollwiderstand F_{Ro} von 210 N gemessen wird?

8. Stellen Sie die Formel $F_L = 0{,}615 \cdot v^2 \cdot A \cdot c_w$ nach v, A und c_w um.

9. Wie groß ist der Luftwiderstand F_L in N eines Fahrzeugs mit einer Fahrgeschwindigkeit von $72\,\frac{km}{h}$, wenn die Fahrzeugquerschnittsfläche $A = 2{,}2\,m^2$ groß ist und der Luftwiderstandsbeiwert $c_w = 0{,}38$ beträgt?

10. Mit welcher Fahrgeschwindigkeit v in $\frac{m}{s}$ und $\frac{km}{h}$ fährt ein Sportwagen mit einem c_w-Wert von 0,3 und einer Fahrzeugquerschnittsfläche $A = 1{,}6\,m^2$? Der Luftwiderstand F_L ist 1063 N.

11. Welche Fahrzeugquerschnittsfläche A in m^2 hat ein Lkw, der bei einer Fahrgeschwindigkeit $v = 90\,\frac{km}{h}$ und einem c_w-Wert von 0,95 einen Luftwiderstand F_L von 1755 N überwinden muß?

12. Ein Lkw mit Pritschenaufbau hat eine Fahrgeschwindigkeit $v = 60\,\frac{km}{h}$. Bei einer Fahrzeugquerschnittsfläche A von $5\,m^2$ entsteht ein Luftwiderstand von 9963 N. Wie groß ist der Luftwiderstandsbeiwert c_w des Lkw?

13. Wie ändert sich der Luftwiderstand F_L in N eines Fahrzeugs, wenn die Fahrgeschwindigkeit von $60\,\frac{km}{h}$ verdoppelt wird? Das Fahrzeug hat eine Querschnittsfläche von $2{,}4\,m^2$ und einen c_w-Wert von 0,39.

14. Wie groß ist der Luftwiderstandsunterschied ΔF_L in N an einem Fahrzeug, das in Meereshöhe (Luftdichte $\varrho = 1{,}3\,\frac{kg}{m^3}$) und im Gebirge ($\varrho = 1{,}18\,\frac{kg}{m^3}$) mit $v = 90\,\frac{km}{h}$ fährt? Die Querschnittsfläche beträgt $2{,}3\,m^2$ und der c_w-Wert ist 0,41.

Steigungswiderstand

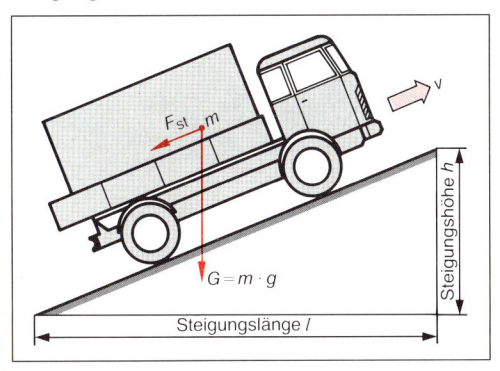

Der Steigungswiderstand F_{St} hängt ab von
- der Gewichtskraft G des Fahrzeugs und
- dem Steigungsverhältnis $h : l$.

$$F_{St} = G \cdot \frac{h}{l}$$

Mit $G = m_F \cdot g$ folgt:

$$F_{St} = m_F \cdot g \cdot \frac{h}{l}$$

Da die **Steigung** bzw. das **Gefälle** in Prozent angegeben wird und $\frac{h}{l} = \frac{p}{100\%}$ ist, folgt:

$$\boxed{F_{St} = m_F \cdot g \cdot \frac{p}{100\%}}$$

F_{St} Steigungswiderstand in N
m_F Masse des Fahrzeugs in kg
g Fallbeschleunigung (9,81 $\frac{m}{s^2}$)
p Steigung in %
100 Umrechnungszahl, 100%

Befährt ein Fahrzeug ein Gefälle, so entsteht kein Steigungswiderstand, sondern eine **Gefällekraft** F_{Ge}. Die Gefällekraft F_{Ge} ist genauso groß wie der Steigungswiderstand, jedoch mit negativem Vorzeichen. Die Gefällekraft, auch **Hangabtriebskraft** genannt, unterstützt die Antriebskraft des Fahrzeugs.

Beispiel: Wie groß ist der Steigungswiderstand F_{St} in N für ein Fahrzeug, welches eine Masse $m_F = 1200$ kg hat und eine Steigung von $p = 8\%$ hinauf fährt?

Gesucht: F_{St} in N
Gegeben: $m_F = 1200$ kg, $p = 8\%$, $g = 9{,}81\,\frac{m}{s^2}$
Lösung: $F_{St} = m_F \cdot g \cdot \frac{p}{100\%} = 1200\,kg \cdot 9{,}81\,\frac{m}{s^2} \cdot \frac{8\%}{100\%}$
$F_{St} = \mathbf{941{,}8\,N}$

Gesamtfahrwiderstand

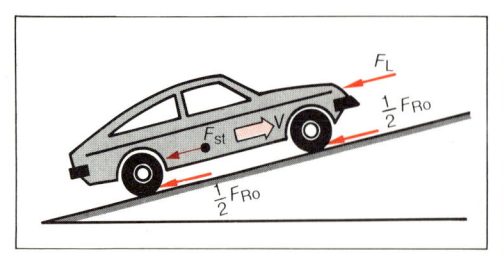

Bei konstanter Fahrgeschwindigkeit ist der Gesamtwiderstand F_W die Summe der Einzelwiderstände.

$$F_W = F_{Ro} + F_L + F_{St}$$

F_W Gesamtfahrwiderstand in N
F_{Ro} Rollwiderstand in N
F_L Luftwiderstand in N
F_{St} Steigungswiderstand in N

Beispiel 1: Wie groß ist der Gesamtfahrwiderstand F_W in N, den ein Fahrzeug überwinden muß, wenn der Rollwiderstand 235 N, der Luftwiderstand 546 N und der Steigungswiderstand 874 N betragen?
Gesucht: F_W in N
Gegeben: $F_{Ro} = 235\,N$, $F_L = 546\,N$, $F_{St} = 874\,N$
Lösung: $F_W = F_{Ro} + F_L + F_{St}$
$F_W = 235\,N + 546\,N + 874\,N$
$F_W = \mathbf{1655\,N}$

Für das **Gefälle** gilt:

$$F_W = F_{Ro} + F_L - F_{Ge}$$

F_W Gesamtfahrwiderstand in N
F_{Ro} Rollwiderstand in N
F_L Luftwiderstand in N
F_{Ge} Gefällekraft in N

Beispiel 2: Zu berechnen ist der Gesamtfahrwiderstand F_W in N mit den Angaben aus dem Beispiel 1, wenn das Fahrzeug die Steigung (das Gefälle) hinabfährt und ausgekuppelt ist.
Gesucht: F_W in N
Gegeben: $F_{Ro} = 235\,N$, $F_L = 546\,N$, $F_{Ge} = 874\,N$
Lösung: $F_W = F_{Ro} + F_L - F_{Ge}$
$\quad\quad = 235\,N + 546\,N - 874\,N$
$F_W = \mathbf{-93\,N}$, d.h., daß das Fahrzeug mit einer Kraft von 93 N beschleunigt wird.

Aufgaben

1. Die Formel $F_{St} = m_F \cdot g \cdot \frac{p}{100\%}$ ist nach m_F und p umzustellen.

2. Welcher Steigungswiderstand F_{St} in N ergibt sich für ein Fahrzeug mit der Masse von 1120 kg an einer Steigung von 9%?

3. Ein Lkw mit einer Gesamtmasse von 32 t muß an einer Steigung einen Steigungswiderstand von 33 600 N überwinden. Wie groß ist die Steigung p in %?

4. Berechnen Sie die Masse m_F eines Pkw in t, der an einer Steigung von 16% einen Steigungswiderstand von 2688 N überwinden muß.

5. Stellen Sie die Formel $F_W = F_{Ro} + F_L + F_{St}$ nach F_{Ro}, F_L und F_{St} um.

6. Zu berechnen ist der Gesamtfahrwiderstand F_W in N eines Fahrzeugs, dessen Rollwiderstand $F_{Ro} = 360\,N$ und dessen Luftwiderstand $F_L = 485\,N$ betragen. Zum Befahren einer Steigung müssen $F_{St} = 930\,N$ aufgewandt werden.

7. a) Wie groß ist der Gesamtfahrwiderstand F_W in N des Fahrzeugs aus Aufgabe 6, wenn es die Steigung (das Gefälle) hinabfährt?
b) Wie verändert sich die Geschwindigkeit des Fahrzeugs, wenn ausgekuppelt wurde?
c) Welche Geschwindigkeit hat das Fahrzeug nach dem Auskuppeln, wenn sich die Gefällekraft auf 845 N verringert und die Geschwindigkeit vor dem Auskuppeln 95 $\frac{km}{h}$ betrug?

8. Ein Fahrzeug mit einer Masse von 1480 kg fährt mit einer Geschwindigkeit von 60 $\frac{km}{h}$ eine Asphaltstraße mit einer Steigung von 7% hinauf. Der c_w-Wert des Fahrzeugs beträgt 0,42 und die Querschnittsfläche ist 2,8 m².
Berechnen Sie
a) den Rollwiderstand F_{Ro} in N,
b) den Luftwiderstand F_L in N,
c) den Steigungswiderstand F_{St} in N und
d) den Gesamtfahrwiderstand F_W in N.

9. Wie groß ist der Gesamtfahrwiderstand F_W in N, den das Fahrzeug aus Aufgabe 8 überwinden muß, wenn es einen 2-achsigen Wohnwagen mit 950 kg Masse mit einer Geschwindigkeit von 60 $\frac{km}{h}$ hochzieht? Der c_w-Wert des Wohnwagens beträgt 1,2 und die Querschnittsfläche ist 4,2 m².

42.5 Antriebs- und Beschleunigungskraft

Die **Antriebskraft** F_A, auch **Zugkraft** F_{Zg} genannt, überwindet die Fahrwiderstände des Fahrzeugs und dient der Beschleunigung. Sie ist abhängig von
- dem Drehmoment M_A an den Antriebsrädern und
- dem dynamischen Halbmesser r_{dyn}.

Da allgemein $M = F \cdot r$ ist, folgt für F_A:

$$F_A = \frac{M_A}{r_{dyn}}$$

F_A	Antriebskraft in N
M_A	Antriebsdrehmoment in Nm
r_{dyn}	dynamischer Halbmesser in m

Mit $M_A = M \cdot i_{ges} \cdot \eta_{ges}$ folgt:

$$F_A = \frac{M \cdot i_{ges} \cdot \eta_{ges}}{r_{dyn}}$$

F_A Antriebskraft in N
M Motordrehmoment in Nm
i_{ges} Gesamtübersetzung
η_{ges} Gesamtwirkungsgrad des Antriebsstrangs
r_{dyn} dynamischer Halbmesser in m

Beispiel: Zu berechnen ist die Antriebskraft F_A eines Fahrzeugs in N für ein Motordrehmoment M von 130 Nm. Die Gesamtübersetzung i_{ges} beträgt im 3. Gang 6,2 : 1, der Gesamtwirkungsgrad η_{ges} ist 0,9 und der dynamische Halbmesser $r_{dyn} = 0,3$ m.

Gesucht: F_A in N
Gegeben: $M = 130$ Nm, $i_{ges} = 6,2 : 1$, $\eta_{ges} = 0,9$, $r_{dyn} = 0,3$ m

Lösung:
$$F_A = \frac{M \cdot i_{ges} \cdot \eta_{ges}}{r_{dyn}}$$

$$F_A = \frac{130 \text{ Nm} \cdot 6,2 \cdot 0,9}{0,3 \text{ m}}$$

$$F_A = \mathbf{2418\,N}$$

Mit $M = \frac{9550 \cdot P_{eff}}{n}$ (s. Kap. 31.5) und

$$n = \frac{v \cdot i_{ges} \cdot 60}{3,6 \cdot 2 \cdot \pi \cdot r_{dyn}}$$

(s. Kap. 42.3, die Umrechnungszahl 1000 fehlt, da r_{dyn} in m eingesetzt wird!) folgt:

$$M = \frac{9550 \cdot P_{eff} \cdot 3,6 \cdot 2 \cdot \pi \cdot r_{dyn}}{v \cdot i_{ges} \cdot 60}$$

Mit $\frac{9550 \cdot 3,6 \cdot 2 \cdot \pi}{60} = 3600$ folgt:

$$M = \frac{3600 \cdot P_{eff} \cdot r_{dyn}}{v \cdot i_{ges}}, \text{ und eingesetzt in die Formel für die Antriebskraft } F_A = \frac{M \cdot i_{ges} \cdot \eta_{ges}}{r_{dyn}}$$

ergibt sich:

$$F_A = \frac{3600 \cdot P_{eff} \cdot r_{dyn} \cdot \eta_{ges} \cdot i_{ges}}{v \cdot i_{ges} \cdot r_{dyn}}. \text{ Es folgt:}$$

$$F_A = \frac{3600 \cdot P_{eff} \cdot \eta_{ges}}{v}$$

F_A Antriebskraft in N
P_{eff} effektive Leistung in kW
η_{ges} Gesamtwirkungsgrad des Antriebsstrangs
v Fahrgeschwindigkeit in $\frac{km}{h}$
3600 Umrechnungszahl, $3600 \frac{s}{h}$

Beispiel: Wie groß ist die Antriebskraft F_A in N, die einem Fahrzeug eine Höchstgeschwindigkeit $v = 158 \frac{km}{h}$ verleiht? Der Gesamtwirkungsgrad η_{ges} beträgt 0,92 und die Motorleistung P_{eff} ist bei Höchstgeschwindigkeit 64 kW.

Gesucht: F_A in N
Gegeben: $v = 158 \frac{km}{h}$, $\eta_{ges} = 0,92$, $P_{eff} = 64$ kW

Lösung:
$$F_A = \frac{3600 \cdot P_{eff} \cdot \eta_{ges}}{v}$$

$$F_A = \frac{3600 \cdot 64 \cdot 0,92}{158}$$

$$F_A = \mathbf{1341,6\,N}$$

Die **Beschleunigungskraft** F_{Be} ist abhängig von
- dem Gesamtfahrwiderstand F_W und
- der Antriebskraft F_A des Fahrzeugs.

$$F_{Be} = F_A - F_W$$

F_{Be} Beschleunigungskraft in N
F_A Antriebskraft in N
F_W Gesamtfahrwiderstand in N

Beispiel: Wie groß ist die Beschleunigungskraft F_{Be} in N, wenn ein Fahrzeug im 3. Gang eine Antriebskraft F_A von 2450 N hat und bei einer Geschwindigkeit von $60 \frac{km}{h}$ einen Gesamtfahrwiderstand F_W von 1250 N überwinden muß?

Gesucht: F_{Be} in N
Gegeben: $F_A = 2450$ N, $F_W = 1250$ N
Lösung: $F_{Be} = F_A - F_W = 2450\,N - 1250\,N$
$F_{Be} = \mathbf{1200\,N}$

Aufgaben

1. Stellen Sie die Formel $F_A = \dfrac{M \cdot i_{ges} \cdot \eta_{ges}}{r_{dyn}}$ nach M, i_{ges}, η_{ges} und r_{dyn} um.

2. Berechnen Sie die fehlenden Werte.

	a)	b)	c)	d)	e)
F_A in N	?	6930	2040	3475	1262
M in Nm	115	?	160	126	65
i_{ges}	9,3 : 1	14,8 : 1	?	9,5 : 1	6,6 : 1
η_{ges}	88 %	0,95	91 %	?	0,95
r_{dyn} in mm	290	280	307	310	?

3. Die Formel $F_A = \dfrac{3600 \cdot P_{eff} \cdot \eta_{ges}}{v}$ ist nach P_{eff}, η_{ges} und v umzustellen.

4. Zu berechnen sind die fehlenden Werte.

	a)	b)	c)	d)
F_A in N	?	2304	2247	1326
P_{eff} in kW	72	?	85	48
η_{ges}	0,92	88 %	?	0,96
v in $\frac{km}{h}$	145	88	128	?

5. Der Gesamtfahrwiderstand eines Fahrzeugs beträgt bei einer Fahrgeschwindigkeit von 50 $\frac{km}{h}$ 625 N. Der Motor erzeugt dabei ein Drehmoment von 104 Nm. Der Gesamtwirkungsgrad beträgt bei einer Gesamtübersetzung von 9,2 : 1 88 % und der dynamische Halbmesser ist 280 mm.
Berechnen Sie
a) die Antriebskraft F_A in N,
b) die Beschleunigungskraft F_{Be} in N,
c) die effektive Leistung P_{eff} in kW und
d) die Beschleunigung a in $\frac{m}{s^2}$, wenn das Fahrzeug eine Masse von 1250 kg hat.

6. Ein Pkw, der auf einer Betonstraße mit 2 % Steigung und einer Geschwindigkeit von 120 $\frac{km}{h}$ fährt, hat folgende Daten: Gesamtgewicht 1465 kg, c_w-Wert = 0,32, Abrollumfang 1800 mm, Fahrzeugquerschnittsfläche 2,15 m^2, Gesamtübersetzung 4,54 : 1, Gesamtwirkungsgrad 92 %.
Wie groß sind
a) die Fahrwiderstände F_{Ro}, F_L, F_{St} und F_W in N,
b) die Antriebskraft F_A in N bei einem Motordrehmoment von 160 Nm,
c) die effektive Leistung P_{eff} des Motors in kW bei einem Motordrehmoment von 160 Nm,
d) die Beschleunigungskraft F_{Be} in N bei einem Motordrehmoment von 160 Nm und
e) die Beschleunigung a in $\frac{m}{s^2}$?

42.6 Fahrdiagramm

Ein Fahrdiagramm eines Fahrzeugs zeigt in Abhängigkeit von der Fahrgeschwindigkeit:

- die Größe der einzelnen **Fahrwiderstände** (Rollwiderstand F_{Ro}, Luftwiderstand F_L und Steigungswiderstand F_{St}) sowie den **Gesamtfahrwiderstand** F_W und
- die Höhe der in den **einzelnen Gängen** des Getriebes zur Verfügung stehenden **Antriebskraft** F_A.

> Ein **Fahrdiagramm** hat immer nur Gültigkeit für ein bestimmtes Fahrzeug.

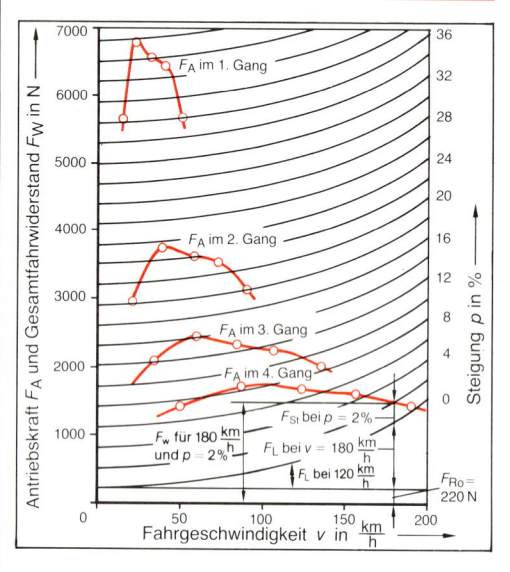

Aus dem oben dargestellten **Fahrdiagramm** ergibt sich z. B. für die Größe des **Rollwiderstandes** F_{Ro} ein Wert von 220 N. Da der Rollwiderstand für alle Fahrgeschwindigkeitswerte nahezu gleich groß ist, ergibt sich für dessen Darstellung im Diagramm eine Parallele zur Geschwindigkeitsachse.

Der **Luftwiderstand** F_L wird mit steigender Geschwindigkeit immer größer. So beträgt z. B. F_L für $v = 120 \frac{km}{h}$ 400 N und für $v = 180 \frac{km}{h}$ 950 N. Deshalb ergibt sich für den Verlauf des Luftwiderstandes F_L im Fahrdiagramm eine ansteigende Kurve.

Für eine Steigung von $p = 0$ % ist der **Gesamtfahrwiderstand** F_W die Summe aus Rollwiderstand F_{Ro} und Luftwiderstand F_L. Es ergibt sich z. B. für $v = 180 \frac{km}{h}$ ein Gesamtfahrwiderstand von:

$F_W = F_{Ro} + F_L$
$F_W = 220 \text{ N} + 950 \text{ N} = \textbf{1170 N}$

Kapitel 42: Räder

Soll der **Steigungswiderstand** F_{St} im Abstand von $p = 2\%$ im Fahrdiagramm dargestellt werden, so wird dieser jeweils zum Gesamtfahrwiderstand bei $p = 0\%$ addiert. Es ergeben sich somit parallele Kurven für die Steigungen p von 2 bis 40%. So beträgt z.B. der Steigungswiderstand $F_{St} = 300\,N$ für $p = 2\%$ und ist für $p = 16\%$ 8mal so hoch, $F_{St} = 2400\,N$.

Für Steigungen von p größer als 0% ist der **Gesamtfahrwiderstand** F_W die Summe aus Rollwiderstand F_{Ro}, Luftwiderstand F_L und Steigungswiderstand F_{St}.

So ist z.B. der Gesamtfahrwiderstand F_W für $v = 180\,\frac{km}{h}$ und $p = 2\%$:

$F_W = F_{Ro} + F_L + F_{St}$
$F_W = 220\,N + 950\,N + 300\,N$
$F_W = \mathbf{1470\,N}$

Aufgaben

1. Aus dem Fahrdiagramm auf Seite 170 sind der Rollwiderstand F_{Ro}, der Luftwiderstand F_L, der Steigungswiderstand F_{St} bei einer Steigung von $p = 0\%$ und der Gesamtfahrwiderstand F_W bei einer Geschwindigkeit des Fahrzeugs von $v = 80\,\frac{km}{h}$ in N zu bestimmen.

2. Bestimmen Sie mit Hilfe des Fahrdiagramms auf Seite 170, bei einer Fahrgeschwindigkeit des Fahrzeugs von $v = 140\,\frac{km}{h}$ und einer Steigung von $p = 6\%$ die Fahrwiderstände F_{Ro}, F_L und F_{St} in N sowie den Gesamtfahrwiderstand F_W in N.

3. Anhand des Fahrdiagramms auf Seite 170 sind die folgenden Fragen zu beantworten.
a) Wie groß sind die Fahrwiderstände F_{Ro}, F_L und F_{St} in N, wenn das Fahrzeug eine Geschwindigkeit von $90\,\frac{km}{h}$ hat und eine Steigung von $p = 8\%$ hinauffährt?
b) Welchen Gesamtfahrwiderstand F_W in N muß das Fahrzeug überwinden?
c) wie groß ist die Gefällekraft F_{Ge} und die Beschleunigungskraft F_{Be} in N, wenn das Fahrzeug die Steigung (das Gefälle) hinabfährt?

Die **Größe der Antriebskraft**, bzw. der **Verlauf der Antriebskraft** in den einzelnen Gängen, wird mit Hilfe der **Vollast-Kennlinien** des Motors ermittelt.

Aus den oben abgebildeten **Vollast-Kennlinien** ergeben sich die Werte in der Wertetabelle für n, P_{eff} und M.

Mit Hilfe der Gesamtübersetzung in den einzelnen Gängen (1. Gang: $i_{ges} = 12,6 : 1$, 2. Gang: $i_{ges} = 6,92 : 1$, 3. Gang: $i_{ges} = 4,54 : 1$, 4. Gang: $i_{ges} = 3,16 : 1$) und dem Gesamtwirkungsgrad des Antriebsstrangs von $\eta_{ges} = 0,92$ sowie dem dynamischen Halbmesser der Antriebsräder mit $r_{dyn} = 0,287\,m$ können die Werte für die **Antriebskraft** F_A und die zugehörigen **Fahrgeschwindigkeiten** v anhand der folgenden Formeln ermittelt werden (s. Kap. 42.5):

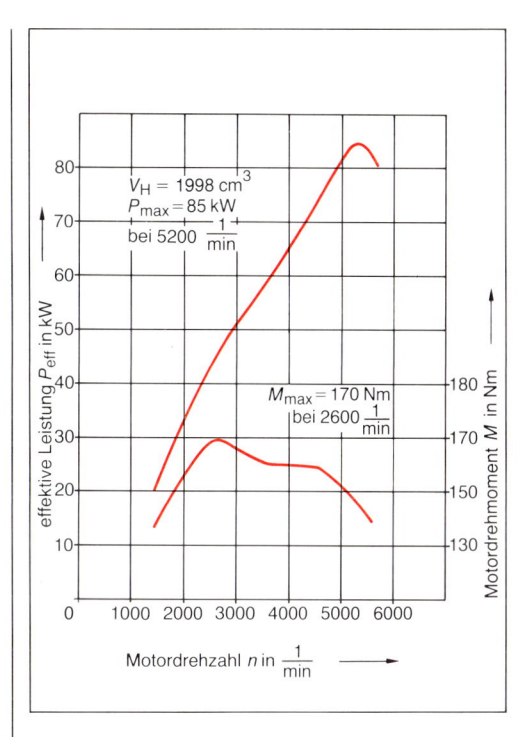

$$F_A = \frac{M \cdot i_{ges} \cdot \eta_{ges}}{r_{dyn}} \quad \text{und} \quad v = \frac{3600 \cdot P_{eff} \cdot \eta_{ges}}{F_A}$$

Wertetabelle

	n in $\frac{1}{min}$	1500	2500	3500	4500	5500
	P_{eff} in kW	22	44	59	75	82
	M in Nm	140	168	162	160	142
1. Gang	F_A in N	5655	6786	6543	6462	5735
	v in $\frac{km}{h}$	13	21	30	38	47
2. Gang	F_A in N	3106	3727	3594	3549	3150
	v in $\frac{km}{h}$	23	39	54	70	86
3. Gang	F_A in N	2037	2445	2358	2329	2067
	v in $\frac{km}{h}$	36	60	83	107	131
4. Gang	F_A in N	1418	1702	1641	1621	1438
	v in $\frac{km}{h}$	51	86	119	153	189

Die Darstellung dieser Werte im Fahrdiagramm ergibt die **Kurven für die Antriebskraft** F_A der Gänge 1 bis 4 (s. Fahrdiagramm, S. 170).

Beispiel: Mit Hilfe des Fahrdiagramms auf Seite 170 sind die folgenden Fragen zu beantworten:

a) Wie groß ist die Höchstgeschwindigkeit v_{max} in $\frac{km}{h}$ des Fahrzeugs bei Steigungen von 0, 12 und 20%?

b) Welche Gänge müssen jeweils geschaltet werden, um die Höchstgeschwindigkeit zu erreichen?

c) Wie groß ist jeweils die Antriebskraft F_A in N bei den Höchstgeschwindigkeiten von Frage a)?

d) Zu bestimmen sind die Fahrwiderstände F_{Ro}, F_L und F_{St} sowie der Gesamtfahrwiderstand F_W in N bei Geschwindigkeiten von 60 und 100 $\frac{km}{h}$ auf einer Straße mit 6% Steigung.

e) Wie groß ist die Beschleunigungskraft F_{Be} in N im 4. Gang bei einer Geschwindigkeit von 80 $\frac{km}{h}$ sowie einer Steigung von 4% und welche Endgeschwindigkeit wird erreicht?

f) Welche maximale Geschwindigkeit v_{max} in $\frac{km}{h}$ hat das Fahrzeug im 3. Gang, wenn der Gesamtfahrwiderstand 2250 N beträgt?

Lösung:
a) $v_{max} = $ **195** $\frac{km}{h}$ bei $p = 0\%$,
$v_{max} = $ **92** $\frac{km}{h}$ bei $p = 12\%$ und
$v_{max} = $ **78** $\frac{km}{h}$ bei $p = 20\%$

b) **4. Gang,**
3. Gang,
2. Gang

c) $F_A = $ **1400 N** bei $p = 0\%$,
$F_A = $ **2300 N** bei $p = 12\%$,
$F_A = $ **3375 N** bei $p = 20\%$

d) Bei $v = 60 \frac{km}{h}$:
$F_{Ro} = $ **220 N**, $F_L = $ **120 N**,
$F_{St} = $ **900 N**, $F_W = $ **1240 N**

Bei $v = 100 \frac{km}{h}$:
$F_{Ro} = $ **220 N**, $F_L = $ **300 N**,
$F_{St} = $ **900 N**, $F_W = $ **1420 N**

e) $F_{Be} = F_A - F_W$
$F_{Be} = $ 1700 N − 1025 N
$F_{Be} = $ **675 N**
$v = $ **162** $\frac{km}{h}$

f) Bei $F_W = 2250$ N: $v_{max} = $ **106** $\frac{km}{h}$

zu e) und f):

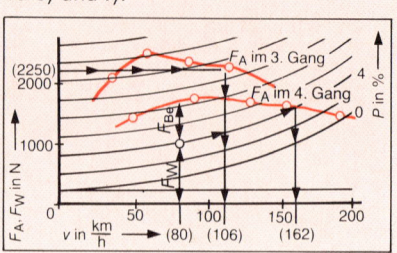

Aufgaben

1. Beantworten Sie anhand des Fahrdiagramms auf Seite 170 die folgenden Fragen:

a) Wie groß ist die Höchstgeschwindigkeit v_{max} in $\frac{km}{h}$ des Fahrzeugs bei Steigungen von 4, 18 und 36%?

b) Welche Gänge müssen jeweils geschaltet werden, um die Höchstgeschwindigkeit zu erreichen?

c) Wie groß ist jeweils die Antriebskraft F_A in N bei den jeweiligen Höchstgeschwindigkeiten von Frage a?

d) Zu bestimmen sind die Fahrwiderstände F_{Ro}, F_L, F_{St} und F_W in N bei einer Geschwindigkeit von 40 und 130 $\frac{km}{h}$ auf einer Straße mit 10% Steigung.

e) Wie groß sind die Beschleunigungskraft F_{Be} in N im 2. Gang bei einer Geschwindigkeit von 30 $\frac{km}{h}$ und einer Steigung von 18% und die mögliche maximale Geschwindigkeit des Fahrzeugs?

f) Welche maximale Geschwindigkeit in $\frac{km}{h}$ hat das Fahrzeug im 4. Gang, wenn der Gesamtfahrwiderstand 1600 N beträgt?

2. a) Legen Sie eine Wertetabelle für F_A und v an und berechnen Sie die Werte für die Antriebskraft F_A in N sowie die zugehörigen Fahrgeschwindigkeiten v in $\frac{km}{h}$ anhand der Tabelle ($i_{ges} = 11{,}3 - 6{,}6 - 4{,}5 - 3{,}4$; $\eta_{ges} = 0{,}91$; $r_{dyn} = 314$ mm).

n in $\frac{1}{min}$	1500	2500	3500	4500	5500
P_{eff} in kW	30	54	79	106	121
M in Nm	190	208	215	225	210

b) Berechnen Sie die Fahrwiderstände F_{Ro}, F_{St} für $p = 2\%$ und F_L für $v = 50$, 100, 150 und 200 $\frac{km}{h}$ in N für einen Pkw mit folgenden Daten:
$m = 1360$ kg, c_W-Wert = 0,39, $A = 2{,}6$ m² und $k_r = 0{,}015$.

c) Zeichnen Sie das zugehörige Fahrdiagramm.

43 Bremsen

43.1 Bewegungsenergie und Bremsarbeit

Die Bewegungsenergie E des Fahrzeugs wird berechnet aus der

- Fahrzeugmasse m_F und
- Fahrzeuggeschwindigkeit v.

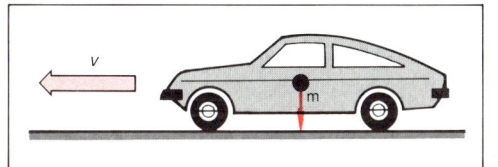

$$E = \frac{1}{2} \cdot m_F \cdot v^2$$

E Bewegungsenergie in Nm
m_F Fahrzeugmasse in kg
v Fahrzeuggeschwindigkeit in $\frac{m}{s}$

Die Bewegungsenergie E (s. Kap. 23.2) entspricht der Bremsarbeit W_B, die die Bremsen verrichten müssen, um das Fahrzeug bis zum Stillstand abzubremsen.

Bewegungsenergie E = Bremsarbeit W_B

Die Bremsarbeit W_B wird berechnet aus
- der Bremskraft F_B und
- dem Bremsweg s.

$$W_B = F_B \cdot s$$

W_B Bremsarbeit in Nm
F_B Bremskraft an allen Rädern des Fahrzeugs in N
s Bremsweg in m

Beispiel: Wie groß ist die Bremsarbeit W_B in kNm, wenn die Bremskraft $F_B = 1500$ N beträgt? Der Bremsweg s hat eine Länge von 20 m.
Gesucht: W_B in kNm
Gegeben: $F_B = 1500$ N, $s = 20$ m
Lösung: $W_B = F_B \cdot s = 1500$ N $\cdot$ 20 m
$W_B = \mathbf{30\,000\ Nm = 30\ kNm}$

Aufgaben

1. Stellen Sie die Formel $E = \frac{1}{2} \cdot m_F \cdot v^2$ nach m_F und v um.

2. Ein Pkw hat eine Masse von $m_F = 1300$ kg und fährt mit einer Geschwindigkeit $v = 54 \frac{km}{h}$. Welche Bewegungsenergie E in Nm hat das Fahrzeug?

3. Welche Bremsarbeit W_B in Nm ist erforderlich, um einen Lkw mit einer Masse $m_F = 20$ t und einer Geschwindigkeit von $v = 36 \frac{km}{h}$ bis zum Stillstand abzubremsen?

4. Welche Geschwindigkeit v in $\frac{m}{s}$ hat ein Fahrzeug mit einer Masse m_F von 1800 kg, das mit einer Bremsarbeit W_B von 64 800 Nm bis zum Stillstand abgebremst wird?

5. Stellen Sie die Formel $W_B = F_B \cdot s$ nach F_B und s um.

6. Wie groß ist die Bremsarbeit W_B in Nm, wenn bei einer Bremskraft $F_B = 2000$ N ein Bremsweg $s = 25$ m gemessen wird?

7. Wie lang ist der Bremsweg s in m, der benötigt wird, um ein Motorrad mit einer Bremsarbeit von 50 kNm bis zum Stillstand abzubremsen? Die Bremskraft beträgt 1250 N.

43.2 Bremskraft

Nach dem dynamischen Grundgesetz (s. Kap. 16.1) ist die Bremskraft F_B abhängig von der
- Fahrzeugmasse m_F und
- Bremsverzögerung a.

$$F_B = m_F \cdot a$$

F_B Bremskraft in N
m_F Fahrzeugmasse in kg
a Bremsverzögerung in $\frac{m}{s^2}$

Beispiel: Welche Bremskraft F_B in N ist erforderlich, um ein Fahrzeug mit der Masse $m_F = 1300$ kg und einer Bremsverzögerung von $a = 5 \frac{m}{s^2}$ abzubremsen?
Gesucht: F_B in N
Gegeben: $m_F = 1300$ kg, $a = 5 \frac{m}{s^2}$
Lösung: $F_B = m_F \cdot a = 1300$ kg $\cdot 5 \frac{m}{s^2}$
$F_B = 6500 \frac{kg \cdot m}{s^2}$; mit $1 \frac{kg \cdot m}{s^2} = 1$ N folgt:
$F_B = \mathbf{6500\ N}$

Maximale Bremskraft

Die maximale Bremskraft F_{Bmax}, die ein Fahrzeug aufbringen kann, ohne auf der Fahrbahn zu gleiten, d.h. ohne daß die Räder blockieren, entspricht der **Haftreibungskraft** F_{HR}. Sie hängt ab von der

- Fahrzeugmasse m_F,
- Fallbeschleunigung g und
- Haftreibungszahl μ_H zwischen dem Fahrzeugreifen und der Fahrbahn.

$F_{HR} = m_F \cdot g \cdot \mu_H$, da $F_{HR} = F_{Bmax}$ ist, folgt:

$\boxed{F_{Bmax} = m_F \cdot g \cdot \mu_H}$

F_{HR}	Haftreibungskraft in N
F_{Bmax}	maximale Bremskraft in N
m_F	Fahrzeugmasse in kg
g	Fallbeschleunigung (9,81 $\frac{m}{s^2}$)
μ_H	Haftreibungszahl

Beispiel: Welche maximale Bremskraft F_{Bmax} in N kann ein Pkw mit $m_F = 1500$ kg aufbringen, ohne auf der Fahrbahn zu gleiten? Die Haftreibungszahl zwischen den Reifen und dem trockenen Asphalt beträgt $\mu_H = 0,8$, die Fallbeschleunigung $g = 9,81 \frac{m}{s^2}$.

Gesucht: F_{Bmax} in N
Gegeben: $m_F = 1500$ kg, $g = 9,81 \frac{m}{s^2}$, $\mu_H = 0,8$
Lösung: $F_{Bmax} = m_F \cdot g \cdot \mu_H$
$F_{Bmax} = 1500$ kg $\cdot$ 9,81 $\frac{m}{s^2} \cdot 0,8$
$F_{Bmax} = 11772 \frac{kg \cdot m}{s^2}$
$F_{Bmax} = \mathbf{11772\,N}$

Sobald die aufgebrachte Bremskraft größer wird als die maximal übertragbare Bremskraft, gerät das Fahrzeug ins Gleiten, da die Räder blockieren.

Tab.: Haftreibungszahlen

Fahrbahn	Fahrbahn-zustand	Haftreibungs-zahl μ_H
Asphalt, Beton, Bitumen	trocken	0,75 bis 0,85
	naß	0,45 bis 0,55
gepflasterte Fahrbahn	trocken	0,55 bis 0,65
	naß	0,45 bis 0,55
Schneedecke	trocken	0,25 bis 0,4
	naß	0,1 bis 0,25
Eisschicht	trocken	0,15 bis 0,20
	naß	0,05 bis 0,1

Aufgaben

1. Stellen Sie die Formel $F_B = m_F \cdot a$ nach m_F und a um.

2. Ein Lkw mit einer Masse von $m_F = 30$ t wird mit einer Bremsverzögerung von $a = 3 \frac{m}{s^2}$ abgebremst. Wie groß ist die Bremskraft F_B in kN?

3. Welche Masse m_F in kg kann abgebremst werden, wenn die Bremsverzögerung $a = 4,2 \frac{m}{s^2}$ beträgt und die Bremskraft von $F_B = 7750$ N nicht überschritten werden darf?

4. Welche Bremsverzögerung a in $\frac{m}{s^2}$ läßt sich maximal erreichen, wenn die Fahrzeugmasse $m_F = 1700$ kg beträgt und die Bremskraft nicht größer als $F_B = 7820$ N sein soll?

5. a) Berechnen Sie den Bremsweg s in m, den ein Fahrzeug mit einer Masse von 1200 kg benötigt, wenn die Geschwindigkeit 61 $\frac{km}{h}$ beträgt und eine Bremskraft von 5780 N ermittelt wird.
b) Welche Bremsverzögerung a in $\frac{m}{s^2}$ wird erreicht?

6. Welche Bremsverzögerung a in $\frac{m}{s^2}$ ist mindestens erforderlich, um einen Sportwagen nach 420 m zum Stillstand zu bringen, wenn die Geschwindigkeit 216 $\frac{km}{h}$ beträgt?

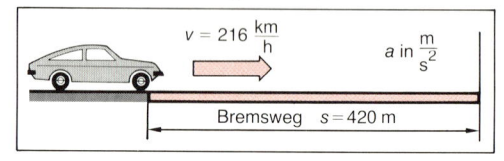

7. Stellen Sie die Formel $F_{Bmax} = m_F \cdot g \cdot \mu_H$ nach m_F und μ_H um.

8. Durch welche maximale Bremskraft F_{Bmax} in kN kann ein Fahrzeug abgebremst werden ohne zu gleiten, wenn die Masse $m_F = 1500$ kg beträgt und die Haftreibungszahl μ_H mit 0,65 anzusetzen ist?

9. Wie groß ist die Haftreibungszahl, wenn die maximale Bremskraft 10000 N beträgt und das Fahrzeug eine Masse von 1600 kg hat?

10. Ein Fahrzeug bremst auf vereister Straße ($\mu_H = 0,1$) mit einer Bremskraft von 1300 N. Das Leergewicht des Fahrzeugs beträgt 1000 kg. Wie groß muß die Masse der Ladung in kg sein, damit das Fahrzeug nicht ins Gleiten gerät? Die Masse des Fahrers beträgt 80 kg.

43.3 Bremsverzögerung

Wird ein Fahrzeug **bis zum Stillstand** ($v = 0 \frac{km}{h}$) abgebremst, dann gilt (s. Kap. 22.1):

$$a = \frac{v}{t}$$

- a Bremsverzögerung in $\frac{m}{s^2}$
- v Anfangsgeschwindigkeit in $\frac{m}{s}$
- t Bremszeit in s

Wenn die Anfangsgeschwindigkeit v_2 eines Fahrzeugs durch Bremsen bis zur Geschwindigkeit v_1 verringert wird, gilt (s. Kap. 22.2):

$$a = \frac{v_2 - v_1}{t}$$

- a Bremsverzögerung in $\frac{m}{s^2}$
- v_2 Fahrgeschwindigkeit vor dem Bremsen in $\frac{m}{s}$
- v_1 Fahrgeschwindigkeit nach dem Bremsen in $\frac{m}{s}$
- t Bremszeit in s

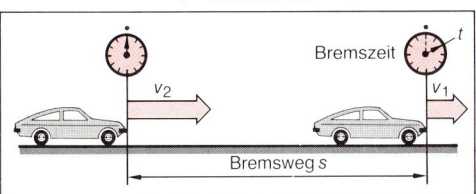

Beispiel: Wie groß muß für ein Fahrzeug die Bremsverzögerung a in $\frac{m}{s^2}$ sein, damit die Geschwindigkeit am Ortseingangsschild von $v_2 = 86 \frac{km}{h}$ auf $v_1 = 50 \frac{km}{h}$ in 4 Sekunden verringert wird?

Gesucht: a in $\frac{m}{s^2}$

Gegeben: $v_2 = 86 \frac{km}{h} = 23{,}9 \frac{m}{s}$,
$v_1 = 50 \frac{km}{h} = 13{,}9 \frac{m}{s}$, $t = 4 \text{ s}$

Lösung: $a = \frac{v_2 - v_1}{t} = \frac{23{,}9 \frac{m}{s} - 13{,}9 \frac{m}{s}}{4 \text{ s}}$

$a = \mathbf{2{,}5 \frac{m}{s^2}}$

Wenn statt der Bremszeit t der Bremsweg s bekannt ist, kann die Bremsverzögerung a berechnet werden aus
- der Fahrgeschwindigkeit v_2 vor dem Bremsen,
- der Fahrgeschwindigkeit v_1 nach dem Bremsen und
- dem Bremsweg s (s. Kap. 22.2).

$$a = \frac{v_2^2 - v_1^2}{2 \cdot s}$$

- a Bremsverzögerung in $\frac{m}{s^2}$
- v_2 Fahrgeschwindigkeit vor dem Bremsen in $\frac{m}{s}$
- v_1 Fahrgeschwindigkeit nach dem Bremsen in $\frac{m}{s}$
- s Bremsweg in m

Wird bis zum Stillstand abgebremst, so ist $v_1 = 0$. Dann gilt (s. Kap. 22.1):

$$a = \frac{v^2}{2 \cdot s}$$

- a Bremsverzögerung in $\frac{m}{s^2}$
- v Fahrgeschwindigkeit in $\frac{m}{s}$
- s Bremsweg in m

Beispiel: Ein Fahrzeug kommt nach einem Bremsweg von $s = 100 \text{ m}$ zum Stillstand. Die Geschwindigkeit vor dem Abbremsen beträgt $v = 20 \frac{m}{s}$. Zu berechnen ist die Bremsverzögerung a in $\frac{m}{s^2}$.

Gesucht: a in $\frac{m}{s^2}$

Gegeben: $v = 20 \frac{m}{s}$, $s = 100 \text{ m}$

Lösung: $a = \frac{v^2}{2 \cdot s}$

$a = \frac{20 \frac{m}{s} \cdot 20 \frac{m}{s}}{2 \cdot 100 \text{ m}} = \frac{400 \text{ m}^2}{2 \cdot 100 \text{ m} \cdot \text{s}^2}$

$a = \mathbf{2 \frac{m}{s^2}}$

Die **EG-Richtlinien** fordern für die Pkw-Betriebsbremse eine mittlere Bremsverzögerung von $4{,}8 \frac{m}{s^2}$, für Güterfahrzeuge von $4{,}4 \frac{m}{s^2}$. Die Handbremse (Feststellbremse) muß mindestens eine Bremsverzögerung von $2{,}5 \frac{m}{s^2}$ erzeugen.

Aufgaben

1. Wie groß war die Geschwindigkeit v eines Pkw in $\frac{km}{h}$? Er kam in $t = 8$ Sekunden zum Stillstand. Die Bremsverzögerung betrug $a = 5{,}2 \frac{m}{s^2}$.

2. Welche Bremszeit t in s benötigt ein Sportwagen, um mit einer Bremsverzögerung von $5{,}2 \frac{m}{s^2}$ aus einer Geschwindigkeit von $210 \frac{km}{h}$ bis zum Stillstand abzubremsen?

3. Stellen Sie die Formel $a = \frac{v_2 - v_1}{t}$ nach v_1, v_2 und t um.

4. Wie groß ist die Bremsverzögerung a in $\frac{m}{s^2}$, wenn ein Pkw seine Geschwindigkeit in $t = 6$ Sekunden von $v_2 = 120 \frac{km}{h}$ auf $v_1 = 45 \frac{km}{h}$ verringert?

5. Ein Pkw bremst vor einem plötzlich auftauchenden Hindernis aus einer Geschwindigkeit von $80 \frac{km}{h}$ mit einer Bremsverzögerung $a = 3{,}8 \frac{m}{s^2}$ 5 Sekunden lang ab. Mit welcher Geschwindigkeit v in $\frac{km}{h}$ prallt er auf das Hindernis?

6. Stellen Sie die Formel $a = \dfrac{v_2^2 - v_1^2}{2 \cdot s}$ nach v_1, v_2 und s um.

7. Welche Bremsverzögerung a in $\frac{m}{s^2}$ ist erforderlich, wenn ein Pkw von $v_2 = 120 \frac{km}{h}$ auf $60 \frac{km}{h}$ abgebremst wird? $s = 100\,m$.

8. Nach einem Unfall gibt der Fahrer eines Pkw an, er habe die Geschwindigkeitsbegrenzung von $80 \frac{km}{h}$ an einer Baustelle eingehalten. Überprüfen Sie diese Aussage. Es wird eine Bremsspur von 40 m gemessen; der Geschwindigkeitsmesser ist auf $10 \frac{km}{h}$ stehengeblieben. Vergleichsmessungen ergaben eine Bremsverzögerung von $5 \frac{m}{s^2}$.

9. Ein Pkw prallt mit einer Geschwindigkeit von $30 \frac{km}{h}$ ungebremst auf einen abgestellten Lkw. Der Pkw wird um 0,8 m (Knautschzone) eingedrückt. Wie groß ist die Verzögerung a in $\frac{m}{s^2}$, die auf den Fahrer einwirkt und innerhalb welcher Zeit t in s wird das Fahrzeug zum Stillstand gebracht?

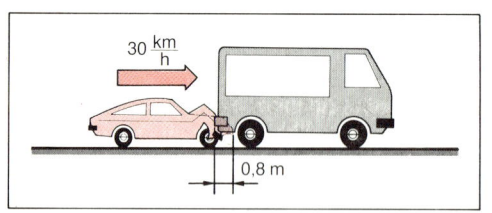

10. Berechnen Sie die Fahrgeschwindigkeit v in $\frac{m}{s}$ vor dem Bremsen, wenn ein Mofa nach einem Bremsweg von 9,6 m zum Stillstand kommt. Die Bremsverzögerung beträgt $4{,}8 \frac{m}{s^2}$.

11. Ein Pkw hat vor der Reparatur der verölten Bremsanlage eine Bremsverzögerung von $2 \frac{m}{s^2}$. Nach der Reparatur werden $5{,}6 \frac{m}{s^2}$ ermittelt. Berechnen Sie
a) den Bremsweg s in m und
b) die Bremszeit t in s vor und nach der Reparatur bei jeweils einer Geschwindigkeit von $50 \frac{km}{h}$.

12. Ein Fahrzeug muß nach dem Ausfall der Betriebsbremse mit der Feststellbremse abgebremst werden. Bei einer Fahrgeschwindigkeit von $60 \frac{km}{h}$ ergibt sich ein Bremsweg von 56 m.
a) Welche Verzögerung a in $\frac{m}{s^2}$ erreicht das Fahrzeug mit der Feststellbremse?
b) Wie lang ist der Bremsweg s in m, wenn die Betriebsbremse in Ordnung ist und eine Bremsverzögerung von $5 \frac{m}{s^2}$ erreicht wird?

Maximale Bremsverzögerung

Die maximale Bremskraft F_{Bmax} kann durch die Formel $F_{Bmax} = m_F \cdot g \cdot \mu_H$ (s. S. 174) berechnet werden. Es gilt aber auch: $F_{Bmax} = a_{max} \cdot m_F$.

Das Gleichsetzen der beiden Formeln ergibt $m_F \cdot g \cdot \mu_H = a_{max} \cdot m_F$, daraus folgt:

$$a_{max} = g \cdot \mu_H$$

a_{max} maximale Bremsverzögerung in $\frac{m}{s^2}$
g Fallbeschleunigung $(9{,}81 \frac{m}{s^2})$
μ_H Haftreibungszahl

Beispiel: Welche maximale Bremsverzögerung a in $\frac{m}{s^2}$ kann ein Pkw erreichen, wenn die Haftreibungszahl μ_H auf trockenem Asphalt 0,8 beträgt?

Gesucht: a_{max} in $\frac{m}{s^2}$
Gegeben: $g = 9{,}81 \frac{m}{s^2}$, $\mu_H = 0{,}8$
Lösung: $a_{max} = g \cdot \mu_H = 9{,}81 \frac{m}{s^2} \cdot 0{,}8$
$a_{max} = 7{,}85 \frac{m}{s^2}$

Tab.: Maximal erreichbare Bremsverzögerungen

Fahrbahn	Zustand	maximale Bremsverzögerung in $\frac{m}{s^2}$
Bitumen, Beton, Asphalt	trocken	7,5 bis 8,5
	naß	4,5 bis 5,5
gepflasterte Fahrbahn	trocken	5,5 bis 6,5
	naß	4,5 bis 5,5
Schneedecke	trocken	2,5 bis 4,0
	naß	1,0 bis 2,5
Eisschicht	trocken	1,5 bis 2,0
	naß	0,5 bis 1,0

Aufgaben

1. Stellen Sie die Formel $a_{max} = g \cdot \mu_H$ nach μ_H um.

2. Berechnen Sie die fehlenden Tabellenwerte ($g = 9{,}81 \frac{m}{s^2}$).

	a_{max} in $\frac{m}{s^2}$	μ_H		a_{max} in $\frac{m}{s^2}$	μ_H
a)	?	0,73	d)	5,3	?
b)	?	0,26	e)	2,81	?
c)	?	0,43	f)	0,73	?

Kapitel 43: Bremsen   **177**

3. Welche maximale Bremsverzögerung a_{max} in $\frac{m}{s^2}$ kann auf einer schneebedeckten Fahrbahn erreicht werden, wenn die Haftreibungszahl $\mu_H = 0{,}4$ beträgt?

4. Welche maximalen Bremsverzögerungswerte a_{max} in $\frac{m}{s^2}$ sind möglich, wenn eine gepflasterte Straße befahren wird, die im trockenen Zustand eine Haftreibungszahl von $\mu_H = 0{,}5$ und bei Regen nur μ_H von 0,3 aufweist?

5. Durch einen Versuch soll die Haftreibungszahl μ_H ermittelt werden. Dazu wird ein Fahrzeug so stark verzögert, daß sich die Räder gerade noch drehen. Die gemessene maximale Bremsverzögerung beträgt $4{,}8 \frac{m}{s^2}$.

Bremsverzögerung aus Prüfstandsmessungen

Die Bremsverzögerung kann auf einem Rollenbremsenprüfstand ermittelt werden. Die Bremsen einer Achse werden gleichzeitig geprüft.

Die Bremsverzögerung wird aus der Grundformel $F = m \cdot a$ abgeleitet:

$a = \frac{F_B}{m}$; da $m = \frac{G}{g}$ ist, folgt:

$\boxed{a = \frac{F_B \cdot g}{G}}$

- a Bremsverzögerung in $\frac{m}{s^2}$
- F_B Summe der Bremskräfte an allen Rädern in N
- g Fallbeschleunigung $(9{,}81 \frac{m}{s^2})$
- G Gewichtskraft des Fahrzeugs in N

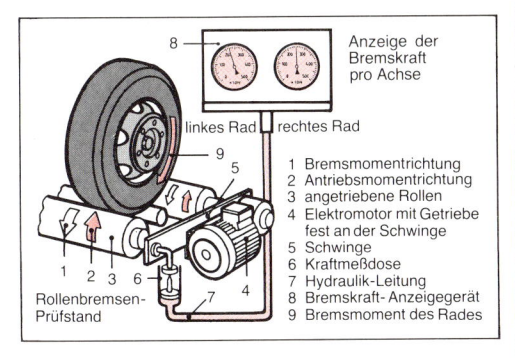

Anzeige der Bremskraft pro Achse

linkes Rad rechtes Rad

1 Bremsmomentrichtung
2 Antriebsmomentrichtung
3 angetriebene Rollen
4 Elektromotor mit Getriebe fest an der Schwinge
5 Schwinge
6 Kraftmeßdose
7 Hydraulik-Leitung
8 Bremskraft-Anzeigegerät
9 Bremsmoment des Rades

Rollenbremsen-Prüfstand

Beispiel: Auf dem Bremsprüfstand werden die Bremskräfte F_B gemessen: An den Vorderrädern $F_{B1} = 2200$ N und $F_{B2} = 2500$ N, an den Hinterrädern $F_{B3} = 1000$ N und $F_{B4} = 1200$ N. Welche Bremsverzögerung a in $\frac{m}{s^2}$ ergibt sich für eine Fahrzeuggewichtskraft von $G = 16500$ N?

Gesucht: a in $\frac{m}{s^2}$
Gegeben: $F_{B1} = 2200$ N, $F_{B2} = 2500$ N, $F_{B3} = 1000$ N, $F_{B4} = 1200$ N, $G = 16500$ N
Lösung: $F_B = F_{B1} + F_{B2} + F_{B3} + F_{B4}$
$F_B = 2200$ N $+ 2500$ N $+ 1000$ N $+ 1200$ N
$F_B = 6900$ N

$a = \frac{F_B \cdot g}{G}$

$a = \frac{6900 \text{ N} \cdot 9{,}81 \frac{m}{s^2}}{16500 \text{ N}} = \frac{6900 \text{ N} \cdot 9{,}81 \text{ m}}{16500 \text{ N} \cdot s^2}$

$a = \mathbf{4{,}1 \frac{m}{s^2}}$

Abbremsung

Die Abbremsung z entspricht dem Prozentsatz der Bremsverzögerung unter der Voraussetzung, daß $g = 9{,}81 \frac{m}{s^2}$ 100% entsprechen.

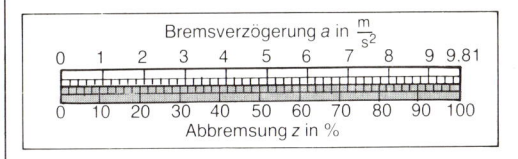

Bremsverzögerung a in $\frac{m}{s^2}$
0 1 2 3 4 5 6 7 8 9 9.81
0 10 20 30 40 50 60 70 80 90 100
Abbremsung z in %

$\boxed{z = \frac{F_B \cdot 100\%}{G}}$

- z Abbremsung in %
- F_B Summe der Bremskräfte an allen Rädern in N
- G Gewichtskraft des Fahrzeugs in N

Beispiel: Welche Abbremsung z wird erreicht, wenn die Summe der Bremskräfte $F_B = 6900$ N beträgt und das Fahrzeug eine Gewichtskraft G von 16500 N hat?

Gesucht: z in %
Gegeben: $F_B = 6900$ N, $G = 16500$ N
Lösung: $z = \frac{F_B \cdot 100\%}{G} = \frac{6900 \text{ N} \cdot 100\%}{16500 \text{ N}}$

$z = \mathbf{41{,}8\%}$

Aufgaben

1. Stellen Sie die Formel $a = \frac{F_B \cdot g}{G}$ nach F_B und G um.

2. Berechnen Sie die Bremsverzögerung a in $\frac{m}{s^2}$. Gemessene Bremskräfte an der Vorderachse links $F_{B1} = 1800$ N, rechts $F_{B2} = 1680$ N, an der Hinterachse links $F_{B3} = 1200$ N und rechts $F_{B4} = 1250$ N. Gewichtskraft $G = 25500$ N.

3. Wie groß muß die Gesamtbremskraft F_B der Räder in N sein, damit ein Fahrzeug bei einer Gewichtskraft von $G = 18000$ N die vorgeschriebene Mindestverzögerung von $a = 4{,}8 \frac{m}{s^2}$ erreicht?

4. Berechnen Sie die Gewichtskraft G in N eines Fahrzeugs, das bei einer Verzögerung von $a = 4{,}25 \frac{m}{s^2}$ auf dem Rollenbremsenprüfstand eine Gesamtbremskraft von 7000 N erbringt.

5. Stellen Sie die Formel $z = \frac{F_B \cdot 100\%}{G}$ nach F_B und G um.

6. Welche Abbremsung z in % hat ein Fahrzeug, das bei einer Gewichtskraft von 15600 N eine Gesamtbremskraft von 7020 N erreicht?

7. Die Abbremsung eines Lkw beträgt 60%. Wie groß ist die Bremskraft F_B in N, wenn die Gewichtskraft des Fahrzeugs während der Bremsenprüfung 40000 N beträgt?

8. Welche Gewichtskraft G in N hat ein Fahrzeug, wenn die Bremskraft bei einer Abbremsung von 65% 8000 N beträgt?

43.4 Anhalteweg

Der **Anhalteweg** s_H ist der Weg, den ein Fahrzeug vom Erkennen einer Gefahr durch den Fahrer bis zum Stillstand zurücklegt. Er ist abhängig von dem
- Reaktionsweg s_R und
- Bremsweg s (s. Kap. 22.1).

$$\boxed{s_H = s_R + s}$$
s_H Anhalteweg in m
s_R Reaktionsweg in m
s Bremsweg in m

Mit dem Reaktionsweg $s_R = v \cdot t_R$ und dem Bremsweg ($v_1 = 0$) $s = \frac{v \cdot t}{2}$ oder $\frac{v^2}{2 \cdot a}$ oder $\frac{a \cdot t^2}{2}$ folgt:

$$\boxed{\begin{array}{l} s_H = v \cdot t_R + \dfrac{v \cdot t}{2} \\ s_H = v \cdot t_R + \dfrac{v^2}{2 \cdot a} \\ s_H = v \cdot t_R + \dfrac{a \cdot t^2}{2} \end{array}}$$

s_H Anhalteweg in m
v Fahrgeschwindigkeit vor dem Bremsen in $\frac{m}{s}$
t_R Reaktionszeit in s
t Bremszeit in s
a Bremsverzögerung in $\frac{m}{s^2}$

Die **Reaktionszeit** für einen ausgeruhten Fahrer beträgt etwa 0,3 bis 0,8 Sekunden.

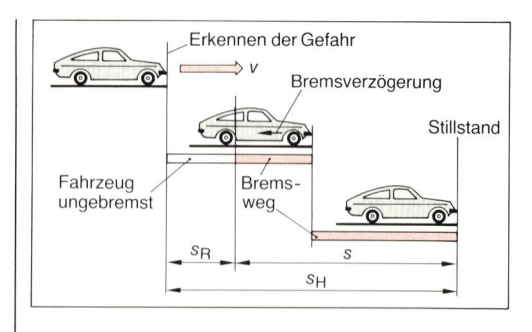

Beispiel: Wie lang ist der Anhalteweg s_H in m für einen Pkw, der aus einer Geschwindigkeit von $v = 120 \frac{km}{h}$ abgebremst wird? Bremsverzögerung $a = 4{,}2 \frac{m}{s^2}$, Reaktionszeit $t_R = 0{,}8$ s.

Gesucht: s_H in m
Gegeben: $v = 120 \frac{km}{h} = 33{,}3 \frac{m}{s}$,
$a = 4{,}2 \frac{m}{s^2}$, $t_R = 0{,}8$ s

Lösung: $s_H = v \cdot t_R + \dfrac{v^2}{2 \cdot a}$

$s_H = 33{,}3 \frac{m}{s} \cdot 0{,}8\,s + \dfrac{33{,}3^2 \frac{m^2}{s^2}}{2 \cdot 4{,}2 \frac{m}{s^2}}$

$s_H = 33{,}3 \frac{m}{s} \cdot 0{,}8\,s + \dfrac{33{,}3^2 \cdot m^2 \cdot s^2}{2 \cdot s^2 \cdot 4{,}2\,m}$

$s_H = \mathbf{158{,}7\ m}$

Näherungsformel für den Anhalteweg

Werden für die Reaktionszeit $t_R = 1{,}08$ s eingesetzt und v in $\frac{km}{h}$ angegeben, so ergibt sich für

$$s_R = \frac{1{,}08}{3{,}6} \cdot v = \frac{3}{10} \cdot v = 3 \cdot \frac{v}{10} \text{ in m}.$$

Wird für $s = \dfrac{v^2}{2 \cdot a}$ gewählt und für a ein Durchschnittswert von $3{,}86 \frac{m}{s^2}$ eingesetzt, so ergibt sich mit v in $\frac{km}{h}$ und der Umrechnung $1 \frac{m}{s} = 3{,}6 \frac{km}{h}$:

$$s = \frac{v^2}{2 \cdot 3{,}86 \cdot 3{,}6 \cdot 3{,}6} = \frac{v^2}{100} = \left(\frac{v}{10}\right)^2$$

Damit wird der Anhalteweg s_H angenähert:

$$\boxed{s_H \approx 3 \cdot \frac{v}{10} + \left(\frac{v}{10}\right)^2}$$

s_H Anhalteweg in m
v Anfangsgeschwindigkeit in $\frac{km}{h}$

Beispiel: Wie groß ist nach der Näherungsformel der Anhalteweg s_H in m für einen Pkw, der aus einer Geschwindigkeit von $80 \frac{km}{h}$ abgebremst wird?

Gesucht: s_H in m
Gegeben: $v = 80 \frac{km}{h}$

Lösung: $s_H \approx 3 \cdot \frac{v}{10} + \left(\frac{v}{10}\right)^2$

$s_H \approx 3 \cdot \frac{80}{10} + \frac{80}{10} \cdot \frac{80}{10}$

$s_H \approx 3 \cdot 8 + 8 \cdot 8 = 24 + 64$

$s_H \approx \mathbf{88\ m}$

Aufgaben

1. Berechnen Sie den Anhalteweg s_H eines Pkw in m, der in $t = 9$ Sekunden Bremszeit aus einer Geschwindigkeit $v = 90 \frac{km}{h}$ zum Stillstand kommt. Reaktionszeit $t_R = 0{,}95$ s.

2. Wie lang ist der Anhalteweg s_H in m für ein Fahrzeug, das in 8 Sekunden mit einer Bremsverzögerung $a = 3{,}125 \frac{m}{s^2}$ zum Stillstand kommt? Reaktionszeit $t_R = 1{,}1$ s, $v = 90 \frac{km}{h}$.

3. Zeichnen Sie das Geschwindigkeits-Zeit-Diagramm für Aufgabe 2 (s. Kap. 22.1).

4. Berechnen Sie mit der Näherungsformel die Anhaltewege s_H in m für folgende Geschwindigkeiten: 30, 40, 50, 60 und 70 $\frac{km}{h}$.

5. Ermitteln Sie die Bremszeiten für einen Pkw mit Hilfe eines v-t-Diagramms. Auf der senkrechten Achse ist v aufgetragen. Der Pkw wird aus 180, 150, 120 und 90 $\frac{km}{h}$ abgebremst. $a = 4{,}17 \frac{m}{s^2}$, $t_R = 1$ s.

43.5 Mechanische Kraftübertragung und -übersetzung

Die Pedalkraft (Fußkraft) F_P wird über ein Bremspedal (-hebel) auf die Kolbenstange des Hauptzylinders übertragen und **mechanisch** übersetzt.

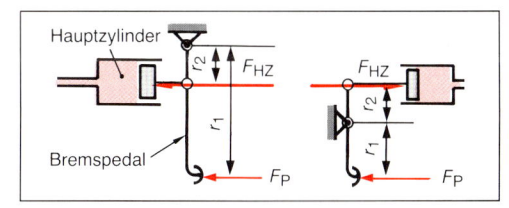

Wegen des Gleichgewichts der Momente am Bremspedal gilt:
$F_P \cdot r_1 = F_{HZ} \cdot r_2$, daraus folgt:

$$i_{mec} = \frac{F_P}{F_{HZ}} = \frac{r_2}{r_1}$$

i_{mec} mechanische Kraftübersetzung
F_P Fußkraft am Bremspedal in N
F_{HZ} Kraft an der Hauptzylinder-Kolbenstange in N
r_1 Hebelarm von der Bremspedalplatte zum Drehpunkt in mm
r_2 Hebelarm von der Kolbenstangenachse zum Drehpunkt in mm

Beispiel: a) Wie groß ist die mechanische Übersetzung i_{mec} an einem Bremspedal mit dem Hebelarm $r_1 = 235$ mm und $r_2 = 65$ mm? Die Fußkraft ist $F_P = 450$ N.
b) Berechnen Sie die Kraft am Hauptzylinder F_{HZ} in N.

Gesucht: a) i_{mec}, b) F_{HZ} in N
Gegeben: $r_1 = 235$ mm, $r_2 = 65$ mm, $F_P = 450$ N

Lösung: a) $i_{mec} = \frac{r_2}{r_1}$ b) $F_{HZ} = \frac{F_P}{i_{mec}}$

$i_{mec} = \frac{65\ mm}{235\ mm}$ $F_{HZ} = \frac{450\ N}{0{,}28}$

$i_{mec} = \mathbf{0{,}28 : 1}$ $F_{HZ} = \mathbf{1607\ N}$

Aufgaben

1. Stellen Sie die Formel $i_{mec} = \frac{r_2}{r_1}$ nach r_1 und r_2 um.

2. Stellen Sie die Formel $i_{mec} = \frac{F_P}{F_{HZ}}$ nach F_P um.

3. a) Wie groß ist die Kolbenstangenkraft F_{HZ} in N? Die Hebelarme des Bremspedals sind $r_1 = 305$ mm und $r_2 = 68$ mm. Die Fußkraft F_P beträgt 400 N.
b) Wie groß ist die mechanische Übersetzung i_{mec}?

4. Berechnen Sie die mechanische Übersetzung i_{mec}. Die Kolbenfläche A_{HZ} beträgt 4,2 cm². Die Fußkraft $F_P = 350$ N erzeugt in den Bremsleitungen einen Druck $p = 30$ bar.

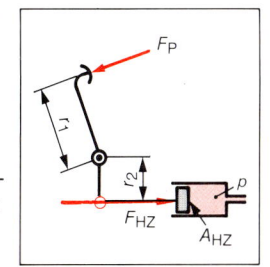

43.6 Hydraulische Kraftübertragung und -übersetzung

In der hydraulischen Bremsanlage wirkt die Fußkraft F_P über die Hebelübersetzung auf den Kolben im Hauptzylinder und erzeugt die Kolbenkraft F_{HZ}. Die Bremsflüssigkeit wird mit dem **Flüssigkeitsdruck** p in die Bremsleitung gedrückt (s. Kap. 19.1).

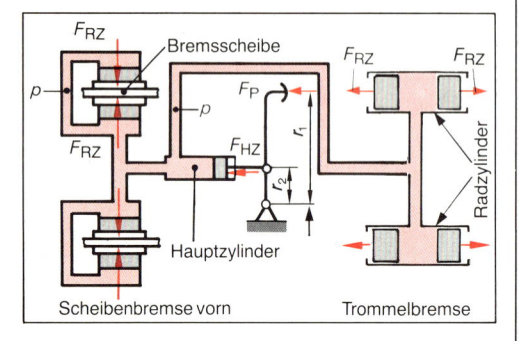

$$\boxed{F_{RZ} = p \cdot A_{RZ}}$$

mit $p = \dfrac{F_{HZ}}{A_{HZ}}$ folgt:

$$\boxed{F_{RZ} = \dfrac{F_{HZ} \cdot A_{RZ}}{A_{HZ}}}$$

F_{RZ} Spannkraft am Radzylinderkolben in N
p Flüssigkeitsdruck in $\frac{N}{cm^2}$
A_{RZ} Fläche des Radzylinderkolbens in cm^2
F_{HZ} Betätigungskraft des Hauptzylinderkolbens in N
A_{HZ} Fläche des Hauptzylinderkolbens in cm^2

Beispiel: Wie groß ist die Spannkraft F_{RZ} in N am Radzylinderkolben? Flüssigkeitsdruck $p = 650 \frac{N}{cm^2}$, Kolbenfläche des Radzylinders $A_{RZ} = 4\,cm^2$.

Gesucht: F_{RZ} in N
Gegeben: $p = 650 \frac{N}{cm^2}$, $A_{RZ} = 4\,cm^2$
Lösung: $F_{RZ} = p \cdot A_{RZ} = 650 \frac{N}{cm^2} \cdot 4\,cm^2$
$F_{RZ} = $ **2600 N**

Der Flüssigkeitsdruck p hängt ab von der
- Kolbenkraft F_{HZ} und
- Kolbenfläche A_{HZ} des Hauptzylinders.

$$\boxed{p = \dfrac{F_{HZ}}{A_{HZ}}}$$

p Flüssigkeitsdruck in $\frac{N}{cm^2}$
F_{HZ} Betätigungskraft des Hauptzylinderkolbens in N
A_{HZ} Fläche des Hauptzylinderkolbens in cm^2

Beispiel: Wie groß ist der Druck p in bar in der Bremsleitung, wenn die Betätigungskraft des Hauptzylinderkolbens $F_{HZ} = 1300\,N$ beträgt? Der Kolben hat eine Fläche $A_{HZ} = 2\,cm^2$.

Gesucht: p in bar
Gegeben: $F_{HZ} = 1300\,N$, $A_{HZ} = 2\,cm^2$
Lösung: $p = \dfrac{F_{HZ}}{A_{HZ}} = \dfrac{1300\,N}{2\,cm^2}$
$p = 650 \frac{N}{cm^2}$, mit $1 \frac{N}{cm^2} = 0{,}1\,bar$ folgt:
$p = $ **65 bar**

Der Druck p wirkt auf die Kolbenflächen A_{RZ} der Rad- bzw. Bremszylinder der Bremsen und erzeugt die Spannkräfte F_{RZ}. Die Bremsbeläge werden mit diesen Kräften gegen die Bremsscheibe bzw. -trommel gedrückt.

Je größer die Kolbenfläche A_{RZ} eines Radzylinders ist, desto größer ist auch die Kraft F_{RZ} am Bremsbelag.

Die **hydraulische Kraftübersetzung** i_{hyd} hängt ab
- von der Fläche A_{HZ} bzw. der Betätigungskraft F_{HZ} des Hauptzylinderkolbens und
- der Summe der Kolbenflächen der Radzylinder A_{RZges} bzw. der Summe der Spannkräfte F_{RZges} an den Radzylinderkolbenflächen.

$$\boxed{i_{hyd} = \dfrac{A_{HZ}}{A_{RZges}}}$$

oder

$$\boxed{i_{hyd} = \dfrac{F_{HZ}}{F_{RZges}}}$$

i_{hyd} hydraulische Kraftübersetzung, je Achse
A_{HZ} Fläche des Hauptzylinderkolbens in cm^2
A_{RZges} Summe der Radzylinderkolbenflächen in cm^2
F_{HZ} Betätigungskraft des Hauptzylinderkolbens in N
F_{RZges} Summe der Spannkräfte an den Radzylinderkolbenflächen in N einer Achse

Beispiel: Welches Übersetzungsverhältnis i_{hyd} besteht zwischen dem Hauptzylinder und den beiden Trommelbremsen einer Hinterachse? Die Kolbenfläche des Hauptzylinders beträgt $A_{HZ} = 2{,}2\,cm^2$. Jeder Radzylinder hat zwei Kolben mit je einer Fläche $A_{RZ} = 4{,}9\,cm^2$.

Gesucht: i_{hyd}
Gegeben: $A_{HZ} = 2{,}2\,cm^2$, $A_{RZ} = 4{,}9\,cm^2$
Lösung: $i_{hyd} = \dfrac{A_{HZ}}{A_{RZges}} = \dfrac{A_{HZ}}{4 \cdot A_{RZ}} = \dfrac{2{,}2\,cm^2}{4 \cdot 4{,}9\,cm^2}$
$i_{hyd} = $ **0,11 : 1**

Kapitel 43: Bremsen

Aufgaben

1. Stellen Sie die Formel $p = \dfrac{F_{HZ}}{A_{HZ}}$ nach F_{HZ} und A_{HZ} um.

2. Welcher Druck p in $\dfrac{N}{cm^2}$ und bar herrscht in der Bremsleitung, wenn der Hauptzylinderkolben mit einer Fläche von $A_{HZ} = 2{,}4\,cm^2$ mit $F_{HZ} = 900\,N$ betätigt wird?

3. Wie groß muß die Betätigungskraft F_{HZ} in N sein, damit ein Hauptzylinderkolben mit einer Fläche von $A_{HZ} = 3\,cm^2$ einen Druck von $p = 40$ bar erzeugen kann?

4. Welche Hauptzylinderkolbenfläche A_{HZ} in cm^2 ist erforderlich, um bei einer Betätigungskraft von maximal 1700 N einen Leitungsdruck von 68 bar zu erreichen?

5. Stellen Sie die Formel $F_{RZ} = \dfrac{F_{HZ} \cdot A_{RZ}}{A_{HZ}}$ nach F_{HZ}, A_{RZ} und A_{HZ} um.

6. Berechnen Sie
a) die Spannkraft F_{RZ} in N an einem Radzylinder, wenn die Betätigungskraft des Hauptzylinders $F_{HZ} = 1000\,N$ beträgt. Die Kolbenfläche des Hauptzylinders ist $A_{HZ} = 3{,}2\,cm^2$, die des Radzylinders $A_{RZ} = 7\,cm^2$.
b) Wie groß ist der Flüssigkeitsdruck p in bar?

7. Welche Betätigungskraft F_{HZ} in N ist erforderlich, um eine Spannkraft von 3400 N zu erreichen, wenn der Kolben im Hauptzylinder einen Durchmesser von 20 mm und der Radzylinderkolben einen Durchmesser von 40 mm hat?

8. Wie groß muß die Kolbenfläche des Radzylinders A_{RZ} in cm^2 sein, damit bei einer Betätigungskraft des Hauptzylinderkolbens von 1200 N eine Spannkraft von 4000 N erreicht wird? Der Kolben des Hauptzylinders hat eine Fläche von $2\,cm^2$.

9. Welcher Leitungsdruck p in bar ist erforderlich, um ein Spannkraft von 2500 N zu erreichen? Die Kolbenfläche des Radzylinders ist $6\,cm^2$.

10. Welche hydraulische Übersetzung i_{hyd} ergibt sich, wenn eine Betätigungskraft F_{HZ} am Hauptzylinderkolbens von 800 N an den Radzylinderkolben einer Achse eine Summe der Spannkräfte von $F_{RZ\,ges} = 5800\,N$ erzeugt?

11. Wie groß muß der Durchmesser des Hauptzylinders in mm sein, wenn eine hydraulische Übersetzung von $i_{hyd} = 0{,}14:1$ für eine Hinterachse erforderlich ist? Diese Achse hat Trommelbremsen mit doppelt wirkenden Radzylindern, deren Durchmesser 2,4 cm beträgt.

12. Wie groß ist i_{ges} für eine Vorderachse? Die mechanische Übersetzung beträgt $i_{mec} = 0{,}27:1$ und die hydraulische Übersetzung $i_{hyd} = 0{,}15:1$.

43.7 Pneumatische Verstärkung der Kolbenstangenkraft

Mit Hilfe eines **pneumatischen Bremskraftverstärkers** (s. Kap. 19.2) kann die Kolbenstangenkraft F_{HZ} erhöht werden.

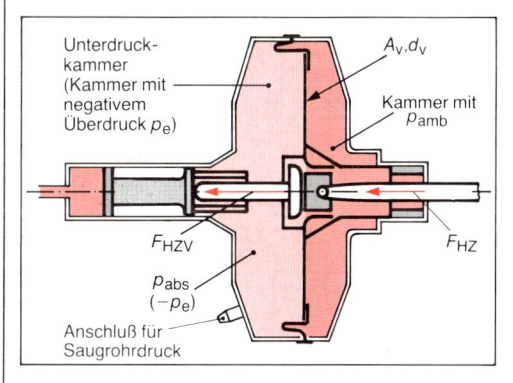

Die Bremskraftverstärkung F_V hängt ab von der
- wirksamen Druckdifferenz p_e und
- Fläche des Verstärkerkolbens A_V.

$$F_V = (p_{amb} - p_{abs}) \cdot A_V$$

F_V Verstärkerkraft in N
p_{amb} Luftdruck in bar
p_{abs} absoluter Druck in der Unterdruckkammer in bar
A_V Fläche des Verstärkerkolbens in cm^2.

Die verstärkte Kolbenstangenkraft F_{HZV} ist:

$$F_{HZV} = F_{HZ} + F_V$$

F_{HZV} verstärkte Kolbenstangenkraft in N
F_{HZ} Kolbenstangenkraft in N
F_V Verstärkerkraft in N

Die pneumatische Übersetzung i_{pn} ist:

$$i_{pn} = \dfrac{F_{HZ}}{F_{HZV}}$$

i_{pn} pneumatische Übersetzung des Bremskraftverstärkers

Beispiel: Die Kolbenstangenkraft wirkt mit $F_{HZ} = 1600\,N$ auf den Bremskraftverstärker. Der Luftdruck ist $p_{amb} = 1020\,mbar$. In der Unterdruckkammer wirkt ein absoluter Druck von $p_{abs} = 0{,}82\,bar$. Der Verstärkerkolben hat einen Durchmesser von $d_V = 280\,mm$.
a) Wie groß ist die Verstärkerkraft F_V in N?
b) Wie groß ist die verstärkte Kolbenstangenkraft F_{HZV} in N?
c) Berechnen Sie i_{pn}.

Gesucht: a) F_V in N, b) F_{HZV} in N, c) i_{pn}
Gegeben: $F_{HZ} = 1600\,N$, $p_{amb} = 1020\,mbar$, $p_{abs} = 0{,}82\,bar$, $d_V = 280\,mm$

Lösung: a) $F_V = (p_{amb} - p_{abs}) \dfrac{d_V^2 \cdot \pi}{4}$

$F_V = (10{,}2\,\dfrac{N}{cm^2} - 8{,}2\,\dfrac{N}{cm^2}) \cdot 28^2\,cm^2 \cdot 0{,}785$

$F_V = \mathbf{1231\,N}$

b) $F_{HZV} = F_{HZ} + F_V$
$F_{HZV} = 1600\,N + 1231\,N$
$F_{HZV} = \mathbf{2831\,N}$

c) $i_{pn} = \dfrac{F_{HZ}}{F_{HZV}}$

$i_{pn} = \dfrac{1600\,N}{2831\,N}$

$i_{pn} = \mathbf{0{,}57 : 1}$

Aufgaben

1. Stellen Sie die Formel $F_V = (p_{amb} - p_{abs}) \cdot A_V$ nach A_V und $(p_{amb} - p_{abs})$ um.

2. Stellen Sie die Formel $i_{pn} = \dfrac{F_{HZ}}{F_{HZV}}$ nach F_{HZ} und F_{HZV} um.

3. Wie groß ist in einem Saugluftbremskraftverstärker die Verstärkungskraft F_V in N? In der Unterdruckkammer wirken $p_{abs} = 0{,}81\,bar$, in der atmosphärischen Kammer wirkt ein Luftdruck $p_{amb} = 1030\,mbar$. Der Durchmesser d_V des Verstärkerkolbens beträgt 276 mm.

4. Berechnen Sie die notwendige Druckdifferenz $p_{amb} - p_{abs}$ in bar für eine Verstärkerkraft $F_V = 1400\,N$ und einen Durchmesser des Verstärkerkolbens von $d_V = 275\,mm$.

5. Wie groß ist die verstärkte Kolbenstangenkraft F_{HZV} in N, wenn die pneumatische Verstärkung $i_{pn} = 0{,}48 : 1$ ist und die Kolbenstangenkraft $F_{HZ} = 1350\,N$ beträgt?

43.8 Umfangskraft und Bremsmoment

Durch die Spannkräfte werden die Bremsbeläge gegen die Bremsscheibe bzw. -trommel gedrückt. Es entsteht an der Scheiben- bzw. Trommelbremse eine **Gesamtumfangskraft** F_U, d. h. eine Bremskraft.

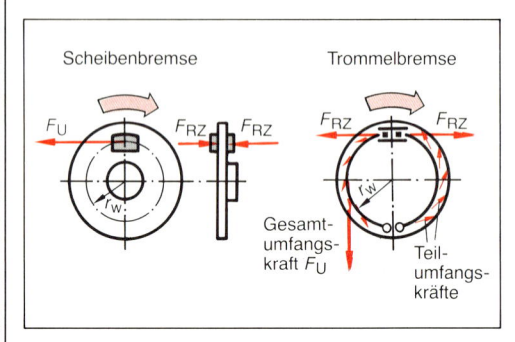

Die Gesamtumfangskraft F_U ist abhängig von
- der Spannkraft eines Brems- bzw. Radzylinderkolbens F_{RZ} und
- dem Bremsenkennwert C.

$\boxed{F_U = C \cdot F_{RZ}}$

F_U Gesamtumfangskraft an der Bremsscheibe bzw. -trommel in N
C Bremsenkennwert
F_{RZ} Spannkraft eines Brems- bzw. Radzylinderkolbens in N

Der **Bremsenkennwert** C berücksichtigt die Bauart der Bremse. **Trommelbremsen** haben durch **Selbstverstärkung** – je nach Bauart – sehr unterschiedliche innere Kraftübersetzungen.

Der Bremsenkennwert wird einem Diagramm in Abhängigkeit von der Bremsenbauart und der Gleitreibungszahl μ_G entnommen.

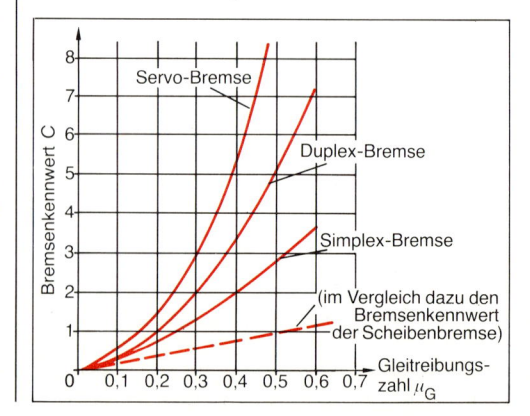

Kapitel 43: Bremsen

Beispiel: Wie groß ist die Gesamtumfangskraft F_U an der Bremstrommel einer Duplexbremse in N? Die Bremsbacken werden mit einer Spannkraft $F_{RZ} = 1100\,N$ gegen die Bremstrommel gedrückt. Die Gleitreibungszahl μ_G beträgt 0,4.

Gesucht: F_U in N
Gegeben: $F_{RZ} = 1100\,N$, $\mu_G = 0{,}4$, $C = 3{,}4$
(aus dem C-μ_G-Diagramm)
Lösung: $F_U = C \cdot F_{RZ}$
$F_U = 3{,}4 \cdot 1100\,N$
$F_U = \mathbf{3740\,N}$

Durch die Gesamtumfangskraft F_U entsteht am Rad das Bremsmoment M_B.

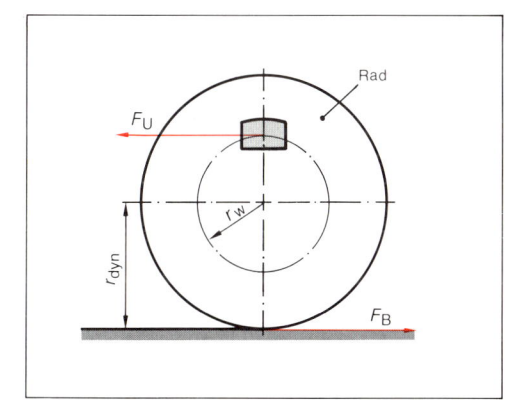

Das Bremsmoment M_B ist abhängig von
- der Bremskraft zwischen Rad und Fahrbahn F_B und
- dem dynamischen Halbmesser r_{dyn}.

$\boxed{M_B = F_B \cdot r_{dyn}}$

M_B Bremsmoment am Rad in Nm
F_B Bremskraft am Rad in N
r_{dyn} dyn. Halbmesser in m

Dieses Bremsmoment steht im Gleichgewicht mit dem Bremsmoment an der Bremsscheibe bzw. -trommel. Es ist abhängig von
- der Gesamtumfangskraft F_U und
- dem wirksamen Radius r_w.

$\boxed{M_B = F_U \cdot r_w}$

F_U Gesamtumfangskraft in N
r_w wirksamer Radius in m

Durch Gleichsetzen beider Momentenformeln folgt:

$\boxed{F_B \cdot r_{dyn} = F_U \cdot r_w}$

Beispiel: Welche Bremskraft F_B in N ist am Reifenumfang eines Rades wirksam? Der wirksame Radius r_w einer Trommelbremse ist 105 mm, der dynamische Halbmesser $r_{dyn} = 325\,mm$. Die Gesamtumfangskraft wurde berechnet und ist $F_U = 2500\,N$.

Gesucht: F_B in N
Gegeben: $r_w = 105\,mm$, $r_{dyn} = 325\,mm$, $F_U = 2500\,N$
Lösung: $F_B \cdot r_{dyn} = F_U \cdot r_w$

$$F_B = \frac{F_U \cdot r_w}{r_{dyn}}$$

$$F_B = \frac{2500\,N \cdot 0{,}105\,m}{0{,}325\,m}$$

$F_B = \mathbf{808\,N}$

Aufgaben

1. Stellen Sie die Formel $F_U = C \cdot F_{RZ}$ nach C und F_{RZ} um.

2. Stellen Sie die Formel $F_B \cdot r_{dyn} = F_U \cdot r_w$ nach r_{dyn}, r_w und F_U um.

3. Lesen Sie aus dem C-μ_G-Diagramm (S. 182) für die Servo-, Duplex-, Simplex- und Scheibenbremse jeweils zur Gleitreibungszahl $\mu_G = 0{,}3$ und 0,45 die Bremsenkennwerte C ab.

4. Wie groß ist die Gesamtumfangskraft an einer Servo- und an einer Duplexbremse in N? Die Spannkraft F_{RZ} ist jeweils 800 N, $\mu_G = 0{,}4$.

5. Berechnen Sie für ein Rad das Bremsmoment M_B in Nm. Der dynamische Halbmesser ist 290 mm und die Bremskraft F_B am Reifen beträgt 970 N.

6. Ermitteln Sie die Gesamtumfangskraft F_U in N an einer Scheibenbremse. Der wirksame Radius r_w ist 93 mm groß. Der dynamische Halbmesser des gebremsten Rades beträgt 295 mm und die Bremskraft F_B am Reifen 1050 N.

7. Berechnen Sie für die Vorderachse
a) die Gesamtumfangskraft einer Duplexbremse,
b) die Bremskraft an den Vorderrädern in N.
Jede Bremsbacke der Vorderachsbremsen wird mit 1300 N Spannkraft betätigt. Die Gleitreibungszahl beträgt 0,3. Die Duplexbremse hat einen Trommeldurchmesser von 200 mm, der dynamische Halbmesser ist 310 mm.

44 Aufgaben zum Fahrwerk

1. Berechnen Sie die Lenkradumdrehungen für den Lenkradwinkel $\delta_H = 327°$.

2. Wie groß ist die Gesamt-Lenkradübersetzung i_S eines Pkw? Nach 2,05 Lenkradumdrehungen erreicht das innere Rad einen Lenkwinkel von 39°. Der Spurdifferenzwinkel beträgt 3,8°.

3. Berechnen Sie den Winkeleinschlag δ_L am Lenkstockhebel in Grad, wenn das Lenkrad um 205° gedreht wird. Die Übersetzung des Schrauben-Lenkgetriebes ist $i_L = 18,1 : 1$.

4. Ermitteln Sie die Übersetzung i_L für ein Zahnstangenlenkgetriebe. Der Lenkraddurchmesser beträgt $d_1 = 355$ mm. Die Zähnezahl des Ritzels ist $z = 7$, die Teilung $p = 6,65$ mm.

5. Berechnen Sie die Spur C in mm für einen Pkw, dessen Spurwinkel $\frac{\delta}{2} = 15'$ beträgt. Der Felgendurchmesser ist $d_F = 354$ mm.

6. Ermitteln Sie die minimale und maximale Spur C (C_{min}, C_{max}) in mm für einen Pkw mit Heckantrieb (Nachspur). Der Spurwinkel δ wird im Werkstatthandbuch mit 15' bis 45' angegeben. Der Pkw hat einen Felgendurchmesser $d_F = 364$ mm.

7. Ein Radialreifen hat folgende Abmessungen: Felgendurchmesser 14 in., Reifenbreite 205 mm, Reifenhöhe 143,5 mm. Berechnen und bestimmen Sie
a) das Querschnittsverhältnis Q in %,
b) den Außendurchmesser D in mm und
c) die Reifenbezeichnung.

8. Wie groß sind
a) der dynamische Halbmesser r_{dyn} in mm und
b) der zurückgelegte Weg s eines Reifens in m? Der Abrollumfang des Reifens U_R beträgt 1975 mm und die Anzahl der Radumdrehungen R_U ist 4620.

9. Zu berechnen ist die Fahrgeschwindigkeit v in $\frac{km}{h}$ und $\frac{m}{s}$ für einen Pkw im 3. Gang. Die Motordrehzahl beträgt $4850 \frac{1}{min}$, die Getriebeübersetzung im 3. Gang ist 1,35 : 1, die Achsgetriebeübersetzung ist 3,8 : 1 und der dynamische Halbmesser beträgt 290 mm.

10. Ein Pkw hat folgende Daten: $P_{max} = 49$ kW bei $n = 4600 \frac{1}{min}$, $M_{max} = 132$ Nm bei $n = 2600 \frac{1}{min}$, Motorhöchstdrehzahl $n_{max} = 5100 \frac{1}{min}$, Übersetzungen im Getriebe: 3,91 – 2,15 – 1,45 – 1,03 – R3,58, Achsgetriebeübersetzung 3,38 : 1, Reifen 175/70 R 13S mit $r_{dyn} = 282$ mm.
a) Berechnen Sie die Fahrgeschwindigkeiten v in $\frac{km}{h}$ bei n_{max} in den Gängen 1 bis 4.
b) Zeichnen Sie das Gangdiagramm des Pkw.
c) Entnehmen Sie aus dem Gangdiagramm v in $\frac{km}{h}$ in den Gängen 1 bis 4 für M_{max} und P_{max}.

11. Ein Fahrzeug (Masse $m_F = 1280$ kg) fährt mit einer Geschwindigkeit von 85 $\frac{km}{h}$ eine Asphaltstraße mit einer Steigung von 4% hinauf. Der c_w-Wert des Fahrzeugs beträgt 0,38 und die Querschnittsfläche 2,6 m². Wie groß sind
a) die Fahrwiderstände F_{Ro}, F_L und F_{St} in N sowie
b) der Gesamtfahrwiderstand F_W in N?

12. Der Gesamtfahrwiderstand eines Pkw beträgt bei einer Fahrgeschwindigkeit von 65 $\frac{km}{h}$ 585 N. Der Motor erzeugt dabei ein Drehmoment von 98 Nm. i_{ges} ist 5,55 : 1, η_{ges} beträgt 91% und $r_{dyn} = 285$ mm. Berechnen Sie
a) die Antriebskraft F_A in N,
b) die Beschleunigungskraft F_{Be} in N und
c) die effektive Leistung P_{eff} in kW.

13. Zu berechnen sind die Werte für die zeichnerische Darstellung eines Fahrdiagramms.
a) Legen Sie eine Wertetabelle für F_A in N und v in $\frac{km}{h}$ an (s. Kap. 42.6). i_{ges} beträgt in den Gängen 1 bis 4: 13,37 – 7,42 – 4,68 – 3,42, η_{ges} ist 88% und $r_{dyn} = 300$ mm.

n in $\frac{1}{min}$	1500	2500	3500	4500	5500
P_{eff} in kW	24	42	63	80	85
M in Nm	153	160	172	169	146

b) Die Fahrwiderstände sind mit folgenden Daten in N zu ermitteln: Steigung 2%, Rollwiderstandszahl 0,015, Fahrgeschwindigkeiten 50, 100, 150 und 200 $\frac{km}{h}$, Masse des Pkw 1480 kg, Luftwiderstandszahl 0,36, Fahrzeugquerschnittsfläche 2,52 m².
c) Zeichnen Sie das Fahrdiagramm.

Kapitel 44: Aufgaben zum Fahrwerk **185**

14. Beantworten Sie anhand des Fahrdiagramms der Aufgabe 13 die folgenden Fragen:
a) Wie groß ist die Höchstgeschwindigkeit v_{max} in $\frac{km}{h}$ des Pkw bei Steigungen von 4, 12 und 22%?
b) Welche Gänge müssen jeweils geschaltet werden, um die Höchstgeschwindigkeit zu erreichen?
c) Wie groß ist jeweils die Antriebskraft F_A in N bei den jeweiligen Höchstgeschwindigkeiten von Frage a)?
d) Zu bestimmen sind die Einzel- und der Gesamtfahrwiderstand F_{Ro}, F_L, F_{St}, F_W in N bei Geschwindigkeiten von 50 und 110 $\frac{km}{h}$ auf einer Straße mit 12% Steigung.
e) Wie groß ist die Beschleunigungskraft F_{Be} in N im 2. Gang bei einer Geschwindigkeit von 40 $\frac{km}{h}$ und einer Steigung von 2% und die mögliche maximale Geschwindigkeit v_{max} in $\frac{km}{h}$ des Pkw?
f) Welche maximale Geschwindigkeit v_{max} in $\frac{km}{h}$ hat der Pkw im 4. Gang, wenn der Gesamtfahrwiderstand 1800 N beträgt?

15. Welche Bremsarbeit W_B in Nm ist erforderlich, um einen Pkw mit einer Masse $m_F = 1350$ kg aus einer Geschwindigkeit von $v = 70 \frac{km}{h}$ bis zum Stillstand abzubremsen?

16. Berechnen Sie den Bremsweg s in m eines Lkw, der mit einer Bremsarbeit $W_B = 3700$ kNm bis zum Stillstand abgebremst wird. Die Bremskraft F_B beträgt 35000 N.

17. Welche Masse m_F in kg kann abgebremst werden, wenn die Bremsverzögerung $a = 4,2 \frac{m}{s^2}$ beträgt und die Bremskraft $F_B = 7350$ N nicht überschritten werden darf?

18. Wie groß ist die Haftreibungszahl μ_H, wenn die maximale Bremskraft $F_{Bmax} = 10500$ N beträgt? Fahrzeugmasse $m_F = 1550$ kg.

19. Welche Bremszeit t in s benötigt ein Sportwagen, um mit einer Bremsverzögerung $a = 4,6 \frac{m}{s^2}$ aus einer Geschwindigkeit $v = 170 \frac{km}{h}$ bis zum Stillstand abzubremsen?

20. Nach einem Unfall gibt der Fahrer eines Pkw zu Protokoll, er habe die Geschwindigkeitsbegrenzung von 60 $\frac{km}{h}$ eingehalten. Überprüfen Sie diese Aussage. Es wird eine Bremsspur von 40 m gemessen. Der Zeiger des Geschwindigkeitsmessers ist auf 25 $\frac{km}{h}$ stehengeblieben. Vergleichsmessungen ergaben eine Bremsverzögerung $a = 4,5 \frac{m}{s^2}$.

21. Welche Abbremsung z in % hat ein Kraftfahrzeug, das bei einer Gewichtskraft $G = 17300$ N auf dem Bremsenprüfstand eine Gesamtbremskraft $F_B = 8700$ N erzielt?

22. Wie lang ist der Anhalteweg s_H in m für ein Fahrzeug, das in 8,7 s mit einer Bremsverzögerung $a = 4,2 \frac{m}{s^2}$ zum Stillstand kommt? Die Reaktionszeit t_R beträgt 1,2 s, $v = 140 \frac{km}{h}$.

23. Die Betätigungskraft F_{HZ} in N ist zu berechnen. Der Durchmesser des Hauptzylinderkolbens ist $d = \frac{3}{4}$ in. groß. Der Bremsleitungsdruck beträgt 37 bar.

24. Mit welcher Kraft wird der Belag einer Scheibenbremse gegen die Bremsscheibe gepreßt, wenn auf den Kolben ein Bremsleitungsdruck von $p = 45$ bar wirkt? Die Kolbendurchmesser sind vorn $1\frac{7}{8}$ in. und an der Hinterachse $1\frac{3}{4}$ in. groß.

25. Welcher Leitungsdruck p in bar ist erforderlich, um am Radzylinderkolben einer Trommelbremse eine Spannkraft $F_{RZ} = 1100$ N zu erzielen? Der Durchmesser des Radzylinderkolbens ist $\frac{7}{8}$ in. groß.

26. Wie groß ist in einem Saugluft-Bremskraftverstärker die Verstärkungskraft F_V in N? In der Druckkammer wirkt ein Druck $p_{abs} = 0,8$ bar. Der atmosphärische Druck ist $p_{amb} = 1037$ mbar. Der Durchmesser des Verstärkerkolbens ist 7 in. groß.

27. Berechnen Sie die pneumatische Übersetzung i_{pn} eines Bremskraftverstärkers. Die Kolbenstangenkraft ist $F_{HZ} = 1370$ N. Der atmosphärische Druck p_{amb} beträgt 1020 mbar. In der Unterdruckkammer des Saugluft-Bremskraftverstärkers herrscht ein absoluter Druck von $p_{abs} = 0,83$ bar. Der Durchmesser des Verstärkerkolbens ist $d_V = 7\frac{1}{2}$ in. groß.

28. Ermitteln Sie die Gesamtumfangskraft F_U in N für eine Servobremse. Die Spannkraft beträgt jeweils 870 N. Der Bremsenkennwert C ist für eine Servobremse 4,1 ($\mu_G = 0,35$).

29. Wie groß ist das Bremsmoment M_B in Nm? Der dynamische Halbmesser beträgt $r_{dyn} = 310$ mm. Die Bremskraft am Rad ist $F_B = 1200$ N.

30. Berechnen Sie die Umfangskraft F_U in N an einer Scheibenbremse. Der wirksame Radius r_w ist 87 mm, der dynamische Halbmesser $r_{dyn} = 295$ mm und die Bremskraft $F_B = 1170$ N.

45 Grundlagen der Kfz-Elektrik

45.1 Elektrische Stromstärke und Ladungsmenge

Die Einheit der **elektrischen Stromstärke** ist das **Ampere**. Die Stromstärke hat das **Formelzeichen** I und das **Einheitenzeichen** A.

Eine kleinere Einheit ist das **Milliampere** mit dem Einheitenzeichen mA.

Einheitengleichungen: 1 A = 1000 mA
1 mA = 0,001 A

Umrechnungszahlen:

für A in mA: $\frac{1000 \text{ mA}}{1 \text{ A}}$

für mA in A: $\frac{1 \text{ A}}{1000 \text{ mA}}$

Bei einer **Stromstärke von 1 Ampere** fließen **$6,25 \cdot 10^{18}$ Elektronen pro Sekunde** durch den **Leiterquerschnitt**.

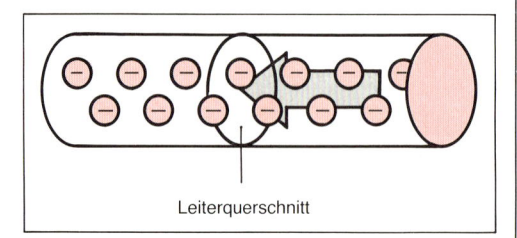

Leiterquerschnitt

Die Ladungsmenge Q ist abhängig von
- der Stromstärke I und
- der Zeit t.

$Q = I \cdot t$

Q Ladungsmenge in As
I Stromstärke in A
t Zeit in s

Die **Ladungsmenge** hat das Formelzeichen Q und die Einheit **Amperesekunde** mit dem Einheitenzeichen As.
Eine größere Einheit für die Stromstärke ist die **Amperestunde** mit dem Einheitenzeichen Ah.

Einheitengleichung: 1 Ah = 3600 As

Umrechnungszahlen:

für Ah in As: $\frac{3600 \text{ As}}{1 \text{ Ah}}$

für As in Ah: $\frac{1 \text{ Ah}}{3600 \text{ As}}$

Beispiel: Aus einer Kfz-Batterie fließt zur Versorgung der Beleuchtungsanlage eine Stromstärke von $I = 11$ A. Wie groß ist die entnommene Ladungsmenge Q in Ah und As, wenn die Beleuchtung $t = 2,5$ h lang eingeschaltet war?

Gesucht: Q in Ah und As
Gegeben: $I = 11$ A, $t = 2,5$ h
Lösung: $Q = I \cdot t = 11$ A $\cdot$ 2,5 h

$Q = \textbf{27,5 Ah} = 27,5 \text{ Ah} \cdot \frac{3600 \text{ As}}{\text{Ah}}$

$Q = \textbf{99 000 As}$

Aufgaben

1. Die folgenden Größen sind in die gesuchten Einheiten umzurechnen:
a) 680 mA =   A   e) 3,8 A =   mA
b) 720 As =   Ah   f) 44 Ah =   As
c) 0,42 A =   mA   g) 4150 mA =   A
d) 0,3 Ah =   As   h) 9000 As =   Ah

2. Stellen Sie die Formel $Q = I \cdot t$ nach I und t um.

3. Durch eine Scheinwerferlampe fließt eine Stromstärke von $I = 5$ A. Welche Ladungsmenge Q in As und Ah bewegt sich durch den Leiterquerschnitt in $t = 14$ min?

4. Ein Starter ist $t = 8$ s eingeschaltet. Dabei fließt eine Ladungsmenge Q von 2016 As. Wie groß ist die Starterstromstärke I in A?

5. Während der Aufladung einer Batterie fließt eine Stromstärke von 8,4 A. Die Batterie kann eine Ladungsmenge $Q = 44$ Ah aufnehmen. In welcher Zeit t in h ist die Batterie geladen?

6. In welcher Zeit t in h ist eine Batterie mit einer Ladungsmenge von 36 Ah entladen, wenn aus Versehen das Standlicht eingeschaltet bleibt und dabei eine Stromstärke von 3,2 A fließt?

7. Welche Ladungsmenge Q in Ah und As liefert ein Generator, wenn durch die Verbraucher 6,8 h lang die folgenden Stromstärken fließen: $I_1 = 9,16$ A, $I_2 = 150$ mA, $I_3 = 1,67$ A, $I_4 = 420$ mA und $I_5 = 3,6$ A.

45.2 Elektrische Spannung und Arbeit

Die **elektrische Spannung** bewirkt das Fließen des elektrischen Stromes. Sie entsteht durch die Trennung von positiven und negativen elektrischen Ladungsmengen (z.B. im Generator).

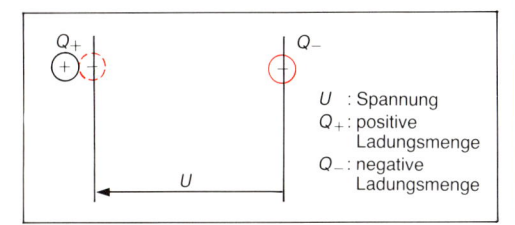

U : Spannung
Q_+ : positive Ladungsmenge
Q_- : negative Ladungsmenge

Das **Ausgleichsbestreben** von getrennten positiven und negativen elektrischen Ladungsmengen wird als **elektrische Spannung** bezeichnet.

Die Einheit der **elektrischen Spannung** ist das **Volt**. Die Spannung hat das Formelzeichen U und das Einheitenzeichen V.

Eine kleinere Einheit ist das **Millivolt** mit dem Einheitenzeichen mV.

Eine größere Einheit ist das **Kilovolt** mit dem Einheitenzeichen kV.

Einheitengleichungen:
$$1\,V = 1000\,mV$$
$$1\,mV = 0{,}001\,V$$
$$1\,kV = 1000\,V$$
$$1\,V = 0{,}001\,kV$$

Umrechnungszahlen:

für V in mV: $\frac{1000\,mV}{1\,V}$

für mV in V: $\frac{1\,V}{1000\,mV}$

für kV in V: $\frac{1000\,V}{1\,kV}$

für V in kV: $\frac{1\,kV}{1000\,V}$

Die Trennung von Ladungsmengen und ihr Transport erfordern **Arbeit**. Diese Arbeit kann in Form von **elektrischer Energie** genutzt werden, wenn die Ladungsmengen wieder vereinigt werden.

Die elektrische Arbeit W ist abhängig von
- der Ladungsmenge Q und
- der Spannung U.

$$W = U \cdot Q$$

W elektrische Arbeit in Ws
U Spannung in V
Q Ladungsmenge in As

Die Einheit der **elektrischen Arbeit** setzt sich zusammen aus den Einheiten Volt und Amperesekunde **(Voltamperesekunde VAs)** und hat den besonderen Einheitennamen die **Wattsekunde**. Die elektrische Arbeit hat das **Formelzeichen** W und das **Einheitenzeichen** Ws.

Größere Einheiten der elektrischen Arbeit sind die **Wattstunde** mit dem Einheitenzeichen Wh und die **Kilowattstunde** mit dem Einheitenzeichen kWh.

Einheitengleichungen: $1\,Wh = 3600\,Ws$
$1\,kWh = 1000\,Wh$

Umrechnungszahlen:

für Wh in Ws: $\frac{3600\,Ws}{1\,Wh}$, für Ws in Wh: $\frac{1\,Wh}{3600\,Ws}$

für kWh in Wh: $\frac{1000\,Wh}{1\,kWh}$, für Wh in kWh: $\frac{1\,kWh}{1000\,Wh}$

Beispiel: Bei einer Spannung von $U = 12\,V$ wird durch die Generatorkontrolllampe eine Ladungsmenge von $Q = 0{,}5\,As$ bewegt. Wie groß ist die dabei verrichtete Arbeit W in Ws?

Gesucht: W in Ws
Gegeben: $U = 12\,V$, $Q = 0{,}5\,As$
Lösung: $W = U \cdot Q$
$W = 12\,V \cdot 0{,}5\,As = 6\,VAs = $ **6 Ws**

Aufgaben

1. Die folgenden Größen sind in die gesuchten Einheiten umzurechnen:
a) 450 mV =   V   e) 780 V   = kV
b) 9000 Ws =   Wh   f) 1850 Wh = kWh
c) 6,8 V =   mV   g) 0,25 kV = V
d) 0,75 Wh =   Ws   h) 0,36 kWh = Wh

2. Stellen Sie die Formel $W = U \cdot Q$ nach U und Q um.

3. Eine Ladungsmenge Q von 2,5 Ah wird bei einer Spannung $U = 12\,V$ zwischen den Polen einer Kfz-Batterie bewegt. Wie groß ist die elektrische Arbeit W in Wh und Ws?

4. Während des Startens eines Motors wird eine elektrische Arbeit $W = 14400\,Ws$ verrichtet. Die dabei bewegte Ladungsmenge Q beträgt 600 As. Wie groß ist die am Starter anliegende Spannung U in V?

45.3 Ohmsches Gesetz und elektrischer Widerstand

Das **Ohmsche Gesetz** besagt, daß das Verhältnis der Spannung U zur Stromstärke I bei gleichbleibendem Widerstand R **konstant** ist.

$\frac{U}{I}$ = konstant (Ohmsches Gesetz)

Der **elektrische Widerstand** ist der Quotient aus der elektrischen **Spannung** und der elektrischen **Stromstärke**.

$R = \frac{U}{I}$ R elektrischer Widerstand in Ω
           U elektrische Spannung in V
           I elektrische Stromstärke in A

Daraus abgeleitete Formeln sind:

$U = R \cdot I$ und $I = \frac{U}{R}$

Die Gleichung $I = \frac{U}{R}$ wird in der Praxis oft als das Ohmsche Gesetz bezeichnet.

Die Einheit des **elektrischen Widerstands** ist das **Ohm**. Der Widerstand hat das **Formelzeichen** R und das **Einheitenzeichen** Ω.

Eine kleinere Einheit ist das **Milliohm** mit dem Einheitenzeichen mΩ.
Eine größere Einheit ist das **Kiloohm** mit dem Einheitenzeichen kΩ.

Einheitengleichungen:

$1\,\Omega = 1000\,\text{m}\Omega$
$1\,\text{m}\Omega = 0{,}001\,\Omega$
$1\,\text{k}\Omega = 1000\,\Omega$
$1\,\Omega = 0{,}001\,\text{k}\Omega$

Umrechnungszahlen:

für Ω in mΩ: $\frac{1000\,\text{m}\Omega}{1\,\Omega}$

für mΩ in Ω: $\frac{1\,\Omega}{1000\,\text{m}\Omega}$

für kΩ in Ω: $\frac{1000\,\Omega}{1\,\text{k}\Omega}$

für Ω in kΩ: $\frac{1\,\text{k}\Omega}{1000\,\Omega}$

Beispiel: Durch den Glühfaden einer Scheinwerferlampe fließt eine Stromstärke von $I = 5\,\text{A}$. Zu berechnen ist der Widerstand R des Glühfadens in Ω, wenn an der Scheinwerferlampe eine Spannung von $U = 12\,\text{V}$ anliegt.

Gesucht: R in Ω
Gegeben: $I = 5\,\text{A}$, $U = 12\,\text{V}$

Lösung: $R = \frac{U}{I}$

$R = \frac{12\,\text{V}}{5\,\text{A}} = 2{,}4\,\Omega$

Aufgaben

1. Die folgenden Größen sind in die gesuchten Einheiten umzurechnen:
a) 738 mΩ = Ω e) 0,32 Ω =   mΩ
b) 2785 Ω =   kΩ f) 438 mΩ =   kΩ
c) 0,43 kΩ = Ω g) 0,062 kΩ =   mΩ
d) 0,27 Ω =   kΩ h) 2,78 kΩ = Ω

2. Berechnen Sie die fehlenden Werte.

	a)	b)	c)	d)	e)	f)
I	? A	1,5 A	0,85 A	? A	24 A	8 A
U	12 V	24 V	? V	24 V	12 V	? V
R	1,5 Ω	? Ω	14 Ω	0,08 Ω	? Ω	3 Ω

3. Ein Gebläsemotor für eine Nennspannung $U = 12\,\text{V}$ hat einen Widerstand $R = 0{,}75\,\Omega$. Wie groß ist bei eingeschaltetem Motor die Stromstärke I in A?

4. Durch eine Fanfare fließt eine Stromstärke $I = 3{,}5\,\text{A}$ bei einer Spannung $U = 12\,\text{V}$. Wie groß ist der Widerstand R der Fanfare in Ω?

5. Durch die Heizwendel eines Zigarettenanzünders mit einem Widerstand von 2,8 Ω fließt eine Stromstärke von 8,6 A. Wie groß ist die anliegende Spannung in V?

6. Wie groß ist der Widerstand R in Ω einer Kennzeichenlampe, wenn die Spannung $U = 24\,\text{V}$ und die Stromstärke $I = 400\,\text{mA}$ betragen?

7. Die Primärwicklung einer 12 V-Zündspule hat einen Widerstand von 3,6 Ω. Wie groß ist die Primärstromstärke I in A?

8. Berechnen Sie die fehlenden Werte.

	a)	b)	c)	d)	e)	f)
I	320 mA	? mA	0,06 A	2,4 A	? mA	230 A
U	? V	11,8 kV	15 kV	? mV	13,2 V	11,5 V
R	38 Ω	50 kΩ	? kΩ	35 mΩ	1,2 kΩ	? mΩ

45.4 Widerstand drahtförmiger Leiter

Die **Größe** des elektrischen Widerstands eines drahtförmigen Leiters ist abhängig von
- dem Werkstoff des Leiters,
- der Leiterlänge,
- der Querschnittsfläche des Leiters und
- der Temperatur des Leiters.

Die Werkstoffe setzen dem Fließen des elektrischen Stromes einen unterschiedlichen Widerstand entgegen. Diese Eigenschaft wird durch den spezifischen elektrischen Widerstand ausgedrückt.

> Der **spezifische elektrische Widerstand** ist der Widerstand eines Leiters von 1 m Länge und 1 mm² Querschnitt bei 20 °C (s. Tabelle).

Der spezifische elektrische Widerstand hat das Formelzeichen ϱ (Rho) und die Einheit $\frac{\Omega \cdot mm^2}{m}$.

Zwischen dem **Widerstand** eines Leiters und seinen **Abmessungen** bestehen die folgenden Beziehungen:
- Der Widerstand R ist proportional zur Länge l des Leiters ($R \sim l$).
- Der Widerstand R ist umgekehrt proportional zur Querschnittsfläche q des Leiters ($R \sim \frac{1}{q}$).

$$R = \frac{\varrho \cdot l}{q}$$

R elektr. Widerstand in Ω
ϱ spez. elektr. Widerstand in $\frac{\Omega \cdot mm^2}{m}$ bei 20 °C
l Länge des Leiters in m
q Querschnittsfläche des Leiters in mm²

Beispiel: Wie groß ist der Widerstand R in Ω und mΩ einer $l = 2{,}5$ m langen Scheinwerferleitung aus Kupfer, wenn die Querschnittsfläche $q = 1{,}5$ mm² beträgt?

Gesucht: R in Ω und mΩ

Gegeben: $l = 2{,}5$ m, $\varrho = 0{,}018 \frac{\Omega \cdot mm^2}{m}$, $q = 1{,}5$ mm²

Lösung: $R = \frac{\varrho \cdot l}{q} = \frac{0{,}018 \frac{\Omega \cdot mm^2}{m} \cdot 2{,}5 \, m}{1{,}5 \, mm^2}$

$R = \frac{0{,}018 \, \Omega \cdot mm^2 \cdot 2{,}5 \, m}{m \cdot 1{,}5 \, mm^2}$

$R = \mathbf{0{,}03 \, \Omega}$

$R = 0{,}03 \, \Omega \cdot \frac{1000 \, m\Omega}{1 \, \Omega}$

$R = \mathbf{30 \, m\Omega}$

Tab.: Spezifische Widerstände einiger Leiterwerkstoffe in $\frac{\Omega \cdot mm^2}{m}$ bei 20 °C

Silber 0,016	Aluminium 0,028	Eisen 0,1
Kupfer 0,018	Zink 0,06	Blei 0,208
Gold 0,022	Cu-Zn-Leg. 0,07	Kohle 66,667

Aufgaben

1. Stellen Sie die Formel $R = \frac{\varrho \cdot l}{q}$ nach ϱ, l und q um.

2. Berechnen Sie den Widerstand R in Ω einer Relaiswicklung aus Kupferdraht mit einer Länge $l = 35$ m und einer Querschnittsfläche $q = 0{,}01$ mm².

3. Eine Starterleitung von $l = 1{,}25$ m Länge und einer Querschnittsfläche $q = 35$ mm² besitzt einen Widerstand $R = 0{,}001 \, \Omega$. Aus welchem Werkstoff besteht die Leitung (s. Tab.)?

4. Wie lang ist die Kupferleitung l in m für eine Rückleuchte, wenn die Querschnittsfläche $q = 0{,}5$ mm² und der Widerstand $R = 0{,}18 \, \Omega$ betragen?

5. Eine Generatorleitung aus Aluminium ist 2,5 m lang und hat einen Widerstand von 0,007 Ω. Wie groß ist die Querschnittsfläche des Leiters q in mm²?

6. Die Primärwicklung einer Zündspule besteht aus Kupferdraht mit einer Querschnittsfläche von 0,8 mm². Der Draht ist 133 m lang. Berechnen Sie den Widerstand R der Wicklung in Ω und die Stromstärke I in A, wenn eine Spannung von 12,6 V anliegt.

7. Ein Widerstand ist aus Eisendraht gewickelt. Die Länge des Drahtes ist 8 m und die Querschnittsfläche beträgt 0,5 mm². Am Widerstand liegt eine Spannung von 12 V. Wie groß sind der Widerstand R in Ω und die Stromstärke I in A?

8. Durch die Wicklung eines Relais fließt ein Strom von 200 mA bei einer Spannung von 12 V. Wie lang ist der Kupferdraht der Wicklung in m, wenn der Draht einen Durchmesser von 0,1 mm hat?

9. Durch eine Heckscheibenheizung soll bei einer Spannung von 12 V ein Strom von 8 A fließen. Welchen Durchmesser d in mm muß der Eisendraht haben, wenn die Länge 12 m beträgt?

45.5 Reihenschaltung von Widerständen

Jeder **elektrische Verbraucher** ist im Stromkreis ein **elektrischer Widerstand.**

Werden elektrische Widerstände (Verbraucher) hintereinander geschaltet, so wird dies als **Reihenschaltung** von Widerständen bezeichnet.

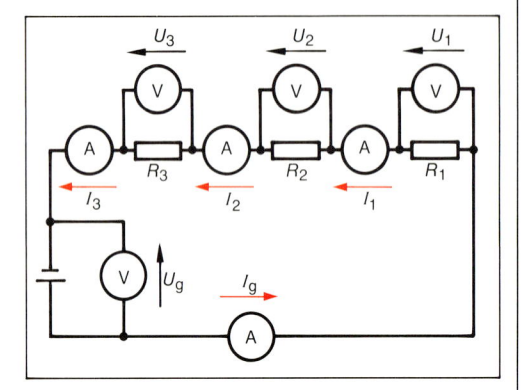

In der **Reihenschaltung** fließt durch alle elektrischen Verbraucher **derselbe Strom** I_g.

$$I_g = I_1 = I_2 = I_3$$

I_g Gesamtstrom in A
I_1, I_2, I_3 Teilströme in A

In der **Reihenschaltung** ist die **Gesamtspannung** U_g gleich der Summe der Teilspannungen an den einzelnen Verbrauchern.

$$U_g = U_1 + U_2 + U_3$$

U_g Gesamtspannung in V
U_1, U_2, U_3 Teilspannungen in V

In der **Reihenschaltung** ist der **Gesamtwiderstand** R_g gleich der Summe der Einzelwiderstände der elektrischen Verbraucher.

$$R_g = R_1 + R_2 + R_3$$

R_g Gesamtwiderstand in Ω
R_1, R_2, R_3 Einzelwiderstände in Ω

Beispiel: In der Reihenschaltung (siehe Abb.) sind $R_1 = 50\,\Omega$, $R_2 = 90\,\Omega$ und $R_3 = 110\,\Omega$. Die gemessenen Teilspannungen betragen $U_1 = 2{,}5\,V$, $U_2 = 4{,}5\,V$ und $U_3 = 5{,}5\,V$. Zu berechnen sind:
a) der Gesamtwiderstand R_g in Ω und
b) die Gesamtspannung U_g in V.

Gesucht: a) R_g in Ω, b) U_g in V
Gegeben: a) $R_1 = 50\,\Omega$, $R_2 = 90\,\Omega$ und $R_3 = 110\,\Omega$
b) $U_1 = 2{,}5\,V$, $U_2 = 4{,}5\,V$ und $U_3 = 5{,}5\,V$
Lösung: a) $R_g = R_1 + R_2 + R_3$
$R_g = 50\,\Omega + 90\,\Omega + 110\,\Omega$
$R_g = \mathbf{250\,\Omega}$
b) $U_g = U_1 + U_2 + U_3$
$U_g = 2{,}5\,V + 4{,}5\,V + 5{,}5\,V$
$U_g = \mathbf{12{,}5\,V}$

Werden die im Beispiel aufgeführten **Teilspannungen** zu den zugehörigen **Teilwiderständen** ins Verhältnis gesetzt, so ergibt sich:

$$\frac{U_1}{R_1} = \frac{U_2}{R_2} = \frac{U_3}{R_3}$$

Die Verhältnisse ergeben nach dem Ohmschen Gesetz die **Teilströme** I_1, I_2, I_3 und damit den **Gesamtstrom** I_g. Der Gesamtstrom ist aber auch das Verhältnis der **Gesamtspannung** zum **Gesamtwiderstand**, somit gilt:

$$I_g = \frac{U_g}{R_g} = \frac{U_1}{R_1} = \frac{U_2}{R_2} = \frac{U_3}{R_3}$$

Beispiel: Der Gesamtstrom I_g aus der Reihenschaltung des vorangegangenen Beispiels ist in A und mA zu berechnen.

Gesucht: I_g in A und mA
Gegeben: $U_g = 12{,}5\,V$, $R_g = 250\,\Omega$
Lösung: $I_g = \dfrac{U_g}{R_g} = \dfrac{12{,}5\,V}{250\,\Omega}$
$I_g = \mathbf{0{,}05\,A}$
$I_g = 0{,}05\,A \cdot \dfrac{1000\,mA}{1\,A}$
$I_g = \mathbf{50\,mA}$

Aufgaben

1. Stellen Sie die Formel $R_g = R_1 + R_2$ nach R_1 und R_2 um.

2. Die Formel $U_g = U_1 + U_2$ ist nach U_1 und U_2 umzustellen.

3. Aus der Verhältnisgleichung $\dfrac{U_1}{R_1} = \dfrac{U_2}{R_2}$ sind die Formeln für U_1, U_2, R_1 und R_2 aufzustellen.

Kapitel 45: Grundlagen der Kfz-Elektrik **191**

4. Für sechs Reihenschaltungen aus je zwei Widerständen sind die fehlenden Tabellenwerte zu berechnen.

	a)	b)	c)	d)	e)	f)
U_g	? V	12 V	? V	? V	? V	24 V
I_g	? A	? A	4 A	? A	1,2 A	? A
R_g	? Ω	? Ω	6 Ω	24 Ω	? Ω	? Ω
U_1	4,2 V	? V	? V	3,6 V	? V	9,6 V
U_2	7,8 V	? V	? V	8,4 V	7 V	? V
R_1	6,5 Ω	10 Ω	4 Ω	? Ω	14 Ω	12 Ω
R_2	13,5 Ω	15 Ω	? Ω	? Ω	? Ω	? Ω

5. In einer Reihenschaltung aus drei Widerständen mit $R_1 = 10\,\Omega$, $R_2 = 15\,\Omega$ und $R_3 = 25\,\Omega$ werden für $U_1 = 4,8\,V$, $U_2 = 7,2\,V$ und $U_3 = 12\,V$ gemessen. Zu berechnen sind:
a) der Gesamtwiderstand R_g in Ω,
b) die Gesamtspannung U_g in V und
c) der Gesamtstrom I_g in A und mA.

6. Durch eine Lampe mit einem Widerstand von 7,5 Ω darf nur eine Stromstärke von 0,8 A fließen. Wie groß muß der Vorwiderstand R_v in Ω sein, wenn die Nennspannung der Batterie 24 V beträgt?

7. Einem Gebläsemotor für 12 V ist in der 1. Schaltstufe ein Widerstand von 2 Ω vorgeschaltet. In der 2. Schaltstufe (ohne Vorwiderstand) fließt eine Stromstärke von 6 A. Wie groß ist die Stromstärke I in A in der 1. Schaltstufe?

45.6 Parallelschaltung von Widerständen

Werden mehrere elektrische Widerstände (Verbraucher) **direkt** mit der Spannungsquelle verbunden, so wird dies als **Parallelschaltung** bezeichnet.

In der **Parallelschaltung** liegt an allen elektrischen Verbrauchern **dieselbe Spannung** U_g an.

$U_g = U_1 = U_2 = U_3$ U_g Gesamtspannung in V
U_1, U_2, U_3 Teilspannungen in V

In der **Parallelschaltung** ist der **Gesamtstrom** I_g gleich der Summe der Teilströme I_1, I_2, I_3, die durch die elektrischen Verbraucher fließen.

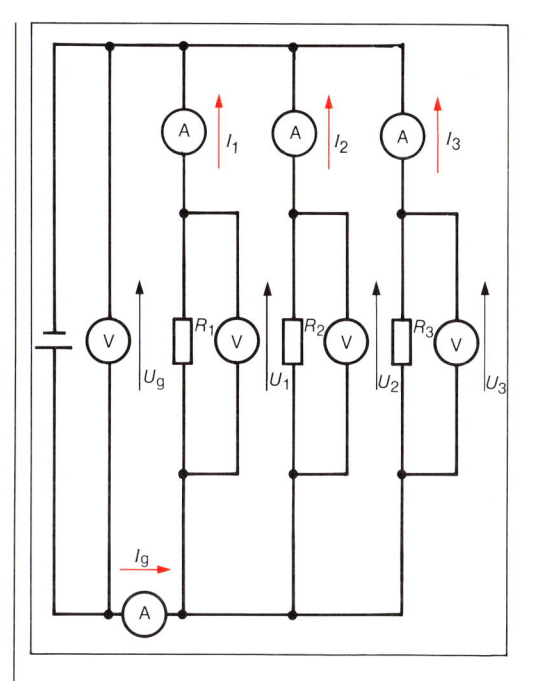

$I_g = I_1 + I_2 + I_3$ I_g Gesamtstrom in A
I_1, I_2, I_3 Teilströme in A

Nach dem **Ohmschen Gesetz** gelten für die Parallelschaltung folgende Beziehungen:

$$I_g = \frac{U_g}{R_g}, \qquad I_1 = \frac{U_1}{R_1},$$

$$I_2 = \frac{U_2}{R_2}, \qquad I_3 = \frac{U_3}{R_3}$$

Da der **Gesamtstrom** die Summe der Teilströme ist, ergibt sich durch Einsetzen für die drei Teilströme:

$$\frac{U_g}{R_g} = \frac{U_1}{R_1} + \frac{U_2}{R_2} + \frac{U_3}{R_3}$$

Da alle **Spannungen** gleich groß sind, folgt durch Kürzen für den Gesamtwiderstand:

$\frac{1}{R_g} = \frac{1}{R_1} + \frac{1}{R_2} + \frac{1}{R_3}$ R_g Gesamtwiderstand in Ω
R_1, R_2, R_3 Teilwiderstände in Ω

Daraus ergibt sich:

Der **Gesamtwiderstand** der Parallelschaltung ist **immer kleiner** als der **kleinste Widerstand** in der Schaltung.

Beispiel: Für eine Parallelschaltung mit den Widerständen $R_1 = 10\,\Omega$, $R_2 = 20\,\Omega$ und $R_3 = 30\,\Omega$ ist der Gesamtwiderstand R_g in Ω zu berechnen.

Gesucht: R_g in Ω
Gegeben: $R_1 = 10\,\Omega$, $R_2 = 20\,\Omega$, $R_3 = 30\,\Omega$

Lösung: $\dfrac{1}{R_g} = \dfrac{1}{R_1} + \dfrac{1}{R_2} + \dfrac{1}{R_3}$

$\dfrac{1}{R_g} = \dfrac{1}{10\,\Omega} + \dfrac{1}{20\,\Omega} + \dfrac{1}{30\,\Omega}$ (Hauptnenner $30\,\Omega$)

$\dfrac{1}{R_g} = \dfrac{3 + 1{,}5 + 1}{30\,\Omega} = \dfrac{5{,}5}{30\,\Omega}$

$\dfrac{R_g}{1} = \dfrac{30\,\Omega}{5{,}5}$, $\quad R_g = 5{,}45\,\Omega$

Für eine Parallelschaltung aus **zwei Widerständen** ergibt sich für die Berechnung des Gesamtwiderstands eine **vereinfachte Formel**:

$\dfrac{1}{R_g} = \dfrac{1}{R_1} + \dfrac{1}{R_2}$ Hauptnenner $(R_1 \cdot R_2)$

$\dfrac{1}{R_g} = \dfrac{R_2 + R_1}{R_1 \cdot R_2}$

$\boxed{R_g = \dfrac{R_1 \cdot R_2}{R_2 + R_1}}$ $\quad R_g$ Gesamtwiderstand in Ω
$\quad R_1, R_2$ Teilwiderstände in Ω

Beispiel: Der Gesamtwiderstand R_g in Ω einer Parallelschaltung aus zwei Widerständen mit $R_1 = 12\,\Omega$ und $R_2 = 18\,\Omega$ ist zu berechnen.

Gesucht: R_g in Ω
Gegeben: $R_1 = 12\,\Omega$, $R_2 = 18\,\Omega$

Lösung: $R_g = \dfrac{R_1 \cdot R_2}{R_2 + R_1}$

$R_g = \dfrac{12\,\Omega \cdot 18\,\Omega}{18\,\Omega + 12\,\Omega} = \dfrac{216\,\Omega^2}{30\,\Omega}$

$R_g = 7{,}2\,\Omega$

Die Beziehung zwischen zwei **Teilströmen** und ihren **Widerständen** ergibt sich aus dem Ohmschen Gesetz wie folgt:

$I_1 = \dfrac{U_1}{R_1} = \dfrac{U_g}{R_1}$, $\quad I_2 = \dfrac{U_2}{R_2} = \dfrac{U_g}{R_2}$

$\dfrac{I_1}{I_2} = \dfrac{\frac{U_g}{R_1}}{\frac{U_g}{R_2}} = \dfrac{U_g}{R_1} \cdot \dfrac{R_2}{U_g}$

$\boxed{\dfrac{I_1}{I_2} = \dfrac{R_2}{R_1}}$ $\quad I_1, I_2$ Teilströme in A
$\quad R_1, R_2$ Teilwiderstände in Ω

> In der **Parallelschaltung** verhalten sich die Ströme **umgekehrt zueinander** wie die dazugehörigen Widerstände.

Aufgaben

1. Stellen Sie die Formel $I_g = I_1 + I_2$ nach I_1 und I_2 um.

2. Die Formel $\dfrac{1}{R_g} = \dfrac{1}{R_1} + \dfrac{1}{R_2}$ ist nach $\dfrac{1}{R_1}$ und $\dfrac{1}{R_2}$ umzustellen.

3. Aus der Formel $\dfrac{1}{R_g} = \dfrac{1}{R_1} + \dfrac{1}{R_2}$, sind für R_1 und R_2 vereinfachte Formeln zu bilden.

4. Aus der Verhältnisgleichung $\dfrac{I_1}{I_2} = \dfrac{R_2}{R_1}$ sind die Formeln für I_1, I_2, R_1 und R_2 aufzustellen.

5. Wie groß ist in einer Parallelschaltung aus zwei Widerständen der Teilstrom I_1 in A, wenn der Gesamtstrom $I_g = 4{,}8\,A$ und der Teilstrom $I_2 = 1{,}25\,A$ betragen?

6. Berechnen Sie den Gesamtwiderstand R_g in Ω einer Parallelschaltung aus drei Widerständen, wenn $R_1 = 15\,\Omega$, $R_2 = 25\,\Omega$ und $R_3 = 45\,\Omega$ betragen.

7. Der Gesamtwiderstand R_g in Ω einer Parallelschaltung aus zwei Widerständen mit $R_1 = 40\,\Omega$ und $R_2 = 60\,\Omega$ ist mit Hilfe der zwei möglichen Formeln zu berechnen.

8. Wie groß ist der Widerstand R_2 einer Parallelschaltung in Ω, wenn der Gesamtwiderstand $8\,\Omega$ und der Widerstand $R_1 = 18\,\Omega$ betragen?

9. Wie groß ist in einer Parallelschaltung der Teilstrom I_1 in A, wenn $I_2 = 1{,}8\,A$, $R_1 = 30\,\Omega$ und $R_2 = 75\,\Omega$ betragen?

10. Für die Parallelschaltung aus zwei Widerständen sind die fehlenden Tabellenwerte zu berechnen.

	a)	b)	c)	d)	e)	f)
U_g	? V	12 V	? V	24 V	? V	? V
I_g	? A	? A	4,4 A	? A	? A	3 A
R_g	? Ω	? Ω	? Ω	6 Ω	? Ω	4 Ω
I_1	1,5 A	0,8 A	? A	? A	? A	? A
I_2	2,5 A	? A	3,2 A	? A	2,4 A	? A
R_1	8 Ω	? Ω	20 Ω	? Ω	8 Ω	? Ω
R_2	4,8 Ω	8 Ω	? Ω	12 Ω	5 Ω	12 Ω

Kapitel 45: Grundlagen der Kfz-Elektrik

11. Zwei parallel geschaltete Innenleuchten liegen an einer Spannung von 12,4 V. Wie groß sind der Gesamtwiderstand R_g in Ω und der Gesamtstrom I_g in A, wenn der Lampenwiderstand jeweils 28 Ω beträgt?

12. Der Gesamtwiderstand R_{g1} einer parallel geschalteten Beleuchtungsanlage für 12 V beträgt 1,2 Ω.
a) Auf welchen Wert ändert sich der Gesamtwiderstand R_{g2} in Ω, wenn die Bremsleuchten, durch die jeweils ein Strom I_B von 1,75 A fließt, betätigt werden?
b) Wie groß ist die Gesamtstromstärke I_g in A?

13. Die elektrische 12V-Kraftstoffpumpe einer Einspritzanlage für einen Vierzylindermotor hat einen Widerstand R_K von 2,2 Ω. Durch die vier parallel geschalteten Magnetventile fließt jeweils ein Strom I_M von 4,8 A. Wie groß sind:
a) der Gesamtwiderstand R_g in Ω und
b) der Gesamtstrom I_g in A?

14. Der Gesamtstrom durch eine 12V-Heckscheibenheizung und den eingeschalteten Heckscheibenwischermotor beträgt 15 A. Der Widerstand der Heckscheibenheizung ist $R_1 = 1,2\,\Omega$. Zu berechnen sind:
a) der Gesamtwiderstand R_g in Ω der Parallelschaltung,
b) der Widerstand des Heckscheibenwischermotors R_2 in Ω und
c) die Teilströme I_1 und I_2 in A.

45.7 Gruppenschaltung von Widerständen

Eine **Gruppenschaltung** von Widerständen, auch **gemischte Schaltung** genannt, ist eine Kombination aus Reihen- und Parallelschaltungen.

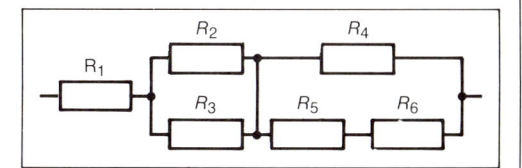

Für die Berechnung von Gruppenschaltungen müssen diese in Reihen- oder Parallelschaltungen aufgelöst werden.

Beispiel 1: Der Gesamtwiderstand R_g der Schaltung mit $R_1 = 6\,\Omega$, $R_2 = 12\,\Omega$ und $R_3 = 8\,\Omega$ ist in Ω zu berechnen.

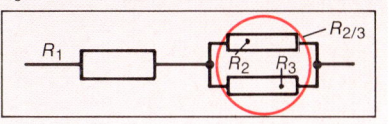

Gesucht: R_g in Ω
Gegeben: $R_1 = 6\,\Omega$, $R_2 = 12\,\Omega$, $R_3 = 8\,\Omega$
Lösung: $R_{2/3} = \dfrac{R_2 \cdot R_3}{R_3 + R_2} = \dfrac{12\,\Omega \cdot 8\,\Omega}{8\,\Omega + 12\,\Omega} = \dfrac{96\,\Omega^2}{20\,\Omega} = 4,8\,\Omega$

$R_g = R_1 + R_{2/3} = 6\,\Omega + 4,8\,\Omega = \mathbf{10,8\,\Omega}$

Beispiel 2: Wie groß ist der Gesamtwiderstand R_g der Schaltung in Ω mit $R_4 = 30\,\Omega$, $R_5 = 12\,\Omega$ und $R_6 = 8\,\Omega$?

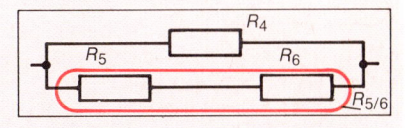

Gesucht: R_g in Ω
Gegeben: $R_4 = 30\,\Omega$, $R_5 = 12\,\Omega$, $R_6 = 8\,\Omega$
Lösung: $R_{5/6} = R_5 + R_6 = 12\,\Omega + 8\,\Omega = 20\,\Omega$

$R_g = \dfrac{R_4 \cdot R_{5/6}}{R_{5/6} + R_4} = \dfrac{30\,\Omega \cdot 20\,\Omega}{20\,\Omega + 30\,\Omega} = \dfrac{600\,\Omega^2}{50\,\Omega} = \mathbf{12\,\Omega}$

Aufgaben

1. Die fehlenden Tabellenwerte sind zu berechnen (Schaltung vom Beispiel 1).

	a)	b)	c)	d)	e)	f)
U_g	12 V	? V	24 V	? V	12 V	24 V
I_g	? A	1,5 A	1,2 A	2,5 A	0,2 A	? A
R_g	? Ω	16 Ω	? Ω	4,8 Ω	? Ω	120 Ω
R_1	24 Ω	? Ω	? Ω	2,8 Ω	40 Ω	? Ω
R_2	12 Ω	6 Ω	18 Ω	? Ω	28 Ω	34 Ω
R_3	48 Ω	9 Ω	22 Ω	5 Ω	? Ω	48 Ω

2. Berechnen Sie die fehlenden Tabellenwerte nach der Schaltung des Beispiels 2.

	a)	b)	c)	d)	e)	f)
U_g	12 V	? V	24 V	? V	12 V	? V
I_g	? A	1,5 A	? A	2 A	0,3 A	3 A
R_g	? Ω	? Ω	6 Ω	? Ω	? Ω	8 Ω
R_4	6 Ω	16 Ω	? Ω	20 Ω	60 Ω	? Ω
R_5	8 Ω	12 Ω	9 Ω	18 Ω	? Ω	16 Ω
R_6	4 Ω	4 Ω	6 Ω	12 Ω	35 Ω	24 Ω

45.8 Elektrische Arbeit und Leistung

Im Kap. 45.2 ist die elektrische Arbeit als Produkt von Spannung und Ladungsmenge erklärt.

$$W = U \cdot Q$$

Die Ladungsmenge ist aber das Produkt aus Stromstärke und Zeit (s. Kap. 45.1).

$$Q = I \cdot t$$

Wird diese Formel für Q in die obere eingesetzt, ergibt sich der folgende Zusammenhang:

Die **elektrische Arbeit** ist das Produkt aus **Spannung, Stromstärke** und **Zeit** (Einschaltdauer).

$$W = U \cdot I \cdot t$$

- W Arbeit in Ws
- U Spannung in V
- I Stromstärke in A
- t Zeit in s

Beispiel: Durch eine Scheinwerferlampe fließt bei einer Spannung von 12,5 V eine Stromstärke von 5,2 A. Wie groß ist die elektrische Arbeit W in Ws, wenn der Scheinwerfer 48 s eingeschaltet ist?

Gesucht: W in Ws
Gegeben: $U = 12{,}5$ V, $I = 5{,}2$ A, $t = 48$ s
Lösung: $W = U \cdot I \cdot t$
$W = 12{,}5$ V $\cdot$ 5,2 A $\cdot$ 48 s
$W = 3120$ Ws

Aufgaben

1. Die Formel $W = U \cdot I \cdot t$ ist nach U, I und t umzustellen.

2. Durch einen Scheibenwischermotor für 12 V Nennspannung fließt eine Stromstärke von 6,6 A. Welche Arbeit W in Ws wird verrichtet, wenn der Scheibenwischer 175 s eingeschaltet ist?

3. Eine Kraftstoffpumpe ist 2,4 h in Betrieb. Dabei wird eine Arbeit von 144 Wh bei einer Stromaufnahme von 4,8 A verrichtet. Wie hoch ist die an der Pumpe anliegende Spannung U in V?

4. Wie lange dauert das Ausfahren einer Antenne mit Motorantrieb für 12 V, wenn dafür eine Arbeit von 210 Ws bei einer Stromstärke von 5 A erforderlich ist?

Im Kap. 24 ist die mechanische Leistung als mechanische Arbeit pro Zeiteinheit erklärt. Diese Erklärung gilt auch für die **elektrische Leistung**.

Die **elektrische Leistung** ist der Quotient aus elektrischer **Arbeit** und **Zeit**.

$$P = \frac{W}{t}$$

- P Leistung in W
- W Arbeit in Ws
- t Zeit in s

Die Einheit der **elektrischen Leistung** ist das **Watt**. Die Leistung hat das **Formelzeichen** P und das **Einheitenzeichen** W.

Eine größere Einheit ist das **Kilowatt** mit dem Einheitenzeichen kW.

Einheitengleichungen: 1 kW = 1000 W
1 W = 0,001 kW

Da die elektrische Arbeit das Produkt aus Spannung, Stromstärke und Zeit ist, ergibt sich durch Einsetzen:

$P = \dfrac{U \cdot I \cdot t}{t}$, durch Kürzen folgt:

$$P = U \cdot I$$

- P Leistung in W
- U Spannung in V
- I Stromstärke in A

Die **elektrische Leistung** ist das Produkt aus **Spannung** und **Stromstärke**.

Beispiel 1: Ein Starter ist $t = 3{,}5$ s eingeschaltet und verrichtet dabei eine elektrische Arbeit von $W = 3325$ Ws. Wie groß ist die Leistung des Starters P in W?

Gesucht: P in W
Gegeben: $W = 3325$ Ws, $t = 3{,}5$ s
Lösung: $P = \dfrac{W}{t} = \dfrac{3325 \text{ Ws}}{3{,}5 \text{ s}}$
$P = 950$ W

Beispiel 2: An einem Fensterhebermotor liegt eine Spannung von $U = 12{,}4$ V. Wird der Motor eingeschaltet, so fließt eine Stromstärke von $I = 12{,}5$ A. Wie groß ist die Leistung des Motors P in W?

Gesucht: P in W
Gegeben: $U = 12{,}4$ V, $I = 12{,}5$ A
Lösung: $P = U \cdot I = 12{,}4$ V $\cdot$ 12,5 A
$P = 155$ W

Kapitel 45: Grundlagen der Kfz-Elektrik

Wird in der Formel $P = U \cdot I$ die Spannung U durch $R \cdot I$ nach dem Ohmschen Gesetz ersetzt, so ergibt sich $P = R \cdot I \cdot I$ und damit:

$P = R \cdot I^2$

P Leistung in W
R Widerstand in Ω
I Stromstärke in A

Ebenso kann die Stromstärke I nach dem Ohmschen Gesetz durch $\frac{U}{R}$ ersetzt werden, woraus $P = U \cdot \frac{U}{R}$ folgt und damit ist:

$P = \frac{U^2}{R}$

P Leistung in W
U Spannung in V
R Widerstand in Ω

Beispiel: Durch eine Glühkerze mit einem Widerstand von 1,44 Ω fließt bei einer Spannung von 12 V ein Strom von 8,33 A. Zu berechnen ist die Leistung P der Glühkerze in W.

Gesucht: P in W
Gegeben: $R = 1,44\,\Omega, \quad U = 12\,V, \quad I = 8,33\,A$
Lösung: a) $P = U \cdot I = 12\,V \cdot 8,33\,A$
$P = \mathbf{100\,W}$
b) $P = R \cdot I^2 = 1,44\,\Omega \cdot 8,33^2\,A^2$
$P = \mathbf{100\,W}$
c) $P = \frac{U^2}{R} = \frac{12^2\,V^2}{1,44\,\Omega}$
$P = \mathbf{100\,W}$

Aufgaben

1. Stellen Sie die Formel $P = \frac{W}{t}$ nach W und t um.

2. Die Formel $P = U \cdot I$ ist nach U und I umzustellen.

3. Berechnen Sie die Leistung P in W einer Kraftstoffpumpe, die $t = 1,8\,h$ eingeschaltet ist, wobei eine Arbeit W von 126 Wh verrichtet wird.

4. Ein Scheibenwischermotor mit 80 W Leistung ist 45 min eingeschaltet. Wie groß ist die verrichtete Arbeit W in Ws und Wh?

5. Eine Fanfare hat eine Leistung von 40 W. Wie lange in s war die Fanfare eingeschaltet, wenn während des Hupens eine Arbeit von 24 Ws verrichtet wurde?

6. Berechnen Sie die Leistung P einer Scheinwerferlampe in W, wenn die anliegende Spannung 12,8 V und die Stromstärke 5,4 A betragen.

7. Wie hoch ist die Spannung U in V an einem Zigarettenanzünder mit 100 W Leistung, wenn die Stromstärke 8,4 A beträgt?

8. Welche Stromstärke I in A fließt durch einen 12 V-Lüftermotor, wenn dieser eine Leistung von 200 W hat?

9. Berechnen Sie die fehlenden Tabellenwerte.

	a)	b)	c)	d)	e)	f)
P	55 W	? W	1,8 W	? kW	150 W	? W
W	? Ws	? Wh	0,45 Wh	? Wh	630 Wh	980 Wh
t	12 min	1,2 h	? min	2,5 s	? h	14 h
U	12 V	24 V	? V	24 V	12 V	? V
I	? A	5,4 A	150 mA	280 A	? A	5,8 A

10. Die Formel $P = R \cdot I^2$ ist nach R und I umzustellen.

11. Stellen Sie die Formel $P = \frac{U^2}{R}$ nach U und R um.

12. Die Lampe eines Scheinwerfers hat einen Widerstand von 2,6 Ω. Wie groß ist die Leistung P der Lampe in W bei $U = 12,3\,V$?

13. Wie groß ist der Widerstand R in Ω einer Hupe mit einer Leistung von 25 W an einer Spannung $U = 12\,V$?

14. Eine Glühkerze hat eine Leistung von 100 W und einen Widerstand von 1,5 Ω. Wie groß ist die angelegte Spannung U in V?

15. Durch eine Rückfahrleuchte mit einem Widerstand von 5,7 Ω fließt eine Stromstärke von 2,1 A. Wie groß ist die Leistung P in W der Lampe?

16. Durch eine Instrumentenleuchte von 2 W Leistung fließt eine Stromstärke von 160 mA. Wie groß ist der Widerstand R in Ω der Leuchte?

17. Berechnen Sie die Stromstärke I in A, die durch einen Gebläsemotor fließt, wenn dieser für eine Leistung von 80 W ausgelegt ist und einen Widerstand von 1,8 Ω hat.

18. Die parallel geschalteten Glühkerzen für einen 4-Zyl.-Dieselmotor haben jeweils einen Widerstand von 1,45 Ω. Während des Vorglühens fließt eine Gesamtstromstärke von 34,2 A. Wie groß ist die Leistung P einer Glühkerze in W?

Tab.: Leistungsbedarf elektrischer Verbraucher im Kraftfahrzeug (Durchschnittswerte)

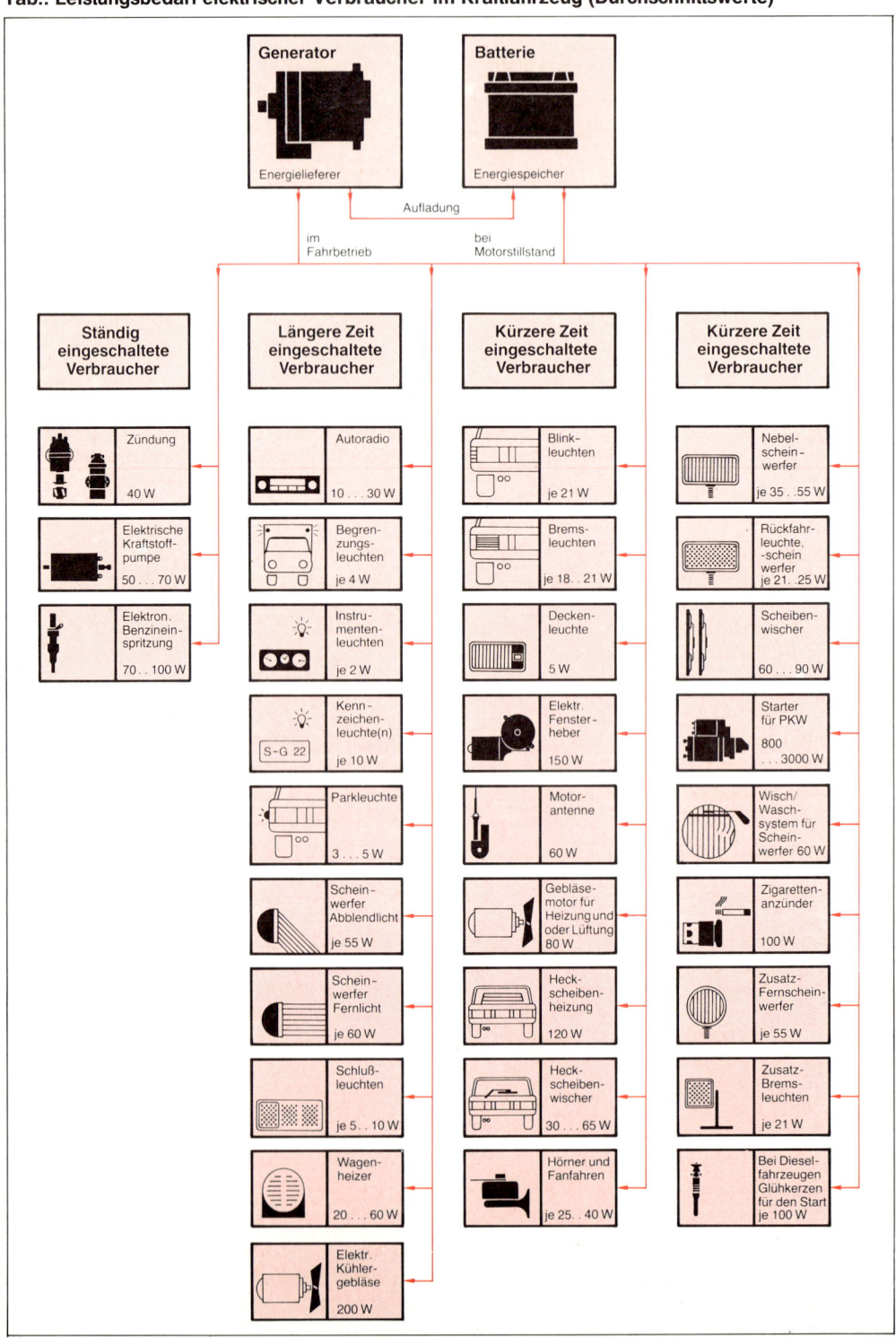

Generator – Energielieferer
Batterie – Energiespeicher
Aufladung: im Fahrbetrieb / bei Motorstillstand

Ständig eingeschaltete Verbraucher

- Zündung 40 W
- Elektrische Kraftstoffpumpe 50...70 W
- Elektron. Benzineinspritzung 70...100 W

Längere Zeit eingeschaltete Verbraucher

- Autoradio 10...30 W
- Begrenzungsleuchten je 4 W
- Instrumentenleuchten je 2 W
- Kennzeichenleuchte(n) S-G 22 je 10 W
- Parkleuchten 3...5 W
- Scheinwerfer Abblendlicht je 55 W
- Scheinwerfer Fernlicht je 60 W
- Schlußleuchten je 5...10 W
- Wagenheizer 20...60 W
- Elektr. Kühlergebläse 200 W

Kürzere Zeit eingeschaltete Verbraucher

- Blinkleuchten je 21 W
- Bremsleuchten je 18...21 W
- Deckenleuchte 5 W
- Elektr. Fensterheber 150 W
- Motorantenne 60 W
- Gebläsemotor für Heizung und oder Lüftung 80 W
- Heckscheibenheizung 120 W
- Heckscheibenwischer 30...65 W
- Hörner und Fanfahren je 25...40 W

Kürzere Zeit eingeschaltete Verbraucher

- Nebelscheinwerfer je 35...55 W
- Rückfahrleuchte, -scheinwerfer je 21...25 W
- Scheibenwischer 60...90 W
- Starter für PKW 800...3000 W
- Wisch/Waschsystem für Scheinwerfer 60 W
- Zigarettenanzünder 100 W
- Zusatz-Fernscheinwerfer je 55 W
- Zusatz-Bremsleuchten je 21 W
- Bei Dieselfahrzeugen Glühkerzen für den Start je 100 W

45.9 Wirkungsgrad

Die von einer Maschine, z.B. Generator, Starter, aufgenommene (zugeführte) Leistung ist aufgrund der **Verluste**, z.B. Reibungsverluste, in der Maschine immer größer als die von der Maschine abgegebene Leistung (s. Kap. 25).

> Der **Wirkungsgrad** einer Maschine ist der Quotient aus **abgegebener Leistung** und **zugeführter Leistung**.

$$\eta = \frac{P_{exi}}{P_{ing}}$$

η Wirkungsgrad
P_{exi} abgegebene Leistung in W
P_{ing} zugeführte Leistung in W

Der Wirkungsgrad kann auch in **Prozent** ausgedrückt werden:

$$\eta_{\%} = \eta \cdot 100\%$$

$\eta_{\%}$ Wirkungsgrad in Prozent
η Wirkungsgrad
100 Umrechnungszahl, 100%

> Der **Wirkungsgrad** ist aufgrund der Verlustleistung in der Maschine **immer kleiner als 1,0 bzw. kleiner als 100%**.

Auch das Verhältnis aus **abgegebener Arbeit** und **zugeführter Arbeit** ergibt den **Wirkungsgrad**.

$$\eta = \frac{W_{exi}}{W_{ing}}$$

η Wirkungsgrad
W_{exi} abgegebene Arbeit in Ws
W_{ing} zugeführte Arbeit in Ws

Beispiel: Wie groß ist der Wirkungsgrad η eines Scheibenwischermotors in %, wenn $P_{ing} = 200\,W$ und $P_{exi} = 150\,W$ betragen?
Gesucht: η in %
Gegeben: $P_{ing} = 200\,W$, $P_{exi} = 150\,W$
Lösung: $\eta = \dfrac{P_{exi}}{P_{ing}} = \dfrac{150\,W}{200\,W}$
$\eta = 0,75$
$\eta = 0,75 \cdot 100\%$
$\eta = \mathbf{75\%}$

Aufgaben

1. Die Formel $\eta = \dfrac{P_{exi}}{P_{ing}}$ ist nach P_{exi} und P_{ing} umzustellen.

2. Wie groß ist der Wirkungsgrad η einer elektrischen Kraftstoffpumpe, wenn die zugeführte Leistung $P_{ing} = 70\,W$ und die abgegebene Leistung $P_{exi} = 49\,W$ betragen?

3. Berechnen Sie die abgegebene Leistung P_{exi} eines Generators in W, wenn der Wirkungsgrad $\eta = 0,62$ und die zugeführte Leistung $P_{ing} = 320\,W$ betragen.

4. Entwickeln Sie die Formel zur Berechnung der Verlustleistung P_v und stellen Sie diese nach P_{exi} und P_{ing} um.

5. Ein Starter gibt eine Leistung P_{exi} von 792 W bei einem Wirkungsgrad von 66% ab. Wie groß ist die zugeführte Leistung P_{ing} in W und die Verlustleistung P_v in W?

6. Ein Wischermotor hat eine Verlustleistung von 14 W, die zugeführte Leistung beträgt 80 W. Wie groß sind die abgegebene Leistung P_{exi} in W und der Wirkungsgrad η in %?

7. Berechnen Sie die zugeführte Leistung P_{ing} in W und die Verlustleistung P_v in W einer elektrischen Kraftstoffpumpe, wenn die abgegebene Leistung 42 W und der Wirkungsgrad 0,7 betragen.

8. Ein Generator gibt bei einem Wirkungsgrad von 56% in 32 min eine Arbeit von 138,24 Wh ab. Wie groß sind
a) die vom Verbrennungsmotor für den Antrieb des Generators zu leistende Arbeit W_{ing} in Ws
b) und die abgegebene Leistung P_{exi} des Generators in W?

9. Wie groß sind
a) die abgegebene Leistung P_{exi} in W und
b) die geleistete Arbeit W_{exi} in Ws und Wh eines Starters, wenn dieser bei $U = 10,4\,V$ eine Stromstärke von 184 A aufnimmt und 6,2 s eingeschaltet ist? η des Starters beträgt 74%.

10. Berechnen Sie die Stromaufnahme I in A eines Wischermotors mit einem Wirkungsgrad $\eta = 0,72$. Die abgegebene Leistung beträgt 57,6 W und die anliegende Spannung ist 12,2 V.

11. Welche Spannung U in V liefert ein Generator, wenn bei einem Wirkungsgrad von 56% und einer Leistungsaufnahme von 788 W eine Stromstärke von 32 A dem Generator entnommen wird?

12. Wie groß ist die abgegebene Leistung P_{exi} eines Starters in W, durch den bei einem Wirkungsgrad von 64% und einer Spannung von 9,6 V eine Stromstärke von 216 A fließt?

45.10 Stromdichte

Für die Bemessung einer elektrischen Leitung muß der **Querschnitt** der Leitung so gewählt werden, daß die **Stromdichte** in der Leitung die vorgeschriebenen Werte nicht überschreitet (Tab. 1, S. 199).
Die Stromdichte J in einer Leitung ist abhängig von

- der Stromstärke I und
- der Querschnittsfläche q der Leitung ohne Isolierung.

$$J = \frac{I}{q}$$

J Stromdichte in $\frac{A}{mm^2}$
I Stromstärke in A
q Querschnittsfläche des Leiters in mm^2

Die Berechnung der **Stromdichte** ist erforderlich, damit die Leitung im Betrieb nicht zu warm wird (Brandgefahr!).

Beispiel: Wie groß ist die Stromdichte J in $\frac{A}{mm^2}$ in einer Starterleitung, wenn die Stromstärke $I = 224\,A$ und die Querschnittsfläche $q = 16\,mm^2$ betragen?

Gesucht: J in $\frac{A}{mm^2}$

Gegeben: $I = 224\,A$, $q = 16\,mm^2$

Lösung: $J = \frac{I}{q} = \frac{224\,A}{16\,mm^2}$

$J = \mathbf{14\,\frac{A}{mm^2}}$

Aufgaben

1. Stellen Sie die Formel $J = \frac{I}{q}$ nach I und q um.

2. Berechnen Sie die Stromdichte J in $\frac{A}{mm^2}$ einer Scheinwerferleitung, wenn die Stromstärke $I = 9,2\,A$ und die Querschnittsfläche $q = 1,5\,mm^2$ betragen.

3. In einer Relaissteuerleitung mit einer Querschnittsfläche von $q = 1\,mm^2$ beträgt die Stromdichte $J = 0,15\,\frac{A}{mm^2}$. Wie groß ist die Stromstärke I in A.

4. Zu berechnen ist der Querschnitt q einer Generatorleitung in mm^2, durch die eine Stromstärke von $I = 36\,A$ fließt und in der die Stromdichte $J = 6\,\frac{A}{mm^2}$ beträgt.

45.11 Spannungsfall

Bei der Bemessung einer elektrischen Leitung muß darauf geachtet werden, daß durch den Widerstand der Leitung der **Spannungsfall** an der Leitung einen bestimmten Wert nicht überschreitet (Tab. 2, S. 199).
Der Spannungsfall U_v (Spannungsverlust) an einer Leitung ist abhängig von

- dem Widerstand R der Leitung und
- der Stromstärke I.

$$U_v = R \cdot I$$

U_v Spannungsfall in V
R Widerstand in Ω
I Stromstärke in A

Die Berechnung des **Spannungsfalls** U_v an einer Leitung ist erforderlich, damit die am Verbraucher zur Verfügung stehende Spannung möglichst groß ist.

Beispiel: Wie groß ist der Spannungsfall U_v in V an einer Scheinwerferleitung, wenn die Stromstärke $I = 9,2\,A$ und der Widerstand R der Leitung $0,03\,\Omega$ betragen?

Gesucht: U_v in V

Gegeben: $I = 9,2\,A$, $R = 0,03\,\Omega$

Lösung: $U_v = R \cdot I = 0,03\,\Omega \cdot 9,2\,A$

$U_v = \mathbf{0,276\,V}$

Aufgaben

1. Stellen Sie die Formel $U_v = R \cdot I$ nach R und I um.

2. Wie groß ist der Spannungsfall U_v in V an einer Starterleitung, durch die eine Stromstärke $I = 250\,A$ fließt und die einen Widerstand von $R = 0,002\,\Omega$ hat?

3. Berechnen Sie die Stromstärke I in A, die durch eine Magnetschalterleitung fließt. Bei einem Widerstand der Leitung von $R = 0,1\,\Omega$ beträgt der Spannungsfall $U_v = 2,4\,V$.

4. Zu berechnen ist der Widerstand R in Ω einer Blinkerleitung, an der ein Spannungsfall U_v von $0,5\,V$ bei einer Stromstärke von $I = 3,5\,A$ gemessen wird.

5. Wie groß ist der Spannungsfall U_v in V an einer Ladeleitung mit einem Widerstand von $7\,m\Omega$, wenn eine Stromstärke von $55\,A$ fließt?

45.12 Leitungsberechnung

Für die Berechnung des Querschnitts einer Leitung muß der **zulässige Spannungsfall** und die **zulässige Stromdichte** beachtet werden (s. Tab. 1 und Tab. 2).

Berechnung des **Leiterquerschnitts:**

1. Die **Stromstärke** durch die Leitung und den Verbraucher wird ermittelt.

$$I = \frac{P}{U_N}$$

- I Stromstärke in A
- P elektr. Leistung des Verbrauchers in W
- U_N Nennspannung in V

oder

$$I = \frac{U_N}{R}$$

- I Stromstärke in A
- U_N Nennspannung in V
- R Widerstand des Verbrauchers in Ω

2. Der **Querschnitt** der Leitung wird unter Berücksichtigung des zulässigen Spannungsfalls nach Tab. 2 berechnet.

$q = \frac{\varrho \cdot l}{R}$ mit $R = \frac{U_v}{I}$ wird:

$$q = \frac{I \cdot \varrho \cdot l}{U_v}$$

- q Leiterquerschnitt in mm²
- I Stromstärke in A
- ϱ spez. elektr. Widerstand in $\frac{\Omega \cdot mm^2}{m}$
- l Leitungslänge in m
- U_v Spannungsfall in V

3. Aus der Tab. 1 ist für den Leiterquerschnitt der nächst **höhere Normquerschnitt** zu wählen.

4. Mit dem Normquerschnitt ist die **Stromdichte** zu ermitteln und mit dem entsprechenden Wert in der Tab. 1 zu vergleichen.

$$J = \frac{I}{q}$$

- J Stromdichte in $\frac{A}{mm^2}$
- I Stromstärke in A
- q Leiterquerschnitt in mm²

Ist der errechnete Wert für die **Stromdichte** größer als der Tabellenwert, so muß ein **größerer Normquerschnitt** gewählt werden, der die zulässige Stromdichte gewährleistet.

5. Zur Kontrolle ist mit dem gewählten Normquerschnitt **der tatsächliche Spannungsfall** zu berechnen.

Leiterquerschnitte unter **1 mm²** sollen bei Einzelleitungen wegen zu geringer mechanischer Festigkeit nicht verwendet werden.

Tab. 1: Normquerschnitte und zulässige Stromdichten von Kupferleitungen für Kraftfahrzeuge
Einadrig, unverzinnt, PVC-isoliert

Normquerschnitt in mm²	zulässige Stromdichte für Dauerbetrieb in $\frac{A}{mm^2}$
1	10
1,5	10
2,5	10
4	10
6	6
10	6
16	6
25	4
35	4
50	4
70	3
95	3

Im **Kurzzeitbetrieb** von elektrischen Verbrauchern, z.B. Starter, Magnetschalter, ist eine **Stromdichte bis zu 30 $\frac{A}{mm^2}$** zulässig.

Tab. 2: Zulässiger Spannungsfall

Art der Leitung	Zul. Spannungsfall der Plusleitung	Bemerkungen
Lichtleitungen vom Lichtschalter Klemme 30 bis Leuchten < 15 W	0,1 V	Strom bei Nennspannung und Nennleistung
vom Lichtschalter Klemme 30 bis Leuchten > 15 W	0,5 V	
vom Lichtschalter Klemme 30 bis Scheinwerfer	0,3 V	
Ladeleitung vom Drehstromgenerator Klemme B+ bis Batterie	0,4 V bei 12 V 0,8 V bei 24 V	Strom bei Nennspannung und Nennleistung
Steuerleitungen vom Drehstromgenerator bis Regler (Klemmen D+, D−, DF)	0,1 V bei 12 V 0,2 V bei 24 V	bei maximalem Erregerstrom
Starterhauptleitung	0,5 V bei 12 V 1,0 V bei 24 V	Starterkurzschlußstrom bei +20 °C
Startersteuerleitung vom Startschalter bis Starter Klemme 50 Einrückrelais mit Einfachwicklung Einrückrelais mit Einzug- und Haltewicklung	1,4 V bei 12 V 2,0 V bei 24 V 2,4 V bei 12 V 2,8 V bei 24 V	Maximaler Steuerstrom
Sonstige Steuerleitungen vom Schalter bis Relais, Horn usw.	0,5 V bei 12 V 1,0 V bei 24 V	Strom bei Nennspannung

Da der Spannungsfall an der **Masserückleitung** (Karosserie) sehr gering ist, bleibt dieser bei der Leitungsberechnung unberücksichtigt. Nur bei isolierter Rückleitung ist auch dieser zu berücksichtigen.

Beispiel: Wie groß muß der Querschnitt der Kupferleitung für eine Kennzeichenleuchte sein, wenn diese eine 12V/10W Glühlampe enthält und die Leitungslänge 4,2 m beträgt?

Gesucht: I in A, q in mm^2, J in $\frac{A}{mm^2}$

Gegeben: $U_N = 12$ V, $P = 10$ W, $l = 4,2$ m

Lösung: **1. Stromstärke**

$$I = \frac{P}{U_N} = \frac{10\,W}{12\,V} = \mathbf{0{,}83\ A}$$

2. Leiterquerschnitt

$U_v = 0{,}1$ V (aus Tab. 2, S. 199)

$$q = \frac{I \cdot \varrho \cdot l}{U_v}$$

$$q = \frac{0{,}83\,A \cdot 0{,}018\frac{\Omega \cdot mm^2}{m} \cdot 4{,}2\,m}{0{,}1\,V}$$

$$q = \frac{0{,}83\,A \cdot 0{,}018\,\Omega \cdot mm^2 \cdot 4{,}2\,m}{0{,}1\,V \cdot m}$$

$$q = \mathbf{0{,}63\ mm^2}$$

3. Normquerschnitt $q = \mathbf{1\ mm^2}$
(aus Tab. 1, S. 199)

4. Stromdichte

$$J = \frac{I}{q} = \frac{0{,}83\,A}{1\,mm^2} = \mathbf{0{,}83\ \frac{A}{mm^2}}$$

Zulässige Stromdichte aus Tabelle 1, S. 199: $J = 10\ \frac{A}{mm^2}$

5. Tatsächlicher Spannungsfall

$$U_v = \frac{I \cdot \varrho \cdot l}{q}$$

$$U_v = \frac{0{,}83\,A \cdot 0{,}018\frac{\Omega \cdot mm^2}{m} \cdot 4{,}2\,m}{1\,mm^2}$$

$$U_v = \mathbf{0{,}063\ V}$$

Aufgaben

1. Stellen Sie $q = \frac{I \cdot \varrho \cdot l}{U_v}$ nach I, ϱ und l um.

2. Die Querschnittsfläche q einer Scheinwerferleitung mit einer Länge von 2,8 m ist in mm^2 zu berechnen. Die Leitung besteht aus Kupfer und versorgt eine 12V-Glühlampe mit einer Leistung von 60 W.

3. Wie lang ist eine Kupfer-Leitung in m für eine Schlußleuchte mit einer 12V/10W-Glühlampe, wenn der tatsächliche Spannungsfall 0,09 V und die Querschnittsfläche 1 mm^2 betragen?

4. Die Länge einer Kupfer-Leitung für die zwei Bremsleuchten eines Lastkraftwagens mit einer Nennspannung von 24 V beträgt 14,3 m. Der tatsächliche Spannungsfall U_v ist bei einer Querschnittsfläche der Leitung von $q = 1$ mm^2 0,45 V. Zu berechnen sind:
a) die Stromstärke I_{ges} in der Leitung in A und
b) die Leistung P einer Glühlampe in W.

5. Der Widerstand einer 12V-Glühlampe für eine Begrenzungsleuchte ist 28,6 Ω. Die Leitung aus Kupfer hat eine Länge l von 3,8 m und einen Querschnitt $q = 1$ mm^2. Zu berechnen sind:
a) der tatsächliche Spannungsverlust U_v in V,
b) die Leistung P in W der Glühlampe.

6. Wie groß muß die genormte Querschnittsfläche q in mm^2 einer 2,6 m langen Kupfer-Ladeleitung eines 14V-Generators sein, wenn die Leistung des Generators 540 W beträgt?

7. Bei einem 28V-Generator mit weggebautem Regler ist die Querschnittsfläche q für die 1,8 m lange Reglerleitung aus Kupfer in mm^2 zu berechnen. Der maximale Erregerstrom des Generators beträgt 8,4 A.

8. Der Kurzschlußstrom eines 12V-Starters beträgt 720 A. Die Starterhauptleitung aus Kupfer hat eine Länge von 1,3 m. Zu berechnen sind:
a) die Querschnittsfläche q in mm^2 der Leitung,
b) der Normquerschnitt q in mm^2,
c) die Stromdichte J in $\frac{A}{mm^2}$ und
d) der tatsächliche Spannungsfall U_v in V.

9. Die Startersteuerleitung für ein Einrückrelais mit Einfachwicklung in einem Omnibus ist 13,2 m lang und besteht aus Kupfer. Der Widerstand der Einfachwicklung ist 1,8 Ω. Die Leistungsaufnahme des Relais beträgt bei 24V-Nennspannung 320 W. Berechnen Sie:
a) die Querschnittsfläche q der Leitung in mm^2,
b) den Normquerschnitt q in mm^2,
c) die Stromdichte J in $\frac{A}{mm^2}$ und
d) den tatsächlichen Spannungsfall U_v in V.

10. Welche genormte Querschnittsfläche q muß eine Steuerleitung in mm^2 für ein 12V-Relais haben, wenn die Kupferleitung 4,3 m lang ist und der Steuerstrom 180 mA beträgt?

46 Kraftfahrzeugbatterie

46.1 Kapazität

> Die **Kapazität** K einer Batterie gibt an, welche **Elektrizitätsmenge** der Batterie entnommen werden kann.

Die aus einer Batterie entnommene Kapazität K (Elektrizitätsmenge) ist abhängig von
- der Stromstärke I und
- der Zeit t.

$K = I \cdot t$

K Kapazität in Ah
I Stromstärke in A
t Zeit in h

Die **Kapazität** einer Batterie hat das Formelzeichen K und die Einheit **Amperestunden** mit dem Einheitszeichen Ah.

Die **Nennkapazität** ist der **Sollwert** der Kapazität einer Batterie. Die Kapazität einer Batterie ist abhängig von
- der Entladestromstärke,
- der Temperatur und Dichte des Elektrolyten,
- dem Alter der Batterie.

Deshalb wird die Nennkapazität K_{20} für eine 20stündige Entladung und für eine Säuretemperatur von 27 °C angegeben.

> Eine **Nennkapazitätsangabe** von 36 Ah besagt, daß eine 12 V-Batterie 20 Stunden lang mit einer Stromstärke von 1,8 A belastet werden kann, ohne daß die Klemmenspannung unter 10,5 V absinkt.

Beispiel: Aus einer vollgeladenen 12 V-Batterie mit einer Säuretemperatur von 27 °C wird eine Stromstärke von 3,3 A entnommen. Nach einr Entladezeit von 20 h hat die Batterie noch eine Klemmenspannung von 10,5 V. Wie groß ist die Nennkapazität K_{20} der Batterie in Ah?

Gesucht: K_{20} in Ah

Gegeben: $I = 3{,}3\,A$, $t = 20\,h$

Lösung: $K_{20} = I \cdot t$
$K_{20} = 3{,}3\,A \cdot 20\,h$
$K_{20} = \mathbf{66\,Ah}$

Aufgaben

1. Die Formel $K = I \cdot t$ ist nach I und t umzustellen.

2. Aus einer Batterie mit einer Nennspannung von 24 V fließt eine Stromstärke von 6,4 A in einer Zeit von 3,8 h. Wie groß ist die entnommene Kapazität K in Ah?

3. Welche Stromstärke I in A fließt durch ein Radio, wenn dieses $t = 1{,}2\,h$ eingeschaltet ist und dabei eine Kapazität K von 1,5 Ah aus der Batterie entnommen wird?

4. Wie lange leuchtet das Standlicht eines Kraftfahrzeugs, wenn eine Stromstärke I von 4,2 A fließt und die Batterie noch eine Kapazität K von 31,5 Ah hat?

5. Berechnen Sie die aus einer 12 V-Batterie entnommene Kapazität K in Ah, wenn ein Zigarettenanzünder mit einer Leistungsaufnahme von 100 W 0,5 min eingeschaltet ist.

6. Für den Startvorgang eines Motors wird aus der Batterie eine Kapazität von 0,3 Ah entnommen. Berechnen Sie die Zeit in s für das Starten, wenn die mittlere Stromaufnahme des Starters 280 A beträgt.

7. Wieviel Kapazität K in Ah hat eine 12 V 66 Ah-Batterie noch, wenn versehentlich die Beleuchtungsanlage eines Fahrzeugs mit 156 W Leistungsaufnahme 3,2 h eingeschaltet war?

8. Das Standlicht mit einer Leistungsaufnahme von 30 W bleibt 13 h eingeschaltet. Das Fahrzeug ist mit einer 12 V 36 Ah-Batterie ausgerüstet. Zum Starten wird 2,5 s lang eine mittlere Stromstärke von 180 A benötigt. Berechnen Sie, ob die in der Batterie noch vorhandene Kapazität zum Starten ausreicht.

9. Wie groß ist die Restkapazität K in Ah einer 12 V 44 Ah-Batterie, wenn die folgenden Verbraucher wie angegeben eingeschaltet sind: Radio mit 12 W 2,4 h, Parklicht mit 12 W 8,2 h, Zigarettenanzünder mit 100 W insgesamt 280 s und die Innenbeleuchtung mit 5 W 4,2 h.

46.2 Innenwiderstand von Batterien

Aufgrund des **Innenwiderstandes** einer Batterie ist die Batteriespannung bei Belastung der Batterie kleiner als ohne Belastung.
Die Größe des Innenwiderstandes ist in erster Linie abhängig vom Ladezustand der Batterie. Geladene Batterien haben einen kleineren Innenwiderstand als entladene Batterien.

> Die **Größe des Innenwiderstandes** R_i einer Batterie ergibt sich aus der Differenz der Batteriespannung **ohne Belastung** (Leerlaufspannung U_0) und **mit Belastung** (Klemmenspannung U_{Kl}) geteilt durch die **Stromstärke**, die durch die Verbraucher fließt.

$$R_i = \frac{U_0 - U_{Kl}}{I}$$

R_i Innenwiderstand in Ω
U_0 Leerlaufspannung in V
U_{Kl} Klemmenspannung in V
I Stromstärke in A

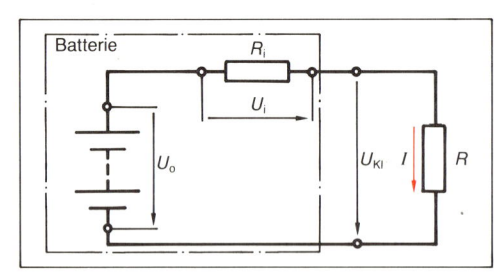

Die Differenz aus U_0 und U_{Kl} ist der Spannungsfall U_i am Innenwiderstand der Batterie.

$$R_i = \frac{U_i}{I}$$

R_i Innenwiderstand in Ω
U_i Spannungsfall am Innenwiderstand in V
I Stromstärke in A

Beispiel: Die Leerlaufspannung einer Batterie beträgt $U_0 = 12{,}4$ V. Nach dem Einschalten der Lichtanlage fließt bei einer Klemmenspannung $U_{Kl} = 12{,}2$ V ein Strom I von 10,6 A. Wie groß ist der Innenwiderstand R_i der Batterie in Ω und mΩ?

Gesucht: R_i in Ω und mΩ
Gegeben: $U_0 = 12{,}4$ V, $U_{Kl} = 12{,}2$ V, $I = 10{,}6$ A
Lösung: $R_i = \dfrac{U_0 - U_{Kl}}{I}$

$R_i = \dfrac{12{,}4\,\text{V} - 12{,}2\,\text{V}}{10{,}6\,\text{A}} = \dfrac{0{,}2\,\text{V}}{10{,}6\,\text{A}}$

$R_i = \mathbf{0{,}019\,\Omega = 19\,m\Omega}$

46.3 Reihen- und Parallelschaltung von Batterien

In Omnibussen und Lastkraftwagen werden oft zwei 12 V-Batterien zur **Spannungserhöhung** in **Reihe** geschaltet, weil diese Fahrzeuge mit einer Nennspannung von 24 V betrieben werden.

> Die **Gesamtspannung** für die **Reihenschaltung** von Batterien (Spannungsquellen) ergibt sich aus der Addition der Einzelspannungen.

$$U_{0g} = U_{01} + U_{02}$$

U_{0g} Gesamtleerlaufspannung in V
U_{01}, U_{02} Einzelleerlaufspannungen in V

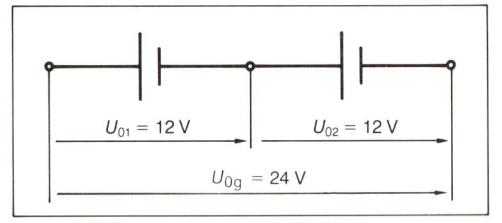

Für den Antrieb von Elektrofahrzeugen und zur Starthilfe werden Batterien **parallel** geschaltet. Dadurch wird die **Kapazität** erhöht.

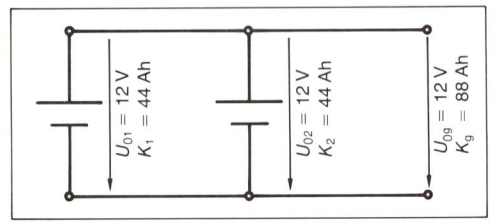

> Durch die **Parallelschaltung** von Batterien gleicher Nennspannung und gleicher Kapazität addieren sich die Batteriekapazitäten. Die Gesamtspannung entspricht dabei der Nennspannung.

$$K_g = K_1 + K_2$$

K_g Gesamtkapazität in Ah
K_1, K_2 Einzelkapazitäten in Ah

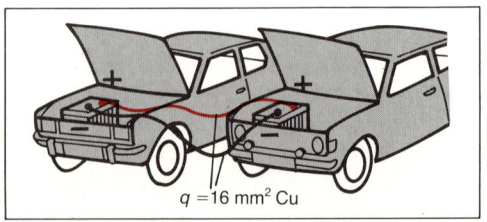

$q = 16\,\text{mm}^2$ Cu

Aufgaben

1. Stellen Sie die Formel $R_i = \dfrac{U_0 - U_{Kl}}{I}$ nach U_0, U_{KL} und I um.

2. Wie groß ist der Innenwiderstand R_i in Ω einer Batterie, deren Klemmenspannung U_{Kl} während des Startens ($I = 120$ A) von 12,8 V auf 10,4 V absinkt?

3. Eine Batterie hat einen Innenwiderstand R_i von 25 mΩ und eine Leerlaufspannung $U_0 = 12,6$ V. Wie hoch ist die Klemmenspannung U_{Kl} in V, wenn die Batterie mit einer Stromstärke I von 16 A belastet wird?

4. Berechnen Sie die Leerlaufspannung U_0 in V einer Batterie mit einem Innenwiderstand $R_i = 0,014\,\Omega$, wenn während des Startens eine Stromstärke $I = 240$ A bei einer Klemmenspannung von 9,8 V fließt.

5. Eine Batterie hat einen Innenwiderstand von 45 mΩ und eine Leerlaufspannung von 12,2 V. Wie groß ist die Stromstärke I in A, wenn bei Belastung die Klemmenspannung auf 10,4 V absinkt?

6. Wie groß ist der Spannungsfall U_i in V in einer Batterie, wenn der Innenwiderstand 0,024 Ω und die Stromstärke 167 A betragen?

7. Die Formel $U_{0g} = U_{01} + U_{02}$ ist nach U_{01} und U_{02} umzustellen.

8. Stellen Sie die Formel $K_g = K_1 + K_2$ nach K_1 und K_2 um.

9. In einem Lkw sind zwei Batterien in Reihe geschaltet. Ihre Leerlaufspannungen betragen 12,8 und 13,4 V. Während des Startens fließt eine Stromstärke von 280 A bei einer Gesamtklemmenspannung von 20,8 V. Wie groß sind
a) die Gesamtleerlaufspannung U_{0g} in V
b) der Gesamtspannungsfall U_{ig} in V und
c) der Gesamtinnenwiderstand R_{ig} in Ω der Batterien?

10. Zwei in Reihe geschaltete 12 V 110 Ah Batterien sollen ersetzt werden. Zur Verfügung stehen vier 12 V 66 Ah Batterien.
a) Skizzieren Sie die notwendige Schaltung der Batterien und
b) berechnen Sie die dann zur Verfügung stehende Gesamtspannung U_{0g} in V und die Gesamtkapazität K_g in Ah.

46.4 Wirkungsgrad von Batterien

Während des Ladens und Entladens von Batterien entstehen Energieverluste in Form von Wärme. Aufgrund der Wärmeverluste kann nur ein Teil der während des Ladens aufgenommenen Elektrizitätsmenge wieder abgegeben werden.

Bei der Wirkungsgradberechnung werden unterschieden:
- **Amperestunden-Wirkungsgrad,** auch Strommengenwirkungsgrad genannt, und
- **Wattstunden-Wirkungsgrad,** auch Energiewirkungsgrad genannt.

Der **Amperestunden-Wirkungsgrad** η_{Ah} ist der Quotient aus Entladekapazität K_E und Ladekapazität K_L.

$$\eta_{Ah} = \dfrac{K_E}{K_L}$$

η_{Ah} Amperestunden-Wirkungsgrad
K_E Entladekapazität in Ah
K_L Ladekapazität in Ah

Mit $K_E = I_E \cdot t_E$ und $K_L = I_L \cdot t_L$ folgt:

$$\eta_{Ah} = \dfrac{I_E \cdot t_E}{I_L \cdot t_L}$$

η_{Ah} Amperestunden-Wirkungsgrad
I_E Entladestromstärke in A
I_L Ladestromstärke in A
t_E Entladezeit in h
t_L Ladezeit in h

Der **Wattstunden-Wirkungsgrad** η_{Wh} ist der Quotient aus der während der Entladung abgegebenen elektrischen Energie W_E und der während der Ladung zugeführten elektrischen Energie W_L.

$$\eta_{Wh} = \dfrac{W_E}{W_L}$$

η_{Wh} Wattstunden-Wirkungsgrad
W_E Entladeenergie in Wh
W_L Ladeenergie in Wh

mit $W_E = U_E \cdot I_E \cdot t_E$ und $W_L = U_L \cdot I_L \cdot t_L$ folgt:

$$\eta_{Wh} = \dfrac{U_E \cdot I_E \cdot t_E}{U_L \cdot I_L \cdot t_L}$$

η_{Wh} Wattstunden-Wirkungsgrad
U_E Entladespannung in V
I_E Entladestromstärke in A
t_E Entladezeit in h
U_L Ladespannung in V
I_L Ladestromstärke in A
t_L Ladezeit in h

Beispiel: Das Standlicht eines parkenden Kfz ist eingeschaltet. Es fließt ein Strom von 2,5 A bei einer Spannung von 12,2 V. Nach 14,4 h ist die Batterie entladen. Die Ladung erfolgt 10 h lang mit einer Stromstärke von 4 A bei einer Spannung von 13,8 V.
Wie groß ist der Amperestunden- und Wattstunden-Wirkungsgrad?

Gesucht: η_{Ah}, η_{Wh}
Gegeben: $I_E = 2,5\,A$, $I_L = 4\,A$, $U_E = 12,2\,V$, $U_L = 13,8\,V$, $t_E = 14,4\,h$, $t_L = 10\,h$

Lösung: $\eta_{Ah} = \dfrac{I_E \cdot t_E}{I_L \cdot t_L}$

$\eta_{Ah} = \dfrac{2,5\,A \cdot 14,4\,h}{4\,A \cdot 10\,h} = \dfrac{36\,Ah}{40\,Ah}$

$\eta_{Ah} = \mathbf{0,9}$

$\eta_{Wh} = \dfrac{U_E \cdot I_E \cdot t_E}{U_L \cdot I_L \cdot t_L}$

$\eta_{Wh} = \dfrac{12,2\,V \cdot 2,5\,A \cdot 14,4\,h}{13,8\,V \cdot 4\,A \cdot 10\,h} = \dfrac{439,2\,Wh}{552\,Wh}$

$\eta_{Wh} = \mathbf{0,8}$

Aufgaben

1. Stellen Sie die Formel $\eta_{Ah} = \dfrac{I_E \cdot t_E}{I_L \cdot t_L}$ nach I_E, t_E, I_L und t_L um.

2. Die Formel $\eta_{Wh} = \dfrac{U_E \cdot I_E \cdot t_E}{U_L \cdot I_L \cdot t_L}$ ist nach U_E, I_E, t_E, U_L, I_L und t_L umzustellen.

3. Eine Batterie gibt während der Entladung eine Kapazität $K_E = 58\,Ah$ ab. Um den vorherigen Ladezustand wiederherzustellen, muß eine Ladekapazität $K_L = 66\,Ah$ aufgewandt werden. Zu berechnen ist der Amperestunden-Wirkungsgrad η_{Ah}.

4. Wie groß ist der Amperestunden-Wirkungsgrad η_{Ah}, wenn einer Batterie 16 h lang eine Stromstärke von 2,75 A entnommen wird und sie danach mit 5 A 10 h lang geladen werden muß, bis ihr ursprünglicher Ladezustand wiederhergestellt ist?

5. Um eine Batterie zu laden, sind 572 Wh notwendig. Während der Entladung gibt sie 446 Wh wieder ab. Berechnen Sie den Wattstunden-Wirkungsgrad η_{Wh}.

6. Während des Ladens und Entladens einer Batterie ergeben sich die folgenden Werte: Ladestromstärke $I_L = 6,5\,A$, Ladespannung $U_L = 14,2\,V$, Ladezeit $t_L = 11\,h$, Entladestromstärke $I_E = 9,8\,A$, Entladespannung $U_E = 12,8\,V$, Entladezeit $t_E = 6\,h$. Wie groß sind
a) der Amperestunden-Wirkungsgrad η_{Ah} und
b) der Wattstunden-Wirkungsgrad η_{Wh}?

7. Wie groß ist der Wattstunden-Wirkungsgrad η_{Wh} einer Batterie, wenn die Ladespannung 13,6 V, die Entladespannung 12,4 V und der Amperestunden-Wirkungsgrad 88 % betragen?

8. Eine leere 12 V 66 Ah-Batterie wird mit einer Stromstärke von 8 A 7,5 h lang geladen. Der Amperestunden-Wirkungsgrad beträgt 90 %. Wie oft kann ein Startvorgang von 8 s Dauer wiederholt werden, wenn aufgrund der hohen Startstromstärke von 230 A nur 40 % der vorhandenen Batteriekapazität genutzt werden kann?

9. Während des Ladens und Entladens einer Batterie ergeben sich folgende Werte:
Amperestunden-Wirkungsgrad $\eta_{Ah} = 88\,\%$,
Wattstunden-Wirkungsgrad $\eta_{Wh} = 0,76$,
Ladestromstärke $I_L = 5,2\,A$, Ladezeit $t_L = 7,8\,h$,
Entladezeit $t_E = 5,4\,h$,
Entladespannung $U_E = 12,8\,V$.
Wie groß sind
a) die Ladekapazität K_L in Ah,
b) die Entladekapazität K_E in Ah,
c) die Entladestromstärke I_E in A,
d) die Ladespannung U_L in V,
e) die Ladeenergie W_L in Wh und
f) die Entladeenergie W_E in Wh?

10. Die Klemmenspannung einer 12 V 66 Ah-Batterie ist 13,2 V und ihr Innenwiderstand beträgt 0,06 Ω. Folgende Verbraucher sind 42 min lang eingeschaltet: Standlicht mit 50 W Nennleistung, Radio mit 15 W Nennleistung und Innenbeleuchtung mit 20 W Nennleistung.
Berechnen Sie
a) die Leerlaufspannung U_0 in V,
b) die von der Batterie aufgrund ihres Innenwiderstandes umgesetzte elektrische Leistung P_B in W und die verbrauchte elektrische Energie W_B in Ws,
c) die aus der Batterie entnommene Entladekapazität K_E in Ah,
d) die erforderliche Ladekapazität K_L in Ah, wenn der Amperestunden-Wirkungsgrad 92 % beträgt, und
e) den Wattstunden-Wirkungsgrad η_{Wh}, wenn die Ladespannung 14,4 V ist.

47 Generator

47.1 Wechselspannung und Wechselstrom

Die im Gleichstrom- oder Drehstromgenerator erzeugten Wechselspannungen und Wechselströme haben einen **sinusförmigen Verlauf**.

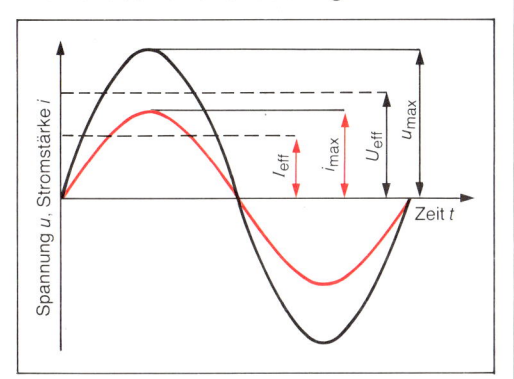

Sinusförmige Wechselspannungen und Wechselströme ändern dauernd ihre **Größe** und ihre Polarität (Plus, Minus) bzw. ihre **Richtung**. Deshalb werden in der Elektrotechnik feste Werte verwandt. Diese werden **Effektivwerte** genannt.

Effektivwerte von Wechselspannungen oder Wechselströmen entsprechen den Gleichspannungen oder Gleichströmen, die die **gleiche Leistung** erzeugen.

Die Effektivwerte werden wie folgt berechnet:

$$U_{eff} = \frac{u_{max}}{\sqrt{2}}$$

- U_{eff} Effektivwert der Spannung in V
- u_{max} Maximalwert der Spannung in V
- $\sqrt{2}$ Umrechnungszahl = 1,414

$$I_{eff} = \frac{i_{max}}{\sqrt{2}}$$

- I_{eff} Effektivwert der Stromstärke in A
- i_{max} Maximalwert der Stromstärke in A

Die **Formelzeichen** für Wechselspannungen und Wechselströme bestehen aus **kleinen Buchstaben**.

Meßgeräte für Wechselspannungen oder Wechselströme zeigen die **Effektivwerte** an.

Für die Berechnung der **Wechselstromleistung** bei **ohmschen** Widerständen gelten die folgenden Formeln:

$$P = \frac{u_{max} \cdot i_{max}}{2}$$

- P Leistung in W
- u_{max} Maximalwert der Spannung in V
- i_{max} Maximalwert der Stromstärke in A
- 2 Umrechnungszahl

$$P = U_{eff} \cdot I_{eff}$$

- P Leistung in W
- U_{eff} Effektivwert der Spannung in V
- I_{eff} Effektivwert der Stromstärke in A

Beispiel: Von einem Generator werden $u_{max} = 20,2$ V und $i_{max} = 18,4$ A gemessen. Wie groß sind
a) U_{eff} in V, b) I_{eff} in A und c) P in W?

Gesucht: a) U_{eff} in V, b) I_{eff} in A, c) P in W
Gegeben: $u_{max} = 20,2$ V, $i_{max} = 18,4$ A

Lösung: a) $U_{eff} = \frac{u_{max}}{\sqrt{2}} = \frac{20,2 \text{ V}}{1,414} = \mathbf{14,3 \text{ V}}$

b) $I_{eff} = \frac{i_{max}}{\sqrt{2}} = \frac{18,4 \text{ A}}{1,414} = \mathbf{13 \text{ A}}$

c) $P = U_{eff} \cdot I_{eff} = 14,3 \text{ V} \cdot 13 \text{ A} = \mathbf{186 \text{ W}}$

Aufgaben

1. Ein Generator erzeugt eine Maximalspannung $u_{max} = 40$ V. Dabei fließt ein Maximalstrom $i_{max} = 25,5$ A. Wie groß sind U_{eff} in V, I_{eff} in A und P in W?

2. Wie groß sind u_{max} in V und i_{max} in A, wenn $U_{eff} = 220$ V und die Leistung der angeschlossenen Verbraucher 1200 W betragen?

3. Zum Antrieb eines Generators wird eine Leistung von 750 W benötigt. Der Wirkungsgrad des Generators ist 0,8. Wie groß sind P_{exi} in W, i_{max} in A, U_{eff} in V und I_{eff} in A, wenn $u_{max} = 19,5$ V ist?

4. Berechnen Sie die Antriebsleistung P_{ing} in W eines Generators mit einem Wirkungsgrad von 75%, wenn $i_{max} = 36$ A und $U_{eff} = 28,8$ V sind.

47.2 Frequenz und Periodendauer

Die Änderung der Größe und der Polarität von Wechselspannungen bzw. der Größe und Richtung von Wechselströmen werden vom Oszilloskop als **Schwingungen** dargestellt (s. Abb.).

> Die Anzahl der Schwingungen pro Zeiteinheit wird durch die **Frequenz** angegeben.

$$f = \frac{n_s}{t}$$

f Frequenz in $\frac{1}{s}$ oder Hz
n_s Anzahl der Schwingungen
t Zeit in s

> Die **Frequenz** hat das **Formelzeichen** f und den Einheitennamen **Hertz**. Das **Einheitenzeichen** ist Hz (1 Hz = $\frac{1}{s}$).

Größere Einheiten der Frequenz sind **Kilohertz** mit dem Einheitenzeichen kHz und **Megahertz** mit dem Einheitenzeichen MHz.

Einheitengleichungen: 1 kHz = 1000 Hz
 1 MHz = 1000 kHz

Aus der Frequenz läßt sich die Dauer einer Schwingung ermitteln. Der Verlauf einer Schwingung wird auch als **Periode** bezeichnet. Deshalb wird die Schwingungsdauer auch Periodendauer genannt.

> Die **Schwingungsdauer** bzw. **Periodendauer** T ist der Kehrwert der Frequenz.

$$T = \frac{1}{f}$$

T Periodendauer in s
f Frequenz in $\frac{1}{s}$

Beispiel: Ein Wechselstrom führt in $t = 38\,s$ 1900 Schwingungen aus. Wie groß sind a) die Frequenz f in Hz und b) die Periodendauer T in s?

Gesucht: a) f in Hz, b) T in s
Gegeben: $t = 38\,s$, $n_s = 1900$

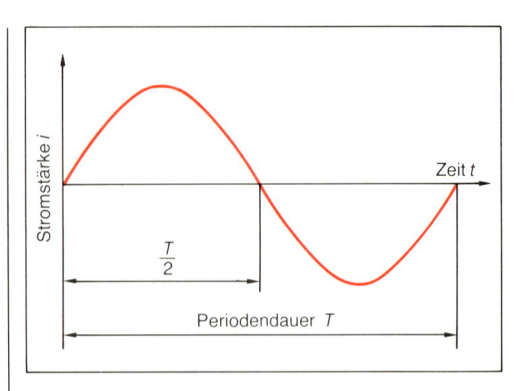

Lösung: a) $f = \dfrac{n_s}{t}$

$f = \dfrac{1900}{38\,s}$

$f = 50\,\dfrac{1}{s} = 50\,Hz$

b) $T = \dfrac{1}{f}$

$T = \dfrac{1}{50\,\frac{1}{s}} = \dfrac{1\,s}{50} = 0{,}02\,s$

Die Frequenz der Wechselspannung für Generatoren ist abhängig von
- der Drehzahl und
- der Polpaarzahl des Generators.

$$f = \frac{p \cdot n}{60}$$

f Frequenz in $\frac{1}{s}$ oder Hz
p Polpaarzahl
n Drehzahl in $\frac{1}{min}$
60 Umrechnungszahl, $60\,\frac{s}{min}$

Beispiel: Wie groß ist die Frequenz f der erzeugten Spannung in Hz eines Generators mit $p = 2$ Polpaaren bei einer Drehzahl $n = 1500\,\frac{1}{min}$?

Gesucht: f in Hz
Gegeben: $p = 2$, $n = 1500\,\frac{1}{min}$

Lösung: $f = \dfrac{p \cdot n}{60}$

$f = \dfrac{2 \cdot 1500}{60} = 50\,Hz$

Aufgaben

1. Stellen Sie die Formel $f = \dfrac{n_s}{t}$ nach n_s und t um.

2. In der Zeit $t = 62\,s$ werden von einem Wechselstrom 1860 Schwingungen ausgeführt. Wie groß ist die Frequenz f in $\frac{1}{s}$ und in Hz?

3. Zu berechnen ist die Anzahl der Schwingungen n_s, die eine Wechselspannung in der Zeit $t = 172\,s$ ausführt. Die Frequenz f der Wechselspannung beträgt 50 Hz.

4. Ein Wechselstrom mit der Frequenz $f = 60\,Hz$ führt $n_s = 23400$ Schwingungen aus. Berechnen Sie die Zeit t für die Schwingungen in s und min.

5. Die Formel $T = \dfrac{1}{f}$ ist nach f umzustellen.

6. Wie groß ist die Periodendauer T in s einer Wechselspannung mit der Frequenz $f = 60\,\text{Hz}$?

7. Der von einem Generator gelieferte Wechselstrom hat bei einer bestimmten Drehzahl des Generators eine Periodendauer von $T = 0,04\,\text{s}$. Zu berechnen ist die Frequenz f des Wechselstromes in $\frac{1}{s}$ und Hz.

8. Stellen Sie die Formeln für p und n aus der Formel $f = \frac{p \cdot n}{60}$ auf.

9. Berechnen Sie die Frequenz f einer Wechselspannung in $\frac{1}{s}$ und Hz, die von einem Generator mit $p = 4$ Polpaaren erzeugt wird. Die Drehzahl des Generators beträgt $n = 6300\,\frac{1}{\text{min}}$.

10. Ein Klauenpolgenerator mit einer Polpaarzahl von $p = 6$ liefert einen Wechselstrom mit einer Frequenz f von 240 Hz. Wie groß ist die Drehzahl n des Klauenpolgenerators in $\frac{1}{\text{min}}$?

11. Die von einem Generator bei einer Drehzahl von $n = 8400\,\frac{1}{\text{min}}$ erzeugte Wechselspannung hat eine Frequenz $f = 280\,\text{Hz}$. Zu berechnen ist die Polpaarzahl p des Generators.

12. Wie groß ist die Frequenz f des von einem zwölfpoligen Generator gelieferten Wechselstroms in Hz, wenn der Generator eine Drehzahl von $10800\,\frac{1}{\text{min}}$ hat?

13. Berechnen Sie die fehlenden Werte.

	a)	b)	c)	d)	e)	f)
f in Hz	?	?	?	?	400	?
n_s	5520	?	2400	?	11200	6480
t in s	92	90	?	184	?	10,8
T in s	?	?	0,05	?	?	?
p	?	1	4	2	?	6
n in $\frac{1}{\text{min}}$	3600	1500	?	1650	2000	?

14. Ein Drehstromgenerator mit der Polpaarzahl 4 hat eine Drehzahl von $3225\,\frac{1}{\text{min}}$. Der Maximalwert der Wechselspannung beträgt 34 V und es fließt eine effektive Stromstärke von 28 A. Zu berechnen sind
a) die Frequenz f in Hz,
b) die Schwingungsdauer T in s,
c) der Effektivwert der Spannung U_{eff} in V,
d) der Maximalwert der Stromstärke i_{max} in A,
e) die abgegebene Leistung P_{exi} des Generators in W.

47.3 Stern- und Dreieckschaltung

Die drei Wicklungen im Ständer des Drehstromgenerators werden miteinander verkettet durch eine
- Sternschaltung oder
- Dreieckschaltung.

Die Spannungen zwischen den Außenleitern werden als **Leiterspannungen** U und die in den Außenleitern fließenden Ströme als **Leiterströme** I bezeichnet. In den Wicklungen (Strängen) werden die **Strangspannungen** U_{Str} erzeugt und es fließen die **Strangströme** I_{Str} (s. Abb.).

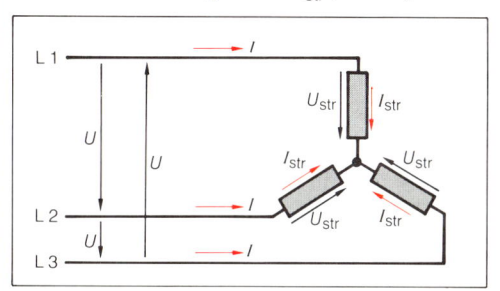

Je nachdem, welche Schaltung verwendet wird, ergeben sich unterschiedliche mathematische Beziehungen zwischen den Spannungen und Strömen.

> In der **Sternschaltung** ist die Leiterspannung um den Faktor $\sqrt{3}$ größer, als die Strangspannung.

$U = U_{Str} \cdot \sqrt{3}$

U Leiterspannung in V
U_{Str} Strangspannung in V
$\sqrt{3}$ Umrechnungszahl $= 1,732$

> In der **Sternschaltung** sind die Leiterstromstärken gleich den Strangstromstärken.

$I = I_{Str}$

I Leiterstromstärke in A
I_{Str} Strangstromstärke in A

Beispiel: Ein Drehstromgenerator, dessen Wicklungen in Sternschaltung geschaltet sind, erzeugt eine Strangspannung von 220 V. Wie groß ist die Spannung zwischen den Leitern?

Gesucht: U in V
Gegeben: $U_{Str} = 220\,\text{V}$
Lösung: $U = U_{Str} \cdot \sqrt{3}$
$U = 220\,\text{V} \cdot 1,732$
$U = \mathbf{381\,V}$

Die Sternschaltung eines Generators hat gegenüber der Dreieckschaltung den Vorteil, daß dem Verbraucher **zwei Spannungen** zur Verfügung stehen.

In der **Dreieckschaltung** ist die Leiterstromstärke um den Faktor $\sqrt{3}$ größer als die Strangstromstärke.

$$I = I_{Str} \cdot \sqrt{3}$$

I Leiterstromstärke in A
I_{Str} Strangstromstärke in A
$\sqrt{3}$ Umrechnungszahl = 1,732

In der **Dreieckschaltung** sind die Leiterspannungen gleich den Strangspannungen.

$$U = U_{Str}$$

U Leiterspannung in V
U_{Str} Strangspannung in V

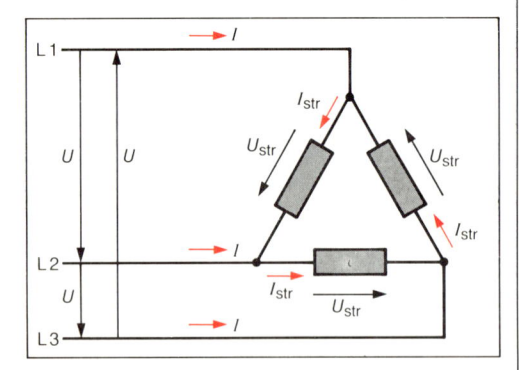

Beispiel: In den zur Dreieckschaltung verbundenen Wicklungen eines Drehstromgenerators wird eine Strangspannung von 220 V erzeugt. Dabei fließt eine Strangstromstärke von 25 A. Wie groß ist die Leiterstromstärke I in A?

Gesucht: I in A
Gegeben: $I_{Str} = 25$ A
Lösung: $I = I_{Str} \cdot \sqrt{3}$
$I = 25$ A $\cdot$ 1,732
$I = \mathbf{43{,}3}$ **A**

Elektrische Verbraucher, die für Drehstrombetrieb vorgesehen sind, wie z.B. Drehstrommotoren, Durchlauferhitzer, Waschmaschinen und Öfen, können in vielen Fällen sowohl in Stern- als auch in Dreieckschaltung betrieben werden. Da sich dabei die Spannungen und Stromstärken ändern, ändert sich auch die **Leistungsaufnahme** der Verbraucher.

Wird die Sternschaltung eines Verbrauchers in eine Dreieckschaltung geändert, dann steigt die **Leistungsaufnahme** auf den dreifachen Wert.

$$P_\triangle = 3 \cdot P_Y$$

$P_\triangle$ Leistungsaufnahme in der Dreieckschaltung in W
P_Y Leistungsaufnahme in der Sternschaltung in W

Aufgaben

1. Die Formel $U = U_{Str} \cdot \sqrt{3}$ ist nach U_{Str} und die Formel $I = I_{Str} \cdot \sqrt{3}$ ist nach I_{Str} umzustellen.

2. In einem Drehstromgenerator in Sternschaltung wird eine Strangspannung U_{Str} von 8,2 V erzeugt. Dabei fließt eine Strangstromstärke $I_{Str} = 17{,}3$ A. Wie groß sind
a) die Leiterspannung U in V und
b) die Leiterstromstärke I in A?

3. Ein in Dreieckschaltung ausgeführter Generator erzeugt eine Strangspannung $U_{Str} = 26{,}8$ V und eine Strangstromstärke $I_{Str} = 20$ A.
Zu berechnen sind
a) die Leiterspannung U in V und
b) die Leiterstromstärke I in A.

4. Die Leiterspannung eines im Stern geschalteten Generators beträgt $U = 14{,}2$ V. Dabei fließt eine Leiterstromstärke $I = 8{,}5$ A. Wie groß ist die Strangspannung U_{Str} in V?

5. Wie groß müssen Strangspannung U_{Str} in V und Strangstromstärke I_{Str} in A eines im Dreieck geschalteten Generators sein, wenn die Leiterspannung 28 V und die Leiterstromstärke 42 A betragen sollen?

6. Der 380 V-Drehstrommotor einer Hebebühne ist in Sternschaltung ausgeführt. Die Leiterstromstärke beträgt 22 A. Wie groß sind
a) die Strangspannung U_{Str} in V und
b) die Strangstromstärke I_{Str} in A, wenn der Motor im Dreieck geschaltet wird?

7. Die 3 Wicklungen eines Drehstrommotors haben je 10 Ω Widerstand und liegen an einer Leiterspannung von 380 V an. Beweisen Sie die Gültigkeit der Formel $P_\triangle = 3 \cdot P_Y$, indem Sie für die Stern- und Dreieckschaltung getrennt die Leistungsaufnahme P in W berechnen.

48 Zündanlage

48.1 Transformator

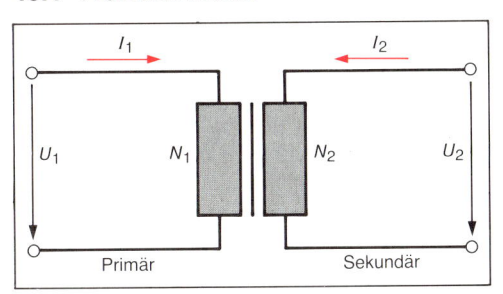

Mit Hilfe von Transformatoren können **Wechselspannungen** und **Wechselströme** verändert werden. Dabei gilt:

Die **Spannungen** am Transformator verhalten sich wie die **Windungszahlen** des Transformators:

$$\frac{U_1}{U_2} = \frac{N_1}{N_2}$$

U_1 Primärspannung in V
U_2 Sekundärspannung in V
N_1 Primärwindungszahl
N_2 Sekundärwindungszahl

Die **Stromstärken** am Transformator verhalten sich **umgekehrt** wie die **Windungszahlen** des Transformators:

$$\frac{I_1}{I_2} = \frac{N_2}{N_1}$$

I_1 Primärstromstärke in A
I_2 Sekundärstromstärke in A
N_1 Primärwindungszahl
N_2 Sekundärwindungszahl

Das Windungsverhältnis i bzw. das Übersetzungsverhältnis eines Transformators ist abhängig von
- der Primärwindungszahl N_1 und
- der Sekundärwindungszahl N_2.

$$i = \frac{N_1}{N_2}$$

i Übersetzungsverhältnis
N_1 Primärwindungszahl
N_2 Sekundärwindungszahl

Da $\frac{N_1}{N_2} = \frac{U_1}{U_2}$ ist und $\frac{N_1}{N_2} = \frac{I_2}{I_1}$, folgt daraus:

$$i = \frac{U_1}{U_2} = \frac{I_2}{I_1}$$

i Übersetzungsverhältnis
U_1 Primärspannung in V
U_2 Sekundärspannung in V
I_1 Primärstromstärke in A
I_2 Sekundärstromstärke in A

Beispiel: Ein Transformator mit $N_1 = 1260$ und $N_2 = 315$ Windungen liegt an $U_1 = 220\,\text{V}$, wobei $I_1 = 0{,}75\,\text{A}$ ist. Wie groß sind
a) das Übersetzungsverhältnis i,
b) die Sekundärspannung U_2 in V und
c) die Sekundärstromstärke I_2 in A?

Gesucht: a) i, b) U_2 in V, c) I_2 in A
Gegeben: $N_1 = 1260$, $N_2 = 315$, $U_1 = 220\,\text{V}$, $I_1 = 0{,}75\,\text{A}$

Lösung: a) $i = \dfrac{N_1}{N_2} = \dfrac{1260}{315}$
$i = \mathbf{4 : 1}$

b) $U_2 = \dfrac{U_1}{i} = \dfrac{220\,\text{V}}{4}$
$U_2 = \mathbf{55\,V}$

c) $I_2 = i \cdot I_1$
$I_2 = 4 \cdot 0{,}75\,\text{A}$
$I_2 = \mathbf{3\,A}$

Aufgaben

1. Stellen Sie die Formel $\frac{U_1}{U_2} = \frac{N_1}{N_2}$ nach U_1, U_2, N_1 und N_2 um.

2. Die Formel $\frac{I_1}{I_2} = \frac{N_2}{N_1}$ ist nach I_1, I_2, N_1 und N_2 umzustellen.

3. Ein Transformator hat die folgenden Werte: $N_1 = 250$, $N_2 = 1500$, $U_1 = 25\,\text{V}$, $I_1 = 12\,\text{A}$. Wie groß sind: U_2 in V, I_2 in A und i?

4. Wie groß ist das Übersetzungsverhältnis i einer Zündspule, wenn $N_1 = 150$ und $N_2 = 13500$ betragen?

5. Das Übersetzungsverhältnis einer Zündspule ist 1 : 80. Wie groß muß N_1 sein, wenn $N_2 = 24000$ ist?

6. Ein Transformator hat die folgenden Werte: $i = 11 : 1$, $U_2 = 20\,\text{V}$, $I_2 = 6{,}8\,\text{A}$, $N_2 = 125$. Berechnen Sie U_1 in V, I_1 in A und N_1.

7. Von einer Zündspule sind bekannt: $i = 1 : 90$, $N_2 = 12000$, $I_1 = 3{,}5\,\text{A}$. Wie groß sind N_1, I_2 in A und U_2 in V, wenn die Zündspule als Trafo mit $U_1 = 12{,}8\,\text{V}$ Wechselspannung betrieben wird?

48.2 Zündspulen-Vorwiderstand

Hochleistungszündspulen sind für eine kleinere Betriebsspannung ausgelegt als Standardzündspulen. Deshalb muß die Batteriespannung auf die **Betriebsspannung der Zündspule** vermindert werden.

> **Vorwiderstände** verringern die Batteriespannung auf die Betriebsspannung der Zündspule.

Vorwiderstände sind mit der Primärwicklung der Zündspule in **Reihe** geschaltet. Dadurch ergibt sich die Möglichkeit der **„Startanhebung"**. Während des Startens wird der Vorwiderstand überbrückt und damit die **Spannung** an der Zündspule **angehoben**.

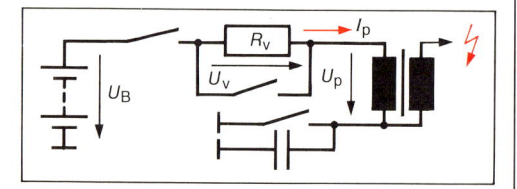

> Der **Spannungsfall** U_v am Vorwiderstand ist die Differenz aus der Batteriespannung U_B und der Spannung U_p an der Primärwicklung der Zündspule.

$$U_v = U_B - U_p$$

U_v Spannungsfall am Vorwiderstand in V
U_B Batteriespannung in V
U_p Spannung an der Primärwicklung in V

Der **Vorwiderstand** R_v ergibt sich aus
- der Betriebsstromstärke der Primärwicklung der Zündspule I_p (Primärstromstärke) und
- dem notwendigen Spannungsfall am Vorwiderstand U_v.

$$R_v = \frac{U_v}{I_p}$$

R_v Vorwiderstand in Ω
U_v Spannungsfall am Vorwiderstand in V
I_p Primärstromstärke in A

Beispiel: Die Zündspule hat eine Betriebsspannung von $U_p = 8{,}4$ V, die Batteriespannung U_B beträgt 12 V und die Primärstromstärke $I_p = 4{,}5$ A.
Zu berechnen sind
a) der notwendige Spannungsfall U_v am Vorwiderstand in V und
b) der Vorwiderstand R_v in Ω.

Gesucht: a) U_v in V, b) R_v in Ω
Gegeben: $U_p = 8{,}4$ V, $U_B = 12$ V, $I_p = 4{,}5$ A
Lösung: a) $U_v = U_B - U_p = 12\,\text{V} - 8{,}4\,\text{V}$
$U_v = \mathbf{3{,}6\,V}$

b) $R_v = \dfrac{U_v}{I_p} = \dfrac{3{,}6\,\text{V}}{4{,}5\,\text{A}}$
$R_v = \mathbf{0{,}8\,\Omega}$

Aufgaben

1. Stellen Sie die Formel $U_v = U_B - U_p$ nach U_B und U_p um.

2. Die Formel $R_v = \dfrac{U_v}{I_p}$ ist nach U_v und I_p umzustellen.

3. Eine Zündspule für eine 12 V-Anlage hat folgende Werte: $U_p = 6$ V und $I_p = 3{,}3$ A.
Wie groß sind
a) der Spannungsfall U_v am Vorwiderstand in V und
b) der Vorwiderstand R_v in Ω?

4. Berechnen Sie für eine Zündspule
a) die Primärstromstärke I_p in A und
b) die Spannung U_p an der Primärwicklung in V.
Der Vorwiderstand beträgt $R_v = 0{,}8\,\Omega$, die Batterie hat eine Spannung $U_B = 13{,}4$ V und der Widerstand R_p der Primärwicklung ist $2{,}2\,\Omega$.

5. Wie hoch ist die Spannung U_B einer Batterie in V, wenn $U_p = 5{,}8$ V, $R_v = 0{,}9\,\Omega$ und $I_p = 8{,}5$ A sind?

6. Die Primärwicklung einer Zündspule hat einen Widerstand von $1{,}8\,\Omega$ und einen Vorwiderstand von $0{,}9\,\Omega$. Die Spannung an der Primärwicklung beträgt 8,28 V.
Wie groß sind
a) die Primärstromstärke I_p in A,
b) der Spannungsfall U_v am Vorwiderstand in V und
c) die Batteriespannung U_B in V?

7. Durch eine Zündspule mit einem Primärwicklungswiderstand von $2{,}2\,\Omega$ fließt eine Stromstärke von 4,2 A. Wie groß sind bei einer Batteriespannung von 12,8 V
a) die Spannung U_p an der Primärwicklung in V,
b) der Spannungsfall U_v am Vorwiderstand in V,
c) der Vorwiderstand R_v in Ω und
d) die Primärstromstärke I_p in A während des Startens, wenn die Batteriespannung auf 9,6 V absinkt?

Kapitel 48: Zündanlage

48.3 Zündabstand, Schließ- und Öffnungswinkel

Der **Zündabstand** wird in **Winkelgraden** einer Verteilerwellenumdrehung angegeben. Er ergibt sich aus dem Verhältnis von 360° zur Zylinderzahl des Motors.

$$\gamma = \frac{360°}{z}$$

- γ Zündabstand in °
- z Zylinderzahl
- 360 Gradzahl während einer Verteilerwellenumdrehung

Der **Zündabstand** ist die Summe aus dem **Schließ-** und dem **Öffnungswinkel** des Unterbrecherkontakts:

$$\gamma = \alpha + \beta$$

- γ Zündabstand in °
- α Schließwinkel in °
- β Öffnungswinkel in °

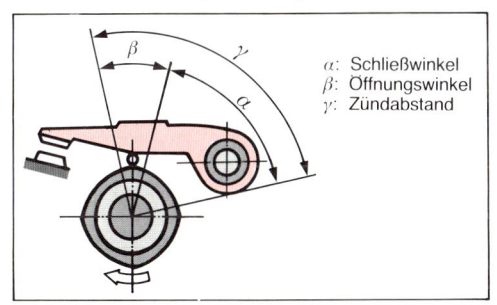

α: Schließwinkel
β: Öffnungswinkel
γ: Zündabstand

Der **Schließwinkel** kann auch in **Prozent** des Zündabstands angegeben werden. Für die Umrechnung von Grad in Prozent gilt:

$$\alpha_\% = \frac{100\% \cdot \alpha \cdot z}{360°}$$

- $\alpha_\%$ Schließwinkel in %
- α Schließwinkel in °
- z Zylinderzahl
- 100 Umrechnungszahl, 100%
- 360 Gradzahl während einer Verteilerwellenumdrehung
- 3,6 Umrechnungszahl, $3{,}6\frac{°}{\%}$

Durch Kürzen folgt:

$$\alpha_\% = \frac{\alpha \cdot z}{3{,}6}$$

Beispiel: Wie groß sind der Zündabstand γ in ° und der Schließwinkel α in ° und %, wenn die Zylinderzahl $z = 6$ und der Öffnungswinkel $\beta = 22°$ betragen?

Gesucht: γ in °, α in ° und %
Gegeben: $z = 6$, $\beta = 22°$
Lösung: $\gamma = \frac{360°}{z} = \frac{360°}{6} = \mathbf{60°}$
$\alpha = \gamma - \beta = 60° - 22° = \mathbf{38°}$
$\alpha_\% = \frac{\alpha \cdot z}{3{,}6} = \frac{38 \cdot 6}{3{,}6} = \mathbf{63{,}3\,\%}$

48.4 Schließzeit und Funkenzahl

Die **Schließzeit** t_s ist die Zeit, während der Unterbrecherkontakt geschlossen ist bzw. der Primärstrom fließt.

Die Schließzeit beeinflußt die Höhe des Primärstromes. Im Gegensatz zum Schließwinkel ist sie jedoch keine feste Größe, sondern abhängig von der Drehzahl des Motors bzw. der Verteilerwelle.

$$t_s = \frac{60 \cdot \alpha}{360° \cdot n_v}$$

- t_s Schließzeit in s
- α Schließwinkel in °
- n_v Verteilerwellendrehzahl in $\frac{1}{\min}$
- 60 Umrechnungszahl, $60\frac{s}{\min}$
- 360 Gradzahl während einer Verteilerwellenumdrehung

Durch Kürzen folgt:

$$t_s = \frac{\alpha}{6 \cdot n_v}$$

- t_s Schließzeit in s
- α Schließwinkel in °
- n_v Verteilerwellendrehzahl in $\frac{1}{\min}$
- 6 Umrechnungszahl, $6\frac{\min \cdot °}{s}$

Da bei einem **Viertaktmotor** die Verteilerwellendrehzahl n_v halb so groß wie die Motordrehzahl n ist, muß in die Formel für n_v die halbe Motordrehzahl $\frac{n}{2}$ eingesetzt werden:

$$t_s = \frac{\alpha}{6 \cdot \frac{n}{2}} = \frac{2 \cdot \alpha}{6 \cdot n}$$

Schließzeit für den **Viertaktmotor**:

$$t_s = \frac{\alpha}{3 \cdot n}$$

- t_s Schließzeit in s
- α Schließwinkel in °
- n Motordrehzahl in $\frac{1}{\min}$
- 3 Umrechnungszahl, $3\frac{\min \cdot °}{s}$

Bei einem **Zweitaktmotor** entspricht die Verteilerwellendrehzahl n_v der Motordrehzahl n. Dadurch kann in die Formel für n_v die Motordrehzahl n des Zweitakters eingesetzt werden.

Schließzeit für den **Zweitaktmotor**:

$$t_s = \frac{\alpha}{6 \cdot n}$$

- t_s Schließzeit in s
- α Schließwinkel in °
- n Motordrehzahl in $\frac{1}{\min}$
- 6 Umrechnungszahl, $6\frac{\min \cdot °}{s}$

Die **Gesamtfunkenzahl** f_g gibt an, wieviel Zündfunken in allen Zylindern eines Motors in einer **Minute** erzeugt werden.

Gesamtfunkenzahl für den **Viertaktmotor**:

$$f_g = \frac{n \cdot z}{2}$$

f_g Gesamtfunkenzahl in $\frac{1}{min}$
n Motordrehzahl in $\frac{1}{min}$
z Zylinderzahl
2 Umrechnungszahl, $n_v = \frac{n}{2}$

Gesamtfunkenzahl für den **Zweitaktmotor**:

$$f_g = n \cdot z$$

f_g Gesamtfunkenzahl in $\frac{1}{min}$
n Motordrehzahl in $\frac{1}{min}$
z Zylinderzahl

Die **Zylinder-Funkenzahl** f_z gibt an, wieviel Funken in einem Zylinder in einer **Sekunde** erzeugt werden.

Zylinder-Funkenzahl für den **Viertaktmotor**:

$$f_z = \frac{n}{2 \cdot 60}$$

f_z Zylinder-Funkenzahl in $\frac{1}{s}$
n Motordrehzahl in $\frac{1}{min}$
2 Umrechnungszahl, $n_v = \frac{n}{2}$
60 Umrechnungszahl, $60 \frac{s}{min}$

Zylinder-Funkenzahl für den **Zweitaktmotor**:

$$f_z = \frac{n}{60}$$

f_z Zylinder-Funkenzahl in $\frac{1}{s}$
n Motordrehzahl in $\frac{1}{min}$
60 Umrechnungszahl, $60 \frac{s}{min}$

Beispiel: Ein 6-Zyl.-Viertaktmotor hat eine Motordrehzahl n von 4800 $\frac{1}{min}$ und einen Schließwinkel $\alpha = 42°$.
Zu berechnen sind
a) die Schließzeit t_s in s,
b) die Gesamtfunkenzahl f_g in $\frac{1}{min}$ und
c) die Zylinder-Funkenzahl f_z in $\frac{1}{s}$.

Gesucht: a) t_s in s, b) f_g in $\frac{1}{min}$, c) f_z in $\frac{1}{s}$

Gegeben: $z = 6$, $n = 4800 \frac{1}{min}$, $\alpha = 42°$

Lösung: a) $t_s = \frac{\alpha}{3 \cdot n} = \frac{42}{3 \cdot 4800}$
$t_s = \mathbf{0{,}003\ s}$

b) $f_g = \frac{n \cdot z}{2} = \frac{4800 \cdot 6}{2}$
$f_g = \mathbf{14400 \frac{1}{min}}$

c) $f_z = \frac{n}{2 \cdot 60} = \frac{4800}{2 \cdot 60}$
$f_z = \mathbf{40 \frac{1}{s}}$

Aufgaben

1. Stellen Sie die Formel $\alpha_\% = \frac{\alpha \cdot z}{3{,}6}$ nach α und z um.

2. Von einem 4-Zyl.-Viertaktmotor mit einem Öffnungswinkel $\beta = 37°$ sind
a) der Zündabstand γ in ° und
b) der Schließwinkel α in ° und % zu berechnen.

3. Wie groß sind Zylinderzahl z und Schließwinkel α in ° und %, wenn der Zündabstand $\gamma = 60°$ und der Öffnungswinkel $\beta = 27°$ betragen?

4. Der Schließwinkel $\alpha_\%$ eines 4-Zyl.-Viertaktmotors beträgt 60%. Zu berechnen sind
a) der Schließwinkel α in °,
b) der Zündabstand γ in ° und
c) der Öffnungswinkel β in °.

5. Stellen Sie die Formel $t_s = \frac{\alpha}{3 \cdot n}$ nach α und n um.

6. Die Formel $f_g = \frac{n \cdot z}{2}$ ist nach n und z und die Formel $f_z = \frac{n}{2 \cdot 60}$ ist nach n umzustellen.

7. Berechnen Sie
a) die Schließzeit t_s in s und ms,
b) die Gesamtfunkenzahl f_g in $\frac{1}{min}$ und
c) die Zylinder-Funkenzahl f_z in $\frac{1}{s}$
eines 4-Zyl.-Viertaktmotors bei einer Motordrehzahl von 3600 $\frac{1}{min}$ und einem Schließwinkel von 52°.

8. Für einen 2-Zyl.-Zweitaktmotor mit einer Motordrehzahl von 5200 $\frac{1}{min}$ und einem Schließwinkel von 105° sind
a) die Schließzeit t_s in s und ms,
b) die Gesamtfunkenzahl f_g in $\frac{1}{min}$ und
c) die Zylinder-Funkenzahl f_z in $\frac{1}{s}$
zu berechnen.

9. Wie groß ist der Schließwinkel eines 4-Zyl.-Viertaktmotors, wenn die Motordrehzahl 4200 $\frac{1}{min}$ und die Schließzeit 4 ms betragen?

10. Berechnen Sie die Motordrehzahl n in $\frac{1}{min}$ eines 6-Zyl.-Viertaktmotors bei einem Schließwinkel von 40° und einer Schließzeit von 3,5 ms.

11. Ein 4-Zyl.-Viertaktmotor hat eine Zylinderfunkenzahl von 42 $\frac{1}{s}$. Zu berechnen sind
a) die Motordrehzahl n in $\frac{1}{min}$ und
b) die Gesamtfunkenzahl f_g in $\frac{1}{min}$.

12. Ein 1-Zyl.-Zweitaktmotor hat eine Motordrehzahl von $4400 \frac{1}{min}$ und einen Schließwinkel von 210°. Wie groß sind
a) die Schließzeit t_s in s und ms,
b) die Gesamtfunkenzahl f_g in $\frac{1}{min}$ und
c) die Zylinder-Funkenzahl f_z in $\frac{1}{s}$?

13. Wieviel Zylinder z hat ein Viertaktmotor, dessen Motordrehzahl $4600 \frac{1}{min}$ und Gesamtfunkenzahl $9200 \frac{1}{min}$ betragen?

14. Zu berechnen ist die Motordrehzahl n in $\frac{1}{min}$ eines 6-Zyl.-Viertaktmotors mit einer Zylinder-Funkenzahl von $f_z = 36 \frac{1}{s}$.

15. Welchen Schließwinkel α in ° und % hat ein 6-Zyl.-Viertaktmotor, wenn der Primärstrom 3 ms benötigt, um bei einer Motordrehzahl von $4000 \frac{1}{min}$ seinen vollen Wert von 3,8 A zu erreichen?

16. Wie groß ist die Schließzeit t_s in s und die Zeit t_g in s für einen Zündabstand bei einem 4-Zyl.-Viertaktmotor, wenn der Schließwinkel 55% und die Motordrehzahl $3400 \frac{1}{min}$ betragen?

17. Ein 2-Zyl.-Zweitaktmotor hat eine Motordrehzahl von $6200 \frac{1}{min}$ und einen Schließwinkel von 55%. Zu berechnen sind
a) der Schließwinkel α in °,
b) der Zündabstand γ in °,
c) der Öffnungswinkel β in °,
d) die Schließzeit t_s in s,
e) die Öffnungszeit $t_ö$ in s,
f) die Gesamtfunkenzahl f_g in $\frac{1}{min}$ und
g) die Zylinderfunkenzahl f_z in $\frac{1}{s}$.

18. Wie groß sind bei einem Viertaktmotor
a) die Motordrehzahl n in $\frac{1}{min}$,
b) der Schließwinkel α in °,
c) der Zündabstand γ in °,
d) die Zylinderzahl z und
e) die Gesamtfunkenzahl f_g in $\frac{1}{min}$,
wenn die Schließzeit 0,003 s, der Öffnungswinkel 22,2° und die Zylinderfunkenzahl $35 \frac{1}{s}$ betragen?

19. Ein 4-Zyl.-Viertaktmotor hat einen Schließwinkel von 53%. Die Zeit für einen Zündabstand beträgt 4 ms. Berechnen Sie
a) den Schließwinkel α in °,
b) die Motordrehzahl n in $\frac{1}{min}$,
c) die Gesamtfunkenzahl f_g in $\frac{1}{min}$ und
d) die Zylinderfunkenzahl f_z in $\frac{1}{s}$.

48.5 Frühzündungszeit und Bogenlänge

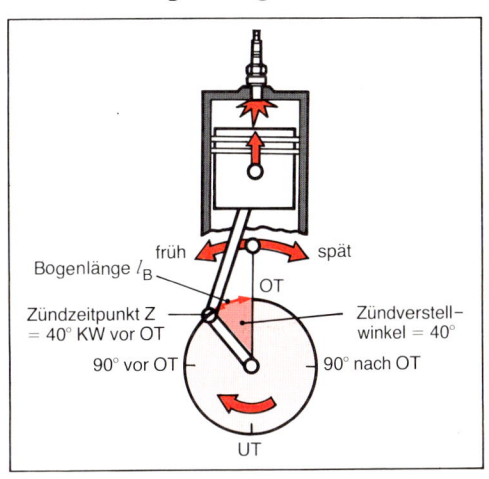

Der Winkel zwischen Zündzeitpunkt (Z) und oberem Totpunkt (OT) wird als **Zündverstellwinkel** bzw. **Zündwinkel** α_z bezeichnet.
Der **Zündzeitpunkt** wird in Kurbelwellenwinkelgraden (°KW) im Abstand zum oberen Totpunkt angegeben.
Liegt der Zündzeitpunkt vor OT, so wird dies als **Frühzündung,** liegt er nach OT, als **Spätzündung** bezeichnet.

> Die **Frühzündungszeit** t_z ist die Zeit, die der Kolben benötigt, um vom Zündzeitpunkt zum oberen Totpunkt zu gelangen.

$$t_z = \frac{\alpha_z}{6 \cdot n}$$

t_z Frühzündungszeit in s
α_z Zündverstellwinkel (Frühzündung) in Kurbelwellenwinkelgraden
n Motordrehzahl in $\frac{1}{min}$
6 Umrechnungszahl, $6 \frac{min \cdot °}{s}$

> Die **Bogenlänge** l_B ist der Abstand der Markierung des Zündzeitpunkts bis zur Markierung des oberen Totpunkts auf dem Umfang der Schwung- bzw. Keilriemenscheibe der Kurbelwelle.

$$l_B = \frac{d \cdot \pi \cdot \alpha_z}{360°}$$

l_B Bogenlänge in mm
d Durchmesser in mm
α_z Zündverstellwinkel in °
360 Gradzahl während einer Kurbelwellenumdrehung

Beispiel: Der Zündverstellwinkel (Frühzündung) eines Motors beträgt bei einer Leerlaufdrehzahl von $n = 800 \frac{1}{min}$ $\alpha_z = 8°$.
Wie groß sind
a) die Frühzündungszeit t_z in s und ms sowie
b) die Bogenlänge l_B in mm,
wenn der Durchmesser der Schwungscheibe 260 mm beträgt?

Gesucht: a) t_z in s und ms, b) l_B in mm
Gegeben: $n = 800 \frac{1}{min}$, $\alpha_z = 8°$, $d = 260$ mm
Lösung: a) $t_z = \frac{\alpha_z}{6 \cdot n} = \frac{8}{6 \cdot 800}$
$t_z = \mathbf{0{,}0017\ s = 1{,}7\ ms}$
b) $l_B = \frac{d \cdot \pi \cdot \alpha_z}{360°} = \frac{260\ mm \cdot \pi \cdot 8°}{360°}$
$l_B = \mathbf{18{,}15\ mm}$

Aufgaben

1. Stellen Sie die Formel $t_z = \frac{\alpha_z}{6 \cdot n}$ nach α_z und n um.

2. Berechnen Sie die Frühzündungszeit t_z in s und ms eines Motors, wenn die Frühzündung α_z bei einer Motordrehzahl $n = 3200 \frac{1}{min}$ 22° beträgt.

3. Wie groß ist die Motordrehzahl n in $\frac{1}{min}$, wenn die Frühzündung $\alpha_z = 36°$ und die Frühzündungszeit $t_z = 1{,}5$ ms betragen?

4. Die Frühzündungszeit t_z eines Motors beträgt 1,12 ms bei einer Motordrehzahl von $n = 4200 \frac{1}{min}$. Zu berechnen ist die Frühzündung α_z in °.

5. Die Formel $l_B = \frac{d \cdot \pi \cdot \alpha_z}{360°}$ ist nach d und α_z umzustellen.

6. Zu berechnen ist die Bogenlänge l_B in mm auf einer Schwungscheibe mit einem Durchmesser d von 290 mm für einen Zündverstellwinkel $\alpha_z = 12°$.

7. Wie groß ist der Durchmesser d einer Keilriemenscheibe in mm, wenn die Bogenlänge l_B für einen Zündverstellwinkel α_z von 20° 25mm beträgt?

8. Berechnen Sie den Zündverstellwinkel α_z in ° für eine Bogenlänge l_B von 16,2 mm und einem Schwungscheibendurchmesser $d = 310$ mm.

9. Auf den Umfang einer Schwungscheibe mit einem Durchmesser von 286,5 mm soll eine Gradeinteilung von 0 bis 40° eingraviert werden. Wie groß müssen die Abstände
a) von Grad zu Grad und
b) von 0° zu 40° sein?

10. Wie groß sind
a) die Frühzündungszeit t_z in s und ms sowie
b) die Bogenlänge l_B in mm,
wenn die Motordrehzahl $3800 \frac{1}{min}$, die Frühzündung 26° und der Durchmesser der Keilriemenscheibe 140 mm betragen?

11. Die Frühzündungszeit eines Motors beträgt 0,8 ms bei $n = 5850 \frac{1}{min}$. Zu berechnen sind
a) der Zündverstellwinkel α_z in ° und
b) der Durchmesser d der Schwungscheibe in mm, wenn die Bogenlänge 54 mm beträgt.

12. Die Bogenlänge zwischen der Markierung des oberen Totpunkts und der Zündzeitpunktmarkierung für die Fliehkraftverstellung bei einer Motordrehzahl von $3000 \frac{1}{min}$ beträgt 33,1 mm. Wie groß sind
a) der Zündverstellwinkel α_z in ° und
b) die Frühzündungszeit t_z in s und ms, wenn die Riemenscheibe einen Durchmesser von 146 mm hat?

13. Ein Viertaktmotor hat eine Zylinder-Funkenzahl von $45\frac{1}{s}$, die Keilriemenscheibe hat $d = 160$ mm und die Bogenlänge für die Frühzündung beträgt 44,7 mm. Berechnen Sie
a) die Motordrehzahl n in $\frac{1}{min}$,
b) den Zündverstellwinkel α_z in ° und
c) die Frühzündungszeit t_z in s und ms.

14. Für einen 2-Zyl.-Zweitaktmotor mit einer Gesamtfunkenzahl von $13200\frac{1}{min}$, einem Zündverstellwinkel von 36° und einem Durchmesser der Schwungscheibe von 228 mm sind zu berechnen
a) die Motordrehzahl n in $\frac{1}{min}$,
b) die Frühzündungszeit t_z in s und ms sowie
c) die Bogenlänge l_B in mm.

15. Der Umfang der Riemenscheibe eines 4-Zyl.-Viertaktmotors beträgt 495 mm. Die Bogenlänge für die Leerlaufmarkierung ist 11 mm. Die Gesamtfunkenzahl beträgt im Leerlauf $1700\frac{1}{min}$. Wie groß sind
a) die Leerlaufdrehzahl n des Motors in $\frac{1}{min}$,
b) der Durchmesser d der Scheibe in mm,
c) die Frühzündung α_z in ° im Leerlauf und
d) die Frühzündungszeit t_z in s und ms?

49 Aufgaben zur Kfz-Elektrik

1. Die Kupferleitung zu einem 12 V 55 W-Halogen-Scheinwerfer hat eine Querschnittsfläche von 1 mm² und ist 3,6 m lang. Wie groß sind
a) der Widerstand R in Ω,
b) die Stromstärke I in A und
c) der Spannungsverlust U_v der Leitung in V?

2. Für eine 6,3 m lange Bremslichtleitung aus Kupfer wurde eine Querschnittsfläche von 1 mm² gewählt. Reicht die Querschnittsfläche aus, wenn die Leitung zwei Bremslichtlampen von 12 V 21 W versorgen soll?

3. Der Widerstand des Abblendlichtglühfadens für 24 V beträgt 8,22 Ω. Die Leitung aus Kupfer hat eine Länge von 3,8 m und eine Querschnittsfläche von 1,5 mm². Wie groß sind
a) die Nennleistung der Glühlampe P in W und
b) der tatsächliche Spannungsverlust U_v in V, wenn die Batterie eine Spannung von 26,4 V hat?

4. Eine voll geladene 12 V 36 Ah-Batterie versorgt eine Warnblinkanlage mit vier Glühlampen von jeweils 21 W. Wieviel Zeit in h kann die Warnblinkanlage betrieben werden?

5. Wieviel Zeit in h ist eine eingeschaltete Beleuchtungsanlage bei Stillstand des Motors in Betrieb, wenn folgende Lampen leuchten? Standlicht mit 2 × 5 W und 2 × 10 W, Kennzeichenleuchte mit 1 × 10 W sowie das Abblendlicht mit 2 × 55 W. Die Beleuchtungsanlage wird von einer zu 80% geladenen 12 V 44 Ah-Batterie versorgt.

6. Ein zwölfpoliger Generator hat eine Drehzahl von 3800 $\frac{1}{min}$. Die in den Wicklungen erzeugte Wechselspannung hat einen Maximalwert von 10,6 V, und es fließt eine Stromstärke mit einem Effektivwert von 8,5 A. Wie groß sind
a) der Effektivwert der Spannung U_{eff} in V,
b) der Maximalwert der Stromstärke i_{max} in A,
c) die Frequenz der Wechselspannung f in Hz?

7. Die Strangspannung eines in Sternschaltung ausgeführten Generators beträgt 16,3 V. Aufgrund der angeschlossenen Verbraucher fließt ein Strangstrom von 22,4 A. Berechnen Sie
a) die Leiterspannung U in V und
b) die Leiterstromstärke I in A.

8. Ein 28 V-Generator liefert bei einer Generatordrehzahl $n_G = 1500 \frac{1}{min}$ eine Stromstärke von 10 A und bei $n_G = 6000 \frac{1}{min}$ von 55 A. Das Übersetzungsverhältnis vom Motor zum Generator beträgt $i = 0,55:1$. Der Wirkungsgrad des Riementriebs ist 0,9 und der des Generators 62%. Zu berechnen sind
a) die Leistungsabgabe P_{exi} des Generators bei $n_g = 1500$ und 6000 $\frac{1}{min}$ in W,
b) der Gesamtwirkungsgrad η_{ges},
c) die dem Generator vom Motor zugeführte Leistung P_{ing} bei $n_G = 1500$ und 6000 $\frac{1}{min}$ in W und
d) die Motordrehzahlen n in $\frac{1}{min}$ bei $n_G = 1500$ und 6000 $\frac{1}{min}$.

9. Durch die Primärwicklung einer Zündspule mit 0,6 Ω Widerstand fließt eine Stromstärke von 9,2 A. Die Batteriespannung beträgt 13,8 V. Wie groß sind
a) die Spannung U_p in V,
b) der Spannungsfall U_v am Vorwiderstand in V,
c) der Vorwiderstand R_v in Ω?

10. An einem Vorwiderstand tritt bei einer Stromstärke von 4 A eine Verlustleistung von 28,8 W auf. Die Spannung an der Primärwicklung beträgt 6,4 V. Berechnen Sie
a) den Vorwiderstand R_v in Ω,
b) den Spannungsfall U_v am Vorwiderstand in V,
c) den Widerstand R_p der Primärwicklung in Ω,
d) die Batteriespannung U_B in V.

11. Eine Zündanlage hat einen Vorwiderstand von 1,8 Ω und einen Widerstand der Primärwicklung von 1,6 Ω. Die Batteriespannung beträgt 13,4 V. Zu berechnen sind
a) die Primärstromstärke I_p in A,
b) die Spannung U_p an der Primärwicklung in V,
c) der Spannungsfall U_v am Vorwiderstand in V.

12. Während des Startens fließt eine Starterstromstärke von 220 A, die die Batteriespannung auf 7,9 V absinken läßt. Wie groß sind dann in der Zündanlage aus Aufgabe 11 jeweils **ohne** und **mit** Startanhebung
a) die Primärstromstärken I_p in A,
b) die Spannungen U_p an der Primärwicklung,
c) die Spannungsfälle U_v am Vorwiderstand in V?

13. Der Schließwinkel eines 4-Zyl.-Viertaktmotors beträgt 54 % und die Schließzeit 4,3 ms.
Berechnen Sie
a) den Schließwinkel α in °,
b) den Zündabstand γ in °,
c) den Öffnungswinkel β in °,
d) die Motordrehzahl n in $\frac{1}{min}$,
e) die Funkenzahlen f_g in $\frac{1}{min}$ und f_z in $\frac{1}{s}$.

14. In der Tabelle sind den Motordrehzahlen n die zugehörigen Zündverstellwinkel α_z im Vollastbetrieb des Motors gegenübergestellt. Wie groß sind
a) die Frühzündungszeiten t_{z1} bis t_{z5} in ms und
b) die Bogenlängen l_B in mm für α_{z1} und α_{z5} bei einem Durchmesser der Schwungscheibe von 280 mm.

n in $\frac{1}{min}$	800	1500	2500	3500	4500
α in °	8	12	18	22	25

15. Die in Reihe geschalteten Glühkerzen (s. Abb.) eines 4-Zyl.-Dieselmotors haben jeweils einen Widerstand von 0,07 Ω. Der Vorwiderstand beträgt 0,14 Ω und der Glühüberwacher hat einen Widerstand von 0,08 Ω.
Berechnen Sie
a) den Gesamtwiderstand R_g in Ω,
b) die Stromstärke I in A, die durch die Glühkerzen bei einer Batteriespannung von 13,4 V fließt.
c) die Teilspannungen U_1 bis U_6 an den Widerständen in V und
d) die Leistung P einer Glühkerze in W.

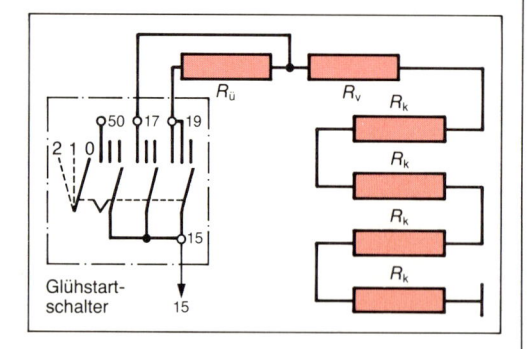

16. Wie groß sind in der Glühanlage der Aufgabe 17
a) die Stromstärke I in den Glühkerzen in A und
b) die Leistungsaufnahme P einer Glühkerze in W, wenn während des Startens der Glühüberwacher überbrückt wird und die Batteriespannung auf 9,6 V sinkt?

17. Die Glühkerzen eines 6-Zyl.-Dieselmotors sind parallel geschaltet (s. Abb.) und haben jeweils einen Widerstand von 1,05 Ω. Am Glühüberwacher fällt bei einer Batteriespannung $U_B = 12,8$ V eine Spannung von 2,26 V ab.
Zu berechnen sind
a) die Teilspannung U an den Glühkerzen in V,
b) die Stromstärke I durch eine Glühkerze in A,
c) die Gesamtstromstärke I_g in A,
d) der Gesamtwiderstand R_g in Ω,
e) der Widerstand $R_ü$ des Glühüberwachers in Ω,
f) die Leistung P einer Glühkerze in W.

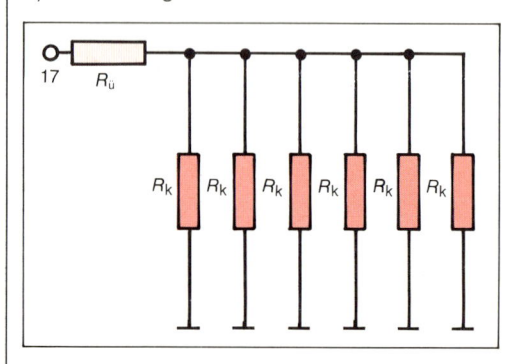

18. Durch einen Pkw-Starter fließt bei einer Spannung von 9,6 V eine Stromstärke von 185 A. Wie groß sind
a) der Widerstand R der Starterwicklungen in Ω,
b) die Leistungsaufnahme P_{ing} des Starters in W,
c) die Leistungsabgabe P_{exi} des Starters in W bei einem Wirkungsgrad von 55 %?

19. Ein 2,2 kW-Starter hat eine elektrische Leistungsaufnahme $P_{ing} = 3,67$ kW. Die Batteriespannung beträgt während des Startens 8,4 V bei einem Batterieinnenwiderstand von 0,012 Ω.
Berechnen Sie
a) den Wirkungsgrad η des Starters,
b) die Stromaufnahme I des Starters in A und
c) die Batteriespannung U_B in V vor dem Starten.

20. Das Schwungrad eines Lkw-Motors hat eine Startdrehzahl von 96 $\frac{1}{min}$. Die Zähnezahl des Schwungrads ist 225 und die des Ritzels 13. Die Stromaufnahme des Starters beträgt 438 A bei einer Spannung von 18,6 V. Der Wirkungsgrad des Starters ist 0,54.
Wie groß sind
a) das Übersetzungsverhältnis i,
b) die Drehzahl n_s des Starters in $\frac{1}{min}$,
c) die Leistungsaufnahme P_{ing} des Starters in W,
d) die Leistungsabgabe P_{exi} des Starters in kW?

50 System Motor

Das System Motor besteht u. a. aus
- dem Kurbeltrieb,
- der Schmierung und
- der Kühlung.

50.1 Kurbeltrieb

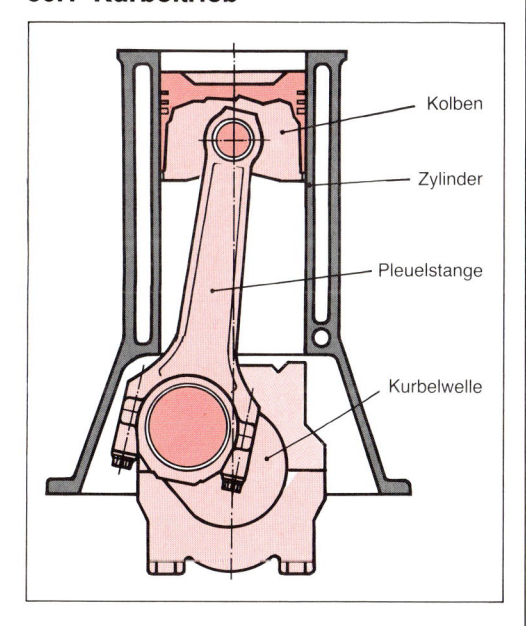

Das momentane Motordrehmoment M eines Hubkolbenmotors im **System des Kurbeltriebs** hängt ab von
- dem momentanen Verbrennungsdruck p,
- der Kolbenfläche A_K und
- dem Kurbelradius r.

Beispiel: Der Verbrennungsdruck p eines 8-Zyl.-V-Viertakt-Ottomotors beträgt 40°KW nach OT 49,4 bar. Der Motor hat einen Kolbenhub von 86 mm und eine Pleuelstangenlänge von 144 mm. Der Regelkolben hat einen Durchmesser $d = 84,97$ mm. Wie groß sind
a) die Kolbenkraft F_K in N,
b) die Tangentialkraft F_T in N,
c) der Pleuelstangenwinkel β in °KW und
d) das momentane Drehmoment M in Mm.

Gesucht: a) F_K in N, b) F_T in N, c) β in °KW, d) M in Nm.

Gegeben: $p = 49,4$ bar, $d = 84,97$ mm, $s = 86$ mm, $l_p = 144$ mm, $r = \frac{1}{2}s = 43$ mm, $\alpha = 40$°KW, $F_T = 22500$ N (zeichnerisch ermittelt)

Lösung: a) $F_K = 10 \cdot p \cdot A_K$

$$A_K = \frac{d^2 \cdot \pi}{4} = \frac{(8,497 \text{ cm})^2 \cdot 3,14}{4}$$

$A_K = 56,68 \text{ cm}^2$
$F_K = 10 \cdot 49,4 \cdot 56,68$
$F_K = \mathbf{28000 \text{ N}}$

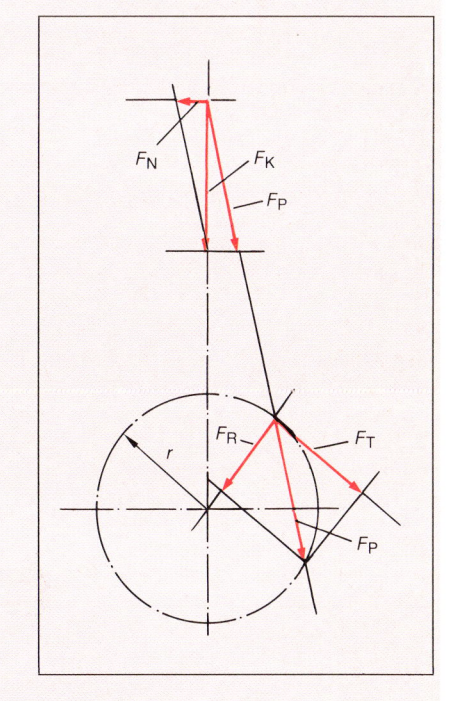

b) Kräftemaßstab: 1 mm $\triangleq$ 1200 N
Längenmaßstab: 1 : 3
Ergebnis: $F_T = 22,5$ mm
$F_T = \mathbf{22500 \text{ N}}$

c) Pleuelstangenwinkel $\beta = \mathbf{11 \text{°KW}}$ (zeichnerisch ermittelt)

d) $M = F_T \cdot r$
$M = 22500 \text{ N} \cdot 0,043 \text{ m}$
$M = \mathbf{967,5 \text{ Nm}}$

Aufgaben

1. Ein flüssigkeitsgekühlter 8-Zyl.-Viertakt-Turbo-Dieselmotor mit Ladeluftkühlung hat einen Verbrennungshöchstdruck $p = 74$ bar 48°KW nach OT. Der Durchmesser d des Kolbens beträgt 135,93 mm, der Kolbenhub $s = 138$ mm, die Pleuelstangenlänge $l_P = 245$ mm. Ermitteln Sie rechnerisch und zeichnerisch
a) die Kolbenkraft F_K in N,
b) die Normalkraft F_N in N,
c) die Pleuelstangenkraft F_P in N,
d) die Tangentialkraft F_T in N,
e) den Pleuelstangenwinkel β in °KW und
f) das momentane Motordrehmoment M an der Kurbelwelle in Nm.

2. Der Kolbendurchmesser eines 4-Zyl.-Zweitakt-Ottomotors (Motorrad) beträgt 55,98 mm, der Kolbenhub 50 mm und die Pleuelstangenlänge 86 mm. 32°KW nach OT wird ein Verbrennungshöchstdruck von 10,8 bar erreicht. Ermitteln Sie rechnerisch und zeichnerisch
a) die Kolbenkraft F_K in N,
b) die Pleuelstangenkraft F_P in N,
c) die Normalkraft F_N in N,
d) den Pleuelstangenwinkel β in °KW,
e) die Radialkraft F_R in N,
f) die Tangentialkraft F_T in N und
g) das momentane Motordrehmoment M in Nm.

3. 42°KW nach OT hat ein 4-Zyl.-Viertakt-Ottomotor eine Tangentialkraft F_T von 16800 N. Der Kolbendurchmesser beträgt 80,98 mm, der Kolbenhub 86 mm und die Pleuelstangenlänge 126 mm.
Ermitteln Sie zeichnerisch und rechnerisch
a) die Pleuelstangenkraft F_P in N,
b) die Kolbenkraft F_K in N und
c) den Verbrennungsdruck p in bar.

4. Die Radialkraft F_R eines flüssigkeitsgekühlten 4-Zyl.-Viertakt-Dieselmotors beträgt 43°KW nach OT 26000 N. Der Kolben hat einen Durchmesser von 82,97 mm und einen Hub von 83 mm. Die Pleuelstangenlänge beträgt 132 mm.
Ermitteln Sie rechnerisch und zeichnerisch
a) den Kolbendruck p in bar und
b) das momentane Motordrehmoment M in Nm.

5. Das momentane Motordrehmoment eines 3-Zyl.-Zweitakt-Ottomotors beträgt 35°KW nach OT 210 Nm. Der Kolben hat einen Hub von 50 mm und einen Durchmesser von 56,97 mm. $l_P = 92$ mm.
Ermitteln Sie rechnerisch und zeichnerisch den Kolbendruck p in bar.

50.2 Schmierung

Für Hubkolbenmotoren werden folgende **Schmiersysteme** unterschieden:
- Druckumlaufschmierung,
- Trockensumpfschmierung und
- Mischungsschmierung.

Der Schmierölverbrauch wird dabei wesentlich beeinflußt durch
- die effektive Leistung P_{eff} und
- die Dichte des Schmieröls ϱ_S.

Der Erfolg einer guten Schmierung hängt ab von
- der Zahl der Schmierölumläufe z sowie
- der Zeit t für einen Schmieröldurchsatz, d.h. der Zeit für eine Filterung der gesamten Ölmenge in einer Hauptstrom-Filterschaltung.

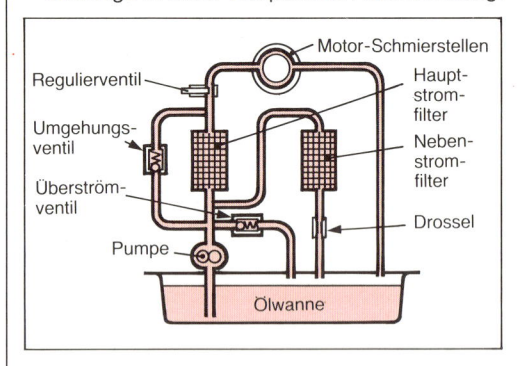

Betriebswerte

Hubkolbenmotoren in Personenkraftwagen haben einen Schmieröldurchsatz von 900 bis 2700 $\frac{kg}{h}$ bei Höchstdrehzahl.

Beispiel: Ein 4-Zyl.-Viertakt-Ottomotor wird auf einem Leistungsprüfstand 50 min lang mit seiner größten Leistung $P_{eff} = 33$ kW und einer Motordrehzahl von 5250 $\frac{1}{min}$ betrieben. Es wird dabei ein Schmierölverbrauch von 126 cm³ gemessen. Das Schmieröl hat eine Dichte von 0,92 $\frac{kg}{dm^3}$. Das Schmierölvolumen $V_{Öl}$ der Druckumlaufschmierung beträgt 3,75 l und der Ölpumpendurchsatz $m_h = 1400 \frac{kg}{h}$.
Zu berechnen sind
a) der spezifische Schmierölverbrauch b_S in $\frac{g}{kWh}$,
b) der Schmierölverbrauch B_S in $\frac{kg}{h}$,
c) die Zahl der Schmierölumläufe z in $\frac{1}{h}$,
d) die Zeit t für einen Schmieröldurchsatz in s.

Gesucht: b_S in $\frac{g}{kWh}$, B_S in $\frac{kg}{h}$, z in $\frac{1}{h}$, t in s

Gegeben: $P_{eff} = 33\,kW$, $t = 50\,min = 3000\,s$,
$V_{Öl} = 3{,}75\,l$, $V_S = 126\,cm^3$, $\varrho_S = 0{,}92\,\frac{kg}{dm^3}$
$m_h = 1400\,\frac{kg}{h}$

Lösung: a) $b_S = \dfrac{3600 \cdot V_S \cdot \varrho_S}{P_{eff} \cdot t}$

$b_S = \dfrac{3600 \cdot 126 \cdot 0{,}92}{33 \cdot 3000}$

$b_S = \mathbf{4{,}22\,\dfrac{g}{kWh}}$

b) $B_S = \dfrac{b_S \cdot P_{eff}}{1000} = \dfrac{4{,}22 \cdot 33}{1000} = \mathbf{0{,}14\,\dfrac{kg}{h}}$

c) $z = \dfrac{m_h}{m_{Öl}}$

$m_{Öl} = V_{Öl} \cdot \varrho_S$
$m_{Öl} = 3{,}75\,dm^3 \cdot 0{,}92\,\dfrac{kg}{dm^3}$
$m_{Öl} = 3{,}45\,kg$

$z = \dfrac{1400\,\frac{kg}{h}}{3{,}45\,kg} = \mathbf{405{,}8\,\dfrac{1}{h}}$

d) $t = \dfrac{m_{Öl} \cdot 3600}{m_h} = \dfrac{3{,}45 \cdot 3600}{1400}$

$t = \mathbf{8{,}87\,s}$

Aufgaben

1. Die größte Nutzleistung eines 5-Zyl.-Viertakt-Dieselmotors beträgt 90 kW bei $4600\,\frac{1}{min}$. Der Motor wird mit seiner größten Leistung 60 min lang auf einem Leistungsprüfstand betrieben. Dabei wird ein Schmierölverbrauch $V_S = 286\,cm^3$ gemessen. Die Dichte ϱ_S des Schmieröls beträgt $0{,}89\,\frac{g}{cm^3}$, der Motorölinhalt $V_{Öl} = 7{,}0\,l$, der Ölpumpendurchsatz m_h der Druckumlaufschmierung $1480\,\frac{kg}{h}$. Berechnen Sie den
a) spezifischen Schmierölverbrauch b_S in $\frac{g}{kWh}$,
b) Schmierölverbrauch B_S in $\frac{kg}{h}$ und
c) die Zahl der Schmierölumläufe z in $\frac{1}{h}$ bzw.
d) die Zeit t für einen Schmieröldurchsatz in s.

2. Ein 8-Zyl.-V-Viertakt-Dieselmotor (Lkw) wird 45 min lang mit seiner größten Leistung $P_{eff} = 214\,kW$ bei $2100\,\frac{1}{min}$ betrieben. Der Motor verbraucht dabei ein Schmierölvolumen von $0{,}32\,dm^3$ mit einer Dichte von $0{,}91\,\frac{g}{cm^3}$. Die Druckumlaufschmierung hat ein Schmierölvolumen von $27{,}5\,l$ und einen Durchsatz von $2180\,\frac{kg}{h}$. Berechnen Sie den
a) spezifischen Schmierölverbrauch b_S in $\frac{g}{kWh}$,
b) Schmierölverbrauch B_S in $\frac{kg}{h}$ und
c) die Zahl der Schmierölumläufe z in $\frac{1}{h}$ bzw.
d) die Zeit t für einen Schmieröldurchsatz in s.

3. Technische Daten eines aufgeladenen, luftgekühlten 6-Zyl.-Viertakt-Boxermotors mit Trockensumpfschmierung:
$P_{eff} = 331\,kW$ bei $6500\,\frac{1}{min}$, $V_S = 242\,cm^3$,
$V_{Öl} = 18{,}0\,l$, $\varrho_S = 0{,}92\,\frac{g}{cm^3}$, $m_h = 1680\,\frac{kg}{h}$.
Ermitteln Sie
a) den Schmierölverbrauch B_S in $\frac{kg}{h}$,
b) die Zahl der Schmierölumläufe z in $\frac{1}{h}$ und
c) die Zeit t für einen Schmieröldurchsatz in s.

4. Die größte effektive Leistung eines 1-Zyl.-Zweitakt-Ottomotors (Motorrad) beträgt bei einer Motordrehzahl von $8200\,\frac{1}{min}$ 20 kW. Durch die Frischölschmierung werden der Kurbelwelle $172{,}2\,\frac{cm^3}{h}$ und dem Zylinder $25{,}7\,\frac{cm^3}{h}$ Frischöl zugeführt. Die Schmieröldichte beträgt $0{,}92\,\frac{g}{cm^3}$, das Volumen des Ölbehälters $1{,}5\,l$. Der Motor wird 45 min lang auf einem Leistungsprüfstand mit seiner größten Leistung betrieben. Berechnen Sie den
a) spezifischen Schmierölverbrauch b_S in $\frac{g}{kWh}$,
b) Schmierölverbrauch B_S in $\frac{kg}{h}$,
c) Schmierölverbrauch V_S in l nach 45 min und
d) die Zeit t in h für den Verbrauch des gesamten Schmierölvorrats.

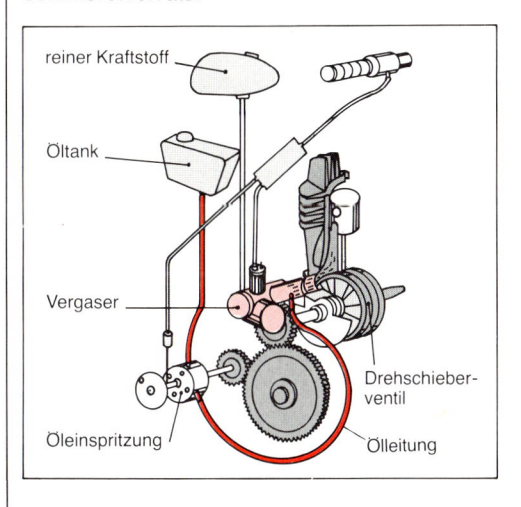

5. Der Kurbelwelle eines 4-Zyl.-Zweitakt-Ottomotors (Motorrad) werden durch das Frischöl-Schmiersystem $199{,}5\,\frac{cm^3}{h}$ und jedem Zylinder $29{,}7\,\frac{cm^3}{h}$ Frischöl zugeführt. Der Motor wird mit seiner größten Leistung $P_{eff} = 70\,kW$ bei $9500\,\frac{1}{min}$ 45 min lang auf einem Leistungsprüfstand betrieben. Der Schmierölbehälter faßt $3{,}5\,l$, die Schmieröldichte beträgt $0{,}91\,\frac{g}{cm^3}$.
Berechnen Sie
die Zeit t in h für den Verbrauch des gesamten Schmierölvorrats.

50.3 Kühlung

Die Auslegung des **Kühlsystems** eines Verbrennungsmotors wird wesentlich beeinflußt durch
- die effektive Motorleistung P_{eff},
- den spezifischen Kraftstoffverbrauch b_{eff} und
- die abzuführende Wärmemenge Φ_{ab}.

Diese Größen ergeben
- den Kühlflüssigkeitsdurchsatz m_h und
- die Kühlflüssigkeitsumläufe z.

Beispiel: Der spezifische Kraftstoffverbrauch b_{eff} eines flüssigkeitsgekühlten 4-Zyl.-Viertakt-Ottomotors beträgt $260 \frac{g}{kWh}$, die dabei erzielte effektive Leistung $P_{eff} = 108\,kW$. Der Kraftstoff hat einen Heizwert $H_u = 44000 \frac{kJ}{kg}$. Das Kühlsystem faßt $8,0\,l$ Kühlflüssigkeit. Die Dichte des Gefrierschutzmittels beträgt $1,12 \frac{kg}{dm^3}$, die spezifische Wärmekapazität c der Kühlflüssigkeit $4,2 \frac{kJ}{kg \cdot K}$, die Temperaturdifferenz $\Delta T = 14\,K$. 33% der zugeführten Wärmemenge werden durch das Kühlsystem abgeführt. Wie groß sind

a) die abzuführende Wärmemenge Φ_{ab} in $\frac{kJ}{h}$,
b) der Kühlflüssigkeitsdurchsatz m_h in $\frac{kg}{h}$,
c) die Zahl der Kühlflüssigkeitsumläufe z in $\frac{1}{h}$ und
d) die Dichte der Kühlflüssigkeit ϱ_K bei einer Kühlflüssigkeit mit dem Gefrierpunkt von $-30\,°C$ ($A_W = 1,4$)?

Gesucht: Φ_{ab} in $\frac{kJ}{h}$, m_h in $\frac{kg}{h}$, z in $\frac{1}{h}$, ϱ_K in $\frac{kg}{dm^3}$

Gegeben: $b_{eff} = 260 \frac{g}{kWh}$, $P_{eff} = 108\,kW$, $H_u = 44000 \frac{kJ}{kg}$, $f = 33\%$, $c = 4,2 \frac{kJ}{kg\,K}$, $\Delta T = 14\,K$, $V_K = 8,0\,dm^3$, $\varrho_K = 1,12 \frac{kg}{dm^3}$, $A_W = 1,4$

Lösung: a) $\Phi_{ab} = \frac{b_{eff} \cdot P_{eff} \cdot H_u \cdot f}{1000 \cdot 100}$

$\Phi_{ab} = \frac{260 \cdot 108 \cdot 44000 \cdot 33}{1000 \cdot 100}$

$\Phi_{ab} = \mathbf{407\,722 \frac{kJ}{h}}$

b) $m_h = \frac{\Phi_{ab}}{\Delta T \cdot c} = \frac{407\,722 \frac{kJ}{h}}{14\,K \cdot 4,2 \frac{kJ}{kg\,K}}$

$m_h = \frac{407\,722\,kJ \cdot kg \cdot K}{14\,K \cdot 4,2\,kJ \cdot h}$

$m_h = \mathbf{6934 \frac{kg}{h}}$

c) $z = \frac{m_h}{m_K}$

$m_K = V_K \cdot \varrho_K = 8\,dm^3 \cdot 1,12 \frac{kg}{dm^3}$

$m_K = 8,96\,kg$

$z = \frac{6934 \frac{kg}{h}}{8,96\,kg} = \frac{6934\,kg}{8,96\,kg \cdot h}$

$z = \mathbf{774 \frac{1}{h}}$

d) $V_G = \frac{V_K \cdot A_G}{A_G + A_W} = \frac{8,0\,l \cdot 1\,l}{1 + 1,4} = \frac{8,0}{2,4}$

$V_G = 3,33\,l$
$V_W = V_K - V_G = 8,0\,l - 3,33\,l$
$V_W = 4,67\,l$

$\varrho_K = \frac{V_W \cdot \varrho_W + V_G \cdot \varrho_G}{V_K}$

$\varrho_K = \frac{4,67\,dm^3 \cdot 1 \frac{kg}{dm^3} + 3,33\,dm^3 \cdot 1,12 \frac{kg}{dm^3}}{8\,dm^3}$

$\varrho_K = \frac{4,57\,kg + 3,73\,kg}{8,0\,dm^3}$

$\varrho_K = \mathbf{1,04 \frac{kg}{dm^3}}$

Aufgaben

1. Durch das Kühlsystem eines 8-Zyl.-V-Viertakt-Dieselmotors werden 32% der zugeführten Wärmemenge abgeführt. Bei einer effektiven Leistung von 276 kW hat der Motor einen spezifischen Kraftstoffverbrauch von $198 \frac{g}{kWh}$. Der Heizwert des Kraftstoffs beträgt $43\,500 \frac{kJ}{kg}$, das Flüssigkeitsvolumen der Pumpenumlaufkühlung $27\,l$, die Wärmekapazität der Kühlflüssigkeit $4,2 \frac{kJ}{kg \cdot K}$, die Temperaturdifferenz $12\,K$, $\varrho_K = 1,12 \frac{kg}{dm^3}$. Berechnen Sie

a) die abzuführende Wärmemenge Φ_{ab} in $\frac{kJ}{h}$,
b) den Kühlflüssigkeitsdurchsatz m_h in $\frac{kg}{h}$,
c) die Zahl der Kühlflüssigkeitsumläufe z in $\frac{1}{h}$ und
d) die Dichte der Kühlflüssigkeit ϱ_K mit einem Gefrierpunkt von $-40\,°C$ ($A_G = 1$, $A_W = 1$).

2. Ein flüssigkeitsgekühlter 2-Zyl.-Zweitakt-Motorradmotor hat folgende technische Daten:

$P_{eff} = 37\,kW$, $b_{eff} = 236 \frac{g}{kWh}$, $H_u = 43\,200 \frac{kJ}{kg}$, $\varrho_K = 1,12 \frac{kg}{dm^3}$, $V_K = 3,8\,l$, $V_G = 1,52\,l$, $\Delta T = 11\,K$, $c = 4,2 \frac{kJ}{kg \cdot K}$, $f = 33\%$.

Ermitteln Sie
a) die Zahl der Kühlflüssigkeitsumläufe z in $\frac{1}{h}$ und
b) den Gefrierpunkt t in $°C$.

51 System Kraftübertragung

Das **System Kraftübertragung** eines Kraftfahrzeugs hat die Aufgabe, das vom Motor erzeugte **Drehmoment** zu wandeln und auf die **Antriebsräder** zu übertragen.

Bei der **Wandlung der Drehmomente** kommt es gleichzeitig zu einer **Wandlung der Drehzahlen**. Die Motordrehzahl wird durch die Übersetzung im Schaltgetriebe und Achsgetriebe so gewandelt, daß die Drehzahlen an den Antriebsrädern die gewünschte Fahrgeschwindigkeit des Kraftfahrzeugs ergibt.

> Je **kleiner die Drehzahl** der Antriebsräder ist, desto **größer ist das Drehmoment** an den Antriebsrädern bei gleicher Leistungsabgabe des Motors und umgekehrt.

Das **System Kraftübertragung** umfaßt die folgenden Baugruppen
- Kupplung,
- Schalt- oder automatisches Getriebe,
- Gelenkwellen,
- Achsgetriebe,
- Ausgleichsgetriebe,
- Achsantriebswellen und
- Räder.

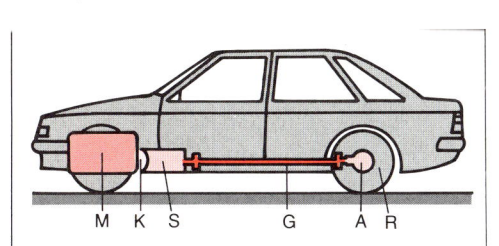

M: Motor   K: Kupplung   S: Schaltgetriebe   G: Gelenkwelle   A: Achs- u. Ausgleichsgetriebe   R: treibendes Rad

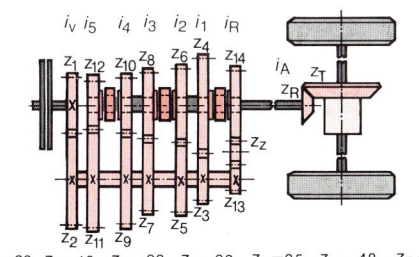

$z_1 = 28$ $z_3 = 16$ $z_5 = 22$ $z_7 = 33$ $z_9 = 35$ $z_{11} = 48$ $z_R = 22$
$z_2 = 45$ $z_4 = 36$ $z_6 = 28$ $z_8 = 27$ $z_{10} = 21$ $z_{12} = 23$ $z_T = 89$

Beispiel: Der 4-Zyl.-Viertakt-Ottomotor eines Pkw hat eine Motorhöchstdrehzahl $n_{max} = 5600 \frac{1}{min}$, eine maximale Leistung $P_{max} = 37$ kW bei $n = 5200 \frac{1}{min}$ und ein maximales Drehmoment $M_{max} = 83$ Nm bei $n = 3000 \frac{1}{min}$.

Der Pkw ist mit einem Fünfgang-Getriebe ausgerüstet (s. Abb.) und hat die Reifen 155/70 R 13 S, deren Abrollumfang 1765 mm beträgt. Der Wirkungsgrad des Schaltgetriebes ist 95% und des Achsgetriebes 97%.

Zu berechnen, zu zeichnen und zu bestimmen sind

a) die Übersetzung i_v des Vorgeleges,

b) die Übersetzungen i_1, i_2, i_3, i_4 und i_5 der einzelnen Gänge,

c) die Gesamtübersetzungen $i_{1.G}$, $i_{2.G}$, $i_{3.G}$, $i_{4.G}$ und $i_{5.G}$ des Schaltgetriebes,

d) die Achsgetriebeübersetzung i_A,

e) die Gesamtübersetzungen $i_{ges1.G}$, $i_{ges2.G}$, $i_{ges3.G}$, $i_{ges4.G}$ und $i_{ges5.G}$ des Antriebsstrangs,

f) der Gesamtwirkungsgrad η_{ges} des Antriebsstrangs,

g) der dynamische Halbmesser r_{dyn} in mm und m,

h) die Fahrgeschwindigkeiten v_{max} des Pkw in $\frac{km}{h}$ bei n_{max} in den Gängen 1 bis 5,

i) das Gangdiagramm des Pkw (s. Kap. 42.3), wenn aufgrund der Fahrwiderstände im 4. Gang nur eine maximale Fahrgeschwindigkeit von $142 \frac{km}{h}$ und im 5. Gang nur $162 \frac{km}{h}$ erreicht werden,

k) die Fahrgeschwindigkeiten v in $\frac{km}{h}$ bei maximalem Motordrehmoment in den Gängen 1 bis 5 aus dem Gangdiagramm,

l) die Antriebskräfte F_A in N bei maximalem Motordrehmoment in den Gängen 1 bis 5 und

m) die Drehmomente M_A an den Antriebsrädern in den Gängen 1 bis 5 bei maximalem Motordrehmoment in Nm.

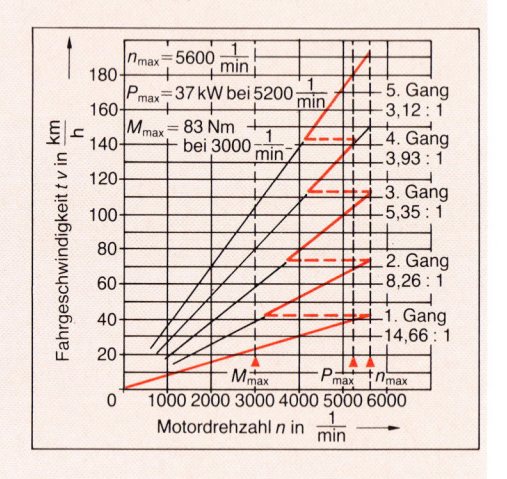

Gesucht: a) i_V, b) i_1, i_2, i_3, i_4, i_5, c) $i_{1.G}$, $i_{2.G}$, $i_{3.G}$, $i_{4.G}$, $i_{5.G}$, d) i_A, e) $i_{ges1.G}$, $i_{ges2.G}$, $i_{ges3.G}$, $i_{ges4.G}$, $i_{ges5.G}$, f) η_{ges}, g) r_{dyn} in mm und m, h) $v_{max1.G}$, $v_{max2.G}$, $v_{max3.G}$, $v_{max4.G}$, $v_{max5.G}$ in $\frac{km}{h}$, i) Gangdiagramm, k) $v_{1.G}$, $v_{2.G}$, $v_{3.G}$, $v_{4.G}$, $v_{5.G}$ in $\frac{km}{h}$, l) F_{A1}, F_{A2}, F_{A3}, F_{A4}, F_{A5} in N, m) M_{A1}, M_{A2}, M_{A3}, M_{A4}, M_{A5} in Nm.

Gegeben: $n_{max} = 5600 \frac{1}{min}$, $P_{max} = 37$ kW bei $n = 5200 \frac{1}{min}$, $M_{max} = 83$ Nm bei $n = 3000 \frac{1}{min}$, $z_1 = 28$, $z_2 = 45$, $z_3 = 16$, $z_4 = 36$, $z_5 = 22$, $z_6 = 28$, $z_7 = 33$, $z_8 = 27$, $z_9 = 35$, $z_{10} = 21$, $z_{11} = 48$, $z_{12} = 23$, $z_T = 89$, $z_R = 22$, $U_R = 1765$ mm, $\eta_G = 95\%$, $\eta_A = 97\%$.

Lösung: a) $i_V = \dfrac{z_2}{z_1} = \dfrac{45}{28} = \mathbf{1{,}61 : 1}$

b) $i_1 = \dfrac{z_4}{z_3} = \dfrac{36}{16} = \mathbf{2{,}25 : 1}$

$i_2 = \dfrac{z_6}{z_5} = \dfrac{28}{22} = \mathbf{1{,}27 : 1}$

$i_3 = \dfrac{z_8}{z_7} = \dfrac{27}{33} = \mathbf{0{,}82 : 1}$

$i_4 = \dfrac{z_{10}}{z_9} = \dfrac{21}{35} = \mathbf{0{,}6 : 1}$

$i_5 = \dfrac{z_{12}}{z_{11}} = \dfrac{23}{48} = \mathbf{0{,}48 : 1}$

c) $i_{1.G} = i_V \cdot i_1 = 1{,}61 \cdot 2{,}25 = \mathbf{3{,}62 : 1}$
$i_{2.G} = i_V \cdot i_2 = 1{,}61 \cdot 1{,}27 = \mathbf{2{,}04 : 1}$
$i_{3.G} = i_V \cdot i_3 = 1{,}61 \cdot 0{,}82 = \mathbf{1{,}32 : 1}$
$i_{4.G} = i_V \cdot i_4 = 1{,}61 \cdot 0{,}6 = \mathbf{0{,}97 : 1}$
$i_{5.G} = i_V \cdot i_5 = 1{,}61 \cdot 0{,}48 = \mathbf{0{,}77 : 1}$

d) $i_A = \dfrac{z_T}{z_R} = \dfrac{89}{22} = \mathbf{4{,}05 : 1}$

e) $i_{ges1.G, 2.G...} = i_A \cdot i_{1.G, 2.G...}$
$i_{ges1.G} = 4{,}05 \cdot 3{,}62 = \mathbf{14{,}66 : 1}$
$i_{ges2.G} = 4{,}05 \cdot 2{,}04 = \mathbf{8{,}26 : 1}$
$i_{ges3.G} = 4{,}05 \cdot 1{,}32 = \mathbf{5{,}35 : 1}$
$i_{ges4.G} = 4{,}05 \cdot 0{,}97 = \mathbf{3{,}93 : 1}$
$i_{ges5.G} = 4{,}05 \cdot 0{,}77 = \mathbf{3{,}12 : 1}$

f) $\eta_{ges} = \eta_G \cdot \eta_A = 0{,}95 \cdot 0{,}97 = \mathbf{0{,}92}$

g) $r_{dyn} = \dfrac{U_R}{2 \cdot \pi} = \dfrac{1765 \text{ mm}}{2 \cdot \pi}$

$r_{dyn} = \mathbf{281\ mm = 0{,}281\ m}$

h) $v_{max1.G, 2.G...} = \dfrac{3{,}6 \cdot 2 \cdot r_{dyn} \cdot \pi \cdot n_{max}}{60 \cdot 1000 \cdot i_{ges1.G, 2.G...}}$

$v_{max1.G} = \dfrac{3{,}6 \cdot 2 \cdot 281 \cdot \pi \cdot 5600}{60 \cdot 1000 \cdot 14{,}66} = \mathbf{40\ \dfrac{km}{h}}$

$v_{max2.G} = \dfrac{3{,}6 \cdot 2 \cdot 281 \cdot \pi \cdot 5600}{60 \cdot 1000 \cdot 8{,}26} = \mathbf{72\ \dfrac{km}{h}}$

$v_{max3.G} = \dfrac{3{,}6 \cdot 2 \cdot 281 \cdot \pi \cdot 5600}{60 \cdot 1000 \cdot 5{,}35} = \mathbf{111\ \dfrac{km}{h}}$

$v_{max4.G} = \dfrac{3{,}6 \cdot 2 \cdot 281 \cdot \pi \cdot 5600}{60 \cdot 1000 \cdot 3{,}93} = \mathbf{151\ \dfrac{km}{h}}$

$v_{max5.G} = \dfrac{3{,}6 \cdot 2 \cdot 281 \cdot \pi \cdot 5600}{60 \cdot 1000 \cdot 3{,}12} = \mathbf{190\ \dfrac{km}{h}}$

i) Gangdiagramm:

k) $v_{1.G} = \mathbf{22\ \dfrac{km}{h}}$, $v_{2.G} = \mathbf{39\ \dfrac{km}{h}}$,
$v_{3.G} = \mathbf{59\ \dfrac{km}{h}}$, $v_{4.G} = \mathbf{80\ \dfrac{km}{h}}$,
$v_{5.G} = \mathbf{104\ \dfrac{km}{h}}$

l) $F_{A1.G, 2.G...} = \dfrac{M_{max} \cdot i_{ges1.G, 2.G...} \cdot \eta_{ges}}{r_{dyn}}$

$F_{A1.G} = \dfrac{83 \text{ Nm} \cdot 14{,}66 \cdot 0{,}92}{0{,}281 \text{ m}} = \mathbf{3984\ N}$

$F_{A2.G} = \dfrac{83 \text{ Nm} \cdot 8{,}26 \cdot 0{,}92}{0{,}281 \text{ m}} = \mathbf{2245\ N}$

$F_{A3.G} = \dfrac{83 \text{ Nm} \cdot 5{,}35 \cdot 0{,}92}{0{,}281 \text{ m}} = \mathbf{1454\ N}$

$F_{A4.G} = \dfrac{83 \text{ Nm} \cdot 3{,}93 \cdot 0{,}92}{0{,}281 \text{ m}} = \mathbf{1068\ N}$

$F_{A5.G} = \dfrac{83 \text{ Nm} \cdot 3{,}12 \cdot 0{,}92}{0{,}281 \text{ m}} = \mathbf{848\ N}$

m) $M_{A1.G, 2.G...} = F_{A1.G, 2.G...} \cdot r_{dyn}$
$M_{A1.G} = 3984\ N \cdot 0{,}281\ m = \mathbf{1120\ Nm}$
$M_{A2.G} = 2245\ N \cdot 0{,}281\ m = \mathbf{631\ Nm}$
$M_{A3.G} = 1454\ N \cdot 0{,}281\ m = \mathbf{409\ Nm}$
$M_{A4.G} = 1068\ N \cdot 0{,}281\ m = \mathbf{300\ Nm}$
$M_{A5.G} = 848\ N \cdot 0{,}281\ m = \mathbf{238\ Nm}$

Aufgaben

1. Von einem Pkw sind folgende Daten bekannt: $n_{max} = 5800 \frac{1}{min}$, $P_{max} = 72$ kW bei $n = 5100 \frac{1}{min}$, $M_{max} = 150$ Nm bei $n = 2400 \frac{1}{min}$. Das Getriebe (s. Abb. S. 221) hat die Zahnräder $z_1 = 32$, $z_2 = 49$, $z_3 = 15$, $z_4 = 36$, $z_5 = 26$, $z_6 = 35$, $z_7 = 42$, $z_8 = 36$, $z_9 = 39$, $z_{10} = 24$, $z_{11} = 50$, $z_{12} = 24$. Das Achsgetriebe hat $z_R = 17$ und $z_T = 76$ Zähne. Der Wirkungsgrad des Schaltgetriebes beträgt 93% und des Achsgetriebes 96%. Die Reifen (185/70 R 14 S) haben einen Abrollumfang von 1985 mm. Berechnen, zeichnen und bestimmen Sie
a) die Vorgelegeübersetzung i_V,
b) die Gangübersetzungen i_1, i_2, i_3, i_4 und i_5,
c) die Gesamtübersetzungen $i_{1.G}$, $i_{2.G}$, $i_{3.G}$, $i_{4.G}$ und $i_{5.G}$ des Getriebes,
d) die Achsgetriebeübersetzung i_A,
e) die Gesamtübersetzungen des Antriebsstrangs $i_{ges1.G}$, $i_{ges2.G}$, $i_{ges3.G}$, $i_{ges4.G}$ und $i_{ges5.G}$,
f) der Gesamtwirkungsgrad η_{ges},
g) der dyn. Halbmesser r_{dyn} in mm und m,
h) die Fahrgeschwindigkeiten v_{max} des Pkw in $\frac{km}{h}$ bei n_{max} in den Gängen 1 bis 5,
i) das Gangdiagramm des Pkw, wenn aufgrund der Fahrwiderstände im 4. Gang nur 156 $\frac{km}{h}$ und im 5. Gang nur 176 $\frac{km}{h}$ erreicht werden,
k) die Fahrgeschwindigkeiten v in $\frac{km}{h}$ bei M_{max} in den Gängen 1 bis 5 aus dem Gangdiagramm,
l) die Antriebskräfte F_A in N bei M_{max} in den Gängen 1 bis 5 und
m) die Drehmomente M_A in Nm an den Antriebsrädern in den Gängen 1 bis 5 bei M_{max}.

2. Die Daten eines Motorrades sind: $n_{max} = 10200 \frac{1}{min}$, $P_{max} = 19,9$ kW bei $n = 8500 \frac{1}{min}$, $M_{max} = 32,4$ Nm bei $n = 4000 \frac{1}{min}$.
Getriebe und Radantrieb zeigt die Abb.
Der Hinterreifen 140/90-15 70 S hat einen Abrollumfang von 1875 mm. Gesamtwirkungsgrad des Antriebsstrangs ist 92%. Zu berechnen, zu zeichnen und zu bestimmen sind
a) die Primär- i_p und Sekundärübersetzung i_s,
b) die Gangübersetzungen $i_{1,2,3...6}$,
c) die Gesamtübersetzungen $i_{ges1.G,2.G...6.G}$,
d) der dyn. Halbmesser r_{dyn} in mm und m,
e) die Fahrgeschwindigkeiten v_{max} in $\frac{km}{h}$ des Motorrades in den Gängen 1 bis 6 bei n_{max},
f) das Gangdiagramm des Motorrades,
g) aus dem Gangdiagramm die Fahrgeschwindigkeiten v in $\frac{km}{h}$ bei M_{max} und P_{max},
h) die Antriebskräfte F_A in N bei M_{max} und P_{max} in den Gängen 1 bis 6 und
i) die Antriebsdrehmomente M_A bei M_{max} und P_{max} in Nm in den Gängen 1 bis 6.

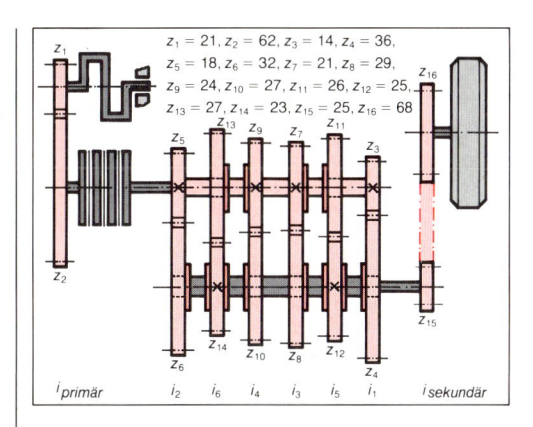

$z_1 = 21$, $z_2 = 62$, $z_3 = 14$, $z_4 = 36$, $z_5 = 18$, $z_6 = 32$, $z_7 = 21$, $z_8 = 29$, $z_9 = 24$, $z_{10} = 27$, $z_{11} = 26$, $z_{12} = 25$, $z_{13} = 27$, $z_{14} = 23$, $z_{15} = 25$, $z_{16} = 68$

3. Das 8-Gang-Getriebe eines Lkw hat die Gesamtübersetzungen $i_{1.G, 2.G...8.G}$: 8,27 – 5,92 – 4,44 – 3,43 – 2,41 – 1,73 – 1,30 – 1,00. Die Achsgetriebeübersetzung beträgt $i_A = 3,84 : 1$. Der Gesamtwirkungsgrad des Antriebsstrangs ist 88%. Die Reifen mit der Bezeichnung 13 R 22,5 haben einen dynamischen Halbmesser von 545 mm. Für den Motor des Lkw wurden auf dem Prüfstand die folgenden Werte ermittelt:

$n_{1,2...5}$ in $\frac{1}{min}$	800	1200	1600	2000	2300
$M_{1,2...5}$ in Nm	880	932	905	835	760

n_{max} des Motors ist 2300 $\frac{1}{min}$.
a) Berechnen Sie die Gesamtübersetzungen $i_{ges1.G,2.G...8.G}$ des Antriebsstrangs,
b) Wie groß sind die Fahrgeschwindigkeiten v_{max} in $\frac{km}{h}$ bei n_{max} in den Gängen 1 bis 8?
c) Zeichnen Sie das Gangdiagramm des Lkw.
d) Bestimmen Sie aus dem Gangdiagramm die Fahrgeschwindigkeiten v in $\frac{km}{h}$ bei n: 800 – 1200 – 1600 – 2000 $\frac{1}{min}$ in den Gängen 1 bis 8.
e) Berechnen Sie die effektiven Leistungen P_{eff} in kW bei n: 800 – 1200 – 1600 – 2000 – 2300 $\frac{1}{min}$.
f) Zeichnen Sie das Motorvollastdiagramm.
g) Wie groß sind die Antriebskräfte F_A für die Drehmomente $M_{1,2...5}$ in den Gängen 1 bis 8?
h) Tragen Sie die Werte für n, P_{eff}, M, F_A und v in eine Wertetabelle ein (s. Kap. 42.6).
i) Zeichnen Sie das Fahrdiagramm des Lkw ohne Fahrwiderstandskurven (s. Kap. 42.6).
k) Bestimmen Sie $v_{max1,2...5}$ in $\frac{km}{h}$ bei den Gesamtfahrwiderständen $F_{W1,2...5}$: 41600 N – 24600 N – 18500 N – 8300 N – 4850 N und die Gänge, die jeweils geschaltet werden.
l) Wie groß sind die Beschleunigungskräfte $F_{Be1,2...5}$ in N für $v_{1,2...5}$: 12 $\frac{km}{h}$ – 25 $\frac{km}{h}$ – 32 $\frac{km}{h}$ – 54 $\frac{km}{h}$ – 110 $\frac{km}{h}$ bei $F_{W1,2...5}$: 36500 N – 22400 N – 14600 N – 8300 N – 3400 N?

52 System Bremsen

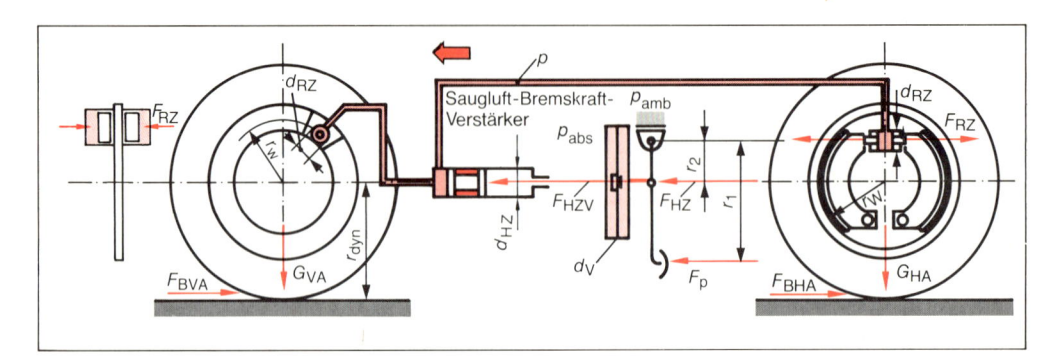

Das System Bremsen umfaßt folgende Bauteile:
- Bremspedal,
- Saugluft-Bremskraftverstärker (Bremsgerät),
- Hauptzylinder,
- Bremsleitungen und
- Radzylinder für Trommel- bzw. Scheibenbremsen.

Beispiel:
Für die abgebildete Bremsanlage sind zu berechnen

a) die Kolbenstangenkraft F_{HZ} in kN,
b) die mechanische Übersetzung i_{mec},
c) die durch den Saugluft-Bremskraftverstärker verstärkte Kolbenstangenkraft F_{HZV} in kN,
d) die pneumatische Übersetzung i_{pn},
e) der hydraulische Druck p in den Bremsleitungen in bar,
f) die Radzylinderkraft F_{RZ} in kN an einem Kolben im Radzylinder der Trommelbremse,
g) die Radzylinderkraft F_{RZ} in kN an einem Kolben der Scheibenbremse,
h) die hydraulische Übersetzung an den Hinterradbremsen (Trommelbremsen) i_{hyd},
i) die hydraulische Übersetzung an den Vorderradbremsen (Scheibenbremsen) i_{hyd},
k) die Umfangskraft F_U in kN einer Trommelbremse (Servobremse),
l) die Umfangskraft F_U in kN einer Scheibenbremse (C-μ_G-Diagramm S. 182),
m) die Summe der HA-Bremskräfte F_B in kN,
n) die Summe der VA-Bremskräfte F_B in kN,
o) die größtmögliche übertragbare Bremskraft F_{HRges} in kN und
p) die Abbremsung z in %.

Von der Bremsanlage sind folgende Daten gegeben:

Fußkraft am Bremspedal	F_p	= 320 N
Hebelarme am Bremspedal	r_1	= 260 mm
	r_2	= 68 mm
Durchmesser des Arbeitskolbens im Saugluft-Bremskraftverstärker (Bremsgerät)	d_V	= 173 mm
Atmosphärischer Druck	p_{amb}	= 1035 mbar
Absoluter Druck im Bremsgerät	p_{abs}	= 0,78 bar
Durchmesser des Hauptzylinderkolbens	d_{HZ}	= 24,6 mm
Durchmesser des Radzylinderkolbens der Trommelbremse	d_{RZ}	= 23,2 mm
Durchmesser des Bremskolbens der Scheibenbremse	d_{RZ}	= 41,0 mm
Gleitreibungszahl der Trommel- und Scheibenbremse	μ_G	= 0,4
Wirksamer Radius der Trommelbremse	r_w	= 114 mm
Wirksamer Radius der Scheibenbremse	r_w	= 112 mm
Dynamischer Reifenhalbmesser	r_{dyn}	= 278 mm
Haftreibungszahl	μ_H	= 0,76
Gewichtskraft auf der Hinterachse	G_{HA}	= 7500 N
Gewichtskraft auf der Vorderachse	G_{VA}	= 9200 N

Kapitel 52: System Bremsen

Gesucht:
a) F_{HZ} in kN
b) i_{mec}
c) F_{HZV} in kN
d) i_{pn}
e) p in bar
f) F_{RZ} in kN (TB)
g) F_{RZ} in kN (SB)
h) i_{hyd} (HA)
i) i_{hyd} (VA)
k) F_U in kN (TB)
l) F_U in kN (SB)
m) F_B in kN (HA)
n) F_B in kN (VA)
o) F_{HRges} in kN
p) z in %.

Gegeben: Siehe Datenaufstellung.

Lösung:

a) $F_{HZ} = F_P \cdot \dfrac{r_1}{r_2} = 0{,}32\,\text{kN} \cdot \dfrac{260\,\text{mm}}{68\,\text{mm}} = \mathbf{1{,}2\,kN}$

b) $i_{mec} = \dfrac{r_2}{r_1} = \dfrac{68\,\text{mm}}{260\,\text{mm}} = \mathbf{0{,}26 : 1}$

c) $F_{HZV} = F_{HZ} + F_V$
$F_V = d_V^2 \cdot \dfrac{\pi}{4} \cdot (p_{amb} - p_{abs})$
$F_V = 17{,}3^2\,\text{cm}^2 \cdot 0{,}785$
$\quad\quad \cdot (1{,}035\,\text{bar} - 0{,}78\,\text{bar})$
$F_V = 59{,}9\,\text{daN} = 0{,}6\,\text{kN}$
$F_{HZV} = 1{,}2\,\text{kN} + 0{,}6\,\text{kN} = \mathbf{1{,}8\,kN}$

d) $i_{pn} = \dfrac{F_{HZ}}{F_{HZV}} = \dfrac{1{,}2\,\text{kN}}{1{,}8\,\text{kN}} = \mathbf{0{,}67 : 1}$

e) $p = \dfrac{F_{HZV}}{A_{HZ}} = \dfrac{180\,\text{daN}}{2{,}46^2\,\text{cm}^2 \cdot 0{,}785} = \mathbf{37{,}9\,bar}$

f) $F_{RZ} = p \cdot A_{RZ} = 37{,}9\,\text{bar} \cdot 2{,}32^2\,\text{cm}^2 \cdot 0{,}785$
$F_{RZ} = 160\,\text{daN} = \mathbf{1{,}6\,kN}$

g) $F_{RZ} = p \cdot A_{RZ} = 37{,}9\,\text{bar} \cdot 4{,}1^2\,\text{cm}^2 \cdot 0{,}785$
$F_{RZ} = 500{,}1\,\text{daN} = \mathbf{5{,}0\,kN}$

h) $i_{hydHA} = \dfrac{F_{HZV}}{4 \cdot F_{RZ}} = \dfrac{1{,}8\,\text{kN}}{4 \cdot 1{,}6\,\text{kN}} = \mathbf{0{,}28 : 1}$

i) $i_{hydVA} = \dfrac{F_{HZV}}{4 \cdot F_{RZ}} = \dfrac{1{,}8\,\text{kN}}{4 \cdot 5{,}0\,\text{kN}} = \mathbf{0{,}09 : 1}$

k) $F_U = C \cdot F_{RZ} = 5{,}4 \cdot 1{,}6\,\text{kN} = \mathbf{8{,}64\,kN}$

l) $F_U = C \cdot F_{RZ} = 0{,}9 \cdot 5{,}0\,\text{kN} = \mathbf{4{,}5\,kN}$

m) $F_{BHA} = \dfrac{F_U \cdot r_w}{r_{dyn}} \cdot 2 = \dfrac{8{,}64\,\text{kN} \cdot 114\,\text{mm} \cdot 2}{278\,\text{mm}} = \mathbf{7{,}08\,kN}$

n) $F_{BVA} = \dfrac{F_U \cdot r_w}{r_{dyn}} \cdot 2 = \dfrac{4{,}5\,\text{kN} \cdot 112\,\text{mm} \cdot 2}{278\,\text{mm}} = \mathbf{3{,}63\,kN}$

o) $F_{HRges} = F_{HRHA} + F_{HRVA} = \mu_H \cdot G_{HA} + \mu_H \cdot G_{VA}$
$F_{HRges} = 0{,}76 \cdot 7{,}5\,\text{kN} + 0{,}76 \cdot 9{,}2\,\text{kN} = \mathbf{12{,}69\,kN}$

p) $z = \dfrac{F_B \cdot 100\,\%}{G} = \dfrac{10{,}7\,\text{kN} \cdot 100\,\%}{16{,}7\,\text{kN}} = \mathbf{64\,\%}$

Aufgaben

1. Führen Sie für den Pkw 1 (s. Tabelle) der Reihe nach – wie im Beispiel – alle Berechnungen von a) bis p) aus.

2. Berechnen Sie für den Pkw 2 (s. Tabelle)
a) die Radzylinderkraft F_{RZ} in kN an einem Kolben im Radzylinder der Trommelbremse,
b) die Radzylinderkraft F_{RZ} in kN an einem Kolben der Scheibenbremse,
c) die pneumatische Übersetzung i_{pn},
d) die mechanische Übersetzung i_{mec},
e) die Umfangskraft F_U in kN einer Trommelbremse (Duplexbremse),
f) die Umfangskraft F_U in kN einer Scheibenbremse (C-μ_G-Diagramm Seite 182),
g) die Summe der HA-Bremskräfte F_B in kN,
h) die Summe der VA-Bremskräfte F_B in kN,
i) die Abbremsung z in % und
k) die größtmögliche übertragbare Bremskraft F_{HRges} in kN.

Gegeben:		Pkw 1	Pkw 2
Fußkraft am Bremspedal	F_p	280 N	260 N
Hebelarme am Bremspedal	r_1 r_2	258 mm 65 mm	270 mm 72 mm
Durchmesser des Arbeitskolbens im Saugluft-Bremskraftverstärker (Bremsgerät)	d_V	175 mm	182 mm
Atmosphär. Druck	p_{amb}	990 mbar	1,02 bar
Absoluter Druck im Dremsgerät	p_{abs}	740 mbar	0,8 bar
Durchmesser des Hauptzylinderkolbens	d_{HZ}	25,8 mm	$\frac{7}{8}$ in.
Durchmesser des Radzylinderkolbens der Trommelbremse	d_{RZ}	(Servo-Br.) 23 mm	(Duplex-Br.) 1 in.
Durchmesser des Bremskolbens der Scheibenbremse	d_{RZ}	42,2 mm	$1\frac{7}{8}$ in.
Gleitreibungszahl der Trommel- und Scheibenbremse	μ_G	0,36	0,38
Wirksamer Radius der Trommelbremse	r_w	120 mm	110 mm
Wirksamer Radius der Scheibenbremse	r_w	115 mm	105 mm
Dynamischer Halbmesser	r_{dyn}	298 mm	304 mm
Haftreibungszahl	μ_H	0,75	0,8
Gewichtskraft auf der Hinterachse	G_{HA}	7200 N	7800 N
Gewichtskraft auf der Vorderachse	G_{VA}	8800 N	9200 N

53 System Elektrische Anlage

Das **System Elektrische Anlage** besteht aus
- dem Generator,
- der Starterbatterie,
- dem Starter,
- der Zünd- bzw. Vorglühanlage,
- der Beleuchtungs- und Signalanlage sowie
- zusätzlichen elektrischen Verbrauchern, z. B. Scheibenwischer, elektrische Kraftstoffpumpe, Radio, Heckscheibenheizung, Schaltgeräte.

Im System der elektrischen Anlage hat der Generator die Aufgabe, die Batterie und die elektrischen Verbraucher mit elektrischer Energie zu versorgen.

Die Stromstärke, die der Generator an die eingeschalteten Verbraucher liefern kann, ist von der Drehzahl des Generators abhängig.

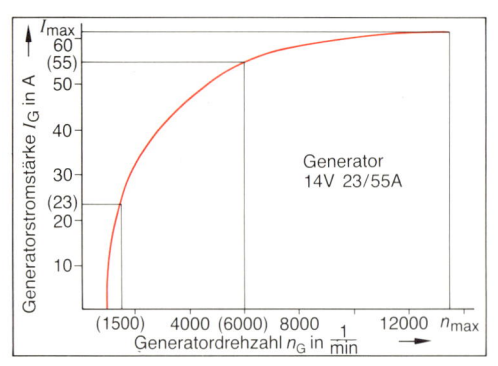

Wird bei niedriger Drehzahl des Generators von den Verbrauchern eine Stromstärke benötigt, die der Generator nicht liefern kann, so wird die fehlende Stromstärke aus der Batterie entnommen. Die Batterie dient hierbei als **zusätzlicher** Stromlieferant.

Bei mittleren bzw. hohen Drehzahlen des Generators ist er dagegen in der Lage, die eingeschalteten Verbraucher und die Batterie mit der geforderten Stromstärke zu versorgen.

Allgemein gilt:

> Generatorstromstärke I_G =
> Verbraucherstromstärke I_V +
> Batteriestromstärke I_B

Die Batteriestromstärke kann positiv oder negativ sein, je nachdem, ob die Batterie geladen oder entladen wird.

ungünstige Situation: geringe Generatordrehzahl

Entladen der Batterie

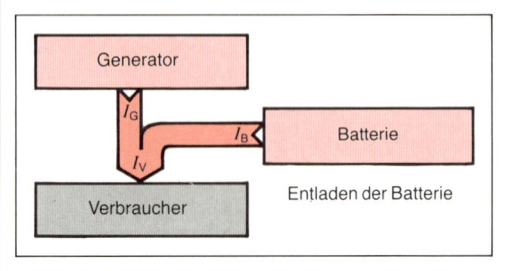

günstige Situation: mittlere bzw. hohe Generatordrehzahl

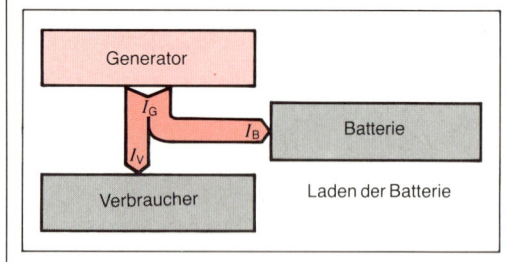

Laden der Batterie

Beispiel: Die elektrische Anlage eines Pkw ist mit einem Drehstromgenerator 14 V 23/55 A und einer 12 V 44 Ah-Batterie ausgerüstet. Der Generator kann bei einer Generatordrehzahl von $1500\frac{1}{min}$ 23 A und bei einer Generatordrehzahl von $6000\frac{1}{min}$ 55 A liefern. Folgende elektrische Verbraucher sind eingeschaltet: Beleuchtungsanlage 166 W, Zündung 35 W, elektrische Kraftstoffpumpe 70 W, elektronische Benzineinspritzung 100 W, Radio 40 W und Gebläsemotor 80 W.
Zu berechnen sind
a) die Gesamtleistung P_g der eingeschalteten Verbraucher in W,
b) der Gesamtwiderstand R_g der eingeschalteten Verbraucher in Ω,
c) die Gesamtstromstärke I_{V1} durch die Verbraucher in A für eine Generatorspannung U_{G1} = 13,2 V und eine Generatordrehzahl n_{G1} = $1500\frac{1}{min}$,
d) die Gesamtstromstärke I_{V2} durch die Verbraucher in A für eine Generatorspannung U_{G2} = 13,8 V und eine Generatordrehzahl n_{G2} = $6000\frac{1}{min}$.

e) die Entladestromstärke I_E der Batterie in A bei der Generatordrehzahl $n_{G1} = 1500 \frac{1}{min}$,
f) die Ladestromstärke I_L der Batterie in A bei einer Generatordrehzahl $n_{G2} = 6000 \frac{1}{min}$, wenn die Batterie eine Leerlaufspannung $U_0 = 13{,}4$ V und einen Innenwiderstand $R_i = 55$ mΩ hat,
g) die vom Generator bei der Drehzahl n_{G2} abgegebene Gesamtstromstärke I_{G3} in A für die Verbraucher und die Batterie,
h) die abgegebenen elektrischen Leistungen P_{exi1} und P_{exi2} des Generators in W bei den Drehzahlen n_{G1} und n_{G2},
i) die vom Generator aufgenommenen mechanischen Leistungen P_{ing1} und P_{ing2} in W für einen Wirkungsgrad $\eta_1 = 64\%$ bei n_{G1} und $\eta_2 = 56\%$ bei n_{G2} sowie
k) die vom Verbrennungsmotor abgegebenen Leistungen P_{exi3} und P_{exi4} für den Antrieb des Generators in W, wenn der Keilriementrieb einen Wirkungsgrad $\eta_3 = 88\%$ hat.

Gesucht: a) P_g in W, b) R_g in Ω, c) I_{V1} in A, d) I_{V2} in A, e) I_E in A, f) I_L in A, g) I_{G3} in A, h) P_{exi1} und P_{exi2} in W, i) P_{ing1} und P_{ing2} in W, k) P_{exi3} und P_{exi4} in W.

Gegeben: $I_{G1} = 23$ A bei $1500 \frac{1}{min}$, $I_{G2} = 55$ A bei $6000 \frac{1}{min}$, $P_1 = 166$ W, $P_2 = 35$ W, $P_3 = 70$ W, $P_4 = 100$ W, $P_5 = 40$ W, $P_6 = 80$ W, $U_N = 12$ V, $U_{G1} = 13{,}2$ V, $U_{G2} = 13{,}8$ V, $U_0 = 13{,}4$ V, $R_i = 55$ mΩ, $\eta_1 = 64\%$, $\eta_2 = 56\%$, $\eta_3 = 88\%$.

Lösung:

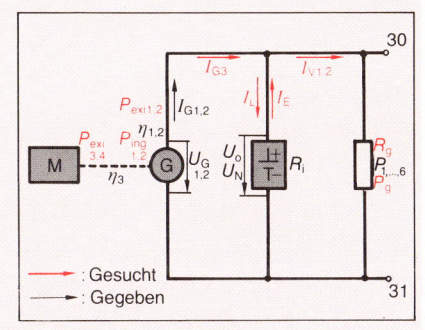

Anmerkung: Für die Lösung ist es sinnvoll, einen Schaltplan anzufertigen, in den alle gesuchten und gegebenen Größen farblich unterschiedlich eingetragen werden. Für die Spannungen und Ströme sind dabei Pfeile zu verwenden.

a) $P_g = P_1 + P_2 + P_3 + P_4 + P_5 + P_6$
$P_g = 166 \text{W} + 35 \text{W} + 70 \text{W} + 100 \text{W} + 40 \text{W} + 80 \text{W}$
$P_g = \textbf{491 W}$

b) $R_g = \frac{U_N^2}{P_g} = \frac{12^2 \text{V}^2}{491 \text{W}} = \textbf{0,29 Ω}$

c) $I_{V1} = \frac{U_{G1}}{R_g} = \frac{13{,}2 \text{V}}{0{,}29 \text{Ω}} = \textbf{45,5 A}$

d) $I_{V2} = \frac{U_{G2}}{R_g} = \frac{13{,}8 \text{V}}{0{,}29 \text{Ω}} = \textbf{47,6 A}$

e) $I_E = I_{V1} - I_{G1} = 45{,}5 \text{A} - 23 \text{A}$
$I_E = \textbf{22,5 A}$

f) $I_L = \frac{U_{G2} - U_0}{R_i} = \frac{13{,}8 \text{V} - 13{,}4 \text{V}}{0{,}055 \text{Ω}}$
$I_L = \textbf{7,3 A}$

g) $I_{G3} = I_{V2} + I_L = 47{,}6 \text{A} + 7{,}3 \text{A}$
$I_{G3} = \textbf{54,9 A}$

h) $P_{exi1} = I_{G1} \cdot U_{G1} = 23 \text{A} \cdot 13{,}2 \text{V}$
$P_{exi1} = \textbf{303,6 W}$
$P_{exi2} = I_{G3} \cdot U_{G2} = 54{,}9 \text{A} \cdot 13{,}8 \text{V}$
$P_{exi2} = \textbf{757,62 W}$

i) $P_{ing1} = \frac{P_{exi1}}{\eta_1} = \frac{303{,}6 \text{W}}{0{,}64} = \textbf{474,4 W}$

$P_{ing2} = \frac{P_{exi2}}{\eta_2} = \frac{757{,}62 \text{W}}{0{,}56} = \textbf{1352,9 W}$

k) $P_{exi3} = \frac{P_{ing1}}{\eta_3} = \frac{474{,}4 \text{W}}{0{,}88} = \textbf{539,1 W}$

$P_{exi4} = \frac{P_{ing2}}{\eta_3} = \frac{1352{,}9 \text{W}}{0{,}88} = \textbf{1537,4 W}$

Aufgaben

1. Ein Lkw ist mit einem 14 V 23/65 A-Generator und einer 12 V 110 Ah-Batterie ausgerüstet. Der Generator kann bei einer Drehzahl $n_{G1} = 2100 \frac{1}{min}$ eine Stromstärke $I_{G1} = 43$ A und bei $n_{G2} = 6000 \frac{1}{min}$ eine Stromstärke $I_{G2} = 65$ A liefern. Eingeschaltet sind folgende Verbraucher: Beleuchtungsanlage 244 W, Radio 40 W, Gebläsemotor 80 W, Scheibenwischer 90 W, Zigarettenanzünder 100 W. Berechnen Sie
a) die Gesamtleistung P_g der eingeschalteten Verbraucher in W,
b) den Gesamtwiderstand R_g der eingeschalteten Verbraucher in Ω,
c) die Gesamtstromstärke I_{V1} durch die Verbraucher in A für eine Generatorspannung $U_{G1} = 13{,}6$ V und Generatordrehzahl $n_{G1} = 2100 \frac{1}{min}$,

d) die Gesamtstromstärke I_{V2} durch die Verbraucher in A für eine Generatorspannung $U_{G2} = 14{,}2\,\text{V}$ und Generatordrehzahl $n_{G2} = 6000\,\frac{1}{\text{min}}$,

e) die Entladestromstärke I_E der Batterie in A bei der Generatordrehzahl $n_{G1} = 2100\,\frac{1}{\text{min}}$,

f) die Ladestromstärke I_L der Batterie in A bei der Generatordrehzahl $n_{G2} = 6000\,\frac{1}{\text{min}}$, wenn die Batterie eine Leerlaufspannung $U_0 = 13{,}8\,\text{V}$ und einen Innenwiderstand $R_i = 40\,\text{m}\Omega$ hat,

g) die vom Generator abgegebene Gesamtstromstärke I_{G3} für die Verbraucher und die Batterie bei der Generatordrehzahl n_{G2},

h) die abgegebenen elektrischen Leistungen P_{exi1} und P_{exi2} des Generators in W bei den Generatordrehzahlen n_{G1} und n_{G2},

i) die vom Generator aufgenommenen mechanischen Leistungen P_{ing1} und P_{ing2} in W für einen Wirkungsgrad $\eta_1 = 68\%$ bei n_{G1} und $\eta_2 = 58\%$ bei n_{G2}, sowie

k) die vom Verbrennungsmotor abgegebenen Leistungen P_{exi3} und P_{exi4} für den Antrieb des Generators, wenn der Keilriementrieb einen Wirkungsgrad $\eta_3 = 92\%$ hat.

2. Ein Motorrad ist mit einen Drehstromgenerator und einer 12 V 15 Ah-Motorrad-Starterbatterie ausgerüstet. Der Gesamtwiderstand R_g der eingeschalteten Verbraucher ist 1,5 Ω. Die Gesamtstromstärke I_{V1} durch die Verbraucher beträgt 9,1 A bei einer Generatordrehzahl $n_{G1} = 1500\,\frac{1}{\text{min}}$. Aus der Batterie wird dabei eine Stromstärke $I_E = 1{,}1\,\text{A}$ entnommen. Bei einer Generatordrehzahl $n_{G2} = 6000\,\frac{1}{\text{min}}$ und einem Batterieinnenwiderstand $R_i = 116\,\text{m}\Omega$ fließt ein Ladestrom $I_L = 2{,}6\,\text{A}$. Der Generator kann bei einer Drehzahl $n_{G2} = 6000\,\frac{1}{\text{min}}$ eine Stromstärke $I_{G2} = 12\,\text{A}$ mit einer Spannung $U_{G2} = 14{,}1\,\text{V}$ liefern. Berechnen Sie

a) die Gesamtleistung P_g der eingeschalteten Verbraucher in W,

b) die Generatorspannung U_{G1} in V bei der Generatordrehzahl n_{G1},

c) die Generatorstromstärke I_{G1} in A bei der Generatordrehzahl n_{G1},

d) die Leerlaufspannung U_0 der Batterie in V,

e) die Gesamtstromstärke I_{V2} durch die Verbraucher in A bei der Generatordrehzahl n_{G2},

f) die vom Generator abgegebene Gesamtstromstärke I_{G3} in A für die Verbraucher und die Batterie bei der Generatordrehzahl n_{G2},

g) die abgegebenen elektrischen Leistungen P_{exi1} und P_{exi2} des Generators in W bei den Generatordrehzahlen n_{G1} und n_{G2} und

h) die Wirkungsgrade η_1 und η_2 des Generators, wenn die Leistungsaufnahmen $P_{ing1} = 198{,}6\,\text{W}$ und $P_{ing2} = 352{,}5\,\text{W}$ betragen.

i) Nennen Sie die Bezeichnung für den Generator.

3. Bei der Drehzahl von $n_{G1} = 1500\,\frac{1}{\text{min}}$ eines 14 V-Drehstromgenerators muß der 4-Zyl.-Motor eines Pkw eine Leistung $P_{exi3} = 496{,}3\,\text{W}$ zum Antrieb des Generators aufbringen. Der Generator nimmt dabei eine Leistung $P_{ing1} = 446{,}7\,\text{W}$ auf und gibt $P_{exi1} = 268\,\text{W}$ ab. Durch die Leistungsaufnahme der eingeschalteten Verbraucher, die einen Gesamtwiderstand $R_g = 0{,}4\,\Omega$ haben, wird bei der Generatordrehzahl n_{G1} und einer Generatorspannung $U_{G1} = 13{,}4\,\text{V}$ aus der Batterie eine Stromstärke $I_E = 13{,}5\,\text{A}$ entnommen. Bei einer Generatordrehzahl $n_{G2} = 6000\,\frac{1}{\text{min}}$ betragen die Gesamtstromstärke I_{V2} durch die Verbraucher 34,5 A und der Ladestrom I_L der Batterie 10,5 A für eine Leerlaufspannung der Batterie von $U_0 = 13{,}6\,\text{V}$.

Zu berechnen sind

a) die Gesamtleistung P_g der eingeschalteten Verbraucher in W,

b) der Wirkungsgrad η_3 des Keilriementriebs in %,

c) der Wirkungsgrad η_1 des Generators bei der Generatordrehzahl n_{G1} in %,

d) die Gesamtstromstärke I_{V1} durch die Verbraucher in A für eine Generatorspannung $U_{G1} = 13{,}4\,\text{V}$ und der Generatordrehzahl n_{G1},

e) die Stromstärke I_{G1} in A, die der Generator bei der Generatordrehzahl n_{G1} abgibt,

f) die Generatorspannung U_{G2} in V, die der Generator bei der Generatordrehzahl n_{G2} erzeugt,

g) der Innenwiderstand R_i der Batterie in Ω und mΩ,

h) die vom Generator abgegebene Gesamtstromstärke I_{G3} in A für die Verbraucher und die Batterie bei der Generatordrehzahl n_{G2},

i) die Ladezeit t_L der 36 Ah-Batterie in h und min, wenn die Batterie noch zu $\frac{2}{3}$ geladen ist und der Amperestunden-Wirkungsgrad $\eta_{Ah} = 88\%$ beträgt,

k) die vom Generator abgegebene elektrische Leistung P_{exi2} in W bei der Generatordrehzahl n_{G2},

l) die vom Generator aufgenommene mechanische Leistung P_{ing2} in W für einen Wirkungsgrad $\eta_2 = 58\%$ für die Generatordrehzahl n_{G2} und

m) die vom 4-Zyl.-Motor des Pkw abgegebene Leistung P_{exi4} für den Antrieb des Generators bei der Generatordrehzahl n_{G2} in W und kW.

n) Nennen Sie die Bezeichnung für den Generator, wenn $I_{G3} = I_{G2}$ ist.

54 Kostenrechnen

54.1 Lohnberechnung

Im Kfz-Betrieb gibt es die folgenden Lohnformen:
- Zeitlohn und
- Leistungslohn (Akkordlohn).

Die Berechnung beider Lohnformen erfolgt
- wöchentlich oder
- monatlich.

Zeitlohn erhalten die Beschäftigten, deren Leistung nur schwer erfaßbar ist, wie z.B. Lagerarbeiter, Wagenwäscher, Hilfskräfte in der Verwaltung und im Gebrauchtwagenhandel, Hofarbeiter und Reinigungskräfte.

Die Höhe des Zeitlohns L_z ist abhängig vom
- Stundenlohnsatz l_h und
- der Arbeitszeit t (Zeitlohn-Stunden).

$$L_z = l_h \cdot t$$

L_z Zeitlohn in DM
l_h Stundenlohnsatz in $\frac{DM}{h}$
t Zeitlohn-Stunden in h

Beispiel: Wie hoch ist der Wochenlohn L_z eines Lagerarbeiters in DM, der in der Woche $t = 38,5\,h$ arbeitet und einen Stundenlohnsatz $l_h = 12,80\,\frac{DM}{h}$ erhält?

Gesucht: L_z in DM
Gegeben: $t = 38,5\,h$, $l_h = 12,80\,\frac{DM}{h}$
Lösung: $L_z = l_h \cdot t$
$L_z = 12,80\,\frac{DM}{h} \cdot 38,5\,h$
$L_z = \mathbf{492,80\,DM}$

Leistungslohn erhalten die Beschäftigten, deren Leistung erfaßbar ist, wie z.B. Kfz-Mechaniker, Kfz-Elektriker, Karosseriebauer.

Der Beschäftigte erhält im **Leistungslohn** für eine bestimmte auszuführende Arbeit eine **Zeitvorgabe** (Richtzeit). Die Zeitvorgabe kann in Stunden, Zeiteinheiten (ZE) oder Arbeitswerten (AW) erfolgen. Dabei entsprechen meistens 1 Stunde 100 Zeiteinheiten bzw. 12 Arbeitswerte.

Umrechnung:
100 ZE = 1 h = 60 min
1 ZE = 0,01 h = 0,6 min
12 AW = 1 h = 60 min
1 AW = $\frac{1}{12}$ h = 5 min

Der **Berechnung des Leistungslohns** wird die Zeit zugrundegelegt, die der Beschäftigte in Form von Zeiteinheiten bzw. Arbeitswerten abgerechnet hat, unabhängig von der im Betrieb tatsächlich gearbeiteten Zeit.

$$t_l = \frac{\sum ZE}{100}$$
$$t_l = \frac{\sum AW}{12}$$

t_l Leistungslohnstunden in h
$\sum ZE$ Summe der Zeiteinheiten
$\sum AW$ Summe der Arbeitswerte
100 Umrechnungszahl, $100\,\frac{ZE}{h}$
12 Umrechnungszahl, $12\,\frac{AW}{h}$

Beispiel: Wieviel Zeit t_l in h werden zur Berechnung des Leistungslohns herangezogen, wenn ein Mechaniker in der Woche 38,5 h im Betrieb gearbeitet und während dieser Woche Arbeiten im Umfang von 540 Arbeitswerten ausgeführt hat?

Gesucht: t_l in h
Gegeben: $\sum AW = 540$
Lösung: $t_l = \frac{\sum AW}{12} = \frac{540}{12} = \mathbf{45\,h}$

Aufgaben

1. Wie hoch ist der Monatslohn L_z in DM einer Reinigungskraft, die $t = 176\,h$ im Monat arbeitet und einen Stundenlohnsatz l_h von 12,80 DM bekommt?

2. Welchen Stundenlohnsatz l_h in $\frac{DM}{h}$ hat ein Lagerarbeiter, der $t = 38,5\,h$ arbeitet und einen Zeitlohn $L_z = 531,30\,DM$ erhält?

3. Wieviel Leistungslohnstunden t_l hat ein Mechaniker in der Woche erarbeitet, wenn er in dieser 564 Arbeitswerte abrechnet? ($12\,\frac{AW}{h}$)

4. Wieviel Leistungslohnstunden t_l werden zur Berechnung des Monatslohns eines Karosseriebauers herangezogen, wenn dieser im letzten Monat Arbeiten im Umfang von 17 800 Zeiteinheiten ausgeführt hat? ($100\,\frac{ZE}{h}$)

5. Für die Lohnberechnung eines Kfz-Elektrikers werden Leistungslohnstunden im Umfang von $t_l = 218\,h$ herangezogen. Wie groß ist die Summe der Arbeitswerte $\sum AW$ bei $12\,\frac{AW}{h}$?

Die **Höhe des Leistungslohns** L_l ist abhängig vom
- Stundenlohnsatz l_h und
- den Leistungslohnstunden t_l.

$$L_l = l_h \cdot t_l$$

L_l Leistungslohn in DM
l_h Stundenlohnsatz in $\frac{DM}{h}$
t_l Leistungslohnstunden in h

Beispiel: Zu berechnen ist der Wochenleistungslohn L_l in DM eines Kfz-Mechanikers, der in einer Woche Arbeiten im Umfang von 48 Leistungslohnstunden t_l ausgeführt hat und einen Stundenlohnsatz l_h von 15,40 DM erhält.

Gesucht: L_l in DM
Gegeben: $t_l = 48$ h, $l_h = 15{,}40\,\frac{DM}{h}$
Lösung: $L_l = l_h \cdot t_l = 15{,}40\,\frac{DM}{h} \cdot 48$ h
$L_l = \mathbf{739{,}20\ DM}$

Lohnzuschläge erhält der Beschäftigte für Mehr-, Nacht-, Sonntags- und Feiertagsarbeit. Diese betragen für:
- Mehrarbeit 25 %,
- Nacht- und Sonntagsarbeit 50 % und
- Feiertagsarbeit 100 %

$$LZ = \frac{l_h \cdot p}{100\,\%}$$

LZ Lohnzuschlag in $\frac{DM}{h}$
l_h Stundenlohnsatz in $\frac{DM}{h}$
p Zuschlagsprozentwert
100 Umrechnungszahl, 100 %

Beispiel: Wie hoch ist der Lohnzuschlag LZ in $\frac{DM}{h}$ für einen Kfz-Mechaniker, der im Notdienst am Sonnabendnachmittag arbeitet? Der Stundenlohnsatz l_h beträgt 15,40 $\frac{DM}{h}$.

Gesucht: LZ in $\frac{DM}{h}$
Gegeben: $l_h = 15{,}40\,\frac{DM}{h}$, $p = 25\,\%$
Lösung: $LZ = \dfrac{l_h \cdot p}{100\,\%}$

$LZ = \dfrac{15{,}40\,\frac{DM}{h} \cdot 25\,\%}{100\,\%}$

$LZ = \mathbf{3{,}85\,\frac{DM}{h}}$

Für die **Zeit einer Krankheit** bis zu 6 Wochen bzw. während eines **Urlaubs** erhalten Beschäftigte, die im Zeitlohn arbeiten, ihren normalen Stundenlohn. Beschäftigte, die im Leistungslohn arbeiten, erhalten den Durchschnittslohn der letzten 13 Wochen. Der Durchschnittslohn wird dabei pro Tag berechnet.

$$LD = \frac{L_{13}}{\sum T_a}$$

LD Durchschnittslohn in $\frac{DM}{Tag}$
L_{13} Lohn der letzten 13 Wochen in DM
$\sum T_a$ Summe der Arbeitstage in den letzten 13 Wochen

Beispiel: Zu berechnen ist der Durchschnittslohn LD in $\frac{DM}{Tag}$ eines Kfz-Elektrikers, wenn dieser in den letzten 13 Wochen $\sum T_a = 65$ Tage gearbeitet hat und dabei $L_{13} = 7679{,}75$ DM verdiente?

Gesucht: LD in $\frac{DM}{Tag}$
Gegeben: $L_{13} = 7679{,}75$ DM, $\sum T_a = 65$ Tage
Lösung: $LD = \dfrac{L_{13}}{\sum T_a} = \dfrac{7679{,}75\ DM}{65\ Tage}$
$LD = \mathbf{118{,}15\,\frac{DM}{Tag}}$

Aufgaben

1. Wie hoch ist der Wochenleistungslohn L_l in DM eines Karosseriebauers, der in einer Woche Arbeiten im Umfang von $t_l = 45$ Leistungslohnstunden ausgeführt hat und einen Stundenlohnsatz l_h von 18,60 DM erhält?

2. Wieviel Leistungslohnstunden t_l muß ein Kfz-Mechaniker erbringen, der bei einem Stundenlohnsatz l_h von 14,60 $\frac{DM}{h}$ sich vorgenommen hat, einen Wochenleistungslohn von $L_l = 700{,}00$ DM zu erhalten?

3. Ein Kfz-Elektriker erarbeitet in einem Monat $t_l = 206$ Leistungslohnstunden. Wie hoch ist sein Monatsverdienst L_l in DM, wenn er einen Stundenlohnsatz $l_h = 16{,}20\,\frac{DM}{h}$ erhält?

4. Zu berechnen ist der Lohnzuschlag LZ in $\frac{DM}{h}$ für einen Kfz-Mechaniker mit einem Stundenlohnsatz l_h von 14,60 $\frac{DM}{h}$, wenn dieser Sonntags 3,5 Stunden im Notdienst arbeitet.

5. Ein Automobilmechaniker hat in einer Woche Arbeiten im Umfang von $t_l = 46$ Leistungslohnstunden ausgeführt. Dazu kommen noch 6 Stunden Mehrarbeit an einem Feiertag. Wie hoch ist der Wochenlohn L_l in DM bei einem Stundenlohnsatz von $l_h = 17{,}60\,\frac{DM}{h}$?

6. Wie hoch ist der Durchschnittslohn LD in $\frac{DM}{Tag}$ eines erkrankten Kfz-Elektrikers, der in den letzten 13 Wochen bei $\sum T_a = 65$ Arbeitstage einen Lohn $L_{13} = 8167{,}25$ DM verdiente?

7. Zu berechnen sind
a) der Durchschnittslohn LD in $\frac{DM}{Tag}$ und
b) der Urlaubslohn L_u in DM für einen Kfz-Mechaniker, der 15 Arbeitstage Urlaub nimmt. Der Lohn der letzten 13 Wochen L_{13} betrug bei $\sum T_a = 65$ Arbeitstagen 8209,50 DM.

8. Ein Karosseriebauer mit $l_h = 17,60\,\frac{DM}{h}$ hat in einer Woche Arbeiten mit 518 Arbeitswerten ausgeführt. Zu berechnen sind
a) die Leistungslohnstunden t_l in h bei $12\,\frac{AW}{h}$ und
b) der Wochenleistungslohn L_l in DM.

9. a) Wieviel Leistungslohnstunden t_l in h im Monat hat ein Automobilmechaniker bei 20500 Zeiteinheiten erarbeitet? ($100\,\frac{ZE}{h}$)
b) Wie hoch ist der Monatslohn L_l in DM bei einem Stundenlohnsatz von $l_h = 16,20\,\frac{DM}{h}$?

10. Ein Kfz-Mechaniker, der einen Stundenlohnsatz von $15,40\,\frac{DM}{h}$ erhält, hat im Monat Arbeiten von 2180 Arbeitswerten ausgeführt. Dazu kommt noch Mehrarbeit von 3 Stunden am Samstag sowie 2,5 Stunden Notdienst am Sonntag. Zu berechnen sind
a) die Leistungslohnstunden t_l in h bei $10\,\frac{AW}{h}$,
b) die Mehrarbeitslohnzuschläge LZ in $\frac{DM}{h}$,
c) der Monatsleistungslohn L_l in DM,
d) der Mehrarbeitslohn L_m in DM und
e) der Gesamtmonatslohn L_g in DM.

11. Berechnen Sie
a) die Leistungslohnstunden t_l in h bei $100\,\frac{ZE}{h}$,
b) den Monatsleistungslohn L_l in DM und
c) den Gesamtmonatslohn L_g in DM eines Karosseriebauers, der einen Stundenlohnsatz von $18,40\,\frac{DM}{h}$ erhält und 23850 Zeiteinheiten im Monat abrechnet. Dazu kommt noch Mehrarbeit von 4 h nach Feierabend und 6 h am Sonnabend.

12. Ein Kfz-Elektriker rechnet im Monat 1248 AW bei einem Stundenlohnsatz von $16,20\,\frac{DM}{h}$ ab. 3 Arbeitstage fehlte er wegen Krankheit und für weitere 5 Arbeitstage hatte er Urlaub. Sein Verdienst während der letzten 13 Wochen betrug 9266,40 DM. Zur geleisteten Arbeitszeit kommen noch 6 Stunden Mehrarbeit nach Feierabend sowie 4 Stunden Notdienst an einem Feiertag hinzu. Berechnen Sie
a) die Leistungslohnstunden t_l in h bei $12\,\frac{AW}{h}$,
b) den Durchschnittslohn LD in $\frac{DM}{Tag}$,
c) die Mehrarbeitslohnzuschläge LZ in $\frac{DM}{h}$,
d) den Lohn für die Fehltage L_f in DM,
e) den Mehrarbeitslohn L_m in DM und
f) den Gesamtmonatslohn L_g in DM.

54.2 Lohnabrechnung

Es wird unterschieden zwischen
- Bruttolohn und
- Nettolohn.

Im Kap. 54.1 wurde der **Bruttolohn** berechnet. Zum Bruttolohn zählen auch die vermögenswirksamen Leistungen (VL) des Arbeitgebers sowie z. B. das Urlaubs- und Weihnachtsgeld.

> Der **Nettolohn** ist der Lohn, den der Beschäftigte ausgezahlt bekommt.

Der Nettolohn L_N ist abhängig vom
- Bruttolohn L_B und
- Lohnabzug L_A.

$$L_N = L_B - L_A$$

L_N Nettolohn in DM
L_B Bruttolohn in DM
L_A Lohnabzug in DM

Der Lohnabzug L_A ergibt sich aus der Summe von
- Lohnsteuer S_L,
- Kirchensteuer S_K und
- Sozialversicherungsbeiträgen S_V.

$$L_A = S_L + S_K + S_V$$

L_A Lohnabzug in DM
S_L Lohnsteuer in DM
S_K Kirchensteuer in DM
S_V Sozialversicherungsbeiträge in DM

Die Höhe der **Lohnsteuer** ergibt sich aus der Lohnsteuerklasse des Beschäftigten sowie der steuerlich anerkannten Kinderzahl, z. B. Lohnsteuerklasse III, 2 Kinder: III/2.

Steuerklassen (SKL)

I	Ledige, geschiedene ohne Kinder
II	Ledige, geschiedene mit Kindern
III	Verheiratete mit oder ohne Kinder, Ehegatte bezieht keinen Arbeitslohn
IV	Verheiratete mit oder ohne Kinder, beide Ehegatten beziehen Arbeitslohn
V	wie IV, jedoch hat der andere Ehegatte Steuerklasse III
VI	jede zusätzliche Lohnsteuerkarte, z. B. bei mehreren Beschäftigungen

Kirchensteuer müssen die Beschäftigten zahlen, die einer kirchensteuerberechtigten Konfession angehören, z. B. evangelisch, katholisch. Zur Berechnung der Kirchensteuer wird die Lohnsteuer herangezogen.

Auszug aus der Monatslohnsteuertabelle 1988/89

Monats-arbeits-lohn in DM bis	Steuer in Steuerklasse		in Steuer-klasse	Steuer in DM Zahl der Kinderfreibeträge			
		DM		0	1	2	3
586,49	V	108,80	I	0,00	0,00	0,00	0,00
	VI	127,60	II	—	0,00	0,00	0,00
			III	0,00	0,00	0,00	0,00
			IV	0,00	0,00	0,00	0,00
622,49	V	116,80	I	1,00	0,00	0,00	0,00
	VI	135,60	II	—	0,00	0,00	0,00
			III	0,00	0,00	0,00	0,00
			IV	1,00	0,00	0,00	0,00
793,49	V	154,50	I	31,60	0,00	0,00	0,00
	VI	173,20	II	—	0,00	0,00	0,00
			III	0,00	0,00	0,00	0,00
			IV	31,60	8,90	0,00	0,00
1882,49	V	443,00	I	243,50	198,00	152,40	106,90
	VI	476,60	II	—	110,90	65,30	19,80
			III	134,60	89,10	43,50	0,00
			IV	243,50	220,70	198,00	175,20
2206,49	V	579,00	I	313,00	263,70	217,80	172,20
	VI	617,60	II	—	176,20	130,60	85,10
			III	194,00	148,50	103,00	57,30
			IV	313,00	287,90	263,70	240,50
2714,99	V	821,60	I	450,00	391,60	336,80	285,70
	VI	865,10	II	—	290,00	242,50	197,00
			III	297,00	251,50	205,80	160,30
			IV	450,00	420,30	391,60	363,70
2845,49	V	888,30	I	488,50	428,00	371,00	317,50
	VI	933,00	II	—	322,00	272,00	225,70
			III	322,00	277,10	231,60	186,10
			IV	488,50	457,80	428,00	399,00
2971,49	V	954,30	I	527,00	464,40	405,20	349,50
	VI	1000,00	II	—	354,30	302,00	253,50
			III	348,50	303,00	257,30	211,80
			IV	527,00	495,30	464,40	434,50

Die Kirchensteuer beträgt je nach Bundesland 8 oder 9% der Lohnsteuer.

Die Lohn- und Kirchensteuer werden vom steuerpflichtigen Lohn erhoben.

Der steuerpflichtige Lohn L_S ist abhängig vom
- Bruttolohn L_B,
- steuerfreien Lohn L_{Sf} und
- Freibetrag L_F auf der Lohnsteuerkarte.

$\boxed{L_S = L_B - L_{Sf} - L_F}$ L_S steuerpflichtiger Lohn in DM
L_B Bruttolohn in DM
L_{Sf} steuerfreier Lohn in DM
L_F Freibetrag in DM

Zum **steuerfreien Lohn** zählen die Zuschläge für Nacht-, Sonntags- und Feiertagsarbeit sowie die staatliche Sparzulage auf die vermögenswirksame Leistung des Beschäftigten.

Beschäftigte, die jährlich mehr Aufwendungen haben, als in den Lohnsteuertabellen schon berücksichtigt sind, z.B. Werbungskosten, Vorsorgeaufwendungen, können diese als **Freibetrag** auf der Lohnsteuerkarte eintragen lassen.

Beispiel: Ein unverheirateter, kinderloser evangelischer Kfz-Mechaniker hat einen Bruttolohn $L_B = 2482,45$ DM. In diesem Betrag sind Zuschläge für Sonntagsarbeit $L_{Sf} = 116,80$ DM enthalten. Auf der Lohnsteuerkarte ist ein Freibetrag L_F von 162,00 DM im Monat eingetragen.

Zu berechnen sind
a) der steuerpflichtige Lohn L_S in DM,
b) die Lohnsteuer S_L laut Tabelle in DM,
c) die Kirchensteuer S_K bei einem Steuersatz von 8%.

Gesucht: a) L_S in DM, b) S_L in DM, c) S_K in DM
Gegeben: $L_B = 2482,45$ DM, $L_{Sf} = 116,80$ DM,
$L_F = 162,00$ DM

Lösung: a) $L_S = L_B - L_{Sf} - L_F$
$L_S = 2482,45$ DM
    $- 116,80$ DM $- 162,00$ DM
$L_S = \mathbf{2203,65\ DM}$

b) S_L in SKL I laut Tab. = **313,00 DM**

c) $S_K = \dfrac{S_L \cdot 8\%}{100\%}$

$S_K = \dfrac{313,00\ \text{DM} \cdot 8\%}{100\%}$

$S_K = \mathbf{25,04\ DM}$

Aufgaben

1. Wie hoch sind
a) der Lohnabzug L_A in DM und
b) der Nettolohn L_N eines Kfz-Elektrikers in DM, der die Steuerklasse III/1 hat und der katholischen Kirche angehört, die einen Steuersatz von 9% erhebt? Der Bruttomonatslohn L_B beträgt 2842,35 DM und die Sozialversicherungsbeiträge S_V betragen 18% des Bruttolohns.

2. Ein Karosseriebauer mit Steuerklasse IV/2, evangelisch hat einen Bruttomonatslohn L_B von 3028,65 DM. Davon entfallen auf steuerfreie Zuschläge $L_{Sf} = 86,20$ DM. Auf der Lohnsteuerkarte ist ein monatlicher Freibetrag L_F von 228,00 DM eingetragen.
Zu berechnen sind
a) der steuerpflichtige Lohn L_S in DM,
b) die Lohnsteuer S_L in DM laut Tabelle und
c) die Kirchensteuer S_K in DM bei einem Steuersatz von 8%.

Kapitel 54: Kostenrechnen

Die **Summe der Sozialversicherungsbeiträge (Gesamtbeitrag)** S_V ist abhängig von der Höhe der Beiträge zur

- Rentenversicherung R_V,
- Krankenversicherung K_V und
- Arbeitslosenversicherung A_V.

$$\boxed{S_V = R_V + K_V + A_V}$$

S_V Summe der Sozialversicherungsbeiträge in DM
R_V Rentenversicherungsbeitrag in DM
K_V Krankenversicherungsbeitrag in DM
A_V Arbeitslosenversicherungsbeitrag in DM

Beitragssätze 1989 in Prozent vom **Bruttolohn:**
Rentenversicherung: 18,7 %
Krankenversicherung: ca. 13,0 %
Arbeitslosenversicherung: 4,3 %

Der **Beitragssatz** für die **Krankenversicherung** kann je nach Krankenkassenzugehörigkeit des Beschäftigten **unterschiedlich** hoch sein. Dagegen sind die **Beitragssätze** für die **Renten-** und **Arbeitslosenversicherung** für alle Beschäftigten **gleich hoch.**

Die **Sozialversicherungsbeiträge** werden bei einem **Bruttomonatslohn** L_B von mehr als 610,00 DM (1989) je zur Hälfte vom Beschäftigten und vom Arbeitgeber getragen. Bis zu einer Höhe von 610,00 DM trägt der Arbeitgeber die Beiträge allein.

Beispiel: Ein Kfz-Mechaniker hat einen Bruttomonatslohn $L_B = 2758{,}20$ DM. Wie hoch sind die einzelnen Sozialversicherungsbeiträge R_V, K_V, A_V und der Gesamtbeitrag S_V des Beschäftigten in DM?

Gesucht: R_V, K_V, A_V und S_V in DM
Gegeben: $L_B = 2758{,}20$ DM, $R_V = 9{,}35\%$ von L_B,
$K_V = 6{,}5\%$ von L_B, $A_V = 2{,}15\%$ von L_B

Lösung:
$R_V = \dfrac{9{,}35\% \cdot 2758{,}20 \text{ DM}}{100\%} = \mathbf{257{,}89 \text{ DM}}$

$K_V = \dfrac{6{,}5\% \cdot 2758{,}20 \text{ DM}}{100\%} = \mathbf{179{,}28 \text{ DM}}$

$A_V = \dfrac{2{,}15\% \cdot 2758{,}20 \text{ DM}}{100\%} = \mathbf{59{,}30 \text{ DM}}$

$S_V = R_V + K_V + A_V$
$S_V = 257{,}89 \text{ DM} + 179{,}28 \text{ DM} + 59{,}30 \text{ DM}$
$S_V = \mathbf{496{,}47 \text{ DM}}$

Aufgaben

1. Wie hoch sind die Sozialversicherungsbeiträge R_V, K_V und A_V sowie der Gesamtbeitrag S_V in DM eines Kfz-Elektrikers mit einem Bruttomonatslohn $L_B = 2378{,}35$ DM?

2. Ein Auszubildender hat eine monatliche Vergütung von 585,00 DM. Wie hoch sind
a) die Lohnsteuer S_L in DM und die Kirchensteuer S_K in DM bei einem Steuersatz von 9 %,
b) der Sozialversicherungsbeitrag des Auszubildenden und des Arbeitgebers S_V in DM,
c) der Nettolohn L_N des Auszubildenden in DM,
d) der Nettolohn L_N in DM, wenn sich die Ausbildungsvergütung auf 620,00 DM erhöht?

3. Die monatliche Ausbildungsvergütung eines Auszubildenden beträgt $L_B = 765{,}00$ DM. 52,00 DM werden vermögenswirksam angelegt. Die vermögenswirksame Leistung des Arbeitgebers beträgt 26,00 DM und die abgabenfreie Sparzulage 8,32 DM. Berechnen Sie
a) die Lohnsteuer S_L in DM und die Kirchensteuer S_K in DM bei einem Steuersatz von 8 %,
b) die Sozialversicherungsbeiträge R_V, K_V, A_V und den Gesamtbeitrag S_V in DM sowie
c) den Nettolohn L_N in DM (Auszahlungsbetrag).

4. Der Bruttomonatslohn eines Karosseriebauers beträgt 3053,26 DM. Hinzu kommen 52,00 DM als vermögenswirksame Leistung des Arbeitgebers sowie 11,96 DM abgabenfreie Sparzulage. Im Bruttolohn sind 136,68 DM steuerfreie Mehrarbeitszuschläge enthalten. Wie groß sind
a) die Lohnsteuer bei Steuerklasse IV/1 in DM und die 9 %ige Kirchensteuer in DM,
b) die einzelnen Sozialversicherungsbeiträge und der Gesamtbeitrag in DM sowie
c) der Nettolohn (Auszahlungsbetrag) in DM?

5. Für die Lohnabrechnung eines Kfz-Mechanikers stehen folgende Daten zur Verfügung: Stundenlohnsatz 16,70 $\dfrac{\text{DM}}{\text{h}}$, Normalarbeitsstunden im letzten Monat 173 Stunden, Mehrarbeit 8 Stunden, Sonntagsarbeit (Notdienst) 4 Stunden, Steuerklasse III/3, Freibetrag auf der Lohnsteuerkarte pro Monat 205,00 DM, Kirchensteuersatz 8 %, vermögenswirksame Leistung des Arbeitgebers 52,00 DM, abgabenfreie Sparzulage 11,96 DM. Zu berechnen sind in DM
a) der Bruttolohn und der steuerpflichtige Lohn,
b) die Lohn- und Kirchensteuer,
c) die Sozialversicherungsbeiträge und
d) der Nettolohn (Auszahlungsbetrag).

54.3 Kostenarten und Kalkulation

In Kraftfahrzeug-Reparaturbetrieben werden die folgenden **Kostenarten** unterschieden:

- Lohnkosten,
- Materialkosten und
- Gemeinkosten.

Lohnkosten L_k sind Kosten, die dem einzelnen Auftrag, z.B. Reparatur der Bremsanlage eines Kundenfahrzeugs, **direkt zugeordnet** werden können. Sie sind abhängig vom Stundenlohnsatz und von der vorgegebenen bzw. gebrauchten Arbeitszeit.

$$L_k = l_h \cdot t_a$$

L_k Lohnkosten in DM
l_h Stundenlohnsatz in $\frac{DM}{h}$
t_a Arbeitszeit in h

Materialkosten M_k ergeben sich aus den Preisen für Ersatzteile, z.B. Bremsscheibe, oder für Neuaggregate, z.B. Standheizung. Sie können ebenfalls dem einzelnen Auftrag zugeordnet werden.

Gemeinkosten G_k sind Kosten, die dem einzelnen Auftrag **nicht direkt zugeordnet** werden können. Sie werden deshalb in ihrer Gesamtheit erfaßt und den Lohnkosten als **Gemeinkostenzuschlag** prozentual zugeordnet.

Gemeinkosten sind z.B.:

- Gehälter für Meister, Angestellte, Hilfskräfte;
- Beiträge an die Sozialversicherung, Berufsgenossenschaft, Handwerkskammer, Innung;
- Aufwendungen für die Lohnfortzahlung, Urlaubs- und Weihnachtsgeld, vermögenswirksame Leistungen;
- Kosten der Reparaturen im Betrieb, Miete, Heizung, Strom, Wasser, Telefon, Hilfsstoffe, und Hilfsmaterial;
- Zinsen für Kredite, für investiertes Kapital;
- Unternehmergewinn;
- Abschreibungen auf Gebäude, Maschinen, Werkzeug.

Zu den **Gemeinkosten** zählen auch die **Hilfslöhne**, die den Beschäftigten für betriebsbedingte Arbeiten, z.B. Reparatur betriebseigener Fahrzeuge, gezahlt werden. Dazu zählen auch die Löhne, die aufgrund von Leerlauf- und Wartezeit bzw. für Kulanz- und Gewährleistungsansprüche gezahlt werden müssen.

Die **Kalkulation** hat zum Ziel, alle mit der Erledigung eines Kundenauftrags entstandenen Kosten zu erfassen, um so die **Reparaturkosten** ermitteln (kalkulieren) zu können.

Es werden unterschieden: Kalkulation mit dem

- Gemeinkostenzuschlag,
- Stundenverrechnungssatz und
- Arbeitswertverrechnungssatz.

Kalkulation mit dem Gemeinkostenzuschlag

Der **Gemeinkostenzuschlag in Prozent** G_{zp} ergibt sich aus:

$$G_{zp} = \frac{\sum G_k \cdot 100\%}{\sum L_k}$$

G_{zp} Gemeinkostenzuschlag in %
$\sum G_k$ Summe der Gemeinkosten in DM
$\sum L_k$ Summe der Lohnkosten in DM

Für die Berechnung des **Gemeinkostenzuschlags in DM** G_z für einen Auftrag gilt:

$$G_z = L_k \cdot \frac{G_{zp}}{100\%}$$

G_z Gemeinkostenzuschlag in DM
L_k Lohnkosten für den Auftrag in DM
G_{zp} Gemeinkostenzuschlag in %

Damit ergeben sich die **Gesamtkosten** K_g (Reparaturpreis) für einen Auftrag nach der Formel:

$$K_g = L_k + M_k + G_z$$

K_g Gesamtkosten in DM
L_k Lohnkosten in DM
M_k Materialkosten in DM
G_z Gemeinkostenzuschlag in DM

Der **Rechnungsbetrag** RB für den Kunden ergibt sich aus:

$$RB = K_g + MWST$$

RB Rechnungsbetrag in DM
K_g Gesamtkosten in DM
$MWST$ Mehrwertsteuer in DM

Beispiel: Für die Reparatur einer Auspuffanlage benötigt ein Kfz-Mechaniker eine Arbeitszeit $t_a = 2{,}5$ h. Der Stundenlohnsatz l_h beträgt $15{,}31 \frac{DM}{h}$. Die Materialkosten für die Auspuffanlage betragen 876,00 DM. Die Summe der Lohnkosten $\sum L_k$ im letzten halben Jahr beträgt 32 826,85 DM und die der Gemeinkosten $\sum G_k = 115\,964{,}38$ DM. Wie hoch sind

a) die Lohnkosten L_k in DM,
b) der Gemeinkostenzuschlag G_{zp} in %,
c) der Gemeinkostenzuschlag G_z in DM,
d) die Gesamtkosten K_g in DM?

Gesucht: a) L_k in DM, b) G_{zp} in %, c) G_p in DM, d) K_g in DM

Gegeben: $t_a = 2{,}5\,h$, $l_h = 15{,}31\,\frac{DM}{h}$, $M_k = 876{,}00\,DM$,
$\sum L_k = 32826{,}85\,DM$, $\sum G_k = 115964{,}38\,DM$

Lösung: a) $L_k = l_h \cdot t_a = 15{,}31\,DM \cdot 2{,}5\,h$
$L_k = \mathbf{38{,}28\,DM}$

b) $G_{zp} = \dfrac{\sum G_k \cdot 100\%}{\sum L_k}$
$= \dfrac{115964{,}38\,DM \cdot 100\%}{32826{,}85\,DM}$
$G_{zp} = \mathbf{353\%}$

c) $G_z = L_k \cdot \dfrac{G_{zp}}{100\%} = 38{,}28\,DM \cdot \dfrac{353\%}{100\%}$
$G_z = \mathbf{135{,}13\,DM}$

d) $K_g = L_k + M_k + G_z$
$K_g = 38{,}28\,DM + 876{,}00\,DM + 135{,}13\,DM$
$K_g = \mathbf{1049{,}41\,DM}$

Aufgaben

1. Ein Mechaniker benötigt für den Austausch von drei Keilriemen eine Arbeitszeit t_a von 1,2 h. Wie hoch sind die Lohnkosten L_k für die Reparatur in DM, wenn der Stundenlohnsatz $L_h = 15{,}31\,\frac{DM}{h}$ beträgt?

2. Wie hoch ist der Gemeinkostenzuschlag G_{zp} in Prozent, wenn im letzten Quartal die Summe der Lohnkosten $\sum L_k = 23635{,}75\,DM$ und die der Gemeinkosten $\sum G_k = 81925{,}40\,DM$ betragen?

3. Berechnen Sie den Gemeinkostenzuschlag G_z in DM für die Angaben in Aufgabe 1 und 2.

4. Wie hoch sind die Gesamtkosten K_g aus Aufgabe 1 und 3 in DM, wenn die Materialkosten M_K für die drei Keilriemen 46,80 DM betragen?

5. Für den Aus- und Einbau eines Starters benötigt ein Kfz-Elektriker eine Arbeitszeit t_a von 1,8 h. Der Stundenlohnsatz l_h beträgt $16{,}87\,\frac{DM}{h}$, und die Materialkosten M_k belaufen sich auf 363,85 DM. Die Summe der Lohnkosten $\sum L_k$ im letzten halben Jahr beträgt 62824,35 DM und die der Gemeinkosten $\sum G_k = 237625{,}40\,DM$. Zu berechnen sind:
a) die Lohnkosten L_k in DM,
b) der Gemeinkostenzuschlag G_{zp} in %,
c) der Gemeinkostenzuschlag G_z in DM und
d) die Gesamtkosten K_g in DM.

Kalkulation mit dem Stundenverrechnungssatz

Eine andere Möglichkeit der Berechnung der **Gesamtkosten** K_g ist die Kalkulation mit dem **Stundenverrechnungssatz** SVS.

Der **Stundenverrechnungssatz** SVS gibt an, wieviel DM dem Kunden für eine Arbeitsstunde in Rechnung gestellt werden.

Die Höhe des Stundenverrechnungssatzes SVS ist abhängig vom
- Werkstattdurchschnittslohn WDL und dem
- Kostenindex KI.

Mit dem **Kostenindex** KI werden die Gemeinkosten berücksichtigt. Er wird nach folgender Formel berechnet:

$$KI = \dfrac{\sum L_k + \sum G_k}{\sum L_k}$$

KI Kostenindex
$\sum L_k$ Summe der Lohnkosten in DM
$\sum G_k$ Summe der Gemeinkosten in DM

Damit gilt für die Berechnung des **Stundenverrechnungssatzes** SVS:

$$SVS = WDL \cdot KI$$

SVS Stundenverrechnungssatz in $\frac{DM}{h}$
WDL Werkstattdurchschnittslohn in $\frac{DM}{h}$
KI Kostenindex

Für die Berechnung der **Gesamtkosten** K_g eines Auftrags gilt:

$$K_g = SVS \cdot t_a + M_k$$

K_g Gesamtkosten in DM
SVS Stundenverrechnungssatz in $\frac{DM}{h}$
t_a Arbeitszeit in h
M_k Materialkosten in DM

Beispiel: Für den Austausch einer Wasserpumpe wird eine Arbeitszeit $t_a = 1{,}2\,h$ benötigt. Die Materialkosten betragen $M_k = 122{,}35\,DM$, und der Werkstattdurchschnittslohn beträgt $WDL = 16{,}80\,\frac{DM}{h}$. Die Gemeinkosten beliefen sich im letzten Quartal auf $\sum G_k = 182620{,}50\,DM$ und die Lohnkosten auf $\sum L_k = 48526{,}80\,DM$. Zu berechnen sind:
a) der Kostenindex KI,
b) der Stundenverrechnungssatz SVS in $\frac{DM}{h}$ und
c) die Gesamtkosten K_g in DM.

Gesucht: a) KI, b) SVS in $\frac{DM}{h}$, c) K_g in DM
Gegeben: $t_a = 1{,}2\,h$, $M_k = 122{,}35\,DM$,
$WDL = 16{,}80\,\frac{DM}{h}$, $\sum G_k = 182620{,}50\,DM$,
$\sum L_k = 48526{,}80\,DM$

Lösung: a) $KI = \dfrac{\sum L_k + \sum G_k}{\sum L_k}$

$KI = \dfrac{48526{,}80\,DM + 182620{,}50\,DM}{48526{,}80\,DM}$

$KI = \mathbf{4{,}76}$

b) $SVS = WDL \cdot KI$
$SVS = 16{,}80\,\frac{DM}{h} \cdot 4{,}76$
$SVS = \mathbf{79{,}97\,\frac{DM}{h}}$

c) $K_g = SVS \cdot t_a + M_k$
$K_g = 79{,}97\,DM \cdot 1{,}2\,h + 122{,}35\,DM$
$K_g = \mathbf{218{,}31\,DM}$

Aufgaben

1. In einer Werkstatt ergibt sich für die Summe der Lohnkosten ein Betrag $\sum L_K = 53635{,}85\,DM$ und für die Summe der Gemeinkosten im letzten halben Jahr ein Betrag $\sum G_K = 312286{,}40\,DM$. Wie groß ist der Kostenindex KI der Werkstatt?

2. Berechnen Sie den Stundenverrechnungssatz SVS in $\frac{DM}{h}$ der Werkstatt aus Aufgabe 1 und die Gesamtkosten in DM für eine Reparatur mit folgenden Daten: Werkstattdurchschnittslohn $WDL = 18{,}20\,\frac{DM}{h}$, Arbeitszeit $t_a = 3{,}6\,h$, Materialkosten $M_k = 565{,}30\,DM$.

3. Für den Austausch eines Kotflügels wird eine Arbeitszeit von 4,2 h benötigt. Die Materialkosten betragen 265,70 DM, und der Werkstattdurchschnittslohn beträgt $19{,}40\,\frac{DM}{h}$. Die Gemeinkosten belaufen sich im letzten Quartal auf 130548,60 DM und die Lohnkosten auf 38254,30 DM. Wie hoch sind
a) der Kostenindex KI der Werkstatt,
b) der Stundenverrechnungssatz SVS in $\frac{DM}{h}$ und
c) die Gesamtkosten K_g für die Reparatur in DM?

4. Die Reparatur eines Unfallschadens dauert 16,5 h. Der Kostenindex des Betriebes liegt bei 4,6 und der Werkstattdurchschnittslohn bei $18{,}75\,\frac{DM}{h}$. Zu berechnen sind:
a) der Stundenverrechnungssatz in $\frac{DM}{h}$,
b) die Gesamtkosten für die Reparatur des Unfallschadens in DM, wenn für die Ersatzteile 1436,65 DM in Rechnung gestellt werden und
c) der Rechnungsbetrag RB in DM, wenn der MWST-Satz bei 14% liegt.

5. Für die Reparatur eines Fahrzeugs mußten die folgenden Arbeiten ausgeführt werden: Zylinderkopf aus- und eingebaut 2,6 h, Ventile eingestellt 0,6 h, Zahnriemen ausgetauscht und Motorsteuerung eingestellt 1,2 h, Keilriemen ausgetauscht 0,8 h und Wasserpumpe erneuert 1,4 h. An Materialkosten fielen an: Zylinderkopf 1240,00 DM, Wasserpumpe 135,65 DM, Zahnriemen 36,80 DM, Keilriemen 8,45 und 15,85 DM. Wie hoch sind die Gesamtreparaturkosten in DM, wenn der Stundenverrechnungssatz der Werkstatt bei $82{,}50\,\frac{DM}{h}$ liegt?

6. Die Reparatur einer Bremsanlage dauerte 5,2 h. Materialkosten fielen in einer Höhe von 435,60 DM an. Der Kostenindex der Werkstatt beträgt 4,2 und der Werkstattdurchschnittslohn liegt bei $16{,}65\,\frac{DM}{h}$.
Berechnen Sie
a) den Stundenverrechnungssatz in $\frac{DM}{h}$,
b) die Gesamtkosten der Reparatur in DM und
c) den Rechnungsbetrag RB in DM, wenn der MWST-Satz 14% beträgt.

Kalkulation mit dem Arbeitswertverrechnungssatz

Die Kalkulation mit dem **Arbeitswertverrechnungssatz** AWVS findet in Werkstätten Anwendung, deren Beschäftigte im Leistungslohn arbeiten und für die eine **Zeitvorgabe in Arbeitswerten** AWV erfolgt.

> Der **Arbeitswertverrechnungssatz** AWVS gibt an, wieviel DM dem Kunden für einen Arbeitswert in Rechnung gestellt werden.

Die Höhe des Arbeitswertverrechnungssatzes AWVS ist abhängig vom
- Werkstattdurchschnittslohn WDL,
- Kostenindex KI und
- Werkstattfaktor WF.

$$AWVS = \frac{WDL \cdot KI}{WF}$$

AWVS Arbeitswertverrechnungssatz in $\frac{DM}{AW}$
WDL Werkstattdurchschnittslohn in $\frac{DM}{h}$
KI Kostenindex
WF Werkstattfaktor in $\frac{AW}{h}$

Der **Werkstattfaktor** ist je nach Ausstattung und Organisation des Arbeitsablaufs in den Werkstätten unterschiedlich. Er liegt meistens bei 10 oder 12 Arbeitswerten pro Stunde.

Kapitel 54: Kostenrechnen

Für die Berechnung der **Gesamtkosten** K_g eines Auftrags gilt dann:

$$K_g = AWVS \cdot AWV + M_k$$

K_g Gesamtkosten in DM
$AWVS$ Arbeitswertverrechnungssatz in $\frac{DM}{AW}$
AWV Arbeitswertvorgabe in AW
M_k Materialkosten in DM

Beispiel: Für die Reparatur an einer Hinterachse wird eine Arbeitswertvorgabe AWV von 78 AW gegeben. Der Werkstattdurchschnittslohn WDL beträgt $17{,}25\frac{DM}{h}$, der Kostenindex KI ist 4,2, der Werkstattfaktor WF liegt bei $12\frac{AW}{h}$ und die Materialkosten M_k betragen 636,45 DM. Wie hoch sind
a) der Arbeitswertverrechnungssatz $AWVS$ in $\frac{DM}{AW}$ und
b) die Gesamtkosten K_g in DM für die Reparatur?

Gesucht: a) $AWVS$ in $\frac{DM}{AW}$, b) K_g in DM

Gegeben: $AWV = 78\,AW$, $WDL = 17{,}25\frac{DM}{h}$,
$KI = 4{,}2$, $WF = 12\frac{AW}{h}$, $M_k = 636{,}45\,DM$

Lösung: a) $AWVS = \dfrac{WDL \cdot KI}{WF} = \dfrac{17{,}25\frac{DM}{h} \cdot 4{,}2}{12\frac{AW}{h}}$

$AWVS = \mathbf{6{,}04 \frac{DM}{AW}}$

b) $K_g = AWVS \cdot AWV + M_k$
$K_g = 6{,}04\frac{DM}{AW} \cdot 78\,AW + 636{,}45\,DM$
$K_g = \mathbf{1107{,}57\,DM}$

Aufgaben

1. Wie hoch ist die gesamte Arbeitswertvorgabe AWV in AW für die folgenden Arbeiten: Generator überprüfen 6 AW, Generator aus- und einbauen 12 AW, Diodenplatte erneuern 18 AW, Regler austauschen 6 AW?

2. In einer Werkstatt betragen der Werkstattdurchschnittslohn $16{,}85\frac{DM}{h}$ und der Werkstattfaktor $10\frac{AW}{h}$. Der Kostenindex ist 4,7 und die Materialkosten für die Reparatur des Generators aus Aufgabe 1 betragen 130,35 DM. Wie hoch sind
a) der Arbeitswertverrechnungssatz $AWVS$ in $\frac{DM}{AW}$ und
b) die Gesamtkosten der Reparatur in DM mit dem Ergebnis aus der Aufgabe 1?

3. Für die Reparatur eines Getriebes werden 105 AW als Arbeitswertvorgabe AWV gegeben. Der Werkstattkostenindex KI ist 4,6. Durchschnittlich werden in der Werkstatt $WDL = 17{,}45\frac{DM}{h}$ verdient. In der Werkstatt wird mit einem Werkstattfaktor WF von $12\frac{AW}{h}$ gearbeitet. Für die Reparatur des Getriebes entstehen Materialkosten M_k von 236,15 DM.
Zu berechnen sind
a) der Arbeitswertverrechnungssatz $AWVS$ in $\frac{DM}{AW}$,
b) die Gesamtkosten K_g in DM für die Reparatur des Getriebes und
c) der Rechnungsbetrag RB in DM, wenn der MWST-Satz 14 % beträgt.

4. Wie hoch ist der Arbeitswertverrechnungssatz $AWVS$ in $\frac{DM}{AW}$ eines Betriebes, der mit einem Werkstattfaktor von $10\frac{AW}{h}$ und einem Kostenindex KI von 3,8 arbeitet? Die sechs beschäftigten Mechaniker erhalten die folgenden Stundenlohnsätze: $2 \times 14{,}32\frac{DM}{h}$, $2 \times 15{,}31\frac{DM}{h}$, $1 \times 16{,}87\frac{DM}{h}$ und $1 \times 18{,}34\frac{DM}{h}$.

5. Berechnen Sie die Arbeitswertvorgabe in AW für das Austauschen einer Fahrertür: Verkleidung aus- und eingebaut 26 AW, Außenspiegel gewechselt 8 AW, Scheibe mit Gestänge demontiert und montiert 19 AW, Türschloß aus- und eingebaut 13 AW, Gummidichtung montiert 4 AW und Tür aus- und eingebaut 14 AW. Im Betrieb wird mit einem Werkstattfaktor von $12\frac{AW}{h}$ gerechnet.

6. Wie hoch sind die Materialgesamtkosten in DM für die Reparatur in der Aufgabe 5, wenn die Rohtür 432,60 DM, die Lackierung 212,90 DM und die Gummidichtung 34,60 DM kosten?

7. Berechnen Sie die Gesamtkosten in DM für die Erneuerung der Fahrertür, wenn noch Kosten in Höhe von 86,50 DM für den Transport des Fahrzeugs in die Werkstatt hinzukommen. Benutzen Sie für die Berechnung der Gesamtkosten die Ergebnisse der Aufgaben 4 bis 6.

8. Wie hoch ist der Arbeitswertverrechnungssatz einer Werkstatt, die im letzten Quartal 56 835,45 DM für Löhne gezahlt hat und Gemeinkosten im Umfang von 286 735,60 DM hatte? Der Durchschnittslohn der Werkstatt liegt bei $17{,}20\frac{DM}{h}$ und es wird mit einem Werkstattfaktor von $10\frac{AW}{h}$ gerechnet.

54.4 Kosten für die Kraftfahrzeughaltung

Die **Kfz-Kosten** werden unterschieden in
- feste (fixe) Kosten und
- veränderliche (variable) Kosten.

Feste Kosten

Die **festen Kosten** K_f eines Kraftfahrzeugs sind von der Anzahl der gefahrenen Kilometer im Jahr unabhängig.

Die **festen Kosten** K_f eines Kfz werden für **ein Jahr** ermittelt. Zu ihnen gehören die
- Wertverlustkosten KWV,
- Zinskosten KZ,
- Steuerkosten KS (Kfz-Steuer),
- Versicherungskosten KV (Haftpflicht- und sonstige Versicherungen) und
- Garagenkosten KG.

$$K_f = KWV + KZ + KS + KV + KG$$

K_f feste Kosten in $\frac{DM}{Jahr}$
KWV Wertverlustkosten in $\frac{DM}{Jahr}$
KZ Zinskosten in $\frac{DM}{Jahr}$
KS Steuerkosten in $\frac{DM}{Jahr}$
KV Versicherungskosten in $\frac{DM}{Jahr}$
KG Garagenkosten in $\frac{DM}{Jahr}$

Da der **Wertverlust** eines Kfz vom Fahrzeugalter und von den gefahrenen Kilometern abhängig ist, wird bei der Kostenermittlung jeweils die **Hälfte** den **festen** (KWV) und den **veränderlichen Kosten** (KWV_{100}) zugerechnet. Für die Berechnung des Wertverlustes wird davon ausgegangen, daß das Fahrzeug nach der Nutzungszeit keinen Restwert (Wiederverkaufswert) hat.

Für die **Wertverlustkosten** KWV eines Kfz in DM pro Jahr gilt:

$$KWV = \frac{AP - KR}{2 \cdot t_n}$$

KWV Wertverlustkosten in $\frac{DM}{Jahr}$
AP Anschaffungspreis in DM
KR Reifenkosten in DM
t_n Nutzungszeit in Jahren

Die **Reifenkosten** für einen neuen Satz Reifen müssen vom Anschaffungspreis abgezogen werden, weil sie zu den veränderlichen Kosten gehören.

Die **Zinskosten** KZ entstehen durch die Aufnahme eines Bankkredites bzw. dadurch, daß das im Kfz gebundene Kapital alternativ bei einer Bank Zinsen bringen würde. Die **Zinskosten** werden aus dem **halben Anschaffungspreis** berechnet, weil davon ausgegangen wird, daß nach der halben Nutzungszeit des Kfz die Hälfte des Kredites durch Einnahmen aus Kundenaufträgen zurückgezahlt wurde bzw. sich auf dem eigenen Guthabenkonto befindet.

$$KZ = \frac{AP \cdot p}{2 \cdot 100\%}$$

KZ Zinskosten in $\frac{DM}{Jahr}$
AP Anschaffungspreis in DM
p Zinssatz in $\frac{\%}{Jahr}$

Beispiel: Der Anschaffungspreis AP für ein Kfz beträgt 23 465,00 DM. Die Nutzungszeit t_n ist 5 Jahre. Der Reifensatz kostet KR = 840,00 DM und der Zinssatz p beträgt $5 \frac{\%}{Jahr}$. Die Kfz-Steuer KS beläuft sich auf 526,00 $\frac{DM}{Jahr}$ und die Versicherungsbeiträge KV betragen 1023,20 $\frac{DM}{Jahr}$. Zu diesen Kosten kommen noch Garagenkosten KG in Höhe von 1020,00 $\frac{DM}{Jahr}$ hinzu. Wie hoch sind

a) die Wertverlustkosten KWV in $\frac{DM}{Jahr}$,
b) die Zinskosten KZ in $\frac{DM}{Jahr}$ und
c) die festen Kosten K_f in $\frac{DM}{Jahr}$?

Gesucht: a) KWV in $\frac{DM}{Jahr}$, b) KZ in $\frac{DM}{Jahr}$, c) K_f in $\frac{DM}{Jahr}$

Gegeben: AP = 23 465,00 DM, t_n = 5 Jahre, KR = 840,00 DM, $p = 5 \frac{\%}{Jahr}$, KS = 526,00 $\frac{DM}{Jahr}$, KV = 1023,20 $\frac{DM}{Jahr}$, KG = 1020,00 $\frac{DM}{Jahr}$

Lösung: a) $KWV = \dfrac{AP - KR}{2 \cdot t_n}$

$KWV = \dfrac{23\,465{,}00\,DM - 840{,}00\,DM}{2 \cdot 5\,\text{Jahre}}$

$KWV = \mathbf{2262{,}50\ \frac{DM}{Jahr}}$

b) $KZ = \dfrac{AP \cdot p}{2 \cdot 100\%} = \dfrac{23\,465{,}00\,DM \cdot 5 \frac{\%}{Jahr}}{2 \cdot 100\%}$

$KZ = \mathbf{586{,}63\ \frac{DM}{Jahr}}$

c) $K_f = KWV + KZ + KS + KV + KG$

$K_f = 2262{,}50 \frac{DM}{Jahr} + 586{,}63 \frac{DM}{Jahr}$
$\quad + 526{,}00 \frac{DM}{Jahr} + 1023{,}00 \frac{DM}{Jahr}$
$\quad + 1020{,}00 \frac{DM}{Jahr}$

$K_f = \mathbf{5418{,}33\ \frac{DM}{Jahr}}$

Kapitel 54: Kostenrechnen

Veränderliche Kosten

Die **veränderlichen Kosten** K_{v100} eines Kraftfahrzeugs sind von der Zahl der gefahrenen Kilometer im Jahr abhängig.

Die **veränderlichen Kosten** K_{v100} werden für **100 Kilometer Fahrstrecke** berechnet. Dies sind:

- Wertverlustkosten KWV_{100},
- Reifenkosten KR_{100},
- Schmier- und Kraftstoffkosten KSK_{100} und
- Reparatur- und Wartungskosten KRW_{100}.

Für die **Wertverlustkosten** KWV_{100} für 100 km Fahrstrecke gilt:

$$KWV_{100} = \frac{(AP - KR) \cdot 100\,km}{2 \cdot G_{km}}$$

KWV_{100} Wertverlustkosten in DM für 100 km
AP Anschaffungspreis in DM
KR Reifenkosten in DM
G_{km} Gesamtkilometer während der Nutzungszeit in km

Die **Reifenkosten** KR_{100} für 100 km Fahrstrecke errechnen sich wie folgt:

$$KR_{100} = \frac{KR \cdot 100\,km}{R_l}$$

KR_{100} Reifenkosten in DM für 100 km
KR Reifenkosten in DM
R_l Reifenlebensdauer in km

Die **veränderlichen Kosten** K_{v100} **für 100 km Fahrstrecke** ergeben sich aus:

$$K_{v100} = KWV_{100} + KR_{100} + KSK_{100} + KRW_{100}$$

K_{v100} veränderliche Kosten in DM für 100 km
KWV_{100} Wertverlustkosten in DM für 100 km
KR_{100} Reifenkosten in DM für 100 km
KSK_{100} Schmier- und Kraftstoffkosten in DM für 100 km
KRW_{100} Reparatur- und Wartungskosten in DM für 100 km

Die **veränderlichen Kosten für ein Jahr** K_v werden nach der folgenden Formel berechnet:

$$K_v = \frac{K_{v100} \cdot J_{km}}{100\,km}$$

K_v veränderliche Kosten in $\frac{DM}{Jahr}$
K_{v100} veränderliche Kosten in DM für 100 km
J_{km} Jahreskilometer in $\frac{km}{Jahr}$

Beispiel: Zu berechnen sind
a) die Wertverlustkosten KWV_{100} in DM für 100 km,
b) die Reifenkosten KR_{100} in DM für 100 km,
c) die veränderlichen Kosten K_{v100} in DM für 100 km und
d) die veränderlichen Kosten K_v in $\frac{DM}{Jahr}$
für das Fahrzeug der Beispielaufgabe auf der Seite 238. Die Schmier- und Kraftstoffkosten KSK_{100} betragen 15,62 DM und an Reparatur- und Wartungskosten werden für 100 km Fahrstrecke $KRW_{100} = 3,24$ DM aufgewandt. Bei einer Gesamtkilometerleistung von $G_{km} = 220\,000$ km und einer Nutzungszeit von $t_n = 5$ Jahre beträgt die durchschnittliche Jahreskilometerleistung $J_{km} = 44\,000\,\frac{km}{Jahr}$. Die Reifenlebensdauer R_l wird mit 40 000 km angenommen.

Gesucht: a) KWV_{100} in DM für 100 km,
b) KR_{100} in DM für 100 km,
c) K_{v100} in DM für 100 km,
d) K_v in $\frac{DM}{Jahr}$

Gegeben: $AP = 23\,465{,}00$ DM, $KR = 840{,}00$ DM, $KSK_{100} = 15{,}62$ DM, $KRW_{100} = 3{,}24$ DM, $G_{km} = 220\,000$ km, $J_{km} = 44\,000\,\frac{km}{Jahr}$, $R_l = 40\,000$ km

Lösung: a) $KWV_{100} = \dfrac{(AP - KR) \cdot 100\,km}{2 \cdot G_{km}}$

$KWV_{100} = \dfrac{(23\,465\,DM - 840\,DM) \cdot 100\,km}{2 \cdot 220\,000\,km}$

$KWV_{100} =$ **5,14 DM für 100 km**

b) $KR_{100} = \dfrac{KR \cdot 100\,km}{R_l}$

$KR_{100} = \dfrac{840\,DM \cdot 100\,km}{40\,000\,km}$

$KR_{100} =$ **2,10 DM für 100 km**

c) $K_{v100} = KWV_{100} + KR_{100} + KSK_{100} + KRW_{100}$

$K_{v100} = 5{,}14\,DM + 2{,}10\,DM + 15{,}62\,DM + 3{,}24\,DM$

$K_{v100} =$ **26,10 DM für 100 km**

d) $K_v = \dfrac{K_{v100} \cdot J_{km}}{100\,km}$

$K_v = \dfrac{26{,}10\,DM \cdot 44\,000\,\frac{km}{Jahr}}{100\,km}$

$K_v =$ **11 484,00 $\frac{DM}{Jahr}$**

Gesamtkraftfahrzeugkosten

Die **Gesamtkraftfahrzeugkosten** K_g werden für **ein Jahr** berechnet und sind abhängig von den
- festen Kosten K_f und
- veränderlichen Kosten K_v.

$$K_g = K_f + K_v$$

K_g Gesamtkraftfahrzeugkosten in $\frac{DM}{Jahr}$

K_f feste Kosten in $\frac{DM}{Jahr}$

K_v veränderliche Kosten in $\frac{DM}{Jahr}$

Die **Kraftfahrzeugkilometerkosten** K_{km} (Kosten für 1 km Fahrstrecke) werden wie folgt ermittelt:

$$K_{km} = \frac{K_g}{J_{km}}$$

K_{km} Kosten in $\frac{DM}{km}$

K_g Gesamtkraftfahrzeugkosten in $\frac{DM}{Jahr}$

J_{km} Jahreskilometer in $\frac{km}{Jahr}$

Beispiel: Mit den Angaben und Ergebnissen der Aufgaben aus den Beispielen auf den Seiten 238 und 239 sind zu berechnen
a) die Gesamtkraftfahrzeugkosten K_g in $\frac{DM}{Jahr}$ und
b) die Kraftfahrzeugkilometerkosten K_{km} in $\frac{DM}{km}$.

Gesucht: a) K_g in $\frac{DM}{Jahr}$, b) K_{km} in $\frac{DM}{km}$

Gegeben: $K_f = 5418{,}33 \frac{DM}{Jahr}$, $K_v = 11484{,}00 \frac{DM}{Jahr}$, $J_{km} = 44000 \frac{km}{Jahr}$

Lösung: a) $K_g = K_f + K_v$
$K_g = 5418{,}33 \frac{DM}{Jahr} + 11484{,}00 \frac{DM}{Jahr}$
$K_g = \mathbf{16902{,}33 \frac{DM}{Jahr}}$

b) $K_{km} = \frac{K_g}{J_{km}}$

$K_{km} = \frac{16902{,}33 \frac{DM}{Jahr}}{44000 \frac{km}{Jahr}}$

$K_{km} = \frac{16902{,}33 \, DM \cdot Jahr}{44000 \, km \cdot Jahr}$

$K_{km} = \mathbf{0{,}38 \frac{DM}{km}}$

Aufgaben

1. Wie hoch sind
a) die Wertverlustkosten KWV in $\frac{DM}{Jahr}$,
b) die Zinskosten KZ in $\frac{DM}{Jahr}$ und
c) die festen Kosten in $\frac{DM}{Jahr}$
eines Lastkraftwagens, dessen Anschaffungspreis $AP = 96650 \, DM$ beträgt? Die Nutzungsdauer t_n beträgt 8 Jahre bei einer Gesamtkilometerleistung $G_{km} = 360000 \, km$. Der Kredit muß mit $p = 9{,}3 \frac{\%}{Jahr}$ verzinst werden, und der Reifensatz kostet $KR = 3400 \, DM$. Die Kfz-Steuer KS beträgt im Jahr 4200 DM und an Versicherungskosten KV fallen 8232,60 DM im Jahr an.

2. Für den Lkw aus Aufgabe 1 fallen für jeweils 100 km Fahrstrecke folgende Kosten an: Schmier- und Kraftstoffkosten $KSK_{100} = 23{,}20 \, DM$. Reparatur- und Wartungskosten $KRW_{100} = 18{,}60 \, DM$. Die Jahreskilometerleistung J_{km} beträgt $45000 \frac{km}{Jahr}$, und die Reifenlebensdauer R_l wird mit 60000 km angesetzt. Berechnen Sie mit den Angaben und Ergebnissen der Aufgabe 1
a) die Wertverlustkosten KWV_{100} in DM für 100 km,
b) die Reifenkosten KR_{100} in DM für 100 km,
c) die veränderlichen Kosten K_{v100} in DM für 100 km und
d) die veränderlichen Kosten K_v in $\frac{DM}{Jahr}$.

3. Zu berechnen sind mit den Angaben und Ergebnissen der Aufgaben 1 und 2
a) die Gesamtkraftfahrzeugkosten K_g in $\frac{DM}{Jahr}$ und
b) die Kraftfahrzeugkilometerkosten K_{km} in $\frac{DM}{km}$.

4. Für ein Kraftfahrzeug beträgt der Anschaffungspreis 32560 DM. Die Nutzungsdauer beträgt 6 Jahre bei einer Gesamtkilometerleistung von 270000 km. Für das Fahrzeug wird ein Darlehen zu 10,5 % pro Jahr aufgenommen, und der Reifensatz kostet 1040 DM. Die Kfz-Steuer beträgt $624 \frac{DM}{Jahr}$, und die Versicherungsbeiträge betragen im Jahr 1264,40 DM. Die jährliche Fahrstrecke wird mit durchschnittlich 45000 km angenommen. Die Schmier- und Kraftstoffkosten betragen für 100 km 18,30 DM, und an Wartungs- und Reparaturkosten werden 4,65 DM für 100 km Fahrstrecke veranschlagt. Die Reifenlebensdauer beträgt 52000 km, und für eine Garage müssen im Jahr 1200 DM gezahlt werden. Berechnen Sie
a) die Wertverlustkosten KWV in $\frac{DM}{Jahr}$,
b) die Zinskosten KZ in $\frac{DM}{Jahr}$,
c) die festen Kosten K_f in $\frac{DM}{Jahr}$,
d) die Wertverlustkosten KWV_{100} und die Reifenkosten KR_{100} in DM für 100 km,
e) die veränderlichen Kosten K_{v100} für 100 km,
f) die veränderlichen Kosten K_v in $\frac{DM}{Jahr}$,
g) die Gesamtkraftfahrzeugkosten K_g in $\frac{DM}{Jahr}$ und
h) die Kraftfahrzeugkilometerkosten K_{km} in $\frac{DM}{km}$.

55 Aufgaben zur Abschlußprüfung

Für die Lösung eines Aufgabensatzes sind 60 min vorgesehen. Jede Lösung soll enthalten:
- gesuchte und gegebene Größen,
- die erforderliche und eventuell umgestellte Formel,
- die Formel mit eingesetzten Größen und
- das Ergebnis mit geforderter Einheit.

Hilfsmittel: Taschenrechner und Formelsammlung

I. Aufgabensatz

1. Ein Motorrad kostet 8976,– DM. Bei Barzahlung werden 2% Skonto gewährt. Wieviel DM kostet das Motorrad bei Barzahlung?

2. Der Gesamthubraum eines 4-Zyl.-Ottomotors beträgt 1598 cm³, der Kolbenhub 73 mm. Berechnen Sie die Zylinderbohrung d in mm.

3. Seine größte Nutzleistung erreicht ein Zweitaktmotor bei einer Motordrehzahl von $9500 \frac{1}{min}$. Der Kolbenhub beträgt 54 mm. Wie groß ist die mittlere Kolbengeschwindigkeit v_m in $\frac{m}{s}$?

4. Der Kraftstoffstreckenverbrauch eines Pkw beträgt 9,6 l je 100 km. Wieviel l Kraftstoff werden auf der Strecke Berlin-Istanbul (2257 km) verbraucht?

5. Die Zylinderbohrung eines 6-Zyl.-Viertakt-Dieselmotors beträgt 135 mm, der Kolbenhub 150 mm. Der Motor erzeugt bei einer Motordrehzahl von $1900 \frac{1}{min}$ eine indizierte Leistung von 286 kW. Wie groß ist der mittlere indizierte Kolbendruck p_{mi} in bar?

6. Die Beläge einer Einscheiben-Trockenkupplung haben einen Außendurchmesser von 164 mm und einen Innendurchmesser von 124 mm. Die zulässige Flächenpressung soll $20 \frac{N}{cm^2}$ nicht überschreiten. Berechnen Sie die zulässige Anpreßkraft (Normalkraft) F_N in N.

7. Ein Pkw hat im Schaltgetriebe folgende Gesamtübersetzungen: 3,46 – 1,94 – 1,29 – 0,91 – 0,75 – R. 3,17. Übersetzung im Achsantrieb: 4,47 : 1. Wie groß ist die Drehzahl n_R in $\frac{1}{min}$ der Antriebsräder im 5. Gang bei einer Motordrehzahl von $5250 \frac{1}{min}$?

8. Ein Motorrad wird aus einer Geschwindigkeit von $140 \frac{km}{h}$ mit einer Verzögerung von $3,2 \frac{m}{s^2}$ abgebremst. Wie lang ist der Bremsweg s in m bis zum Stillstand?

9. Wie groß ist der elektrische Widerstand R in Ω einer Scheinwerferlampe? Bei einer Spannung von 12,6 V fließt ein Strom von 4,8 A.

II. Aufgabensatz

Ein Pkw hat folgende technische Daten:
4-Zyl.-Viertakt-Ottomotor
Zylinderbohrung: 90 mm, Kolbenhub: 78 mm
Gesamthubraum: 1985 cm³
Verdichtungsverhältnis: 9,0 : 1
größte effektive Leistung: 118 kW bei $5500 \frac{1}{min}$
größtes Motordrehmoment: 225 Nm bei $3000 \frac{1}{min}$
Kühlsysteminhalt: 9,0 l
Batterie: 12 V 62 Ah, Generator: 1070 Watt
Gesamtübersetzungen im Schaltgetriebe: 3,39 – 1,76 – 1,18 – 0,89 – 0,70 – R. 4,05; Übersetzung im Achsantrieb: 4,05 : 1
dynamischer Halbmesser: 316 mm
zulässiges Gesamtgewicht: 1840 kg

Berechnen Sie

1. die mittlere Kolbengeschwindigkeit v_m in $\frac{m}{s}$ bei größter Nutzleistung,

2. die effektive Leistung P_{eff} in kW bei größtem Motordrehmoment,

3. das Verdichtungsverhältnis ε_2, wenn die Zylinderbohrung um 0,6 mm aufgebohrt wird,

4. das Hub-Bohrungsverhältnis k des ursprünglichen Motors,

5. das Gefrierschutzmittelvolumen V_G in l bei 33% Gefrierschutzmittelanteil im Kühlsystem,

6. die Drehzahl n_R der Antriebsräder im 3. Gang bei der größten effektiven Leistung,

7. die Fahrgeschwindigkeit v in $\frac{km}{h}$ im 5. Gang bei größtem Motordrehmoment,

8. die Gesamtfunkenzahl f_g der Zündkerzen in einer Minute bei der größten effektiven Leistung.

III. Aufgabensatz

1. Ein Pkw mit aufgeladenem 4-Zyl.-Viertakt-Ottomotor hat folgende technische Daten:
Zylinderbohrung: 81 mm, Kolbenhub: 86,4 mm
Verdichtungsverhältnis: 8 : 1
Höchstdrehzahl des Motors: 6000 $\frac{1}{\text{min}}$
größte effektive Leistung: 118 kW bei 5600 $\frac{1}{\text{min}}$
Gesamtübersetzungen im Schaltgetriebe: 3,78 – 2,11 – 1,34 – 0,97 – 0,80 – R. 3,47, Übersetzung im Achsantrieb: 3,45 : 1, dyn. Halbmesser: 274 mm
Berechnen Sie
a) den Gesamthubraum V_H in cm³ und l,
b) den Verdichtungsraum V_c in cm³,
c) die Fahrgeschwindigkeit v in $\frac{\text{km}}{\text{h}}$ bei Höchstdrehzahl im 5. Gang,
d) das Motordrehmoment M in Nm bei der größten effektiven Leistung.

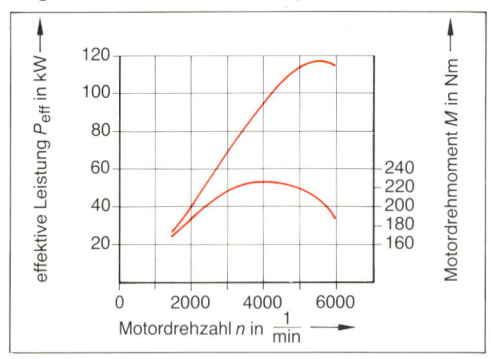

2. Ein Pkw hat eine gemessene Bremsverzögerung von 5,6 $\frac{\text{m}}{\text{s}^2}$. Wie lang ist der Bremsweg s in m bei einer Fahrgeschwindigkeit von 90 $\frac{\text{km}}{\text{h}}$?

3. Der Kraftstoffbehälter eines Lkw faßt 420 l Dieselkraftstoff ($\varrho = 0{,}84 \frac{\text{kg}}{\text{dm}^3}$). Wie groß ist die Masse m einer Behälterfüllung in kg?

4. Eine Instandsetzungsarbeit wird von 18,5 auf 17,5 Arbeitswerte verkürzt. Wie groß ist die Verringerung der Arbeitszeitvorgabe in %?

5. Ein Motorrad hat bei einem Tankinhalt von 24 l eine Reichweite von 350 km. Berechnen Sie den Kraftstoffverbrauch k in l je 100 km.

6. Während des Startens eines Lkw-Motors beträgt die angelegte Spannung 24 V, die dabei bewegte Ladungsmenge 640 As. Wie groß ist die elektrische Arbeit W in Ws und Wh?

7. Ein Gebläsemotor hat einen Widerstand von 0,75 Ω, dabei fließt eine Stromstärke von 16 A. Wie groß ist die Spannung U in V?

IV. Aufgabensatz

1. Eine Starterbatterie soll mit 26% Gewinn, das sind 32,76 DM, verkauft werden. Wie groß ist der Verkaufspreis ohne Mehrwertsteuer?

2. Der Gesamthubraum eines 4-Zyl.-Viertakt-Ottomotors beträgt 1272,4 cm³, die Zylinderbohrung 70,6 mm. Berechnen Sie den Kolbenhub s in mm.

3. Bei seiner größten effektiven Leistung von 264 kW und einer Motordrehzahl von 1350 $\frac{1}{\text{min}}$ hat ein 8-Zyl.-V-Dieselmotor einen spezifischen Kraftstoffverbrauch von 207 $\frac{\text{g}}{\text{kWh}}$. Die Kraftstoffdichte beträgt 0,84 $\frac{\text{g}}{\text{cm}^3}$. Wie groß ist das verbrauchte Kraftstoffvolumen V in cm³ nach einer Meßzeit von 17,4 s?

4. Das Motordrehmoment eines 4-Zyl.-Viertakt-Ottomotors beträgt bei einer effektiven Leistung von 78 kW 271 Nm. Berechnen Sie die dazugehörige Motordrehzahl n in $\frac{1}{\text{min}}$.

5. Das Auslaßventil eines Dieselmotors öffnet 31°KW vor UT und schließt 14°KW nach OT. Berechnen Sie die Öffnungszeit t in s bei einer Motordrehzahl von 4200 $\frac{1}{\text{min}}$.

6. Die Kupplungsscheibe einer Einscheiben-Trockenkupplung hat einen äußeren Durchmesser von 190 mm und einen inneren von 120 mm. Die Anpreßkraft der Schraubenfedern beträgt 3400 N. Wie groß ist die Flächenpressung p in $\frac{\text{N}}{\text{cm}^2}$?

7. Das Antriebszahnrad z_1 eines Schaltgetriebes hat 16 Zähne, das Zahnrad $z_2 = 32$ Zähne, das 1. Gang-Zahnrad $z_3 = 18$ Zähne. Die Übersetzung des 1. Ganges beträgt 3,111 : 1. Berechnen Sie die Zähnezahl z_4 auf der Hauptwelle.

8. Ein Pkw fährt mit einer Geschwindigkeit von 54 $\frac{\text{km}}{\text{h}}$. Er beschleunigt in 35 s auf eine Geschwindigkeit von 144 $\frac{\text{km}}{\text{h}}$. Wie groß ist dabei seine Beschleunigung a in $\frac{\text{m}}{\text{s}^2}$?

9. Eine Starterleitung von 1,36 m Länge hat eine Querschnittsfläche von 36 mm². Der spezifische Widerstand des Kupfers beträgt 0,018 $\frac{\Omega \cdot \text{mm}^2}{\text{m}}$. Wie groß ist der Widerstand R in Ω?

10. Drei Widerstände $R_1 = 8\,\Omega$, $R_2 = 12\,\Omega$ und $R_3 = 24\,\Omega$ werden parallel geschaltet. Berechnen Sie den Gesamtwiderstand R_{ges} in Ω.

V. Aufgabensatz

Technische Daten eines Sportwagens:
6-Zyl.-Boxer-Viertakt-Ottomotor mit zwei Turboladern
Zylinderbohrung: 95 mm
Hub-Bohrungsverhältnis: 0,705
Verdichtungsraum: 65 cm^3
größte effektive Leistung: 351 kW bei 6500 $\frac{1}{min}$
größtes Motordrehmoment: 500 Nm bei 5500 $\frac{1}{min}$
Batterie: 12 V 66 Ah
Gesamtübersetzungen im Schaltgetriebe: 3,5 – 2,06 – 1,41 – 1,04 – 0,81 – 0,64 – R. 2,86
Übersetzung im Achsantrieb: 4,125 : 1
Lenkübersetzung: 18,2 : 1
$2\frac{3}{4}$ Lenkradumdrehungen
dynamischer Halbmesser: 318 mm
Kraftstoffbehälterinhalt: 90 l
Kraftstoffverbrauch nach DIN 70030: 17,1 l je 100 km
Geschwindigkeitsabweichung: +2,2%
Leergewicht: 1566 kg

Berechnen Sie

1. den Kolbenhub s in mm,

2. das Verdichtungsverhältnis ε,

3. die mittlere Kolbengeschwindigkeit v_m in $\frac{m}{s}$ bei der größten effektiven Leistung,

4. die effektive Leistung P_{eff} in kW bei größtem Motordrehmoment,

5. den Fahrbereich s_F in km,

6. das Leistungsgewicht des Kfz m_{PF} in $\frac{kg}{kW}$,

7. die Fahrgeschwindigkeit v in $\frac{km}{h}$ bei der größten effektiven Leistung im 6. Gang,

8. die tatsächliche Fahrgeschwindigkeit v in $\frac{km}{h}$ bei einer Geschwindigkeitsanzeige von 265 $\frac{km}{h}$,

9. den mittleren Lenkwinkel δ_m in ° der Räder,

10. die Ladezeit t in h sowie in h, min und s bei einem Ladestrom von 3,2 A.

VI. Aufgabensatz

1. Ein Kfz-Mechaniker hat einen Stundenlohn von 16,20 $\frac{DM}{h}$. Wie hoch ist der Stundenlohn in $\frac{DM}{h}$ nach einer 3,5%igen Lohnerhöhung?

2. Das Verdichtungsverhältnis eines 4-Zyl.-Viertakt-Ottomotors beträgt 10,5 : 1, der Gesamthubraum 1847 cm^3. Berechnen Sie V_c in cm^3.

3. Die Masse eines 8-Zyl.-Dieselmotors beträgt 910 kg. Berechnen Sie die Gewichtskraft G in N am Seil einer Kranwinde ($g = 9{,}81 \frac{m}{s^2}$).

4. Der Kolben eines 4-Zyl.-Zweitakt-Ottomotors (Motorrad) saugt bei einem Liefergrad von 0,85 während eines Arbeitsspiels 105,8 cm^3 Frischladung an. Wie groß ist der Gesamthubraum V_H in cm^3?

5. Die Länge eines Einlaßventils beträgt bei 20 °C 122 mm, bei 142 °C 122,25 mm. Berechnen Sie die Längenausdehnungszahl α in $\frac{1}{K}$.

6. Ein 4-Gang-Schaltgetriebe hat im 3. Gang folgende Zahnradabmessungen: $z_1 = 17$, $z_2 = 24$, $z_3 = 26$, $z_4 = 23$. Berechnen Sie die Ausgangsdrehzahl n_A in $\frac{1}{min}$ bei einer Eingangsdrehzahl von 3800 $\frac{1}{min}$.

7. Der Kolben einer Faustsattelbremse hat einen Durchmesser von 48 mm. Die wirksame Spannkraft auf den Kolben beträgt 1338,4 N. Berechnen Sie den Bremsleitungsdruck p in bar.

8. Die gemessene Bremsverzögerung eines Lkw beträgt 5,8 $\frac{m}{s^2}$. Berechnen Sie den Bremsweg s in m bis zum Stillstand aus einer Fahrgeschwindigkeit von 54 $\frac{km}{h}$.

9. Eine Starterleitung ist 2,25 m lang. Die Querschnittsfläche beträgt 42 mm^2, der spezifische Widerstand 0,018 $\frac{\Omega \cdot mm^2}{m}$. Wie groß ist der Leiterwiderstand R in Ω?

10. Zwei Widerstände R_1 und R_2 sind parallel geschaltet. Der Widerstand R_1 beträgt 15 Ω. Wie groß ist der Widerstand R_2 in Ω, wenn der Gesamtwiderstand 12 Ω beträgt?

VII. Aufgabensatz

1. Ein Pkw mit Turbo-Dieselmotor hat folgende Meßwerte und technische Daten:

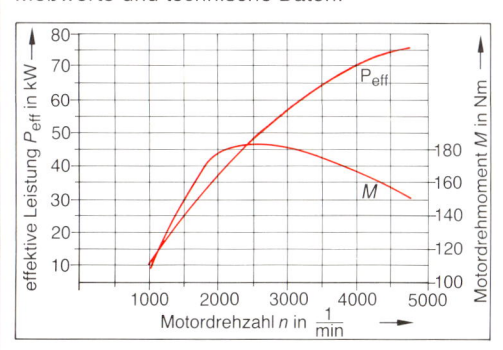

Zylinderbohrung: 76,5 mm, Kolbenhub: 86,4 mm
Gesamthubraum: 1984,62 cm^3
Beschleunigung von 0 auf 100 $\frac{km}{h}$: 12,0 s

Berechnen Sie
a) die Zahl der Zylinder z,
b) die effektive Leistung P_{eff} in kW bei einer Motordrehzahl von 3200 $\frac{1}{min}$,
c) den spezifischen Kraftstoffverbrauch b_{eff} in $\frac{g}{kWh}$ bei der größten effektiven Leistung. Es wird ein Kraftstoffdurchfluß von 200 cm³ in 14,6 s gemessen. Die Kraftstoffdichte beträgt 0,84 $\frac{g}{cm^3}$.
d) Die Leistungssteigerung in %. Die größte effektive Leistung des Saugmotors mit gleichen Abmessungen beträgt 64 kW.
e) Den Beschleunigungsweg s in m bei Erreichen der Fahrgeschwindigkeit von 100 $\frac{km}{h}$.

2. Der mittlere Kolbendruck eines 4-Zyl.-Viertakt-Ottomotors beträgt 15,8 bar, die Zylinderbohrung 84 mm, der Kolbenhub 90 mm. Wie groß ist die abgegebene Arbeit W in Nm?

3. Ein Lkw muß eine Steigung von 8,5% mit einem Steigungswiderstand von 33354 N überwinden. Berechnen Sie die Masse des Lkw in kg und t.

4. Ein 4-Gang-Schaltgetriebe hat im 1. Gang Zahnräder mit folgenden Zähnezahlen im Eingriff: $z_1 = 16$, $z_2 = 23$, $z_3 = 14$, $z_4 = 31$. Berechnen Sie das Drehmoment M in Nm an der Getriebeausgangswelle bei $n = 2070 \frac{1}{min}$ und einem Motordrehmoment von 118 Nm.

5. Durch eine Lampe mit einem Widerstand von 8,5 Ω darf nur eine Stromstärke von 0,9 A fließen. Wie groß muß der Vorwiderstand R in Ω sein, wenn die Nennspannung der Batterie 24 V beträgt?

6. Ein Lüftermotor hat eine Verlustleistung von 18 Watt, die zugeführte Leistung beträgt 96 Watt. Berechnen Sie den Wirkungsgrad η.

VIII. Aufgabensatz

1. Eine Instandsetzungsarbeit wird von 2 Kfz-Mechanikern in 18 Stunden und 15 Minuten durchgeführt. Wieviel Zeit in h und min benötigen 3 Kfz-Mechaniker für die gleiche Instandsetzungsarbeit?

2. Die Masse eines gleichmäßig beladenen Lkw-Anhängers beträgt 12200 kg. Der Radstand beträgt 4200 mm und der Abstand des Schwerpunktes zur Vorderachse 2800 mm. Berechnen Sie die Achskräfte F_1 und F_2 in N.

3. Der Gesamthubraum eines 4-Zyl.-Ottomotors beträgt 2302 cm³, die Zylinderbohrung 93,4 mm. Berechnen Sie den Kolbenhub s in mm.

4. Bei welcher Motordrehzahl n in $\frac{1}{min}$ hat ein Zweitakt-Ottomotor (Motorrad) eine mittlere Kolbengeschwindigkeit von 17,15 $\frac{m}{s}$? Der Kolbenhub beträgt 49 mm.

5. Die größte effektive Leistung eines 8-Zyl.-V-Dieselmotors beträgt 353 kW, der Gesamthubraum 14600 cm³. Berechnen Sie die Hubraumleistung P_H in $\frac{kW}{l}$.

6. Auf eine Kupplungsscheibe wirkt eine Anpreßkraft (Normalkraft) von 2400 N. Wie groß muß der wirksame mittlere Radius r_m in mm sein, wenn eine zulässige Flächenpressung von 20 $\frac{N}{cm^2}$ nicht überschritten werden soll? Der Außendurchmesser der Kupplungsscheibe beträgt 150 mm.

7. Ein Pkw wird aus dem Stillstand 15 s lang beschleunigt. Wie groß ist die Fahrgeschwindigkeit v in $\frac{km}{h}$ nach einer gefahrenen Strecke von 290 m?

8. Ein 5-Gang-Schaltgetriebe hat folgende Gesamtübersetzungen: 3,285 – 2,041 – 1,322 – 1,028 – 0,820 – R. 5,153. Wie groß ist die Übersetzung im Achsantrieb, wenn im 5. Gang bei einer Motordrehzahl von 6000 $\frac{1}{min}$ die Antriebsräder eine Drehzahl von 2322 $\frac{1}{min}$ haben?

9. Durch die Primärwicklung einer Zündspule fließt eine Ruhestromstärke von 5,25 A. Der Vorwiderstand beträgt 0,8 Ω, die Spannung der Batterie 12,6 V. Wie groß ist der Widerstand R_p in Ω der Primärwicklung?

10. Ein Zigarettenanzünder hat eine elektrische Leistung von 100 Watt bei der Nennspannung 12 V. Die angelegte Spannung beträgt 13,8 V. Wie groß ist die Stromstärke I in A?

IX. Aufgabensatz

1. Ein 4-Zyl.-DOHC-16-V-Ottomotor mit Turbolader hat folgende Meßwerte und technische Daten:
Verdichtungsverhältnis: 8,0 : 1
Verdichtungsraum: 71,25 cm³
Schwungscheibendurchmesser: 486 mm
Kurbelradius: 38,5 mm

Berechnen Sie
a) den Gesamthubraum V_H in cm³ und l,
b) die effektive Leistung P_{eff} in kW bei größtem $M = 276\,Nm$ und $n = 4500\,\frac{1}{min}$,
c) die Tangentialkraft F_T in N an der Kurbelwelle bei der größten effektiven Leistung, $P_{eff} = 150\,kW$,
d) den Zündzeitpunkt Z in °KW bei 67,82 mm Bogenlänge auf der Schwungscheibe.

2. Das Kühlsystem eines 4-Zyl.-Dieselmotors faßt 6,4 l Kühlflüssigkeit, die aus 5 Anteilen Wasser und 3 Anteilen Gefrierschutzmittel bestehen. Berechnen Sie das Wasser- und Gefrierschutzmittelvolumen V_W und V_G in l.

3. Ein 6-Zyl.-Ottomotor hat einen Kühlsysteminhalt von 7,6 l. Wie groß ist die Volumenzunahme ΔV in cm³ bei einer Erwärmung von 20°C auf 97°C? Die Volumenausdehnungszahl beträgt $0{,}00018\,\frac{1}{K}$.

4. Im 5. Gang (»direkter« Gang) fährt ein Motorrad eine Höchstgeschwindigkeit von 221 $\frac{km}{h}$. Die Primärübersetzung beträgt 2,04:1, die Sekundärübersetzung 2,13:1, der dynamische Halbmesser 308 mm. Berechnen Sie die Motordrehzahl n in $\frac{1}{min}$.

5. Das zulässige Gesamtgewicht von 1850 kg eines Pkw ist zu 60% auf die Vorderachse verteilt. Wie groß ist die Bremskraft (Reibkraft) F_B in N an der Vorderachse, wenn die Haftreibungszahl der drehenden Räder auf trockener Fahrbahn 0,85 beträgt?

6. Vier parallel geschaltete Stabglühkerzen haben einen Gesamtwiderstand von 0,35 Ω. Wie groß ist der Einzelwiderstand R in Ω?

7. Eine Zündspule mit Vorwiderstand hat einen Primärwicklungswiderstand von 1,4 Ω. Bei einer Batteriespannung von 13,2 V fließt eine Ruhestromstärke von 7,4 A. Wie groß ist die Spannung U_P in V an der Primärwicklung?

X. Aufgabensatz

1. Ein Motorrad hat folgende technische Daten:
4-Zyl.-Zweitakt-Ottomotor mit Drehschieber
Zylinderbohrung: 56 mm, Kolbenhub: 50,6 mm
Verdichtungsverhältnis: 7,0:1
größte effektive Leistung: 70 kW bei 9500 $\frac{1}{min}$
größtes Motordrehmoment: 71 Nm bei 9000 $\frac{1}{min}$
Lufttrichterdurchmesser: 28 mm
Saugrohrdurchmesser: 42 mm
Batterie: 12 V 4,5 Ah
Reifenabmessung: 120/90 V 17
Kraftstoffbehälterinhalt: 25 l
Kraftstoffverbrauch nach DIN 70030: 10,2 l je 100 km
Beschleunigung von 0 auf 100 $\frac{km}{h}$: 4 s
Kaufpreis: 12 184,— DM

Berechnen Sie
a) den Gesamthubraum V_H in cm³ und l,
b) die Kolbengeschwindigkeit v_m und v_{max} in $\frac{m}{s}$ bei 9500 $\frac{1}{min}$,
c) den mittleren Kolbendruck p_{mi} in bar bei einer indizierten Leistung von 57,4 kW bei 9000 $\frac{1}{min}$,
d) die Höhenänderung s^* des Verdichtungsraums, um das Verdichtungsverhältnis auf 7,5:1 zu erhöhen,
e) die Strömungsgeschwindigkeit v_2 im Lufttrichter, wenn die angesaugte Luft mit 42 $\frac{m}{s}$ in den Vergaser strömt,
f) den Fahrbereich s_F in km,
g) den Durchmesser D in mm des unbelasteten Reifens,
h) den Beschleunigungsweg s in m bei der Beschleunigung von 0 auf 100 $\frac{km}{h}$,
i) den Listenpreis, Käufer erhält 2% Skonto,
k) die Ladezeit t in h und min der zu 70% entladenen Batterie bei einer Ladestromstärke von 1,2 A.

2. Das Schaltgetriebe eines Pkw hat im 5. Gang ein Gesamtübersetzungsverhältnis von 0,86:1. Das Antriebskegelrad hat 9 Zähne, das Tellerrad 30 Zähne. Bei einer Motordrehzahl von 5850 $\frac{1}{min}$ erreicht das Fahrzeug eine Geschwindigkeit von 198 $\frac{km}{h}$. Berechnen Sie den dynamischen Halbmesser r_{dyn} in mm und den dynamischen Abrollumfang U_R in mm.

3. Eine Starterbatterie hat einen Innenwiderstand von 0,035 Ω und eine Leerlaufspannung von 13,8 V. Wie groß ist die Klemmenspannung U_{Kl} in V, wenn die Batterie mit einer Stromstärke von 22 A belastet wird?

4. Das Einlaßventil eines Ottomotors öffnet 28°KW vor OT. Bei 4000 $\frac{1}{min}$ beträgt die Öffnungszeit 0,011 s. Wieviel °KW nach UT schließt das Ventil?

5. Ein Lkw mit der Masse von 16380 kg fährt mit einer Geschwindigkeit von 60 $\frac{km}{h}$ auf einer Asphaltstraße ($k_R = 0{,}015$) mit einer Steigung von 7%. Der c_W-Wert des Lkw beträgt 1,3, die Querschnittsfläche 9,6 m². Berechnen Sie den Gesamtfahrwiderstand F_W in N.

Sachwortverzeichnis

Abbremsung 177
Abrollumfang 154, 163
Absoluter Druck 61
Abszisse 25
Achsabstand 149
Achskräfte 58
Addition 6
Ampere 186
Amperestunde 201
Anhalteweg 178
Anpreßkraft 144, 146
Antriebsdrehmoment 169
Antriebskraft 169, 170
Arbeit 80, 113, 187, 194
Arbeitslosenversicherung 233
Arbeitswerte 229, 237
Arbeitswertverrechnungssatz 236
Atmosphärendruck 61
Auflagerkräfte 58
Auftriebskraft 65, 129
Außenpaßmaß 33

Beschleunigung 47, 76, 78
Beschleunigungskraft 169
Beschleunigungsweg 77
Bewegungsenergie 82, 83, 173
Bogenlänge 30, 133, 213
Boyle-Mariotte 92, 93
Bremsarbeit 83, 173
Bremsenkennwert 182
Bremskraft 173, 174, 183
Bremsmoment 182, 183
Bremsverzögerung 79, 175, 176, 177
Bremsweg 79, 173, 178
Bruch 8
Bruttolohn 231

Dichte 45, 46
Differenzdrehzahl 155
Division 6
Drehmoment 55, 102, 116, 145
Dreieckschaltung 208
Dreisatz 14
Druck 60, 61, 64, 68
Druckfestigkeit 70
Durchschnittsgeschwindigkeit 72, 73
Durchschnittslohn 230
Dynamischer Druck 68
— Halbmesser 154, 163
Dynamisches Grundgesetz 47

Eckenmaß 37
Effektive Leistung 119, 122
Effektiver Wirkungsgrad 121
Effektivwert der Spannung 205
— der Stromstärke 205
Einheitengleichung 5

Elektrische Arbeit 187, 194
— Energie 187
— Leistung 194
— Spannung 187
Elektrischer Widerstand 188
Energie 81, 82, 83, 187

Fahrbereich 111
Fahrdiagramm 170
Fahrgeschwindigkeit 164
Fahrwiderstände 166, 170
Fallbeschleunigung 47
Festigkeit 70
Fläche 36
Flächenpressung 146
Flüssigkeitsdruck 180
Formelumstellung 12
Frequenz 206
Frühzündungszeit 213
Funkenzahl 212

Gangdiagramm 165
Gasgeschwindigkeit 128
Gasgleichung 92, 94
Gefällekraft 167
Gefrierschutzmittelvolumen 140
Gemeinkostenzuschlag 234
Gemischte Schaltung 193
Gesamtfahrwiderstand 168, 170
Gesamtgewicht 127
Gesamthubraum 104
Gesamtkosten 234, 235, 237
Gesamtübersetzung 98, 100, 151, 152
Geschwindigkeit 72
Gestreckte Länge 31
Gewichtskraft 47, 129
Gewichtsleistung 127
Gleitreibung 52
Gon 19
Grad 19
Größengleichung 5
Grundwert 16
Gruppenschaltung 193
Guldinsche Regel 44

Haftreibung 52
Haftreibungszahl 53, 174
Hangabtriebskraft 167
Hebelgesetz 56
Heizwert 89
Hertz 206
Hub-Bohrungsverhältnis 107
Hubraumleistung 125
Hydraulik 62
Hydraulische Kraftübersetzung 63, 148, 180
Hydrostatischer Druck 64
Hypotenuse 20

Inch 27
Index 5
Indizierte Leistung 117
Innenpaßmaß 33
Innenwiderstand 202
ISO-Abmaße 35
ISO-Kurzzeichen 33

Joule 80, 88

Kalkulation 234
Kapazität 201
Kathete 20
Kelvin 88
Kilogramm 45
Kinetische Energie 82
Kirchensteuer 231, 232
Klemmenspannung 202
Kolbeneinbauspiel 116
Kolbengeschwindigkeit 108
Kolbenhub 104
Kolbenkraft 113
Kolbenseitenkraft 114
Koordinatensystem 25
Kopfspiel 149
Kostenarten 234
Kostenindex 235
Kraft 47, 48
Kräftemaßstab 49
Kräfteparallelogramm 50, 115
Kraftfahrzeugkosten 238, 239, 240
Kraftstoffstreckenverbrauch 110
Kraftstoffverbrauch 109, 110, 111, 112, 123
Kraftübersetzung 63, 179, 180
Krankenversicherung 233
Kreis 30, 38
Kühlflüssigkeit 139
Kupplung 144
Kurbelradius 114, 116

Ladungsmenge 186
Länge 27
Längenänderung 91, 135
Längenausdehnungszahl 91, 135
Leerlaufspannung 202
Leistung 86, 117, 119, 194
Leistungsgewicht 126
Leistungslohn 229, 230
Leiterquerschnitt 199
Lenkgetriebeübersetzung 160
Lenkradwinkel 159, 160
Lenkübersetzung 159
Lenkwinkel 159
Liefergrad 131
Lohnberechnung 229, 231, 232
Lohnkosten 234
Lohnsteuer 231
Luftbedarf 130

Sachwortverzeichnis

Luftdichte 166
Luftverbrauch 132
Luftverhältnis 130
Luftwiderstand 166

Masse 45, 46
Maßstab 28
Maßtoleranz 32
Materialkosten 234, 235, 237
Mechanische Arbeit 80, 113
— Kraftübersetzung 147, 179
— Leistung 84
— Übersetzung 147
Mechanischer Wirkungsgrad 120
Meter 27
Mischungsrechnen 17
Mittelpunktswinkel 30
Mittlerer Kolbendruck 113
Modul 149
Motordrehmoment 119, 122
Motordrehzahl 108
Motorkennlinien 122, 171
Motorleistung 117
Multiplikation 6

Nachspur 161
Nennkapazität 201
Nennmaß 32
Nettolohn 231
Neutrale Faser 31, 44
Newton 47
Normalspannung 70
Normquerschnitt 199
Nutzleistung 112, 136
Nutzwirkungsgrad 86

Öffnungswinkel 133, 211
Ohm 188
Ohmsches Gesetz 188
Ordinate 25

Parallelschaltung 191, 202
Pascal 60
Paßmaß 32, 33
Passung 32, 34
Physikalische Größe 4
Pleuelstangenkraft 114
Pneumatik 62
Pneumatische Übersetzung 63, 181
Potentielle Energie 81
Potenz 10
Primfaktoren 8
Prozent 16
Pythagoras 20

Querschnittsverhältnis 162

Raddrehzahl 164
Radialkraft 114

Radiant 19
Radius 31
Radumdrehungen 154, 163
Radwege 154
Reaktionsweg 178
Reaktionszeit 178
Rechnungsbetrag 234
Reibfläche 146
Reibflächenpaarung 144
Reibleistung 119
Reibung 52
Reibungskraft 52, 144
Reibungszahl 52, 53, 144
Reifenabmessungen 162
Reihenschaltung 190, 202
Rentenversicherung 233
Resultierende 49
Riementrieb 96
Rollreibung 52
Rollwiderstand 166
Runden von Zahlen 5

Schiefe Ebene 21
Schließwinkel 133, 211
Schließzeit 211
Schlüsselweite 37
Schmieröldurchsatz 218
Schmierölverbrauch 136
Schnittgeschwindigkeit 74
Sekunde 18
SI-Basiseinheiten 4
Sicherheitszahl 71, 146
Sozialversicherungsbeiträge 231
Spannung 70
Spannungsfall 198
Spannungsverlust 198
Sperrwert 156
Spezifische Verdampfungswärme 90
— Wärmekapazität 89, 139
Spezifischer elektrischer Widerstand 189
— Kraftstoffverbrauch 112, 123
— Schmierölverbrauch 136
— Wärmeverbrauch 121
Spur 161
Spurdifferenzwinkel 159
Spurweite 155
Statischer Druck 68
— Halbmesser 163
Steigung 167
Steigungswiderstand 167
Sternschaltung 207
Steuerzeiten 133
Strecken-Schmierölverbrauch 136
Strömungsgeschwindigkeit 67, 68, 69

Stromdichte 198, 199
Stromstärke 186, 188
Stundenlohnsatz 229
Stundenverrechnungssatz 235
Subtraktion 6

Tangentialkraft 114, 116
Teilung 29, 149
Temperatur 88
Temperaturdifferenz 135, 139
Toleranz 32
Transformator 209

Überdruck 61
Übersetzungsverhältnis 96, 99, 147, 150, 153
Umfangsgeschwindigkeit 74, 84
Umfangskraft 182
Unterdruck 61

Ventilöffnungswinkel 134
Ventilöffnungszeit 134
Verbrennungshöchstdruck 113
Verdampfungswärme 89
Verdichtungsraum 105
Verdichtungsverhältnis 105
Verstärkerkraft 181
Verzögerung 76, 78
Verzögerungsweg 77
Volt 187
Volumen 40
Volumenänderung 92
Vorspur 161
Vorwiderstand 210

Wärme 88
Wärmekapazität 89
Wärmemenge 88, 138
Watt 84, 187, 194
Weg-Zeit-Diagramm 72, 75
Widerstand 188, 189
Windungsverhältnis 209
Winkel 19
Wirksamer Hebelarm 55, 145
Wirkungsgrad 86, 120, 121, 169, 197, 203
Wurzel 11

Zahnradabmessungen 149
Zahnradtrieb 99, 100
Zeit 18
Zeitlohn 229
Zugfestigkeit 70
Zugkraft 169
Zulässiges Gesamtgewicht 127
Zündabstand 211
Zündverstellwinkel 213
Zündzeitpunkt 213
Zylinderbohrung 104, 107
Zylinderhubraum 104, 105

Übersicht der Formelgrößen

Formelzeichen	Größe, Bedeutung	Einheit
A	Fläche	m²
a	Beschleunigung, Bremsverzögerung	m/s²
α	Längenausdehnungszahl	1/K
α	Schließwinkel	°(Grad)
α	Ventilöffnungswinkel	°KW
B	Kraftstoffverbrauch nach DIN 1940	kg/h
B	Reifenbreite	mm
B_S	Schmierölverbrauch	kg/h
b_{eff}	spezifischer Kraftstoffverbrauch	g/kWh
b_S	spezifischer Schmierölverbrauch	g/kWh
β	Öffnungswinkel	°(Grad)
C	Bremsenkennwert	-----
C	Kraftstoffverbrauch nach DIN 70030-1	l je 100 km
C	Spur	mm
c_w	Luftwiderstandszahl	-----
c	spezifische Wärmekapazität	kJ/kg · K
c	spezifischer Wärmeverbrauch	kJ/kWh
$\triangle l$	Längenzunahme	mm
$\triangle \delta$	Spurdifferenzwinkel	°(Grad)
$\triangle T$	Temperaturdifferenz	K
$\triangle t$	Temperaturdifferenz	°C
D	Reifenaußendurchmesser	mm
d	Durchmesser	mm
d	Felgendurchmesser	in.
d	Zylinderbohrung, Kolbendurchmesser	mm
E	Energie	J, Nm, Ws
ε	Verdichtungsverhältnis	-----
η	Wirkungsgrad	-----
η_{eff}	effektiver Wirkungsgrad	-----
η_m	mechanischer Wirkungsgrad	-----
F	Kraft	N
F_A	Antriebskraft	N
F_A	Auftriebskraft	N
F_B	Bremskraft	N
F_{Be}	Beschleunigungskraft	N
F_K	Kolbenkraft	N
F_L	Luftwiderstand	N
F_N	Normalkraft	N
F_P	Pleuelstangenkraft	N
F_R	Radialkraft	N
F_R	Reibungskraft	N
F_{Ro}	Rollwiderstand	N
F_{St}	Steigungswiderstand	N
F_T	Tangentialkraft	N
F_W	Gesamtfahrwiderstand	N
f	Frequenz	1/s, Hz
f_g	Gesamtfunkenzahl	1/min
f_z	Zylinderfunkenzahl	1/s
Φ_{zu}	zugeführte Wärmemenge	kJ/h
G	Gewichtskraft	N
g	Fallbeschleunigung	m/s
γ	Volumenausdehnungszahl	1/K
γ	Zündabstand	°(Grad)
H	Reifenhöhe	mm
H_u	spezifischer Heizwert	kJ/kg
I	Stromstärke	A
I_{eff}	Effektivwert der Stromstärke	A
I_g	Gesamtstrom	A
I_{Str}	Strangstromstärke	A
I_p	Primärstromstärke	A
i_A	Übersetzung im Achsgetriebe	-----
i_{ges}	Gesamtübersetzung des Antriebsstrangs	-----
i_{hyd}	hydraulische Kraftübersetzung	-----
i_L	Lenkgetriebeübersetzung	-----
i_{max}	Maximalwert der Stromstärke	A
i_{pn}	pneumatische Übersetzung	-----
i_S	Gesamtlenkübersetzung	-----
i_V	Übersetzung im Vorgelege	-----
$i_{1,2,3...}$	Übersetzung in den einzelnen Gängen	-----
$i_{1.G., 2.G., 3.G. ...}$	Gesamtübersetzung des Getriebes in den einzelnen Gängen	-----
J	Stromdichte	A/mm²
K	Kapazität	Ah
K_E	Entladekapazität	Ah
K_g	Gesamtkapazität	Ah
K_L	Ladekapazität	Ah
$K_{1,2,...}$	Einzelkapazitäten	Ah
k	Hub-Bohrungsverhältnis	-----
k_R	Rollwiderstandszahl	-----
k	Kraftstoffverbrauch nach DIN 70030-2	l je 100 km
k_S	Kraftstoffstreckenverbrauch nach DIN 70030-2	l je 100 km
k_{Sp}	Kolbeneinbauspiel	mm
L	zugeführte Luftmenge	kg/kg
L_{th}	erforderliche Luftmenge	kg/kg
L_v	Luftverbrauch	kg/h
l	Leitungslänge	m
l_B	Bogenlänge, Kreisbogen	mm, m
l_S	Spurweite	m
l_0	Ausgangslänge	mm
λ	Luftverhältnis	-----
λ_L	Liefergrad	-----
M	Drehmoment	Nm
M	Motordrehmoment	Nm
M_A	Antriebsdrehmoment	Nm
M_B	Bremsmoment am Rad	Nm
M_K	Kupplungsdrehmoment	Nm
M_R	Reibmoment	Nm
M_1	Drehmoment des treibenden Zahnrades	Nm
M_2	Drehmoment des getriebenen Zahnrades	Nm